新曲綫 New Curves | 用心雕刻每一本......
http://site.douban.com/110283/
http://weibo.com/nccpub

用心字里行间　雕刻名著经典

Cognitive Psychology and It's Implications

seventh edition

John R. Anderson

Translators

Qin Yulin

Angela Cheng

Zhou Haiyan

Xu Yue

认知心理学及其启示

第7版

［美］约翰·安德森　著

秦裕林　程　瑶　周海燕　徐　玥　译

人民邮电出版社

北　京

图书在版编目（CIP）数据

认知心理学及其启示：第7版：中译本 /（美）安德森著；秦裕林 等译.

- 北京：人民邮电出版社，2012.1（2024.8 重印）

ISBN 978-7-115-26651-4

Ⅰ.①认…　Ⅱ.①安…②秦…　Ⅲ.①认知心理学　Ⅳ.①B842.1

中国版本图书馆 CIP 数据核字（2011）第 213284 号

John R. Anderson

Cognitive psychology and its implications, 7th edition

认知心理学及其启示（第7版）

◆ 著　　　[美]约翰·安德森

译　　　秦裕林　程　瑶　周海燕　徐　玥

策　　划　刘　力　陆　瑜

责任编辑　刘丽丽

装帧设计　陶建胜

◆ 人民邮电出版社出版发行　北京市丰台区成寿寺路 11 号

邮编　100164　电子邮件　315@ptpress.com.cn

网址　http://www.ptpress.com.cn

电话　（编辑部）010-84931398　（市场部）010-84937152

三河市少明印务有限公司印刷

新华书店经销

◆ 开本：850×1092　1/16

印张：31.5　彩插：8 页

字数：810 千字　2012 年 1 月第 1 版　2024 年 8 月第 12 次印刷

定价：88.00 元

本书如有印装质量问题，请与本社联系　电话：(010) 84937152

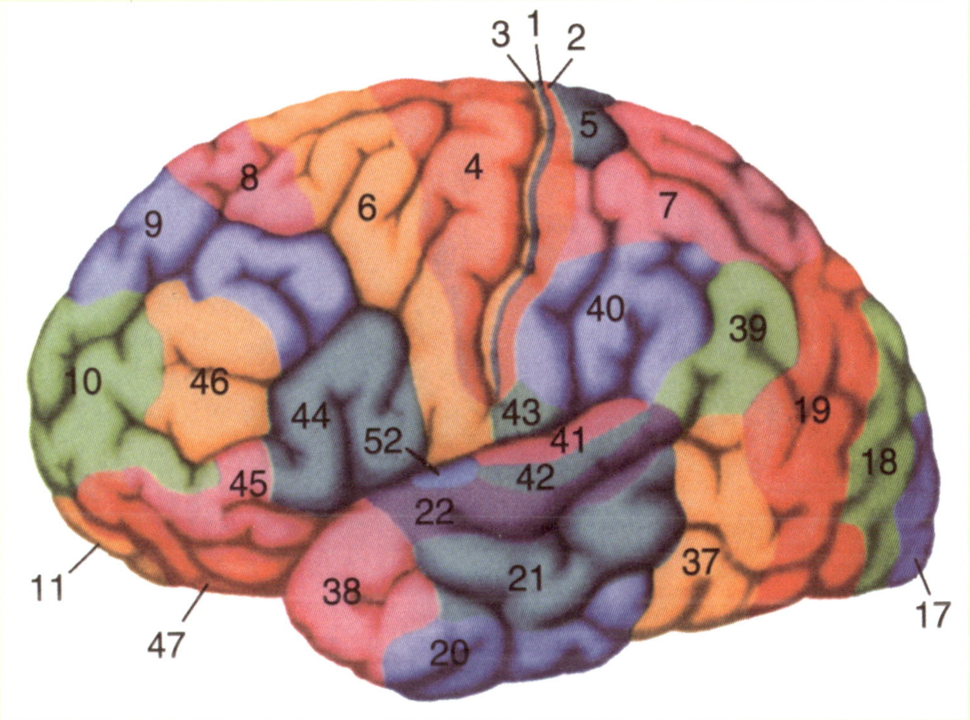

◎ **彩色插页 1.1** 布罗德曼（Brodmann，1909）根据细胞结构和排列的不同，将人的大脑皮层分为 52 个不同的脑区。

◎ **彩色插页 3.1** 希罗利姆斯·博施（Hieronymous Bosch）的《人间乐园》。这幅画为视觉注意提供了许多的选择。（资料来源：Corbis Picture Library）

◎ **彩色插页 3.2** 斯特鲁普任务中所用的刺激。尽快说出每列单词的颜色。

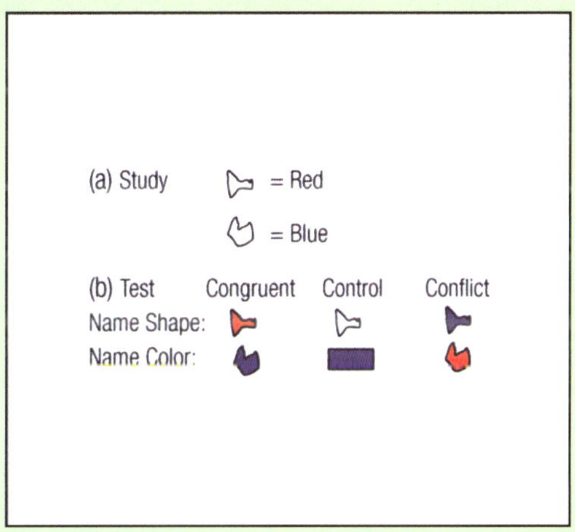

◎ **彩色插页 3.3** 在麦克劳德和邓巴（MacLeod & Dunbar，1988）的实验中，被试可能看到的材料示例。

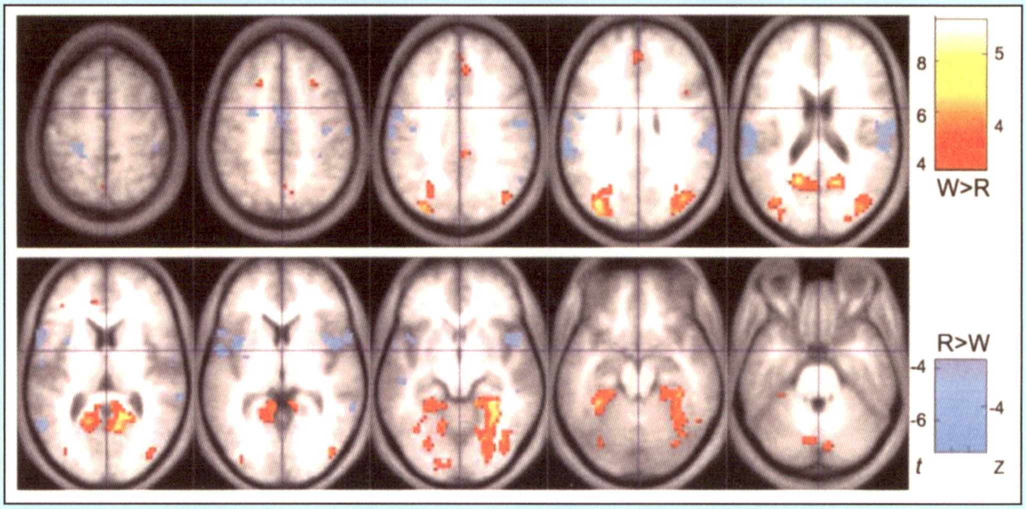

◎ **彩色插页 4.1** 哈特利等人的研究（Hartley et al.，2003）结果。红色区域是在俯瞰图任务中比在行进图任务中表现出更强激活的脑区（W>R），蓝色区域是在行进图任务中比在俯瞰图任务中表现出更强激活的脑区（R>W）。

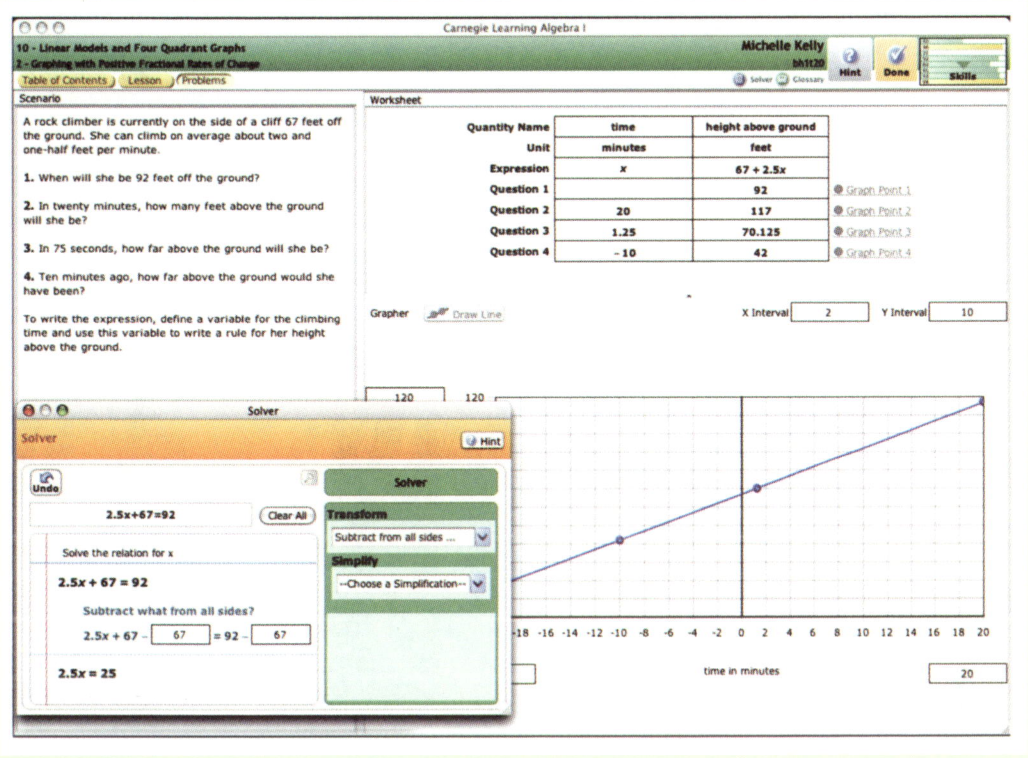

◎ **彩色插页 9.1** 代数认知家教系统的屏幕截图。

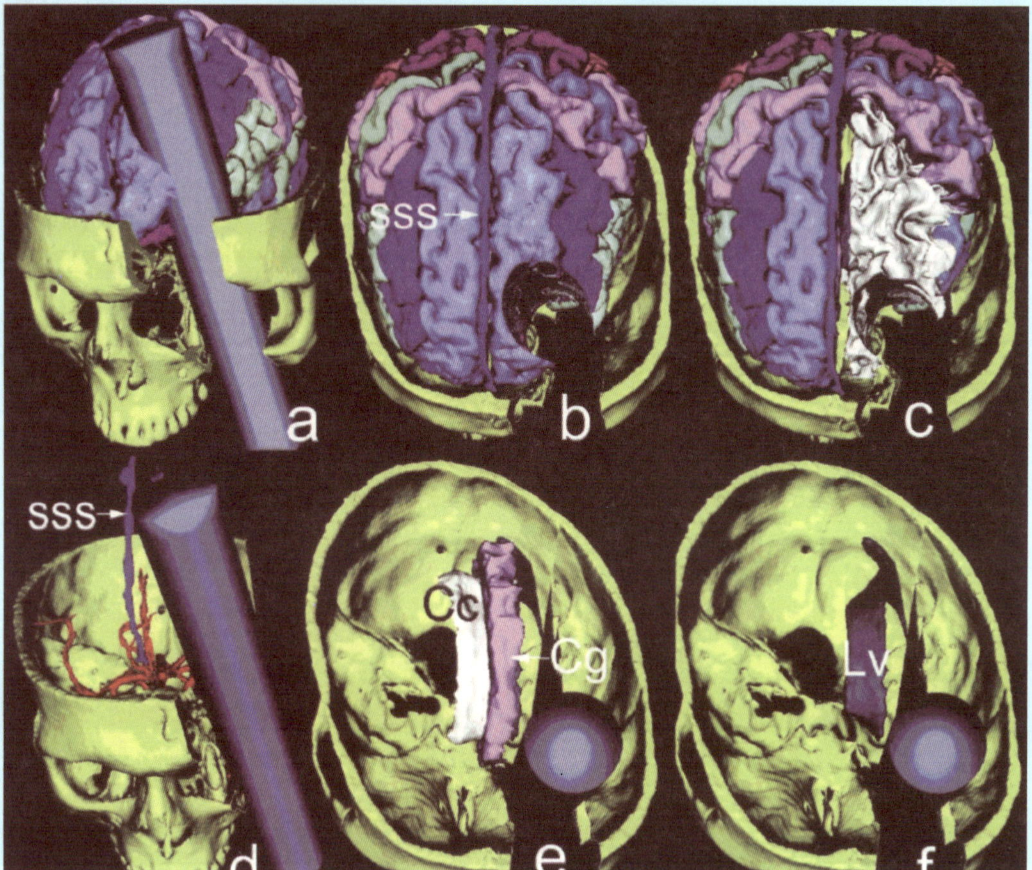

◎ **彩色插页 11.1** 计算机生成的菲尼亚斯·盖奇的脑损伤模型。(a) 在原位置的铁棒。(b) 将铁棒从大脑模型中去掉之后的洞。SSS，上矢状窦。(c) 为了显示出白质，将灰质移走后的模型。(d) 铁棒与 SSS 和其他血管之间的关系。(e) 铁棒和扣带回 (Cg) 之间的关系。(f) 铁棒和左侧脑室的关系。

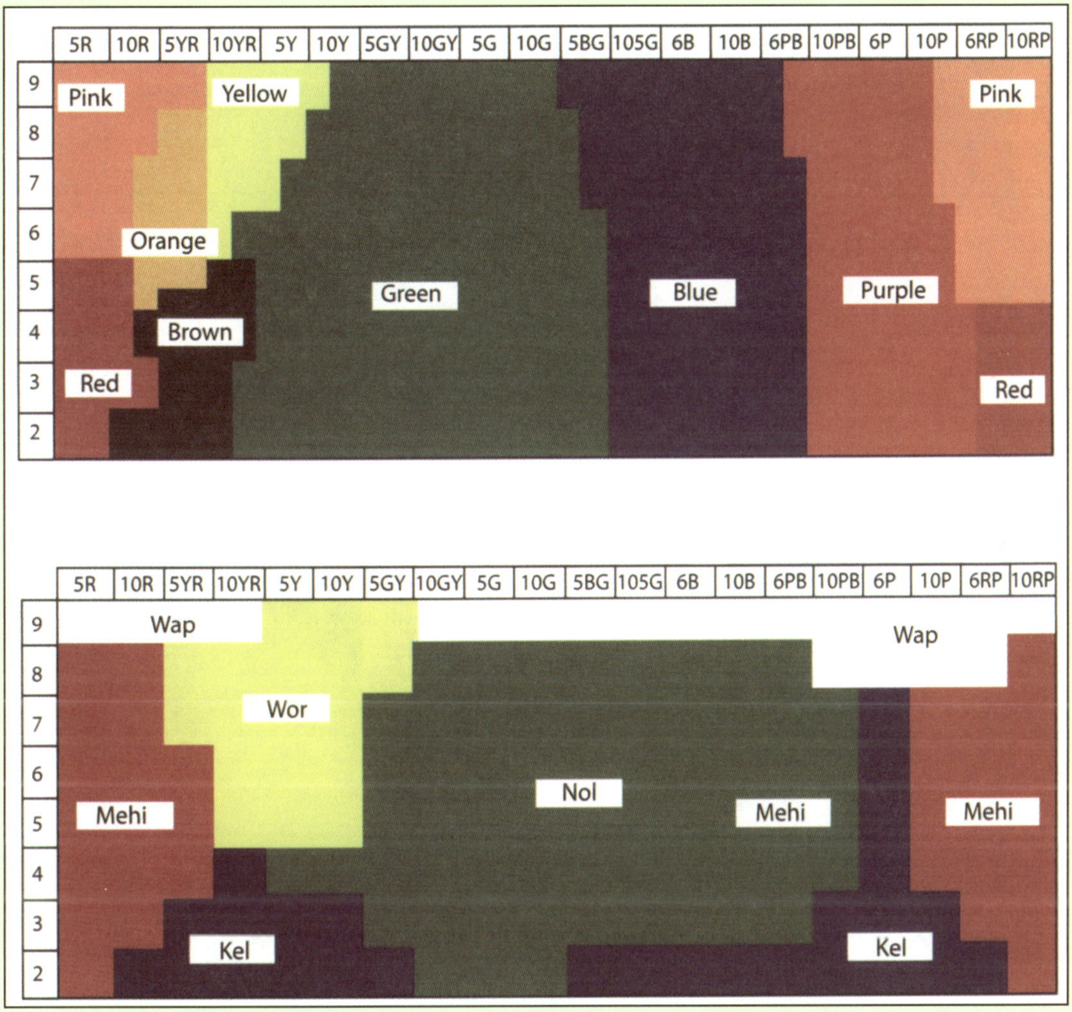

◎ **彩色插页 12.1** 在色调（hue, 横轴）和亮度（brightness, 纵轴）上变化的 160 种颜色。（a）英语母语者如何在色谱中划分颜色；（b）贝林姆母语者如何在色谱上划分颜色。（资料来源：Kay & Regier, 2006）。每种颜色所对应的空间由该颜色的最佳实例表示。

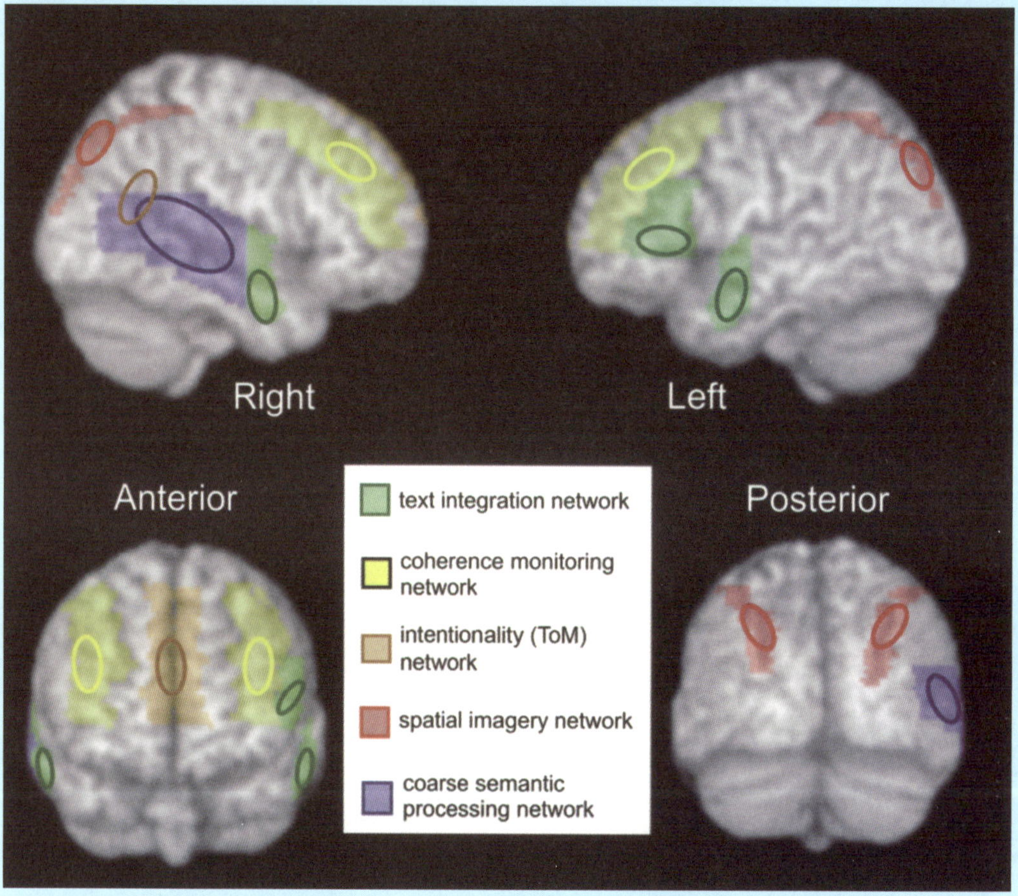

◎ **彩色插页 13.1** 语段加工相对应的网络的概略图。颜色加深的区域表示正文中描述的表层解剖结构。彩色的椭圆标明在解剖区域上的粗略定位。

内容简介

本书自1980年第一版出版以来，每五年更新一版，是认知心理学领域的经典教材。该第7版于2010年出版，是最新版。

本书系统地将传统认知心理学与脑功能成像技术的应用相结合，侧重于人脑的认知研究，并通过“启示”将研究与我们的生活联系起来。作者以流畅的语言，深厚的学术功底，引领读者进入认知心理学领域。

本书共14章，第1章介绍了认知心理学的发展和思路以及人类认知的神经基础，第14章介绍了认知的个体差异。其余12章分别探讨了知觉、注意、心理表象、知识表征、记忆、问题解决、推理、判断和决策、语言等各个人类认知领域的信息加工过程，其中每两章为一个专题，共六个专题。同时，吸纳了认知神经科学领域内的研究成果，分析了认知的神经基础，内容详尽、深入，具有相当的前沿性。

本书是心理学、计算机等专业的教师、学生和研究人员系统地了解认知心理学及其最新发展的不可多得的教材。

中文版前言

很荣幸地看到我的教科书被翻译成了中文。在我投身于这个领域的期间，认知心理学正经历着重要的成长。我则尽力地把不断出现的最新发展反映在本教材的历次版本之中。认知心理学研究的更加国际化是这个领域成熟的标志之一。在最近对中国的访问中，我看到中国正在进行的各种非常有魅力的研究课题给我留下了深刻的印象。我希望本书的翻译能够为更多的中国认知心理学家的发展作出贡献。我也希望在本书将来的版本中介绍他们的工作。

我特别愉快地参与了秦裕林的翻译工作。在这个过程中，他发现了英文版本中的许多小错误，使我能够通知我的出版商给予纠正，英文版也因此得到了改进。现在的英文版或许可以看成是更加准确的中文版的英译本了。

约翰·安德森

卡内基–梅隆大学

理查德·金·梅隆心理学和计算机科学 教授

美国宾夕法尼亚州匹兹堡，邮编 15213

2011 年 4 月 8 日

Foreword

It is an honor to see my textbook translated into Chinese.Cognitive Psychology has undergone major growth during the time I have been in the field. In the various editions of the textbook I have tried to reflect the newest developments. As one sign of its maturation research in Cognitive Psychology has become more international. During my recent visit to China I was deeply impressed by the fascinating research questions I saw being pursued there. I hope the translation of this book can contribute to the development of more cognitive psychologists in China. I also hope I will be describing their work in further editions of the book.

It has been a particular pleasure to work with Yulin Qin on the translation. During the process, he uncovered many subtle flaws with the English version and I have been able to advise my publisher of the corrections. So the English version has improved as well. One might regard it now as the English translation of a more accurate Chinese version.

John R. Anderson
Richard King Mellon Professor
of Psychology and Computer Science
Carnegie Mellon University
Pittsburgh, PA 15213
April 8, 2011

译者的话

这是一部著名的美国认知心理学教科书的最新版本（2010 年第 7 版）的中文版。在一定意义上，认知心理学可以与物理学相比较。物理学采用实证的方法研究物质世界最基本的物质运动规律；认知心理学采用实证的方法研究精神世界的最基本的物质运动规律——人类思维（包括感知）的信息加工过程。

爱因斯坦有这样一句话：“可以说‘世界的永恒之谜是它是可理解的’”（“One may say ‘the eternal mystery of the world is its comprehensibility.’”，Albert Einstein (1936). Physics and reality. Journal of the Franklin Institute. 221(3)：349-382）。认知心理学就是试图用实证的方法（而不是抽象的思辨），通过逐步认识人脑的具体信息加工过程去揭开这个谜底，去逐步理解人为什么能够理解世界和怎样理解世界。本书就体现了人类当今在这方面的努力。

本书的作者，美国著名的认知心理学家，约翰·安德森（John R. Anderson）是美国卡内基 – 梅隆大学（Carnegie Mellon University）心理学系和计算机科学系梅隆教授，美国科学院院士，曾任美国科学院心理学部（Psychology Section）2001~2004 届主席，认知科学学会 1988 届主席，曾获美国心理学会杰出科学职业奖（American Psychological Association’s Distinguished Scientific Career Award，1994）、鲁姆哈特奖（2004）、实验心理学杰出成就奖（2005）、荷兰皇家科学院首届海涅肯（Heineken）认知科学奖（2006）、和富兰克林计算机与认知科学奖（2011）等重大奖项。

目前在国内，包括人民邮电出版社新曲线公司，已经出版了一些非常好的认知心理学教材，为什么还要引进这部教材？一个最一般的理由是教材的多样性：不同的教材有不同的视角和取舍材料的考量，适合于不同的老师、学生和科研人员的需求。具体说来，这部教材有如下特点：

1. 注意引导学生将书中系统讲解的理论知识应用到自己的学习和工作中去。

安德森一贯认为，联系实际应用不仅能促进实际工作，而且能检验和改进理论。在作者的早期理论框架建立时，他就开发了著名的计算机辅助教学系统

（今天的智能家教的前身）。近年来，他的ACT-R模型也已经在工业和军事的多个领域获得了种种不同的应用。

作者的这一思想也体现在本书的编写中。这不仅反映在书名和“启示”专栏的设置上，而且也体现在本书各章的具体论述中。例如，在本书的第1章，作者就介绍了根据认知心理学理论发展出来的学习教科书的有效方法，供读者学习本书时用。第5章中，在介绍关于意义记忆的理论研究以后，作者结合自身在大学二年级时的实际教训，介绍了帮助记忆单词的方法。

建议每一位学生在学习本书的时候把自己放进去思考，包括质疑书中讲的与自己的经验是否一致（不一致的地方常常是深入学习，甚至是新的研究的起点），也包括思考如何根据当代认知心理学的发现促进自己的学习与工作。一个好的学生通过对这本书的学习，不但可以比较完整地掌握当代认知心理学的基本知识，而且还能够提高和改进自己的学习、记忆方法，增强推理和解决问题的能力。

2. 与认知心理学的发展趋势一致，本书注重高层次认知过程，包括知识的表征、记忆与学习、问题解决、判断推理以及语言。

本书一共14章。第1章介绍了认知心理学的发展和思路以及人类认知的神经基础，第14章介绍了认知的个体差异。其余的12章分为6个单元，有5个单元分别讲述上面所列的高层次认知内容。其中的2个单元中有3章与记忆与学习有关，其系统和深刻细致程度远远超出国内外的许多其他认知心理学教材。这固然是因为记忆是一切高层次认知的基础，同时也因为作者本人正是国际公认的该领域的大师之一。

当然，或许也因为这个原因，对于一位只对感觉、知觉有兴趣的读者，本书未必是首选对象。

3. 强调了认知活动的神经基础

如本书第1章所示，安德森认为认知神经科学的迅速发展，使认知心理学领域正处在可能像认知革命那样的意义重大的变革之中。从2000年起，安德森系统地开展了用fMRI（功能性磁共振成像）探讨人的认知体系结构（cognitive architecture）的神经基础的研究，包括开拓了用计算认知模型预测相关脑区的BOLD效应（血氧水平依赖效应）的方法。作为这些思想和实践的反映，本书从2005年第6版起，大量引用了认知神经科学的成果和证据。在本版上述12章的每一章第一节，作者都介绍了与这一章所讨论问题有关的脑区。这是本书自上一版开始，与以前版本最大的区别之一，也是本书与许多其他认知心理学教材的明显区别之一。译者希望，本教科书的这个特点，将有助于国内认知心理学界将脑功能成像方法广泛用于认知心理学研究的迅速展开。

4. 不是简单地罗列素材，而是突出了提出问题和解决问题的思路。

译者相信，这一点对培养学生的独立思考和开拓研究能力极为重要。可以说，认真学习本书，就是在向国际级大师学习科学研究的思路和方法。

5. 行文通俗易懂，内容丰富，取材精当。

这个特点使得本书不仅适合于认知心理学专业和其他心理学专业的学生、教师和研究人员；适合于计算机科学、人工智能等方面的学生、教师和研究人员；它也能让从事经济学、语言学、哲学等社会科学方面的科研人员和一般读者从本书得到启迪和教益。

目前在人文社会科学中，认知心理学尚不能像物理学在自然科学那样处于基础学科的地位。正如本书作者所指出的，原因是认知心理学还太年轻，在当代认知心理学诞生的20世纪50年代，社会科学的绝大多数分枝早已是根深叶茂了。但是，作为从各种不同的角度反映人类的行为和思维的社会科学的许多分枝，或早或晚地将其理论基础奠定在对人类思维的信息加工过程的研究之上则是一个大的方向。行为经济学、神经经济学、神经社会学、认知语言学、认知人类学 、认知政治学和神经法学（Neurolaw）等的出现就是例子。年轻的学者可望在这个方向做出开拓性的贡献。

1988年，本人作为学生曾选修了由作者亲自讲授的本书第2版的课程。2000年我参与到作者将ACT-R和fMRI相结合的研究项目组以后，又在2003年旁听作者讲解本书的第5版。在组织翻译这一版时，我能深切地感到这些版本之间的变化之大，以及它们所反映的认知心理学领域的发展之快。

尽管先贤们在翻译经典世界名著时的‘信达雅’水平我们可能难以企及，但是作为教科书的翻译，我认为，至少应当是用比较通顺的中文尽可能准确明了地传达原著的原意。为了实现这个目标且能尽快出版，我们的两个做法是：（1）与原作者紧密联系。本书的中文版，在很大程度上，是原作者和译者共同工作的结果。除了口头讨论以外，光是通过电子邮件向原作者请教和讨论书中有关的地方就超过400处，其中的小部分显著地反映在【译注】之中。（2）多人多重翻译，反复研磨。原来计划翻译出版的是本书的2005年版本——第6版，

第6版有13章，第一轮翻译的分工是：第1~3章，丁守一、秦裕林；第4~6章，徐玥；第7~9章，李艳洁、周海燕；第10~13章，周海燕。在第一轮翻译的基础上，秦裕林将全书再翻译一遍，包括向原作者请教，程瑶（Angela Cheng）则通篇梳理全书的中文；最终，再由秦裕林最后定稿。当第6版的翻译工作接近尾声时，2010年原文第7版在美国出版，为了能够紧跟原版的更新步伐，尽快地反映认知心理学的最新发展面貌，出版社决定立即着手最新版的翻译工作。第7版扩充为14章，新增内容的第一轮翻译由徐玥完成第1~7章，周海燕完成第8~14章。秦裕林和程瑶则在此基础上，将全书再翻译一遍。因此本书的中文翻译工作是几经研磨而成的。

虽然尽了种种的努力，但由于原著所涉及范围的宽广和译者学识能力所限，译文中仍然会存在差错及不当之处。此外，如所有译过教科书的人都了解的那样，给有些名词术语选择恰当的中文词是相当困难的一件事。为了更准确地反映原意，本书对个别术语选择了与其他教材不同的译法，这些都已经加注说明。本书还出现了其他教材上没有的术语，对这些术语的译法是否恰当，欢迎读者与我们讨论。因为最后的文字是我定下来的，译文中出现的问题当由我完全负责。恳请读者一旦发现有差错及不当之处，或对本书有任何意见建议，直接发电子邮件至 yulinqin@gmail.com，以便更正。在此预致谢忱。

最后，我要对北京工业大学国际网络智能（WIC）研究院的支持表示感谢，研究院致力于网络智能和人脑智能相结合的研究的需要，促进了本书的翻译工作；感谢原著作者安德森教授给予中文版翻译工作的积极配合；特别要感谢的是新曲线公司的鼎力支持，感谢陈浩莺、刘丽丽两位编辑的辛勤工作。

秦裕林

简要目录

目　录

序言

这是本教材的第 7 版，每五年更新一次的最新版本。每次坐下来为新的一版写序言时，我都会对认知心理学领域的进展有更深的感触。当我着手写作 1980 年的第 1 版时，认知心理学已经经历了 30 年的令人惊叹的发展。在 20 世纪 50 年代，一些真正的先驱者打破了行为主义的传统，为认知心理学奠定了基础。在 20 世纪 60 年代，心理学家们努力为这个新领域建立实验范式和理论模型。他们的成就经常被恰当地称为“认知革命”（“cognitive revolution”）。当我于 20 世纪 70 年代初期进入该领域时，我从前面这两个十年的成果中受益颇多。20 世纪 70 年代，认知心理学的研究极其繁荣。当那个十年接近尾声时，这个领域明显地有了更加广阔和更加展开了的层次清楚、条理连贯的可以在教科书中交流的结构。

第 1 版诞生于 1980 年，在时间上处于 1950 年认知革命的开端和 2010 年第 7 版出版的正中间。以 2009 年的视角（此时我正在写这篇前言），我们可以相当清楚地看到该领域加速发展的科学进程。自第 1 版以来，这本教材所涵盖的每个心理学研究主题都无一例外地有了难以想象的大幅度发展。在描述该领域的发展过程时，我们不得不使用对抗式语言——“理论 1 提出了一个主张，但是理论 2 指出理论 1 是错的，一个决定性的实验显示理论 2 是正确的，但是随后，又有证据表明理论 1……。”本教材无意于把注意力集中在这些“理论碰撞”之上，尽管不提及有些争论就无法如实地叙述该领域。我们并不是要忽视这些争议，而是要把重心放在更具说服力的方面——我们在理解人类心理运作方式方面所逐步积累起来的巨大进步。

认知领域的教材通常都非常依赖文献中的种种特定实验研究，以此来阐述对人类心理的最新认识，本书也不例外。所以，本书的参考文献也可以看成是对该领域知识增长的度量。下面的插图所示的是本版所引用的各个时期的参考文献的数量，以“十年”为单位。虽然本版参考的最后十年（21 世纪前 10 年）的文献还不够完整，但该图已经可以很好地展现出认知心理学的发展概貌了。认知领域的知识从 20 世纪 50 年代起开始增长，而且是加速增长。因为我觉得

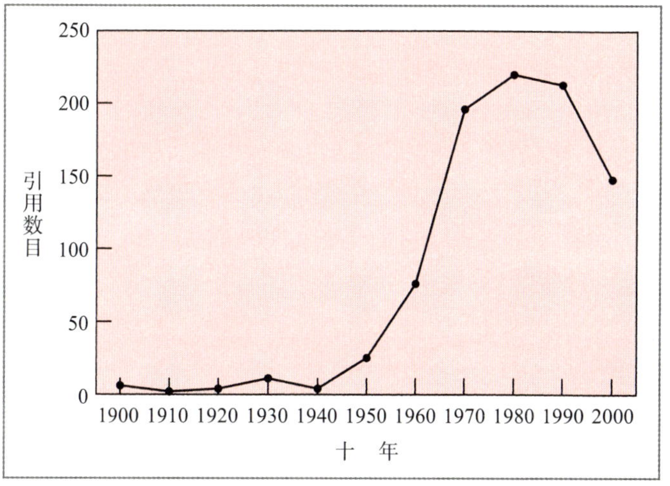

很有必要去引用至今仍起作用的经典文献，本书所引用的大多数文献都出现于第一版诞生之后的事实，则是该领域知识加速增长的证明。

1980 年以来，认知心理学的发展主要有两个维度，这些发展都体现在本教材不断更新的版本内容上。第一个维度是对人类认知的各个领域的更加精细和更加深入的理解，包括对许多早期观点的实质性修正。第二个维度是认知神经科学通过研究人脑来理解心理的能力的突飞猛进。现在，我们来看看本书的第 7 版，它似乎是和第 1 版非常不同的一本书。本版介绍的有些内容是我在 1980 年时完全不可能想象到的。

第 7 版比第 6 版增加了很多内容。例如：

- 新的神经科学的方法在视觉注意、心理表象和决策等领域的应用。
- 在记忆与情绪、科学发现和第二语言获得等许多不同主题上的新结论。
- 在视觉、博弈和语言加工等方面，对人工智能和人类智能的进一步比较。
- 将决策和推理分成了两章，这个变化反映了这些领域的新研究成果，包括认知神经科学的贡献。

需要注意的是，伴随着上面最后一项内容的更新，现在从第 2 章到第 13 章每两章组成一个专题，一共有六个专题：知觉和注意、知识表征、记忆、问题解决、推理和决策、语言。虽然不同的老师有他们自己组织教材的方法，但是在我的课堂上，我发现这样的组织有助于把课程组织成数目较少的单元，以便学生清楚地了解自己学到了什么地方。

我还想强调本版所具有的两个新特色，它们激励了我的写作热情，我亦希望本教材因此能更加吸引读者的兴趣和关注：

- “启示”专栏，它使本书的最初目标变得更加明晰：证明认知心理学与我们生活的许多方面以及我们对自身的认识息息相关。
- 每章最后的思考题，其中有些是本领域的前沿问题，它考查了读者是否深入掌握了本章内容。

许多其他的新特色是在我的编辑埃里克·吉尔戈（Erik Gilg）和开发编辑瓦莱丽·雷蒙德（Valerie Raymond）的建议下增加进来的。例如，增加了彩色插页来呈现确实需要用颜色来表达的画面。如果你手里有这本书（我还没有），大多数的变化应该是显而易见的。他们还做了很多工作使得本教科书的版式体现了 21 世纪的时代气息。

以下为致谢部分，包括作者对本书的其他出版、编辑和工作人员的致谢；对他的研究助手的致谢；对他二十出头的小儿子提供的诸如什么是当代青年所知与所不知的信息，使得本教材更能与年轻读者沟通表示感谢；对提供意见和建议的 12 个院校的评审者的致谢。最后，感谢 98 位读过前 6 版并提供过建议的人，其中包括安德斯·埃里克森(K. Anders Ericson)，迈克尔·加扎尼加(Michael. Gazzaniga)，戴维·克莱尔（Dave. Klahr），史帝文·科斯林（Steve Kosslyn），杰·麦克莱兰（Jay McClelland），艾伦·纽厄尔（Al .Newell），迈克·波斯纳（Mike Posner），特里·塞诺斯基（Terry Sejnowski）等知名教授以及作者的夫人，美国卡内基–梅隆大学心理系琳恩·雷德（Lynne Reder）教授。具体从略。

1

认知的科学

我们所属的物种被称为智人（*Homo sapiens*），或者叫“智慧的人”。这个称谓反映了一个普遍的信念——将人类从其他动物中区分开来的正是我们卓越的思维过程。今天，我们都知道脑是人的心理活动器官，但是脑与心理之间的联系并不是一开始就被人们所了解的。例如，基于一种十分错误的联想，古希腊哲学家亚里士多德将心理活动定位于心脏中，他认为脑的功能是用来冷却血液的。**认知心理学**（cognitive psychology）是一门探讨心理是如何被组织而产生智能思维，以及心理是如何在脑中实现的科学。本章通过讨论下列问题来介绍一些最基本的概念，作为本书其余章节的准备。 1

- 为什么要研究认知心理学?
- 认知心理学起源于何时何地?
- 脑中的细胞是如何加工信息的?
- 脑由哪些部分来负责它的各种不同功能?
- 哪些新的研究方法扩展了认知心理学的研究领域?

动　机

知性的好奇

研究认知心理学的一个动力是求知欲，这与激发人们进行任何科学探索的动力完全相同。在这方面，认知心理学家就像一名喜欢鼓捣机器的人想知道钟表是怎么工作的一样。人的心理是一种极具魅力的装置，它展现出令人称奇的智慧和适应能力。而我们通常却察觉不到人的认知的非凡层面。正如我们无法

想象使世界各地的新闻事件得以在电视中现场直播需要多么庞大的技术积累一
2 样，人们同样也会忽略，假如要理解这些新闻事件，我们的心理过程需要何等
地精妙复杂。我们想了解的就是产生这种复杂精妙的智力的机制。

人脑的内在运作方式远比现代技术中最复杂的系统更加错综复杂。**人工智能**（artificial intelligence，AI）领域的研究者们一直在试图开发能使计算机展现智能行为的程序。尽管这个领域是半个世纪以来最活跃的领域之一，并且已经取得了不少令人瞩目的成就，但是，人工智能的研究者们至今仍然无法知道如何开发出能够与人的智能相媲美的程序。没有一个现有的程序具有人类那样回忆事实、解决问题、推理、学习和加工语言的能力。人工智能没能实现人类水平的智能，导致了一些奠基者们的大量反思（例如，McCarthy，1996；Nilsson，2005）。人工智能需要更多地关注人类的思维功能，这种观点正在复兴。

人的智能并没有显示出有任何神秘的东西使我们无法用计算机建立它的模型。以科学发现为例，科学发现通常被认为反映了人类智能的最高成就。科学家被认为实现了直觉的飞跃，使令人困惑的数据得以解释。形成一个新颖的理论既需要伟大的创造力，也需要独特的推理能力。赫伯特·西蒙（Herbert Simon）曾因其在经济学理论方面的建树而荣获了 1978 年的诺贝尔奖。他付出了生命中的最后四十年研究认知心理学。除了其他方面的贡献外，他集中研究了“从事”科学时涉及的智力过程。他和同事们（Langley，Simon，Bradshaw，& Zytkow，1987）于 1987 年编制了模拟在科学探索中的问题解决活动的计算机程序。所模拟的科学探索包括开普勒探索行星运动定律和欧姆探索电路定律。这些计算机程序属于最令人赞叹的人工智能的成果之一。此外，西蒙还仔细考查了他本人所做的著名的科学探索的过程（Simon，1989）。在所有的个案中，他发现，科学探索的方法可以用我们在认知心理学中所研究的基本的认知过程来阐明。他写道，这些活动中很多只是熟知的问题解决过程（我们将在第 8 章和第 9 章中研究它们）。他还写道：

> 此外，被认为是从事科学发现这类工作所必需具备的顿悟，则被证明是“识别”这一我们所熟知的过程的同义语。通常用于讨论创造性工作的其他术语，例如“判断力”、“创造力”，甚至“天才”等，看来统统都是没有必要的，或者是，如同顿悟那样，可以用熟知的寻常概念来定义。（p. 376）

于是，西蒙得出结论，当我们仔细考察人类智慧时，我们发现它涉及的是基本的认知过程，这些基本的认知过程以复杂的方式一起运作从而产生出灿烂

的成果。[1] 本书的大部分篇幅将着重描述我们对这些基本过程的认识。

◎ 基本的认知过程构成了诸如科学发现那样的伟大的智能成就的基础。 3

对其他领域的启示

对心理学或社会科学的其他领域感兴趣的学生和学者有另外一个理由来关注认知心理学的发展。支配人类思维的基本机制对于理解其他社会科学所研究的行为类型是非常重要的。例如，要理解为什么会发生某种思维障碍（临床心理学）、人在对待别人时或者在群体中会有怎样的行为（社会心理学）、劝说是如何起作用的（政治学）、如何作出经济决策（经济学）、为什么某些组织群体的方法要比其他方法更为有效和稳定（社会学），以及为什么自然语言具有一定的特征（语言学）等问题。因此，认知心理学是所有其他社会科学的基础，就如同物理学是其他自然科学的基础。

尽管如此，许多社会科学在没有认知心理学作基础的情况下就已经发展起来了。两个事实可以说明这一状况。第一，认知心理学领域尚待发展。第二，社会科学的其他领域的研究者们设法寻找了其他的途径来解释他们感兴趣的现象。经济学就是一个有趣的案例。新古典主义经济学统治了上个世纪。它完全忽视了个体[2]的认知加工过程，并且认为通过假设个体行为是简单地追求财富最大化，就可以预测市场行为。但是，近年来行为经济学开始发展，它强调如果经济学家想要理解市场行为，他们就需要重视个体的有缺陷的决策过程（第 11 章的主题）。由此，举例来说，人们在使用信用卡时会比使用现金乐于支付更多（Simester & Drazen，2001）。由于认识到了决策心理学对经济学的重要性，认知心理学家丹尼尔·卡尼曼（Daniel Kahneman）于 2002 年被授予诺贝尔经济学奖，以表彰他和已故的阿莫斯·特韦尔斯基（Amos Tversky）的贡献。

◎ 认知心理学是其他许多社会科学的基础。

实际应用

认知心理学的实践意义是认知心理学研究的另一个关键动机。如果我们确实能弄清楚人们是如何获得知识和智能技艺的，以及人们是如何执行智能行为

1　韦斯伯格（Weisberg，1986）得出了类似的结论。

2　原文是 individuals, 不是指单个个人，而是指若干个个人。——译者注

的，那么，我们就能够相应地改进他们的智能训练和绩效。

事实将证明，认知心理学正在开发的有关心理的知识不论对个人还是对社会都是有益的。我们的许多问题源自我们没有能力处理超负荷的认知需求。当
4 前的信息爆炸和技术革命正在加剧这些问题。虽然认知心理学刚刚开始这方面的研究，但是已经出现了一些直接应用于日常生活的明显而确切的成果。认知心理学已经应用于司法界［例如，关于目击者证词的可靠性研究（Loftus，1996）］、计算机系统设计［例如，关于使用词处理器（Card，Moran，& Newell，1983），或关于网络浏览的研究（Pirolli & Card，1999）］和教学［例如，关于课堂练习的研究（Gagne，Yekovich，& Yekovich，1993；Mayer，2008）］。认知心理学也正在为理解脑功能异常做出重要贡献，例如精神分裂症（Cohen & Servan-Schreiber，1992）和自闭症（Baron-Cohen，1995）。

在本书的很多地方，我们都能看到认知心理学研究对日常生活的启示。出现在不同地方的“启示”（Implications）专栏将强化这些联系。第一个“启示”专栏讨论的是学习技巧。

◎ 认知心理学的研究结果对我们的日常生活有实用性启示。

认知心理学的历史

认知心理学是一门富有活力的科学，产生了许多有趣的发现。然而，这个成果的取得经历了一个漫长的时间过程，我们有必要了解形成现今局面的历史背景。

早期史

在西方文明中，对人类认知的兴趣可追溯至古希腊。柏拉图和亚里士多德在他们关于知识的本质和起源的讨论中，思考过记忆和思维。这些早期的哲学讨论最终演变成为一场长达几个世纪的辩论。对立的双方是**经验主义**（empiricism）和**先验主义**（nativism），前者认为一切知识来自经验，而后者则认为婴儿是带着大量与生俱来的知识降生于人世间的。这场辩论在 17~19 世纪期间不断激化。为经验论辩护的有贝克莱（Berkeley）、洛克（Locke）、休谟（Hume）和穆勒（Mill）等英国哲学家；提倡先验论的有笛卡尔（Descartes）和康德（Kant）等欧洲大陆哲学家。虽然这些争论的核心是哲学方面的，但是双方却屡屡触及关于人类认知的心理。

在这场漫长的哲学辩论期间，诸如天文学、物理学、化学和生物学等自然科学得到了显著的发展。然而，奇怪的是，没有人试图将科学的方法应用于理解人的认知，直到 19 世纪末这种状况才发生了转变。毫无疑问，在技术和概念方面并不存在任何妨碍认知心理学的研究早些出现的障碍。事实上，许多认 5

启　示

认知心理学告诉我们怎样才能有效地学习

认知心理学已经发现了使人能够阅读和记住像本书这样的教科书的方法。这项研究将在第 6 章和第 13 章中介绍。但是，我想现在就告诉你这些方法的要点，这样你就可以应用这些方法来学习本书。方法的中心思想是，学习的关键在于抓住书中每一节的主要观点，并理解这些主要观点是如何组织在一起的。我已经在每一节的结尾处用概括主要观点的简短小结来尽力帮你做到这一点。我建议你使用下列学习方法来帮助自己记住这些内容。这是第 6 章将介绍的 PQ4R 法（Preview- 预习，Question- 提问，Read- 阅读，Reflect- 反思，Recite- 复述，Review- 复习）的一个修改版。

1. 整章预习。阅读一章中每一节的标题和小结，对章节的走向和每个主题内容的多少有整体的把握。试着理解每个小结，并问自己是否有的内容在你阅读课文之前就已经知道或认同。

然后，对于书中的每一节，按照下面的步骤来做：

2. 提出学习中的问题。通过每节的标题，思考一个自己在阅读课文的过程中试图回答的相关问题。例如，在“知性的好奇”这一节，你可以问自己：“在认知心理学中值得好奇的是什么？”这能使你在阅读该节时更有动力和目标。

3. 阅读每一节，理解它，同时回答你的问题。试着将你所读到的东西与自己的生活情境联系起来。例如，在“知性的好奇”这一节，你可以试着思考你所读到的需要创造性的科学发现。
4. 在每一节的结尾，阅读小结并问自己这是否是你从该节提取的主要观点，以及为什么它是主要观点。有时，你还需要回到前面重新阅读这一节的某些内容。

在每章的最后，进入下述复习过程：

5. 通读课文，在心里回顾各主要观点。试着回答你在第 2 步所提出的问题，以及随后产生的其他问题。通常，当你准备考试时，问问自己会出些什么考试题目，这是很好的复习方法。

正如我们在后续各章将要看到的，上述学习策略确实能使人更好地记住知识。

知心理学的实验在古希腊时期就已能进行和理解了。然而，像许多其他的科学学科一样，认知心理学也因为我们对于自身及其本性的自我中心、神秘主义和困惑的态度而受到损害。在 19 世纪以前，人们难以想象人的精神活动可以成为科学分析的对象。因此，认知心理学作为一门科学还不到 150 年，并且在最初的 100 年里，大部分时间被耗费在了摆脱种种错误观点上。当人们从事对人
6 类认知进行科学研究这类内向性的工作时，这些错误是难免的。因为这种研究是心理在研究心理自身。

◎ 认识到人类的认知可以是科学研究而不光是哲学思辩的对象还不到 150 年。

德国的心理学：聚焦于内省观察

心理学作为一门科学，标志其诞生的时间通常被认为是 1879 年，那一年威廉·冯特（Wilhelm Wundt）在德国莱比锡大学建立了第一个心理学实验室。尽管冯特在许多学科上见识广博，但是他的心理学却是认知心理学（而不是心理学的其他主要学科，譬如说比较心理学、临床心理学和社会心理学等）。冯特、他的学生以及众多早期心理学家都采用了被称为**内省法**（introspection）的研究方法。在这个方法中，经过充分训练的观察者要在严格控制的条件下报告自己的意识内容。基本的信念是，心理运行的方式应当对自我观察开放。基于英国哲学家的经验主义，冯特等人认为非常深入细致的自我观察应该能够看到思维产生的基本历程。因此，要形成认知的理论，心理学家只需解释内省报告的内容即可。

让我们来考察一个内省实验的例子。迈耶尔和奥思（Mayer & Orth，1901）让被试去执行一项自由联想任务。主试向被试说一个词，然后测量后者对该词作出反应所花的时间。接着被试报告从刺激呈现的瞬间到做出反应的瞬间他们的全部意识体验。为了感受这种方法，请给出下列每个词所对应的一个联想词；每次作出联想之后，试图思索从读到该词到作出联想的过程中，你的意识内容是什么。

外套
书
小圆点
碗

在迈耶尔和奥思的实验中，许多被试都诉说有着难以言表的意识经历。不

管存在于意识之中的是什么，它似乎并不总是涉及被试所习惯报告的感觉、表象或其他的具体体验。这个结果引发了一场关于无形象思维的争论——意识经历是否真的可以不具备具体的内容。我们在第 4 章和第 5 章中将会看到，现代认知心理学已经在这个问题上取得了实质的进展，但是并非通过内省的方法。

◎ 在 19 世纪到 20 世纪的世纪交替之际，德国心理学家们试图用内省法来研究心理活动。

美国的心理学：聚焦于行为 7

冯特的内省心理学在美国没有得到普遍的认可。早期的美国心理学家致力于他们所谓的“内省”，但是，这种“内省”不是德国人的那种对心理内容进行的深入细致的分析。相反，它在很大程度上更像是一种只有空谈的副业。在这种“内省”中，自我观察仅仅是随意的和反思性的，而不是深入的和分析的。威廉·詹姆斯的《心理学原理》一书（William James，*Principles of Psychology*，1890）反映了这一传统的最有价值的贡献。这本书中的许多主张至今仍具有现实意义并令人信服。美国的这种学术氛围是由实用主义和机能主义的哲学信条决定的。那时许多心理学家的工作与教育有关，需要的是一种可实际应用的“行动导向”的心理学。当时的美国心理学界不能接纳专注于意识内容能否被感觉到这类问题的心理学。

美国早期科学心理学的一个重要人物是爱德华·桑代克（Edward Thorndike）。他形成了一种可直接应用于课堂的学习理论。桑代克对奖惩对学习速度的影响这类基本问题感兴趣。对他来说，意识经验只是基本上可以置之不顾的累赘。他不时地用诸如猫之类的动物做实验。对动物进行研究要比对人进行研究较少受到伦理方面的约束。或许使得桑代克同样高兴的正是这些动物被试不会内省。

在上一个世纪之交，当内省法在美国一直得不到重视时，它在欧洲大陆也不断遇到麻烦。各式各样的实验室相继提出不同类型的内省，每一种类型都和提出它的实验室的理论相匹配。事情变得越来越清楚，内省法未能向人们提供一扇可以清楚地观察心理活动方式的窗口。许多对认知运作来说很重要的过程并没有出现在意识经验中。这样两个因素——内省法的“不相关”（“irrelevance”）和它明显的矛盾性——为 1920 年前后美国心理学界的行为主义大革命奠定了基础。约翰·华生（John Watson）和其他行为主义者们不仅对内省主义，而且对任何发展心理操作（mental operations）理论的尝试都进行了猛烈的抨击。**行为主义**（behaviorism）主张心理学完全关注于外在行为，而不是试图去分析作为行为基础的心理活动方式：

> 行为主义声明意识既不是一个明确的概念，也不是一个有用的概念。作为训练有素的实验家的行为主义者更进一步强调，相信意识的存在意味着倒退到迷信和巫术的远古时代。（Watson，1930，p. 2）
>
> 行为主义者将所有中世纪的概念清除到一边，开始推出他们自己对心理学问题的系统陈述。他们将诸如感觉、知觉、表象、欲望、目的甚至思维和情绪等所有主观术语全部从科学词汇中删除掉，因为它们都是主观界定的。（Watson，1930，pp. 5–6）

行为主义者的纲领及其所产生的后果把对认知的研究推到了美国心理学的幕后。大鼠取代人成为实验室的主要被试，而心理学则转向了通过研究动物的学习和动机，去发现什么是可以学习的。研究者取得了很多发现，但是很少有
8 直接与认知心理学相关的。行为主义最重要的持久性的贡献或许在于：它为包括认知心理学在内的整个心理学领域创建了一套精细而严格的实验研究的技术和原则。

行为主义在欧洲并未取得统治地位。英国的弗雷德里克·巴特利特（Frederick Bartlett）、俄罗斯的亚力山大·卢里亚（Alexander Luria）和瑞士的让·皮亚杰（Jean Piaget）等心理学家所遵循的学术思想对现代认知心理学起着重要的作用。在德国，认知心理学曾是热门课题，但是其中多数已在纳粹肆虐期间销声匿迹了。许多德国心理学家移居到了美国并带来了**格式塔心理学**（Gestalt psychology）。[3] 格式塔心理学认为脑和心理的活动大于其各部分的总和，这种观点与德国盛行的内省主义相冲突。在美国，格式塔心理学家发现他们的这种观点以及他们对心理结构的关注同样也与行为主义相冲突。虽然一些格式塔心理学家变得非常有名，例如，格式塔心理学家沃尔夫·科勒（Wolfgang Kohler）曾当选为美国心理学会主席，然而在美国，格式塔心理学家最受关注是因为他们关于动物学习的观点，以及他们是行为主义者理所当然的批评对象。埃德华·托尔曼（Edward Tolman）虽然不是格式塔心理学家，但他是一位从事动物学习研究的美国心理学家，并且预见性地提出了许多现代认知心理学的观点。虽然他使用的是行为主义的语言，但他的观点还是主流行为主义心理学家经常批评的对象。

回顾往事，实在难以理解美国的行为主义者怎么能够采取这种反心理的立场，并且坚持那样长的时间。仅仅因为内省法被证明是不可靠的，并不意味着发展关于内在心理结构和过程的理论是不可能的，它只是意味着需要用其他的方法。例如，尽管原子结构只能被推断出来而不能被直接观察到，物理学仍然发展了原子结构的理论。然而，行为主义者却主张，内部结构的理论对于理解

3 又译为完形心理学。——译者注

人的行为并不是必要的。从某种意义上讲，他们可能是正确的（参见 Anderson & Bower，1973，pp. 30-37）。然而，一种内部结构的理论会使得理解人类变得更加容易。现代认知心理学的成功表明，理解心理的结构和过程对理解人类认知是至关重要的。

在内省主义者和行为主义者的纲领中，我们都可以看到人为了解自身所做的不懈努力。内省主义者对自我观察的能力有一种朴素的信念。行为主义者则如此害怕被主观假象所欺骗，以至于他们拒绝考虑内心的过程。现代认知心理学家对待主观的问题则要从容得多，他们采取一种相对超然的态度对待人类的认知，像对待任何其他复杂系统那样地研究它。

◎ 曾在 20 世纪上半叶统治美国心理学的行为主义，拒绝用对心理加工过程的分析来解释行为。

认知革命：人工智能、信息论和语言学 9

正如今天人们所知道的，认知心理学形成于 20 世纪 50~70 年代的二十年间。在此期间，认知革命推翻了行为主义。三个主要的影响导致了认知心理学的现代发展。第一个方面是在第二次世界大战期间急剧增长的人类工效的研究。当时政府急需关于如何训练士兵使用复杂先进的装备和解决在压力下注意力溃散这类问题的实用知识。行为主义对此类实际问题提供不了帮助。尽管战争期间的研究有一种很实用的倾向，但是战后，相关的问题依旧被心理学家们带回到自己的学术研究实验室。在剑桥大学的应用心理研究组（Applied Psychology Research Unit），英国心理学家唐纳德·布罗德本特（Donald Broadbent）所做的工作，在将人类工效研究中的思想与信息论领域所发展的新思想相结合方面，很可能是最具影响力的。信息论是分析信息处理过程的一种抽象方法。布罗德本特和其他心理学家，比如乔治·米勒（George Miller）、弗雷德·阿特尼（Fred Attneave）和温德尔·加纳（Wendell Garner）最先在知觉和注意方面发展了这些思想。现在这种分析贯穿了所有的认知心理学。

第二个方面是与信息处理方法密切相关的计算机科学的发展，尤其是试图使得计算机有智能化行为的人工智能的发展。艾伦·纽厄尔（Alien Newell）和赫伯特·西蒙在卡内基·梅隆大学花了 40 年时间向认知心理学家们介绍人工智能的意义（同时也向人工智能工作者们介绍认知心理学的意义）。计算机的理论对认知心理学的直接影响总是微乎其微，但是，其间接影响却是巨大的。计算机科学的大量概念被心理学理论所采用。也许更重要的是，观察我们怎样分析一部机器的智能行为，使我们在很大程度上从分析我们自己的智能时的各种约束和误区中解放出来。

第三个影响认知心理学的是研究语言结构的**语言学**（linguistics）。在 20 世纪 50 年代，诺姆·乔姆斯基（Noam Chomsky），麻省理工学院的一位语言学家，开始构思一种分析语言结构的新模式。他的工作表明语言比人们先前所认为的要复杂得多，并且当时流行的许多行为主义的理论并不能解释这些复杂性。事实证明，乔姆斯基的语言分析对于认知心理学家摆脱流行的行为主义观念起了关键性作用。20 世纪 50 年代和 60 年代初，哈佛大学的乔治·米勒在引起心理学家对这些语言分析的注意，以及指出研究语言的新方法等方面发挥了作用。

从 20 世纪 50 年代起，认知心理学得到了迅速的发展。1967 年，乌尔里克·奈塞尔的《认知心理学》一书的出版（Ulric Neisser, *Cognitive Psychology*, 1967）是一个里程碑。这本书赋予了该领域一种新的合法性。该书由占 6 章的知觉和注意与占 4 章的语言、记忆和思维所组成。这种章节划分与本书的章节划分形成鲜明的对比。本书只用了 2 章来介绍知觉和注意，却有 11 章用于介绍语言、记忆和思维。我的章节划分反映了对高级心理过程的日益重视。奈塞
10 尔的著作之后，另一个重要的事件是 1970 年《认知心理学》期刊（*Cognitive Psychology*）的创办。这一期刊为界定认知心理学的领域做出了贡献。

20 世纪 70 年代，出现了一个被称为认知科学的新的相关领域。它试图融合心理学、哲学、语言学、神经科学和人工智能的研究成果。可以把这个领域看成是随着 1976 年《认知科学》期刊（*Cognitive Science*）的出版而诞生的，它是认知科学学会的主要出版物。认知心理学和认知科学的领域有重叠。总的来讲，认知科学更多地利用了诸如逻辑分析和计算机模拟认知过程等这类方法，而认知心理学则主要依赖产生于行为主义时代的实验技术来研究行为。本书介绍了所有的方法，但是重点还是放在认知心理学的实验方法上。

◎ 信息论、人工智能和语言学发展的影响使认知心理学摆脱了行为主义。

信息加工分析

在上一节介绍的各种因素，如今已汇聚成了一种在认知心理学中占据支配地位的研究人类认知的特定方法——**信息加工法**（information-processing approach）。这种方法试图将认知分解成为一系列步骤，通过这些步骤，一种被称为“信息”的抽象实体得到了加工。或许解释这种方法的最好办法是介绍它的一个典型例子。

1966 年，索尔·斯滕伯格（Saul Sternberg）描述了一个实验范式并对其作出了很有影响的理论解释。在这个已经被称为**斯滕伯格范式**（Sternberg paradigm）的实验中，给被试呈现诸如“3 9 7”这样的少量几个数字并要求被试记在心中，然后，给他们看一个探测数字，问他们这个探测数字是否在其所记忆的数字组中，要求他们尽快地做出回答。例如，9 为“3 9 7”数字组的正探测，而 6 则为负探测。斯滕伯格将记忆组中数字的数量从 1 变为 6，测量被试作出判断有多快。图 1.1 表示作为记忆组大小的函数的实验结果。数据分别图示为正探测或者叫做目标及负探测或者叫做干扰。被试能够相当迅速地作出这些判断，反应时在 400~600 毫秒之间，1 毫秒（ms）等于千分之一秒。斯滕伯格发现，在判断时间和记忆组的大小之间有近似的线性关系。如图 1.1 所示，记忆组每增加一个数字，被试将多花大约 38 毫秒的判断时间。

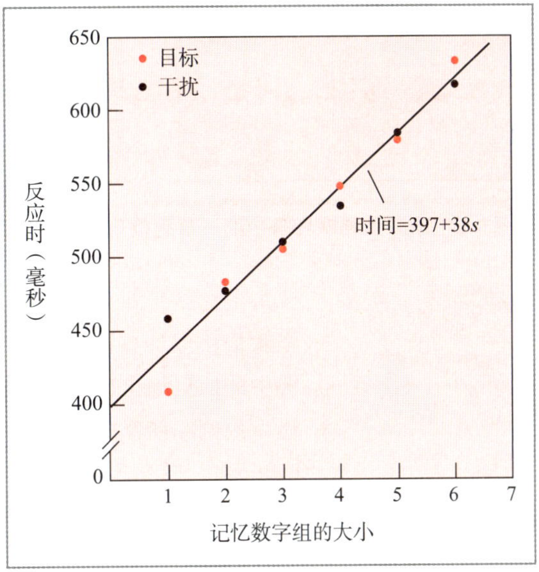

图 1.1 **识别一个数字所需的时间随记忆组中数字数目的增加而增加。直线表示的是与数据拟合得最好的线性函数。**（资料来源：S. Sternberg，1969. Reprinted by permission of the publisher. ©1969 by American Scientist）

斯滕伯格在有关被试如何作出判断上给出了很有影响的解释。这个解释举例说明了抽象的信息加工理论。他的解释见图 1.2。斯 11
滕伯格假定当被试看见一个探测刺激如 9 的时候，他们将会经历图中所示的一系列信息加工步骤。首先这个探测刺激被编码；然后，将这个刺激与记忆组中的每一个数字作比较。斯滕伯格假设，完成每一次比较需用时 38 毫秒，由此解释了图 1.1 中直线的斜率。然后，被试必须决定如何反应并做出反应。斯滕伯格指出了不同的变量将会影响这一信息加工过程中的不同步骤。因此，如果他降低探测数字的显示质量，使得它难以分辨，那么，被试就要花较长的时间作出判断。然而，这并不影响图 1.1 中的直线斜率，因为它只涉及图 1.2 中知觉刺激这一个步骤。同样，如果他使被试偏向于回答“是”或者“否”，那么作决定的步骤（但不是其他步骤）将会受到影响。

值得注意的是，斯滕伯格理论用例子来说明经典的、抽象的信息加工所使用的方法。

1. 对于所发生的信息加工过程的讨论，不试图根据任何脑部位或脑功能的概念进行解释。
2. 信息加工有很强的符号特征。因此，我们讲的是将符号9与符号3作比较的系统。对这些符号的可能的神经表征不作任何考虑。

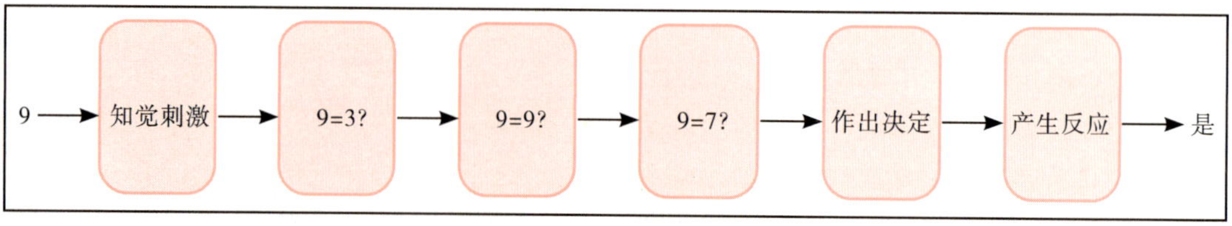

图 1.2 **斯滕伯格对任务中的一系列信息加工步骤的分析**

3. 斯滕伯格以计算机作比喻来证明他的信息加工理论的合理性。他认为其任务中的信息加工过程可以比作计算机高速扫描的过程。
4. 做一次判断所需时间的长短是关键变量。因为信息加工被设想成是按离散的步骤进行的。图1.2所示的流程图是表达信息加工步骤的非常普遍的方法。流程图本身也是从计算机科学引入的。

上述四个特点的每一个都反映出研究人类认知的经典的信息加工方法的局限性。认知心理学家逐渐拓宽他们的方法以处理更复杂的现象，并开始将注意
12 力更多地放在人脑信息加工的本质上。例如，本教材各个版本的演变就是对这种转变的反映。

◎ 信息加工分析将一个认知任务分解成一系列抽象的信息加工步骤。

认知神经科学

认知心理学领域正处在可能像认知革命那样意义重大的变革之中。这种变革主张，在分析几乎所有人类认知功能时都要考虑到人脑的加工过程。一个被称为**认知神经科学**（cognitive neuroscience）的领域，致力于研究认知功能在人脑中的实现。认知神经科学的兴起似乎并不使人觉得像一场革命，因为它受到了绝大多数认知心理学家的欢迎。例如，在我们卡内基·梅隆大学的心理学系，认知项目和认知神经科学项目合二为一，因为我们发现大家关注的完全是同样的主题。

知觉的研究（参见第 2 章）一直有着坚实的生理学基础，而认知的其他要素看起来太复杂以致无法用生理学方法进行研究。然而，随着关于脑的知识的不断增长和研究脑活动的方法的持续发展，这种障碍已逐渐被克服。即使是最复杂的思维过程，现在也有了关于其在脑中如何实现的激动人心的新发现。我将在本章的后面，介绍脑功能成像的新技术。利用各种不同的方法（各有不同的局限性），我们现在能够看到认知是如何在脑中逐渐展现的。作为这一强有

力的认知神经科学新技术的一个例子，我将介绍一项涉及求解代数方程的神经活动过程的研究。

就在不久前，上一节中我们所介绍的信息加工方法还被认为与认知神经科学关系不大。但是，现在我们看到了正在发展中的认知神经科学和信息加工分析之间的相互促进。神经科学的数据能用来鉴别信息加工模型，而信息加工模型则能用来整理神经科学的数据。我们在后面讨论解方程的脑成像时将会看到关于后者的一个例子。

◎ 认知神经科学正在发展能使我们理解认知的神经基础的方法。

信息加工：互通讯息的神经元

脑仅仅是神经系统的一部分。完整的神经系统包括搜集来自身体各部位信息的各种感觉系统和控制运动的运动系统。在某些情况下，相当多的信息加工发生在脑之外。按信息加工的观点，神经系统最重要的成分是神经元[4]。**神经元** 13
（neuron）是一种聚积和传导电活动的细胞。人脑大约有 1000 亿个神经元，其中每个神经元都具有差不多相当于一台小型计算机的处理能力[5]。1000 亿个神经元中有相当大的部分同步活动，大量信息加工是通过彼此交互作用实现的。请想象一下 1000 亿台交互式计算机的信息处理能力！依据对脑的这种看法，一个 3 磅重的脑具有比全世界的计算机还要强的计算能力。然而，为防止你过分高估了脑，必须指出的是脑并不善于做某些计算机所擅长的工作。有许多任务，例如求平方根，一个简单的袖珍计算器就能胜过 1000 亿个神经元。理解人的神经系统的强项和弱点是理解人类认知本质的一个主要目标。

神经元

神经元的形状和大小是多种多样的，这取决于它们所处的确切位置和功能（图 1.3 图示了部分种类的神经元）。但是，神经元有着一个被普遍认可的典型
形态，单个神经元或多或少与它相似。图 1.4 为典型神经元的示意图。神经元 14
的主体叫做胞体。胞体的直径一般为 5~100 微米（μm）（1 微米等于百万分之一米）。胞体上的短分枝被称为**树突**（dendrite），而从胞体延伸出的是被称为**轴**

4 神经系统中并非大多数细胞是神经元，还有许多其他的细胞，譬如，据信是为神经元提供支持的胶质细胞（glial cell）。

5 例如，根据一种观点，每个神经元每 10 毫秒执行上千次的实数乘法和加法运算。

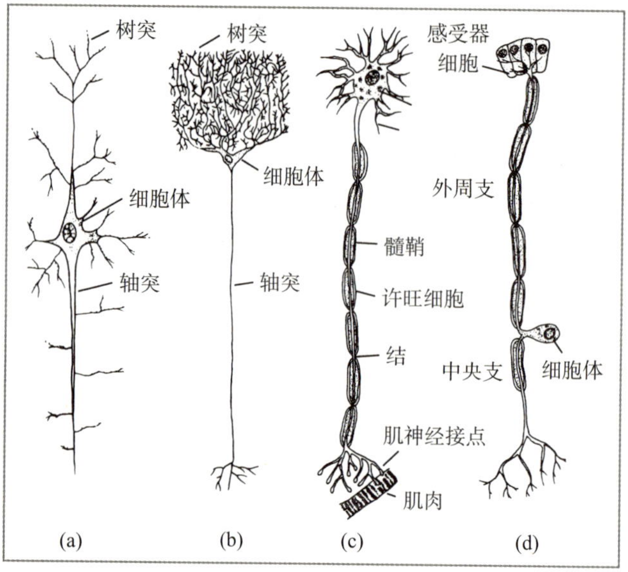

图 1.3 **部分种类的神经元：(a) 锥体 (pyramidal) 细胞；(b) 小脑的浦肯野 (Purkinje) 细胞；(c) 运动 (motor) 神经元；(d) 感觉 (sensory) 神经元。**（资料来源：Keeton, 1980. Reprinted by permission of the publisher. ©1980 by W.W.Norton.）

突（axon）的长管。轴突的长度为几毫米至一米不等。

轴突为神经元提供了彼此之间通讯的固定通道。一个神经元的轴突伸向其他神经元的树突。轴突在其端部分叉形成许多树状枝。每个树状枝都在其端部形成终扣，终扣几乎与另一神经元的树突接触。终扣与树突之间的间隙一般在 10~50 纳米（nm）之间（1 纳米等于十亿分之一米）。轴突与树突之间的紧密接触被称为**突触**（synapse）。神经元间通讯的典型方式是位于突触一侧的轴突末端释放出叫做**神经递质**（neurotransmitters）的化学物质，神经递质作用于树突受体的细胞膜，改变其极性或电位。覆盖整个神经元的细胞膜的内侧与外侧的典型电位差为负 70 毫伏（mV），因为细胞膜内侧的负离子浓度大于其外侧的正离子浓度。细胞膜外侧高浓度的带正电的钠离子的存在对理解神经元的功能尤其重要。根据神经递质的特性，这个电位差能够升高或降低。使电位差降低的突触被称为**兴奋性**（excitatory）突触，而使电位差升高的突触则称之为**抑制性**（inhibitory）突触。

胞体和树突平均有大约 1000 个来自其他神经元的突触，轴突的突触则连向大约 1000 个其他神经元。任何一个突触引发的电位变化都相当小。然而，单个兴奋和抑制效应却能够累加起来。如果有足够的净兴奋输入，胞体的电位差就会急剧下降。如果电位差下降足够大，去极化将会出现在连接轴突与胞体的轴丘（参见图 1.4）。这种去极化是由于带正电的钠离子迅速进入神经元内而造成的。它导致神经元的内侧电位有极短的时间（1 毫秒）高于外侧电位。这
15 种被称为**动作电位**（action potential）或尖峰脉冲的突变会沿轴突下传。也就是说，沿轴突往下电位差会产生突发的瞬时改变。这种突变的传导速率在 0.5 米 / 秒至 130 米 / 秒之间，取决于轴突的特性，例如轴突被髓鞘覆盖的程度（髓鞘化程度越高，突变传导得越快）。神经脉冲抵达轴突的末端时，会造成神经递质从终扣处释放，从而完成循环。

简而言之，电位的改变在细胞体上逐渐积累，当达到阈值时会形成动作电

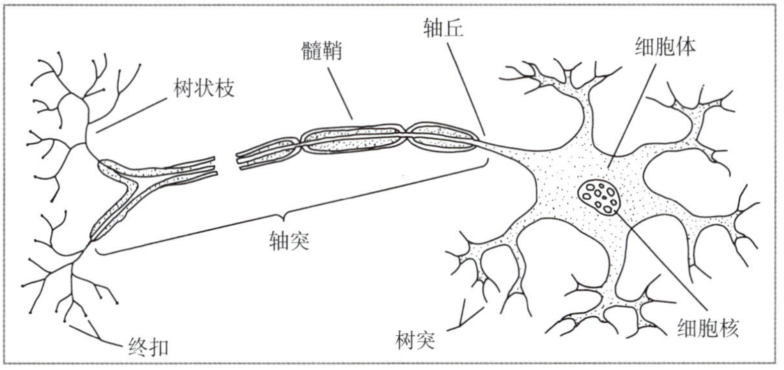

图 1.4　**典型神经元的示意图**。（资料来源：Katz, 1952. Reprinted by permission of the publisher. © 1952 by *Scientific American*.）

位沿轴突下传。该脉冲进而导致神经递质从轴突末梢传送至另一个神经元并引起它的细胞膜的电位的改变。我想强调的是：这个序列几乎就是神经信息加工的全部。智能就是从这种简单的交互作用系统中产生的。认知神经科学的一个主要的挑战是理解智能的产生机制。

神经通讯完成从一个神经元至另一个神经元的路径需要大约 10 毫秒——肯定大于 1 毫秒而小于 100 毫秒，实际速度取决于有关神经元的特性。这比计算机在 1 秒钟内执行几百万次运算要慢得多。但是，人脑中同时进行着数以十亿计的这类活动。

◎ 神经元的通讯是通过突触一侧的轴突末端释放神经递质实现的，这些神经递质作用于树突受体的细胞膜来改变其电位。

信息的神经表征

有两个数值对脑中的信息表征特别重要。第一个是细胞膜的电位，它可以是或大或小的负值。第二个是一个轴突每秒传递神经脉冲的数量，这个量叫做轴突的**放电频率**（rate of firing），它是可以改变的。一般认为，重要的是沿着一个轴突传递的脉冲的数量而不是脉冲的模式。放电频率可以高达每秒 100 个神经脉冲。放电频率越高，轴突对与它以突触相连的细胞的影响越大。我们可以将脑的信息表征与计算机的信息表征进行对照。在计算机中单个的存储单元，或位元（bit），只能取断开（0）或接通（1）这两个值中的一个。一个典型的计算机存储单元不能像典型的神经细胞那样连续变化。

总之，有一种方法能从概念上把握神经元间的交互作用，从而解释神经系统中信息传递的许多特殊变化。我们可以设想神经元具有一个大体上与轴突的放电频率或与树突和胞体的去极化程度相对应的激活水平。神经元通过提高其

他神经元的激活水平（兴奋）或降低它们的激活水平（抑制）而相互作用。全
16 部神经信息加工都是以这种兴奋效应和抑制效应的方式发生的，它们构成了人类认知的基础。

神经元如何表征信息，这本身就是一个有趣的问题。有单个的神经元对刺激的特定特征作出反应的证据。例如，第 2 章将要介绍当一条直线以一定角度呈现在视野中时最为活跃的神经元。有些神经元会对更为复杂的特征组合作出反应。例如，猴脑中有一些神经元似乎对面孔的反应最为活跃（Bruce, Desimone, & Gross, 1981；Desimone, Albright, Gross, & Bruce, 1984；Perrett, Rolls, & Caan, 1982）。然而，单个神经元不可能将我们所拥有的全部概念和细微差别的含义进行编码。同时，单个神经元的激发也不能表征面部结构的复杂性。

如果单个神经元无法表达我们认知的复杂性，那么复杂的概念和经历是如何表达的呢？神经元的活动怎样表达我们关于棒球运动的概念？它如何使我们得出代数题的解？它又如何使我们感受到沮丧？我们可以问计算机系统是如何处理这类事情的。计算机系统已经显示出有能力回答有关棒球运动的问题，解代数题，以及表现出沮丧。那么在一台计算机的数百万个处于断开或接通状态的位元中，棒球运动的概念存放何处？一个位元中的变化是如何导致了一个代数问题的解或一种沮丧的感觉？对这些问题的回答是这些问题只见树木不见森林。一项体育运动的概念、一道题的解或一种情绪出现在一些大规模的位元变化的模式中。与此类似，人类的认知也是通过一些大规模的神经活动的模式实现的。一项研究（Mazoyer et al., 1993）比较了听到随机呈现的单词的被试、听到构成无意义句子的单词的被试，以及听到构成条理清晰句子的单词的被试，研究者用下面很快就要介绍的方法测量了脑的活动。他们发现，从听到单词到听到句子再到听到有意义的故事，被试脑中越来越多的区域活跃起来。这一结果表明，我们对有意义的故事的理解涉及许多个脑区的活动。

设想一下计算机是如何存储信息的，便会对我们有所启发。考虑一个简单的例子：词的拼写。大多数计算机都有将二进制数值（1 和 0）构成的模式表示字母的编码。表 1.1 是使用一种叫做 ASCII[6] 的编码系统的例子。它给出了用 0 和 1 的模式对 cognitive psychology（认知心理学）两个词的编码。

与此类似，脑能够以神经活动的模式而不是简单的细胞放电来表达信息。表 1.1 中的编码包括冗余位元，它使得一旦有某些位元丢失时计算机能够纠错（注意，表中每一列都有偶数个数字 1，它反映了为冗余所增加的位元）。和计

6 ASCII 是美国信息交换标准码 (American Standard Code for Information Interchange) 的缩写。表 1.1 的上方是词 cognitive 的 ASCII 码，下方是词 psychology 的 ASCII 码。其中上方第 1 列是字母 c 的 ASCII 码，第 2 列是字母 o 的 ASCII 码，依此类推。

表 1.1

用带奇偶校验的 7 比特 ASCII 码来编码的 COGNITIVE PSYCHOLOGY									
1	1	0	0	1	1	1	0	1	
1	1	1	1	1	1	1	1	1	
0	0	0	0	0	0	0	0	0	
0	0	0	0	0	1	0	1	0	
0	1	0	1	1	0	1	0	0	
0	1	1	1	0	1	0	0	1	
1	1	1	1	0	0	0	1	0	
1	1	1	0	1	0	1	0	1	
0	0	0	1	0	1	1	1	0	0
1	1	1	1	1	1	1	1	1	1
0	0	0	0	0	0	0	0	0	0
1	1	1	0	0	0	0	0	0	1
0	0	1	0	1	1	1	1	0	1
0	0	0	0	0	1	1	1	1	0
0	1	0	1	0	1	0	1	1	0
0	1	1	1	0	1	0	1	1	1

算机一样，脑对信息的编码似乎也是有冗余的。它使得即使一定的细胞受到损伤，脑仍能确定模式的编码对象是什么。一般认为，脑所使用的信息编码和实现冗余的系统与计算机中所采用的完全不同。并且，脑似乎采用了比计算机所 17
使用的冗余度高得多的编码，因为单个神经元的行为并不特别可靠。

到目前为止，我们仅仅讨论了神经活动的模式。然而，这种模式是瞬时的。脑不会将同一模式保持几分钟，更不用说几天了。这意味着神经的活动模式不能对我们关于外部世界的永久性知识进行编码。人们认为记忆通过神经元间突触连接的变化进行编码。通过改变突触连接，脑能使它自己重新生成一定的模式。成年人不会长出大量的新神经元或新突触，但突触的效力可以随经验而改变。有证据表明，在学习过程中突触连接确实会发生变化，包括神经递质释放的增加（Kandel & Schwartz，1984）和树突受体敏感性的增加（Lynch & Baudry，1984）。我们将在第 6 章中讨论一些这方面的研究。

◎ 信息是通过众多神经元的活动模式以及使得这些模式得以重新生成的神经元之间的突触连接来表征的。

脑的结构

我们已经回顾了神经信息加工的一些基本原理，现在让我们来看看由脑和

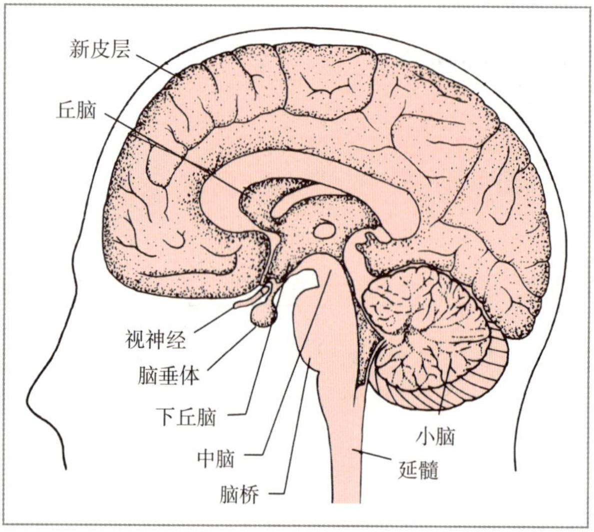

图 1.5 **脑的纵剖图，图中显示了脑的主要组成部分**

（资料来源：Keeton，1980，Reprinted by permission of the publisher ©1980 by W.W. Norton）。

脊髓构成的中枢神经系统的整体结构。脊髓的主要功能是将各种神经信息从脑 18
传送至肌肉以及将各种感觉信息从身体传送回脑。图 1.5 为脑的剖面图，其中标注了一些主要的神经结构。脑较靠下的部分是进化过程中较早的部分，脑较上面的部分是只有高等生物才充分发展了的部分。

相应地，脑较下的部分承担着比较基本的功能。延髓控制呼吸、吞咽、消化和心跳。下丘脑管理着基本欲望的表达。小脑在运动协调中起着重要的作用。丘脑起着中继站的作用，用来将运动和感觉信息从较低的区域传递至皮层。正如我们将在后面进行探讨的，虽然小脑和丘脑承担这些基本功能，但是，它们在人的高级认知方面也起着重要的作用。

大脑皮层，或者叫新皮层，是脑中最新进化出来的部分。大脑皮层虽然在许多哺乳动物中非常小且原始，但对于人脑来说它却是一个比例很大的部分。在人脑中，大脑皮层可以看成是表面积约为 2 500 平方厘米的相当薄的神经组成的皮层。为了使这块神经皮层容纳于颅骨内，它必须是高度折叠的。有着大量折皱的大脑皮层是人脑与低等哺乳动物的脑之间显著的物理差别之一。皮层向外突出的部分称为**脑回**（gyrus），而脑回之间的皱褶称为**脑沟**（sulcus）。

新皮层分为左右两个半球。解剖学上有趣又令人称奇的是身体的右半部分往往是与脑的左半球连接，而身体的左半部分则往往与脑的右半球连接。因此，脑的左半球控制右手的运动和感觉。右耳与左脑半球联系最强。每只眼睛中接收从视野左侧输入的刺激的神经感受器都连接到右脑半球（下一章的图 2.5 和 2.6 将对此进行解释）。

布罗德曼（Brodmann，1909）根据细胞类型的不同，将人的大脑皮层分为 52 个不同的脑区（见彩色插页 1.1）。很多脑区都被证明的确存在功能上的差异。大脑皮层总体上可分为四个脑叶：额叶、顶叶、枕叶和颞叶（见图 1.6）。这些区域是由大脑皮层上的主要皱褶或脑沟划分出来的。**枕叶**（occipital lobe）涵盖了初级视觉区域。**顶叶**（parietal lobe）掌控着某些知觉功能，包括空间加工和身体的表征。它还参与注意的控制，详见第 3 章。**颞叶**（temporal lobe）接

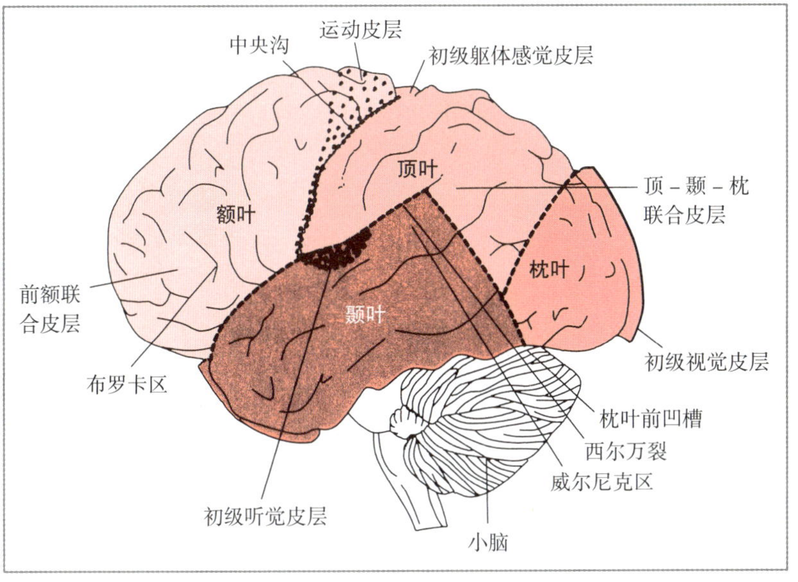

图 1.6　**大脑皮层的侧视图，图中显示出每个脑半球的 4 个脑叶，即额叶、枕叶、顶叶和颞叶（着不同深度红色的区域），以及大脑皮层的其他主要组成部分。**（资料来源：Kandel & Schwartz，1984，Reprinted by permission of the publisher © 1984 by Elsevier）

收枕叶的输入并参与物体识别。它还包括了初级听觉区和参与语言加工的威尔 19
尼克区。**额叶**（frontal lobe）有两个主要功能：额叶的背部负责初级运动加工；前面的部分称为**前额叶皮层**（prefrontal cortex），被认为控制着更高级的加工过程，例如计划。灵长类的大脑额部比大多数哺乳动物在比例上都要大得多，并且人类因其占据最大比例的前额叶（见彩色插页 1.1 第 10 区）而与其他灵长类不同（Semendeferi，Armstrong，Schleicher，Zilles，& Van Hoesen，2001）。图 1.6 在本书许多章的开头都会重复出现，并标出与该章主题相关的脑区。

然而，我们不能因此认为只有新皮层才在高级认知中扮演重要角色。脑中有许多由皮层至皮层下结构再返回皮层的重要回路。经证实，一个对记忆极其重要的区域是位于大脑皮层和下层结构之间的边界处的边缘系统。边缘系统包含一个叫做**海马**（hippocampus）的结构（位于颞叶内部），它看来对人的记忆至关重要。遗憾的是，在如图 1.5 那样的纵剖视图中无法显示海马，因为海马是在左右两个脑半球的内部，位于表层与脑的中心之间的结构。图 1.7 是海马
及其相关结构的示意图。正如我们将在第 7 章所见，损伤海马及其邻近结构将 20
导致严重的健忘症。

另一组重要的皮层下结构是**基底神经节**（basal ganglia）。基底神经节的重要的连接示于图 1.8。基底神经节既参与基本运动控制，又参与复杂认知控制。这些结构接收来自几乎所有皮层区域的投射，并且发送投射至前额皮层。诸如帕金森病和亨廷顿病之类的神经疾病是由于基底神经节损伤所致。经受这些疾病之苦的患者不但出现了以颤抖和僵直为特征的明显的运动失控症状，而且他

图 1.7 **边缘系统的部分皮层下结构，包括海马在内（红色标注）。图中也标出了相关结构。**（资料来源：Gluck, Mercado, & Myers, 2008. 图 2.3.）

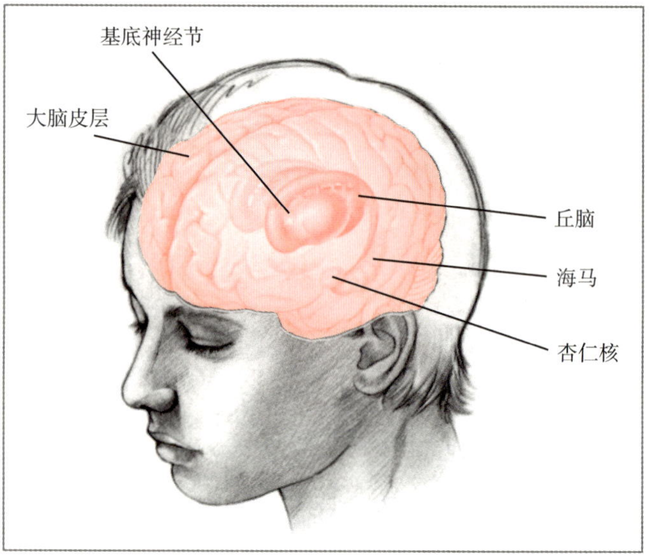

们在完成精细的认知任务方面也存在困难。小脑的主要作用是运动控制，但看来在高级认知过程中也扮演着一个角色。在小脑损伤的患者中已经观察到了许多认知缺失症状。

◎ 脑由若干个不同的区域所组成，不同的区域执行不同类型的功能。

功能定位

我们现在开始了解高级认知功能在脑中出现的位置。两个脑半球显示出对不同类型信息处理的某种程度的专门化。一般而言，左脑半球看起来与语言和分析的信息加工有关，而右脑半球则与知觉和空间信息加工有关。左右两个脑半球由叫做**胼胝体**（corpus callosum）的宽厚的纤维带连接。为防止癫痫
21 发作，有些患者做了胼胝体切开手术。这种患者被称为**裂脑病人**（split-brain patients）。这种手术一般都很成功，患者看上去相当正常。两个脑半球之间差异的证据大多出自对这些患者的研究。精细的心理学研究已经发现了裂脑病人和未做此类手术的人之间的巨大差异。在一项实验中，钥匙一词闪现在患者正在注视的屏幕的左边。由于该词位于屏幕的左边，因此，它将由非语言的右脑半球接收到。当问在屏幕上出现了什么时，患者无法说出，因为语言占优势的脑半球不知道这个词。但是，该患者的左手（而不是右手）却能从隐藏在视线之外的一组物体中挑拣出钥匙来。

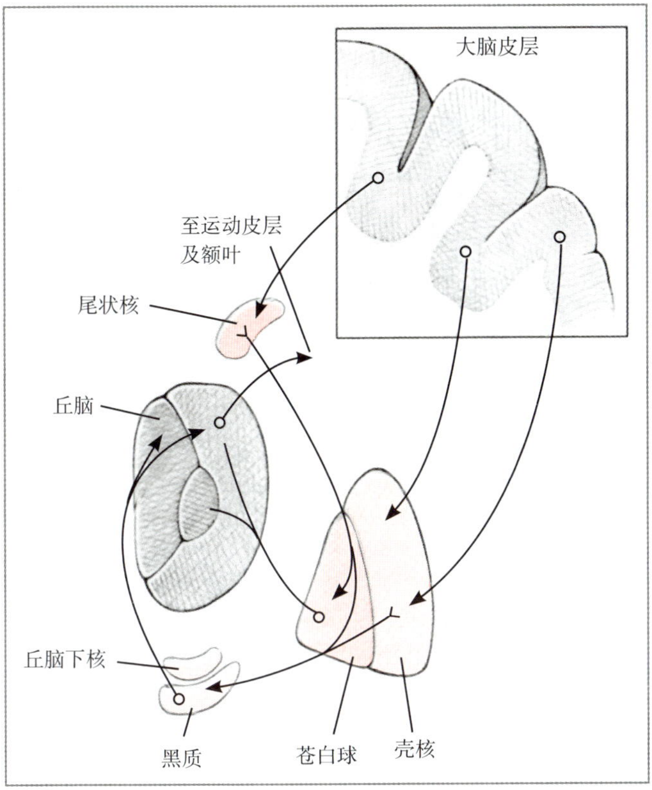

图 1.8

基底神经节的主要结构（着不同红色的区域），包括尾状核、丘脑下核、黑质、苍白球和壳核，以及它和大脑皮层的主要连接（输入和输出）

（资料来源：Gazzinga et al., 2002. Reprinted by permission of the publisher ©2002 by W. W. Norton）

对裂脑病人的研究已经使心理学家能够发现左右两个脑半球各自的功能分工。研究表明左脑半球具有语言优势。例如，指令可以呈现给这些患者的右耳（到达其左脑半球）或左耳（到达其右脑半球）。右脑半球只能理解最简单的语言命令，而左脑半球则显示出完整的领悟能力。与此不同的结果是，当比较右手（左脑半球）与左手（右脑半球）执行动手任务的能力时，右脑半球明显优 22
于左脑半球。

对其他特定脑部损伤病人的研究表明，左脑皮层有称为**布罗卡区**（Broca's area）和**威尔尼克区**（Wernicke's area）的脑区（见图 1.6）。它们看来是负责言语功能的关键脑区，因为损伤它们会造成言语严重受损的**失语症**（aphasia）。涉及言语的神经区域可能不仅仅是这两个区域，但是，这两个脑区确实非常重要。不同的言语缺失似乎取决于损伤的是布罗卡区还是威尔尼克区。患有布罗卡失语症（即损伤在布罗卡区）的人说的是短促、不合语法的句子。例如，当问一位病人周末是否开车回家时，他答道：

为什么，是的……星期四，呃，呃，呃，不，呃，星期五……芭－芭－

> 拉……妻子……和，哦，车……开……收费高速公路[7]……你知道……休息和……电视（Gardner，1975，p. 61）

与此相反，患有威尔尼克失语症的病人说的是相当合语法但却几乎是无意义的句子。这种病人有词汇方面的困难并且说的是空话。下面是一位这种病人对“是什么原因让你到医院来的？”这一问题的答复：

> 哦，我在出汗，我太紧张了，你知道，有时我被抓住，我不能说出 tarripoi[8]，一个月前，差不多吧，我做了好多，我施加很多影响，哦，还有，你知道我说的是什么，我必须来回跑，仔细检查，trebbin[9] 和所有那些玩意。（Gardner，1975，p. 68）

◎ 脑内不同的专门区域支持不同的认知功能。

拓扑组织

在皮层的许多区域，信息加工在空间上形成了一种叫做**拓扑组织**（topographic organization）[10] 的结构。例如，在皮层后部的视觉区，相邻区域表征了视野中相邻区域的信息。图 1.9 提供了这一事实的一个例证（Tootell，Silverman，Switkes，& De Valois，1982）。研究者给猴子呈现了如图 1.9a 的圆窗图形。图 1.9b 为记录在枕叶皮层上的激活图形，它是通过注射一种可标记神经活动最强的位置的放射性材料而获得的。我们看到圆窗结构被复制出来，其中只有少许的畸变。类似的组织原理支配着身体部位在运动皮层和躯体感觉皮层中沿中央沟的表征。身体的相邻部分表征在相邻的神经组织中。图 1.10 表示了沿躯体感觉皮层的人体表征。请注意，图中的身体是变形的。有些区域得到明显的过度表征。结果是这些过度表征的区域对应着身体比较敏感的地方。因此，例如，相比背和大腿，我们的手和脸能够辨别出更细微的触觉刺激的差异。再如，视觉中心处的视野在视觉皮层中被过度表征，因此我们视觉中心的精确度最高。

---

7 患者将 turnpike 说成了 purnpike。

8 非正确英语单词。

9 非正确英语单词。

10 为了方便起见，这里用了音译。但需要说明，著者在 email 中指出，这里的 topographic 与用在其他地方的 topology（拓扑）、topography（地形图）无密切关联。它是指，如同在初级运动皮层或初级视觉皮层中那样，空间中相邻的部分在脑中表达在相邻的部位。按照语义应当译成“近邻保持组织”。——译者注

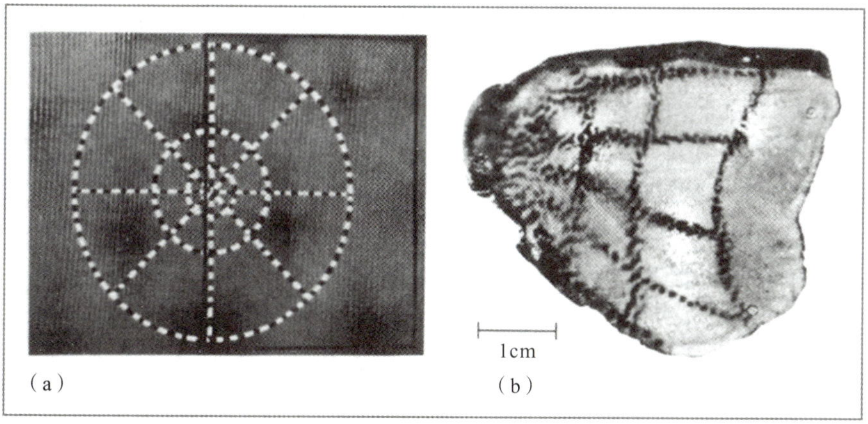

图 1.9　**拓扑组织的证据。视觉刺激（a）呈现给猴子，刺激导致了猴脑的激活模式（b）。这一模式与刺激的结构非常匹配。**（资料来源：Tootell et al.，1982. Reprinted by permission of the publisher. ©1982 by American Association for the Advancement of Science.）

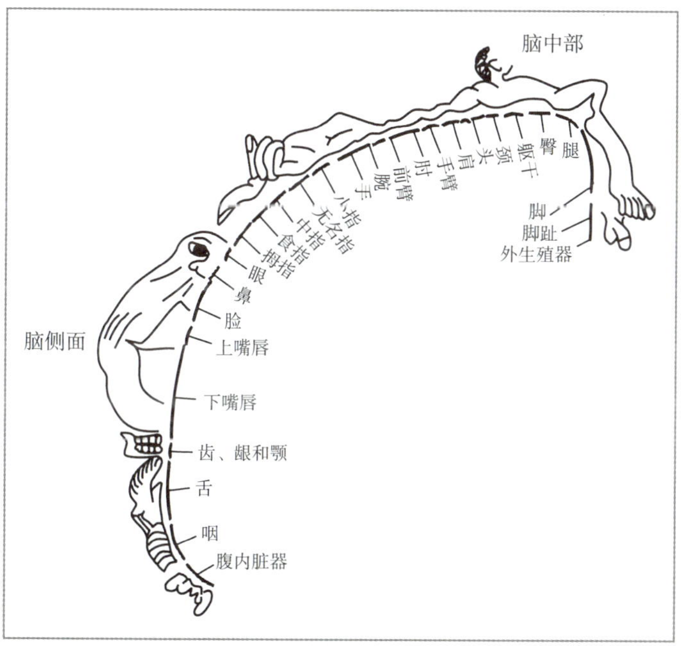

图 1.10　**躯体感觉皮层的横断面图，显示了人的身体是如何映射到神经组织的。**（资料来源：Kandel & Schwartz，1984. Reprinted by permission of the publisher. © 1984 by Elsevier.）

有种观点认为，拓扑图的存在使加工相似区域的神经能够彼此间互相作用（Crick & Asanuma，1986）。虽然大脑的不同区域之间有纤维相连，但是神经元 23
主要还是和邻近的神经元相连接。也就是说，局域连接不仅使神经元之间的通讯时间最小化，而且也使将其连接在一起的神经组织的数量最小化。局域化的

24 极端情况是皮层微柱（Buxhoeveden & Casanova，2002）——大约100个神经元组成的功能非常有限的微小的垂直柱状结构。例如，初级视觉皮层中的皮层柱专门负责加工来自一只眼睛的一个位置的一个方向的信息。

皮层微柱中的神经元并非代表一个极其精确的位置，而是一定范围的邻近区域。它与神经信息加工的另一个特点粗糙编码有关。单个神经元似乎对应着一定范围的事件。例如，当躯体感觉皮层的单个神经元的神经活动被记录下来时，我们可以看到它并不只是在身体的某一个点受到刺激时做出反应，而是当身体不算小的一小块区域中的任何一点受到刺激时都做出反应。那么，我们如何才能准确地知道哪一点被碰触了呢？这个信息被非常精确地记录了下来，但并不是基于任何一个特定细胞的反应，而是不同的细胞将对身体中不同的重叠区域做出反应。身体中的任何一点都会激活一个细胞群，不同的点激活不同的细胞群。因此，一个点的位置是由激活模式所反映的。这个事实支持了神经信息往往由激活模式所表征这一观点。

◎ 皮层中相邻的细胞倾向于处理来自身体邻近区域的刺激。

认知神经科学的方法

为了理解认知的神经基础，人们是怎么做的呢？过去许多神经科学方面的研究是在动物身上进行的。其中有些研究涉及到用手术切除皮层的不同部分。通过观察这些手术造成的行为缺损，有可能推断出这些被切除区域的功能。另外的研究记录了特定神经元或神经元区域的电活动。通过观察是什么激活了这些神经元，可以推断出它们在做什么。但是，从动物身上得出的结论在多大程度上能推广到人类身上还很难说。人类的认知能力和大多数其他动物有着巨大的差异。除其他灵长目动物外，即使是让其他动物从事有人类特征的认知过程都非常困难。这就造成了通过动物实验理解高层次的人类认知的神经基础的巨大障碍。

直到最近，对患者群的研究仍然是理解脑在人类认知中的作用的主要基础。我们已经介绍了这方面的一些研究，例如，对裂脑病人的研究和对中风导致语言障碍患者的研究。正是对患者群的研究，揭示了人脑是单侧化的，左脑半球侧重于语言加工。这种脑半球的专门化没有出现在其他物种中。

近年来，对参加各种认知活动的正常被试实施无创伤脑功能成像的方法有
25 了重大进展。在神经成像方面的进展是认知神经科学最振奋人心的发展之一，在本书中它将不断地被引用。这些方法的精度已经得到了大幅度的改进，尽管

它不如记录单个神经元那样精确，但是对人进行单细胞记录只有在极少的情况下才能实施（而且是外科手术过程的一部分）。

脑电图（electroencephalography，EEG）记录头皮上的电位。当大群体的神经元激活时，它们的电活动会在头皮上产生独特的电位模式。典型的做法是，被试戴上一顶装有多个电极的帽子。这些电极将检测电活动的有节律的变化，并将其记录在脑电图上。图 1.11 显示了不同认知状态下的典型记录。用 EEG 研究认知时，将要求被试对一些刺激做出反应，研究者的兴趣是发现对这些刺激的加工如何影响所记录的总体电活动。为了排除刺激之外的效应，需对许多次测试[11]（trial）进行平均。平均之后的结果便是由刺激所产生的电活动。例如，库塔斯和希利亚德（Kutas & Hillyard，1980a）发现，在被试听到句子中的一个意外词大约 400 毫秒后，出现了一个振幅为负值的大波（我将在第 13 章作进一步讨论）。这种针对某个特定刺激作出反应的平均 EEG 被称之为**事件相关电位**（event-related potentials，ERPs）。ERPs 具有很好的时间分辨率，但是要推断出产生头皮电活动的神经活动在脑中的位置则是困难的。

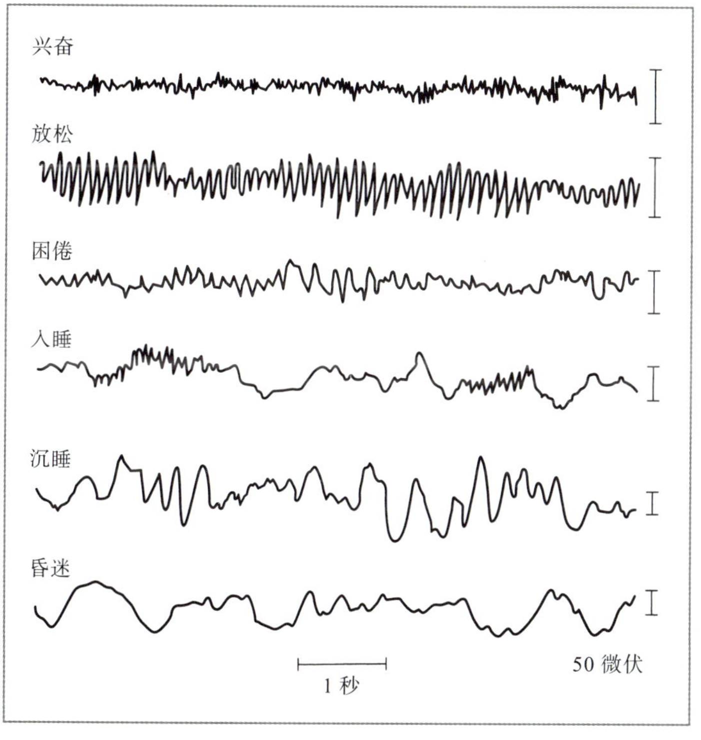

图 1.11　不同意识状态下的脑电图曲线。（资料来源：Kolb & Whishaw，1996; after Penfield & Jasper. 1954. Reprinted by permission of the publisher ©1996 by W. H. Freeman.）

11 通常一个实验由许多次测试（trial）组成。——译者注

ERP 新近的一种变体是**脑磁图**（magnetoencephalography，MEG），它提供了更好的空间分辨率。脑磁图记录了电活动所产生的磁场。因为所测量的磁场的特性，它最适合探测皮层的脑沟活动，而对脑回和脑的深层部位的活动不太敏感。

下面我们将讨论两种方法，**正电子发射断层扫描**（positron emission tomography，PET）和**功能性磁共振成像**（functional magnetic resonance imaging，fMRI），它们在确定神经活动的位置方面的能力相对较强，但是在确定神经活动的时间进程方面的能力相对较差。无论是 PET 还是 fMRI 都不是直接测量神经活动。相反，它们测量的是脑中不同区域的新陈代谢率或血流量。其所依据的事实是，脑中越是活跃的区域，其所需的新陈代谢消耗就越大，通过的血流量也越大。它们可以被看成是对某个脑区的工作量的测量。

26 在做 PET 时，要将一种放射性示踪物质注射至人体的血流中（在典型的 PET 中，放射性照射的剂量相当于两次 X 射线胸部透视的剂量，因而并无危险）。被试被安置在一台 PET 设备中，该设备能够检测出放射性元素含量的变化。目前的方法可达到 5~10 毫米的空间分辨率。例如，波斯纳和彼得森等人（Posner，Peterson，Fox，& Raichle，1988）采用 PET 通过观察人脑有哪些区域参与了单个单词的阅读来给阅读过程的各个成分进行定位。图 1.12 为他们的研究结果。皮层上的三角形表示被试在被动地注视具体名词时，脑的活跃区域。正方形则表示要求被试想出这些名词的用途时变得活跃的区域。三角形位于枕叶，正方形位于额叶。因此，这些数据表明，视觉知觉到一个单词的过程与思考一个单词的意义的过程发生在脑的不同部位。

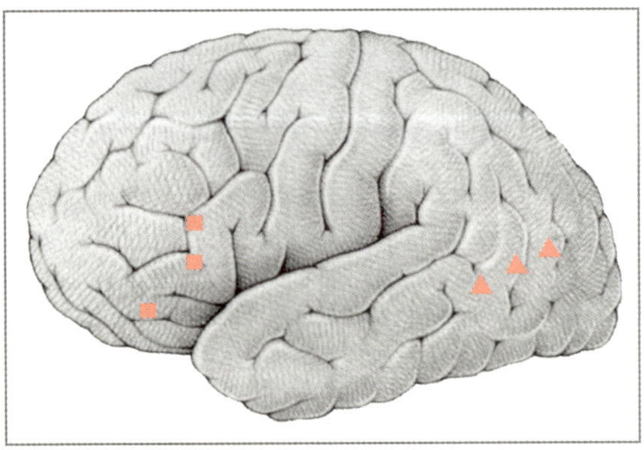

图 1.12 从皮层的侧面看由视觉单词阅读激活的区域。三角形表示由被动视觉任务激活的位置，正方形表示由语义任务激活的位置。（资料来源：Posner et al.，1988. Reprinted by permission of the publisher. ©1988 by American Association for the Advancement of Science.）

fMRI 已经在很大程度上取代了 PET。fMRI 甚至提供了比 PET 更佳的空间分辨率与更低的侵入性。fMRI 采用了与磁共振成像（MRI）相同的扫描设备，目前 MRI 已成为医院扫描患者各种结构包括脑结构在内的标准设备，稍作改动，它就可以用来进行脑功能成像。fMRI 无须向被试注射放射性示踪药物，其依据的事实是神经活动越活跃的区域，其氧合血红蛋白越多［有人可能认为较强的活动会耗尽氧，而事实是，身体对此作出了过度的补偿反应，结果反而增加了血液中的氧——这被称为**血流动力学反应**（hemodynamic response）］。无线电频的电磁波被发送，穿过脑并使血红蛋白中的铁产生局域磁场，该磁场可用安置在头部周围的磁传感器探测到。因此，fMRI 提供了一种测量特定脑区所消耗能量的手段：神经活动较强的脑区域信号较强。fMRI 优于 PET 的特点包括，无须注射放射性物质，因而能允许较长时间的测量，此外它提供了较高的时间和空间的分辨率。下一节我将详细介绍一项 fMRI 的研究来说明它的基本方法以及它能做些什么。

无论是 PET 还是 fMRI 都不是实用的、可每天用来测量的方法。就连较为实用的 fMRI 也要用价值数百万美元的扫描设备，并且要求被试一动不动地躺在噪声不断又令人感到不舒适的封闭黑暗的空间内。然而，更为实际的技术将有希望成为可能。一种比较有前途的方法是近红外检测技术（Strangman, Boas, & Sutton, 2002）。这种方法的原理是光线可以穿过组织（将一只手电筒放在你的手掌下可以演示这一点）并被反射回来。在近红外检测技术中，将光线照射在颅骨上，然后用设备检测反射光的光谱。结果发现，近红外光趋向于不被氧合组织所吸收，这样，通过测量近红外区光线的光通量（该光线无法被 27
人的肉眼看到），人们就能检测到脑部特定区域中血液的氧合情况。这种方法有望比 PET 或 fMRI 廉价得多且局限性较小，而且不需要限制被试的头部活动。甚至现在这项技术就已经被用于无法确保不动的幼儿和无法控制自己运动的帕金森病患者。这种技术的主要局限是它只能探测到脑内 2~3cm 的活动，这是光波能有效穿透的距离。

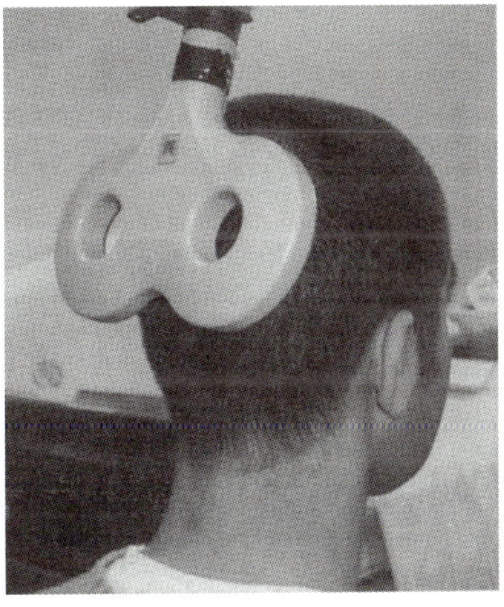

图 1.13　**经颅磁刺激产生于放置在头上的一个线圈。这个线圈产生短暂但强有力的磁脉冲，磁脉冲导致脑表层的一个小区域出现瞬时电流。瞬时电流会以高度的时间精度和良好的空间精度干扰脑的加工功能。**（Sabine Kastner 提供）

虽然这些各种各样的成像技术彻底改变了我们对人类认知的探索，但是它们各有其局限性。除了在空间和时间分辨率上各有不同的局限性外，它们还难于做出因果推论。仅仅因为探测到人在执行一项任务时某个脑区的激活，并不能说明这一区域就是执行该任务的关键。直到最近，我们还不得不从对脑中风、脑损伤和脑病变的病人的研究来确定某个脑区的重要性。但是，现在已经有了新的能够暂时抑制一个脑区的方法。其中最主要的一种方法称为**经颅磁刺激**（transcranial magnetic stimulation, TMS），在使用中将一个线圈置于头颅的特定位置并将脉冲传送到这个区域（见图 1.13），使得线圈下的脑区的功能受到干扰。只要操控得当，TMS 是安全的而且没有持久影响。它可以有效地确定不同脑区的作用。例如，当被试试图学习、记忆一个项目时，前额叶和顶叶都有所激活。然而，当 TMS 作用于前额叶（Rossi et al.，2001），而不是作用于顶叶时（Rossi et al.，2006），则会干扰记忆的形成。这就意味着前额叶在记忆形成的过程中起到了更为关键的作用。

◎ EEG、MEG、fMRI 和 TMS 等技术使得研究人员可以研究人类认知的神经基础，其精度开始逼近动物实验。

用 fMRI 研究解方程

大多数脑成像研究着眼于相对简单的认知任务，大多数认知神经科学的研究也是如此。认知神经科学兴起的一个潜在风险是，人们可能会以为人脑只能处理那些可以用神经科学的技术来研究的简单事情。然而，现在已经有了一些考察较复杂过程的开创性尝试，并取得了相当可喜的成果。我将介绍一项我们所做的研究（Qin，Anderson，Silk，Stenger，& Carter，2004），这项研究考察了正在学习解方程的 11~14 岁的儿童的解方程过程。它体现了信息加工分析和认知神经科学技术的有效结合。

28 秦等人（Qin et al.，2004）研究了八年级学生解决三种不同复杂水平的方程的过程。复杂水平由求解所需变换的步骤数目来衡量：

0 步：$1x + 0 = 4$
1 步：$3x + 0 = 12$ 或 $1x + 8 = 12$
2 步：$7x + 1 = 29$

请注意：0 步方程的形式与通常的不同，它在 x 前面有 1，在 x 后有 + 0。这种格式反映出这样一个事实：必须对不同条件下的视觉复杂性加以控制，以避免只是由于必须处理更为复杂的视觉刺激而在视觉皮层及其他地方获得差异。扫描时，学生们的头部要保持不动。他们戴着一只作反应用的手套，通过按下某一个手指来表明对该问题的回答（拇指 =1，食指 =2，中指 =3，无名指 =4 以及小拇指 =5）。[12]

秦等人（Qin et al.，2004）建立了一个解这种方程的信息加工模型，其中包括想象方程变换、算术和代数知识的提取以及动作反应的安排。图 1.14 表示了这些活动的序列。与已有的研究相一致，它有如下假设：

1. 手动安排反映在左侧运动皮层和躯体感觉皮层的激活（参见图 1.10，被试用他们的右手作答，因此激活左侧大脑皮层）。

12 所有方程的解全都用心算求得，实验所用方程的解只在 1 到 5 的范围之内。

2. 每个方程的想象变换将激活顶叶皮层参与心理表象的区域（参阅第 4 章）。
3. 算术信息的提取将激活左前额皮层的一个区域（参阅第 6 章和第 7 章）。

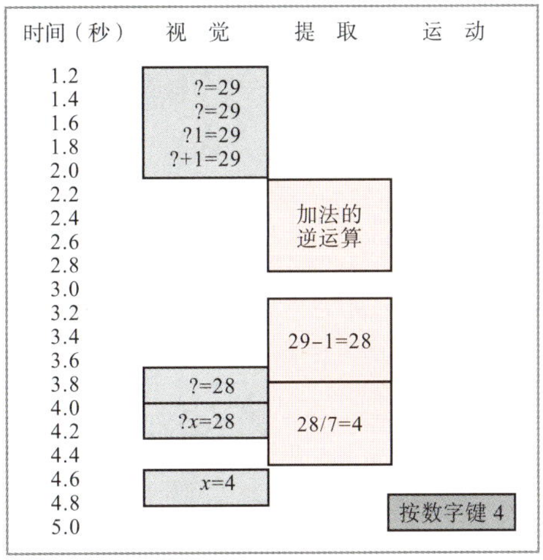

图 1.14　求解方程 7x+1=29 的信息加工模型中的步骤。模型包括想象方程变换（视觉加工），算术和代数知识的提取，以及动作反应安排。

图 1.15 示出了这三个感兴趣区域的部位。每个区域是一个边长约 15 毫米的立方体，大小大约是你手指的最后一节。fMRI 能够有高得多的空间分辨率，但是我们的应用并不需要这种水平的精度。

解这三种类型方程的时间分别为：0 步方程需 2 秒，1 步方程需 3.6 秒以及 2 步方程需 4.8 秒。然而，在学生们按下手指给出答案以后，有一段长的休息时间以便让脑的活动水平返回至基线水平，接着进行下一次测试。秦等人（Qin et al.，2004）得到的数据是**血氧水平依赖（BOLD）响应**［blood oxygen level dependent（BOLD）response］超过基线的百分数。在这项实验中，每个区域每 1.2 秒记录一次 BOLD 响应数据。图 1.16a 显示了三种不同条件下运动区的 BOLD 响应。图中增量百分数从方程呈现时开始标示。请注意，即使学生们解 0 步方程并按键给出答案的平均时间为 2 秒，BOLD 函数直到方程呈现后[13]的第 3 次扫描才开始上升到基 29
线以上，直到大约 6.6 秒后它才达到峰值。这个结果反映了这样一个事实：由于氧合血液流到脑的相应部位需要花费时间，神经活动的血液动力学响应是有所滞后的。大体上，血液动力学响应达到峰值是在一次事件的 4 至 5 秒以后。在运动区（参见图 1.16a），BOLD 响应达到峰值的时间在解 0 步方程时大约为 6.6 秒，1 步方程大约为 7.8 秒，2 步方程大约为 9.0 秒。因此，最大值的点反映的是在大约 4 至 5 秒前发生的事件。

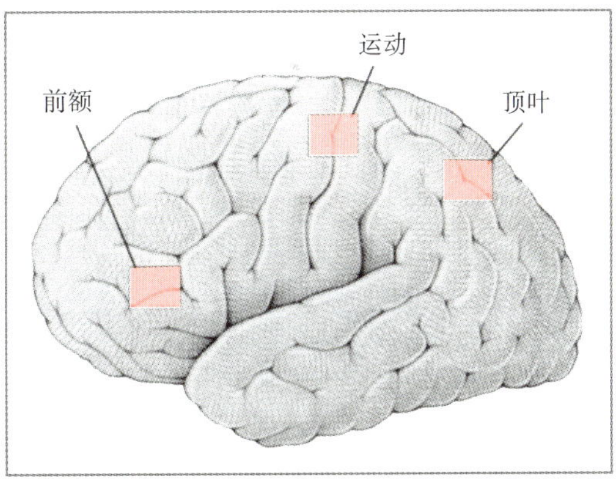

图 1.15　方程求解实验中 fMRI 扫描的感兴趣区域。想象方程变换将激活左顶叶皮层的一个区域；算术信息提取将激活左前额皮层的一个区域；手动安排将激活左运动皮层和躯体感觉皮层。

BOLD 函数的峰使人们能读解脑（read the brain）和看到脑活动发生的时间。函数的峰值高度反映出所发生的活动的量。请注意，图 1.16a 中三种条件下的函数具有几乎相同的高度，这

13 原文为‘方程解出后’，有误。——译者注

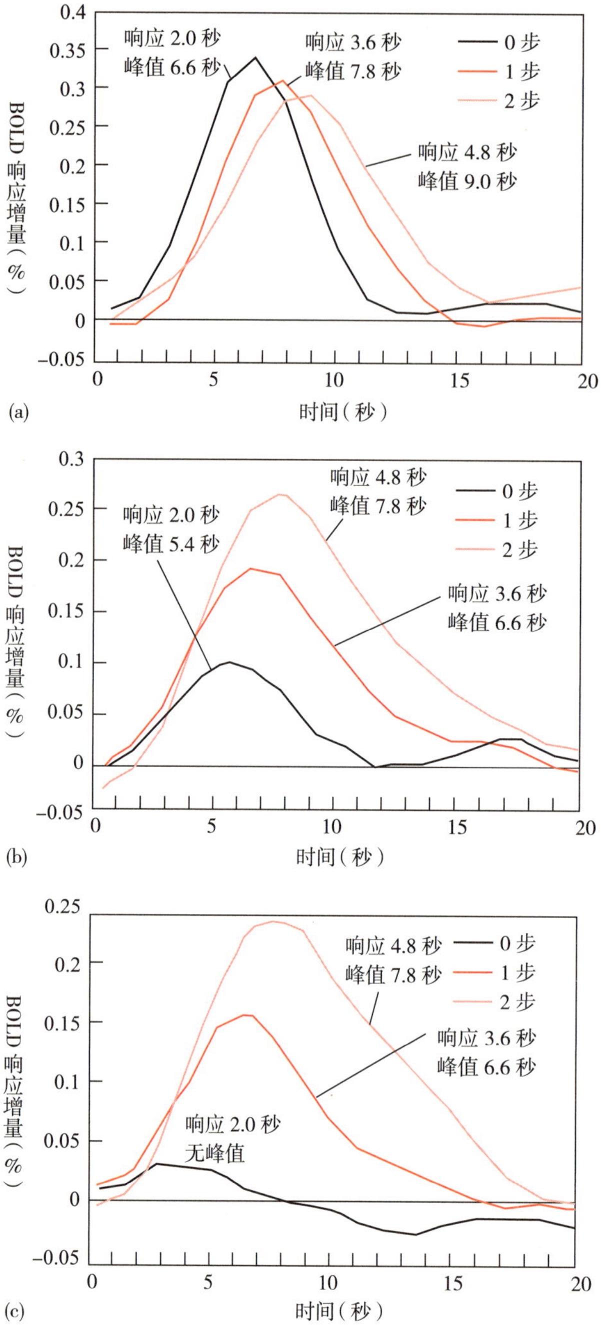

图 1.16 图 1.15 中所示的感兴趣区域对不同方程复杂性的响应：(a) 运动区；(b) 顶叶区；(c) 前额叶区。

是因为每种条件下，按手指所需的精力相同，而与解方程变换次数无关。

图 1.16b 显示了三种条件下顶叶区的 BOLD 响应。如同在运动区，这些响应在不同的时间点达到峰值，这反映出解方程所花的时间不同。然而，它们达到峰值较运动区要早一些，这是因为这里的 BOLD 响应反映的是对方程的心理表象作变换，因而早于得到答案后的按键反应。并且，这里的 BOLD 函数达到的高度非常不同，反映出解方程所需执行的变换次数不同。图 1.16c 显示了前额叶区的 BOLD 响应，它与顶叶区的响应非常相似。重要的区别在于，在 0 步条件下函数没有上升，这是由于在此条件下无须提取任何信息。学生们 30
从原始方程的心理表征就能读出答案。

这个实验表明，研究者能够分别追踪一项复杂任务执行过程所涉及的不同的信息加工成分。fMRI 方法特别适合于复杂认知的研究。它的时间分辨率不是太好，因此，用来研究诸如斯滕伯格任务（参见图 1.1 和 1.2）那样非常短暂的任务是困难的。而在另一方面，当人们在研究一项耗时许多秒的任务时，有可能将它所涉及的各信息加工过程的时间区分开来，正如我们在图 1.16 中见到的那样。由于它的高空间分辨率，fMRI 能将整个加工过程的不同成分分离出来。对于简单的认知，ERP 通常是更合适的脑成像技术，因为它能得到精确得多的时间分辨率。

◎ fMRI 能使研究者追踪一项复杂任务的不同信息加工成分的脑活动。

思考题

本书的网站[1]上为每章提供了一系列思考题(见 Learning Objectives 以及 FAQ)。这些问题有助于进行有效的反思——即本章介绍过的 PQ4R 法的反思阶段。本书各章本身也提供了一系列问题用于强调这一部分的核心内容。本章的思考问题如下：

1. 认知心理学研究被描述为心理在研究心理本身。这真的是认知心理学家在如图1.1和1.16所示的研究中所做的事情的准确特征吗？认知心理学家研究他们自身的思维加工过程会带来特殊的机遇或挑战吗？科学家研究记忆这样的心理系统和研究消化这样的生理系统有什么不同吗？
2. 科学研究方法论中的还原论试图将一个水平的现象还原到较低的水平。例如，本章讨论了复杂的经济行为如何能够还原为个体的决策（认知），后者又如何能够还原为人脑中各个神经元的活动。然而，还原论并未止步于此。神经元的活动还可以还原到化学水平，而化学水平又可以还原到物理水平。通过较低的水平来理解较高的水平在什么情况下是有益的，在什么情况下是无益的？为什么按还原论程序一直进行下去，并且试图去用粒子物理学来解释经济行为这样的事情是无意义的？
3. 就其突出的智力功能而言，人类经常被认为优于其他动物。人类在哪些方面表现出这种质的优越性？在将其他动物研究的结果推论到人类身上时，这些方面会如何导致出现问题？
4. 新的脑活动成像技术已经对认知心理学研究产生了重大的影响，但是每种技术都有其局限性。这些技术的局限性分别是什么呢？理想的脑成像技术应该具备哪些特性？那些真正深入脑的研究（几乎只存在于非人类研究中）是如何为脑成像技术的使用提供信息的？
5. 在进行人类和非人类研究时有哪些伦理道德上的限制？

1 网址为 http://bcs.worthpublishers.com/anderson7e/，出版社（不是本书作者）为本书英文原版书的学习者提供了免费的学习辅助材料。——译者注

关键术语

认知心理学	神经元	枕叶	失语症
人工智能	树突	顶叶	拓扑组织
经验主义	轴突	颞叶	脑电图
先验主义	突触	额叶	事件相关电位
内省法	神经递质	前额叶皮层	脑磁图
行为主义	兴奋性突触	海马	正电子发射断层扫描
格式塔心理学	抑制性突触	基底神经节	功能性磁共振成像
语言学	动作电位	胼胝体	血流动力学反应
信息加工法	放电频率	裂脑病人	经颅磁刺激
斯滕伯格范式	脑回	布罗卡区	血氧水平依赖响应
认知神经科学	脑沟	威尔尼克区	

2 知　觉

我们的身体布满了各种感受器以觉察光线、声音、气味以及与身体的接触。几十亿个神经元对感觉信息进行加工，并将其所发现的信息传递至脑的更高级的中心。这个庞大的信息加工系统给高级认知带来了一个问题，即：如何从所有加工过的感觉信息中选出需要注意的信息，本书第 3 章将讨论这个问题。本章将集中在感觉系统如何识别我们自身以外的世界。我们将主要阐述视知觉，其次是言语知觉，这是人类最重要的两个知觉系统。

本章将着重介绍以下问题：

- 人脑如何从视觉信号中提取信息？
- 如何将视觉信息整合成客体？
- 如何识别视觉和言语模式？
- 背景如何影响模式识别？

视觉信息加工

脑的视知觉

图 2.1 所示的是与加工视觉和听觉信息有关的皮层区域。从图中可以清楚地看到，人类投入了大量的神经资源来加工视觉信息。这种视觉上的投入是我们作为灵长类而“继承”下来的，经过进化灵长类 50% 的脑都用于视觉加工（Barton，1998）。人脑的大量的视觉信息加工是人类能识别所看到的东西的基础。

特定脑区的损伤有时会导致一个人能获取视觉信息，但是不能识别它们。

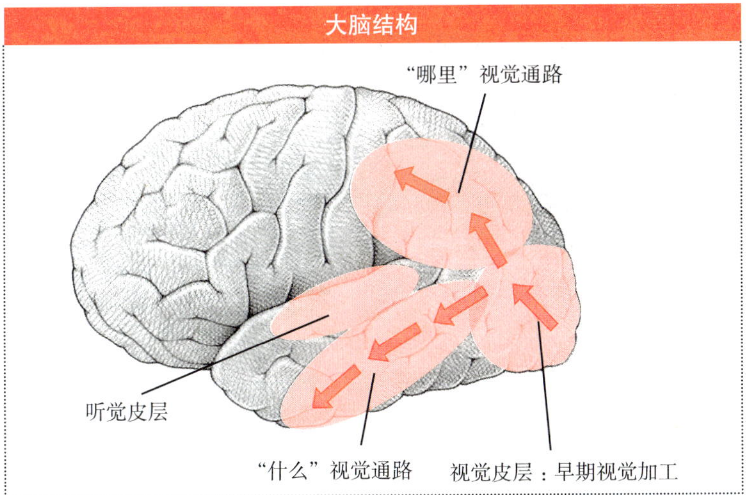

图 2.1　**部分与视觉和听觉加工有关的皮层结构：视觉皮层、听觉皮层、“哪里”视觉通路以及“什么”视觉通路。**（Ungerleider & Mishkin，1982）

视觉失认症（Visual agnosia）是一种既不是由一般智力受损、也不是由基本的感觉能力受损而导致的物体识别能力的丧失。有一名士兵由于意外的一氧化碳中毒导致脑损伤而成为视觉失认症病人。他能通过触觉、气味或声音来 33
识别物体，但他不能将正方形与圆形区分开来，也不能识别脸或字母（Benson & Greenberg，1969）。另一方面，他能区分光的强度和颜色，也能说出物体移动的方向。因此，他的感觉系统能够记录视觉信息，但是，脑损伤使他丧失了将视觉信息转变成知觉经验的能力。这个病人的个案表明，知觉远不止是将感觉信息记录下来。

一般来说，视觉失认症可分为**统觉失认症**（apperceptive agnosia）和**联想失认症**（associative agnosia）（综述可参阅 Farah，1990）。本森（Benson）和格林伯格（Greenberg）的病人被认为患有统觉失认症。这种病人不能识别如圆形或三角形等简单的图形，或者不能画出所呈现的图形。而联想失认症病人能够识别简单的图形，甚至也能临摹出复杂的物体。但是他们不能识别复杂的物体。图 2.2 为一个船锚的原图和由一名联想失认症病人临摹的图（Ratcliff & Newcombe，1982）。尽管这位病人能够画出一幅相对准确的图画，但是他却不能识别出该

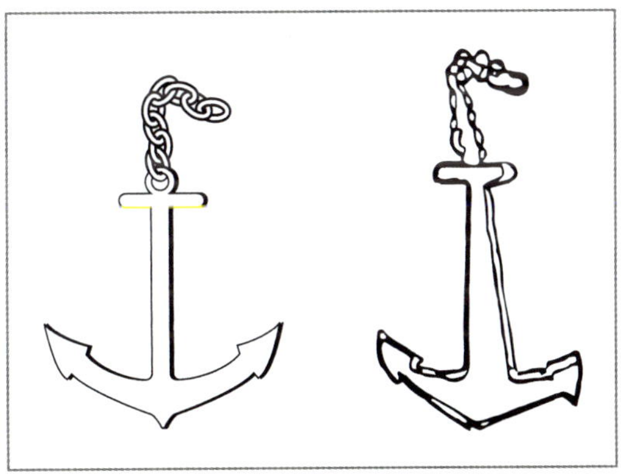

图 2.2　**一个联想失认症病人能临摹左侧的船锚原图（病人的画位于右侧），但是他不能识别出该物体是船锚。**（资料来源：Ellis & Young，1988. Reprinted by permission of the publisher. © 1988 by *Quarterly Journal of Experimental Psychology*.）

图 2.3 一幅景象图。最初，我们只是看到低层次的视觉细节（斑点）；只有经过长时间凝视，一只狗的形象才会显现出来。（Courtesy of Ronald James.）

物体是一个船锚，而说这是一把伞。一般认为，统觉失认症病人的视觉系统在早期信息加工中存在问题，联想失认症病人的早期加工完好，但他们在后来的模式识别上存在困难。人们经常会区分视觉流中信息的早期加工和晚期加工，这种区分也是本章的组织原则之一。

34 图 2.3 为具有正常视知觉的人提供了一个体验早期与晚期视觉加工之间区别的机会。如果你以前没有看过这幅图，你会猛然觉得这只是一大片墨迹的斑点。你能判断出各种不同斑点的大小并将它们画出来，正如拉特克利夫和纽科姆的病人所能做的那样，但你看不到任何模式。然而，如果你一直盯住这幅图，你会突然发现图片的中央有一只狗。现在，你的模式知觉成功了，你对你所看到的东西进行了解释。本章我们将先讨论在模式识别前视觉信息如何进行加工，然后再讨论模式识别。

◎ 视知觉可以分为早期阶段和晚期阶段，在早期阶段将图形和物体从视觉景象中提取出来，在晚期阶段则对图形和物体进行识别。

早期视觉信息加工

我们已经对早期视觉信息加工的神经基础有了相当的了解。图 2.4 为眼的

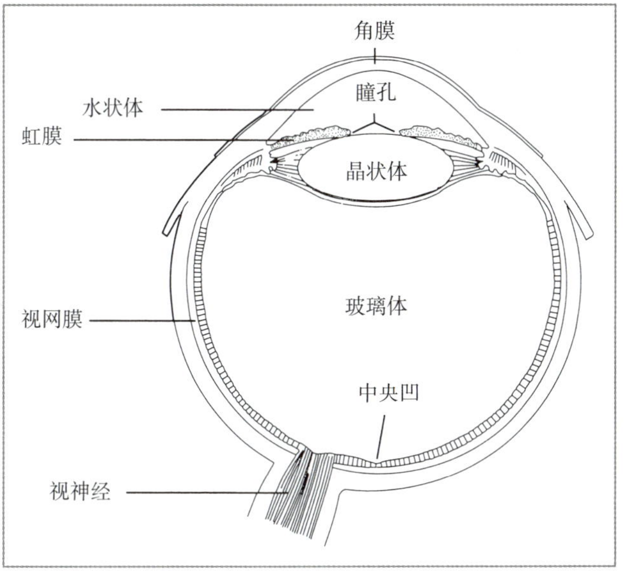

图 2.4　**眼的示意图。光线经角膜进入眼内，通过水状体、瞳孔、晶状体和玻璃体，然后照射和刺激视网膜。**（资料来源：Lindsay & Norman，1977. Reprinted by permission of the publisher. © 1977 by Academic Press.）

示意图。光线穿过晶状体和玻璃体投射到位于眼后部的视网膜上。视网膜含有光感受器细胞，这些细胞由对光敏感的分子组成，当暴露在光照之下时这些分子会发生结构性的变化。光线在穿过玻璃体时会产生轻微的散射，因此落在视网膜背面的图像并非极其清晰。早期视觉加工的功能之一是锐化图像。

光化学作用将光能转换成神经能。眼睛内有两种不同的光感受器：视锥细胞和视杆细胞。视锥细胞参与颜色视觉，具有高分辨率和高视敏度。视杆细胞能对较弱的光能进行反应，但是它们只具有较低的分辨率。这样，视杆细胞主要负责我们在黑夜所体验到的不够敏锐的黑白视觉。视锥细胞主要聚集在一个被称为**中央凹**（fovea）的视网膜的小区域内。当我们注视某个物体时，我们会移动自己的眼球以使这个物体落在中央凹上。这使我们在感知该物体时能最大限度地利用视锥细胞的高分辨率。中央凹觉察细节，而其余的视觉区域——周边视觉区域则察觉比较全局性的信息，包括运动信息。 35

感受器细胞与两极神经细胞形成突触，两极细胞与神经节细胞相连，神经节细胞的轴突延伸并构成通向脑的视神经。每一只眼睛的视神经中总共约有 80 万个神经节细胞。每个神经节细胞对来自视网膜的一小块区域的信息进行编码。神经节轴突上的神经脉冲通常是对视网膜上相应区域内的光刺激量的编码。

图 2.5 显示了从眼到脑的神经通路。来自双眼的视神经在视交叉处汇合，而来自视网膜内侧（靠近鼻子的一侧）的视神经彼此交叉，然后通向脑的对侧。来自视网膜外侧的神经则继续延伸至与双眼同侧的脑部。这意味着双眼的右半部分与右脑半球相连。如图 2.5 所示，晶状体将光线聚焦，使得左侧视野进入 36

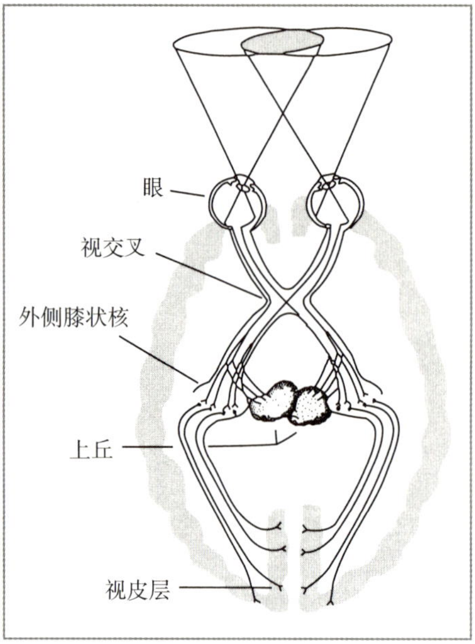

图 2.5 **从眼到脑的神经通路。来自每只眼的视神经在视交叉处汇合。左侧视野的信息传递至右脑，而右侧视野的信息传递至左脑。视神经纤维与皮层下结构（例如外侧膝状体和上丘）的细胞形成突触。这两种神经结构都与视皮层相连接。**（资料来源：Keeton，1980. Reprinted by permission of the publisher. ©1980 by W. W. Norton.）

每只眼的右半部。因此，有关左侧视野的信息传递至右脑，而有关右侧视野的信息传递至左脑。这是在第 1 章中讨论过的左脑半球加工外界右侧部分的信息，而右脑半球加工外界左侧部分信息的一个例子。

一旦进入脑的内部，来自神经节细胞的神经纤维就与各种皮层下结构的细胞形成突触。（皮层下结构位于大脑皮层之下。）这些皮层下神经结构包括外侧膝状体和上丘（见图 2.5）。人们认为，外侧膝状体在觉察细节和辨识物体方面有重要作用，而上丘则参与对物体的空间定位。这种区分被称为“什么—哪里”的分工。这两种神经结构都与初级视皮层相连（彩色插图 1.1 中的布罗德曼 17 区）。初级视皮层是首先接受视觉输入的皮层，但是周围还有很多其他的视觉区域，包括布罗德曼 18 区和 19 区。

图 2.6 所示的是视觉世界在初级视皮层上的表征。图中可以看到，视觉皮层就像第 1 章所讨论的那样呈拓扑结构分布。中央凹拥有超大比例的表征，
而外围区域的表征却较少。图 2.6 显示出左视野表征 37
在右侧皮层上，而右视野表征在左侧皮层上。我们还可以看到另一种“反转”映射——上方视野表征在皮层下部，而下方视野表征在皮层上部。

如图 2.1 所示，视觉信息投射到初级视皮层后，它往往会沿着两条通路进行传导。沿“哪里”通路行进的信息传递至顶叶的脑区，这些脑区专门负责空间信息以及视觉与动作的协调。沿“什么”通路行进的信息传递至颞叶，颞叶涉及对物体的识别。“哪里”通路受损的猴子难以学会识别特定位置，而“什么”通路受损的猴子难以学会识别物体（Pohl，1973；Ungerleider & Brody，1977）。其他研究者（例如 Milner & Goodale，1995）认为，“哪里”通路其实主要负责动作。他们指出，顶叶完好而颞叶受损的失认症病人，经常能够对他们所不能识别的物体采取恰当的行动。例如，一位病人（参见 Goodale，Milner，Jakobson，& Carey，1991）能够准确地将手伸向她不能识别的门把手并且握住它。

◎ 光化学过程将光能转化为神经活动。视觉信息经由各种神经通路传导至视皮层，再从视皮层沿“什么”与“哪里”通路通过大脑。

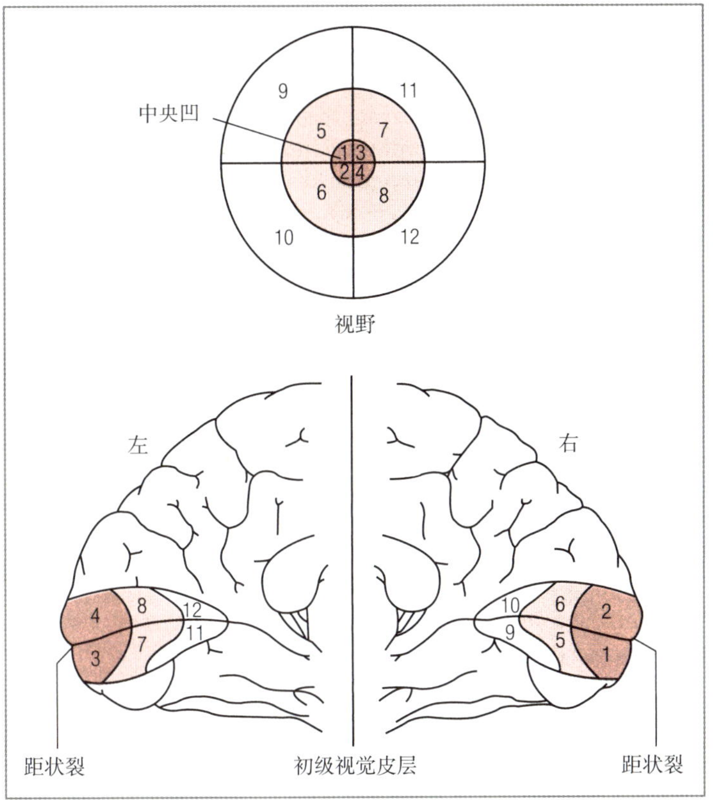

图 2.6 **视野（上图）按顺序映射在皮层上。上方的视野映射在距状裂的下面，下方的视野映射在距状裂的上面。注意视觉最敏锐的区域中央凹，占据了超大的对应区。**（资料来源：Figure 29-7 in Kandel et al.，1991）

视细胞中的信息编码

库夫勒（Kuffler，1953）的研究揭示了信息是如何被神经节细胞编码的。即使眼睛没有接受到任何光线，这些细胞通常也会以某种频率进行自发性的放电。对某些神经节细胞来说，如果光线落到视网膜的某一个小区域上，这些自发性的放电频率会增加。但是，如果光线落到该感觉中心的周围区域上，自发放电的频率会降低。而落到距离中心太远的区域的光不会引起自发放电频率的变化，即既不增强也不减弱。以这种方式做出反应的神经节细胞被称为开—闭细胞，还有闭—开神经节细胞：落在感觉中心处的光线会降低自发放电的频率，而落在周围区域的光线会增加频率。外侧膝状体细胞也有这两种反应方式。图 2.7 表示这些细胞的感受野。

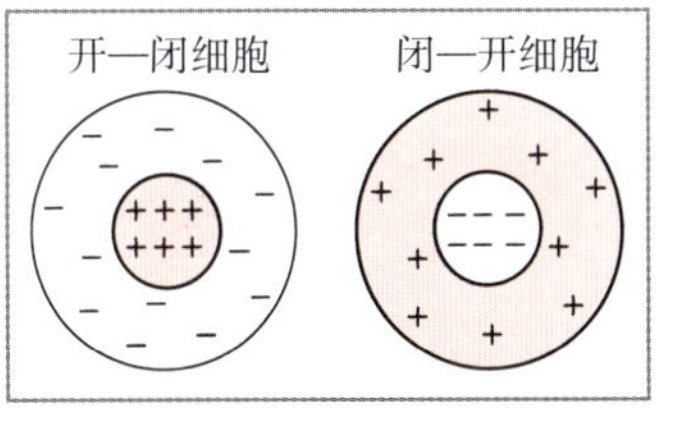

图 2.7 **神经节细胞和外侧膝状体细胞的开—闭和闭—开感受野。**

休布尔和威塞尔（Hubel & Wiesel，1962）在对猫的初级视皮层的研究中发现，初级视皮层细胞的反应方式比神经节细胞和外侧膝状体细胞更为复杂。图 2.8 显示了在皮层细胞中观察

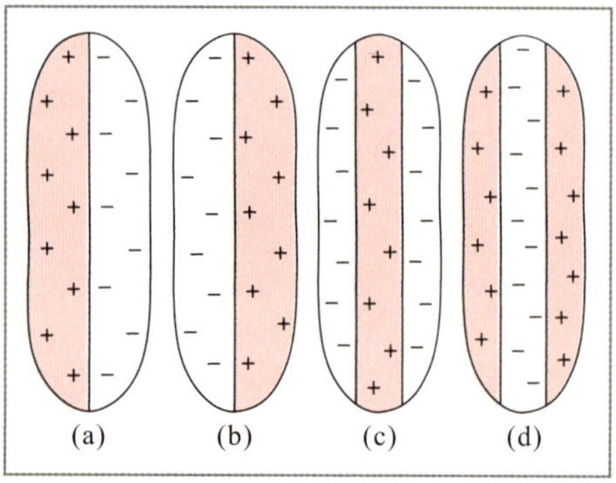

图 2.8 视皮层细胞的反应模式，(a) 和 (b) 是边缘觉察器，它们对投射到直线一侧的光线作正反应，而对投射到另一侧的光线作负反应。(c) 和 (d) 是直条觉察器，它们对投射到中心处的光线作正反应，而对投射到外周处的光线作负反应，或者对投射到中心处的光线作负反应，而对投射到外周处的光线作正反应。

到的四种模式。这些感受野都是长条形的，而不是开—闭细胞和闭—开细胞的圆形感受野。图 2.8a 和 2.8b 中所示的类型为**边缘觉察器**（edge detectors）。
它们对投射到直线一侧的光线作正反应，而对投射 38
到其另一侧的光线作负反应。如果投射光的边缘刚好落在边界线上，它们的反应最强。图 2.8c 和 2.8d 的类型是**直条觉察器**（bar detectors）。它们对投射到中心处的光线作正反应，而对投射到其外围的光线作负反应，或者与此相反。因此，正中心的直条觉察器细胞的中心如果刚好被条状的光线覆盖，那么它的反应最强烈。图 2.9 所示的是一群开—闭细胞或闭—开细胞联合起来组成的直条或边缘觉察器。注意，单个细胞不足以使一个觉察器兴奋；觉察器对应着特定模式的细胞组合。即使在这种低水平上，我们也能看到神经系统根据神经活动的模式来加工信息，而这正是第 1 章强调的一个主题。

直条和边缘觉察器都与位置、方向及宽度有关。也就是说，它们只对很小视野区域的刺激、很小方向范围的直条和边缘、特定宽度的直条和边缘做反应。然而，不同的觉察器似乎对应着不同的宽度和方向，因此，一些直条觉察器的集合有可能会对视野内某些直条或边缘做出最强烈的反应。

图 2.10 显示了休布尔和威塞尔（1977）的初级视皮层中细胞的超柱表征。他们发现，视皮层被划分为 2×2 毫米的区域，他们称这些区域为超柱。每个超柱表示感受野中的一个特定区域。正如第一章所指出的那样，视皮层的组织具有拓扑特征，因此视野中相邻的区域由相邻的超柱表征。图 2.10 表明每个超柱本身就具有二维（2-D）的组织。沿着一维的方向，各列交替接收来自左眼或右眼的输入。沿着另一维，细胞最敏感的方向发生变化。相邻的区域表征着相近的方向。这种组织应该使我们看到视觉阵列有多少信息被编码了。每只眼睛都有数百个空间区域被表征，在这些区域内有许多不同的方向被表征。此外，尽管图中没有显示这一方面，但不同的细胞将对不同的线条长度和宽度编码。因此，当视觉信号最初到达大脑皮层区域时，大量信息就已经被提取出来了。

除了对线条方向的有着丰富的表征外，视觉系统还从视觉信号中提取其他信息。例如，我们还能知觉物体的颜色以及它们是否在运动。利文斯顿和休布尔（Livingstone & Hubel, 1988）认为，视觉系统对物体的不同维度（形状、

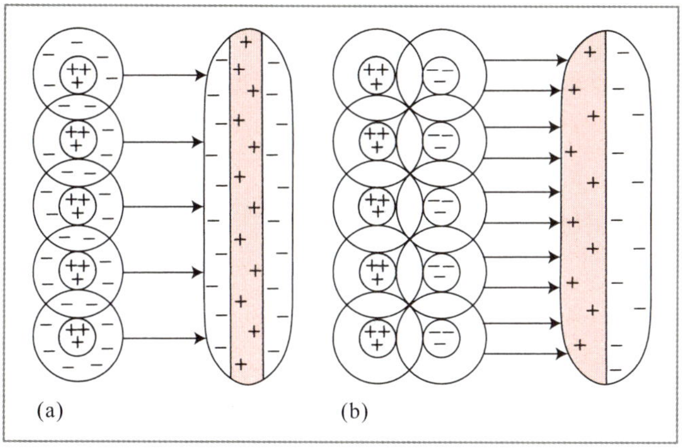

图 2.9 构成（a）直条觉察器和（b）边缘觉察器的开—闭细胞和闭—开细胞的假设性组合。

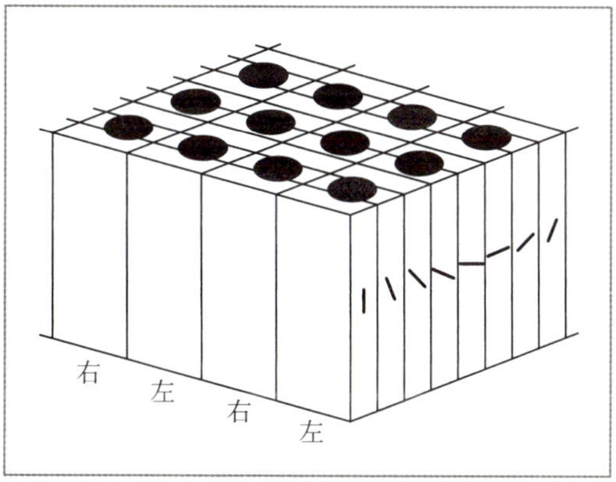

图 2.10 视皮层中的超柱示意图。超柱的一维根据输入来自右眼还是左眼进行组织。在另一维上，超柱根据感受细胞最敏感的线条方向进行组织。相邻区域表征相近的方向。（资料来源：Horton, 1984. Adapted by permission of the publisher. © 1984 by the Royal Society of London）

颜色和运动）分别进行加工。许多不同的视觉通道和大脑皮层的许多不同区域都参与视觉加工［据范艾森和戴约统计（Van Essen & DeYoe，1995）有 32 39
个］。不同通路中有特异地对颜色、运动和方向敏感的细胞。视觉系统似乎将刺激分解成许多独立的特征，并且表征这些特征的位置。视觉特征的这种空间表征被称为**特征地图**（fearure maps，Wolfe，1994）。因此，如果一根垂直的红色直条在某个特定的位置上移动，那么就会有不同的特征地图分别表征它是红色的、垂直的和在某个位置上运动，这些特征地图可能位于脑的不同视觉区。

◎ 神经节细胞通过开—闭细胞和闭—开细胞对视野进行编码，这些细胞通过高层次的视觉加工组合在一起形成各种特征。

深度与表面知觉

即使视觉系统已经识别出环境中的边缘和直条，在它能够知觉到外部世界之前，还必须进行大量的信息加工。必须解决的问题之一是，确定这些边缘和直条的空间位置。这里的根本问题是，投射在视网膜上的信息本身是二维的，而我们需要构建外部世界的三维（3-D）表征。视觉系统对大量线索进行加工以推断距离。这些线索之一是纹理梯度，它是指随着离观察者距离的增加，各个元素更紧密地聚在一起的趋势。图 2.11 所示的是吉布森（Gibson，1950）的
40 经典例子，尽管这些线段和椭圆形被画在一张平铺的纸上，但是纹理上的变化体现出距离感。深度感知的另一线索是立体视觉，由于每只眼睛所接收到的外部世界的映像略有不同，所以具有感知 3-D 深度的能力。一些电影院以及类似迪斯尼乐园所举办的一些展览用的 3-D 眼镜都是立体视觉的应用。它们过滤了来自单个 2-D 光源（例如，电影屏幕）的光线，使得到达每只眼睛的光信息不同。由立体视觉导致的 3-D 结构知觉可以非常逼真。

有关 3-D 结构的第三个信息源是运动视差。较远的点移动时，会比较近的点更慢地通过视网膜。与此类似，当一个人头部运动时，较远的物体会比较近的物体更慢地通过视网膜。有一个有趣的演示，闭上一只眼，观看近处的一棵树或一丛灌木的叶子。由于没有立体视觉信息，你将会感觉到一幅非常平面的

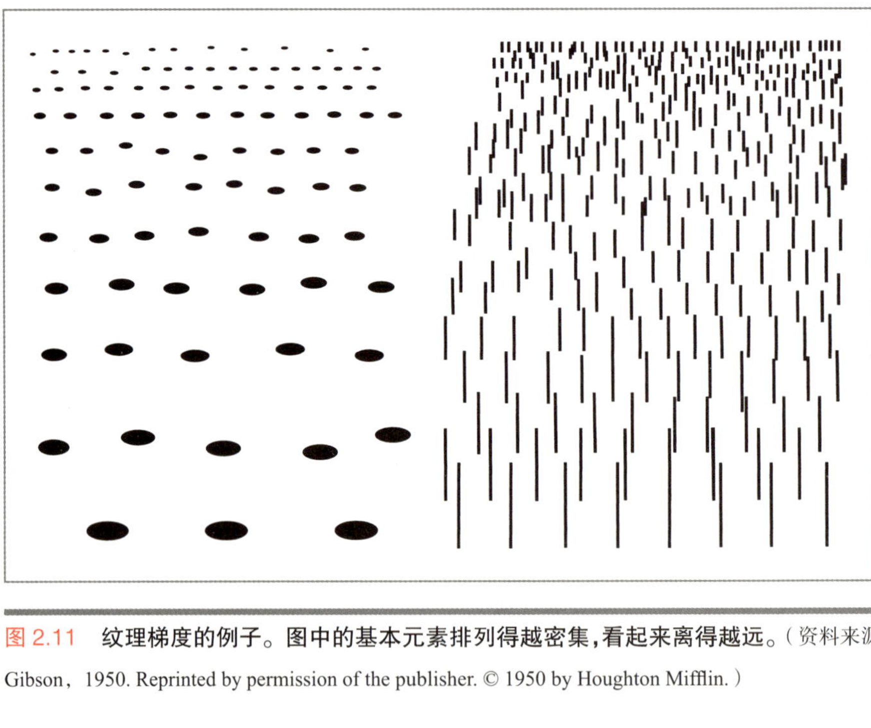

图 2.11 纹理梯度的例子。图中的基本元素排列得越密集，看起来离得越远。（资料来源：Gibson，1950. Reprinted by permission of the publisher. © 1950 by Houghton Mifflin.）

图像，而难以看清许多树叶之间的相对位置。然后转动你的头，树的 3-D 结构突然变得清晰，你能真切地知觉到树叶和树枝的相对位置。

虽然纹理梯度、立体视觉和运动视差等线索对深度知觉的重要性显而易见，但是要理解脑实际上如何加工这些信息却非常困难。视觉计算领域有许多研究者在研究该问题。例如，戴维·马尔（1982）提出了一个很有影响的理论，他认为各种不同的信息源一起作用生成了他所谓的 $2^{1}/_{2}$ **维简图**（$2^{1}/_{2}$-D sketch），进而确认各视觉特征相对于观察者的位置。然而，他承认这种表征距离对外部世界的真实知觉还非常远。尤其是这种简图仅表征了表面的各部分，还不能说明这些部分如何聚集在一起形成处于背景环境中的有关物体的图像（我们在图 2.3 中遇到的问题）。他用 **3–D 模型**（3-D model）这一术语表示视觉景象中的物体表征。

◎ 纹理梯度、立体视觉和运动视差等线索整合在一起，以生成三维空间中各表面位置的表征。

物体知觉

在计算外部世界表征时的一个主要问题是物体的分割。仅仅知道线段和直条在空间的位置还不够，我们还需知道它们如何集合在一起形成物体。请参见图 2.12 中的景象。其中有许多不同走向的线段，但是，我们能以某种方式将它们放在一起形成对一系列物体的知觉。

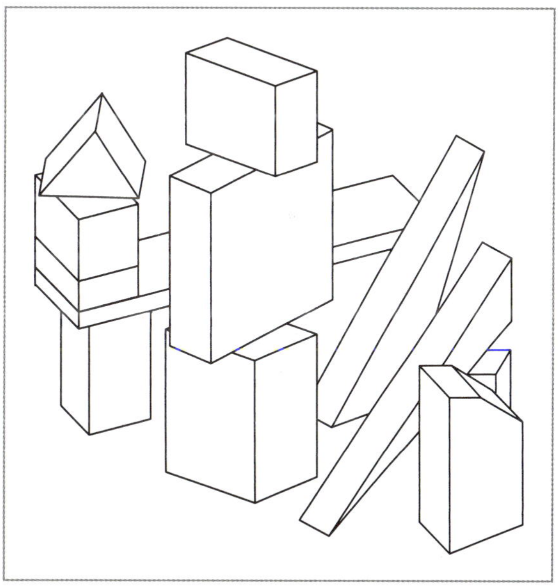

图 2.12 **我们如何将对许多线段的知觉整合为对若干立体物体的知觉的一个例子。**（资料来源：Winston, 1970. Reprinted by permission of the publisher. ©1970 by Massachusetts Institute of Technology.）

41 我们往往按照一系列原则将对象组织成单元，这些原则由格式塔心理学家（例如 Wertheimer，1912/1932）最先提出并被称为**格式塔组织原则**（gestalt principles of organization）。请看图 2.13。在图 2.13a 中，我们看到 4 对平行线，而不是 8 条独立的线段。这张图说明了接近原则：相近的元素倾向于被组织成单元。图 2.13b 说明了相似原则。我们倾向于将这个矩阵看成是 o 行与 x 行的交替排列。看上去相像的物体往往被组合在一起。图 2.13c 说明了良好

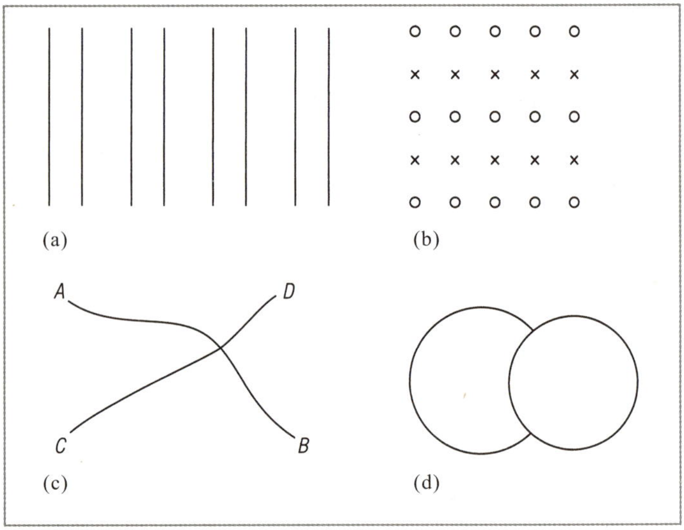

图 2.13 **格式塔组织原则的示意图:(a)接近原则,(b)相似原则,(c)良好连续原则,(d)闭合原则。**

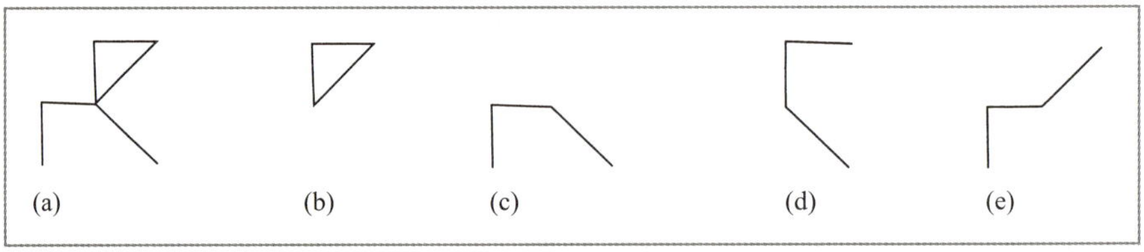

图 2.14 **帕尔默(Palmer，1977)研究新奇图形的分割时所采用刺激的例子。(a)为被试看到的原始刺激;(b)至(e)为需要识别的子成分刺激。识别(b)和(c)所示的刺激快于识别(d)和(e)所示的刺激。**

连续原则。我们知觉到两条曲线，一条从 A 到 B，另一条从 C 到 D。尽管没有理由能说明为什么不将这幅图知觉成另一对曲线，一条从 A 到 D，另一条从 C 到 B。但是，从 A 到 B 的曲线比起有一个尖锐拐点的从 A 到 D 的曲线具有更好的连续性。图 2.13d 说明了闭合及良好构形原则。我们看到的图是一个圆被另一个圆遮挡，尽管被遮挡的物体可能有许许多多的其他形状。

即使是完全新奇的刺激，我们也倾向于利用这些原则将它们组织成单元。帕尔默（Palmer，1977）研究了对如图 2.14 中所示的形状的识别。他首先向被试呈现刺激（例如，图 2.14a），然后要求被试判断从图 2.14b 到 2.14e 的这些片断是否是原图的一部分。图 2.14a 中的刺激倾向于将自身组织成三角形（闭合原则）和弯曲的字母 *n*（良好连续原则）。帕尔默发现，当片断符合格式塔原则时，被试对这些部分的识别非常快。因此，识别图 2.14b 和图 2.14c 中的刺

激要比识别图 2.14d 和图 2.14e 中的刺激快。可见，识别的关键在于图形的初始分割。当基于格式塔的
42 分割与实际的图形结构发生冲突时，识别就会变得困难。FoRiNsTaNcEtHiSsEnTeNcEiShArDtOrEaD。[1] 感到困难的原因在于格式塔的相似原则导致难以将不同大小写的相邻字母看成单元，并且单词之间没有空格，也就消除了接近原则所需的线索。

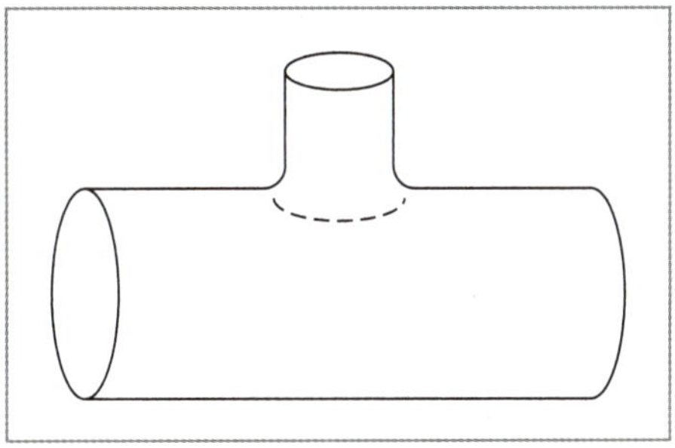

图 2.15　**将一个物体分割成多个子物体。子物体的边界可以根据最大凹面度的等高线（虚线）识别出来。**（资料来源：Stillings et al.，1987；based on Hoffman & Richards，1985. Reprinted by permission of the publisher. ©1987 by Massachusetts Institute of Technology.）

这些有关分割的概念可以用来描述如何划分更复杂的 3-D 构造。图 2.15 是由霍夫曼和理查兹（Hoffman & Richards，1985）提出的如何用格式塔原则将一个物体的轮廓分割成子物体的方案。他们观察到当一个部分与另一个部分相连接时，在轮廓线图上通常有一个凹面。人们基本上运用了格式塔的良好连续原则：凹面上的轮廓线没有良好的连续性，因此观察者不会将它们组合在一起。

当前的观点认为，以识别物体在三维空间的位置和形状的能力为基础的视觉加工很大程度上是与生俱来的。婴幼儿似乎就已经能够识别物体及其形状，并且能意识到物体在三维空间中的位置（例如，Granrud，1986，1987）。

◎ 格式塔组织原则解释了脑如何将视觉景象分割成各种物体。

视觉模式识别

对视觉信息加工的讨论已经谈到我们如何将视觉世界组织成客体。然而，要理解外部世界还要迈出重要的一步：我们还必须识别这些物体是什么。这项任务就是模式识别。关于该主题，大多数研究集中在我们如何识别字母这一问题上。例如，我们如何识别出字母 *A* 的一个表征是模式 *A* 的一个实例？我们将首先从字母识别来讨论模式识别，然后再转向更为一般性的物体识别。

模板匹配模型

或许最显而易见的模式识别方法是**模板匹配**（template matching）。知觉的模板匹配理论认为，物体在视网膜上的影像如实地传到大脑，大脑则将这个图

1　For instance this sentence is hard to read（直译为：例如，这个句子难以阅读）——译者注

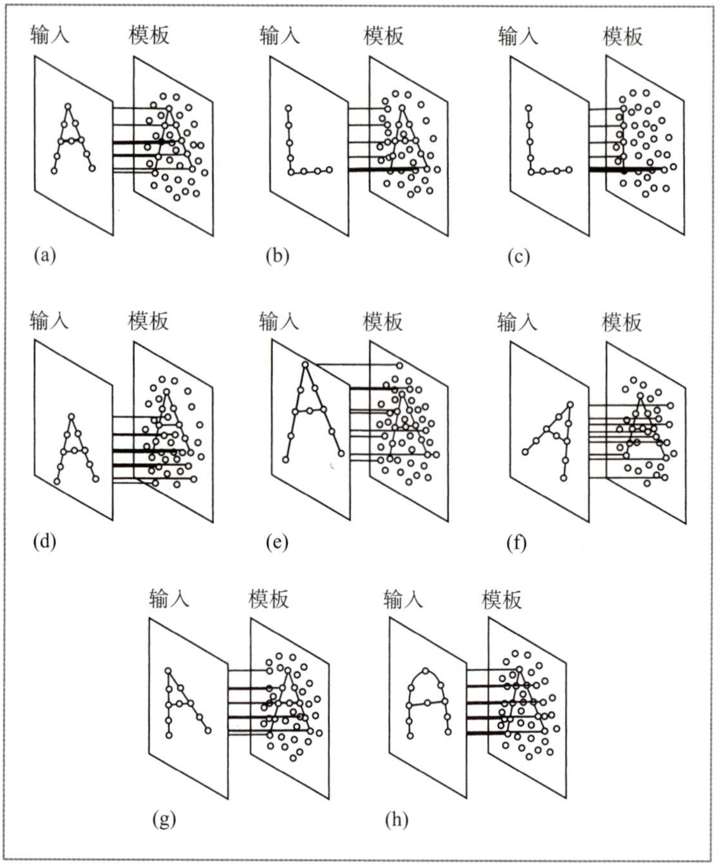

图 2.16 试图使模板与字母 A 和 L 匹配的各种例子。(a) 和 (c) 为模板匹配成功的例子;(b) 以及从 (d) 到 (h) 均为模板匹配不成功的例子。(资料来源:Neisser, 1967. Adapted by permission of the publisher. ©1967 by Appleton)

像直接与存储的各种模式进行比较。这些存储的模式被称为模板。其基本思想是,知觉系统将一个字母的图像与脑所存储的每个字母的模板进行比较,然后报告最佳匹配模板。图 2.16 给出了各种成功和不成功的模板匹配的例子。在每种情况下都试图使受到字母刺激的视网膜细胞与某种特定模板模式的视网膜细胞之间实现对应。

43 图 2.16a 是实现了对应,字母 *A* 被识别的情况。图 2.16b 表示输入的 *L* 与 *A* 的模板之间不存在对应,而在图 2.16c 中 *L* 与模板 *L* 实现了匹配。但是使用模板非常容易出错。图 2.16d 表示当图像投射到视网膜的错误部位时匹配失败,而图 2.16e 表示图像大小出错时所出现的问题。图 2.16f 表示图像方向出错时所发生的情况,而图 2.16g 和图 2.16h 表示图像为非标准 *A* 时所出现的困难。

尽管采用模板匹配存在许多问题,但是它仍然是机器视觉中所采用的方法之一(参见 Ullman, 1996)。人们已经开发出了用于匹配旋转、拉伸以及扭曲图像的程序。模板匹配也被应用于 fMRI 脑成像技术(见第 1 章)。每个人的脑在解剖结构上都是不同的，就好像每个人的身体都不同一样。当研究者说图 1.15 所示脑区表现出图 1.16 那样的激活模式时，他们是在说每个被试的同一个脑区都表现出了这种模式。为了确定是否是同一个脑区，他们要利用复杂的 3-D 模板匹配计算机程序，将每个个体的脑与一个参照脑进行比较。虽然模板匹配取得了一些成功，但是计算机利用模板匹配来进行模式识别的能力仍然有限。本 44
章“启示”专栏中关于 CAPTCHAs[2] 的介绍与此有关。

◎ 模板匹配是通过将刺激与模式的模板进行匹配来识别物体的一种方法。

特征分析

鉴于模板匹配遇到的困难，心理学家提出，模式识别是通过**特征分析** 45
（feature analysis）实现的。在这个模型中，刺激被认为是基本特征的组合。引自吉布森（Gibson，1969）的表 2.1 给出了她提出的用于对字母表中的字母进行表征的特征。例如，大写字母 A 可以看做由如下特征组成：一条水平线，两条反方向的斜线，一个交叉，对称，还有一个被她称为垂直中断的特征。她认为像直线这样的一些特征是视觉皮层的边缘和直条觉察器输出的（见前面图 2.8 的讨论）。

你可能想知道特征分析为什么会比模板模型好。毕竟所谓的特征不就是微小的模板吗？然而，特征分析模型确实比模板模型优点多。首先，由于特征较为简单，因此更容易理解系统是如何克服模板匹配模型在识别如图 2.16 那样的完整模式时所面临的各种困难。事实上，特征在一定程度上只是一些线条笔画，我们前面讨论过的直条觉察器和边缘觉察器就能够提取这些特征。特征分析的第二个优点是，有可能指出一个模式中最为重要的特征之间的关系。因此，对字母 *A* 来说，关键的是三条线段：两条斜线（倾斜方向不同）和一条水平线，并且它们之间有交叉，而许多其他的细节则不重要。所以，下面所有的模式都
是 *A*：A，A，A，A。最后，使用特征而不是较大的模式，减少了所需要的模板数量。 46
在特征分析模型中，我们需要的不是每个可能模式的模板而只是每个特征的模板。由于相同的特征往往出现在许多模式中，因此需要表征的不同实体的数量会急剧下降。

大量行为证据表明，特征是模式识别的组成部分。例如，有证据表明，如果一些字母有许多共同的特征，例如 *C* 和 *G*，那么人们很容易将它们混淆

2　原文为“CAPTCHAS”，应为“CAPTCHA”的复数“CAPTCHAs”。经作者认可修改。——译者注

启　示

区分人类与 BOT

图 2.17　**人类可以识别出 CAPTCHAs 的例子，但是基于模板的计算机程序则很难识别出。由 Luis von Ahn 提供。**

人类视知觉的特性已经被用于开发 CAPTCHAs（von Ahn，Blum，& Langford，2002）。CAPTCHA 是 "Completely Automated Public Turing Test to Tell Computers and Humans Apart"[1] 的简称。开发 CAPTCHA 的动机源于提供免费电子邮箱的 YAHOO 所遇到的现实问题。该问题是自动的 BOTs[2] 会登录系统并利用它们发送垃圾邮件（SPAM）。为了检验是否是真人在操作，系统可以呈现如图 2.17 所示的图形[3]。虽然基于模板的方法可能无法识别这样的图形，但是不能说计算机肯定做不到。一些计算机专家将这种图形当成一种智力挑战，一场"军备竞赛"正拉开帷幕：更精巧的识别程序正在显露头角，更具挑战性的 CAPTCHAs 也正在开发。然而，所有成功的识别方法都与模板匹配无关，而是试图提取这些图形的界定特征（例如，Mori & Malik，2003）。你可以浏览 CAPTCHA 的网站（http：//recaptcha.net/captcha.html）并对 CAPTCHA 的研究作出贡献。

1　直译为'区分计算机和人类的公共图灵测试'。——译者注

2　BOT 在这里指的是 internet bot 或 Web Robert（网络机器人）。它是一种黑客软件，能通过网络以比人快得多的速度自动（或受控）重复执行简单操作来窃取文件或散布垃圾邮件等。——译者注

3　人可以识别并键入其中的字母与数字，然后被允许进入系统。目前采用模板匹配方法的计算机程序识别不了它们，无法键入其中的字母与数字，因而不能进入系统。——译者注

表 2.1

吉布森提出的识别字母所需的特征

特征	A	E	F	H	I	L	T	K	M	N	V	W	X	Y	Z	B	C	D	G	J	O	P	R	Q	S	U
直线																										
水平	+	+	+	+		+	+								+				+							
垂直		+	+	+	+	+	+	+	+	+				+		+		+				+	+			
斜线 /	+							+	+		+	+	+	+	+											
斜线 \	+							+	+	+	+	+	+	+									+	+		
曲线																										
闭合																+		+			+	+	+	+		
垂直开口																				+						+
水平开口																	+		+	+					+	
交叉	+	+	+	+			+	+					+			+						+	+	+		
重复																										
循环改变		+							+			+				+									+	
对称	+	+		+	+		+	+	+		+	+	+	+		+	+	+			+					+
中断																										
垂直	+		+	+	+		+	+	+	+				+								+	+			
水平		+	+			+	+								+											

（Kinney，Marsetta，& Showman，1966）。当这些字母呈现时间非常短时，人们通常会将一个刺激误判为另一个刺激。例如，在金尼（Kinney）等人的实验中，当向被试呈现字母 *G* 时，他们出现了 29 个错。在这些错误中，有 21 个是将 *G* 误判成 *C*，6 个是将其误判成 *O*，1 个是误判成 *B*，1 个是误判成 9。此外，没有其他错误出现。很显然被试选择具有相似的特征组合的项目作为他们的答案。如果采用了特征分析模型，那么这种反应模式正是我们所期望的。如果被试在短暂呈现的刺激中只能抽取出一部分特征，他们将无法在共有这些特征的刺激之间作出判断。

另一类为特征分析模型提供证据的实验是静止图像实验。眼球会有非常轻微的震颤，被称为心理性眼球震颤，它以每秒 30~70 次的频率出现。另外，眼睛凝视的方向会缓慢地在物体上漂移。因此，人所注视物体的视网膜图像并不十分稳定，它们的位置会随着时间的推移而略有改变。有证据表明，视网膜的这一运动对知觉极为重要。当使用技术手段使得视网膜图像在有眼动的情况下仍保持在视网膜上完全相同的位置时，该物体的一些组成部分就开始消失。这

图 2.18 **静止在眼中的图像的解体。最左边的是原始图像。靠右的其他部分是静止图像开始消失时被试报告的各种图形。**（资料来源：Pritchard，1961. Reprinted by permission of the publisher. ©1961 by *Scientific American*.）

似乎是因为如果一直使用完全相同的视网膜和神经通路，它们便会疲劳并停止反应。

这一现象最有趣的地方是静止物体消失的方式。它并非简单地逐渐消失或突然完全消失，而是随着时间的推移其不同部分逐渐脱落。图 2.18 显示了普里查德（Pritchard，1961）在一次实验中采用的一个刺激的命运。最左边为所呈现的图像，其他四个为被试报告的不同的图像。有两点很重要，首先，丢失的似乎是整体特征，例如一条垂直线。这一发现表明特征是知觉的重要单元。第二，剩余的刺激通常为完整的字母或数字图形。这一结果表明这些特征联合在一起以确定所识别的图形。因此，尽管我们的知觉系统可以提取特征，但是，我们所知觉的事物是由这些特征组成的模式。隐含在模式识别中的特征提取和特征组合过程是不能被意识到的，我们所意识到的是模式。

◎ 特征分析首先识别构成模式的各个特征，然后是它们的组合。

47

物体识别

虽然特征分析能很好地描述我们如何识别诸如字母 *A* 那样的简单物体，但是，人们可能想知道它如何解释我们对复杂物体的识别，这些物体或许是依据少量特征所无法描述的。有证据表明，相同的过程可能出现在识别熟悉物体的时候，例如马或杯子。基本观点是，熟悉的物体可以看成由简单部件组成的已知构形。图 2.19 所示的是马尔（Marr，1982）关于如何将熟悉物体看成简单的管状部件的构形的设想。例如，鸵鸟有一个水平方向的躯干，躯干上有两条长腿和一个长脖子。

比德曼（Biederman，1987）提出了**基于部件的识别理论**（recognition-by-components theory）。它认为我们识别由简单部件构成的物体时有三个阶段：

1. 将物体分割成一组基本子物体。这一过程反映了本章前面讨论过的早期视觉加工的输出。
2. 一旦物体被分割成基本子物体，人们就可对每个子物体进行分类。比德曼指出有 36 个子物体的基本类别，他称之为**几何子**（Geon，geometric ion

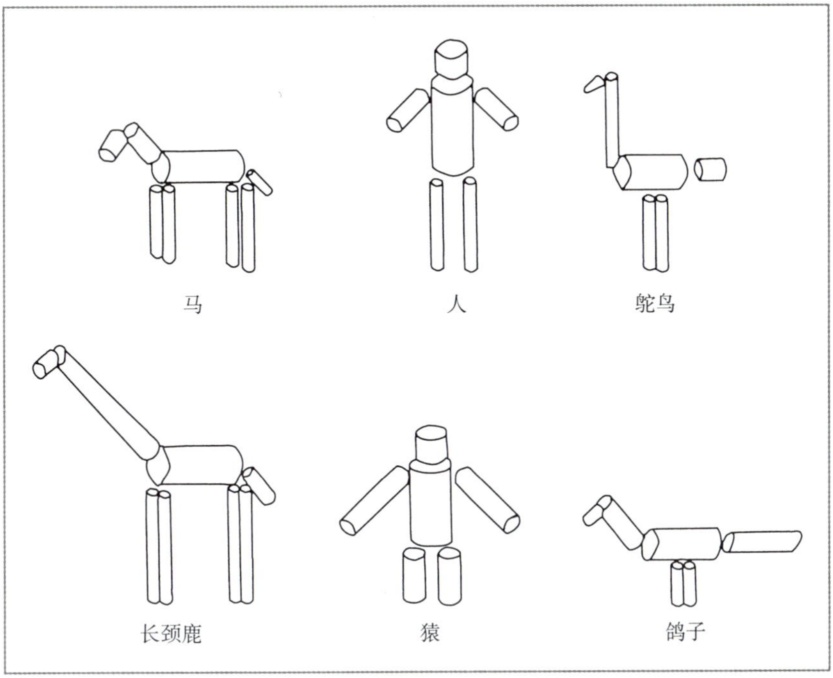

图 2.19 **将一些熟悉的物体分割成基本的圆柱形。熟悉的物体可以被识别成简单部件组成的构形。**（资料来源：Marr & Nishihara，1978. Adapted by permission of the publisher. ©1978 by the Royal Society of London）

的缩写）。图 2.20 给出了一些例子。我们可以认为圆柱形是圆沿与圆心垂
直的直线（轴）移动而生成的。我们可以通过改变其中的某些属性使产生 48
基本圆柱形的过程生成其他形状的物体。我们可以改变我们所移动物体的形状。如果是矩形而不是圆形沿其轴线移动，那么我们将得到一个长方体而不是圆柱体。我们可以使轴弯曲而得到弯曲的物体。我们可以在移动物体时改变其大小而得到像棱锥或酒杯那样的物体。比德曼认为，采用这种方式生成的 36 个几何子可以看作构成物体的字母表，就像用来构造词汇的字母表中的字母一样。识别一个几何子包括识别界定它的特征，这些特征描述了生成它的元素，例如移动物体的形状及其移动所沿的轴。因此，识别一个几何子就像识别一个字母。

3. 在识别出了物体的组成部分及它们的构造后，人们就把该物体识别为由这些部分所组成的模式。因此，识别一个物体与识别一个单词一样。

正如在字母识别时的情况那样，物体识别所基于的几何子会发生一些小的

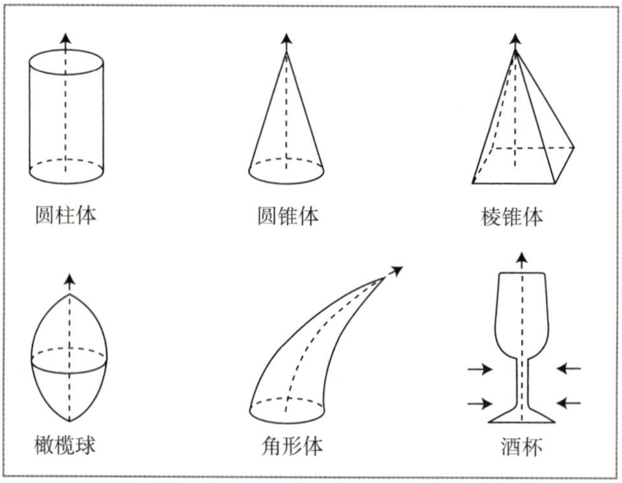

图 2.20 **比德曼（Biederman，1982）提出的几何子或子物体的基本类别。在每个物体中，虚线表示物体的中心轴。物体可以描绘成由截面图形沿轴线运动生成。圆柱体：由圆沿直线轴移动生成。圆锥体：由圆沿直线轴移动同时收缩生成。棱锥体：矩形沿直线轴移动同时收缩生成。橄榄球：由圆沿直线轴移动同时先扩大再收缩而生成。角形体：圆沿弯曲轴移动同时收缩而生成。酒杯：圆先收缩再扩大构成箭头所指的凹形部分的许多点而生成。**（资料来源：Biederman，Beiring，Ju & Blickle，1985. Reprinted by permission of the authors.）

变化，但是这些变化对识别不是至关重要的。例如，人们只需确认边缘是直的还是弯的（例如区分圆柱体和长方体），或边缘是否是平行的（例如区分圆锥体和圆柱体）。人们并不需要精确地指出某个边缘的弯曲程度如何。只有边缘是定义几何子所需要的，颜色、纹理以及小的细节都不重要。如果这一假设是正确的，那么对一个能看出基本几何子的复杂物体的线条示意画的识别就能像对具有该物体细节的彩色照片的识别那样迅速。比德曼和鞠（Biederman & Ju，1988）用实验证实了这个假设：像电话这样的物体的线条示意画提供了能够迅速而准确识别它的所有信息。

这个理论的关键假设是，物体识别是以对其部件的识别为中介而实现的。比德曼、贝宁、鞠和布里克利（Biederman，Beiring，Ju & Blickli，1985）采用如图 2.21 所示的物体对该假设进行了检验。一些物体的某些部件被整个删除；而另一些物体则具有所有部件，只是删除这些部件的某些片段。他们以不同的速度向被试呈现这两种经过删除的图画，并要求他们识别这些物体。测试结果如图 2.22 所示。呈现时间非常短暂（65~100 毫秒），被试对删除完整部件的图
49 的识别要比对删除局部轮廓的图的识别更为准确；当呈现时间更长时，例如呈

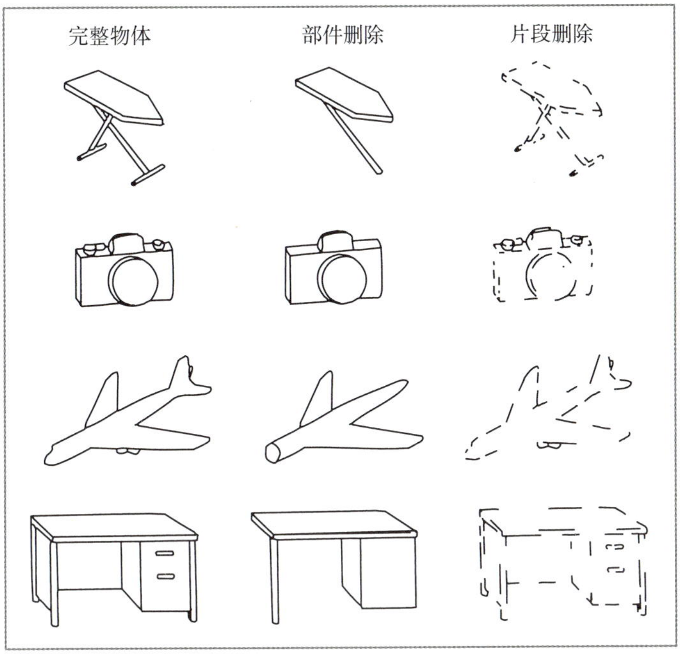

图 2.21　**检验物体识别是以对部件的识别为中介而实现的理论。比德曼等人（1985）的实验所用刺激的范例。相同比例的部分从完整物体的图片中被删除。一种条件是某些部件被整个删除；另一种条件是删除各部件的某些中间部分的轮廓。图 2.22 显示了实验结果。**（资料来源：Biederman, 1987. Adapted by permission of the publisher. ©1987 by the American Psychological Association.）

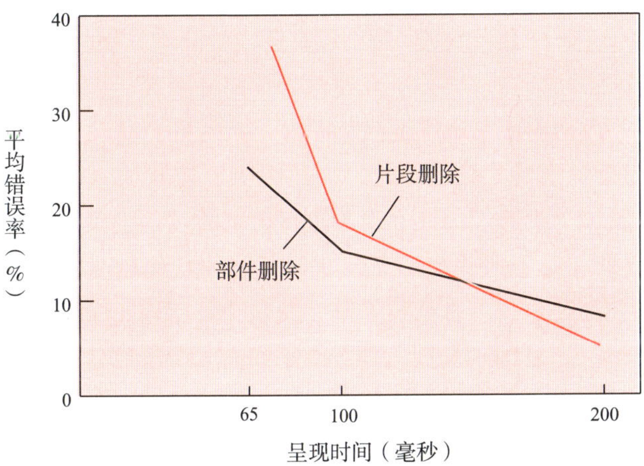

图 2.22　**为确定物体识别是否以识别该物体的部件为中介，比德曼等人（1985）所做测试的结果。把物体命名错误的平均比例作为轮廓删除类型（删除局部轮廓或删除完整部件）和呈现时间的函数进行绘图。**（资料来源：Biederman, 1987. Adapted by permission of the publisher. ©1987 by the American Psychological Association.）

现 200 毫秒，则出现了相反的情况。比德曼等人解释道，在非常短的时间内，被试不能识别出删除局部轮廓的部件，因此难以识别物体。然而，当呈现时间为 200 毫秒时，被试在任何一种条件下都能识别所有的成分。由于删除局部轮廓的情况下有更多部件，因此它们拥有更多识别物体的信息。

50

◎ 像马和杯子之类的物体被识别成一组简单子物体的构形。

脸的识别

脸是视觉刺激中最重要的类别之一，有理论认为我们有专门识别脸的机制。在猴子的颞叶中找到了对其他猴子的脸优先反应的特定细胞（Baylis，Rolls，& Leonard，1985；Rolls，1992）。如果人的颞叶受到损伤，可能会造成被称为**人脸失认症**（prosopagnosia）的缺陷，他们对脸的识别存在选择性困难。采用 fMRI 技术的脑成像研究发现，当脸出现在视野中时，颞叶的一个叫做**梭状回**（fusiform gyrus）的特定区域会做出反应（例如 Ishai Ungerleider，Martin，Mailsog，& Haxby，1997；Kanwisher，McDermott & Chun，1997；McCarthy，Puce，Gore，& Allison，1997）。

脸加工专门化的证据之一出自对倒置的脸识别的研究。在一项原创性的研究中，殷（Yin，1969）发现，人们对垂直方向呈现的脸的识别要比对以同样方向呈现的其他类别物体的识别（例如房子）要好得多。然而，当脸倒置呈现时，对其的识别能力急剧下降，但对其他物体的识别则不会出现这种情况。因此，这似乎表明我们有特别的识别脸的能力。研究还发现，当脸倒置呈现时，梭状回的 fMRI 的反应减弱（Haxby et al，1999；Kanwisher，Tong，& Nakayama，1998）。另外，当脸的某个部分（例如鼻子）出现在脸上时，识别起来会更容易；但是，在识别一幢房屋的组成部分（例如窗户）时则没有同样的情境依赖（Tanaka & Farah，1993）。所有的这些证据导致一些研究者认为我们特别善于识别整体的脸，有时候这一特殊的能力被论证是通过进化获得的。

另外的研究则不支持脸识别特异化的结论，而是提供了梭状回专门作出精细辨别的证据。我们对脸极为熟悉，因此在对脸进行识别的过程中我们善于作出这种细致的判断。但是，对于那些我们已经非常了解的其他刺激，也可以看到类似的效应。例如，高蒂尔、斯卡德拉斯基、戈尔和安德森（Gauthier，
51 Skudlarski，Gore，& Anderson，2000）发现，鸟类专家或汽车专家对鸟类或汽车进行判断时，他们的梭状回也会表现出高度激活。在另一项研究中，经过大量的练习之后，人们识别一组名为 greeble 的不熟悉物体（图 2.23）时，梭状回也会表现出激活。

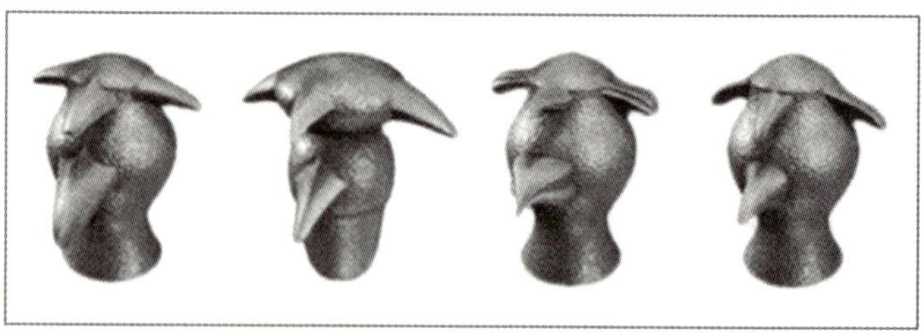

图 2.23 **“Greeble 专家”在识别这些物体时会使用脸识别区。**（资料来源：Gauthier，Tarr，Anderson，Skudiarski，& Gore，1999. Reprinted by permission of the publisher. ©1999 by *Nature Neuroscience*.）

◎ 识别人脸时，位于颞叶的梭状回变得活跃起来。

言语识别

到目前为止，我们只讨论了视觉模式识别。对该结论普遍性的一个有趣检验是，它们是否能推广至言语识别。虽然我们不打算讨论早期言语加工的细节，但是类似的问题值得关注。言语识别的一个主要问题是待识别对象的分割。言语不能像打印的文本那样被分成离散的单元。尽管在言语中词与词之间似乎存在界限分明的停顿，但是这些停顿往往是一种错觉。如果我们分析言语的真实物理信号，常常会发现在词的边界处声能并未衰减。事实上，出现在单词内的声能间隔与出现在单词间的非常相似。在听别人说一种我们不熟悉的外语时，言语的这种特性会特别明显。言语似乎是连续的声音流，中间没有明显的单词界限。正是由于我们对自己母语的熟悉，才导致言语中有词间间隔存在的错觉。

在一个单词内甚至存在着更大的分割问题。这些单词内的问题涉及到对**音素**（phonemes）的识别。音素是语音的基本单元，我们借助音素来识别单词[3]。音素被定义为导致口语信息差别的言语的最小单元。为了更好地说明问题，请考虑 *bat*（蝙蝠）一词。这个词由三个音素组成：/b/，/a/ 和 /t/。如果用音素 /p/ 取代音素 /b/，我们就得到 *pat*（轻拍）；如果音素 /i/ 取代音素 /a/，我们就得到 *bit*（少量）；如果用音素 /n/ 取代音素 /t/，我们就得到 *ban*（禁止）。很显然，在字母与音素之间并非总存在着一一对应的关系。例如，单词 *one* 由音素 /w/，/e/ 和 /n/ 构成；单词 school 由音素 /s/，/k/，/u/ 和 /l/ 构成；单词 *knight* 由音素 /n/，/i/ 和 /t/ 构成。正是字母与读音之间缺乏严格的对应关系才使得英语拼写如此困难。

当需要识别构成所说单词的音素时，分割问题便出现了。困难在于言语是连续的，音素无法像印刷在纸页上的字母那样分开。在这个层面上的分割就像识别手写（不是印刷的）文字那样，一个字母连上另一个字母。另外，就像手写体的字迹不同那样，不同的说话者对同一音素的发音也各不相同。例如，当一个人试图听懂一位带有浓重口音的人所说的不熟悉的方言时，会发现说话人 52
之间的差异极为明显，如美国人试图听懂澳大利亚人说话。然而，对言语信号的分析发现，即使操着相同口音的说话者也存在着相当大的差异。例如，妇女

3 马萨罗（Massaro，1996）提出了另一种经常提到的说法，认为基本的知觉单元是辅音－元音组合和元音－辅音组合。

和儿童的声音通常要比男士的音调高很多。

言语感知中更进一步的困难在于一种被称为连音的现象（Liberman，1970）。当声道发出一个音时，例如：发 bag 中的 /b/ 音，它要向发 /a/ 音所需的口形移动。发 /a/ 音时，它要向发 /g/ 音的口形移动。实际上，各个音素是重叠的。这就为音素分割增添了新困难，而且还意味着一个音素的实际发音由其前后的其他音素决定。

言语知觉所提出的信息加工要求在很多方面都高于听知觉。研究者们报告了许多由于左颞叶损伤而丧失了听语言能力的患者（参阅 Goldstein，1974 的综述）。他们察觉和识别其他声音的能力以及说话的能力依然完好。因此，他们损伤的只是言语知觉。如果所听的言语说得非常慢，患者偶尔也会听懂（参见 Okada，Hanada，Hattori，& Shoyama，1963），这表明其中某些问题可能出在对言语流的分割上。

◎ 言语识别包括将音素从连续的言语流中分割出来。

言语的特征分析

就像在视觉识别中那样，特征分析和特征组合的加工似乎也存在于言语知觉中。如同单个字母那样，单个音素可以分解成由许多特征组成。这些特征涉及音素是如何产生的。音素的特征包括辅音特征、浊音音质和发音部位（Chomsky & Halle，1968）。**辅音特征**（consonantal feature）是一个音素的辅音特质（与元音特质相反）。**浊音音质**（voicing）是由声带振动发出的音素声音。例如，比较你说单词 *sip* 和 *zip* 的方式。*sip* 中的 /s/ 是清音，而 *zip* 中的 /z/ 是浊音。在发这些声音时将手指放在喉部，你就会发现它们的不同之处。喉部会在发浊辅音时振动。

发音部位（place of articulation）是指在发音时声道处于闭合或者紧缩状态的部位（在发大多数辅音时，声道在某点上闭合）。例如，/p/、/m/ 和 /w/ 被称之为双唇音，因为在发这些音时双唇是闭合的。音素 /f/ 和 /v/ 被称之为唇齿音，因为要用上门齿压下嘴唇。/th/ 表征两个不同的音素，一个在 *thy* 中，另一个在词 *thigh* 中。二者皆为齿音，因为舌头需触压牙齿。音素 /t/、/d/、/s/、/z/、/n/、/l/ 和 /r/ 都是齿龈音，因为发音时舌头需触压在正好位于上门齿后牙龈的牙槽
53 嵴处。音素 /sh/、/ch/、/j/ 和 /y/ 都是腭音，因为发音时舌头需触压在正好位于牙槽嵴后的口腔的顶部。音素 /k/ 和 /g/ 都是软腭音，因为发音时舌头需触压在接近口腔后顶部的软腭处。

请思考一下音素 /p/、/b/、/t/ 和 /d/，它们都具有辅音特征。然而可以根据

浊音音质和发音部位对这四个辅音进行区分。表 2.2 中按照这两个特征对这四个音素作了分类。

表 2.2

根据浊音音质和发音部位对 /b/、/d/、/p/ 和 /t/ 这四个音素所作的分类。

发音部位	浊音音质	
	浊音	清音
双唇音	/b/	/p/
齿龈音	/d/	/t/

大量的证据支持这些特征在言语知觉中的作用。例如，米勒和奈斯利（Miller & Nicely，1955）让被试在噪声环境中尝试识别诸如 /b/、/d/、/p/ 和 /t/ 等音素[4]。在噪声环境下被试会把声音混淆，将实际呈现的一种声音听成是另一种声音。实验者感兴趣的是，当呈现一种声音时，被试会将它与哪些声音相混淆。看起来，最有可能混淆的是仅有一个特征不同的辅音，这一预测得到了证实。例如，当呈现音素 /p/ 时，被试把它听成是音素 /t/ 的次数超过听成音素 /d/ 的次数。音素 /t/ 与音素 /p/ 仅在发音部位上有所不同，而 /p/ 与音素 /d/ 的发音部位和浊音音质都不相同。与此类似，当呈现音素 /b/ 时，被试把它误听成 /p/ 的次数超过误听成 /t/ 的次数。

这个实验比金尼等人（Kinney et al.，1966）的字母识别研究更早地证明了相同的逻辑。当被试只能辨别出一个模式的部分特征时（在这里，模式是音素），被试在具有这些共同特征的音素之间出现了混淆反应。

◎ 音素识别依据的是音素产生过程中的特征，例如发音部位和浊音音质。

类别性知觉

音素特征指的是音素发音时的性质，听觉刺激的哪些性质对这些发音特征进行编码呢？在浊音音质方面，该问题已经得到了非常好的研究。在发 /b/ 和 /p/ 这样的辅音时，发生了两件事：闭合的双唇张开，空气释放和声带开始振动（voicing）[5]。在发浊辅音 /b/ 时，空气释放和声带振动几乎是同时发生的。在发清辅音 /p/ 的情况下，空气释放是在声带振动开始前 60 毫秒时发生的。当我们知觉一个辅音是清辅音还是浊辅音时，我们觉察到的是在空气释放和声音振动之间是否存在 60 毫秒的间隔。这段时间间隔被称为声带振动开始时间。浊辅音 /b/ 和清辅音 /p/ 之间的差别见图 2.24。类似的差别也存在于其他的浊辅音－ 54
清辅音对中，例如 /d/ 和 /t/。此时，控制音素知觉的因素又成了空气释放和声带振动之间的时间延迟。

4 实际上向被试呈现的声音是 *ba*、*da*、*pa* 和 *ta*。

5 作者在 email 中说明"I think voicing refers to both the process and the resulting sound". 当"voicing"指 "the resulting sound" 时，我们译成 "浊音音质"；当 "voicing" 指 "the process" 时，我们译成 "声带振动"。——译者注

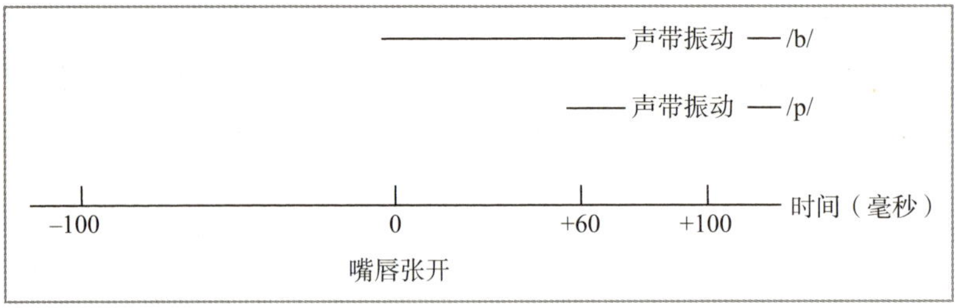

图 2.24 **浊辅音 /b/ 和清辅音 /p/ 之间的差别在于，在发 /p/ 音时存在嘴唇张开和声带开始振动之间的时间延迟。**（资料来源：H. H. Clark & E. E. Clark，1977. Reprinted by permission of the publisher. ©1977 by Harcourt Brace Jovanovich.）

利斯克和艾布拉姆森（Lisker & Abramson，1970）用人工（由计算机产生的）刺激做了一系列实验。在这些实验中，空气释放和声带振动之间的时间延迟在 −150 毫秒（声带振动在空气释放前 150 毫秒）至 150 毫秒（声带振动在空气释放后 150 毫秒）之间变化。任务是分辨出哪些声音是 /b/ 以及哪些声音是 /p/。图 2.25 是识别为 /b/ 和识别为 /p/ 的百分比。在连续体的大部分时间里，被试在他们所听到的内容上 100% 一致，但是，在声带振动起始时间约 25 毫秒时出现了从 /b/ 到 /p/ 的突变。在声带振动起始时间为 10 毫秒处，被试几乎一致认为声音是 /b/；而在 40 毫秒时，他们几乎一致认为声音是 /p/。由于浊辅音与清辅音之间存在着这一突变的分界线，因此，对这一特征的知觉具有类别性。**类别性知觉**（categorical perception）是指对属于不同类别的刺激的知觉，它不能觉察类别内刺激的渐变。

55 支持言语的类别性识别的另一证据来自辨别研究（综述见 Studdert-Kennedy，1976）。人们非常不善于辨别具有不同声带振动起始时间的一对 /b/，或者具有不同声带振动起始时间的一对 /p/。然而却善于辨别在声带振动起始时间上具有相同差异，但其中一个是 /b/ 和一个是 /p/ 的音素对。看来，人们只能够识别一个声音的音素类别，却不能在音素类别内进行辨别。因此，只有当两个声音出现在音素边界的两侧时，人们才能够分辨它们。

关于类别性知觉究竟意味着什么，至少存在着两种观点，它们的区别在于对知觉本质的强调不同。较弱的观点认为，我们体验的是来自不同类别的刺激。看起来，对于音素知觉是这种意义下的类别性知觉似乎争论不大。较强的观点认为，我们无法辨别类别内的刺激。马萨罗（Massaro，1992）针对这一观点提出了异议，他认为存在着些许类别内的分辨能力。他进一步指出，类别内辨别能力低下可能反映了被试的一种偏好：即使存在着可以辨别的差异，他们仍倾向于说类别内的刺激是相同的。

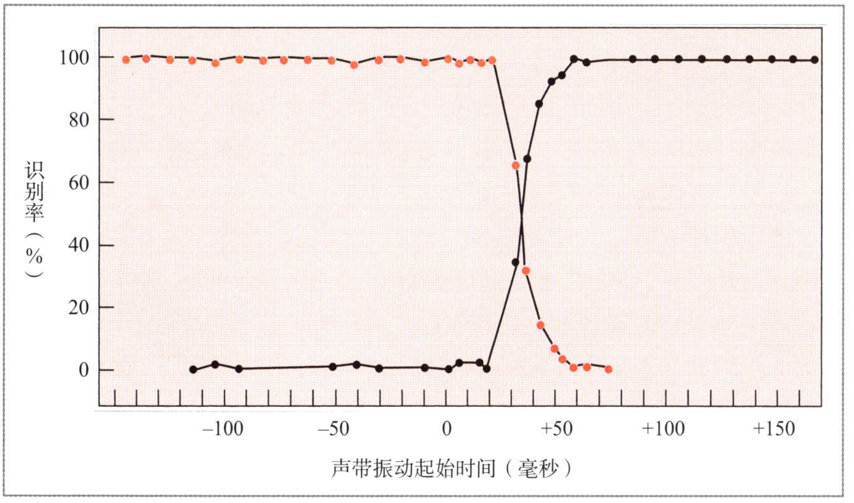

图 2.25 **识别为 /b/ 与 /p/ 的百分比是声带振动起始时间的函数。识别函数的突变出现在大约 +25 毫秒处。**（资料来源：Lisker & Abramson，1970. Reprinted by permission of the publisher. ©1970 by Academia.）

为言语识别中使用浊音音质特征提供了支持证据的另一条研究路线是自适应范式。埃马斯和科比特（Eimas & Crotbit，1973）让被试听重复呈现的声音 *da*，这个声音包含一个浊辅音 /d/。研究者推断，浊辅音的持续重复可能会造成检测浊音音质特征的觉察器的疲劳或适应。然后，他们向被试呈现一系列人工声音，这些声音处于某个声音的连续体内，例如 *ba* 与 *pa* 之间的范围（就像前面介绍的利斯克和艾布拉姆森的研究那样，1970）。他们要求被试指出，这些人工刺激听起来更像 *ba* 还是更像 *pa*。（请记住，在 *ba* 与 *pa* 之间唯一的差别在于浊音音质。）埃马斯和科比特发现，在通常情况下被报告成浊音 *ba* 的一些刺激，现在被报告成清音 *pa*。因此，重复呈现声音 *da* 造成了浊音音质特征觉察器的疲劳，提高了觉察 *ba* 中浊音音质的阈值，从而使先前的许多 *ba* 刺激听起来像 *pa*。

虽然言语知觉在某种意义上是类别性的已经是一种共识，但是关于这种现象背后的机制仍存在很大争论。一些研究者（例如，Liberman & Mattingly，1985）认为这反映了能够使人感知到声音是如何产生的特殊的言语知觉机制（第 11 章和第 12 章将深入讨论该主题）。例如，清辅音和浊辅音产生时的类别性区别——发音时声带是否振动。该事实被用来说明我们是通过感知辅音如何产生来感知浊音音质的。但是，有证据表明类别知觉并不专属于人类的语言加工，而是反映了某些声音如何被感知的一般特性。例如，皮索尼（Pisoni，

1977）制造出了一些非语言纯音，它们具有与声带振动相似的声学特征——一
56 个低频音与一个高频音同时产生，或者期间有 60ms 的时间延迟。被试显示了与图 2.25 中所示的言语信号边界相同的边界。在另一项研究中，库尔（Kuhl，1987）训练南美栗鼠区分浊辅音“da”和清辅音“ta”。即便这些小动物没有人的声道，它们仍然像人一样在这两种刺激间产生了清晰的边界。因此，类别性知觉似乎既不依赖于语音信号（Pisoni，1977），也不依赖于知觉者是否具有人类发声系统（Kuhl，1987）。迪尔等人（Diehl，Lotto，& Holt，2004）认为我们所使用的音素是经过选择的，所以它们在言语听觉知觉中存在着类别边界。因此，更有可能的是，知觉系统决定了我们的言语行为，而不是言语行为决定了我们的知觉。

◎ 在连续维度上不同的语音听起来属于不同的类别。

情境与模式识别

迄今为止，在我们对模式识别的讨论中，似乎模式识别系统唯一可利用的信息是待识别的物理刺激中的信息。然而，情况并非如此。物体总是出现在情境中的，而我们可以利用情境来识别物体。请看图 2.26 中的例子。我们会将这些符号看成是 *THE* 和 *CAT*，尽管 *H* 和 *A* 用的是完全相同的符号。单词提供的整体情境迫使人们获得相应的理解。当情境或世界的一般性知识指导知觉时，我们将这种加工称为**自上而下加工**（top-down processing），因为高层次的一般性知识影响着低层次的知觉单元的解释。知觉中的一个普遍问题是，这种自上而下加工与不考虑整体情境而直接对信息本身进行的**自下而上加工**（bottom-up processing）是如何结合的。

图 2.26 情境作用的一个例子。由于所处情境的不同，相同的刺激被知觉成 H 或 A。

（资料来源：Selfridge，1955. Reprinted by permission of the publisher. ©1955 by the Institute of Electrical and Electronics Engineers.）

自上而下效应的一条重要研究路线是由赖歇尔（Reicher，1969）和惠勒（Wheeler，1970）开创的一系列字母识别实验。快速呈现给被试一个字母（如 *D*）或者一个单词（如 *WORD*），然后立即向被试提供两个选择，要求他们报告刚才看到的是两个选择之中的哪一个。（最初的呈现时间足够短暂，以至被试在这项识别任务中大量出错。）如果向他们呈现的是字母 *D*，那么可能会向他们呈现 *D* 和 *K* 以供选择。如果向他们呈现的是单词 *WORD*，那么可能向他们呈现单词 *WORD* 和单词

WORK 以供选择。请注意，这两个选择答案都只是字母 *D* 或字母 *K* 的差别。被试识别单词时的正确率比识别单独字母高 10%。因此，被试在单词情境下比在只有字母的情况下能更好地区分字母 *D* 和 *K*。尽管从某种意义上说，他们在单词情境下要对四倍数量的字母进行加工。这种现象就是**单词优势效应**（word superiority effect）。

图 2.27 显示了鲁姆哈特和赛普尔（Rumelhart & Siple，1974）以及汤普森和马萨罗（Thompson & Massaro，1973）对为什么人们在单词情境下能更准确地识别字母提出的一种解释。图中所示的是不完整知觉的产物：无法知觉字母的某个部分——组（a）中仅有最后一个字母被遮挡，而组（b）中多个字母被遮挡。如果只给被试看最后一个字母，那么被试可能无法说出这个字母是 K 还是 R。因此，刺激信息不足，无法认出字母。另一方面，情境本身也没有提供足够的信息——虽然组（a）中前三个字母清楚地显示出是 WOR，但是以 WOR 开头的四个字母的单词有很多：WORD，WORE，WORK，WORM，WORN，WORT。然而，如果被试将来自刺激的信息和来自情境的信息结合起来，那么整个单词必定是 WORK，也就意味着 K 是最后一个字母。并不是被试在 WOR 的情境下对 K 看得更清楚，而是他们更能够推断出 K 就是第四个字母。但是被试并没有意识到这些推断，所以可以说他们在知觉过程中做出了无意识推断。特别需要注意的是，在这个例子中被试并没有有意识地通达特定特征，比如目标字母右下角有条斜线。否则，当只给出单个字母时，他们能够正确地选择 D 或 K。被试只是有意识地通达了知觉系统所感知到的整个单词或整个字母。注意，这种分析并不仅限于情境字母无歧义的情况。在组（b）中，第二个字母可能是 O 或 U，第三个字母可能是 B、P 或 R。但是，WORK 仍然是唯一可能的单词。 57

这个例子表明，许多像单词这样的复杂刺激中存在冗余信息。这些刺激包含了远远多于将一个刺激与另一个刺激区分开所需的特征。因此，当只有部分特征可识别时，知觉也能够成功地进行下去，其余特征可以由情境补充。在语言中，这种冗余信息存在于除特征层次外的许多其他层次上。例如，在字母层次存在着冗余信息。我们无需知觉一长串单词中的每一个字母就能将它们读出来。To xllxstxatx，I cxn rxplxce xvexy txirx lextex of x sextexce xitx an x，anx yox stxll xan xanxge xo rxad xt – ix wixh sxme xifxicxltx.[6]

6 将‘x’处补齐，这句话成为：To illustrate, I can replace every third letter of a sentence with an x, and you still can manage to read it – if with some difficulty.（直译为：作为例证，我可以将一个句子的所有第三个字母替换成 x，你仍然能够设法把它读出来，尽管或许有一点困难。）——译者注

◎ 在字母识别中，单词情境可以用来补充特征信息。

58 综合情境与特征信息的马萨罗 FLMP 模型

我们已经回顾了种种知觉情况下模式识别中的情境效应，但是如何在概念上解释这些效应依然是个问题。马萨罗认为，刺激和情境提供了关于刺激本体的两个独立的信息源，二者组合在一起提供有关刺激可能是什么的最佳猜测。图 2.28 显示了他在区分字母 *c* 与字母 *e* 的识别测试中所用的材料。图中 4 个象限代表了情境所能提供的证据的 4 种可能情况：只有用字母 *e* 才可以构成的单词（左上）；只有用字母 *c* 才可以构成的单词（左下）；*c* 和 *e* 两者都可以构成的单词（右上）；两个字母无论用哪个都构不成单词的字符串（右下）[7]。在一个象限内自上而下，一个模棱两可的字母图形从最像 *c* 逐渐变为最像 *e*。向被试短暂地呈现这些刺激并要求他们识别该字母是 *c* 还是 *e*[8]。图 2.29 表明识别结果是刺激与情境信息的函数。当字母图形自身提供了更多的识别为 *e* 的证据时，被试识别该字母为 *e* 的概率增加。同样，当情境提供更多的识别为 *e* 的证据时，识别为 *e* 的概率也增加了。

图 2.27　在一个单词知觉实验中可能提取一组假设特征：（a）只有最后一个字母被遮挡；（b）多个字母被遮挡。

马萨罗认为，这些数据反映了来自情境的证据和来自字母刺激的证据的独立组合。他假设，字母刺激为字母 *c* 所提供了证据 L_c，而情境也为字母 *c* 提供

---

7 （左上），（左下），（右上），（右下）为译者所加。——译者注

8 图 2.28 中每个象限有 6 行，对应着刺激值从 1 到 6 的目标字母图形，刺激值为 1 对应 c，刺激值为 6 对应 e（参见图 2.29）。每次测试呈现一个字符串，例如 cdit，要求被试判别此时的目标字母图形是 c 还是 e。 在图 2.28 的 4 个象限中，左上象限里的 edit, sell, sled, pane 是英语单词，cdit, scll, slcd, panc 都不是英语单词；左下象限里的 coin, scum, pack 和 zinc 是英语单词，eoin, seum, paek, zine 不是英语单词；右上象限里的 cast, east, scar, sear, duct, duet, talc 和 tale 均是英语单词，而右下象限中全都不是英语单词。——译者注

了某种证据 C_c。他假设，这些证据可以量化为 0~1 范围内的数值，并且基本上可把它们当成概率。他称这个数值为“模糊真值”。由于这些概率的和为 1，因此由字母刺激为 e 提供的证据为 $L_e = 1 - L_c$，而由情境提供的证据为 $C_e = 1 - C_c$。若已知这些概率，则识别为字母 c 的总概率为：

$$p(c) = \frac{L_c \times C_c}{(L_c \times C_c) + (L_e \times C_e)}$$

图 2.29 中的曲线显示了根据他的理论所作的预测。一般说来，马萨罗的理论［即**知觉的模糊逻辑模型**（fuzzy logical model of perception，FLMP）］很好地解释了模式识别中情境和刺激信息的组合。

图 2.28 马萨罗（Massaro，1979）研究被试如何组合来自字母的刺激信息和来自字母周围的情境信息时所采用的情境线索。（资料来源：Massaro，1979. Reprinted by permission of the publisher. ©1979 by the American Psychological Association.）

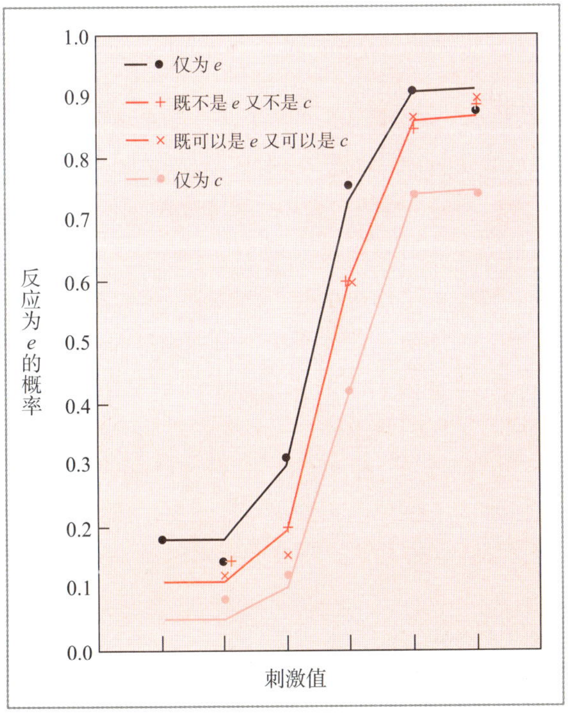

图 2.29 反应为 e 的概率是测试字母的刺激值和字形情境的函数。曲线反映了马萨罗的 FLMP 模型的预测。最左侧的曲线表示情境提供的证据是字母仅能为 e 的情况。中间的曲线表示在情境提供的证据支持字母既可以是 e 又可以是 c 或者既不可以是 e 又不可以是 c 这两种情况下做出的预测相同。最右侧的曲线为情境提供的证据是字母仅能为 c 的情况。［译者注：图 2.29 中的点是实验数据（反应为 e 的概率），因为被试必须从 c 和 e 中两者择一，反应为 c 的概率 = 1− 反应为 e 的概率（将图中数据沿 p=0.5 水平线旋转 180° 即得）。］（资料来源：Massaro，1979. Reprinted by permission of the publisher. © 1979 by the American Psychological Association.）

◎ 知觉的马萨罗 FLMP 模型指出，情境信息与刺激信息各自独立地提供信息，共同决定知觉到的模式。

情境与识别的其他例子

我们已细致分析了单词识别，如马萨罗阐明了情境如何影响知觉。然而，情境的影响是普遍存在的。例如，同样有大量证据表明情境在言语知觉中的
59 作用。一个很好的例子是最初由沃伦（Warren，1970）在实验中所发现的**音素复位效应**（phoneme-restoration effect）。他让被试听句子“The state governors met with their respective legislatures convening in the capital city”[9]，其中位于 *legislatures* 一词中间的字母 *s* 被 120 毫秒的纯音所取代。结果 20 个被试中只有 1 名报告听到了纯音，但这名被试无法正确地说出纯音的位置。

对这项最初研究的一个有趣的拓展是由沃伦和沃伦（Warren & Warren，1970）所作的一个实验。他们向被试呈现如下所示的句子：

It was found that the *eel was on the axle.

It was found that the *eel was on the shoe.

It was found that the *eel was on the orange.

It was found that the *eel was on the table.

在每个句子中，* 表示用非言语声音代替了一个音素。对于上述 4 个句子，被试根据情境报告听到了 *wheel*，*heel*，*peel* 和 *meal*[10]。上述这些句子的一个值得注意的重要特点是，每句从开始到关键单词都是一样的。对这些关键单词的识别由出现在它后面的单词所决定。因此，对单词的识别通常不是即时发生的，它可能依赖于对后续单词的知觉。

对复杂视觉景象的知觉来说，情境似乎也很重要。比德曼、格拉斯和斯泰西（Biederman，Glass，& Stacy，1973）考查了新异景象中的物体知觉。图 2.30 为他们向被试呈现的两种景象。图 2.30a 为正常景象，相同的景象在图 2.30b 中被打乱了。被试观看在屏幕上短暂呈现的其中的一幅景象，然后立即在空白
60 屏幕上出现一个箭头，该箭头所指的位置是之前景象中的一个物体的位置，他们要求被试指出这个物体是什么。在这个例子中，箭头可能指向了消防栓所处的位置。当被试观看连贯画面时，要比观看杂乱画面时能更准确地完成识别任

9 直译为：州长们分别会见了自己的州在首都的立法人员。

10 有了这些单词后，上述四个句子译为：人们发现轮子在轴上；人们发现鞋跟在鞋上；人们发现果皮在橙子上；人们发现饭在桌上。

(a)　　(b)

图 2.30　**比德曼等人（Biederman，Glass，& Stacy，1973）研究复杂视觉景象识别中的情境作用时使用的景象：（a）连贯的景象；（b）杂乱无章的景象。在杂乱无章的景象中更难以识别消防栓。**（资料来源：Biederman，Glass，& Stacy，1973. Reprinted by permission of the publisher. © 1973 by the American Psychological Association.）

务。因此，就像对文本或言语的加工那样，人们能够使用视觉景象中的情境信息来识别物体。

最具戏剧性的一个情境影响知觉的例子是**变化盲**（change blindness）现象。人们不能在一个典型的复杂景象中追踪所有信息。当视网膜受到干扰（例如眼动或电影中的镜头切换）时，如果景象中的元素发生变化，且它与情境相匹配，那么人们通常不能觉察这种变化。在最早关于变化盲的研究中（McConkie & Currie，1996），当被试发生眼动时，在其所观看的图片中引入一个巨大的变化。例如，画面中汽车的颜色可能变了，而被试通常觉察不到这些变化。图 2.31 是变化盲的一个生动例子（Simons & Levin，1998）。主试在康奈尔大学校园中 61
拦住过往的行人向他们问路，就在毫不知情的被试正在指路时，几名工人抬着一扇门从主试和被试之间穿过。一名同伙替换了主试。15 名被试中只有 7 名注意到了这种变化。在图 2.31 所示景象中，被试自认为正在为一名学生指路，只要调换了的主试满足这个解释，被试就不会发现已经换了人。在一个关于人脸变化的觉察能力的实验室研究中，贝克等人（Beck，Rees，Frith，& Lavie，2001）发现，与没有觉察到脸变化相比，被试觉察到脸变化时其梭状回有较强的激活（参见上文有关面部识别的讨论）。

◎ 在多种情况下情境信息都会影响知觉加工。

图 2.31 变化盲的一个例子。画面来自一段录像，就在工人们抬着一扇门从一名主试和一名毫不知情的被试之间穿过时，主试的同伙替换了他。15 名被试中只有 7 名注意到了这种变化。（a）到（c）表示替换的过程；（d）为两名主试。（资料来源：Simon & Levin，1998. Reprinted by permission of the publisher. ©1998 by *Psychonomic Bulletin and Review.*）

结　论

本章讨论了神经元如何加工感觉信息、将其传输到脑内更高级的加工中心以及信息如何被识别为客体。图 2.32 给出了视知觉信息加工的整个流程图。知觉始于外部世界的光能。感受器，例如视网膜上的感受器，将光能转换成神经信息。早期的感觉加工形成了对信息的初始感觉。特征被提取出来生成马尔所称的**初始简图**（primal sketch）。这些特征与深度信息组合以形成对物体表面空间位置的表征，这就是马尔的 $2^{1}/_{2}$ 维简图。用格式塔的组织原则来将元素组合成物体，这就是马尔的 3-D 模型。最后，这些物体的特征与总的情境信息相组合以识别物体。这最后一层输出的便是我们在知觉中所意识到的东西，它是物体及其在环境中的位置的表征。这些信息是更高层次认知加工的输入。图 2.32 阐明了很重要的一点：在能够意识到我们正在知觉的物体之前，必须要进行大量的信息加工。

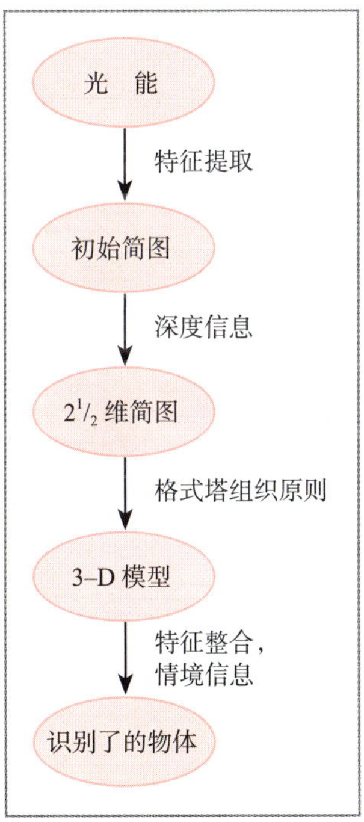

图 2.32　我们如何加工来自环境的信息并形成对它们的知觉表征。椭圆框代表了马尔（Marr, 1982）模型中不同的信息层次。箭头线旁标注的是从一个信息层转换到下一个信息层的感知过程。

思考题

1. 图 2.33a 所示的是以其发现者奥地利物理学家和哲学家厄恩斯特·马赫（Ernst Mach）的名字命名的视觉错现象——马赫带。每条带里的灰度都相同，但是与深色带相交的边界线的右侧看起来亮一些，与浅色带相交的边界线的左侧看起来暗一些，你能用开闭细胞、边缘觉察器和直条觉察器解释这一现象吗（见图 2.7 和图 2.8）？
2. 使用格式塔原则解释为什么我们会在图 2.33b 中看到两个三角形。
3. 比得曼的几何子观点认为人们通过识别组成成分中的抽象特征来识别客体（见图 2.20），而厄尔曼（Ullman，2006）认为我们通过识别像图 2.33c 那样的具体片段来识别客体。几何子理论和片段理论的相对优势各是什么？
4. 从图 2.29 中，我们看到，当呈现刺激"cdit"时，被试有较大可能性会说他们看到的是英语单词"edit"。有人认为这是情境歪曲知觉的例子。你同意说这是一种歪曲吗？

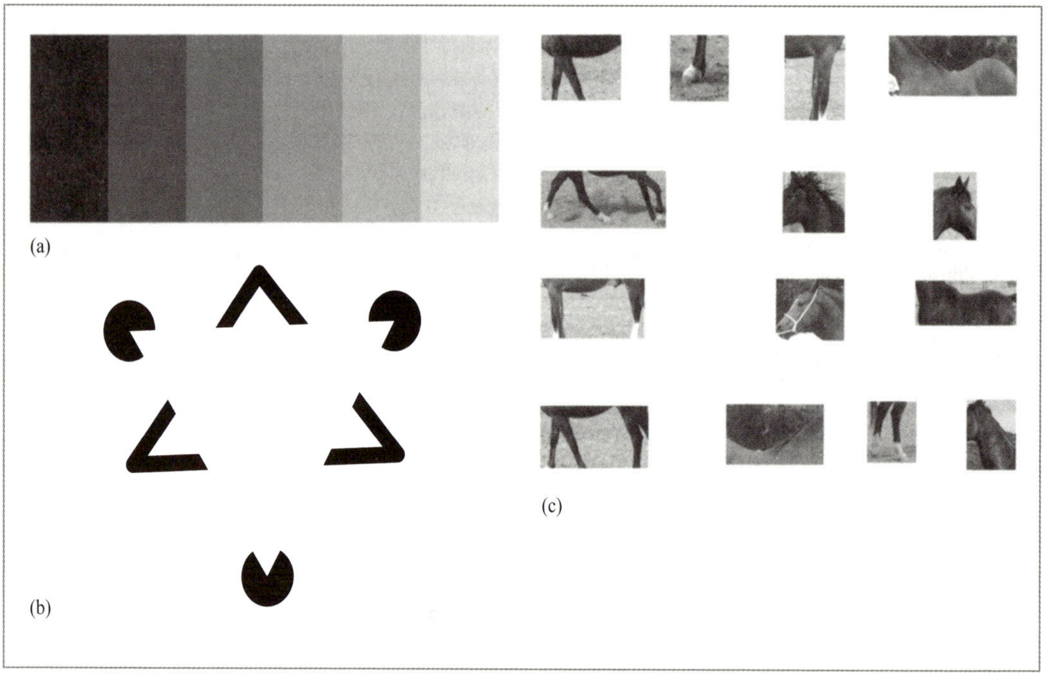

图 2.33 思考题中的图。(a) 马赫带；(b) 格式塔组织原则示例；(c) 厄尔曼（Ullman，2006）提出的识别一匹马所需的片段。

关键术语

视觉失认症

统觉失认症

联想失认症

中央凹

边缘觉察器

直条觉察器

特征地图

$2^1/_2$ 维简图

3-D 模型

格式塔组织原则

模板匹配

特征分析

基于部件的识别理论

几何子

人脸失认症

梭状回

音素

辅音特征

浊音音质

发音部位

类别性知觉

自上而下加工

自下而上加工

单词优势效应

知觉的模糊逻辑模型

音素复位效应

变化盲

初始简图

3 注意与操作

63 第2章介绍了人类的视觉系统和其他知觉系统是如何对来自所有感受野的信息同时进行加工的。然而，我们能够平行加工多少信息是有限制的。在一些时候，我们一次只能注意一条口语信息或者一个视觉对象。本章将讨论高层次认知如何决定我们该注意什么。

在本章中，我们将关注以下问题：

- 在充满声音的忙碌世界中，我们如何选择应该听什么？
- 我们如何从复杂的视觉场景中找到有意义的信息？
- 在将视觉模式组合成可识别的物体时，注意起到什么作用？
- 我们如何协调平行的活动，比如边开车边谈话？

顺序瓶颈

心理学家提出，在人类的信息加工中存在着**顺序瓶颈**（serial bottleneck）[1]，即此处[2]不再能平行加工所有的事情。例如，人们普遍认为运动系统存在平行操作的限制。尽管我们大多数人能够同时执行涉及不同运动系统的彼此不相关的动作（如一面行走一面嚼口香糖），但是，要让一个运动系统同时做两件事却很难。虽然我们有两只手，但是只有一个系统来使我们的双手运动，所以我们很难让两只手以不同的方式同时运动。请思考一个很熟悉的问题：试着一边揉

1　又译为序列瓶颈、系列瓶颈，指只能将事情按顺序一件一件去做的地方。——译者注

2　原文是‘points’。对于是什么‘points’，作者在email中说明它是信息加工流中的点（‘it really refers to points in the information-processing stream，for instance going from low-level visual processing to object recognition’）。——译者注

搓肚子一边轻轻拍打你的头，你很难避免其中一个动作会失控——人们往往会
揉搓头部或拍打肚子[3]。人类的许多运动系统，有的控制脚动，有的控制手动， 64
有些控制眼动等等，它们都能够并且实际上也都在分别独立工作。但是，要让
任意一个这样的系统同时去做两件事却很困难。

心理学家所关心的一个问题是瓶颈多早出现：是在我们知觉到刺激之前，还是在我们知觉到刺激之后对它进行思考之前，或者还是仅仅在需要做出动作之前？我们通常认为在动作能够发生之前必定有一定量的顺序思考。例如，我们发现将两个数字同时相加和相乘基本上是不可能的。另外，还有一个问题是瓶颈位于信息加工过程中的何处。有关瓶颈何时出现的各种理论可以归结为**早期选择理论**（early-selection theories）或**后期选择理论**（late-selec-tion theories），划分依据是这些理论认为瓶颈何时发生。这个问题是对**注意**（attention）感兴趣的心理学家们所考查的问题之一。无论在何处出现了瓶颈，我们的认知加工必须对什么信息需要注意，什么信息需要忽略作出选择。一个相关的研究问题是我们如何选择要注意什么。

除了信息选择在信息加工流中何处发生的问题之外，研究者还对什么因素决定了我们注意的对象提出了疑问。主要是目标导向因素（有时称为内源性控制）和刺激驱动因素（有时称为外源性控制）的区别。为了澄清这种区别，科比塔和舒尔曼（Corbetta & Shulman，2002）让我们想象自己在马德里的普拉多美术馆（El Prado Museum）看博施的名画《人间乐园》（*The Garden of Earthly Delights*；见彩色插页 3.1）。起初，我们的目光可能会被巨大而显眼的物体所吸引，比如画面中心的器具。这就是一种刺激驱动注意，不是我们想要注意它，是它抓住了我们的注意。但是，我们的导游可能开始解说“一只正在演奏乐器的小动物”。现在，我们有了目标，它引导我们的注意扫描画面寻找被描述的对象。接着，科比塔和舒尔曼让我们继续想象这时我们听到隔壁房间警铃大作。现在，刺激驱动因素又介入了，我们的注意从听从导游和理解画作中撤出来转移到邻近的房间。科比塔和舒尔曼认为，在一定程度上，不同的人脑系统分别控制着**目标导向注意**（goal-directed attention）和**刺激驱动注意**（stimulus-driven attention）。例如，神经成像证据显示，目标导向注意系统更偏左侧化，而刺激驱动注意系统更偏右侧化。

选择待加工信息的脑区与加工被选择信息的脑区是不同的（大致上）。图 3.1
中标出了顶叶皮层，这是影响视觉皮层和听觉皮层等区域的信息加工的脑区。 65
图中还标出了前额叶区域，这是影响运动皮层和后部区域的信息加工的脑区。
这些前额叶区域包括背外侧前额叶皮层，以及表层之下的前扣带回皮层。这些

3　鼓手（包括我的儿子）特别善于做此事——而我绝对不是一个鼓手。这说明实际问题可能出在运动的时间协调上。

图 3.1 一些与注意有关的脑区以及它们所控制的一些知觉和运动区。顶叶区域在引导知觉资源方面特别重要，前额叶区域（背外侧前额皮层，前扣带回）在执行控制方面特别重要。

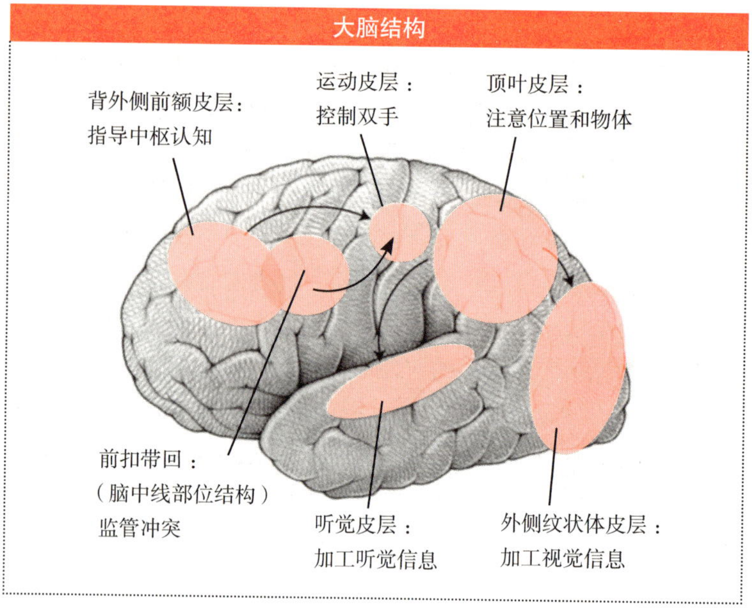

执行选择功能并指导加工进行的脑区负责注意控制。随着本章的深入，涉及图 3.1 中各个脑区的研究将得到详细分析。

◎ 注意系统在顺序瓶颈处选择待加工的信息，顺序瓶颈指的是不可能平行加工信息的地方。

听觉注意

有关注意的一些早期研究主要集中于听觉注意。大部分这些研究都是围绕**双耳分听任务**（dichotic listening task）进行的。在图 3.2 所示的一项典型的双耳分听实验中，被试戴着一副耳机。他们会同时听到两条信息，每条信息各传入一只耳朵，要求被试“跟踪”两条信息中的一条（即仅复述来自一条信息的话语）。绝大多数被试都能够注意一条信息而忽略另一条。

心理学家们（例如 Cherry，1953；Moray，1959）发现，在双耳分听任务中，未注意的信息中仅有少量信息得到了加工。在听完信息后，被试报告他们能够
66 分辨出未注意的信息是一个人的声音还是噪声；人的声音是男声还是女声；以及在测试过程中说话者的性别是否有所改变。这些有限信息就是他们所能报告的全部内容。他们不能说出听到的是哪种语言也记不住任何词汇，哪怕是一再

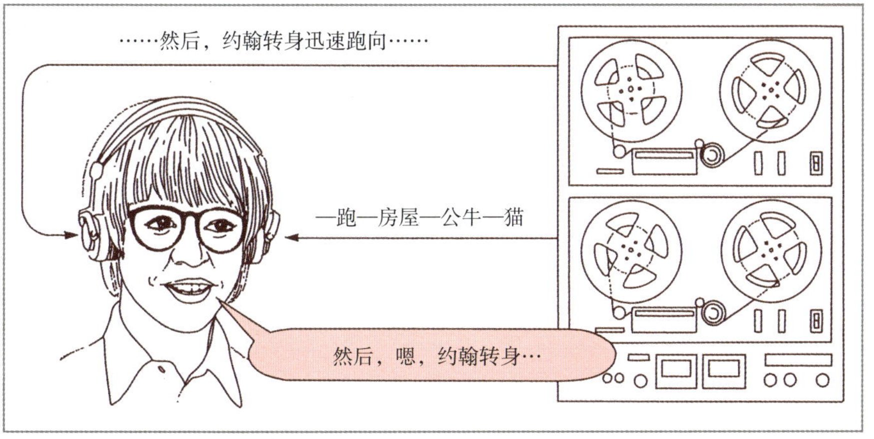

图 3.2 **一项典型的双耳分听任务。给被试的左耳和右耳呈现不同的信息，并要求他们“跟踪”进入一只耳朵的信息。**（资料来源：Lindsay & Norman，1977. Reprinted by permission of the publisher. ©1977 by Academic Press.）

重复的单词。人们常常将执行这个任务比作出席鸡尾酒会，在酒会上的客人倾听一条信息（一个交谈）而过滤掉其他信息。这是一个目标导向加工的例子，听者选择待加工的信息。但是，回到目标导向加工和刺激驱动加工的区别上，重要的刺激信息能够干扰我们的目标。我们可能都体验过这样的情况，我们正专心地听一个人讲话时，在其他人的谈论中听到了自己的名字。这种情况下很难保持我们的注意在原讲话者所讲的内容上。

过滤器理论

布罗德本特（Broadbent，1958）提出了**过滤器理论**（filter theory）（一种早期选择理论）来解释这些结果。他的基本假设是，感觉信息在系统内穿行直到到达某个瓶颈。在那里，人们根据某些物理特征来选择待加工的信息，而过滤掉其他信息。在双耳分听任务中，假设传入每只耳朵中的信息都被记录了，但是在某个点上被试只选择一只耳朵去倾听。在鸡尾酒会上，我们根据诸如说话者的音调这类物理特征来选择倾听哪位说话者。

布罗德本特的最初的过滤器模型的一个关键特征是，他认为我们是基于像耳朵或音调等这类物理特征来选择信息进行加工的。这个假设有一定的神经生理学道理。进入每只耳朵的信息抵达不同的神经，不同神经传递的每只耳朵的声音频率有所不同[4]。因此，我们可以想象，脑以某种方式选择某些神经“去注意”。

人们当然能够根据信息的物理特征来选择要注意的信息。然而，有证据表明，我们还可以根据语义内容来选择信息进行加工。在一项研究中，当时还是牛津大学本科生的格雷和韦德伯恩（Gray & Wedderburn，1960）证明了被试成功地跟踪了在两耳之间来回切换的一条信息。图 3.3 给出了其实验中被试的任务。假定被试跟踪的信息中意义明确的部分是 *dogs scratch fleas*（狗 抓 跳蚤）。传到他一只耳朵中的信息可能是 *dogs six fleas*（狗 六 跳蚤），而传到他另一只耳朵的信息可能是 *eight scratch two*（八 抓 二）。要求被试跟踪意义明确的信息，他们会报告 *dogs scratch fleas*（狗抓跳蚤）。因此，被试 67
能够根据语义而不是根据每只耳朵所听到的物理特征来跟踪信息。

图 3.3 **格雷和韦德伯恩（Gray & Wedderburn，1960）实验中的一项跟踪任务。被试跟踪在两耳之间转移的意义明确的信息。**（资料来源：Klatzky，1975. Adapted by permission of the publisher. ©1975 by W. H. Freeman.）

特雷斯曼（Treisman，1960）观察了要求被试跟踪一只特定耳朵的情况（图 3.4）。被跟踪的耳朵中的信息在一定的时间内意义明确，然后就变成任意排列的单词串。与此同时，意义明确的信息转移至另一只耳朵，也就是被试一直未注意听的那只耳朵。有些被试违背了要求，转换到另一只耳朵继续追随意义明确的信息。其他的被试则仍然继续追随之前跟踪的耳朵。因此，人们似乎有时用身体的耳朵来选择要跟随的信息，有时则按语义内容来选择。

图 3.4 **特雷斯曼（Treisman，1960）的实验示意。意义明确的信息转移至另一只耳朵，被试有时会违背要求继续跟踪它。**（资料来源：Klatzky，1975. Adapted by permission of the publisher. ©1975 by W. H. Freeman..）

◎ 布罗德本特的过滤器模型认为，我们使用物理特征例如耳朵或音调来选择待加工的信息，但是实验显示人们也能把语义内容作为选择的基础。

4 音调由声音的频率决定。

衰减理论与后期选择理论

为了解释这些结果，特雷斯曼（1964）对布罗德本特的模型进行了修正，提出了**衰减理论**（attenuation theory）。这个模型假设，根据其物理特性某些信息会被削弱但不会被完全过滤掉。因此，在双耳分听任务中，被试将来自未被注意的耳朵的信号减至最弱，但并未完全消除掉。语义选择标准能够运用于所有信息，而不管它们是否被衰减。如果信息被衰减，那么运用语义选择标准会比较困难，但还是有可能的，正如格雷和韦德伯恩（Gray & Wedderburn，1960）的实验所示。特雷斯曼（个人交流，1978）强调，在她 1960 年的实验中，大多数被试实际上继续跟踪规定的耳朵。追随未被衰减的信息要比运用语义标准将注意转移至被衰减的信息容易。

另一种解释由 J. A. 多伊琦和 D. 多伊琦（J. A. Deutsch & D. Deutsch，1963）在他们的后期选择理论中提出。他们认为，所有信息都未被衰减而得到了完全加工。他们假设，能力局限性存在于反应系统中而不是知觉系统中。他们认为，人们能够知觉多条信息，但是，他们每次只能跟踪一条信息。因此，人们需要某些依据来选择一条信息进行跟踪。如果被试使用意义作为判断标准（不论是遵循实验要求还是违反要求），他们将变换耳朵去追随有意义的信息。如果被试使用初始的耳朵来决定要注意的信息，他们将会跟踪被选择的那只耳朵。

两种理论之间的区别如图 3.5 所示。两个模型都认为在加工过程中存在 68
过滤器或瓶颈。特雷斯曼的理论（如图 3.5a 所示）认为过滤器选择加以注意

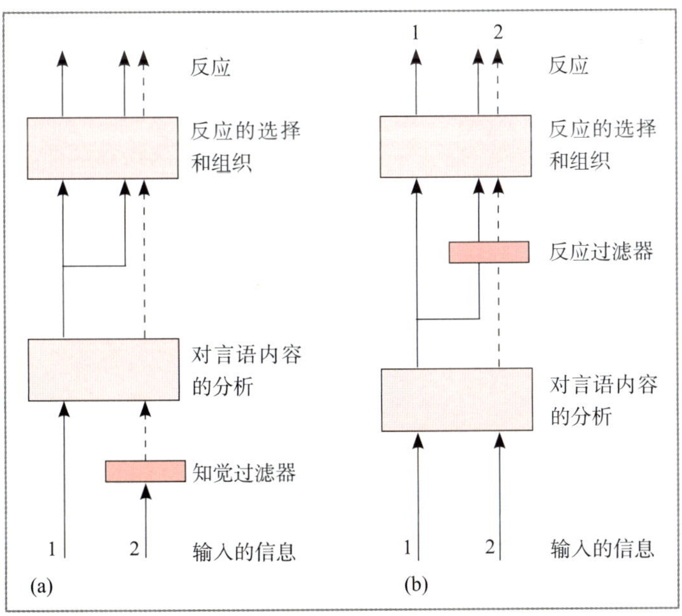

图 3.5　由特雷斯曼和格芬制作的注意局限性对比图。(a) 特雷斯曼（1964）的衰减理论，(b) 多伊琦和多伊琦（1963）的后期选择理论。（资料来源：Treisman & Geffen，1967. Reprinted by permission of the publisher. ©1967 by the *Quarterly Journal of Experimental Psychology.*）

的信息，而多伊琦和多伊琦的理论（如图 3.5 b 所示）却认为过滤器在知觉刺激经过了言语内容的分析后才起作用。特雷斯曼和格芬（Treisman & Geffen，1967）试图探讨这两个理论之间的区别。他们采用了一个双耳分听任务，在这个任务中，被试必须跟踪一条信息，并且还必须为一个目标词而对双耳的信息都进行加工。如果他们听见了目标词，他们就轻拍作出暗示。根据多伊琦和多伊琦的后期选择理论，来自双耳的信息都会得到处理，被试应该能够同样好地觉察出来自两只耳朵的关键词。相反，衰减理论则会预期由于信息在非跟踪耳中被衰减，所以对关键词的觉察就要差得多。在实验中，被试觉察出了来自跟踪耳的 87% 的目标词，而只觉察出了来自非跟踪耳的 8% 的目标词。与衰减理论相一致的其他证据由特雷斯曼和赖利（Treisman & Riley，1969）以及由约翰斯顿和海因茨（Johnston & Heinz，1978）所报告。

神经学证据支持了衰减理论，这个理论断言既存在来自注意耳的信号的增强，又存在来自非注意耳的信号的衰减。初级听觉皮层（参见图 3.1）对来自听者注意耳的听觉信号的反应增强，而对来自另一只耳朵的信号的反应减弱。沃尔多夫等（Woldorff et al.，1993）通过 ERP 记录发现，这些反应发生在刺
69 激呈现后的 20~50 毫秒之间。听觉加工中这种增强反应早在识别信息中的语义之前就发生了。还有证据表明，听觉皮层中信息的增强是基于特征而不是位置。例如，扎托利等人（Zatorre，Mondor，& Evans，1999）在一项 PET 研究中发现，当人们根据音调来注意某条信息时，在听觉皮层中出现了类似的增强（被记录为激活增强）。这项研究还发现，在引导注意的顶叶区也出现了激活的增强。

虽然听觉注意能够增强初级听觉皮层中的活动，但是，尚无可靠的证据支持在听觉加工的更早期阶段，如在听觉神经或在脑干中的加工存在注意效应（Picton & Hillyard，1974）。我们所讨论过的各种结果表明，初级听觉皮层是最先受注意影响的区域。我必须强调，对听觉皮层的影响是衰减和增强的关系。信息并没有被完全过滤掉，因此仍然可能在后期加工阶段选择它们。

◎ 注意能够增强或减弱对初级听觉皮层中的听觉信号的反应幅度。

视觉注意

视觉加工中的瓶颈现象甚至比听觉信息加工中的更加明显。正如我们在第 2 章所看到的，视网膜不同区域的视敏度不同，其中一个叫做中央凹的非常小的区域的视敏度最大。虽然人的眼睛会记录视野中一大片区域的信息，但是，

中央凹只记录视野中的一小部分。因此，在我们选择将自己的视力集中于何处的过程中，我们也在选择将我们的大部分视觉加工资源投向视野的特定部分，并减少对加工视野其他部分的资源分配。通常，我们会专注于我们正在注视的那部分视野。例如，当我们阅读时，我们会移动眼睛以便能注视正在注意的词汇。

然而，视觉注意的焦点并不总是与中央凹正在加工的视野部分一致。人能够按指导语注视视野的一个部分（使这部分成为中央凹的焦点），却注意视野非中央凹区的其他部分[5]。在一项实验中，波斯纳等人（Posner，Nissen，& Ogden，1978）让被试注视一个固定点，然后向他们呈现位于这个注视点左侧或右侧 7°处的一个刺激。在一些测试中，告诉被试刺激可能出现在哪一侧；而在另外的测试中，则没有这种提示。当有提示时，80% 的提示是正确的，而有 20% 的提示与刺激出现的一侧相反。主试监测眼动，只有双眼停留在注视点处的那些测试的数据有效。图 3.6 分别显示了 70
不同条件下对刺激做出判断所需的时间：刺激出现在预期的位置（概率为 80%）；未向被试提示刺激出现的位置（概率为 50%）；刺激出现在意外的位置（概率为 20%）。被试能够将注意从眼睛所注视的位置处转移开：当刺激出现在预期位置时，他们对刺激的反应较快；当刺激出现在意外的位置时，他们对刺激的反应则较慢。

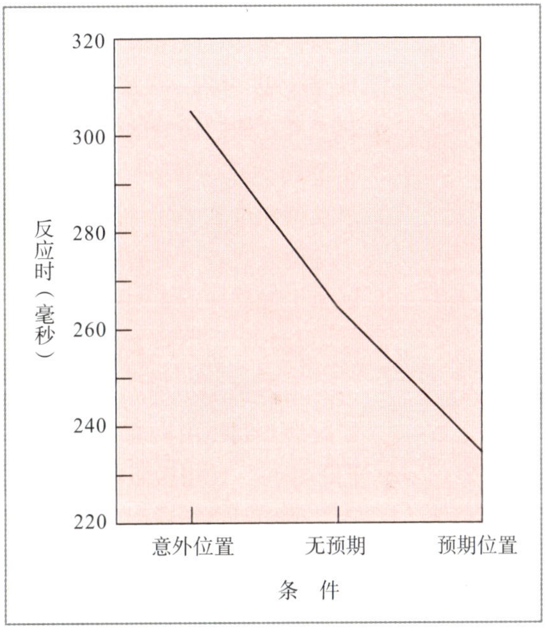

图 3.6　**确定人们如何对出现在注视点左右各 7° 处的刺激做出反应的实验结果。曲线图表示被试对于出现在预期的、意外的以及中性的（没有预期位置）信号的反应时间。**（资料来源：Posner，Nissen，& Ogden，1978. Reprinted by permission of the publisher. ©1978 by Erlbaum）

波斯纳等人（Posner，Snyder，& Davidson，1980）发现，人们能够注意距中央凹远达 24°处视野的区域。虽然人们能够在未伴随眼动的情况下转移视觉注意，但是人们通常还是会移动他们的眼睛，以便使中央凹加工他们正在注意的那部分视野。波斯纳（Posner，1988）指出，对眼动的有效控制要求我们注意中央凹以外的部位。也就是说，我们必须注意和识别一个感兴趣的非中央凹区域，才能使我们双眼注视这个区域，从而以最佳精度对它加工。因此，注意的转移通常发生在相应的眼动之前。

为了加工复杂视觉情景，我们必须在视

5　这就是当橄榄球的四分卫球员在传球时所应做到的，这样他们就不至于“丢失”目标接手的位置。

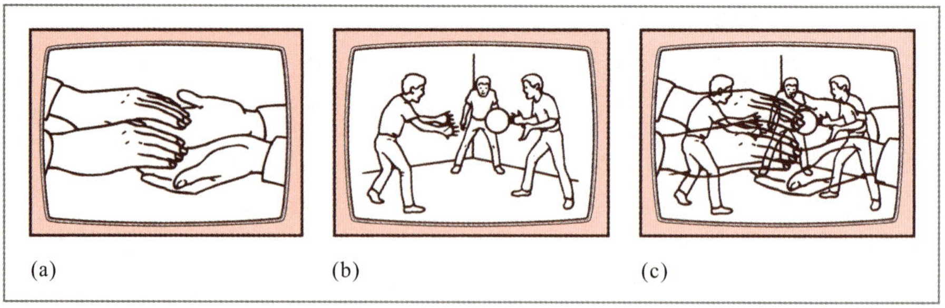

图 3.7 **奈塞尔和贝克勒恩（Neisser & Becklen，1975）在他们的类似于听觉跟踪任务的视觉跟踪任务中所使用的两部录像的画面。（a）“拍手游戏”；（b）打篮球；（c）两部影片叠加。**（资料来源：Neisser &Becklen，1975. Reprinted by permission of the publisher. ©1975 by Academic Press .）

野内转换注意以追踪视觉信息。这个过程与跟踪某个交谈过程相似。奈塞尔和贝克勒恩（Neisser & Becklen，1975）进行了一个类似听觉跟踪任务的视觉跟踪实验。他们让被试观看彼此叠映在一起的两个录像。其中一个是两人在玩拍手游戏，另一个是一些人在打篮球。图 3.7 显示了呈现给被试的场景。他们要求被试注意其中的一部影片，并且注意影片中的怪异情节，例如拍手游戏过程中两位游戏者双手暂停和相握。被试能够注意观看一部影片，并报告说能过滤掉另一部影片。当要求被试注意观看两部影片中的怪异情节时，他们则感到非常困难并丢失了许多关键情节。

71 正如奈塞尔和贝克勒恩（Neisser & Becklen，1975）所指出的那样，这种情况涉及到使用物理线索和使用内容线索的有趣结合。被试移动双眼和聚焦他们的注意，使得被跟踪事件的关键部分落在中央凹和注意的聚焦中心。另一方面，他们要想知道如何移动双眼追随某个事件的唯一方法就是参照正在加工事件的内容。因此，物理线索促进他们对关键影片进行加工，而对关键影片的加工，又促进他们提取内容，使他们知道目光要移向哪里。

奥克雷文等人（O’Craven，Downing，& Kanwisher，1999）研究了面对重叠的刺激时，被试注意一个目标或另一个目标时的神经活动，图 3.8 是实验材料的一个例子。被试看到一系列人脸叠加在房子上的图片，实验者要求他们看出重复的人脸或重复的房子。回想第 2 章介绍过的一个梭状回区域，梭状回脸部区，当人们观察脸部时它有较强的激活。颞叶皮层有另一个区域，海马旁回位置区，在人们观察地点位置时会被激活。面对这些由人脸和位置共同组成的图片会发生什么特别的事吗？哪个脑区会被激活？梭状回脸部区还是海马旁回位置区？正如读者可能猜测的那样，答案依赖于被试所注意的对象。当被试寻找重复的人脸时，梭状回脸部区有更强的激活；当他们寻找重复的位置时，海马旁回位置区有更强的激活。注意能够选择颞叶皮层的哪个区域参与刺激加工。

◎ 人们能够将注意集中在视野的某一部分上，并且能够转移注意焦点去处理他们感兴趣的事物。

图 3.8　**奥克雷文等人（O'Craven et al.，1999）研究中所使用的图片的例子。当人脸被注意时，梭状回脸部区有激活，而当房子被注意时，海马旁回位置区有激活。**

视觉注意的神经基础

看起来构成视觉注意基础的神经机制与构成听觉注意基础的神经机制非常相似。正如集中于一只耳朵的听觉注意可增强来自这只耳朵的大脑皮层信号那样，集中于某一空间位置的视觉注意似乎也能增强来自这一区域的大脑皮层信号。如果一个人注意某个特定的空间位置，在刺激呈现后的 70~90 毫秒内视皮层就会出现明显的神经反应（从 ERP 记录中看到）。另一方面，当一个人注意的是特定物体（比方说，注意椅子而不是桌子）而不是某个特定空间位置时，到刺激呈现后 200 多毫秒，
我们也看不到有反应。因此，正如听觉注意那样，基于内容的注意似乎比基于 72
物理特征的注意需要付出更多努力。

曼根等人（Mangun，Hillyard，& Luck，1993）让被试注视计算机屏幕的中央，然后要他们判断出现在与注视位置不同的几个位置（左上，左下，右上，右下）的柱条长度。他们记录了头皮后部不同位置处的 ERP。图 3.9 给出了被试正在注意视觉阵列的四个不同区域之一（眼睛注视屏幕中心）时头皮活动的分布。与视皮层的拓扑结构一致，在出现目标刺激的视野的对侧，头皮的活动最强。回顾第 1 章与第 2 章（见图 2.6）可以知道，视皮层（在头的后部）是按拓扑结构方式组织的，它将左右视野表征在大脑半球的对侧区域。因此，与视觉注意位置相对应的视皮层部分的神经加工似乎得到了增强。

罗尤西玛等人（Roelfsema，Lamme，& Spekrejse，1998）研究了信息加工的视觉注意对恒河猴的初级视觉区的影响。他们训练猴子完成如图 3.10 所示的相当复杂的任务。实验的一次测试，由猴子注视视野中的一个特定刺激开始，

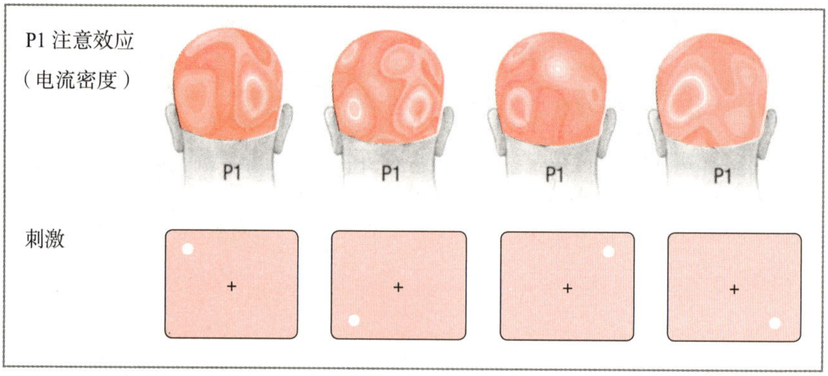

图 3.9 曼根、希利亚德和勒克的实验结果。图为当注视点在屏幕中心时，通过 ERP 记录的被试注意视野矩阵中不同位置的区域时的头皮活动。记录到的最强活动出现在呈现刺激的视野的对侧头皮，证实了与视觉注意位置对应的视皮层部分出现了增强的神经加工。（资料来源：Mangun et al.，1993. Adapted by permission of the publisher. ©1993 by MIT Press.）

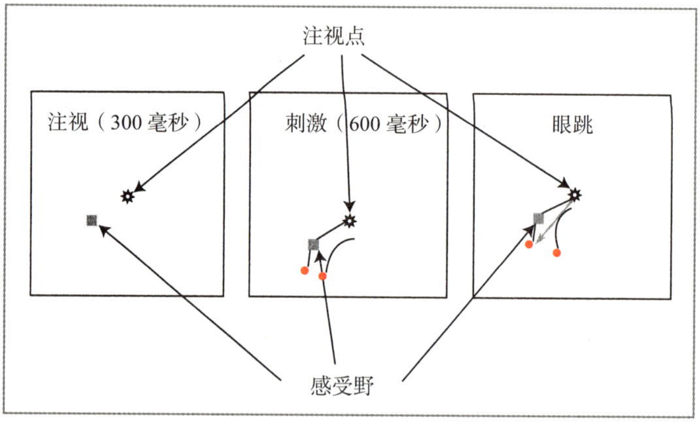

图 3.10 罗尤西玛等人（1998）的实验程序：（a）猴子注视起点。（b）出现两条曲线，其中一条连接着起点和目标点。（c）猴子将目光转移到目标点。方块表示初级视觉皮层 V1 的感受野。

73 如图 a 所示。随后出现了两条曲线，如图 b 所示，其中只有一条线将初始目标和注视点相连。猴子必须保持注视该点 600 毫秒，然后眼跳将视线转移到连接初始刺激的曲线的末端（图 c）。当猴子执行这项任务时，罗尤西玛等人记录了猴子的初级视觉皮层细胞（已经知道这里的细胞有如图 2.8 所示的感受野）。图 3.10 中的方块代表其中一个细胞的感受野。当一条线落在视野中的这个部位时，这个细胞的反应增加；当一条曲线通过这个部位时，这个细胞的反应也增加。当感受野位于连接注视点和目标点的曲线上时，细胞在 600 毫秒等待时间里的反应比当感受野位于其他曲线上时更大。猴子必须沿着曲线转移注意以决定将目光扫向哪里，这种转移使 V1 区的线条觉察器反应更强烈。

◎ 当人们注意某个特定的空间位置时，与该位置对应的视皮层的神经活动增强。

视觉搜索

不论是在视觉范围内还是在听觉范围内，人们能够根据物理特性，特别是根据位置，选择要注意的刺激。虽然基于简单特征的选择能在视觉系统中较早和较快地发生，但是并不是人们在寻找的任何事物都能用简单特征来界定。他们如何利用一些特定的较高层次的特征来发现一个物体，例如在人群中发现一个朋友的脸？在这种情况下，看起来他们必须搜索人群中的面孔以找到具有特定特征的人。许多有关视觉注意的研究都集中于人们是如何进行这种搜索的。然而研究者倾向于采用较简单的材料，而不是在人群中寻找面孔。例如，图 3.11 显示了奈塞尔（Neisser，1964）在早期的一项研究中采用的部分材料。在所呈现的字母阵列中试图找到第一个 *K*。

很可能你会一行一行扫描这些字母来找寻目标 *K*。图 3.12 给出了在奈塞尔的实验中，被试为找到这个字母平均花费的时间，它是该字母所在行的函数。图中，函数的最佳拟合斜率约为 0.6，它表示被试扫描每一行大约花了 0.6 秒。当人们进行这些搜索时，他们都将注意高度集中于搜索过程。例如，脑成像实验发现在这样的搜索过程中顶叶皮层有很强的激活（综述见 Kanwisher & Wojciulik，2000）。

虽然，搜索可能是费力而困难的，但是，事情并非总是如此。有时我们可
74 以轻易找到我们正在寻找的东西。如果我们知道朋友穿着一件鲜红色的夹克衫，而且假定没有其他人穿鲜红色的夹克衫，那么在人群中找到他就相对容易些。我们的朋友会自己从人群中冒出来。确实，如果在一片白色的外套中间只有一件红色的外套，那么即使我们没有刻意去寻找，它也仿佛自己跃出来一样——刺激驱动注意。如果在阵列中有一些独特的特征，似乎我们不经过搜索就可以找到它。

特雷斯曼一直对这种跃出进行着研究。例如，特雷斯曼和格拉德（Treisman & Gelade，1980）要求被试在由 30 个字母 *I* 和 *Y* 组成的阵列中找出一个字母 *T*（如图 3.13a）。他们推断，被试能够简单地

TWLN
XJBU
UDXI
HSFP
XSCQ
SDJU
PODC
ZVBP
PEVZ
SLRA
JCEN
ZLRD
XBOD
PHMU
ZHFK
PNJW
CQXT
GHNR
IXYD
QSVB
GUCH
OWBN
BVQN
FOAS
ITZN

图 3.11　奈塞尔的搜索实验中所采用的字母阵列的第 7–31 行。（资料来源：Neisser，1964. Adapted by permission of the publisher. © 1964 by Scientific American.）

通过搜寻将字母 *T* 与 *I* 和 *Y* 明显区分开来的上横杠来找到 *T*。被试平均花了大约 400 毫秒时间来完成这个任务。特雷斯曼和格拉德还要求被试从由字母 *I* 和字母 *Z* 组成的阵列中找出字母 T（如图 3.13b）。在这个任务中，他们不能只使用字母 *T* 的垂直笔画或水平笔画，他们必须寻找这些特征的连接，并且要进行模式识别中所要求的特征组合操作。在这种情况下，被试平均花费了超过 800 毫秒的时间才找到这个字母。因此，与只要知觉单一特征就能完成的任务相比，要求识别特征组合才能完成的任务要多花费约 400 毫秒的时间。此外，当特雷斯曼和格拉德改变阵列中的字母数量时，他们发现，在要求识别特征集合的任务中，被试受阵列大小的影响要强烈得多。图 3.14 显示了这些结果。

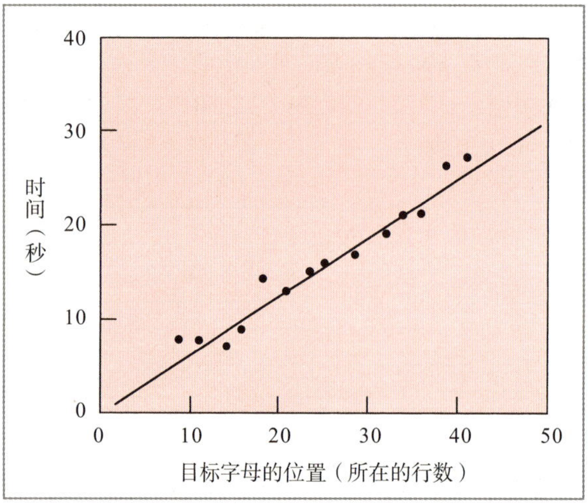

图 3.12　在图 3.9 所示的阵列中找到目标字母所需的时间，它是字母出现的行数的函数。（资料来源：Neisser, 1964. Adapted by permission of the publisher. ©1964 by *Scientific American.*）

图 3.13　特雷斯曼和格拉德为确定人们如何辨别视野中的目标所使用的刺激。任务是从一组干扰字母中挑选出目标字母（T）。他们发现（a）如果目标字母有一个特征使它能很容易与干扰字母（I 和 Y）区分开的话，任务相对容易；（b）而目标字母所处的干扰字母（I 和 Z）阵列中不具有与它明显不同的区分性特征时，则任务相对较难。（资料来源：Treisman & Gelade，1980. Adapted by permission of the publisher. ©1980 by Cognitive Psychology.）

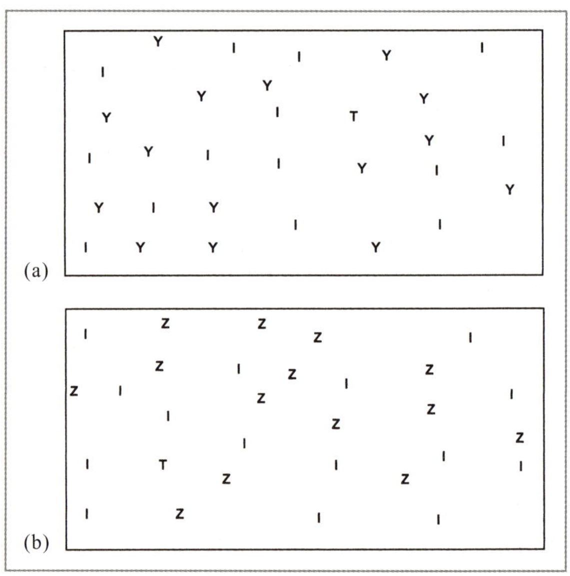

◎ 只有当被寻找的物体不具备一个独有的视觉特征时，才需要逐项搜索视觉阵列。

捆绑问题

正如第 2 章中所讨论的那样，在视觉系统中存在着不同类型的神经元，它们对诸如颜色、各种朝向的线条以及运动中的物体等不同特征做出反应。我们视野中的单个物体包含许多特征，例如，一根垂直的红色线条是由一根垂直的线条和红颜色组合而成的。同一个物体的不同特征由不同神经元表征，这一事实提出了一个逻辑上的问题：这些特征是如何结合在一起以形成对物体的知觉？如果视野中只存在一个单一的
75 物体，这将不会是一个太大的问题。我们可以设想所有这些特征都属于这个物体。但是，如果视野中有多个物体会怎么样呢？例如，假设在视野中只有两个物体：一根红色的垂直柱条和一根绿色的水平柱条。这两个物体可能导致对红色敏感的神经元冲动、对绿色敏感的神经元冲动、对垂直线条敏感的神经元冲动以及对水平线条敏感的神经元冲动。如果这些冲动同时发生，视觉系统如何知道所看到的是一根红色的垂直柱条和一根绿色的水平柱条，而不是一根红色的水平柱条和一根绿色的水平柱条？脑如何将视野中的各种特征整合在一起被称为**捆绑问题**（binding problem）。

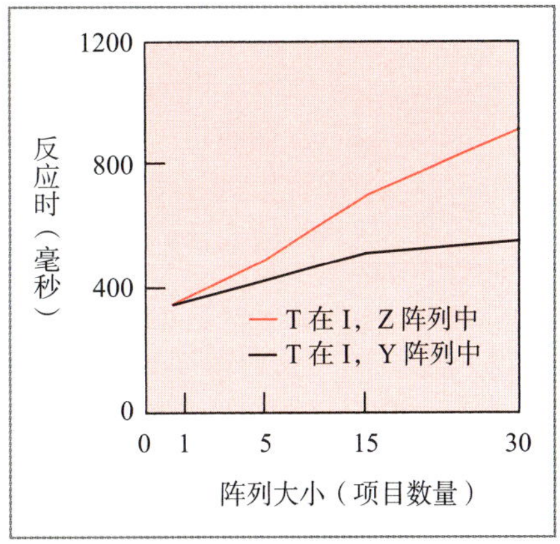

图 3.14 特雷斯曼和格拉德的实验结果。图中曲线表示辨认目标字母所需的平均反应时，它是干扰字母数量以及这些字母是否分别包含目标字母的全部特征的函数。（资料来源：Treisman & Gelade，1980. Adapted by permission of the publisher. ©1980 by Cognitive Psychology.）

特雷斯曼（例如，Treisman & Gelade，1980）提出了她的**特征整合理论**（feature-integration theory）来回答捆绑问题。她认为，人们在能够将一个刺激的特征整合成一个模式之前，必须将他们的注意集中在这个刺激上。例如，在上述例子中，视觉系统首先会将注意引导至红色垂直柱条的位置，并合成这个物体。然后，再将注意引导至绿色水平柱条处，再合成这一物体。根据特雷斯曼的观点，当人们需要整合特征以识别物体时（例如，当辨认由一根垂直线条和两根斜线条组成的字母 *K* 时），他们必须在阵列中搜索。当只有一个单一的独有特征（如红色夹克衫或一条特殊朝向的线条）时，我们能将注意直接转移至该物体并对其进行识别，因此无需搜索。

捆绑问题并非只是个假设上的困境，它是人们实际上会经历的困扰。证据来源之一是**错觉关联**（illusory conjunctions）的研究，其中被试报告的特征组合实际并未发生。例如，特雷斯曼和施密特（Treisman & Schmidt，1982）考察了对注意中心以外的刺激特征的组合情况。被试被要求报告出在视野的某一部分中闪烁的两个黑色数字是什么。这是他们的初步任务，同时也是他们的注意集中之处。而在视野的另一部分则呈现了不同颜色的字母。例如，在未被注

意的视野部分处可能向被试呈现粉红色的字母 *T*、黄色的字母 *S* 以及蓝色的字母 *N*。在被试报告出数字之后，要求他们说出所看到的任何字母以及这些字母的颜色。在他们的报告中看到特征的错觉关联（例如，一个粉红色的 *S*）的次数几乎与看到特征的正确组合的次数一样多。因此，看来只有当我们将注意集中到一个物体上时，我们才能够将特征组合到准确的知觉中。否则，我们虽能觉察到特征，但很有可能将它们组合成了从未出现过的物体的知觉。虽然只有在相当特殊的情况下才会在正常人身上出现错觉关联，但是，某些顶叶皮层受损的患者特别容易出现这种错觉。例如，由弗里德曼 – 希尔等人(Friedman-Hill, Robertson, & Treisman, 1995）研究的一名患者，在一些不同颜色的字母被呈现长达 10 秒时，依然会将字母的颜色弄混。

已经有了许多关于将单一物体的特征捆绑在一起的神经机制的研究。视觉区域 V4 中的神经元有着大的感受野（视角可达若干度），一次呈现的多个物体可能会落在单个神经元的视野中。勒克等人（Luck, Chelazzi, Hiillyard, & Desimone, 1997）训练恒河猴注视视野中的特定部分，并记录这一区域周围的
76 神经元活动。他们发现神经元对应着特定类型的对象。例如，他们发现有一个细胞只对蓝色垂直柱条起反应。当一根蓝色垂直柱条和一根绿色水平柱条都呈现在这个细胞的感受中时，会发生什么情况？如果猴子注意蓝色垂直柱条，那么这个细胞的反应率会与只呈现一根蓝色垂直柱条时保持在相同的水平。另一方面，如果猴子注意集中在绿色的水平柱条上，那么这个细胞的放电频率就会大大地下降。因此相同的刺激（蓝色垂直柱条加上绿色水平柱条）会由于注意的对象不同而引起不同的反应。出现这个现象可能是由于注意抑制了对感受野内处于注意位置以外的所有其他特征的反应。在人类的 fMRI 实验中也得到了类似的结果。卡斯特纳等人（Kastner, DeWeerd, Desimone, & Ungerleider, 1998）测量了对出现在视野某一区域的刺激做反应的视觉区域的 fMRI 信号。他们发现，当注意从这一区域移走时，对该区域的刺激的 fMRI 反应也相应减弱；但是当注意集中在这一区域时，fMRI 反应也得到了保持。这些实验表明与被注意的物体和位置对应的神经活动得到了增强。

图 3.15 西蒙斯和查布里斯用来演示持续注意效应的录像中的一个画面。当被试专注于追踪身着 T 恤衫的球员之间的传球时，他们往往不会注意到穿过房间的黑色大猩猩。（资料来源：Simons & Chabris, 1999. Reprinted by permission of the publisher. ©1999 by *Perception*.）

西蒙斯和查布里斯（Simons & Chabris, 1999）报告了一个令人瞩目的持续注意效应的演示。他们让被试观看录像，在这段录像中身着黑色球衣的一队球员

来回传递篮球，身着白色球衣的另一队球员也在来回传球（图 3.15）。他们要求被试或者计算身着黑色球衣的球队投掷篮球的次数，或者计算身着白色球衣的球队投掷篮球的次数。假定在一种情况下是让被试追踪身着黑色球衣的球队所发生的事情，另一种情况下是让被试追踪身着白色球衣的球队所发生的事情。由于球员是彼此混杂在一起的，因此这个任务有点难，它需要持续集中注意。在游戏过程中，一位身穿黑色大猩猩皮毛的人穿过房间。当被试追踪身着白色球衣的球队时，他们注意到那个身着黑色大猩猩皮毛的人的次数只有 8%；当他们追踪身着黑色球衣的球队时，他们注意到那个人的次数达 67%。他们是如此专注地追踪录像中身着白色球衣的队员发生的事情以至于完全忽视了这一黑色对象。当人们被动地观看录像时从来没有忽视过那位身着黑色大猩猩皮毛的人。这段录像可从西蒙斯视觉认知实验室（Simons's Visual Cognition Lab）网站的演示页面获取：

http：//viscog.beckman.uiuc.edu/djs_lab/demos.html

◎ 要将特征信息整合成一个模式，必须集中注意到特征信息上。

视野忽视

我们已经讨论了对空间位置的视觉注意会导致初级视觉皮层相应部位的激活增强的有关证据。然而，控制这种注意转移的神经结构似乎位于其他部
77 位。猴脑的三个区域表现出与注意的控制有关（S. E. Peterson，Robinson，& Morris，1987；Wurtz，Goldberg，& Robinson，1980）。这些区域是上丘、后顶叶和被称之为丘脑后结节的中脑区域。在人类患者中，这些区域特别是顶叶（见图 3.1）的损伤会导致视觉注意缺陷。例如，波斯纳等人（Posner，Walker，Friedrich，& Rafal，1984）发现，顶叶损伤患者难以摆脱对一侧视野的注意。

右侧顶叶损伤会导致独特的缺陷模式。波斯纳等人（Posner，Cohen，& Rafal，1982）研究了一位这类患者的注意缺陷。他们给患者提示预期在注视点左侧或右侧出现的一个刺激，80% 的刺激会呈现在预期的位置，然而有 20% 的刺激呈现在预期之外的一侧视野。图 3.16 给出了觉察刺激所需的

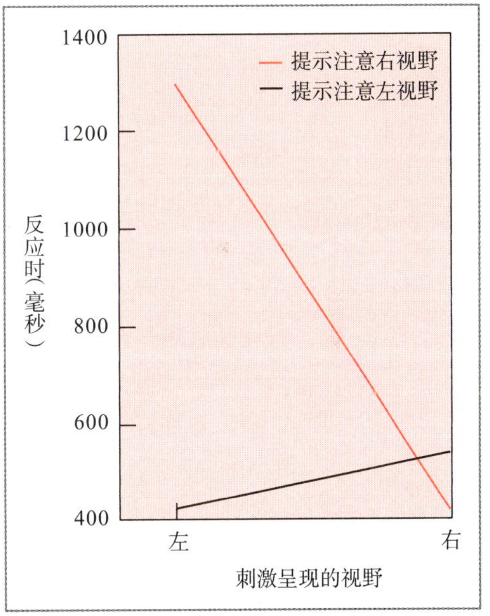

图 3.16 一位右侧顶叶损伤患者将注意转向左侧视野时所表现出的注意缺陷。（资料来源：Posner，Cohen，& Rafal，1982. Reprinted by permission of the publisher. © by the Royal Society of London.）

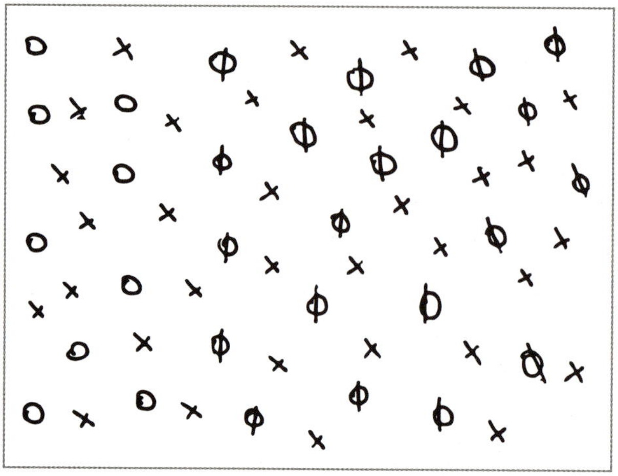

图 3.17 **一位右脑半球受损的患者被要求在所有圆圈上画上斜杠时的行为表现。由于右脑半球受损伤，她忽视了在左侧视野中的圆圈。**（资料来源：Ellis & Young，1988. Reprinted by permission of the publisher. © 1988 by Erlbaum.）

时间，它是刺激呈现的视野以及提示预期的视野的函数。当刺激呈现在右视野时，如果提示不正确，患者只表现出很小的缺陷。然而，如果刺激呈现在左视野且提示不正确时，患者会表现出明显的缺陷。因为右侧顶叶加工左侧视野，一旦注意集中于右侧视野时，右侧顶叶损伤会导致将注意转至左侧视野的能力的削弱。这种单侧注意缺陷可以通过在顶叶皮层施加 TMS 而在正常个体身上暂时性地制造出来（Pascaul-Leone et al.，1994，见第 1 章关于 TMS 的讨论）。

更加极端的一种注意缺陷被称为单侧视觉忽视。右脑半球受损的患者完全忽视视野的左侧，而左脑半球受损的患者则完全忽视视野的右侧。图 3.17 显示了一名患者因右脑半球受损导致的忽视左侧视野的行为（Albert，1973）。她被要求在所有圆圈上画上斜杠，我们可以看到，她忽视了左侧视野的圆圈。这样的患者经常有异常的行为。例如，一位患者不会刮半边脸的胡子（Sacks，1985）。

右侧顶叶似乎参与多种感觉通道中的空间注意分配，而不只是视觉（Zatorre et al.，1999）。例如，当一个人注意听觉或视觉刺激的位置时，右顶叶的激活增强。
78 同时，右顶叶看起来比左顶叶更多地负责了对注意的空间分配。这就是为什么右顶叶受损往往会产生如此明显的效应，左顶叶受损往往会造成不易察觉的缺陷。罗伯逊和拉福（Robertson & Rafal，2000）认为，右侧顶叶负责注意诸如空间位置那样的整体特征，相反，左侧顶叶区则负责将注意引向物体的局部。图 3.18 显示了左、右顶叶受损所对应的显著不同的注意缺陷类型。患者被要求画出图 3.18a 中的对象。右顶叶受损的患者（图 3.18b）能够复制出图片中具体的组成部分，但无法复制出它们的空间架构。相反，左顶叶受损的患者（图 3.18c）能够复制整体架构，却无法复制细节。与此相似，近年的脑成像研究发现，当一个人对整体图形做出反应时，右顶叶表现出激活增强；而当一个人注意局部图形时，左半球表现出激活增强（Fink et al.，1996；Martinez et al.，1997）。

◎ 顶叶负责注意的分配，右脑半球更多地负责整体特征，而左脑半球则更多地负责局部特征。

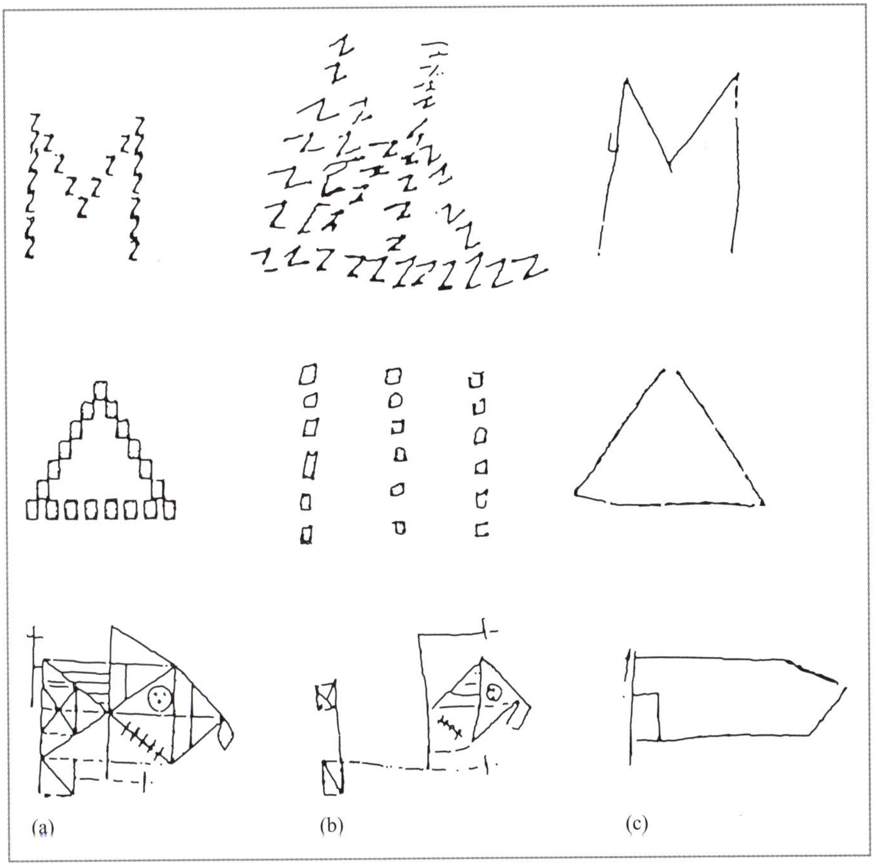

图 3.18　（a）呈现给顶叶损伤病人的图片。（b）右半球损伤的病人画出的图画。这些病人能够复制出图片中的具体组成成分，但是无法复制出空间架构。（c）左半球损伤的病人画出的图画。这些病人能够复制出整体架构，但是无法复制出细节。（资料来源：Robertson & Lamb，1991. Adapted by permission of the publisher. ©1991 by *Cognitive Psychology.*）

基于物体的注意 79

到目前为止，我们探讨了基于空间的注意，也就是人们将注意放在了某个空间位置上。然而还有证据表明，存在着一种基于物体的注意，也就是人们将注意集中在特定的物体上而不是空间位置上。以贝尔曼等人（Behrmann，Zemel，& Mozer，1998）的研究为例，他们发现有时人们注意一个物体比注意一个位置更容易。图 3.19 显示了在实验中所使用的一些刺激。他们要求被试判断位于这些物体两端的突起数是否相同。左边一列是突起数相同的例子，右边一列是突起数不同的例子。当突起位于相同物体上时（图 3.19 中最上边和最下

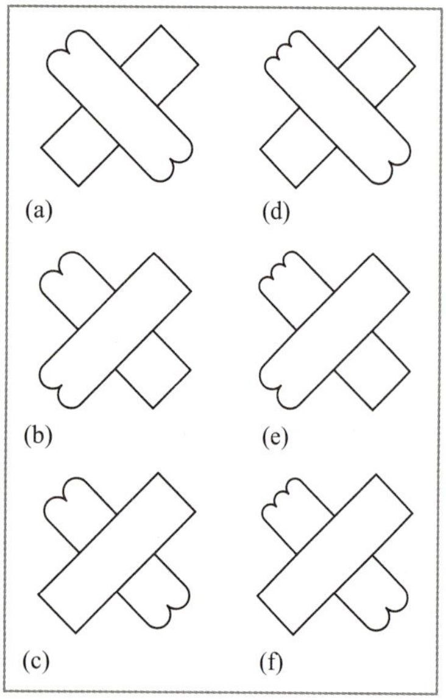

图 3.19 **贝尔曼、泽梅尔和莫泽尔实验中所使用的刺激。这个实验表明有时注意一个物体比注意一个位置更容易。左右两列分别表示相同和不同的判断，从上到下的各行分别表示单一物体，两个物体，及有遮蔽的情况。**（资料来源：Behrmann，Zemel，& Mozer，1998. Reprinted by permission of the publisher. ©1998 by the *Journal of Experimental Psychology; Human Perception and Performance.*）

边一行），被试做出判断要快于突起位于不同物体上的情况（图 3.19 中的中间一行）。尽管突起位于不同物体时，它们靠得更近一些，应当更有助于做出判断，但是仍然得到了上述结果。贝尔曼等认为，被试能一次将注意转移到一个物体上，而不是一个空间位置上。因此，当突起全都位于相同的物体上时，被试无需在物体之间转移注意。

另一支持以物体为中心的注意的证据涉及被称为**返回抑制**（inhibition of return）的现象。如果我们已看过空间的某个特定区域，我们会发现很难再将我们的注意转回到该区域。人的这种行为是有其道理的：如果我们正在找寻一个东西，并且已经搜索过某个位置，我们宁愿到其他地方去寻找，而不是再回到已经搜寻过的位置。如果我们将眼睛移向位置 A 然后到位置 B，那么我们将眼睛转回位置 A 将比移向某个新位置 C 要慢。当我们不移动眼睛而转移注意时，情况也是如此（Posner，Rafal，Chaote，& Vaughn，1985）。

蒂珀等人（Tipper，Driver，& Weaver，1991）的一项返回抑制的实验也为基于物体的注意提供了证据。在他们的实验中，被试观看一个方框中的 3 个实心方块，类似于图 3.20 所示。在一种情况下，这些方块不移动（不像图 3.20 所示的运动情况，对此我们将在下一段落中讨论）。通过使外侧的一块方块闪烁，将被试的注意吸引至该方块上。200 毫秒后，通过使中间方块闪烁，使注意回到中间方块上。然后一个探测刺激出现在两个外侧位置中的一个地方，要求被试按键表示他们看见了探测刺激。当探测刺激出现在未闪烁过的外侧方块上时，他们平均用 420 毫秒看到它；
80 而当探测刺激出现在已经闪烁过的外侧方块上时，他们却要用 460 毫秒才能看到它。这 40 毫秒的优势是空间返回抑制的例证。人们在将注意转移到已经注意过的位置时会比较慢。

图 3.20 表示他们所做实验的另一种情况。在这种情况下，物体闪烁后在屏幕上移动。在移动停止时，位于一侧的闪烁物体到达了另一侧，两个外侧物体调换了位置。令人感兴趣的问题是，被试是能较快地觉察到在右边（闪烁曾出现在此处，可能表示基于位置的抑制）的目标还是在左边（闪烁过的物体停在此处，可能表示基于物体的抑制）的目标。实验结果表明，他们觉察到处于未曾闪烁过的位置上（但闪烁过的物体停在此处）的目标的速度要慢约 20 毫秒。

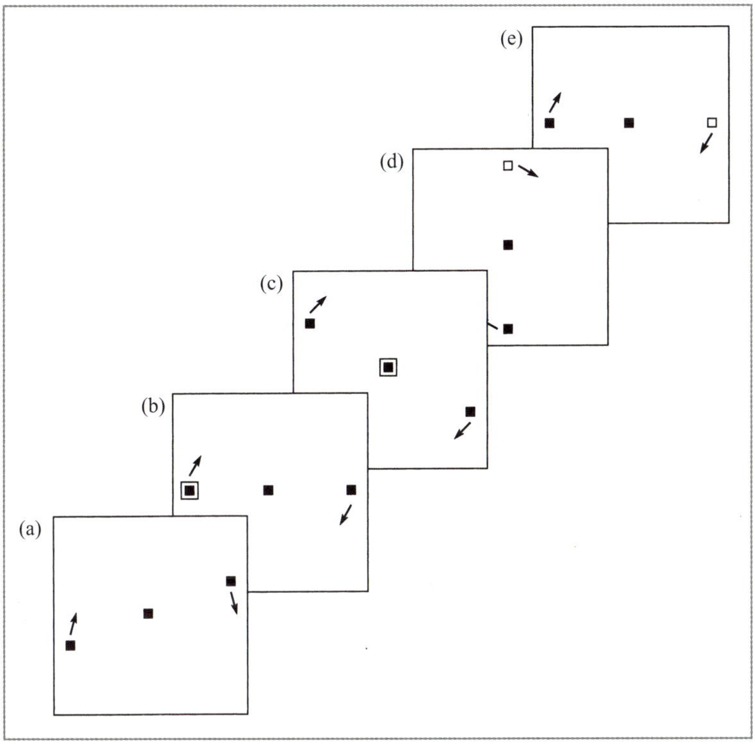

图 3.20　蒂珀、德赖弗和韦弗实验中方框的例子，这个实验是用来确定返回抑制是针对特定物体还是针对它所处的位置的。箭头表示移动。（a）显示为起始状况，呈现 500 毫秒后方块开始移动。经过两个移动画面后，三个涂黑的方块呈水平排列（b），接着出现提示（其中一个方块闪烁）*。随后，顺时针方向继续移动下去，提示呈现在最初的三个画面的中心位置上（c–e）。外侧的方块继续顺时针移动（d）直到水平排列成行为止（e），在这一刻呈现一个探测刺激，与前面一样（其中一个方块闪烁）。[*（d）和（e）中的空白方块指的是（b）中闪烁过的方块，被试在实验中看到的仍然应是实心方块。]（资料来源：Tipper，Driver & Weaver，1991. Reprinted by permission of the publisher. ©1991 by the *Quarterly Journal of Experimental Psychology*.）

因此，他们的视觉系统显示出了对相同物体而不是对相同位置的返回抑制。 81

基于物体的注意的另一个例证来自对视觉忽视的研究。我们在前面谈到一些右侧顶叶受损的患者在觉察来自视野左侧的信息时会感到困难（参见图 3.17）。研究者发现，不管物体出现在哪一侧视野中，有许多患者会忽视物体的左侧（Behrmann & Moscovitch，1994；Driver，Baylis，Goodrich，& Rafal，1994）。

看来视觉系统既能将注意引向空间位置又能指向物体。刚才介绍的这些实验表明视觉系统能够追踪物体。另一方面，也有许多实验表明，人们能够将注意指向没有物体的空间区域（参见图 3.6 所示实验的结果）。有趣的是，左侧顶叶似乎更多地参与基于物体的注意，而右侧顶叶则更多地参与基于位置的注意。左侧顶叶受损的患者表现出集中注意物体方面的缺陷（Egly，Driver，& Rafal，1994），而不是我们介绍过的右侧顶叶受损的患者所表现出的基于位置的注意缺陷。另外，当脑部未受损的被试注意物体而不是注意位置时，fMRI 显示左侧顶叶表现出了较强的激活（Arrington，Cart，Mayer，& Rao，2000）。这与我们前面介绍过的（参见图 3.18）右侧顶叶负责对整体特征的注意，而左侧顶叶负责对局部特征的注意的研究似乎相一致。

◎ 视觉注意既能指向物体而不论其置于何处，也能指向空间位置而不论其置有何物。

中枢注意：选择所要追随的思路

到目前为止，本章已探讨了人们如何分配注意去加工来自视觉通道和听觉通道中的刺激。在刺激被注意到并被编码后的认知会怎样呢？我们是如何选择所要追随的思路的？假设我们正在一条高速公路上开车，并且已经对一条狗正坐在道路中央这一事实进行了编码，我们可能想知道为什么这条狗会坐在那儿，我们也许会考虑是否应该做些事来帮助这条狗，同时我们肯定会考虑如何操纵好方向盘以避免发生事故。我们能同时做所有的这些事情吗？如果不能，我们是如何选择怎样操纵好方向盘这一最重要的问题，而将其余的问题留待以后去处理的？看来人们会使用与在竞争的物体中选择知觉注意对象相似的方法，在相互竞争的思路间选择中枢注意的对象。

在许多（但并不是所有的）情况下，人们每次只能追随一条思路。本部分将介绍两项实验室任务：在一项实验中，人们似乎不能同时执行两个任务，而在另一项实验中他们几乎完全有能力同时执行两个任务。然后我们将讨论人们是如何开发同时执行多个任务的能力的，以及当他们不能或不愿意同时执行多个任务时，他们是如何在这些任务中进行选择的。

82 第一项实验是由迈克·伯恩和我做的（Byrne & Anderson，2001）。实验证实了本章开头提出的关于不可能同时对两个数进行乘法和加法运算的断言。在本实验中被试会看到如“3 4 7”这样的三个数字串，他们可能被要求完成两个任务：

- 任务 1：判断前两个数字相加是否等于第三个数字，如果是，用右手食指按下一个键；如果不是，用左手食指按另一个键。
- 任务 2：口头报告第一个数与第三个数的乘积。在这种情况下，答案是 21，因为 3×7=21。

被试或者被要求分别执行这两个任务或者被要求同时执行这两个任务。图 3.21 比较了在执行单个任务的情况下与在执行双重任务的情况下完成每一个任务所需的时间。当被试不得不同时执行两个任务时，他们几乎要花双倍的时间来完成这个任务[6]。图中还显示出被试在执行双重任务的情况下完成两个任务所花费的时间。（他们有 59% 的次数先回答乘法题，有 41% 的次数先回答加法题。）图 3.21 中靠近图顶端的水平黑线代表他们在任一种情况下得出第二个答案所花费的时间。这条线反映出了完成两个任务所需的平均时间（1.99 秒）。请注意，这个时间比单独完成加法任务所
83 需时间（0.88 秒）和单独完成乘法任务所需时间（1.05 秒）的总和还要多。额外花费的时间可能反映了注意在任务之间转移所需的时间（综述见 Monsell，2003）。无论怎样，被试似乎根本就不可能同时做加法和乘法运算。

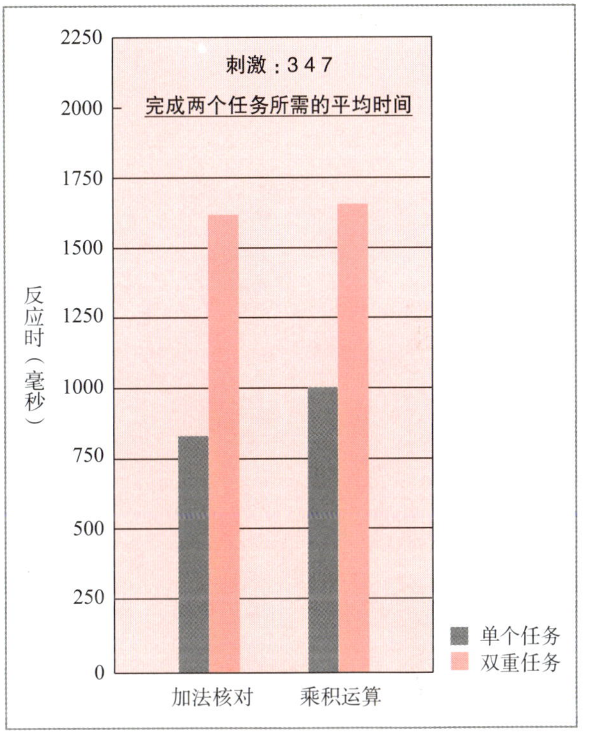

图 3.21　伯恩和安德森所做的考察人们是否能同时完成两个任务的实验。柱状图表示解决两个问题，一个加法题和一个乘法题所需的反应时，包括了单独解决每个问题的反应时和同时解决这两个问题的反应时。结果表明，被试无法同时进行加法和乘法运算。（资料来源：Byrne & Anderson，2001. Reprinted by the permission of the publisher. ©2001 by *Psychological Review*.）

第二项实验是由舒马赫等报告的（Schumacher et al.，2001）。这项实验显示了被称为**完全时间分享**（perfect time-sharing）的现象。实验任务比伯恩和安德森（Byrne & Anderson，2001）的实验任务简单得多。被试同时看屏幕上的单个字母和听一个纯音。与第一项实验相同，被试必须执行两个任务：

6　指执行双重任务时被试给出第一个答案的时间（可以是加法题答案，也可以是乘法题答案，取决于被试）。——译者注

- 任务 1：根据字母出现在屏幕的左边、中间或右边，相应地按下左键、中键或右键。
- 任务 2：根据声音是低频、中频或高频，报告‘1’、‘2’或‘3’。

图 3.22 比较了在单个任务情况下和双重任务情况下执行每个任务所需的时间。可以看到，这些时间几乎未受到需要同时执行两个任务的影响。这项任务与伯恩和安德森的任务之间存在着许多差别。或许最明显的差别在于任务的复杂性。在第二项实验中被试能在几百毫秒内完成单个任务，而在第一项实验中却需要花大约 1 秒来完成单个任务。因此，第一项实验显然需要较多的思考，而人们要同时置身于两束思维流中显然比较困难。此外，第二项实验中的被试是在经过五轮练习之后，才 84
实现了完全时间分享。而在第一项实验中则没有这种练习。

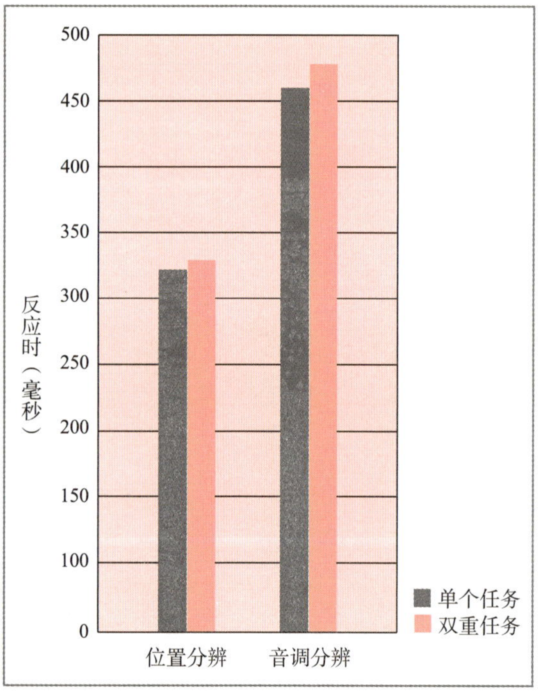

图 3.22 由舒马赫等所做的显示完全时间分享的实验。柱状图表示执行两个任务，位置分辨和音调分辨所需的时间，包括了单独执行每个任务本身所需的时间和同时执行这两个任务所需的时间。执行任务的时间几乎未受到需要同时执行两个任务的影响。这表明被试几乎实现了完全时间分享。（资料来源：Schumacher et al.，2001 Reprinted by the permission of the publisher. © 2001 by *Psychological Science*.）

图 3.23 是对舒马赫等人（Schumacher et al.，2001）的实验中所出现情况的分析。图中显示了如下五个加工过程中各时间点所发生的情况：（1）觉察到字母的视觉位置，（2）产生手动动作，（3）中枢认知，（4）觉察到听觉刺激，以及（5）产生言语。任务 1 包括：对字母的位置进行视觉编码，通过中枢认知选择用哪个手指按键，然后执行手指的实际动作。任务 2 包括：觉察到声音并对它编码，通过中枢认知选择要说哪个词（“1”，“2”或“3”），然后，生成这个词并说出这个词。图 3.23 中方框的长度代表根据对人的表现研究所估算的每个部分所持续的时间。每个加工过程都能与其他加工过程平行执行。譬如说，在觉察到声音并对它编码期间，对字母位置进行了编码（它比对声音编码快得多），中枢认知选择了手指，运动系统开始安排动作。虽然所有加工过程都能平行进行，但是在每个加工过程内，一次只能做一件事。这就使得中枢认知过程存在一个潜在的问题，因为中枢认知必须指挥所有的活动。在这个例子中，中枢认知既

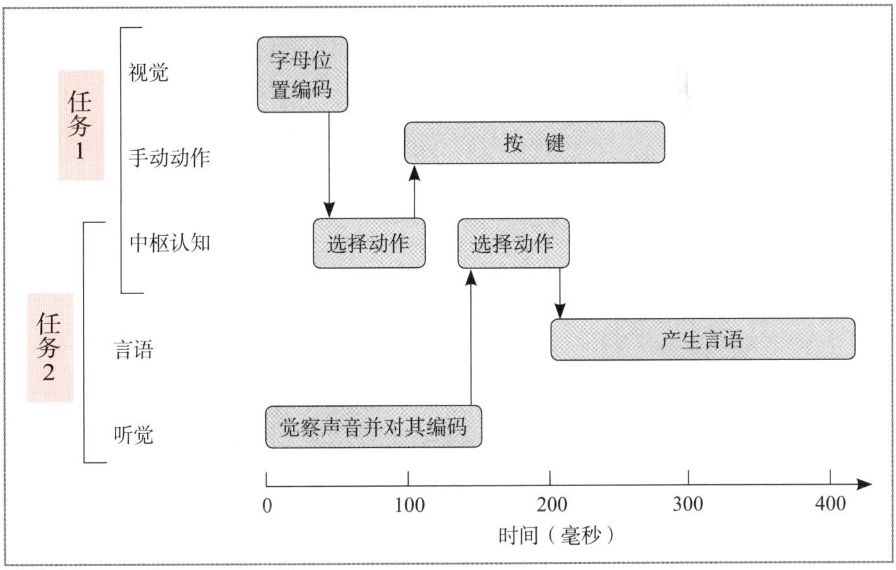

图 3.23　**对舒马赫等人（Schumacher et al.，2001）的双重任务实验中的五个加工过程的时间分析：（1）视觉，（2）手动，（3）中枢认知，（4）言语，以及（5）听觉。**

要为任务 1 又要为任务 2 服务。然而在这项实验中，花费在中枢认知的时间是
如此短暂以至于两个任务不必竞争这一资源。在这个实验中，五天的练习对于 85
减少花费在中枢认知上的时间起到了关键作用。

尽管此处的讨论集中在中枢认知中的瓶颈问题上，但是任何感觉通道都可能存在着瓶颈。人们不可能同时注意两个位置。前面我们讨论过的证据说明，如果人们必须注意一个以上的位置，那么他们必须将注意逐次转移至视觉阵列中的各个位置上。类似地，人们一次只能加工一个言语流，一次只能用一种方式移动双手，或者一次只能说一件事。虽然所有这些外围加工都有瓶颈，但是一般认为中枢认知中的瓶颈能够有最大的影响，并且这些就是我们很少发现自己在同时思考两件事的原因。这种中枢认知中的瓶颈被称为**中枢瓶颈**（central bottleneck）。

◎ 人们能够同时加工多种知觉通道的信息或者同时完成多种运动系统的动作，但是他们无法在单一系统中同时加工多件事情，包括中枢认知系统。

启 示

为什么边开车边使用手机是危险的行为

信息加工的瓶颈有着重要的实际应用意义。根据哈佛风险分析中心的一项研究统计（Cohen & Graham，2003），手机分散注意力导致美国每年有 2 600 人死亡，330 000 人受伤，以及 150 万人蒙受财产损失。斯特雷耶和德鲁斯（Strayer & Drews，2007）综述了人们在使用手机时更可能看不到交通灯和其他关键信息的证据。并且，即使借助手机免提功能，这些问题也不能得到任何改善。然而，听收音机或有声读物却不会干扰驾驶。斯特雷耶和德鲁斯认为，参与谈话需要更多的中枢认知功能。当一个人用手机讲某事时，他期待着对方的回应而忽略了行驶状况。斯特雷耶和德鲁斯还提出，和车上的乘客谈话并不会分散太多的注意，因为乘客会根据行驶情况调整谈话，甚至指出司机可能面临的问题。

自动化：通过练习而精通

在第 9 章，我们将详细地讨论人们如何通过练习成为专家。练习的总效果是减少信息加工的中枢认知部分。当一个人对一个任务的中枢认知部分进行了大量的练习，以致于在执行这个任务时很少甚至不需要思考时，我们就说执行
86 这个任务已经自动化了。**自动化**（automaticity）是个程度问题。驾驶汽车就是一个很好的例子。有经验的司机在正常的路面情况下开车已经变得高度自动化，以致于他们能够一边谈话一边毫不费力地开车。他们能很成功地边开车边执行像给收音机换台这样的次要任务（Wikman，Nieminen，& Summala，1998）。他们也时常会有在高速路上行驶了很长一段却不记得自己在这期间做过什么的体验。

在心理学文献中有许多引人注目的关于练习如何实现平行加工的例子。其中一个关于练习影响注意限度的例子是安德伍德（Underwood，1974）报告的对心理学家内维尔·莫里（Neville Moray）的研究，莫里花了多年时间来进行追踪研究[7]。在这期间，莫里对追踪做了大量的练习。与实验中的大多数被试不同，

7 参见本章听觉注意部分。——译者注

他能够很好地报告出非注意通道中包含什么。经过大量的练习，莫里已经部分地实现了追踪加工的自动化，使他有能力来注意未被追踪的通道。

斯佩克等人（Spelke，Hirst，& Neisser，1976）提供了一个有趣的例证来说明经过大量练习的技能如何不再妨碍其他正在进行的行为。（这是由当时还在哈佛大学的作家格特鲁德·斯坦（Gertrude Stein）最早提出的一个例证的后续研究。）他们的被试必须执行两项任务：默读并理解一段课文，同时听写主试口述的词汇。起初，同时执行这两项任务相当困难。被试的阅读要比正常情况慢得多。然而，经过六周的练习后，被试便能以正常速度阅读了。他们变得十分熟练，以致于他们的理解成绩与正常阅读时一样好。对于这些被试来说，边阅读边听写已经变得不比边阅读边走路困难多少。有意思的是，被试报告他们并没有意识到自己在听写些什么。就像开车一样，被试并不会去注意自己的自动化行为。[8]

另一个自动化的例子是按文本打字。打字员在阅读文本的同时用手指击键打字。在这种情况下，我们有三个系统在平行加工：感知所要打的字，中枢认知系统将先前已经感知到的字母转换成相应的击键指令，以及手指实际打出早先感知到的字母。熟练的打字员经常报告说他们很少意识到自己在打些什么，因为执行这些任务已经变得高度自动化了。熟练的打字员还发现，要立即停止打字是不可能的。当突然要他们停下来的时候，他们要再打几个字母才会停住（Salthouse，1985，1986）。

◎ 随着对任务的熟练，执行它们会变得越发自动化，对中枢认知的需求越来越少。

斯特鲁普效应

自动化加工不仅只需要较少的中枢认知，甚至不需要中枢认知，而且似乎
还很难阻止。一个很好的例子就是熟练的读者对单词的识别。让他们看一个常 87
见词而不去解读它几乎是不可能的。这种对词汇自动识别的强烈倾向性，在被称为**斯特鲁普效应**[9]（Stroop effect）的现象中得到了研究。这个现象的命名是因为最早报告它的是心理学家 J·里德利·斯特鲁普（J. Ridley Stroop，1935）。实验任务是要求被试说出印刷单词的墨水的颜色。彩色插页 3.2 中有这种任务的演示。试着尽快说出每列单词的颜色，哪一列是最容易说出的？哪一列是最

8 当进一步训练被试，要求他们记住听写的内容时，他们也能回忆出这些信息。

9 很多时候直接称为 Stroop 效应。——译者注

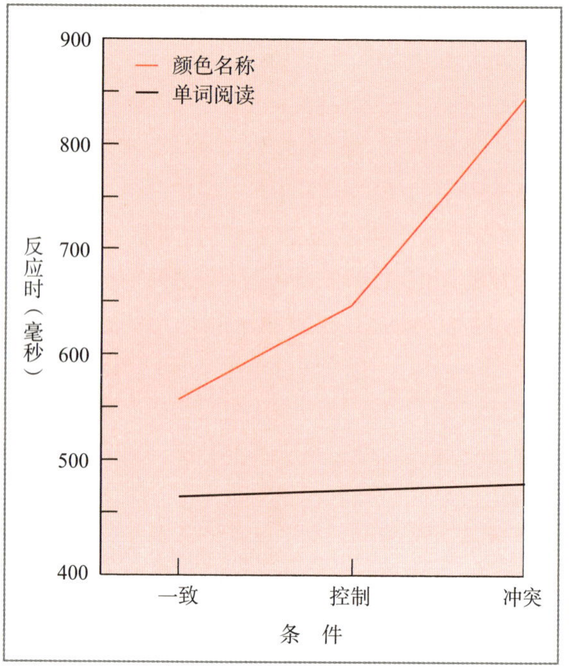

图 3.24 标准斯特鲁普任务的行为数据。曲线表示的是被试的平均反应时。它是测试条件的函数：一致（单词是印刷这个词所用墨水的颜色名称）；控制（单词与颜色完全无关）和冲突（单词是指与印刷这个词所用墨水的颜色不同的颜色名称）。（资料来源：Dunbar & MacLeod，1984. Reprinted by permission of the publisher. © 1984 by the *Journal of Experimental Psychology: Human Perception and Performance.*）。

难的？

图中三列单词展示了斯特鲁普效应研究中涉及的三种情况。第一列是中性或控制条件，其中的单词不含有表示颜色的单词。第二列是一致条件，也就是单词的颜色与其所表示的颜色相同。第三列是冲突条件，即单词的颜色与其所表示的颜色不同。在现代的典型实验中，不会让被试读整列单词，而是一次只呈现一个单词，测量被试说出单词的颜色的反应时。图 3.24 给出了由邓巴和麦克劳德（Dunbar & MacLeod，1984）所做的一项斯特鲁普效应实验。与作为控制条件的中性词相比，在一致的条件下，也就是单词就是墨水的颜色时，被试命名墨水的颜色稍微快一些。在冲突的条件下，即当单词是指与墨水颜色不同的颜色时，他们命名墨水颜色要慢得多。例如，当被试看到用绿色的墨水印出的单词 red（红）时，他们感到说 green（绿）十分困难。从图 3.24 中还可以看到，当任务转换成要求被试读出单词而不是说出颜色时的结果。这种效应是不对称的，也就是，当被试阅读单词时，受到的来自所用墨水颜色的干扰很小。这反映出阅读的高度自动化。关于这种自动化的另外一个证据是，被试阅读单词比他们命名印刷单词的墨水的颜色要快得多。阅读是一个如此高度自动化的过程，它不仅不会受颜色的影响，而且被试通常很难阻止自己读这个单词，并因为读这个单词而干扰颜色命名。

麦克劳德和邓巴（MacLeod & Dunbar，1988）考察了练习对斯特鲁普任务

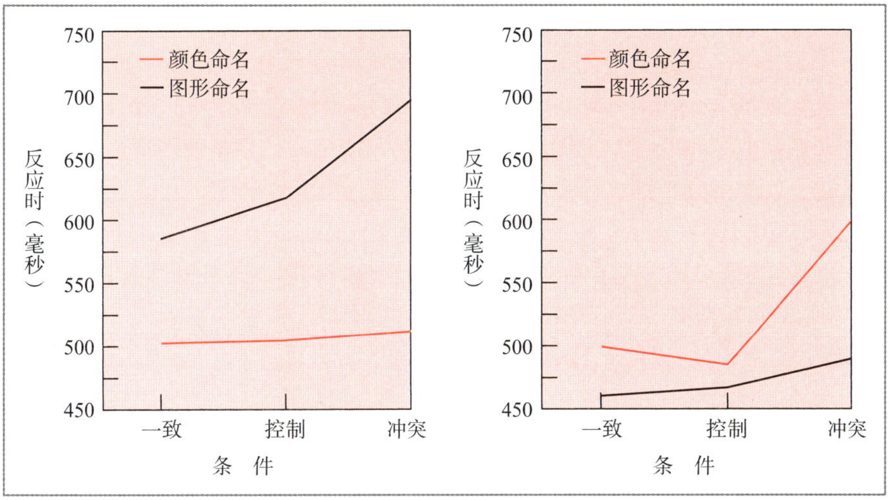

图 3.25　**麦克劳德和邓巴（1988）所做的考察练习对斯特鲁普任务中表现的影响的实验结果。报告的数据是图形命名和颜色命名所需的平均时间，它是颜色－图形一致性的函数 :（a）初始表现 ;（b）练习 20 天后的表现。练习使得图形命名实现了自动化，就像阅读单词那样，以致于对颜色命名造成了干扰。**

中的表现的影响。在实验中，他们让被试学习随机的几何图形所对应的颜色名称。彩色插页 3.2 中（a）显示了被试学习的图形－颜色配对的例子。主试接下来向被试呈现测试用的图形，要求他们或者说出与该图形对应的颜色名称（图形命名），或者说出这个图形本身的颜色（颜色命名）[10]。正如原始的斯特鲁普实验那样，存在三种情况，如彩色插页 3.3（b）所示 :

1. 一致 : 随机图形对应的颜色名与图形本身的颜色相同。
2. 控制 : 当要求被试说出图形所对应的颜色名时，图形是白色的 ; 当要求被试说出图形实际的颜色时，图形为彩色长方形。（长方形不对应任何颜色。） 88
3. 冲突 : 随机图形对应的颜色名与图形本身的颜色不同。

图 3.25 为实验结果。颜色命名比图形命名的自动化程度要高得多，图形本

---

10 本实验细节补充说明如下 : 有四种相互间有明显区别的随机的多边形（不包括长方形），分别被命名为绿、粉、橙、蓝等四种颜色名。而这四种多边形本身又可以具有以上的四种颜色之一。例如，有一个多边形，它的名字是“绿”，它本身的颜色是粉色的。当学习图形所对应的颜色名时，图形是白色的，背景是黑色的。当用于控制条件时，图形本身的颜色也是白色的。长方形只用于控制条件，不对应任何颜色名。——译者注

身的颜色与图形对应的颜色名是否一致，对颜色命名影响不大，而对图形命名则有明显影响（参见图 3.25a）。然后麦克劳德和邓巴让被试接受 20 天图形命名训练。被试命名图形的速度快了很多，不再受颜色命名干扰，并且反过来对颜色命名造成了干扰（参见图 3.25b）。因此，训练的效果是使图形命名实现了自动化，就像阅读单词那样，结果造成了对颜色命名的干扰。

◎ 阅读单词是如此高度自动化的过程以至于难以抑制，这将对加工单词的其他信息造成干扰。

前额的执行控制部位

我们已经看到顶叶皮层对实现知觉注意很重要。有证据表明，前额的一些区域在指挥中枢认知方面特别重要。这个功能通常被称为**执行控制**（executive control）。前额皮层是位于运动前区（运动前区是彩色插页 1.1 中的 6 区）前面的额叶皮层。正如顶叶受损会导致知觉通道的注意缺陷那样，前额叶受损会导
89 致执行控制缺陷。有这种损伤的患者似乎经常完全受刺激驱动，无法按照他们的意愿去控制自己的行为。一位患者看见桌上有一把梳子可能会随手拿起它开始梳理头发；另一位患者看见一副眼镜，即使自己已经戴了眼镜也可能会再将它戴上。前额叶受损的患者在斯特鲁普任务中表现出明显的缺陷，他们常常不可抑制地去阅读单词，而不是去命名颜色（Janer & Pardo，1991）。

前额的两个区域似乎对执行控制特别重要。一个是**背外侧前额叶**（dorsolateral prefrontal cortex，DLPFC），它是前额皮层靠上的部分（参见图 3.1）。之所以称其为背外侧是因为它的位置较高（位于背面）并且位于侧面。第二个区是**前扣带回**（anterior cingulated cortex，ACC），它是一个在脑表面皮层以下、沿脑部中线的结构。它是在可见表层下折叠着的皮层的一部分。DLPFC 似乎对确定意向和控制行为特别重要。例如，在同时执行结果如图 3.21 和图 3.22 所报告的那类双重任务时，这一部分会高度活跃（Szameitat，Schubert，Muller，& von Cramon，2002）。ACC 似乎在人们必须监控相互竞争的倾向之间的冲突时特别活跃。例如，脑成像研究表明在斯特鲁普实验中，当单词所用墨水的颜色与单词意义相冲突，而被试必须说出墨水的颜色时，这个区域会高度活跃（J. V. Pardo，P. J. Pardo，Janer，& Raichle，1990）。

ACC 与许多任务中的认知控制有紧密的关系。例如，似乎随着 ACC 的发育，儿童也发展出了更多的认知控制功能。ACC 的激活量与儿童完成需要认知控制的任务时的成绩具有相关性（Casey et al.，1997a）。从发展的角度来看，成绩与 ACC 的绝对体积之间也存在着正相关（Casey et al.，1997b）。用于证明儿童

认知控制发展的良好实验范式是“西蒙说”任务[11]。在一项研究中，琼斯、罗斯巴特和波斯纳（Jones，Rothbart & Posner，2003）让儿童接收来自两个玩具娃娃的指示——一只小熊和一只小象。指导语可以是这样的：“小象说，‘摸你的鼻子。’”要求儿童听从一个娃娃（行动娃娃）的指示，并忽视另一个娃娃（抑制娃娃）的指示。所有儿童都成功地听从了行动娃娃的指示，但是许多儿童很难忽视抑制娃娃的指示。从 36 个月到 48 个月，儿童忽视抑制娃娃的成功率从 22% 逐渐上升到 91%。一些儿童利用调控性自我对话来控制自己的行为，正如卢里亚（Luria，1961）所提出的著名观点。但是他们用的策略还有诸如坐在他们的手上或者扭曲他们的行为，指向耳朵而不是鼻子。

评价前额区域对认知控制重要性的另一个方法是将人类的表现与其他灵长类进行比较。如第一章所述，从灵长类到人类的一个主要进化维度就是前额区域大小的增加。灵长类经过训练能够完成许多人类的任务，所以两者之间可以进行谨慎的比较。其中一种任务是斯特鲁普任务的变体，即给被试呈现一行数字（例如，五个 3）和空格，要
90 求说出目标数字的个数，而不是读出数字。图 3.26 是此类任务的一个例子，它与原始斯特鲁普任务（彩色插页 3.2）的模式相同：试着说出每行数字的个数或者试着读出每行中的数字是什么。在这种情况下，数字命名对个数产生了较强的干扰（Windes，1968）。这一实验范式曾用于比较人类和恒河猴之间的斯特鲁普干扰效应。实验中的恒河猴也被训练学会使用数字（Washburn，1994；见表 3.1）。两组被试都看到两组数列，并要求他们指出哪组数列中的数字多，而不管数字是什么。基线任务是哪组字母数量更多，通过与基线的比较，人类和猴子都在数字与数量一致时成绩较好，而数字与数量不一致时成绩较差（如图 3.26）。两类被试表现出了相似的反应时效应，但是人类被试在不一致条件下的错误率为 3%，而猴子的错误率为 27%。猴子的表现类似于前额叶损伤的病人的表现。

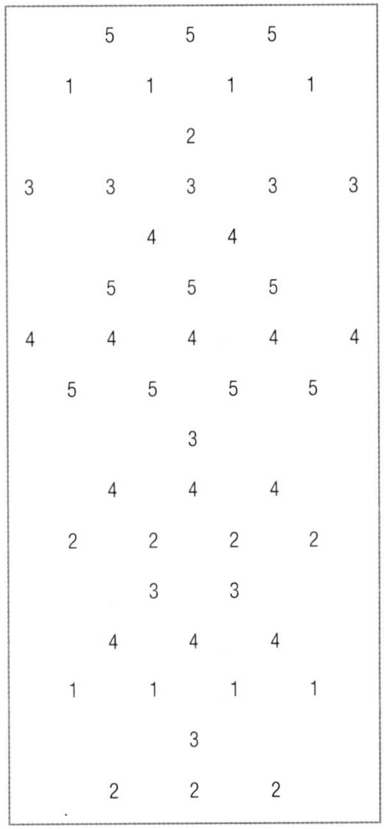

图 3.26　与颜色斯特鲁普任务（见彩色插页 3.2）相似的数字斯特鲁普任务。

11 ‘西蒙说’(Simon says) 是一种美国常见的儿童游戏，要求按指示做一个简单动作，例如摸鼻子、指耳朵或蹦一下。但是指示有两种，如果开头有‘西蒙说’(例如‘西蒙说摸鼻子’)，你就得执行(摸鼻子)；如果开头没有‘西蒙说’（例如‘摸鼻子’）你就不执行（不做任何动作，或者做一个其他动作，例如指耳朵）。——译者注

表 3.1

不同物种和条件下的平均反应时和正确率		
条件	正确率（%）	反应时（毫秒）
	恒河猴（N=6）	
一致数字	92	676
基线（字母）	86	735
不一致数字	73	829
	人类被试（N=28）	
一致数字	99	584
基线（字母）	99	613
不一致数字	97	661

◎ 前额叶区，尤其是 DLPFC 和 ACC，在执行控制中起主要作用。

结　论

认知心理学对注意问题的认识有个渐变的过程。长期以来，它的隐含假设体现在一个多世纪前威廉·詹姆斯（William James，1890）的这段著名的引文中：

> 人人都知道注意是什么。注意就是通过心理以清晰而鲜明的形式从看来同时有可能的几个物体或思路中取其一的过程。意识的集中和专注是它的本质。它意味着从某些事物中撤出以便有效地处理其他事物（pp.403~404）。

91 这一引文有两个特征反映了曾经有过的一些关于注意的观点。首先，注意与意识紧密相关——除非我们意识到某个事物，否则我们不可能注意它。其次，注意和意识一样，是个单一的系统。现在认知心理学越来越认识到注意是在无意识水平下运作的。例如，人们通常不会意识到他们已将眼睛转向了何处。相应地，认知心理学逐渐认识到注意是多方面的（例如，Pashler，1995）。我们已经看到，将听觉注意与视觉注意区分开、将知觉加工中的注意与执行控制中的注意以及与产生反应中的注意区分开是有道理的。脑由许多平行加工的系统所构成，包括各种知觉系统、各种运动系统和中枢认知。每一个这样的平行系统似乎都存在瓶颈，即系统必须集中加工单一事情的地方。最好将注意设想为一个过程，通过这个过程，系统从潜在地相互竞争的若干信息加工需求中，一次选择一个来处理。任务之间的干扰量是这些任务对同一系统的需求的重叠程度的函数。

思考题

1. 本章讨论了听一条言语信息是如何使加工另一条言语信息变得困难的。你认为一边开车一边打电话会使其他声音，如汽车喇叭声更不容易被注意到吗？
2. 哪种搜索会产生较强的顶叶激活？搜索图 3.13a 中的 *T* 还是搜索图 3.13b 中的 *T*？
3. 描述有利于人们注意物体而不是空间位置的一些情况，以及有利于人们注意空间位置而不是物体的一些情况。
4. 我们已经讨论了自动化行为如何强行植入其他行为，以及驾驶行为的某些方面是如何自动化的。思考这样的情景，一名司机有着娴熟的驾驶技术，并且多年的驾驶经验使得他在一些方面形成了自动化行为。你能举出一些例子表明自动化的驾驶行为会对车里乘客的行为产生影响吗？这能有助于解释为什么与车里的乘客谈话不会像打电话那样分散注意吗？

关键术语

顺序瓶颈
早期选择理论
后期选择理论
注意
目标导向注意
刺激驱动注意
双耳分听任务
过滤器理论
衰减理论
捆绑问题
特征整合理论
错觉关联
基于空间的注意
基于物体的注意
返回抑制
完全时间分享
中枢瓶颈
自动化
斯特鲁普效应
执行控制
背外侧前额叶皮层
前扣带回皮层

4 心理表象

92

试着回答这样两个问题：

- 你家有几扇窗户？
- 美国效忠誓词[1]里有多少个名词？

许多人在回答这两个问题时都有相同的体验。对于第一个问题，他们想象自己在家里转着弯数窗户。对于第二个问题，他们即使不能真的高声朗读效忠誓词，也会想象自己在念效忠誓词。在这两个例子中，他们都产生了心理表象，感知自己真的走在家里或念效忠誓词。

使用视觉表象特别重要。作为我们灵长类的遗传特质，我们的脑有很大一部分功能是视觉信息加工。因此，我们尽可能地使用这些脑结构，甚至没有外界的视觉信号输入，我们也能在头脑中产生心理表象去使用它们。一些人类最有创造性的活动都涉及视觉表象。例如，爱因斯坦声称他通过想象自己在一条光柱旁运动才发现了相对论。

这一研究领域主要的争论在于，视觉表象背后的加工过程与前两章提到的知觉和注意的加工过程有多大程度的相似。一些研究者（如，Pylyshyn，1973）认为我们从事一项活动如描绘自己家房子的窗户时产生的知觉体验是一种**副现象**（epiphenomenon）；也就是说，这是一种对信息加工没有任何功能性作用的心理体验。哲学家丹尼尔·丹尼特（Daniel Dennett，1969）也认为心理表象是一种副现象，即心理表象的知觉成分不会以任何方式真的发生作用：

1 美国公立中小学每天都组织学生向国旗致敬并背诵《效忠誓词》。《效忠誓词》（Pledge of Allegiance）全文为：I pledge allegiance to the flag of the United States of America，and to the republic for which it stands，one nation under God，indivisible，with liberty and justice for all.——译者注

> 想想老虎和它身上的斑纹。我能梦见、想象或看到一只有斑纹的老虎，但是这只老虎身上一定要有特定数目的斑纹吗？如果看到或想象会产生一个心理表象，那么表象中的这只老虎一定——遵循图像的一般原则——有确定数量的斑纹，并且一个人应该能够回答出这样的问题："多于 10 条？""少于 20 条？"（p.136）

丹尼特认为如果我们真的在心理表象中看到一只老虎，那么我们应该能够 93
数出它身上的斑纹，就好像我们真的看着一只老虎那样。因为我们无法凭心理表象数出老虎的斑纹数，所以我们并没有真正的知觉体验。这种说法并不能令人信服，但却代表了一些人对心理表象确实有知觉特征的论断的不满。

本章综述了一些实验证据来说明心理表象对信息加工发生作用的方式。我们将**心理表象**（mental imagery）广义地定义为在没有外在知觉信息来源的情况下对类似知觉信息的加工。我们将思考以下问题：

- 我们如何加工心理表象中的信息？
- 表象加工是怎样与知觉加工相关联的？
- 哪些脑区参与心理表象？
- 我们如何建立周围环境的心理表象，并利用它们在环境中穿行？

言语表象与视觉表象

越来越多的认知神经科学证据表明有几个不同的脑区参与到表象的加工中。这些证据既来自对不同部位脑损伤病人的研究，也来自对正常人在完成各种表象任务时脑激活情况的研究。在脑加工表象时的激活模式的早期研究中，罗兰和弗雷伯格（Roland & Friberg, 1985）发现的许多脑区得到了后续的研究。他们安排被试在心里背诵押韵的广告语（word jingle）[2]，或者在心里预演在住处附近的街道上找路。实验测量的是大脑皮层不同部位的血流变化。图 4.1 所示
的就是他们发现的主要区域。当被试默诵押韵广告语时，布洛卡区附近的前额 94
叶皮层和大脑皮层后部的威尔尼克区附近的颞顶联合区都得到了激活。正如我们在第 1 章所看到的那样，这些区域损伤的病人会表现出语言加工的缺陷。当被试进行视觉任务时，顶叶、枕叶和颞叶皮层都有所激活。正如我们在第 2 章和第 3 章所看到的，所有这些区域都与视知觉和注意有关。当人们加工言语或

2 原著者在给译者的 email 中给出了 word jingle 的一个例子：'Double your pleasure, double your fun with double mint gum'。——译者注

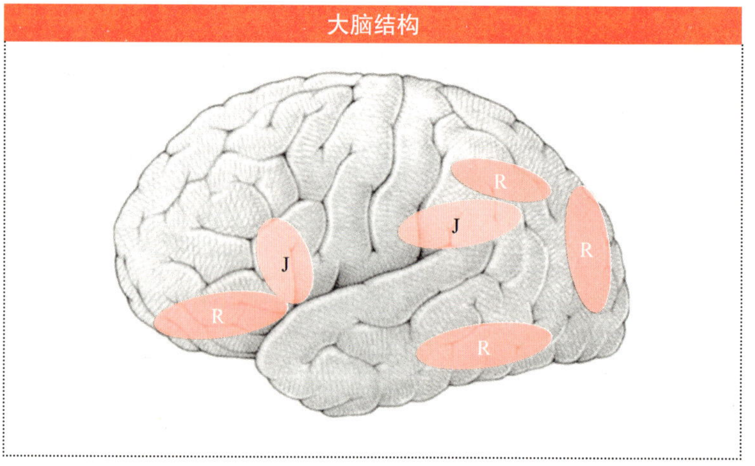

图 4.1 罗兰和弗雷伯格（1985）对大脑加工心理表象时的激活模式的研究。左侧大脑皮层的一些区域在被试默诵押韵的广告语（J）或者空间道路（R）时，表现出血流量增加。

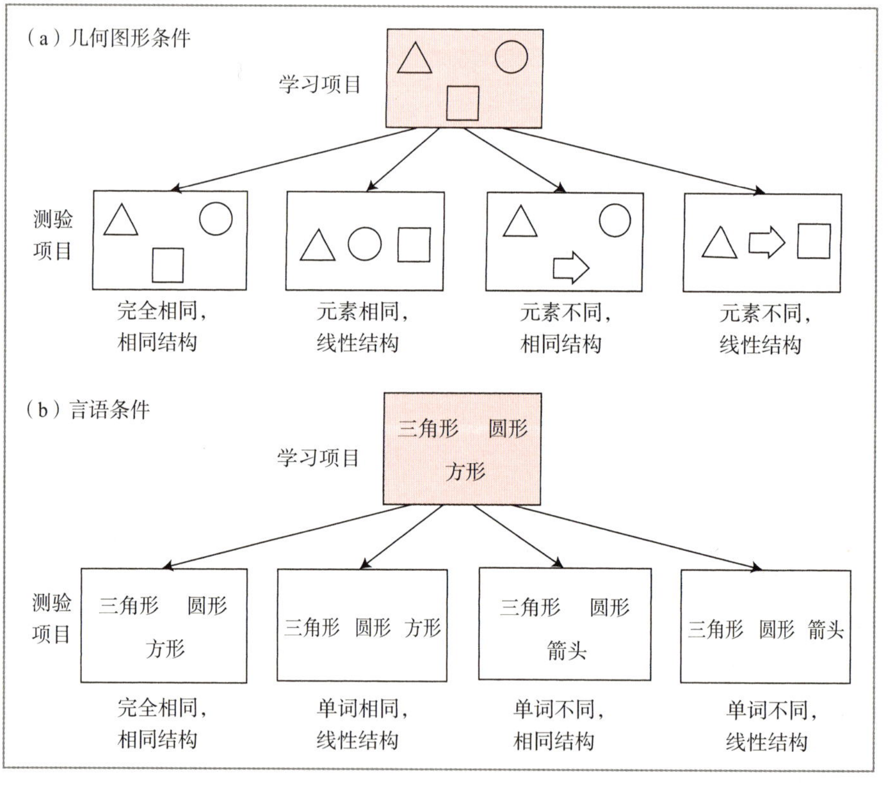

图 4.2 桑塔（1977）的实验程序证实了视觉信息和言语信息在心理表象中的表征不同。被试学习一个初始的项目，或图形或单词，随后要判断测验项目是否与学习项目包含相同的元素。几何图形如（a）所示，单词如（b）所示。

视觉信息的表象时，所激活的一些区域与加工真实的言语或视觉信息时相同。

桑塔（Santa，1977）所做的实验证实了视觉表象的信息表征和言语表象的信息表征之间的功能差异。桑塔的实验中有两种条件，如图 4.2 所示。在几何图形条件下（图 4.2a），被试要学习由三个几何图形组成的项目，两个图形排列在上面，一个在下面的中间位置上。这一组图形看起来很像人脸——人们很容易将它们看成两个眼睛和一张嘴。在学习了这组图形以后，图形消失，被试不得不在他们心中保存着这些信息。随后又呈现了一组不同的图形作为测验项目。被试的任务是判断测验项目中的图形元素是否与学习项目相同，而不考虑空间位置是否有改变。因此，对于前两个测验项目，被试的答案应该是肯定的， 95
对于后两个测验项目，被试的答案应该是否定的。桑塔感兴趣于两个肯定答案的测验项目的比较。第一个与学习项目的排列完全相同（相同结构条件）。在第二个测验项目中，图形元素是排成一条直线的（线性结构条件）。桑塔预期被试对第一个测验项目，也就是完全相同的那个项目，做出肯定判断的速度较快。因为他的假设是，在学习刺激材料时产生的视觉表象能够保存空间信息。几何图形条件下的结果见图 4.3。如图所示，桑塔的预期得到了证实。当几何图形的测验项目保持了学习项目中的图形结构信息时，被试的判断速度较快。

几何图形条件下的结果如果与言语条件下的结果（见图 4.2b）进行比较，就更为醒目了。在言语条件下，被试学习的单词组的排列与几何图形条件下完全相同。然而，因为是单词，所以学习材料不会被看成是人脸或者其他图形。桑塔推测被试会按照从左至右、从上到下的顺序阅读单词，用此信息对言语表象进行编码。

由此，对于图中所给出的学习项目，被试就编码成“三角形、圆形、方形”。在学习了初始项目后，立即呈现一个测验项目。被试要判断其中的单词是否与学习项目中的相同。虽然所有的测验材料都是单词组成，但是刺激呈现的方式和几何图形条件下完全相同。在单词与学习项目完全相同的两个测验项目中，一个测验项目中的单词排列与学习项目完全相同（相同结构条件），另一个测验项目中的单词排成一条直线（线性结构条

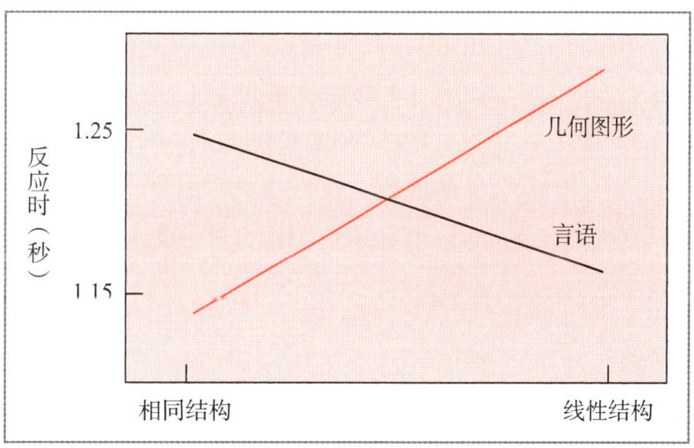

图 4.3　桑塔（Santa，1977）的实验结果。数据结果证实了桑塔的两个假设：（1）在几何图形条件下，被试在图形结构相同时做出肯定回答的速度要快于线性结构，因为对学习材料的视觉表象保留了空间信息；（2）在言语条件下，被试在线性结构时做出肯定回答的速度快于相同结构，因为被试根据正常英语阅读的顺序对学习项目中的单词进行了线性编码。

件）。请注意，线性排列的单词顺序和学习材料中的单词顺序是一样的。桑塔预期，与几何图形条件不同，因为被试将单词编码为线性排列的言语表象，所以当测验项目是线性排列时被试的反应最快。如图 4.3 所示，他的预测再一次得到了证实。

◎ 言语表象和视觉表象涉及不同的脑区，并且以不同的方式表征和加工信息。

视觉表象

大多数关于心理表象的研究都涉及视觉表象，这也是本章的主要关注点。心理表象的一个功能是预期一个物体在不同的角度下呈现的样子。人们通常会在心里把物体旋转到某个角度。罗杰·谢泼德（Roger Shepard）和他的同事做
96 了一系列关于**心理旋转**（mental rotation）的实验。他们的研究开创了探索心理表象功能的先河，其影响也是非常深远的。非常有趣的是，这个研究的灵感来自于一个梦（Shepard，1968）：有一天谢泼德醒来时记起在梦中看到一个 3-D 结构的物体在空间中旋转。他说服了斯坦福大学一年级的研究生杰姬·梅茨勒（Jackie Metzler）和他一起研究心理旋转，于是这一切都载入了史册。

他们的第一个实验发表在《科学》（*Science*）上（Shepard & Metzler，1971）。在实验过程中，给被试看在 2-D 平面上呈现的成对出现的 3-D 物体，如图 4.4 所示。被试的任务是判断除了摆放方向外，两个物体是否完全相同。图 4.4a 中的两个物体是相同的，虽然摆放的方向不同；图 4.4b 中的两个物体也是如此。被试报告说，为了匹配这样的两个物体，他们要在头脑中旋转其中的一个直到它们重合在一起。图 4.4c 中的两个物体就没有办法旋转成互相重合

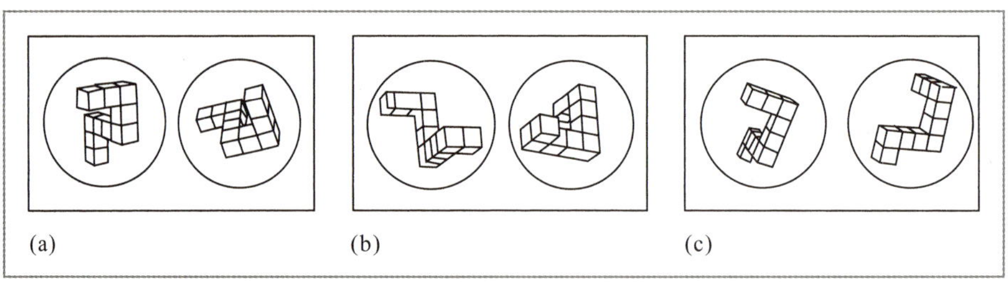

图 4.4 谢泼德和梅茨勒（Shepard & Metzler，1971）的心理旋转研究中使用的刺激材料。（a）两个物体在纸平面（二维）上相差 80 度角。（b）两个物体在纵深方向（三维）相差 80 度角。（c）两个物体无法旋转成相同。（资料来源：Metzler & Shepard，1974. Reprinted by permission of the publisher. ©1974 by Erlbaum.）

的状态。

图 4.5 所示的是被试判断两个物体是否相同所需要的时间。图中的点表示的是两个物体之间相差不同角度时所对应的反应时。相差的角度可以代表旋转一个物体的方向直到与另一个物体匹配时所需的数量。可以看到其关系是线性的——相同的旋转增量，对应相同的反应时增量。根据两种不同的旋转类型，分别绘出了反应时图。一种是在 2–D 旋转的情况下（图 4.4a），也就是在纸平面上旋转；另一种情况是纵深方向旋转（图 4.4b），此时被试需要将物体旋转到纸内。注意这两种方式的结果是非常相似的。在纵深方向上（三维）加工物体并没有表现出比在纸平面上加工物体更长的反应时。由此，被试肯定是同时在平面和纵深两种情况下操纵物体的 3–D 表征。

这些数据似乎表明被试在他们的头脑中对物体进行了 3–D 空间内的旋转。两个物体之间相差的角度越大，被试完成旋转所需要的时间越长。虽然被试明显地没有在头脑中旋转真实的物体，但是心理加工过程却类似于物理上的旋转。

随后，出现了大量后续研究来检验各种不同物体的心理旋转。典型的发现 97
就是完成旋转所需要的时间确实随着相差角度的不同而变化。近年来，许多脑成像研究开始探索哪些脑区参与到心理旋转的过程中。果不其然，大脑的顶叶

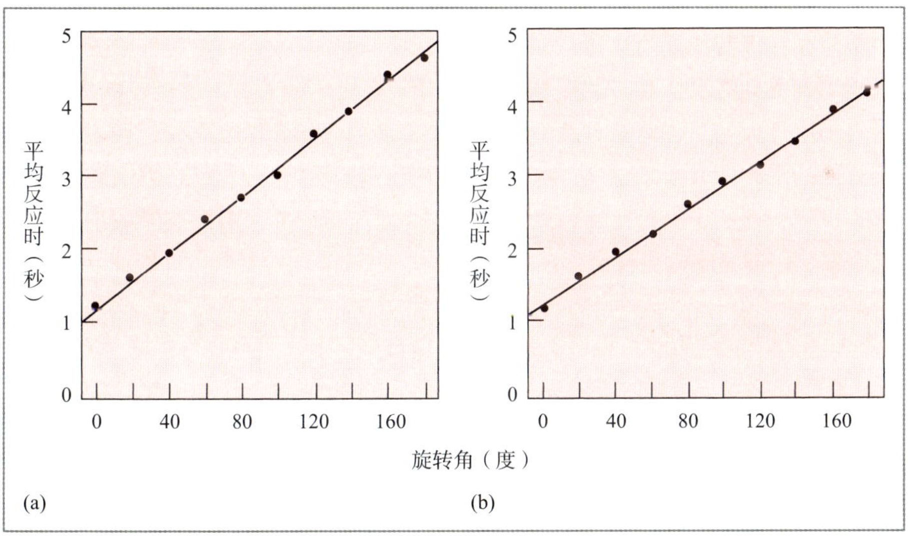

图 4.5　**谢泼德和梅茨勒（Shepard & Metzler，1971）心理旋转研究的结果。图中绘出了在两个物体摆放的方向相差不同的角度时，判断其 3–D 结构是否相同所需要的平均反应时。（a）物体需要在纸平面上（二维）旋转的结果图。（b）物体需要在纵深方向上（三维）旋转的结果图。**（资料来源：Metzler & Shepard，1974. Reprinted by permission of the publisher. ©1974 by Erlbaum.）

（见图 4.1 中大脑后上部标示为 R 的区域）在一系列的任务中都得到了激活。这些发现与第 3 章中提到的结果相一致，即大脑的顶叶对空间注意有重要的作用。有些任务还激活了其他一些脑区。例如，科斯林等人（Kosslyn，DiGirolamo，Thompson，& Alpert，1998）发现人们在想象中旋转自己的手时，运动皮层也有所激活。

对猴子的神经元记录为进行涉及手部运动的心理旋转时的神经元表征提供了一些证据。乔哥保罗斯等人（Georgopoulos，Lurito，Petrides，Schwartz，& Massey，1989）训练猴子完成一项任务，在这项任务中猴子将手柄移动到与给出的刺激成特定角度的位置。在基线条件下，猴子只要将手柄移动到刺激的位置上。乔哥保罗斯等人发现，不同的细胞会在不同的特定位置放电。例如，当猴子移动手柄到时钟 9 点的位置时有些细胞的放电最强烈，当猴子移动手柄到 12 点钟的位置时另一些细胞放电最强烈。在旋转条件下，猴子必须将手柄移动到与给出的刺激位置成一定旋转角度的位置。例如，如果猴子必须将手柄移动到距刺激位置逆时针旋转 90 度的位置，且刺激出现在 12 点钟的位置上，它们就必须将手柄移动到 9 点钟的位置上。如果刺激出现在 6 点钟的位置上，那么
98 它们就需要将其移动到 3 点钟的位置上[3]。角度越大，猴子们在开始行动前所需的时间越长，说明这个任务中包含了心理旋转过程以实现位置变换。在旋转条件下，乔哥保罗斯等人发现在变换的过程中，不同的细胞在不同的时间表现出兴奋。在一次变换试验开始，也就是刺激刚呈现的时候，兴奋的细胞大多与刺激移动的方向有关。在一次变换试验结束，也就是猴子真正移动手柄的时候，激活程度最大的是与运动有关的细胞。在变换的开始和结束之间，代表各个中间方向的细胞的激活最强烈。这些结果表明心理旋转包含着一系列细胞的逐次兴奋过程，开始于编码初始刺激的细胞，终止于编码变换后的刺激的细胞，在这个案例中即是编码变换后作反应的细胞。

◎ 当人们必须改变一个心理表象的方向以进行某种比较时，他们旋转表象的表征，经过一系列的中间位置，以达到目标方向。

表象扫描

通常，我们用心理表象所做的事还包括扫描心理表象以寻找关键信息。例如，当问及人们家里有几扇窗户时（本章开头所介绍的任务），许多人都报告

3 按 Georgopoulos, et al., 1989, 移动的起始点均为圆心，目标点在半径为 2 厘米的圆上的不同位置处。——译者注

说他们在数窗户的同时在心里扫视了家里的房子。研究者们感兴趣的是人们在这些任务中多大程度上真正扫描了知觉表征，还是仅仅提取了抽象的信息。例如，我们真的‘看见’家里的每一扇窗户，还是我们恰好记得家里有几扇窗户？

布鲁克斯（Brooks，1968）为了研究视觉表象的扫描做了一系列重要的实验。他让被试在想象中扫描图 4.6 中那样的图形。例如，被试扫视一个想象中的空心 F，起点和方向按图所示，并判断每个拐角的顶点是在图形的最上面或最下面（作“是”反应），还是在中间（作“否”反应）。在这个例子中，正确的回答序列应该为（从开始的拐角算起）是、是、是、否、否、否、否、否、否、是。在非视觉的对照任务中，布鲁克斯提供给被试这样的句子：“手中的鸟不在灌木丛中（A bird in the hand is not in the bush）”。被试必须扫描记忆中的这个句子来逐个判断每个单词是否是名词。第二个实验变量是被试如何做出反应。被试的反应方式有三种：（1）说出是或否；（2）左手按键表示是，右手按键表示否；（3）在如图 4.7 的答题纸上依次指出 Y（是）或 N（否）。刺激材料（图形和句子）和输出方式这两个变量共组合出六种条件。

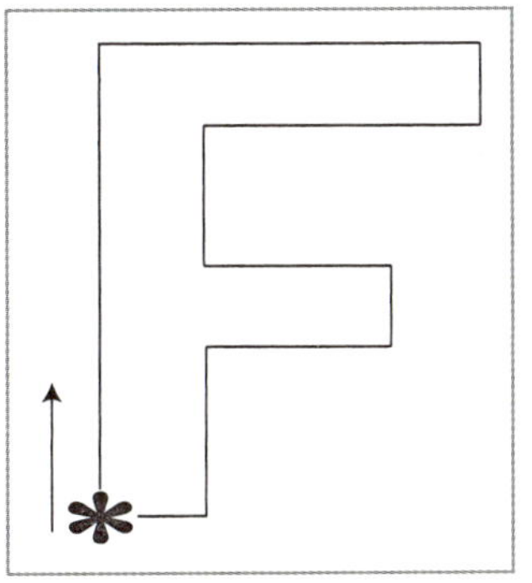

图 4.6　图中简单的空心图形是布鲁克斯研究扫描心理表象时所使用的例子。星号和箭头表示被试扫描这个图形的起点和方向。（资料来源：Brooks，1968，Reprinted by permission of the publisher. ©1968 by the Canadian Psychological Association.）

表 4.1 给出了布鲁克斯的实验结果，即每种输出条件下判断句子或图形的平均反应时。其中一个重要的结果是当执行图形任务时，被试在指出条件下所花费的时间比其他条件都长。但是当执行句子任务时却没有类似的结果。显然，
99 扫描物理的视觉阵列与扫描心理的阵列相冲突。这一结果强烈印证了以下结论：当人们在扫描心理阵列时，他们是在扫描类似于物理视觉阵列的表征。要求人们同时对相冲突的外在物理视觉阵列进行扫描会干扰心理扫描。

有的人可能会认为布鲁克斯的结果是由于视觉指出任务和扫描视觉表象之间的冲突引起的。然而，后续的实验清楚表明，干扰的产生在本质上并不是因为任务的视觉特征。主要问题是空间的，而不是特定的视觉因素；也就是说被试必须扫描的物理阵列的方向和心理表象的方向是冲突的。例如，

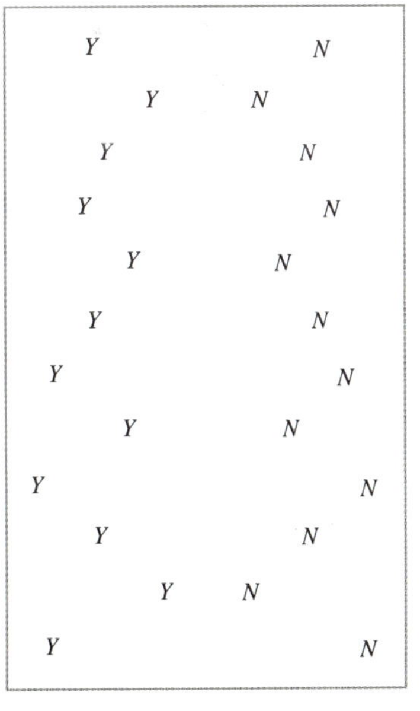

图 4.7　在布鲁克斯的心理表象扫描研究中，用于指出 Y 或 N 的答题纸的例子。字母交错排列以保证被试认真用视觉监控指出答案的过程。（资料来源：Brooks，1968，Reprinted by permission of the publisher. © 1968 by the Canadian Psychological Association.）

表 4.1

布鲁克斯（1968）的实验结果显示，对心理阵列的扫描和对视觉阵列的扫描之间存在冲突。

刺激材料	不同输出方式下的平均反应时（秒）		
	指出	按键	口头报告
图形	28.2	14.1	11.3
句子	9.8	7.8	13.8

资料来源：Brooks，1968，Reprinted by permission of the publisher.

在另一个实验中，布鲁克斯发现，当被试闭上眼睛并且通过用手指触摸一系列突起的 Y 和 N 来作出是或否反应时，也得到了相似的结果。在这种情况下，真实的刺激是触觉的，而不是视觉的。因此，冲突是空间的，不是特定视觉的。

巴德利和利伯曼（Baddeley & Lieberman，1976）做的一个实验强烈支持了布鲁克斯任务中的干扰本质上是空间的不是视觉的这个观点。实验要求被试要同时完成两项任务。所有的被试都要完成布鲁克斯的字母 – 表象任务[4]。另外，一组被试要看着一系列刺激，这些刺激有两种亮度，只要较亮的刺激出现时就按键反应。这个任务需要视觉加工但是不需要空间加工。另一组被试蒙住双眼坐在一个摆动的钟摆前面。钟摆会发出声音并且里面装有光电管。被试要试着让手电筒的光柱始终照在摆动的钟摆上。当照在上面的时候，在光电管的作用下声音的频率就会改变，因此被试获得了听觉反馈。这个任务涉及到空间信息的加工而不是视觉信息。比起亮度判断任务，空间听觉追踪任务对表象扫描任务造成的干扰大得多。这一结果也证明布鲁克斯任务中干扰的本质是空间的，不是视觉的。

◎ 如果人们在进行心理表象扫描的同时还必须加工冲突性的知觉结构信息，那么两个任务就会相互干扰。

大小的视觉比较

相当数量的研究聚焦于人们如何在心理表象中判断物体视觉上的细节特征。一种研究思路是让被试基于某种维度，例如大小，来判断两个物体之间的
100 差别。这种研究发现当被试试图区别两个物体时，两个物体的大小差异越大，他们做出判断所花费的时间越短。

莫耶（Moyer，1973）感兴趣于被试判断记忆中两种动物的相对大小的速度。例如，“鹿和蟑螂哪个大？”或者“狼和狮子哪个大？”许多人报告说在做判断的时候，特别是当两个物体大小相似的时候，他们都会在头脑中出现两个物体的表象，并且似乎在通过表象比较大小。

莫耶还让被试估计这些动物的绝对大小。他绘制了散点图，比较表象中两

4 即如图 4.6 所示任务。——译者注

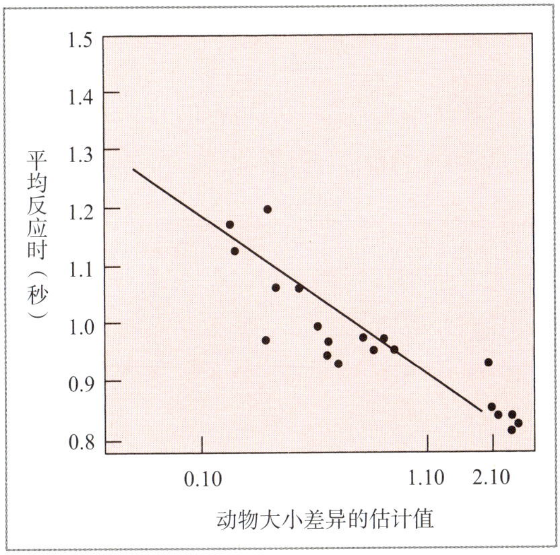

图 4.8 莫耶的实验结果表明当人们要区别两个物体时，他们所需要的时间随着两个物体之间差异的增大而减少。被试要比较两种想象中的动物的大小，判断两种动物哪个更大所需要的平均反应时随对两种动物大小差异的估计而变化。对差异的测量在横坐标上用对数表示。（资料来源：Moyers，1973，Reprinted by permission of the publisher. ©1973 by *Perception and Psychophysics*）

种动物大小所需要的时间与两种动物大小差异的估计值之间的函数关系。图 4.8 再现了这些数据。图中的这些散点反映了一对对项目之间的比较。总的来说，判断的时间随差异估计值增大而减少。从图中可以看出，随着动物大小差异的增大，判断时间线性地减少。但是，要注意，差异是以对数表示的。对数－差异尺度使小差异之间的数值差在坐标上显示的距离相对地大于大差异之间的同等数值差在坐标上显示的距离。因此，图中的线性关系表示随着大小差异的增加，它对反应时的影响相对减少。

重要的是，当人们在视觉上比较物理大小时也得到了非常相似的结果。例如，约翰逊（D. M. Johnson，1939）让被试判断同时出现的两条线段哪条更长。图 4.9 所示的是被试判断的时间与线段长度差异的对数之间的函数关系。可以看到，又出现了线性的关系。我们有理由预期被比较的量越相
101 似，进行知觉上的判断所需要的时间越长，因为在这种情况下，精确地分辨它们更为困难。在比较物体的心理表象时获得了与此相似的函数。这一事实表明，进行心理比较与进行知觉比较涉及相同的加工过程。

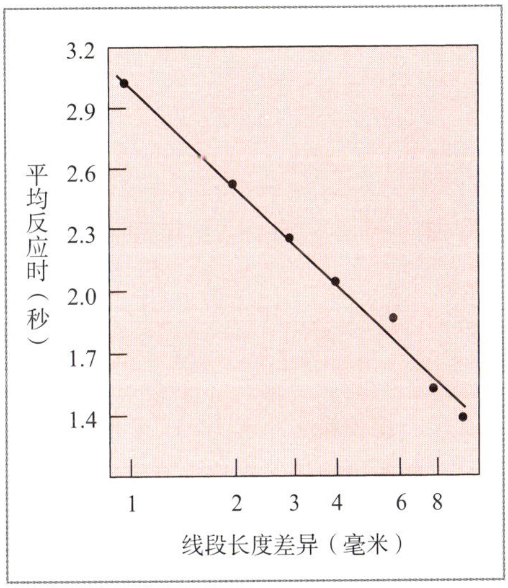

图 4.9 约翰逊（D. M. Johnson，1939）的研究结果表明，进行心理比较的难度与进行知觉比较是相似的。被试比较两条线段的长度。图中被试判断哪条线段较长的平均反应时是线段长度差异的函数。差异的测量在横坐标上以对数表示。

◎ 人们在判断大小相似的两个图形或两个心理表象的相对大小时，会遇到较大困难。

视觉表象类似于视知觉吗

已经有研究考察了视觉表象与知觉的相似程度到底有多大。在一项实验中，芬克等人（Finke，Pinker & Farah，1989）研究了人们是否能像识别见到的物体那样识别他们所建构的表象。研究者们让被试建立心理表象，然后对这些表象进行一系列的改变。下面是两个读给被试听的问题的例子：

- 想象一个大写字母 N。从右上角到左下角画一条对角线。现在将图形向右旋转 90 度，你看到了什么？
- 想象一个大写字母 D，将其向左旋转 90 度。现在在下面放一个大写字母 J，你看到了什么？

被试闭上眼睛并且试着按照听到的指导语进行想象。被试能够辨认自己合成的表象，就像它们呈现在屏幕上似的。在第一个例子中，他们看到了一个沙漏（hourglass）[5]；在第二个例子中，他们看到了一把伞。完成这些任务的能力说明了表象的重要功能：它能让我们在头脑中建构新的事物并且审视它们。这种视觉合成就是结构工程师或建筑师在设计新的桥梁或楼房时必须做的事情。

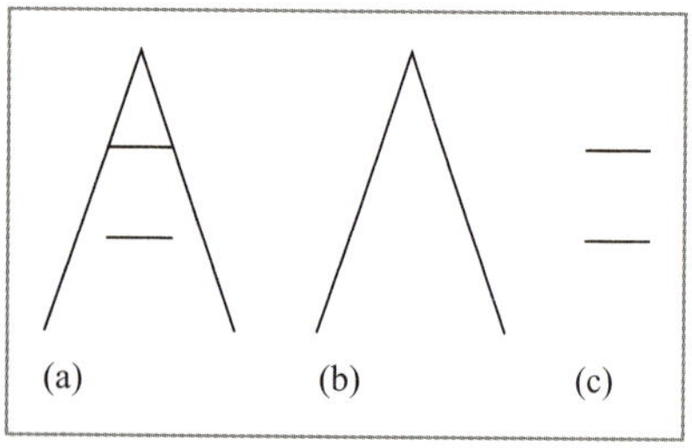

图 4.10 庞佐错觉示例（a）：即使两条水平线长度相同，但是上面那条看起来较长一些。（b）和（c）是华莱士（Wallace，1984）用来研究表象中的错觉的材料示例。被试想象把它们结合在一起使（b）中的两条斜线正好接触到（c）中的水平线。（资料来源：Wallace，1984. Reprinted by permission of the publisher. © by the Psychonomic Society.）

芬克等人（Finke et al.，1989）的研究表明我们能对想象中的物体进行判断，并且得出像看到真实物体一样的结论。但是这些想象中的物体真的与看到的物体一样吗？研究者想要看看视知觉的精细属性是否也会在心理表象上出现。例如，华莱士（Wallace，1984）在一项实验中研究了如图 4.10（a）中的庞佐错觉（Berbaum & Chung，1981）：即使两条水平线长度相同，但是上面那条看起来要长一些。在实验中，被试先看图（b）中的交叉线，再看图（c）中的两条水平线，接着让被试想象把它们结合在一起，上面那条水平线接触到两条斜线。要求被试在心理表象中比较两条水平线的长度。被评定为表象能力高的被试报告说他们的心理表象中也出现了强

5 传统的沙漏通常由两个对顶的圆锥形玻璃容器组成。——译者注

102 烈的错觉，就像图（a）中真实的刺激一样。所以，表象系统能再现精细的视觉错觉，这说明表象和知觉相同。

钱伯斯和雷斯伯格（Chambers & Reisberg，1985）报告了一项实验研究，这项研究似乎说明了心理表象和真实物体的视知觉之间存在差异。他们的研究涉及可逆图形的加工，例如图 4.11 中的鸭 – 兔。给被试简短展现图形，然后让他们形成图形的表象。在图形消失前，被试只有足够的时间对图形做出一种解释，但是要求被试努力进行第二种解释，被试无法完成这样的任务。随后让被试在纸上画出图形，看他们是否能够重新解释，这时被试就能够完成任务。这一结果表明视觉表象不同于图像，人们只能用一种方式解释表象，而无法进行其他的解释。

图 4.11 钱伯斯和雷斯伯格研究可逆图形加工时使用的鸭 – 兔歧义图。（资料来源：Chambers & Reisberg，1985. Reprinted by permission of the publisher. ©1985 by the American Psychological Association）

随后，彼得森等人（Peterson，Kihlstrom，Rose，& Gilsky，1992）发现，通过更为明确的指导语能够让被试逆转心理表象。例如，告诉被试如何逆转另一个图形或者思考把表象中动物头的后面当作另一种动物头的前面。因此，虽然逆转表象比逆转图片要困难，但是两者都是可以逆转的。总之，加工表象似乎比加工真实刺激的难度大。假如可以选择，人们都会选择加工真实的图片而不是去想象它。例如，玩俄罗斯方块的人都倾向于在屏幕上旋转图形来找到适当的方位，而不是在心里旋转它们（Kirsh & Maglio，1994）。

◎ 通过心理表象做出与真的看见某物相同的细节判断是可能的，尽管这较难做到。

视觉表象与脑区

脑成像研究显示心理表象与知觉加工涉及相同的脑区。正如我们已经看到的，与对位置和目标的注意有关的顶叶区域（见上一章）也参与心理旋转的加工。

欧克拉文和坎威斯尔（O'Craven & Kanwisher，2000）的研究说明了表象激活的脑区和知觉激活的脑区的相接近程度。在第 2 章中曾讲到颞叶皮层的梭状回优先对脸部作反应。颞叶的另一个区域，**海马旁回位置区**（the parahippocampal place area，PPA），优先对位置图片作反应。欧克拉文和坎威斯尔让被试观看或者想象脸部和场景。被试在看的时候和在想象的时候激活了相同的区域。图 4.12 比较了**梭状回脸部区**（fusiform face area，FFA）和 PPA 的激活情况。每次被试在看或者在想象脸部时，FFA 的激活程度都有所增加，

103 而在加工场景时激活又减弱。相反地，当他们看或想象场景时，PPA 的激活增加，在加工脸部时激活又减弱。想象时的反应与知觉时的反应非常相似，只是程度稍弱。想象时反应稍弱与我们讨论过的加工表象比真实的知觉要困难的行为证据相一致。

有许多类似的研究都表明了表象加工涉及到较高层次的视觉加工所激活的脑皮层区。但是关于视觉信息首先到达的初级视觉皮层（17 区和 18 区）的激活证据还不够明朗。欧克拉文和坎威斯尔的研究发现，初级视觉皮层在表象加工中会有所激活。这一结果非常重要，因为它表明视觉表象包含了相对低层次的知觉加工过程。但是，并不总是能在初级视觉皮层发现这样的激活。例如，图 4.1 所示的罗兰和弗雷伯格的研究就没有发现这一区域的激活（又见 Roland，Eriksson，Stone-Elander，& Widen，1987）。科斯林和汤姆森（Kosslyn & Thompson，2003）综述了 59 项脑成像研究来探寻早期视觉区的激活情况。

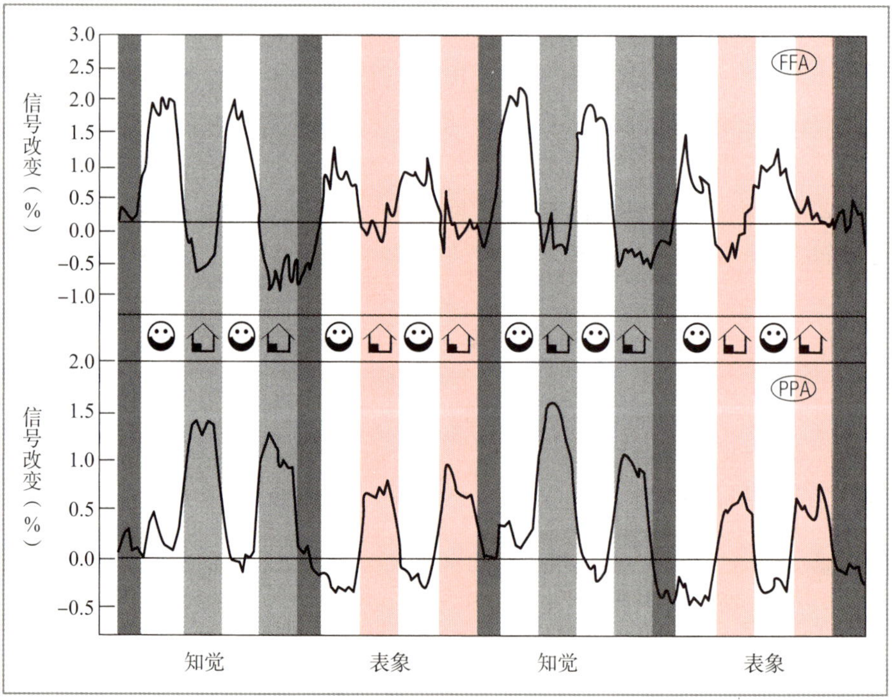

图 4.12 **欧克拉文和坎威斯尔的研究结果表明，加工视觉表象的方式与真实的知觉相同，也涉及许多相同的神经结构。当被试知觉（或想象）脸部和地点时，分别激活了大脑的梭状回脸部区（FFA，上图）和海马旁区（PPA，下图）。**（资料来源：O'Craven & Kanwisher，2000. Reprinted by permission of the publisher. © 2000 by the *Journal of Cognitive Neuroscience*.）

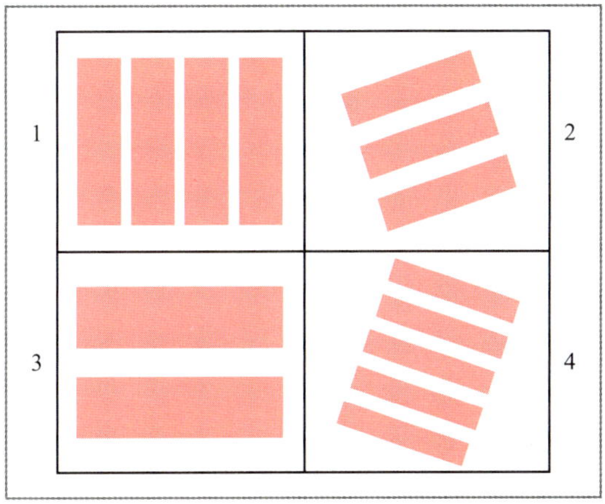

图 4.13　科斯林等人（Kosslyn et al.，1999）所使用刺激材料的示意图。数字 1、2、3、4 标示着四个象限，每个象限中都有一组条纹。在记住图像后，被试闭上眼睛，想象整个图像，然后听到两个象限的名称，并听到需要比较的内容（例如，‘长度’）；接着，被试判断第一个被说出的象限中的条纹是否比第二个被说出的象限中的条纹具有更强的所需要比较的属性。

这些研究中大约有一半发现了早期视觉区的
104 激活，而另一半没有发现。他们的分析表明，发现早期视觉区激活的研究倾向于强调图像的高清晰细节并注重形状的判断。以一项有激活的研究为例，科斯林等人（Kosslyn et al.，1993）发现，被试在想象印刷体字母时 17 区有激活。在他们的一个实验中，要求被试想象大小不同的字母。在小字母条件下，视觉皮层中激活的区域更靠近后部，接近表征视野中心的部位（视野是拓扑组织的，见图 2.6）。这个结果是有道理的，因为小的表象可能主要集中在视野的中心。

虽然这些成像研究显示，当被试进行心理表象加工时大脑的知觉区得到了激活，但是它们无法认定这些区域对心理表象是否真的至关重要。回到本章开头关于副现象的说法，这种激活可能对执行真正的任务并没有影响。目前，许多实验利用经颅磁刺激（TMS，见图 1.13）来考察这些区域与完成基本任务间的因果关系。例如，科斯林等人（Kosslyn et al.，1999）给被试呈现如图 4.13 中的四个象限的阵列，并要求他们建立阵列的心理表象。然后，阵列消失后，被试必须利用他们的表象来回答这样的问题："哪个象限中的条纹较长，第一象限还是第二象限？""哪个象限中的条纹较多，第一象限还是第四象限？"对初级视觉 17 区施加 TMS 显著延长了他们回答这些问题的时间。因此，这些视觉区域似乎对心理表象起到了"因"的作用，并且暂时抑制它们会使信息加工受损。

◎ 当执行视觉表象任务时，参与视知觉的脑区有所激活，并且干扰这些区域会干扰表象任务的执行。

表象既包括空间成分又包括视觉成分 105

我们已经了解到，布鲁克斯（Brooks，1968）的研究表明人们对心理表象的空间结构敏感，而莫耶（Moyer，1973）的研究表明人们可以在心理表象中加工视觉细节特征，例如大小。最近的研究发现心理表象的空间和视觉属性之间的差别是非常重要的。我们可以通过看到物体在哪、感觉它们在哪或听到它们在哪来编码物体的空间位置。这样的编码利用了整合来自任意感觉通道的信息的共同空间表征。另一方面，视觉经验的某些方面，如颜色，只能通过视觉通道来获得，似乎独立于空间信息。因此，表象既包括空间成分也包括视觉成分。在第二章对视觉系统的讨论中，我们了解到“哪里”通路加工空间信息，“什么”通路加工物体信息（见图 2.1）。与这种区分相对应，有证据表明大脑的顶叶支持视觉表象的空间成分，而颞叶支持视觉成分（见图 4.1）。我们已经注意到心理旋转（一种空间任务）更多地激活顶叶皮层。相对地，当人们在想象物体的特征时颞叶得到激活（Thompson & Kosslyn，2000）。

关于表象的病人研究也支持了空间表象与顶叶有关，而视觉表象与颞叶有关。莱文、沃尔奇和法拉（Levine，Warach，& Farah，1985）比较了两个病人，一个是双侧顶枕区损伤，而另一个是双侧颞下损伤。顶叶损伤的病人无法根据记忆描述出熟悉的物体或地标的位置，但是他能够描述物体的外形。颞叶损伤的病人描述物体外形的能力受损，但是却能讲出它们的位置。

法拉等人（Farah，Hammond，Levine，& Calvanio，1988）对颞叶损伤的病人实施了更为细致的测查。他们将这个病人在各种表象任务上的成绩与正常被试相比较，发现他只在下列任务中表现出缺陷：例如判断颜色（“橄榄球是什么颜色的？”），大小（“冰棒和香烟哪个大？”），动物尾巴的长短（“袋鼠的尾巴长吗？”），两个美国州区的形状是否相似。相对地，在一些涉及空间加工的任务中他并没有表现出缺陷：心理旋转、心理扫描、字母扫描（见图 4.7），或者判断两个美国州区是否相邻。因此，颞叶损伤似乎只影响那些需要通达视觉细节特征的表象任务，并不影响那些需要空间判断的任务。

◎ 神经心理学的证据表明空间信息的表象与大脑的顶叶结构有关，而物体的表象和它们的视觉属性与颞叶结构有关。

106 ## 认知地图

视觉表象的另一个重要功能是帮助我们认出和记住环境的空间结构。我们对世界的表象表征通常被称为**认知地图**（cognitive maps）。在认知地图中可以明显展现出表象与行动之间的联系。在计划如何从一个地方去另一个地方时，我们会经常发现自己在想象周围的环境。

一种重要的分类是**行进图**（route maps）和**俯瞰图**（survey maps）（Hart & Moore，1973）。行进图指明到达具体地点的通路，但是不包含 2-D 信息。行进图甚至可以是用语言描述出来的通路（“直走，到红绿灯左转，过两个街区的十字路口……”)。因此，只知道行进图的话，如果从位置 1 到位置 2 的路被堵住了，你可能并不知道位置 2 到底在哪里，也不知道该怎么绕路走。或者，如果你知道从同一源头出发的两条路（行进图），你可能也并不知道这两条路之间成 90°角还是 120°角。相反地，俯瞰图中包含这样的信息。它就好像是周围环境的空间表象。当你通过典型的网上地图查询路线时，为了支持空间的两种心理表征，他们既会提供行进图也会提供俯瞰图。

索恩代克和海斯 – 罗思（Thorndyke & Hayes-Roth，1982）研究了秘书们对美国兰德公司大楼（图 4.14）的了解，兰德公司大楼是美国加利福尼亚州圣 107
莫尼卡市一幢迷宫一样的大楼。他们发现秘书们很快就能记住从大楼的一个指定地点到另一个地点的路。例如，从库房到出纳台。这就是行进图。但是，秘书们一般需要在大楼里熟悉若干年才能获得俯瞰图并依此进行判断。譬如说，从复印室到餐厅的方向。

哈特利等人（Hartley，Maguire，Spiers，& Burgess，2003）考察了当人们使用这两种表征时不同脑区的激活情况。他们让被试在虚拟现实的城镇里寻路，一共有两个条件。在跟随路径（route-following，R）的条件下，被试学习沿着固定的路径穿越城镇。在寻找路径（way-finding，W）条件下，被试先自由探

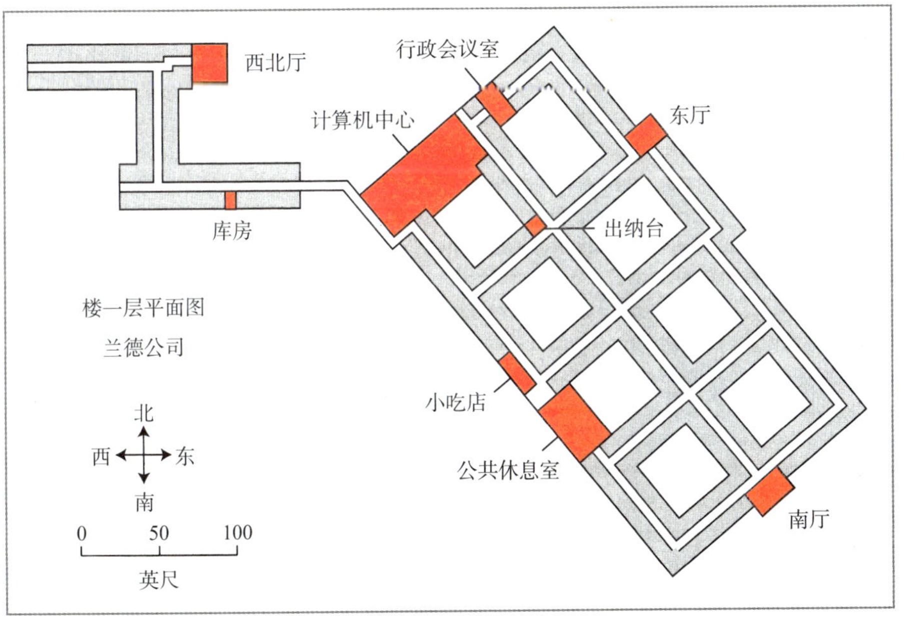

图 4.14　美国加利福尼亚州圣莫尼卡市兰德公司大楼楼层的部分平面图。索恩代克和海斯 – 罗思研究了秘书们熟悉大楼通路的能力。（资料来源：Thorndyke & Hayes-Roth，1982. Reprinted by permission of the publisher. © 1982 by *Cognitive psychology.*）

索城镇，然后必须找出两个地点之间的路径。研究者比较了被试完成跟随路径和寻找路径任务时的 fMRI 激活情况。实验结果见彩色插页 4.1。在寻找路径任务中，被试的许多在其他视觉表象研究中也有所发现的脑区都表现出了更强的激活，包括顶叶皮层。他们还发现了海马（见图 1.7）的更强激活，这一区域已经被发现在许多物种中都发挥着导航的作用。相反，在跟随路径任务中，被试在比较靠前的脑区包括[6]运动区表现出了更强的激活。看起来，俯瞰图更像是视觉表象，而行进图更像是行动计划。这种区别也得到了其他针对行进图和俯瞰图的 fMRI 研究的支持（例如，Shelton & Gabrieli，2000）。

◎ 我们对环境的知识既能够用强调空间信息的俯瞰图来表征，也可以用强调行动信息的行进图来表征。

空间的自我中心和他我中心表征

当我们需要把多种不同的空间表征结合在一起时，寻路的难度也随之增大。特别是，我们经常需要把我们知觉到的空间中的路与空间的其他表征，例如认知地图，关联起来。“就像我们看到的空间”的表征被称为**自我中心表征**（egocentric representation）。图 4.15 表示的是一个人的自我中心表征，这个人正想要进入坐落在明尼苏达州布卢明顿市的美国广场里的史努比主题乐园。即使很小的孩子也可以很容易地在他们所看到的空间中寻路。如果他们看到想要的目标，就直接跑过去。当一个人要把所看到的与认知地图这样的空间表征联系起来时，不论是行进图还是俯瞰图，问题就产生了。当一个人面对物理地图时，例如图 4.16 中的史努比主题乐园地图，也会产生类似的问题。这种地图被称为**他我中心表征**（allocentric representation），因为它并没有一个固定的观察位置，虽然大多数地图都遵循上北下南的规则。假设你站在图 4.16 里小人所在的位置， 108
试着找出图 4.15 中标着圆圈的建筑物在地图上的位置。当人们想要做这种判断时，从他们的实际观察方向到地图里小人的观察方向所需旋转的角度有很大影响。实际上，人们

图 4.15 美国广场史努比主题乐园的自我中心表征。（资料来源：Courtesy of Camp Snoopy/Bob Cole.）

6 原文无‘包括 (including)’，作者在 email 中建议增加。——译者注

经常要旋转物理地图从而找到对应的方位。图 4.16 中的地图逆时针旋转约 90°就可以到达图 4.15 中表征的方位。

当无法在物理上旋转地图时，人们会表现出这两个方位间角度差异的效应，这个效应与心理旋转中所看到的效应非常相似（例如，Boer，1991；Easton & Sholl，1995；Gugerty，deBoom，Jenkins，& Morley，2000；Hintzman，O'Dell，& Arndt，1981）。图 4.17 所示的是纲泽尔曼和安德森（Gunzelmann & Anderson，2002）最近一项研究的结果，他们考察了在一幅标准地图（即上北下南的地图）上找到目标所需要的时间与观察者位置之间的函数关系。观察者坐南朝北比坐北朝南（与地图方向相反）时更容易找到目标。有的人会说他们想象自己在地图上移动，有的人则说他们旋转看到的事物，还有人会使用言语表述（“史努比处左转，大转轮的前面”）。在这个任务中角度差异的影响与心理旋转中类似，这一事实使得很多研究者相信，这种寻路任务中的加工和表征类似于心理表象中的加工与表征。

物理地图与认知地图似乎有一个重要的不同：物理地图具有方向效应，而认知地图没有。例如，想象自己站在卧室的各面墙前面并指出你家或公寓的大 109
门位置。不论所处的位置如何，大多数人都能够同样好地完成任务。相对地，如果给出像图 4.16 中的地图，人们会发现，如果他们的方向和地图一致，则更容易指出各种目标。

对大鼠的海马区（在颞叶内部）进行单细胞记录表明海马对维持世界的他

图 4.16 史努比主题乐园的他我中心表征。（资料来源：Courtesy of Camp Snoopy/Bob Cole.）

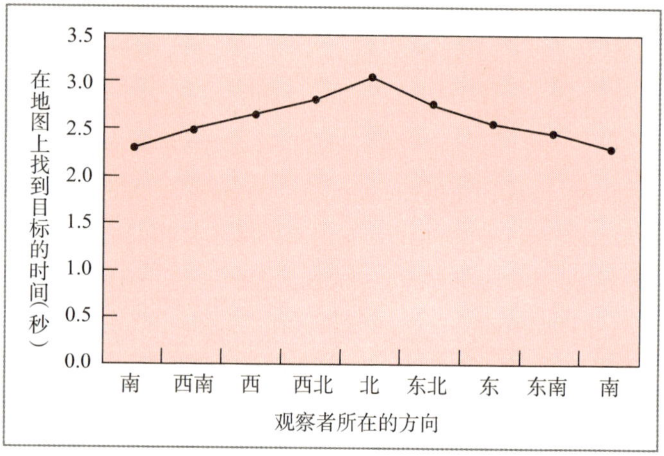

图 4.17 纲泽尔曼和安德森的研究结果表明了标准地图（上北下南）与观察者朝向之间的角度差异对人们在地图上寻找目标的能力的影响。被试寻找目标所需要的时间与地图和自我中心视角的方向差异之间的函数如图所示。（资料来源：Gunzeimann & Anderson，2002.Adapted by permission of the publisher. © 2002 by Erlbaum.）

我中心表征有非常重要的作用。海马中有位置细胞，当动物在它们所处环境中的某一特定位置时，对应的位置细胞的兴奋水平最高（O'Keefe & Dostrovsky，1971）。在人类病人进行癫痫手术前，对大脑进行定位程序时也记录到了类似的细胞（Ekstrom et al.，2003）。脑成像研究显示，当人类在环境中寻路时，海马有高度激活（Maguire et al.，1998）。另一项研究（Maguire et al.，2000）显示伦敦出租车司机的海马体积大于不开出租车的人，并且体积随着当出租车司机的时间增长而增大。要想胜任一名出租车司机必须要 3 年的辛苦训练来完全熟悉伦敦的道路，这些训练似乎对大脑结构也产生了影响。海马结构的激活水平也与寻路技能的年龄差异相关（Pine et al.，2002），并且可能与寻路能力的性别差异相关（Gron，Wunderlich，Spitzer，Tomczak，& Riepe，2000）。这些相关的区域中包含 PPA，即欧克拉文和坎威斯尔（O'Craven & Kanwisher，2000）所发现的在被试想象地点时所激活的区域（见图 4.12）。

虽然海马看起来对他我中心表征来说非常重要，但是顶叶皮层似乎对自我中心表征也起到了特别重要的作用（Burgess，2006）。一项 fMRI 研究（Zaehle et al.，2007）比较了自我中心和他我中心空间加工过程，其中被试要根据他我中心观点或自我中心观点进行决策。在他我中心条件下，被试会读到这样一段描述："蓝色三角在绿色方块的左侧，绿色方块在黄色三角的上方，黄色三角在红色圆圈的右侧。"然后，他们要回答这样的一个问题："蓝色三角在红色圆圈的上方吗？"在自我中心条件下，他们会读到这样一段描述："蓝色圆圈在
110 你的前方，黄色圆圈在你的右侧，黄色方块在黄色圆圈的右侧。"然后他们要回答问题："黄色方块在你的右侧吗？"海马的激活在被试回答他我中心条件的问题时，比回答自我中心条件的问题时强。虽然在两种条件下顶叶皮层都显示出相当大的激活，但是自我中心条件下的顶叶激活明显要强得多。

◎ 我们的空间表征包括他我中心表征和自我中心表征，在前者中物体位于外界环境中，在后者中物体与我们自身方位相关。

地图曲解

我们的心理地图通常具有多层次的结构，较小区域包含在较大区域之中。例如，我的卧室在我的房屋结构之中，而房屋又在邻里社区结构之中，邻里社区又处在匹兹堡的大结构之中。思考一下你对于美国的心理地图。它可以分为很多地区，这些地区可以分成不同的州，州里又散布着城市。所以这些心理地图的多层次结构就产生了某些系统性的曲解。史蒂文斯和库普（Stevens & Coupe，1978）给出了一系列关于北美地理的普遍错误观念。请看下列他们的研究中提到的问题：

- 哪个城市更靠东：圣地亚哥还是里诺[7]？
- 哪个城市更靠北：西雅图还是蒙特利尔[8]？
- 哪个地方更靠西：巴拿马运河的大西洋入口还是太平洋入口？

每道题的正确答案都是第一个选项，但是大多数人都答错了。里诺似乎更靠东，因为内华达州在加利福尼亚州东边，但这样的推理没有考虑到加利福尼亚海岸线向西的弧线。蒙特利尔似乎在西雅图的北边，因为加拿大在美国的北边，但美加东部的边境线是向南倾斜的。（对于北美）大西洋确实在太平洋的东边——但是对于巴拿马运河，你可以在地图上看看到底如何 。北美的地理情况十分复杂，人们常常借助一些抽象的事实进行判断，例如用大的物理地区（如加利福尼亚州和内华达州）来判断小的地区（如圣地亚哥和里诺）。

史蒂文斯和库普能够用实验者自创的地图来说明这些混淆。不同组的被试学习图 4.18 中的地图。不一致地图的重要特征是阿尔法郡和贝塔郡的相对位置与 X 和 Y 城市的位置不一致。在学习了地图之后，被试需要回答一系列和城市位置有关的问题，例如对于左侧的地图，问被试“X 在 Y 的东面还是西面？”然后对于右侧的地图，问被试“X 在 Y 的南面还是北面？”。在这些问题上，111
被试在一致地图上的错误率是 18%，在无边界地图上的错误率是 15%，但是在不一致地图上的错误率却是 45%。被试使用了郡的位置信息来帮助他们记住城市的位置。如此依赖于更高层次的信息使他们犯错误，类似于导致回答北美地

7 美国加利福尼亚州南北长、东西相对较短，由南向北，海岸线逐步向西。圣地亚哥在南部加利福尼亚州，内华达州的里诺接近北部加利福尼亚州的东边边界。

8 西雅图在美国西北部，蒙特利尔在加拿大东南部。

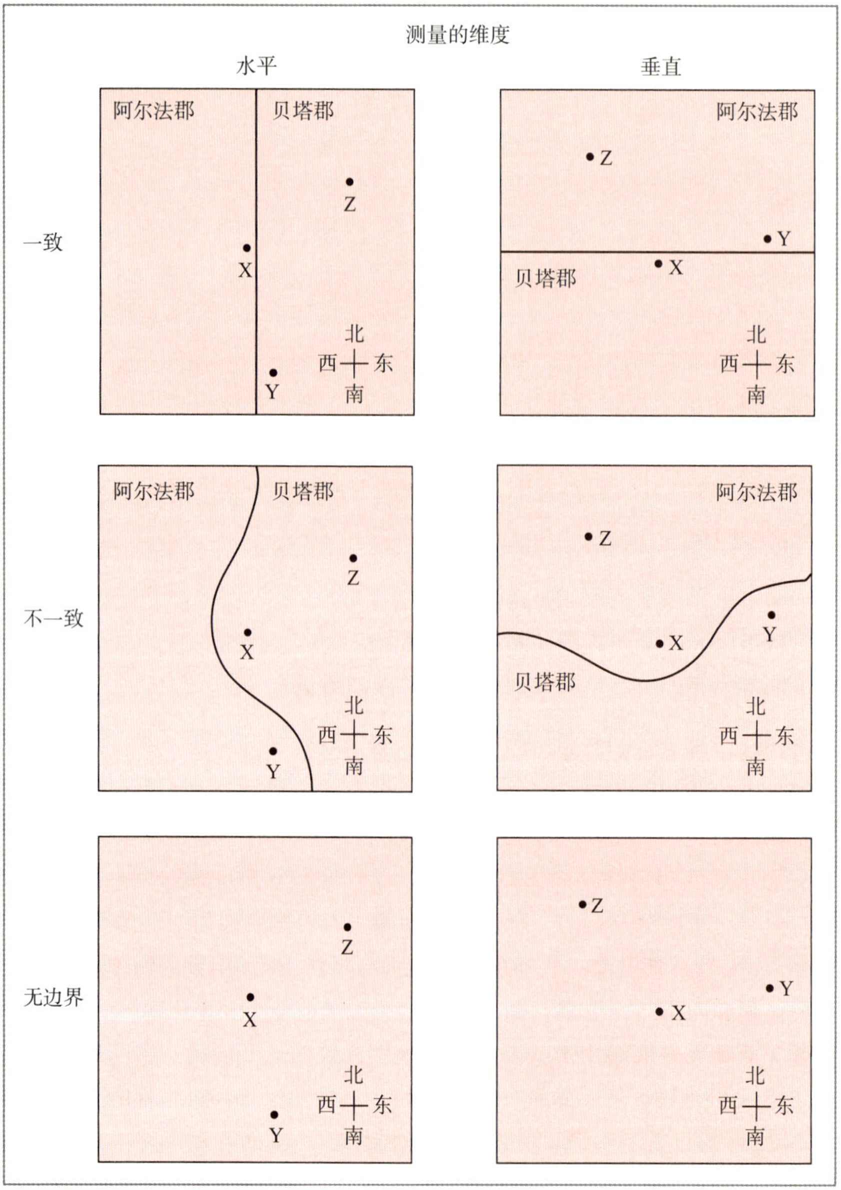

图 4.18 在史蒂文斯和库普的实验中被试所要学习的地图，说明了高层次信息（郡界线的位置）对被试回忆城市位置的影响。（资料来源：Stevens & Coupe，1987. Reprinted by permission of the publisher. © 1978 by *Cognitive Psychology.*）

理问题出错时的推理过程。 112

◎ 当人们必须判断两个地点的相对位置时，他们通常根据这两个地点所属大区域的相对位置来进行推断。

将文字转换成表象

空间认知的另一个重要功能是当我们听到对一个空间结构的文字描述时可以创造心理表象。例如，当我们确定方位、阅读对一个事件的描述或者听体育赛事转播时，上述情况就会发生。英国心理学家艾伦・巴德利（Alan Baddeley）报告说，当他想要听广播中的美国橄榄球比赛时就无法好好开车，因为产生了冲突的表象。为了对由言语建构空间表象可能遇到的困难程度有所了解，请看表 4.2 中的阅读材料。

富兰克林和特韦尔斯基（1990）让被试阅读这样的故事。随后，让被试基于这些叙述重新调整自己的方位，例如：

> *你仍然站在包厢的原位，将身体向右旋转 90°，现在你面对着灯。你看到墙上安装着短小坚固的圆柱，也许这是预防地震的。*

然后，他们要判断在某个特定的方位上有什么东西。例如，在不同的测试中，他们要回答什么在他们的右边、左边、上边、下边、后边或前边。

图 4.19 所示的是被试在判断不同的方位时所需要的时间。被试判断上下的 113

表 4.2

富兰克林和特韦尔斯基（Franklin & Tversky，1990）的实验中被试阅读的材料
你来到歌剧院，今晚你要与上流社会的名人会面。这时，你站在宽敞雅致的包厢围栏前望着楼下。在你身后的包厢墙上齐眉高处有一盏装饰华丽的灯，灯的基座镀着炫目的金色。在你的正前方，包厢外的墙上，可以看到一块巨大的青铜匾额，用来纪念剧院的设计者。建筑师的简单肖像和对他的几句描述在青铜的背景中略微凸起。在你右侧的搁板上放着一束美丽的鲜花，你看到花束中大多是红色的玫瑰和白色的康乃馨。向上看，在你上方约 20 英尺处的剧院天花板上装着一个扩音器。从它的方向，你断定这是专门为这个包厢里的客人服务的私人扬声器。靠在包厢的围栏上往下看，在你的正下方矗立着一尊大理石雕像。你仔细凝望着雕像，发现它雕刻的是一个年轻的男人，于是你想知道这是否是米开朗基罗的《大卫》的一个复制品。
资料来源：Franklin & Tversky（1990）. Reprinted by permission of the publisher.© 1990 by *Journal of Experimental Psychology: General*.

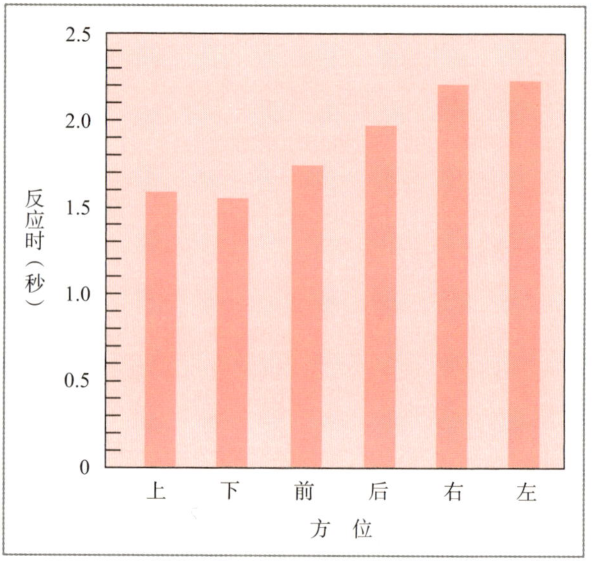

图 4.19 **富兰克林和特韦尔斯基的实验结果表明，我们可以根据对空间结构的文字描述建立心理表象。被试阅读一段段故事，并将自己置于想象的环境中，然后确认环境中物体的位置。图中展示的结果是确认不同方向物体所需要的时间。**（资料来源：Franklin & Tversky（1990）. Reprinted by permission of the publisher.© 1990 by *Journal of Experimental Psychology: General.*）

速度是最快的，而判断左右的速度是最慢的。富兰克林和特韦尔斯基指出，如果我们假设被试在阅读文字时建构了空间表征，那么这样的结果是有道理的。当我们在真实世界中寻路时既涉及上下的垂直方向，也涉及前后的水平方向。相反地，由于身体双侧的对称性，我们经常会产生左右混淆。对于表象中的左右，我们也产生了类似的混淆。

在另一项实验中，泰勒和特韦尔斯基（H.A.Taylor & Tversky，1992）比较了三种空间信息的相对有效性：行进描述、俯瞰描述和真实地图。行进描述是一种对环境的心理旅行，而俯瞰描述是一种对环境的鸟瞰。在学习了两种描述或者真实地图之后，被试要判断关于环境的行进或俯瞰陈述。行进陈述的例子如下：

> 驾车从市政厅到加油站，在你的右手边会经过枫树街。

俯瞰陈述的例子如下：

> 马蹄铁车道沿着白鸽湖北岸延伸。

被试需要判断这些句子是否符合学习过的环境信息。无论是行进描述、俯瞰描述还是真实地图，他们在判断这些问题时的速度都一样快。从这一结果中，泰勒和特韦尔斯基得出结论，人们可以像看到真实地图一样有效地从言语描述中建构认知地图。

◎ 我们可以将对环境的言语描述转换成认知地图。

结论：视觉知觉与视觉表象

本章综述了一些关于参与视觉知觉的脑区也参与视觉表象的证据。这些研究大概可以平息了本章开头提到的视觉表象只是一种副现象的说法。不过，虽然看起来视觉表象涉及知觉过程，但是视觉表象的机制与视觉知觉的机制到底有多么相似还是一个有待回答的问题。这两者有相当大的重叠的证据来自对病人的神经心理学研究（综述见 Bartolomeo，2002）。许多大脑皮层受损导致失明的病人也表现出了视觉表象上的缺陷。如波曼（Behrmann，2000）提出，知觉和表象之间有着令人惊奇的对应。例如，有的病人只是不能对人脸和颜色进 114
行知觉或表象，但是对其他事物的知觉或表象却并未受影响。尽管如此，还是有一些病人知觉存在问题但仍保留有完好的视觉表象的案例。同时，相反的病例也存在。波曼认为，最好把视觉知觉和视觉表象理解为两个相互重叠但又相互独立的过程，如图 4.20 所示。感知一只袋鼠需要低层次的视觉信息加工过程，但这个过程是视觉表象所不需要的。相似地，建立袋鼠的心理表象需要的产生过程也是知觉所不需要的。波曼提出，只丧失知觉功能的病人损伤的是该系统的低层次部分，而只丧失表象功能的病人损伤的是该系统的高层次部分。

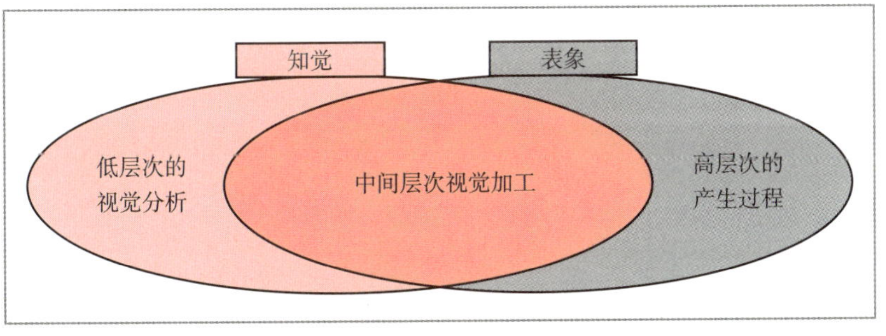

图 4.20　视觉知觉和视觉表象相重叠加工的示意图。

思考题

1. 有假设说，我们的知觉系统在识别非标准方位的物体时通常会进行心理旋转。在第 2 章中，我们比较了物体识别的模板匹配和特征分析模型。心理旋转对于模板匹配模型更为重要还是对于特征分析模型更为重要？
2. 思考下面的问题：

   想象在你视线正前方的桌面上有一个立方体。想象连接着前方左下角顶点和后方右上角顶点的最长的对角线。现在，想象这个立方体转动到与这条对角线垂直的位置，并以其前方左下角的顶点立在桌面上。把你的一根手指放在离桌面 1 英尺高的地方来表示原来对角线连着的上面顶点的高度。接触桌面的顶点垂直位于你的手指下方。用你的另一只手指出这个立方体其他各个顶点的空间位置。欣顿（Hinton，1979）报告说几乎没有人能成功完成这个任务。既然我们在本章列举了那么多成功的心理表象，为什么这个任务如此之难？
3. 本章综述了在执行心理表象任务中不同脑区被激活的证据：顶叶和运动区之于心理旋转、颞叶之于物体特征判断、海马之于寻路推理。为什么心理表象涉及这么多脑区？
4. 思考地图曲解，例如认为圣地亚哥在雷诺西面的倾向。这种曲解是自我中心表征、他我中心表征还是其他什么表征？

关键术语

副现象
心理表象
心理旋转
海马旁回位置区
梭状回脸部区
认知地图
行进图
俯瞰图
自我中心表征
他我中心表征

知识的表征

5

回忆前不久你曾参加过的一场婚礼。你大概还记得新郎和新娘是谁，婚礼在哪里举行的，参加婚礼的许多人，还有婚礼上发生的一些事情。但是，如果要准确说出所有来宾的穿着，说话中使用的确切单词，新娘走下侧廊迈了多少步，等等，你可能就会感到很困难——虽然你可能记住了其中的许多细节。不难想象，随着时间的消逝，我们的记忆中会流失掉一些原始信息。有趣的是我们是有选择性地遗忘信息的：我们倾向于记住要点（最有意义和最有用的）而忘记细节（不那么重要的）。

上一章讲的是我们对所经历的细节形成视觉表象的能力。如果我们总是能够将信息表征得如此精细并记住这些细节，那将会是非常理想的。但是，为数不多的拥有如此详尽记忆的人的故事说明，这种能力带来的可能是灾祸而不是福气。卢里亚（Luria，1987）讲述了 20 世纪上半叶一个俄国记者的故事，他拥有非常逼真的表象，并能记住大量经验细节。他的日常生活遭遇了各方面的麻烦，包括阅读：

> 他抱怨道："其他人阅读的时候是在思考，而我只是在是看"。他刚开始读一个短语，图像就会浮现出来；随着阅读的深入，越来越多的图像会冒出来，越来越多……如果有一段读得太快了，在其脑海中一个图像就会和另一个图像"打架"；一个个图像摩肩接踵地挤在一起还会变得扭曲。（p.112）

这些问题严重影响了他的生活，他连维持一份工作都有困难。帕克、卡希尔和麦高（Parker，Cahill，& McGaugh，2006）介绍了当代的一个拥有高度细节记忆的人的案例[1]。她能够记住很多年前的许多生活细节，但是学业成绩却

1 她写了一本自传《一个不会忘事的女人》（The Woman Who Can't Forget；Price，2008）。

不佳，而且似乎在完成抽象推理任务方面（譬如类比推理）有困难。在很多情况下，我们需要超越经验的细节去弄清楚它们的内涵和意义。

116 本章我们将关注以下问题：

- 随着时间的流逝，我们对要点和细节的记忆发生了什么样的变化？
- 我们如何表征经验的要点？
- 有不受限于特定知觉通道的知识表征吗？
- 类别知识表征的本质是什么？它如何影响我们对世界的感知方式？

知识及相关脑区

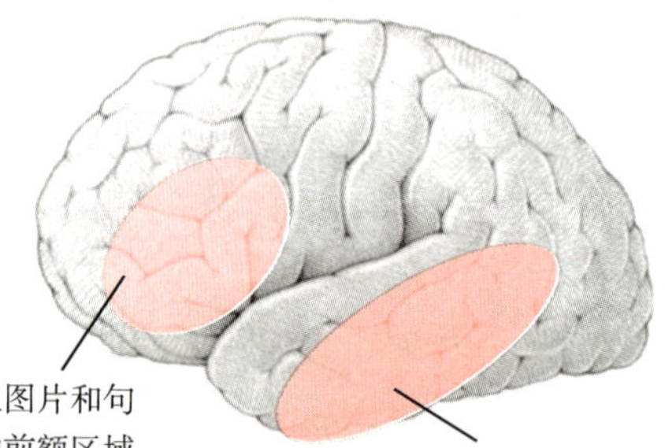

图 5.1 与意义加工和概念表征有关的皮层区域。

图 5.1 所示的是参与知识提取的一些脑区。前额叶的一些区域与提取图片和句子中的有意义信息有关。左侧前额叶更多参与言语材料的加工，而右侧前额叶则更多参与视觉材料的加工（Gabrielli，2001）。其中有些加工是用一般类别来表征事件，例如新娘或婚礼。这种类别信息表征涉及后部脑区，包括颞叶、顶叶和枕叶皮层。我们将看到，不同的后部脑区表征不同类型的概念。

虽然我们会谈到信息加工及其涉及脑区的神经科学证据，但是最引人注目的证据来自于对人们在事件发生后的记忆或遗忘的行为研究。

◎ 脑的前部区域与加工事件的意义有关，而后部区域则与概念的表征有关。

对事件意义的记忆

言语信息的记忆

万纳（Wanner，1968）的一项实验揭示了人们能否准确记住句子中所用单词的条件。万纳让被试在实验室中听录音机播放的指导语。其中一组被试为提示组，指导语如下：

> 本测验的材料，包括指导语都在此录音中。认真听指导语，因为我们要测验你回忆指导语中特定句子的能力。

第二组被试没有听到这样的提示，所以他们不知道要认真逐字地记忆指导 117
语。除此之外，两组的指导语都是相同的。在指导语的最后，呈现的是下列四个关键句子中的一个[2]：

1. When you score your results，do nothing to correct your answers but mark carefully those answers which are wrong.
2. When you score your results，do nothing to correct your answers but carefully mark those answers which are wrong.
3. When you score your results，do nothing to your correct answers but mark carefully those answers which are wrong.
4. When you score your results，do nothing to your correct answers but carefully mark those answers which are wrong.

上述句子中的一个句子出现后，所有被试（有提示组和无提示组）都会立即听到下面的结语：

> 现在开始测验，请翻开答题册的第二页，判断所给出的句子中哪一句出现在了你刚才听到的指导语中。

在第二页，他们会发现刚刚听到的关键句子以及一个相似的选项。假设他们听到的是句子 1。他们可能要在句子 1 和 2 或者句子 1 和 3 中进行选择。每对选项都只在两个词的顺序上有差异。但是，句子 1 和 2 之间在意义上没有差别；只是在措词方式上不同。而句子 1 和 3 很明显在意义上不同。因此，通过考察被试分辨这两对句子之间差异的能力，万纳就能够测量他们记忆句子的意义与措词方式的能力，并且确定这种能力怎样受到是否被提示的影响。

相关数据结果如图 5.2 所示。正确再认听到的句子的比率与被试是否得到提示之间存在函数关系。图中分别给出了被试分辨措词的意义差异和分辨措词方式差异的正确率。如果被试单凭猜测，那么他们的回答也可能有 50% 的正确率；因此，我们预期不会有低于 50% 的正确率。

2　为了帮助理解本实验，这里保留了原文。第 1、2 句的意思相同：当你对得出的结果进行记分时，不用去更正你的答案，只仔细标记那些错误的答案；第 3、4 句的意思相同：当你对结果进行记分时，不用去管你的正确答案，只仔细标记那些错误的答案；每一对句子中只有两个词（carefully、mark）的顺序有差别。第 1、3 两句及第 2、4 两句虽然意思不同，但它们的差异也只是两个词（correct、your）的顺序。——译者注

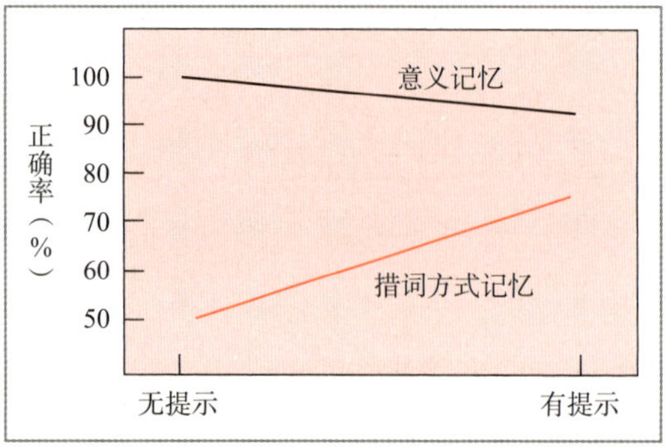

图 5.2 **万纳的实验考察了人们能否准确记住词语的条件，结果如图所示。被试记住导致意义差别或措词方式差别的单词的能力与是否听到随后要求回忆特定句子的提示之间存在函数关系。**（After Wanner，1968. Adapted by permission of the author.）

万纳实验的意义是显而易见的。首先，对措词改变导致意义变化的记忆要好于仅是措词方式的变化。记忆对意义的加工优势表明人们通常能够从语言信息中提取意义，但不会记住确切的措词。此外，无论人们是否得到提示，对意义的记忆效果都同样好。（无提示组被试的正确率稍高一点，但是未达到统计上的显著性。）因此，记住信息的意义是正常理解加工 118
的一部分。他们并不需要"记住句子"的提示。

实验结果的第二个意义是提示确实会影响对措词方式改变的记忆。无提示组的被试对措词方式变化的记忆仅处于随机水平，而有提示组被试正确记忆的概率有 80%。这一结果表明，我们通常并不保留太多的关于确切措词的信息，但是当要求注意这些信息时我们能够记住它们。不过即使有提示，对措词方式信息的记忆效果也比对意义的记忆效果差。

◎ 加工言语信息之后，人们通常仅记住了它的意义而不会记住确切的措词。

视觉信息记忆

很多情况下，我们对图片或场景等视觉信息的记忆能力似乎强于言语信息（无论言语信息以听觉方式呈现还是以视觉方式呈现）。谢帕德（Shepard，1967）报告了一个实验，他让被试学习一组杂志图片，一次只看一幅。然后再给被试呈现成对的图片，其中的一幅图片是学习过的，另一幅是没学过的。被试的任务是再认学习过的图片。这一任务与另一个言语条件任务进行比较。类似地，在言语条件任务中被试先学习句子，测验阶段给被试看成对的句子，其中一个句子是学习过的而另一个是没学过的，让被试再认学过的句子。被试在句子条件下的错误率为 11.8%，但是在图片条件下的错误率只有 1.5%。换句话说，对句子的再认记忆已经是相当好了，而对图片的再认则堪称完美。谢帕德的实验使用了 600 幅图片，后来有许多人也做了类似的实验。其中最令人印象深刻的视觉记忆实验是斯坦丁（Standing，1973）所做的，被试学习了 10000 幅图片，但再认的错误率却只有 17%。

虽然人们在某些情境中记忆图片的能力很强，但是他们记住的似乎是图片的某种解释而不是确切的图片本身。也就是说，区分图片的含义与物理图片本

图 5.3　**与曼德勒和里奇的实验材料类似的图片，这个实验想要考察人们对图片含义和物理图片本身的分辨情况。被试学习目标图片（a）。随后他们在测验中会看到一系列图片，其中包括目标图片（a），也包括表面性干扰图片（b）和特征性干扰图片（c）。**（资料来源：Mandler & Ritchey，1977. Adapted by permission of the publisher. © 1977 by the American Psychological Association.）

身是非常必要的，正如区分句子的意义与句子本身很重要一样。有许多实验表明了图片记忆中这类区分的作用以及我们倾向于记住图片的意义，而非图片本身的事实。

以曼德勒和里奇（Mandler & Ritchey，1977）的实验为例。他们让被试学习一些场景中的图片，如图 5.3 中的教室。每幅图片学习 10 秒，共学习了八幅图片，之后测验被试的再认记忆。给被试呈现一系列图片，并让他们指出哪些是学过的。测验图片中既有先前学习过的也有干扰图片。一种干扰如图 5.3b 所示，称为表面性干扰（token distracter）。它与目标刺激的差别只在于老师衣服的图案，这是对图片的主要意义相对不重要的视觉细节。另一种干扰如图 5.3c 所示，相比之下，它具有特征性变化（type change），老师使用的世界地图变成了艺术作品。该视觉细节信息关系着对图片的大多数解释，因为它反映了老师所讲授 119

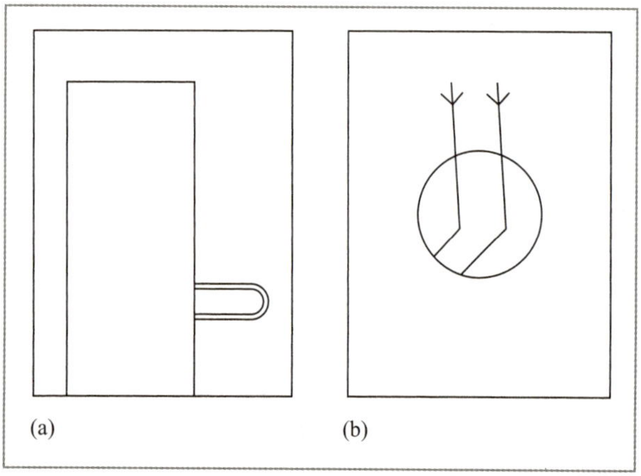

图 5.4 回忆“组多图”。（a）一个小矮人在电话亭里吹长号。（b）早起的鸟儿抓到了一只非常壮硕的虫子。（资料来源：Bower，Karlin，& Dueck，1975. Reprinted by permission of the publisher. © 1975 by *Memory & Cognition.*）

的科目。给被试看的所有八幅图片都既有表面性变化又有特征性变化。特征性变化对图片含义的影响比表面性变化大。而特征性变化和表面性变化在物理变化的程度上并没有系统的差异。被试能够再认出 77% 的原始图片，正确拒绝的表面性干扰图片只有 60%，但是他们正确拒绝的特征性干扰图片达到 94%。

这个研究的结论与前面讨论的万纳（Wanner，1968）的实验结果非常相似。万纳发现被试对句子的意义变化更为敏感。曼德勒和里奇（Mandler and Ritchey，1977）发现被试对图片含义的变化更为敏感。或许人们对图片含义比 120
对句子含义的记忆更牢，但是对于两者的物理细节却没那么容易记住。

鲍尔等人（Bower，Karlin，& Dueck，1975）报告了一个有趣的事实，人们对图片的良好记忆与他们对那些图片的解释有关。图 5.4 所示的是他们使用的一些材料。这些研究者让被试学习一些被称为组多图（droodles）[3] 的图形，呈现或不呈现图形意义的解释。在随后的记忆测验中，被试要重新画出这些图形。如果被试在学习阶段被告知了图形解释，那么他们对这些图形的回忆效果（70% 的重画准确率）比那些没有被告知图形解释的被试（51% 的重画准确率）要好。因此，被试对这些图形的记忆非常依赖于其赋予这些图形意义的能力。

◎ 当人们看一幅图画时，他们倾向于记住这幅图画的意义。

细节与意义的保持

有证据表明人们开始时能够编码一个句子或一幅图片的许多知觉细节，但是很快就会把这些信息遗忘。一旦知觉信息被遗忘，人们就只保留了对图片解释的记忆。图片的方向属于一种视觉细节，对它的记忆似乎消退得非常快，格

3 droodle 一词是由 doodle（乱画）和 riddle（谜语）两个词组合而来的。Droodle 指在 20 世纪 50 年代到 60 年代曾流行于美国报刊的一种漫画。它的图形非常简洁：一个方框里有几个简单线条，下面配有图形意义的解释。其妙处在于解释文字经常出人意料，非常幽默。参见图 5.4 的两个例子。——译者注

图 5.5　**格恩斯巴赫的实验中所使用图片的例子，其中一幅图片的方向是向左，另一幅的方向恰好相反（向右）。实验表明对图片方向的记忆是一种消退很快的视觉细节。**（资料来源：Gernsbacher，1985. Original illustration from Mercer and Mariana Meyer，One Frog Too Many. © 1975 by Mercer and Mariana Meyer. Reprinted by permission of the publisher. Dial Books for Young Readers. New York.）

恩斯巴赫（Gernsbacher，1985）的实验证实了这一点。给被试看如图 5.5 中的
图片。在学习过其中一幅图片后，让被试判断一对图片中哪个是刚才看过的。
在 10 秒钟后，被试判断的正确率为 79%，表明他们较好地保持了左 – 右方向
的信息。但是，在 10 分钟后，他们判断的正确率降为 57%（50% 意味着随机 121
猜测）。而另一方面，此时，他们对这幅图画意义的记忆仍保持得很好。

在读研究生时，我做过一个言语领域内的实验（Anderson，1974b），得出了同样的结论。被试听一个故事，故事中包含的各种关键句子将在测验中出现，例如：

　　传教士射杀了画家。

随后，给被试呈现下列句子中的一个，并问被试该句子在逻辑上是否符合所听到的故事。他们还要判断哪个句子是他们真正听到的。

1. 传教士射杀了画家。
2. 画家被传教士射杀了。
3. 画家射杀了传教士。
4. 传教士被画家射杀了。

在逻辑判断中前两个句子应当是正确的，而后两个应当是错误的。被试或

者在听到句子后立即接受测验，或者在 2 分钟以后接受测验。延迟测验对逻辑判断（例如，在 1 和 3 中选择）的准确率几乎没有影响。立即测验的正确率为 98%，延迟测验的正确率为 96%。但是当让被试判断哪个是他们听到的句子时（例如，在 1 和 2 中选择），延迟效应非常显著。被试在听到句子后立即接受测验，正确率达到 99%，但是延迟后的正确率只有 56%。

◎ 一开始能记住细节，但是很快就会遗忘，而对意义的记忆则能够保持。

意义记忆效果好的启示

我们已经看到人们对信息意义的记忆效果相对较好。所以当面对需要记住的材料时，如果赋予它一些有意义的解释就可以帮助记忆。不幸的是，许多人没有意识到这一事实，他们的记忆效果也因此很糟糕。我至今还记得我在第一次配对联想实验中的创伤性经验。事情发生在大学二年级时的实验心理学课堂上。其中的缘由我早已忘记了，只记得我们设计了一个课堂实验，实验要求学习 16 对材料，例如 DAX-GIB。我们的任务是当出现前半部分时，回忆出后半部分。我一心想要胜过班上的其他同学。当时我个人奉行的记忆理论是如果你努力去做、集中精神，你就能牢牢地记住任何事。在临近实验的时候，也就是说在学习阶段我应该反复复述（声音越大越好）配对材料，而且要尽可能快。我相信这个方法能够将配对材料永远刻在我的心中。令我懊恼的是，我的成绩是全班最差的。

122 我的“大声加快速”的理论与促进记忆的正确手段恰好相反。我在努力记住无意义的配对文字。但是本章所讨论的材料证明我们对有意义信息有最好的记忆。我应该尝试将记忆任务转化为一些有意义的事情。例如，DAX 看起来像 *dad*（爸爸），而 GIB 是 *gibberish*（胡言乱语）的前半部分。所以我可以创造一个爸爸正在对我胡言乱语的景象。这是一种简单的**记忆术**（mnemonic technique），并且是非常好用的把两个事物联系起来的方法。

在实验室外我们通常不需要学习成对的无意义音节。但是，在许多情境下，我们不得不将许多没什么内在含义的东西联系起来。我们必须记住购物清单、不同长相的人的名字、电话号码、课程中需要记的东西、外语单词等等。在所有这些情况下，如果我们赋予将要记忆的东西一定的意义，那么就能够提高记忆力。

◎ 如果将随意的组合转换为有意义的东西，记忆起来就会比较容易。

启　示

记住词汇表的记忆术

在背外语词汇表的时候，我们似乎不得不学习随意的组合。例如，努力学习意大利语 *formaggio*（读作“for modge jo”）的意思是奶酪。有的学生学过或者自己发现了一种学习词汇表的方法，称为关键词法。第一步是将外语单词转换成母语中发音相近的词。例如，可以将 *formaggio* 转换成“for much dough”（好多钱）。第二步是建立相近的发音和词义之间的有意义的关联。例如我们可以想象价格昂贵的奶酪卖得好贵，“for much dough”。再以意大利语 *carciofi* 为例，其意思是洋蓟（artichoke）。我们可以将其发音从“car-choh-fee”转换为“cat-trophy”（赛车－奖杯），并想象车展上一辆获胜的赛车和一个洋蓟形状的奖杯。中介词（例如，for much dough 或 car trophy）就称为关键词，虽然在上述例子中它们实际上都是关键短语。人们对这种方法的有效性进行了广泛研究（综述见 Kroll & DeGroot，2005）。研究显示，像许多事物一样，我们需要一种细致的方法来评价关键词技术的有效性。毫无疑问，关键词法在许多情境下都会提高学习词汇表的速度，但是也会付出潜在的代价。可以想象，必须借助的中介关键词降低了翻译速度，而且在提取时间上关键词技术也慢于不借助中介词的直接提取。另外，有人或许会怀疑中介词对长期记忆的影响，并且的确有结果表明它不利于记忆的长期保持。最后，有证据显示，虽然这种方法有助于通过课堂上即时的词汇测验，对我们还未涉及的延时测验有不良影响，但是它对实际语言掌握的影响微乎其微。第 12 章将讨论外语学习方面的内容。

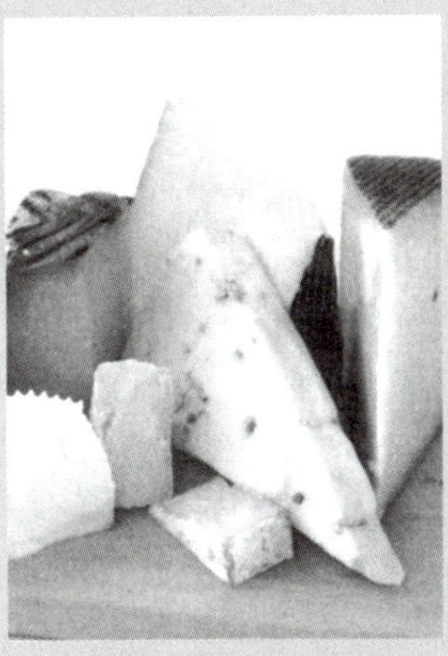

命题表征

123

我们已经看到，在很多情况下，人们记住的不是他们所见所闻的精确物理细节，而是其中的“意义”。为了能确切地把握何为“意义”，认知心理学家提出了**命题表征**（propositional representation）。来自逻辑学和语言学的**命题**（proposition）的概念是这种分析的核心。命题是可作为独立断言的最小的知识单元。也就是说，命题是能够从意义上判断出是真是假的最小单元。命题分析最常见于语言学信息，这里将根据这些信息深入探讨该主题。

考虑下面的句子：

残酷战争时期的美国总统林肯解放了奴隶们。（Lincoln, who was president of the United States during a bitter war, freed the slaves.）

这个句子传达的信息可以由以下较简单的句子来表达：

A. 林肯是南北战争时期的美国总统。（Lincoln was president of the United States during a war.）
B. 战争是残酷的。（The war was bitter.）
C. 林肯解放了奴隶们。（Lincoln freed the slaves.）

如果这些简单句中的任何一个为假，那么复合句也为假。这些句子准确地对应着构成该复合句意义的基础命题。每个简单句都表达了一个基本的意义单元。我们的意义表征必须满足的一个条件是，构成它的每个独立单元都必须对应于一个意义单元。

但是，命题表征理论并不认为一个人会记住上面这些简单句子。已有的研究显示，人们对这些简单句的确切措词的记忆并不比对原本的复合句的确切措词的记忆来得强。例如，在我读研究生期间所做的另一项研究中（Anderson，1972），我发现被试很难记住他们听到的是句子 C 还是下面的句子：

奴隶们是被林肯解放的。（The slaves were freed by Lincoln.）

因此，我们记忆中的信息表征似乎只保存基本命题的意义，而不会保存任何具体措词信息。许多命题符号系统都用这种抽象的方式表征信息。金西（Kintsch，1974）所使用的一种方法是将每个命题表征成一个列表，它包含了**关系**（relation）及依关系而有序排列的若干**项**（argument）。关系将各项组织起来，它通常对应着动词（在这个例子中是解放）、形容词（残酷）和其他的
124 关系词（……的总统，president-of）。项是指特定的时间、地点、人物或物体等，通常对应着名词（如：林肯、战争、奴隶）。关系指出这些名词所指实体之间的联系。金西用有括号的由一个关系和若干项构成的列表来表征这些命题。例如，从句子 A 到 C 可以用如下的列表来表征：

a.（……的总统：林肯，美国，战争）
b.（残酷：战争）
c.（解放：林肯，奴隶们）

注意，每种关系下有不同数目的项：……的总统有三个，解放有两个，残酷有一个。无论一个人听到原本的复合句，还是听到

奴隶们被残酷战争时期的美国总统林肯解放了。(The slaves were freed by Lincoln, the president of the United States during the bitter war.)

它们所传达的意义都是由从 a 到 c 的列表来表征的。

布兰斯福德和弗兰克斯(Bransford & Franks, 1971)为命题单元的心理学真实性提供了有趣的证据。在这个实验中，被试学习 12 个句子，包括以下这些：

蚂蚁吃桌子上面的甜果冻。
岩石滚下山来砸坏了小房子。
厨房里面的蚂蚁吃果冻。
岩石滚下山来砸坏了树林旁边的小房子。
厨房里面的蚂蚁吃桌子上面的果冻。
小房子坐落在树林旁边。
果冻是甜的。[4]

所有这些句子都由两个命题组中的命题构成，每组各有四个命题。其中一组的四个命题如下：

1.(吃：蚂蚁，果冻，过去时)[5]
2.(甜的：果冻)
3.(上面：果冻，桌子，过去时)
4.(里面：蚂蚁，厨房，过去时)

另一组的四个命题如下：

1.(滚下：岩石，山，过去时)
2.(砸坏：岩石，房子，过去时)
3.(旁边：房子，树林，过去时)
4.(小：房子)

布兰斯福德和弗兰克斯测试了被试对下面三类句子的再认记忆：

1. 旧的：厨房里面的蚂蚁吃果冻。
2. 新的：蚂蚁吃甜的果冻。
3. 无关的：蚂蚁吃树林旁边的果冻。

第一类句子确实是学习过的，第二类句子没有学过，但是是由学习过的相 125

4 这些句子中的动词均为过去时，例如：ate，rolled down，crushed, was。——译者注

5 所有命题中的动词均为原形，例如：eat, roll-down, crush。——译者注

关命题组合成的，而第三类句子由学习过的单词组成而不是学习过的命题。布兰斯福德和弗兰克斯发现，被试几乎无法分辨前两类句子，他们以相同的可能性认为这些句子是真的听过。另一方面，被试非常确信他们没有听过第三类无关的句子。

实验表明，虽然人们记住了他们学过的命题，但是他们对于命题的确切组合并不敏感。事实上，该实验中的被试最有可能报告说他们听到了一个包含所有四个命题的句子，例如：

厨房里面的蚂蚁吃桌子上面甜甜的果冻。

尽管他们事实上并没有学过这个句子。

◎ 根据命题分析，人们在记忆一个复合句时，会将句子分解成一组表征句子中的简单命题的抽象意义单元。

命题网络

在认知心理学文献中，人们有时会发现用网络形式表征的命题。图 5.6 表示的是一个**命题网络**（propositional network）的例子，它对“残酷战争时期的
126 美国总统林肯解放了奴隶们”这个句子进行了编码。在这个命题网络中，每个命题都由一个椭圆形表示，它通过箭头与关系和项相连接。这些命题、关系和项被称为网络的**节点**（nodes），而箭头被称为**连接**（link），因为它把节点连了起来。例如，图 5.6a 中的椭圆形表示前面金西所分析的命题（a）。椭圆形由标记着关系的箭头线（标明它是指向关系节点的）连接着关系……的总统，由标记为施动者的箭头线连接着林肯，由标记为对象的箭头线连接着美国，还由标记为时间的箭头线指向战争。图 5.6a、图 5.6b 和图 5.6c 所示的三个网络结构分别表征了前面金西所分析的从（a）到（c）的命题。注意，三个网络中含相同的节点。例如，图 5.6a 和图 5.6b 中都有战争。这种重叠表明，这些网络实际上是图 5.6d 所示的一个更大网络中相互联系的部分。这最后一个网络表征了第 134 页中原复合句中所有的有意义信息。

网络中元素的空间位置与它们的意义无关。网络可以看作是用绳子连结在一起的若干玻璃球。玻璃球表示节点，绳子表示节点之间的连接。二维纸页上呈现的网络是缠结在一起的玻璃球以某种方式平铺开来。我们试图以便于理解的方式将网络平铺，但是平铺的方式可以有很多种。重要的是哪个元素与哪个元素连接在一起，而不是它们处于什么位置。

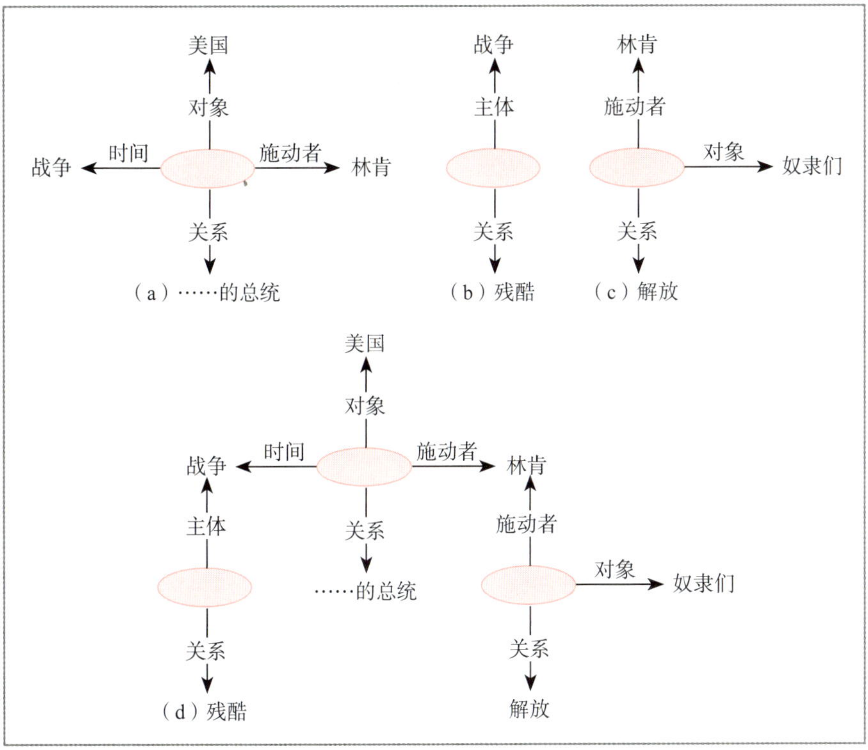

图 5.6　“残酷战争时期的美国总统林肯解放了奴隶们”这一陈述的基础命题的网络表征。

许多实验显示，以这种网络形式，将节点当作概念，将节点之间的连接当作概念之间的关联是非常有帮助的。考虑韦斯伯格（Weisberg，1969）使用了限制联想任务的实验。在实验中，被试学习并记忆这样的句子：“动作慢的小孩子吃的面包是凉的”。这个句子的命题网络表征如图 5.7 所示。在学习过一个句子之后，被试要完成自由联想任务。在任务中，呈现给被试句子中的一个单词要求他们回答脑中浮现的第一个句子中的单词。给被试的线索词是慢时，他们几乎总是自由联想到小孩子而不会想到面包。尽管相比小孩子，面包在句子中的位置离慢更近。然而，在图 5.7 的网络中，慢和小孩子之间（两个连接）的距离比慢和面包之间（四个连接）的距离更近。类似地，给被试的线索词是面包时，他们几乎总是回忆起凉而不是慢，尽管在句子中面包和慢比面包和凉的距离更近。同样，在网络中面包和凉（两个连接）比面包和慢（四个连接）更接近。[拉特克利夫和麦克恩（R. A. Ratcliff & McKoon，1978）的实验得到了类似的结果。] 127

◎ 命题信息可以由表示概念之间关系的网络来表征。

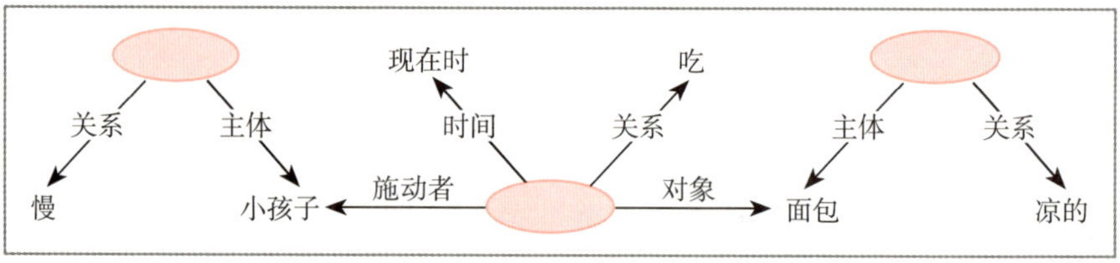

图 5.7 句子“动作慢的小孩子吃的面包是凉的”的命题网络表征。韦斯伯格（Weisberg 1969）在一个实验中使用了这样的句子来证明，命题网络中词的接近性比词在句子中物理位置的接近性更能影响记忆。

通道无关符号系统与知觉符号系统

我们刚刚讨论过的命题表征是被巴萨罗（Barsalow，1999）称为**通道无关符号系统**（amodal symbol system）的例子。它的意思是说系统中的元素本质上是非知觉的。原始的刺激可能是一幅画或一个句子，但是表征从言语或视觉通道中被抽象了出来。基于这种抽象，可以预测实验中的被试不能记住他们听到的确切单词或者看到的确切画面。

与此理论不同，巴萨罗提出了一种被称为**知觉符号系统**（perceptual symbol system）的假说，即所有的信息都是根据特定知觉通道的特异性（例如，视觉、听觉等）来表征，并且基本上是知觉的。知觉符号系统拓展了佩维奥（Paivio，1971，1986）的**双重编码理论**（dual-code theory）。双重编码理论认为，我们表征信息依靠语言和视觉编码，而不是抽象的命题表征。佩维奥认为，当我们听到一个句子时，我们会产生关于这个句子所描述内容的表象。如果我们随后记住了这个视觉表象，而不是句子本身，那么我们记住的是句子内容，而不是句子的具体措词。与此相似，当我们看到一幅图片时，我们可能会向自己描述这幅图中最显著的特征。如果随后我们记住的是我们的描述而不是这幅图，那么我们也不会记住那些我们认为不重要而未加描述的细节（如图 5.3 中老师穿的衣服）。

双重编码并不认为人们记忆句子措词的能力肯定不强。相对来讲，我们记住的是措辞还是意义，取决于我们对言语表征和视觉表征的关注度。有许多实验表明，当被试注意措词时，对措词的记忆效果就有所提高。例如，霍姆斯等人（Holmes，Waters，& Rajaram，1999）重复验证了前面提过的布兰斯福德和弗兰克斯（Bransford & Franks，1971）的实验，他们让被试数每个句子最后一
128 个单词的字母数。这种操作增强了被试对句子措词的注意，因此提高了被试分辨学过的句子和没学过但意义相近的句子的能力——虽然被试对近义句子仍然

存在着相当大的混淆。

然而，单纯的知觉认知系统如何表征像诚实这样的抽象概念呢？人们可以非常具有创造性地将知觉表征结合在一起。考虑我过去所做的一项未发表的研究中使用的一对句子[6]。我们让被试学习下面两个句子中的一个：

1. 中尉在支票上写下了他的签名。（The lieutenant wrote his signature on the check.）
2. 中尉在支票上伪造了一个签名。（The lieutenant forged a signature on the check.）

随后，我们让被试再认哪个句子是他们学过的。与下面这对句子相比，分辨上面的句子要容易得多：

1. 中尉在营房里激怒了他的长官。（The lieutenant enraged his superior in the barracks.）
2. 中尉在营房里惹恼了一位长官。（The lieutenant infuriated a superior in the barracks.）

在第一对句子中，意义上有很大的不同；在第二对句子中，意义差异很小。然而，两对句子中的用词差异是相当的。当我做这个研究时，我认为它证明了人们能够记住意义差异而不是知觉差异。签名和伪造签名之间的差别并不在于人们做事的动作，而在于做事的意图以及那些意图与不可见的社会契约间的关系。但是，巴萨罗（个人交流，March 12，2003）认为人们通过再次展现每个句子背后的故事来表征两个句子之间的差别。所以即使签名和伪造签名的动作可能是相同的，但导致该行动的一个人的过往可能是不同的。巴萨罗还认为也与个体内在的状态有关。因此，伪造中所涉及的部分知觉特征可能包括一个人在困难情境中的紧张感[7]。

巴萨罗等人（Barsalow, Simmons, Barbey, & Wilson, 2003）引用证据说明，当人们理解一个句子时，他们实际上是对句子作出了知觉解释。例如，在斯坦菲尔德和兹瓦昂（Stanfield & Zwaan，2001）的一项研究中，被试读一个关于钉子钉入墙上或地板上的句子。然后，他们看一幅画，画上的钉子或者是水平的或者是垂直的，并确认这幅图片是否描绘了之前读过的句子。如果他们读的句子是一个钉子钉在墙上，那么他们再认水平钉子的速度较快。当他们读到的

6 没有发表的原因是当时（1970 年代）在本章前面介绍的那些研究的背景下，人们认为这个结果太显而易见了。

7 也许你能够很明显地看出我并不同意巴萨罗的观点。但是，很难给出反驳其观点的证据，因为其观点变通性太强。

句子是钉子钉在地板上时，他们再认垂直钉子的速度较快。换句话说，当句子暗示的方向与图片的方向相匹配时，被试的反应速度较快。因此，他们对句子
129 的解释似乎包含了这类知觉细节。为了进一步证实意义的知觉表征，巴萨罗等人还引用了神经科学研究，这些研究显示，表征概念的脑区与加工知觉的脑区相似。

◎ 与意义的通道无关表征不同的一个观点认为，意义是由不同知觉通道的表象组合来表征的。

具身认知

巴萨罗的知觉符号假说是心理学界正日益重视认知过程中，环境和我们身体的作用的一个例子。就像西伦（Thelen，2000）所说的那样：

> 说认知是具身的，是指它来自身体和外界的互动，并与之持续地交织在一起。根据这种观点，认知依赖于身体带来的各种体验，而身体拥有不可分割地相互联系的特定的知觉和运动能力，并且它们共同组成了孕育推理、记忆、情绪、语言和其他所有心理活动的母体。（p. 5）

具身认知（embodied cognition）的观点强调动作的贡献以及动作如何将我们和外在环境联系起来。例如，格兰伯格（Glenberg，2007）认为我们对语言的理解通常依赖于语言所隐含的动作。他提到，豪克等人（Hauk，Johnsrude，& Pulvermiller，2004）在一项 fMRI 研究中，记录了人们听到关于面部、手臂或腿部动作的动词（例如，舔、摘、踢）时的脑活动。他们考查了与面部、手臂和腿部有关的不同运动皮层区域（见图 1.10）的激活。图 5.8 展示了这些脑
130 区的不同激活模式。当被试在听某个单词时，与做出该动作相关的运动皮层有较强的激活。

一种关于人类如何表征语义的理论必须解释不同的知觉和运动通道是如何相互联系的。例如，在理解一个单词（如踢）时，我们会将其与某个人踢球的画面联系起来，并描述这个画面。再如，在理解某人所做的动作时，我们会将其与自己的运动系统联系起来，并进行模仿。有趣的是，我们已经在猴子的运动皮层中发现了**镜像神经元**（mirror neuron），这些神经元在猴子做出撕纸的动作，或者看到实验者撕纸，或者听到实验者撕纸声但未看到该动作时，都会得到激活（Rizzolatti & Craighero，2004）。虽然我们通常无法对人类进行单细胞记录，但是脑成像研究已发现，当人们观察动作，特别是想要模仿动作时，运

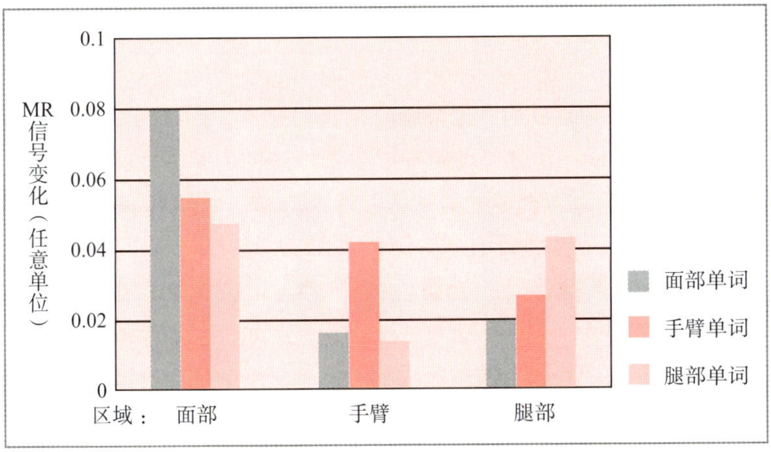

图 5.8 当被试听不同类型的动词时，不同运动区的激活情况。

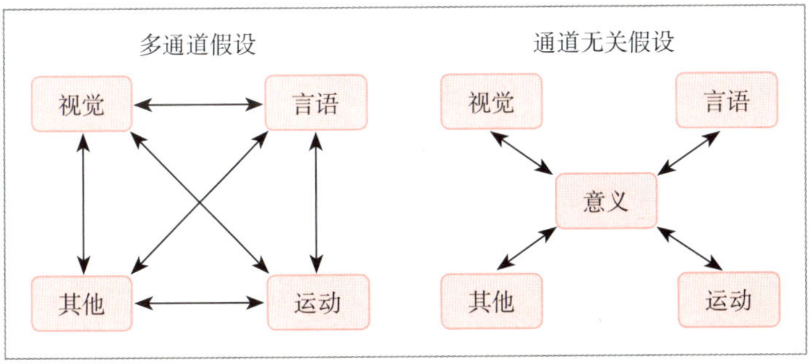

图 5.9 关于信息在不同知觉和运动通道中如何关联的两种假设。多通道假设认为各通道之间存在着转换机制。通道无关假设认为每种通道能与中枢语义表征来回转换信息。

动区的激活有显著增加（Iacoboni et al.，1999）。

图 5.9 呈现了关于不同表征之间如何映射的两种观点。一种观点被称为**多通道假设**（multimodal hypothesis），该观点认为不同的知觉和运动系统关联着不同的表征，我们有将一种表征直接转换为另一种表征的方法。例如，视觉和运动之间的双向箭头表示，一个将视觉表征转换成运动表征的系统和一个作相反方向转换的系统。另一种观点是**通道无关假设**（amodal hypothesis），它认为存在一个中间抽象系统，或许就是我们之前介绍过的命题表征，并且我们有在知觉和运动表征与这种抽象表征之间来回转换的系统。所以一个人要将一幅图画转换为动作时，首先要将视觉表征转换成其意义的抽象表征，然后再将这种表征转换为运动表征。这两种观点对先前关于人们记住的是所经验到的事件的
意义而不是细节的研究提供了两种不同的解释。通道无关假设认为信息保持在 131
中枢语义系统中；多通道假设认为人们直接在表征的通道之间转换信息。

◎ 具身认知的观点强调语义表征在我们用来与外界交流的知觉和运动系统中。

概念知识

考虑图 5.3a 中的画面。当我们看这幅画时，我们并不将其仅仅看成是一些特定对象的集合，而是看成一位老师在指导学生学地理的场面。也就是说，我们依据类别来理解信息，例如老师、学生、指导和地理。由此可见，人们倾向于记住类别信息，而不是类别的细节。例如，在曼德勒和里奇（Mandler & Ritchey，1977）实验中的被试遗忘了老师的穿着，但是记住了她讲授的科目。

你会不自觉地按照你所知道的类别来感受世界。例如，如果你被一个四条腿、毛绒绒、约 23kg、摇摆着尾巴的东西舔了，你感受到的是自己被一只狗舔了。把这个东西归类为狗，认知系统从中获得了什么呢？主要是获得了预测的能力。因此，你可以预料到这个生物会发出什么样的叫声，以及如果你抛出一个球会发生什么事（它可能停止舔你而去追球）。基于这种预测能力，类别让我们在表达和交流中节省了大量资源。例如，如果你告诉某个人“我被狗舔了”，听的人就可以预测该生物有几条腿、大概有多大等。

这种类别知觉的作用并不总是正面的，例如，它们可能导致刻板印象。在一项研究中，邓宁和舍曼（Dunning & Sherman，1997）让被试学习下面这样的句子：

> 伊丽莎白在得知她的数学 SAT[8] 成绩时并未感到特别惊讶。

或

> 鲍勃在得知他的数学 SAT 成绩时并未感到特别惊讶。

听到第一句的被试更可能误以为他们听的是“伊丽莎白在得知其低的数学 SAT 成绩时并未感到特别惊讶”，而如果他们听到的是第二句，则更可能相信他们听到的是“鲍勃在得知其高的数学 SAT 成绩时并未感到特别惊讶”。把伊丽莎白归类为女性后，被试就给女性强加了不擅长数学的刻板印象，并依此解读第一句话。把鲍勃归类为男性后，他们又用相反的刻板印象来解读第二句话。这种现象甚至发生在被评定为没有性别歧视的被试身上（男女都有）。他们不能不受其内隐的刻板印象的影响。

132 对类别的研究主要是针对我们最初是如何形成这些类别的，以及我们如何用它来解释经验。另外也涉及表征这些类别知识的符号系统。在本节，我们将考察若干表征概念知识的符号系统。我们将从介绍两个早期理论开始。一个是

---

8 SAT 考试（Scholastic Assessment Test）是常见的一种供美国高中生申请美国大学的标准考试。——译者注

语义网，它类似于我们刚刚讲过的命题网络。另一个是关于图式的。这两种理论都与某些似乎是概念结构核心的经验现象紧密相关。

◎ 知识的类别化组织强烈地影响着我们编码和记忆自身经验的方式。

语义网络

网络表征既被用于编码命题知识，也被用于编码概念知识。奎利恩（Quillian，1966）提出，人们将各种类别的信息（例如金丝雀、知更鸟、鱼等）储存在如图 5.10 的网络结构中。在图中，为表示类别之间的层次结构，例如金丝雀是鸟，鸟是动物，我们用**上属连接**（isa link）将这两类节点连接起来。对某一个类别为真的属性将与此类节点关联在一起。对高层次类别为真的属性，在所有低于它的类别中也为真。所以，由于动物会呼吸，因此鸟和金丝雀也都会呼吸。图 5.10 也可以表征特殊情况。例如，虽然大多数鸟都会飞，但是图中 133
标明了鸵鸟不会飞。

柯林斯和奎利恩（Collins & Quillian，1969）做了一个实验，通过让被试判断某些概念断言是否属实来考察这类网络的心理学真实性，例如：

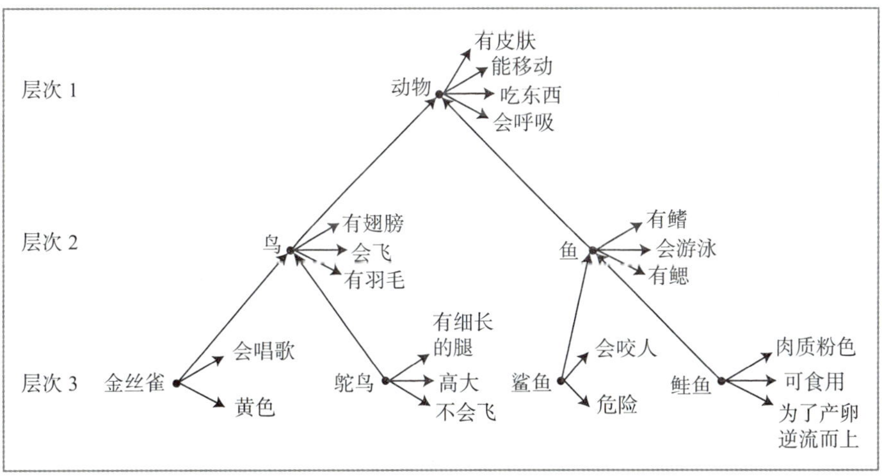

图 5.10　**以金丝雀为例假设有三个层次的多层次记忆结构。奎利恩（Quillian，1966）提出人们将各种类别信息储存在网络结构中。该图表示的是类别之间的多层次结构，例如金丝雀是一种鸟，而鸟是一种动物。对一个类别为真的属性关联于该类别。对高层次类别为真的属性对低层次类别也为真。**（资料来源：Collins & Quillian，1969. Adapted by permission of the publisher. © 1969 by Academic Press.）

1. 金丝雀会唱歌。
2. 金丝雀有羽毛。
3. 金丝雀有皮肤。

被试还会看到一些假的断言，例如“苹果有羽毛”。他们的任务是判断一个陈述为真还是为假，并通过按键作反应。记录句子呈现到按键反应之间的时间。

思考一下如果被试对这些类别的知识表征如图 5.10 所示，那么他们将如何回答这些问题。确认句子 1 的信息直接储存在金丝雀这个节点中，而句子 2 却没有直接储存在金丝雀结点中。可以看到，有羽毛的属性存在于鸟的结点中，因此句子 2 可以由存储的事实金丝雀是鸟和鸟有羽毛推论出。句子 3 也不直接储存在金丝雀中，谓语有皮肤储存在动物中。因此句子 3 可以由金丝雀是鸟、鸟是动物以及动物有皮肤推论出来。这样，判断句子 1 需要的所有信息都与金丝雀存在一起；而对句子 2 来说，被试需要横贯一个连接，从金丝雀到鸟，才能提取到所需要的信息；对句子 3 来说，他们要横贯两个连接，从金丝雀到动物。

如果我们的类别知识的结构如图 5.10 所示，那么我们就可以预期被试对句子 1 的判断要快于句子 2，对句子 2 的判断快于句子 3。而这正是柯林斯和奎利恩所发现的结果。被试在判断句子 1 那样的句子时所需的平均反应时为 1310 毫秒；判断句子 2 那样的句子所需的平均反应时为 1380 毫秒；而判断句子 3 那样的句子所需的平均反应时为 1470 毫秒。后续的一些关于从记忆中提取信息的研究使得柯林斯和奎利恩的早期实验结论变得有些复杂。已有观察表明，一个事实被经历的频繁程度会显著地影响人们从记忆中提取它的时间（C. Conrad，1972）。有些事实，例如苹果是可以吃的，它的谓词可能是储存在一个中间层次的概念，例如食品里，但是却是经常经验到的事实。确认它们所花的时间，可以等于甚至快于另外一些肯定是直接储存在苹果概念中的事实，例如苹果有黑色的种子。如果关于一个概念的事实被经历得非常频繁，它似乎就会储存在这个概念中，即使它也可以由更一般的概念推论出来。下面是关于语义记忆中事实的组织方式和提取时间的陈述，它们似乎是从研究中获得证实的结论：

1. 如果频繁经历到概念的某个事实，它就会储存在这个概念中，即使它可以从更高层次的概念推论出来。
134 2. 概念的某个事实出现得越频繁，它与这个概念之间的联系就越紧密。事实与概念的联系越紧密，核实就越迅速。
3. 判断不直接储存在概念中的事实需要花费相对较长的时间。

因此，事实与概念之间联系的强度（由经历的频繁程度决定）和它们在语义网络上的距离都影响提取时间。

> ◎ 当一个属性不直接储存在某个概念中时，人们可以通过更高层次的概念来提取它。

图　式

考虑一下我们关于房子的知识。我们知道很多关于房子的事情，例如：

- 房子是一种建筑物。
- 房子里有一些房间。
- 房子可以用木头、砖或石头来建造。
- 房子可供人类居住。
- 房子通常有直线和三角形。
- 房子一般大于 100 平方英尺，小于 10 000 平方英尺。

类别的重要性就在于它包含了该类别中具体实例的可预测的信息。所以，当有人提到房子的时候，我们对它的大小就有了粗略的看法。

仅储存概念属性的语义网络不能反映我们关于房子的一般知识，例如它的典型大小或形状。认知科学研究者（例如，Rumelhart & Ortony，1976）提出了一种表征这些知识的特殊方法，这种方法似乎比语义网络表征更为有效。他们提出的表征结构称为**图式**（schema）。图式的概念最早出现于人工智能（AI）和计算机科学领域。熟悉现代编程语言的读者应该能看到它与许多数据结构的相似之处。对心理学家来说，问题在于图式中的哪些方面适合用来理解人们如何进行概念推理。下面将介绍图式的一些属性以及关于这些属性的心理学研究。

图式依照一种**插槽**（slot）结构来表征类别知识，插槽明确说明了类别成员的各种属性的价值。因此我们拥有下列关于房子的部分图式表征：

房子

- 上属：建筑物
- 组成：房间
- 材料：木头，砖，石头　135
- 功能：供人类居住
- 形状：直线的，三角形的
- 大小：100~10 000 平方英尺

在这个表征中，材料和形状这样的项是属性或插槽，而木头、砖和直线这样的项表示的是值。每个插槽和值的配对确定了一个典型特征。房子通常是由木头和砖这样的材料建造的，但也不排除用硬纸板建造的可能性。因此，上面列出的值都被称为**默认值**（default values）。例如，我们将鸟会飞表征为鸟的图式的一部分并不妨碍我们把鸵鸟也看作是鸟类的一种。我们只是在对鸵鸟的表征中修改了这个默认值。

在每个图式中有一个特殊的插槽，就是它的上属插槽，这就好像语义网络中的上属连接一样，指向上属概念。基本上，如果没有遇到冲突，那么一个概念就继承了其上属概念的特征。因此，建筑物作为房子的上属概念，它的图式中储存了诸如房顶、墙壁以及建造在地面上这样的特征。这些信息不在房子的图式中表征，因为它可以由建筑物推论出来。就像图 5.10 所示的那样，这些上属连接能够创造出一种泛化层次结构。

图式还有另一种结构，称为组成层次。房子的组成部分，例如墙和房间，有它们自己的图式定义。墙和房间的图式中储存着它们自身的组成部分，包括窗户和天花板。因此，通过使用组成层次，我们能够推断出房子有窗户和天花板。

图式是从具体实例中抽象出来的，它能够用来推断其所表征概念的实例的属性。如果我们知道某物是房子，那么我们就能够利用图式来推断出它可能是由木头或砖建造的，并且有墙、窗户和天花板。基于图式的推论过程必须能够处理例外：我们可以设想没有房顶的房子。最后，必须理解图式的插槽之间的约束关系。例如，如果我们听说一个房子建在地下，那么就可以推断出它没有窗户。

◎ 图式根据上属、组成和其他的特征－值的配对来表征概念。

图式的心理学真实性

图式的一个特点是它对一定的插槽或属性有默认值。这一特点为图式提供了非常有用的推理机制。如果你识别出一个物体属于某个特定类别，那么就可以推断（除非有明显的矛盾）它具有与该概念的图式对应的默认值。布鲁尔和特莱耶斯（Brewer & Treyens，1981）用一个有趣的实验证实了图式对记忆推
136 断的影响。30 个被试被分别带入图 5.11 中的房间。告知他们中的每个人该房间是主试的办公室，他们要在这里等候，因为主试要去实验室看一下前一个被试是否已经完成了实验。35 秒后，主试返回并将等待中的被试带到邻近的会议室。在这里，被试要写下他能记住的主试办公室中的所有东西。如果是你，你

能回忆出哪些东西呢?

布鲁尔和特莱耶斯预期被试的回忆将在很大程度上受到他们关于一个办公室应当有什么东西的图式的影响。被试对那些包含在这个图式中的项目的回忆将非常好；对那些没有包含在这个图式中的项目的回忆将较差；并且他们也可能错误地回忆出一般办公室所具备但在实验中并未出现过的一些项目。布鲁尔和特莱耶斯发现的结果正是如此。例如，30 个被试中有 29 个回忆说办公室有一把椅子、一张书桌和墙壁。但是只有 8 个回忆出有一个公告板和一个骷髅头。另一方面，9 个被试回忆出有一些书，但事实上并没有。因此，我们可以看出一个人对某个场景特征的记忆，在很大程度上受到他对通常在该场景会发现的事物的默认假设的影响。图式是编码这些默认假设的一种方式。

◎ 人们将推断某物体具有它所属类别的默认值，除非他们发现了明显的例外情况。

图 5.11　布鲁尔和特莱耶斯的实验中所使用的“办公室”，这个实验的目的是检验图式对记忆推断的影响。正如实验者所预期的那样，被试的回忆在很大程度上受到他们关于办公室应当有什么东西的图式的影响。（资料来源：Brewer & Treyens，1981. Reprinted by permission of the publisher. © 1981 by *Cognitive Psychology*.）

类别成员的隶属程度

图式的一个重要特点就是它们包容物体的多样性。对图式的各种插槽的取值存在着一定的限制，但是很少有绝对的禁止。因此，如果用图式编码我们对各种物体类别的知识，那么我们应该会看到从比较不典型的类别成员到比较典型的类别成员有一个渐变的过程，成员的特点也是越来越满足图式的限制。目前有相当多的证据表明自然类别（例如鸟）存在着这种可由图式所预期的结构。

罗施做了证实类别成员中的这些变化的早期研究（Rosch，1973），她让被试在从 1 到 7 的量表上评定一个类别中各成员的典型性，其中 1 代表非常典型，而 7 代表非常不典型。被试一致评价某些成员的典型性高于另外一些。在鸟类中，知更鸟的平均等级是 1.1，而鸡的平均等级是 3.8。在运动中，足球被认为是非常典型的（1.2），而举重则不是那么典型（4.7）。谋杀被评为非常典型的犯罪行为（1.0），而流浪罪则不是（5.3）。胡萝卜是非常典型的蔬菜（1.1），而香芹却不是（3.8）。

罗施（Rosch，1975）还让被试判断物体的实物图片。人们在判断图片中 137
的物体是否属于某一类别时，如果呈现的是该类别中的典型成员，那么反应就会较快。例如，苹果被归为水果的速度要快于西瓜，而知更鸟被归为鸟的速度要快于鸡。因此，类别中的典型成员似乎也具有知觉识别上的优势。

罗施（Rosch，1977）还用了另一种方法来证明类别中一些成员比其他成员更具有典型性。她让被试用类别名称造句。例如，对于鸟，被试可以造出如下的句子：

我听见一只鸟在我的窗外唧唧喳喳叫个不停。

三只鸟停在树枝上休息。

一只鸟飞下来并开始啄食。

罗施将句子中的类别名称用典型成员（知更鸟）、比较不典型的成员（鹰）或边缘化成员（鸡）替换，让被试评定这些句子符合实际的程度。包含典型成员的句子得到了较高的分数，包含比较不典型的成员的句子得到了较低的分数，而包含边缘化成员的句子得到了最低的分数。这些证据表明，当人们想象一个类别成员时，他们通常会想到该类别的典型实例。

然而，不具备一个默认值或典型值并不能将一个事物排除在某个类别之外。人们在判断某一类别的边缘项目是否真的是该类别的成员时，应该会经历较大的困难和不协调。麦克洛斯基和格鲁兹堡（McCloskey & Glucksberg，1978）考察了人们对物体是否属于某种类别的判断。他们发现虽然被试在一些项目上能够达成共识，但是对很多项目都有不同意见。例如，尽管所有 30 个被试都同意癌症是一种疾病而快乐不是，但是 16 个被试认为中风是一种疾病，14 个认为它不是疾病。另外，所有 30 个被试都认为苹果是一种水果而鸡不是，但是 16 个被试认为南瓜是一种水果而 14 个认为不是。再者，所有被试都认为苍蝇是一种昆虫而狗不是，但是 13 个被试认为水蛭是一种昆虫而 17 个认为不是。因此，人们之间似乎并不总是意见一致。麦克洛斯基和格鲁兹堡在一个月后又测试了同一批被试，发现许多人在有争议的项目上改变了看法。例如，30 个人中有 11 个改变了对中风的看法，8 个改变了对南瓜的看法，还有 3 个改变了对水蛭的看法。因此，类别界限的不一致不仅发生在被试之间，一个人自己对类别界限的划定也是非常不确定的。

图 5.12 拉波夫的实验中使用的各种杯状物体，这个实验研究了杯子的类别界限。（After Labov，1973，in Bailey & Shuy，1973. Adapted by permission of the author. © 1973 by Georgetown University Press.）

图 5.12 所示的是拉波夫（Labov，1973）所使用

的一系列实验材料。他的研究兴趣在于被试会称哪些项目为杯子而哪些不会。
138 你认为哪些是杯子而哪些是碗呢？有趣的是这些概念看起来并没有明确的划分界限。在一个实验中，拉波夫使用了图 5.12 中 1 到 4 的项目，以及图中没有给出来的第 5 个项目。从这些图片中可以看出，杯子的宽度和深度之间的比例有所增加。对第一个项目来说，比例是 1，而对第四个项目来说是 1.9。没有给出来的项目的比例是 2.5。图 5.13 表示的是将 5 个物体中的每个物体确认为是杯子和碗的被试百分比。实线表示当简单呈现这些物体的图片时（中性情境）被试的分类情况。正如图中看到的那样，判断为杯子的被试百分比随着宽度的增加而减小，但是并不存在一个让被试不再归类为杯子的明确界限。在宽度比例为 2.5 的极端条件中，大约 25% 的被试仍然说这是杯子，而其他 25% 说是碗（剩下的 50% 做出了其他回答）。虚线表示的是当被试想象图中物体装满土豆泥并放在桌子上时所做出的分类。在这种情境下，判断为杯子的被试百分比有所减少，而判断为碗的被试百分比有所增加，但是数据显示的依然是从杯子到碗的渐进过程。因此，似乎人们的分类行为不仅随着物体的属性而变化，也随着想象或现实中物体所处的情境而变化。知觉特征和情境对分类判断的影响与特征对知觉模式识别的影响非常相似（见第 2 章）。

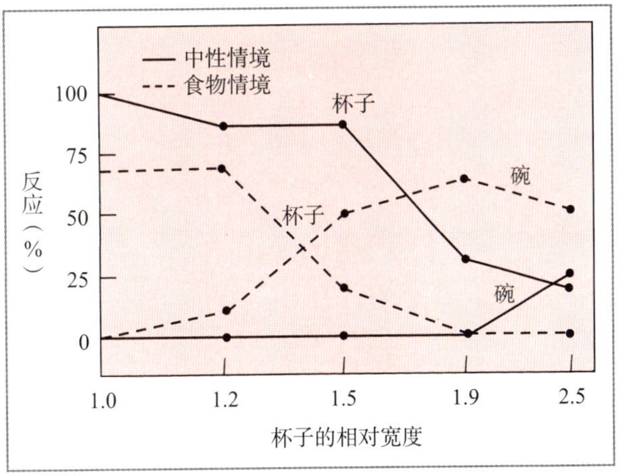

图 5.13　拉波夫的实验结果表明杯子的分类似乎没有明确的界限。将图 5.12 中的物体描述成“杯子”和描述成“碗”的被试百分比与杯子宽度和深度的比例之间的函数如图所示。实线表示的是中性 – 情境条件，虚线表示的是食物 – 情境条件。（资料来源：Labov，1973，in Bailey & Shuy，1973. Adapted by permission of the author. © 1973 by Georgetown University Press.）

◎ 一个类别的不同成员隶属于该类别的程度会有所不同，越是典型的成员越具有加工优势。

事件概念

并不是只有物体才有概念结构。我们对各种事件也有概念，例如去看电影。已经有人提出一些图式来作为表征这些类别的方式。我们对常规事件的编码可以基于它们的组成部分。例如，去看电影这个概念包括到达电影院、买票、买小吃饮料、观看电影和从电影院回来。香克和艾布尔森（Schank & Abelson，

表 5.1

去餐馆吃饭的图式
场景 1：进入
顾客进入餐馆
顾客寻找桌子
顾客决定坐在哪里
顾客走到桌旁
顾客坐下
场景 2：点餐
顾客拿起菜单
顾客看菜单
顾客决定吃什么
顾客向服务员示意
服务员来到桌旁
顾客点餐
服务员走到厨房
服务员下单
厨师准备食物
场景 3：吃
厨师把食物交给服务员
服务员上菜
顾客开始吃
场景 4：离开
服务员写账单
服务员走到顾客面前
服务员把账单给顾客
顾客给服务员小费
顾客走到收银台
顾客付钱
顾客离开餐馆
资料来源：Schank & Abelson（1977）. Reprinted by permission of the publisher. © 1977 by Erlbaum.

表 5.2

三种认同水平的经验脚本
开门[a]
进入[b]
报出预约者的名字
等位子
到餐桌旁
坐下[c]
点酒水
把餐巾放在膝上
看菜单
讨论菜单
点餐
聊天
喝水
吃沙拉或喝汤
上正餐
吃东西
吃完正餐
点甜点
吃甜点
要账单
账单送来
付账
留下小费
拿外套
离开
[a] 正体代表至少 25% 的被试列出该项目。 [b] 斜体代表至少 48% 的被试列出该项目。 [c] 黑体代表至少 73% 的被试列出该项目。
资料来源：Bower，Black，& Turner（1979）. Adapted by permission of the publisher. © 1979 by *Cognitive Psychology*.

1977）提出了他们称为**脚本**（script）的一种事件图式。他们指出有许多情况涉及的是刻板的行动顺序。例如，表 5.1 所示的是他们对在餐馆吃饭可能出现的固定步骤的设想，并表征成了一个脚本的组成部分。

鲍尔等人（Bower，Black，& Turner，1979）报告了一系列实验，检验了脚本的心理学真实性。他们让被试说出他们就某个场景，例如去餐馆，所想到的 20 件最重要的事。实验使用了 32 个被试，他们没能就这些事件应当是什么 139
达成完全的一致。没有一种行为能被所有的被试列在表中，但他们的报告还是有很大程度的相似之处。表 5.2 列出的是事件名称。正体的项目被至少 25% 的被试列出；斜体的项目被至少 48% 的被试列出；而黑体的项目被至少 73% 的被试列出。以 73% 作为标准，固定的行为顺序是坐下、看菜单、点餐、吃东西、付账和离开。

鲍尔等人（Bower et al.，1979）继而展示了这种行为脚本对故事记忆的一系列影响。他们让被试学习故事，其中包括脚本中的一些典型事件，但不是全部的。然后让被试回忆故事（在其中一个实验中）或者再认各种陈述是否来自 140
这个故事（在另一个实验中）。在回忆故事时，被试有可能报告出脚本中的陈述，但是它们实际上并没有出现在故事中。类似地，在再认测验中，被试会报告他们认为学过的但其实并没有出现在故事中的脚本项目。然而，比起故事中未出现的干扰项目，被试更倾向于回忆或再认故事中实际存在的项目，尽管干扰项目属于一般图式的范围。

在另一个实验中，研究者给被试读一些故事，这些故事都是由某个场景中的 12 个常规行为所组成的；8 个行为是按照其标准的时间顺序发生的，而另外 4 个打乱了顺序。例如，在餐馆故事中，付账被安排在最开始，而看菜单则在最后。当回忆这些故事时，被试非常倾向于将事件调整为它们的正常顺序。事实上，大约一半的陈述都是按正常顺序作出的。这个实验再一次证明了一般图式对事件的记忆有非常大的影响。

这些实验表明新的事件会根据一般图式进行编码，且随后的回忆也会受到图式的影响。我谈到这些影响时似乎在说被试错误地回忆了故事。但是，我们并不清楚这些结果是否应当算是错误记忆。通常，如果一个特定的标准事件，例如付账，没有出现在故事中，我们会假设它其实在故事中。类似地，如果讲故事的人说在餐馆吃饭要先付账，我们也有理由怀疑他。脚本或图式之所以存在是因为它们编码了一种特定情境中事件的主要顺序。因此，它们可以作为预测遗失信息和改正错误信息的重要基础。

◎ 脚本是人们用来推理常规事件的事件图式。

抽象理论和实例理论

我们已经介绍了语义网络和图式两种表征概念知识的方法。公平地说，虽然每种方法都有其优点，但是认知心理学领域认为两者也都有不足之处。我们已经注意到语义网络无法表现类别知识的渐变特征。比如一个类别中的典型或非典型成员。图式可以做到这一点，但是它并未详细说明怎样把它们与行为联系起来。关于概念知识，当前认知心理学领域有两种对立理论。一种理论认为我们确实从学习的实例中抽象出一般特征；另一种理论认为我们实际上只储存具体的实例，而较一般的推断源自这些实例。我们分别称这两种理论为**抽象理论**（abstraction theories）和**实例理论**（exemplar theories）[9]。这两种观点之间的争论已经伴随我们度过了几个世纪。例如，英国哲学家约翰·洛克（John Locke）与乔治·伯克利（George Berkeley）之间的争论。洛克声言他有一个关于三角形的抽象概念，既不是斜角三角形，也不是直角三角形，既不是正三角形、等边三角形，也不是不等边三角形，而是涵盖所有三角形的一个抽象概念；
141 而伯克利则声言，对他来说有一个不是某种具体三角形的三角形概念是绝对不可能的。

前面讲过的图式理论属于一种抽象理论，但是抽象理论中有比它更成功的其他理论。其中的一个理论假设人们只储存类别的一个原型，这个原型包含了类别成员的特征，人们根据与原型的相似性判断具体的实例（例如，Reed，1972）。其他的模型假设被试储存一个表征时，该表征也编码了围绕原型的可容许的变异（例如，Hayes-Roth & Hayes-Roth，1977；Anderson，1991）。

各种实例理论之间没有太大的差异。它们认为我们并不是储存了一个核心概念，而是储存了一些具体的实例。当要判断一个特定对象在鸟类中的典型程度时，我们会将它与一些具体的鸟作比较，并由平均差异作出判断。实例理论包括梅丁和谢弗的理论（Medin & Schaffer，1978）及诺索夫斯基的理论（Nosofsky，1986）。

在抽象理论和实例理论关于人的心理如何工作上有着如此巨大差异的情况下，令人惊异的是它们竟然对大量的实验都做出了相似的预测。例如，两类理论都预测了对核心类别成员的加工优势。抽象理论做出这样的预测是因为，核心实例与概念的抽象表征更为接近。实例理论做出这样的预测是因为，平均起来看，核心实例与类别中其他实例的相似程度更高。

然而，这两种理论的预测确实有着细微的差异。实例理论预测人们应该受到学习过的与测验实例很相似的特定实例的影响，并且这些影响应该超出了某

9 也译为‘样例理论’。但本书作者认为在这里‘exemplar just means an example’，对于‘exemplar theory’和‘instance theory’，本书作者认为‘the terms are sort of interchangeable in the field’。看起来，‘examplar’、‘instance’在这里与‘exemple’意义相同，指的是一个个具体的例子。为了避免有人会把‘样例’理解成‘像样板一样的例子’（而不是‘样本’意义下的‘样例’），因此将此理论径直译为‘实例理论’。——译者注

些核心趋势表征的影响。因此，虽然我们可以认为狗一般都会叫，但是我们可能曾经遇到过一只长相奇怪的不会叫的狗，因此我们随后可能倾向于预期其他长相类似的狗也不会叫。这种特定实例的影响在一些实验中可以看到（例如，Medin & Schaffer，1978；Nosofsky，1991）。另一方面，一些研究显示人们能推论出特定实例中并不存在的趋势（Elio & Anderson，1981）。例如，如果一个人见过许多追球的狗，见过许多朝邮递员叫的狗，他可能认为既追球又朝邮递员叫的狗特别典型。但是，我们可能从没见过既追球又朝邮递员叫的狗。

过去的许多类别研究都致力于确定抽象理论和实例理论哪个是正确的。但是，近年来的趋势是认为人们有时使用抽象概念，而有时使用实例来表征类别（Anderson & Betz，2001；Ashby，Alfonso-Reese，Turken，& Waldron，1998；Erickson & Kruschke，1998；Gobet，Richman，Staszewski，& Simon，1997；Palmeri & Johansen，1999；Smith & Minda，1998）。对这种扩展的观点，最有力的证据可能来自神经成像研究，研究显示不同的被试使用不同的脑区对事物分类。例如，史密斯、帕塔拉诺和乔尼德斯（Smith，Patalano，& Jonides， 142
1998）让被试学习对诸如图 5.14 中的 10 个动物分类。鼓励其中一组用规则来分类，例如：“如果以下几点中至少有三点都能满足，那么这个动物来自金星：触角般的耳朵、弯曲的尾巴、有蹄、鸟嘴、长脖子，否则这个动物就来自土星。”鼓励第二组被试简单地记忆这 10 个动物的类别。史密斯等人发现被试对这些刺激分类时，有着非常不同的大脑激活模式。提取规则的被试倾向于激活他们的前额叶皮层区，而实例组被试激活了他们的枕叶视觉区和小脑。史密斯和格罗斯曼（Smith & Grossman，in press）的综述提供了第二组的实例系统也需要海马（见图 1.7）这样的维持记忆的脑区参与的证据。

抽象地表征概念可能有多种不同的方式。虽然史密斯等人的研究确认了涉

图 5.14　**史密斯、帕塔拉诺和乔尼德斯的 PET 研究中所使用的人造动物图形的例子，他们的研究表明，人们有时使用基于规则的抽象概念而有时使用基于记忆的实例来表征类别。**（资料来源：Smith，Palatino，& Jonides，1998. Adapted by permission of the publisher. © 1979 by *Cognition*.）

及使用规则作外显推理的抽象系统，但是也有涉及无意识的模式识别的抽象系统的证据。例如，即使有人无法说清楚区分狗和猫这两个物种的特征，也仍然能分辨出狗和猫。阿西比和马德克斯（Ashby & Maddex，2005）认为这种系统依赖于基底神经节（见图 1.8）。他们的综述指出，损伤基底神经节（例如，帕金森症和亨廷顿症患者）会导致类别学习缺陷。在许多内隐类别学习研究中都已经发现了基底神经节的激活。

◎ 类别既可以通过抽取类别的核心趋势来表征，也可以通过储存许多具体实例来表征。

脑中的天然类别

我们已经讨论的研究着眼于实验室中创造出的新类别的学习。对于这些实验室创造的类别和我们从日常经验中获得的天然类别，例如鸟类或椅子，两者之间到底有多少相似始终存在一些疑虑。实验室类别与天然类别一样表现出模糊的边界，并且它们之间还存在其他一些共同特点。但是，天然类别的出现经
143 过了比典型的实验室任务长得多的时间。经过了长时间的学习后，人们才形成了区分生物和人造物这样的自然分类。许多关于这种区分的研究都以小学儿童为对象，他们尚在学习不同的类别，但已经比年纪再小一些的孩子强多了。例如，如果告诉小学儿童人类有脾脏，那么他们会推论出狗也有脾脏（Carey，1985）。类似地，如果告诉他们红苹果中含有果胶，那么他们就会认为绿苹果中也含有果胶（Gelman，1988）。很明显，儿童假定如果一样东西是某个生物种类中的某个成员的组成部分，那么它就是这个类别的所有成员与生俱来的组成部分。另一方面，如果告诉儿童一个人造物的例子，如杯子是陶瓷制成的，那么他们并不会认为所有的杯子都是陶瓷制成的。就功用而言，情况则恰好相反。例如，如果告诉儿童一个杯子是用来“畅饮（imbibing）”（他们从未听过这个词）的，那么他们会相信所有的杯子都是用来畅饮的。相反，如果告诉儿童他们可以“啖食（repast）”[10] 一只漂亮的红苹果，那么他们不一定认为他们可以“啖食”一只绿苹果。因此，人造物的不同之处在于，它们有整个类别都合适的功用。总之，儿童相信同一个生物类别的所有个体都有相同组成部分（例如苹果中的果胶），人造类别中的所有个体都有相同的功能（例如杯子用于畅饮）。

认知神经科学的数据显示，生物的和人造的类别在人脑中有着不同的表征。

---

10 因为儿童没有听过 repast 这个词，如果只告诉他们红苹果有这个功用，他们未必会认为绿苹果也有这个功用。——译者注

大量证据来自语义性痴呆病人，脑损伤导致他们的类别知识受到破坏。不同脑区受损的病人有不同的缺陷。颞叶损伤的病人表现出生物类知识的受损，例如动物、水果和蔬菜（Warrington & Shallice，1984；Saffran & Schwartz，1994）。这些病人无法识别出鸭子，当问一个病人鸭子是什么时，他只能回答出是“一种动物”。但是，这些病人的工具和家具这样的人造物知识相对没有受到影响。另一方面，额顶损伤（frontoparietal lesion）的病人对人造物的加工受损，但是对生物类别的加工不受影响。

表 5.3 是两名颞叶受伤的病人对生物类别和人造类别的描述。这类病人多于人造物知识缺损的病人。

有研究（例如，Warrington & Shallice，1984；Farah & McClelland，1991）显示分离的产生是由于生物类别与形状等知觉类别联系较紧密，而人造物与人们使用它的活动联系较紧密。法拉（Farah）和麦克莱兰（McClelland）提供了这种分离的计算机模拟模型，它可以学习单词、图片、视觉意义特征和功能性语义特征之间的联系。通过选择性地破坏计算机模拟的视觉特征，他们能产生出生物知识的损伤；通过选择性地破坏功能性特征，他们能产生出人造物知识的损伤。因此，这些病人类别信息的缺失似乎与定义类别的特征信息的缺失有关。

最近的脑成像数据似乎也与这一结论相一致（综述见 A. Martin，2001）。 144
特别的是，当人们在处理人造物的图片或者表示人造物的单词时，激活的脑区与出现类别特异性缺陷时受损伤的脑区基本相同。加工动物和工具都激活了颞

表 5.3

两个生物类别知识受损的病人在名词解释任务中的表现

病　人	生　物	人造物
1	鹦鹉：不知道	帐篷：临时的户外建筑，活动的家
	水仙花：植物	书包：学生们用来装书本的小包
	蜗牛：一种昆虫	指南针：为你指引方向的工具
	鳗鱼：不太清楚	火炬：手拿着的光源
	鸵鸟：不常见	垃圾桶：放垃圾的桶
2	鸭子：一种动物	手推车：人们用来运东西的物体
	黄蜂：飞鸟	毛巾：可以把人擦干的东西
	藏红花：垃圾材料	婴儿车：用来搬运人，有轮子和座位
	冬青树：能喝的东西	潜水艇：在海底行驶的船
	蜘蛛：一个找东西的人，他是一个民族或者国家的间谍	

资料来源：Farah & McClelland（1991）. Adapted by permission of the publisher. © 1991 by *Journal of Experimental Psychology: General.*

叶皮层，但是工具激活的区域在动物区的上方。加工动物时还激活了枕叶的区域（视觉皮层）。总之，这些证据似乎指出在表征动物时需要更多的视觉参与，而表征人造物时需要更多的动作参与。文献中对于真正的区别是天然类别与人造物之间的区别，还是基于视觉的类别和基于动作的类别之间的区别存在一定的争议（Caramazza，2000）。

◎ 人们思考生物类别和人造物类别的方式存在差异，支持这两种类别的脑区也有所不同。

结　论

我们只记得我们所经历过的事情的微小片段。虽然对人脑存储能力的不同评估之间相差非常大（例如，Treves & Rolls，1994；Moll & Miikkulinen，
145 1997），但是所评估出的记忆容量肯定要比录下人的一生的完全影像所需的容量小许多数量级。本章回顾了关于我们记住什么和忘掉什么的研究。例如，记住了所学的科目，而不是老师的穿着（图 5.3），或者记住了我们在办公室里，而不是办公室里有什么东西（图 5.11）。本章还讨论了针对这种选择性记忆机制的三种观点。

1. 多通道假设（图 5.9a）认为我们选择记忆经验的某些方面，并且经常从一种媒介转换成另一种。例如，我们可以说一个房间（视觉）是一间“办公室”（言语）。这种假设认为我们保留了经验的知觉 - 运动方面，但只是一些重要且有意义的方面。
2. 通道无关假设（图 5.9b）认为我们将经验转换为只编码重要信息的某种抽象表征。例如，本章讨论了命题网络（如图 5.7）如何表征我们所理解的一个句子中的各个概念之间的联系。
3. 图式假设认为我们利用类别来记住我们的经验，经验是这些类别的实例。类别可以由大量特殊经验构成，也可以是对一个类别的抽象。

这些假设不一定相互排斥，认知科学家们正在积极地尝试如何协调这些解释。

思考题

1. 吉尔·普莱斯（Jill Price），即本章开头介绍过的那个拥有超强自传式记忆的人，她能记住生命中几乎任何一天所发生的事情［见黛安娜·索耶斯（Diane Sawyers）对她的访谈：http：//abcnews.go. com/Health/story?id =4813052&page=1］。例如，如果你问她，她能够告诉你她以前看过的任何一部电视剧最后一集播出的日期。另一方面，她说自己很难记住那些历史课上的日期。你觉得这是为什么呢?
2. 从本书中随机选取一些句子，并试着对它们进行命题表征。
3. 巴萨罗（Barsalou，2008）声称几乎还没有搜集到能支持通道无关符号系统的经验性证据。本章介绍的什么研究可能是通道无关符号系统的证据?
4. 思考通道无关理论与多通道理论之间的争论以及实例理论和抽象理论之间的争论。这些争论在哪些方面相类似，又在哪些方面有所不同?

关键术语

记忆术
命题表征
命题
关系
项
命题网络
节点
连接
通道无关符号系统
知觉符号系统
双重编码理论
具身认知
镜像神经元
多通道假设
通道无关假设
上属连接
图式
插槽
默认值
脚本
抽象理论
实例理论

6 人类的记忆：编码与储存

146

前面的章节讨论了我们如何知觉和编码当前的事物。接下来我们开始讨论记忆，也就是我们知觉过去事物的方式。丧失创建新记忆的能力的人对自己的过去会感到一片空白。电影《记忆碎片》（Memento[1]）的男主角伦纳德患有**顺行性遗忘症**（anterograde amnesia），这种遗忘症使他无法形成新记忆。直至一桩可怕的罪行害得他患了遗忘症为止，他都能记住自己的过去。他很清楚此时此刻正在发生的事情，但是一旦他的注意力转移到其他地方就会立刻忘记刚才发生过什么。结果，他不断遇到以前见过的且经常操控他的人，而他却不记得曾经见过他们，也无法使自己摆脱他们的继续操控。虽然伦纳德错误地认为自己没有**短时记忆**（short-term memory），这部电影却准确地描绘了顺行性遗忘症——不能形成新的长时记忆的能力。伦纳德为了将过去和眼下发生的事情联系起来使用了很多令人惊讶的方法。

本章和下一章可以看成是对伦纳德的正常功能和不正确功能的分析。本章将回答以下问题：

- 我们如何保持对刚刚发生的事件的短时记忆或工作记忆？这是伦纳德的正常功能。
- 我们当前保持在工作记忆中的信息如何启动长时记忆中的知识？
- 我们如何创建对经验的永久记忆？这是伦纳德不能正常运行的功能。
- 哪些因素影响我们成功创建新的记忆？

1 单词原意为‘用以提醒过去的东西’、‘纪念品’。Memento是2001年的美国热门影片，电影的中文译名还有《记忆拼图》、《凶心人》等。——译者注

记忆与脑 147

遍布人脑的神经元都有着根据经验而改变的能力，这种神经可塑性是记忆的基础。虽然整个脑在记忆中都起作用，但是如图 6.1 所示，有两个脑区在人类记忆中的作用极为突出。首先是颞叶皮层内部的一个区域，包括第 1 章曾介绍过其记忆功能的海马（见图 1.7）。海马和周边结构在存储新记忆中扮演着非常重要的角色，这也是伦纳德的灾难根源。其次，研究发现前额的一些脑区与新记忆的编码和旧记忆的提取有着非常密切的关系。在第 5 章中也曾涉及这些区域，它们参与对图片和句子的有意义编码。这一区域也包括图 1.15 中的对提取算术和代数知识很重要的前额叶。

关于图 6.1 所示的前额叶区域，请注意记忆研究已经发现了类似于第 5 章中曾讲过的单侧化效应（Gabrielli, 2001）。具体地讲，学习言语材料时大多是左半球参与其中。然而，学习图形材料时，有时是右半球参与，有时是两个半球都参与。加布瑞利（Gabrielli）注意到，当图形材料与言语知识有关时，譬如名人或常见物体的图片，就会涉及到左半球，就好像人们在对自己说这些人或物的名字一样。

大脑结构

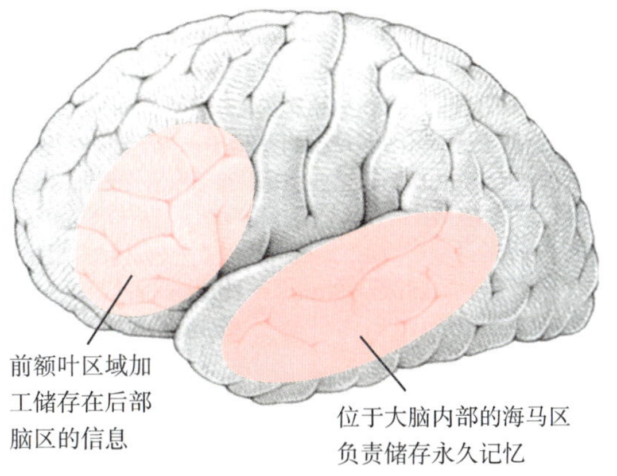

图 6.1　**与记忆的产生和储存有关的大脑结构。前额叶负责记忆的产生。海马和周围的颞叶结构负责记忆的永久储存。**

◎ 人类主要依靠脑的额叶结构产生和提取记忆，颞叶结构永久储存这些记忆。

感觉记忆短暂地保存信息 148

在开始讨论比较持久的记忆之前，有必要了解短暂地保存刚刚输入的信息的视觉及听觉的感觉记忆。

X	M	R	J
C	N	K	P
V	F	L	B

图 6.2 **在视觉 – 报告实验中所用视觉材料的一个例子。快速呈现给被试视觉材料，随后要被试报告出其中的字母。**

视觉感觉记忆

许多视觉感觉记忆研究所使用的一种实验程序是：用很短的时间（例如 50 毫秒）向被试呈现一组排列有序的项目，如图 6.2 中的字母。当要求回忆这些项目时，被试能够报告出三个、四个、五个、或者最多六个项目。有人可能会认为视觉记忆只能储存这么多材料，然而被试报告说他们能意识到更多项目，但是在他们能够注意并报告出它们之前，这些项目就消退了。

在这类任务中，斯珀林（Sperling，1960）做了方法上的重要改变。他呈现给被试三行材料，每行有四个字母。刺激结束时，立即提示被试注意并报告出某一行中的字母。提示线索是不同频率的纯音（高音代表上面一行，中音代表中间一行，低音代表下面一行）。相对于之前一直使用的**全部报告法**（whole-report procedure），斯珀林的方法被称为**部分报告法**（partial-report procedure）。被试能够回忆出一行四个字母中的全部或者大部分。因为被试起初并不知道要报告哪一行，所以斯珀林认为他们一定将大多数或者全部项目储存在了某种短时视感觉记忆中。根据视觉刺激消失后所给出的提示线索，被试就可以在短时视感觉记忆中注意某一行并报告出该行的字母。被试无法在全部报告法中报告出更多项目的原因在于在被试注意这些项目之前，它们就从这种记忆中消退了。

在刚才描述的程序中，声音线索在视觉刺激结束后立即呈现。斯珀林也改变了刺激结束与声音出现之间的间隔时间。所回忆出的字母数量如图 6.3 所示。当间隔增加到 1 秒时，被试的成绩也退回到原来在全部报告中只能报告出 4 个或 5 个字母的水平。也就是说，被试此时在提示行所报告的字母数是他在全部报告法中所报告的三行字母数量的三分之一。因此，似乎个体对呈现序列的记忆消退得非常快，基本上 1 秒后就消失了。此后留下来的是被试有时间去注意并转换成较持久形态的项目。

斯珀林的实验表明存在短暂的**视感觉存储**（visual sensory store），即一种能有效保持视觉刺激中的所有信息的记忆系统。当信息存储在该系统中时，被试能够注意并报告出这些信息。这种感觉存储似乎具有视觉特有的特征。在一
149 项证明感觉存储的视觉特征实验中，斯珀林（1967）改变了曝光后视野（视觉刺激呈现结束之后的视野）。他发现当曝光后视野光线充足时，感觉信息只能保持 1 秒，但是当视野昏暗时，就能保持整整 5 秒。因此，明亮的曝光后视野倾向于“冲刷”掉对视觉刺激的记忆。另外，在一组视觉刺激之后紧跟着出现另一组视觉刺激能够有效地“覆盖”第一组刺激，并且破坏掉对其中字母的

记忆。在这些实验中发现的短暂视感觉记忆有时也称为**视像记忆**[2]（iconic memory）。视觉呈现的信息如果没有被注意并得到进一步加工，就会流失掉。

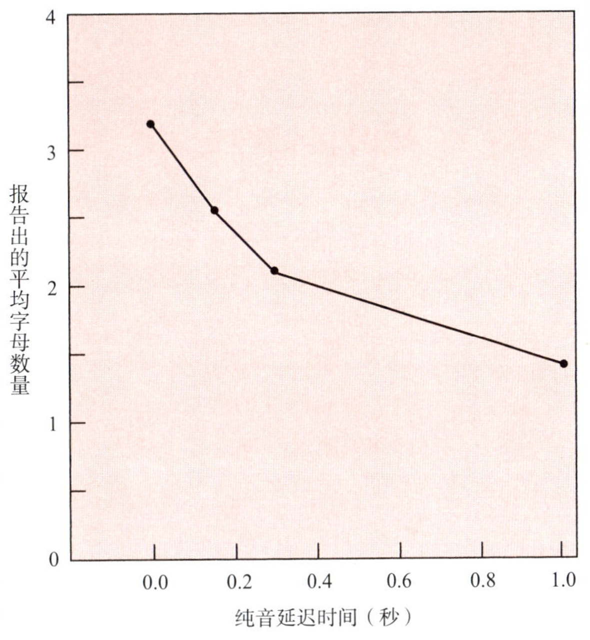

图 6.3 斯珀林的实验结果显示了短暂的视感觉存储的存在。在很短时间内向被试显示三行材料，每行四个字母。视觉刺激消失时，被试会立即听到或者稍后听到纯音线索提示，并要求他们据此回忆三行中的一行。结果显示报告出的字母数量随着提示纯音延迟时间的增加而减少。（资料来源：Sperling，1960. Adapted by permission of the publisher. © 1960 by *Psychological Monographs*.）

听觉感觉记忆

也有类似的证据支持短暂的**听感觉存储**（auditory sensory store），有时称为**声像记忆**（echoic memory）。许多行为研究（例如，Moray，Bates，& Barnett，1965；Darwin，Turvey，& Crowder，1972；Glucksberg & Cowan，1972）证明了听感觉记忆类似于斯珀林的视感觉记忆。如果在听觉刺激呈现后立即进行探测，那么被试报告的准确率相当高。对听感觉记忆的一种更为有趣的测量利用了 ERP 中的失匹配负波。当出现了一个与刚听到的声音在音调或振幅等特征上不同的声音（或者听到不同的音素）时，ERP 记录显示在偏差刺激出现后的 150~200 毫秒出现了一个负波（综述参见 Näätänen，1992）。在一项研究中，萨姆斯等人（Sams，Hari，Rif，& Knuutila，1993）在一个纯音出现之后间隔不同时间呈现另一个纯音。当第二个纯音与第一个不同时，只要两个声音之间的间隔少于 10 秒
都会产生一个失匹配负波。这说明听感觉记忆可以持续 10 秒。其他的行为研 150
究测量结果与此一致。这一神经反应似乎源于大脑中的初级听觉皮层或者其附近。类似地，视感觉记忆中保存的信息看来是存储在初级视觉皮层或者其附近。因此，大脑皮层的基本知觉区域短暂地存储了感觉信息的表征以便进一步加工。

---

2 也译为‘图像记忆’，指的是对早期视觉信息的记忆，为了避免与‘image’混淆，译为‘视像记忆’似乎比较合适。——译者注

◎ 感觉信息短暂地储存在大脑皮层的感觉记忆中，使我们能够对其进行加工。

短时记忆理论

认知心理学历史上的一个重要事件就是 20 世纪 60 年代的**短时记忆**（short-term memory）理论的发展。它以先前的行为主义理论不可能实现的方式解释了大量数据，清楚地显示了新的认知方法的效力。布罗德本特（Broadbent，1958）的观点是短时记忆理论的前身，沃和诺曼（Waugh & Norman，1965）提出了影响深远的理论框架。然而，是阿特金森和希夫林（Atkinson & Shiffrin，1968）使这一理论有了最为系统的发展。短时记忆理论在心理学界掀起了轩然大波。虽然现在几乎没有研究者还坚持原始的框架，但是类似的观点仍然在我们即将讨论的一些现代理论中发挥着关键性的作用，

图 6.4 所示的是基本理论。正如我们之前看到的那样，来自环境的信息短暂地保持在感觉存储中，如果没有受到注意便会消退。短时记忆理论认为受注意的信息会进入中间的短时记忆，在那里信息得到反复复述才能进入相对持久的长时记忆。短时记忆保存信息的容量有限。这种容量曾一度被等同于**记忆广度**（memory span），指一个人能够立即重复出的元素个数。请一个朋友帮忙测验你的记忆广度。让这位朋友编出各种长度的数字串并念给你听，看你能马上重复出多少个数字。你可能会发现自己能完全记住的数字串不超过 7 个或 8 个左右的数字。在美国电话号码还是 7 个数字的时候，记忆广度的大小被认为正合适。一种观点认为短时记忆中有存储大约 7 个元素的空间，而有些理论家（例如，Broadbent，1975）认为存储容量要更小一些，且记忆广度既依赖于短时记忆也依赖于其他存储。

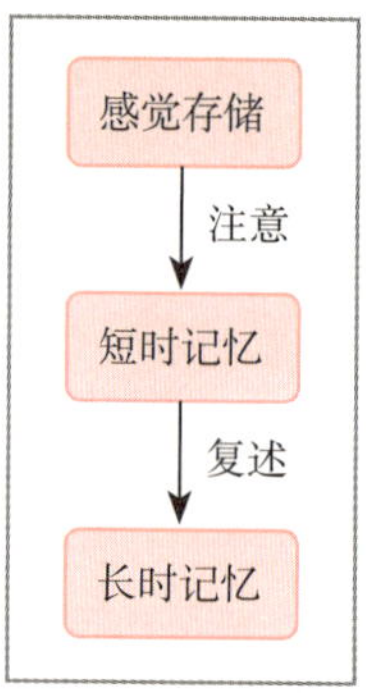

图 6.4 以短时记忆为中介的记忆模型。来自环境的信息短暂地保持在感觉存储中，如果没有受到注意便会消失。得到注意的信息进入短时记忆，而短时记忆保存信息的容量有限。信息在进入相对持久的长时记忆之前必须经过复述。

在一个典型的记忆实验中，研究者假设被试对短时记忆的内容进行了复述。例如，在一项关于记忆广度的研究中，被试通过反复默念来复述数字。这里假设一个项目每次被复述时，信息都依一定的比率转移到相对持久的长时记忆。但是，如果这个项目在转化为持久的长时记忆表征前离开了短时记忆，那么就将永远消失。一个人无 151
法将信息始终保存在短时记忆中，因为新的信息总是不断进来，并将旧的信息从容量有限的短时记忆中挤走。

谢泼德和泰特苏尼（Shepard & Teghtsoonian，1961）所做的一项实验很好地证明了这些观点。他们给被试呈现由 200 个三位数组成的长序列，任务是再认重复出现的数字。研究者感

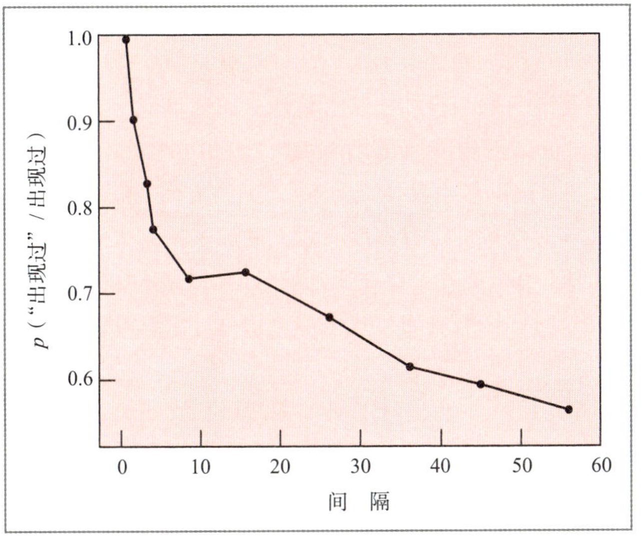

图 6.5 谢泼德和泰特苏尼的实验结果表明信息无法始终保存在短时记忆中，因为新的信息总是不断进来并把旧的信息挤出去。对出现过的项目做出“出现过”的反应的概率与刺激上一次出现到再次出现之间的间隔存在函数关系。（资料来源：Shepard & Teghtsoonian，1961. Reprinted by permission of the publisher. © 1961 by the American Psychological Association.）

兴趣的是随着数字第一次出现与再次出现之间所间隔数字的增加，被试再认出重复出现数字的能力的变化。两者之间数字的量被称为间隔。如果被试只能记住最近出现在短时记忆中的数字，那么对最近出现的几个数字的记忆效果就会好，但是随着它们被挤出短时记忆，记忆效果逐渐变差。实际结果见图 6.5。请注意前几个数字间隔对应的再认记忆成绩下降得非常快，但是随后下降速度变慢并逐渐趋近于大约 60% 的某种渐近线。快速下降可以解释为反映了数字被保持在短时记忆的可能性变小。与后面间隔数字所对应的 60% 的回忆水平反映了进入长时记忆的信息量[3]。

这一理论的关键假设就是复述的量控制着进入长时记忆的信息量。例如，兰德斯（Rundus，1971）让被试出声复述，发现被试对一个项目复述得越多，就越有可能记住。这种数据也许对短时记忆理论是最重要的，因为它们反映了短时记忆的基本特性：它是到长时记忆必经的中间站。信息必须在短时记忆中“服刑”（“do time”）才能进入长时记忆，并且“服刑”时间越长，越有可能被记住。

在一篇有影响的论文中，克雷克和洛克哈特（Craik & Lockhart，1972）认为，关键的不是信息复述时间的长短而是信息加工的深度。这就是**加工深度**（depth of processing）理论，该理论认为只有用有深度有意义的方式对刺激材料进行复述时，复述才能促进记忆。被动的复述无益于记忆。许多实验显示被动的复述对记忆成绩几乎没有影响。例如，格兰博格等人（Glenberg，Smith，&

3 记忆水平并非真的是 60%，因为被试会错误地把超过 20% 的新项目认成是出现过的。记忆水平应当是这个 60% 的命中率与 20% 的错认率（false alarm rate）之差。

Green，1977）让被试用 2 秒的时间学习一个四位数，用 2、6 或 8 秒的时间复述一个单词，随后回忆这个四位数。被试以为他们的任务就是回忆数字，复述
152 单词只是填补这段时间。但是最后的测验却出乎意料地是回忆单词。当复述的时间分别为 2、6 和 8 秒时，被试平均能回忆出 11%、7% 和 13% 的单词。他们的回忆成绩并不好，并且与复述的量也没什么关系[4]。另一方面，正如我们在第 5 章看到的，如果被试能够对材料进行有深度有意义的加工，那么他们的记忆就会有很大提高。因此，似乎有可能并不存在通到长时记忆的短时的中间站。相反，关键的是以便于建立长时记忆痕迹的方式来加工信息。信息可以直接从感觉存储进入长时记忆。

卡帕尔等人（Kapur et al，1994）通过 PET 研究了深层和浅层加工单词时大脑活动的差异。在浅层加工任务中，被试判断单词中是否包含一个特定的字母；在深层加工任务中，被试判断单词是否描述了有生命的物体。虽然学习时间相同，但是被试记住了 75% 的深层加工单词和 57% 的浅层加工单词。卡帕尔等人（Kapur et al，1994）发现在深层加工时，图 6.1 所示的左侧前额叶区域有更强的激活。许多后续研究也显示出这一脑区在深层加工时有更强的激活（综述见 Wagner，Bunge，& Badre，2004）。

◎ 阿特金森和希夫林的短时记忆理论认为当信息在容量有限的短时记忆中得到复述时，它进入到长时记忆；但是实际上重要的却是加工材料的深度。

工作记忆保存执行任务所需的信息

巴德利的工作记忆理论

巴德利（Baddeley，1986）提出了一种不涉及长时记忆存储的复述过程理论。他假设存在两种系统：**视觉空间画板**（visuospatial sketchpad）和**语音回路**（phonological loop）。它们是保持信息的“伺服系统”，他推测这样的系统可能不止两个。这些系统是他所谓的**工作记忆**（working memory）的组成部分，工作记忆是一种保存我们执行任务时所需信息的系统。例如，试着在头脑中计算 35 乘以 23。你可能会发现自己形成了一个书写了部分乘法问题的视觉表象（视觉空间画板），并且在复述部分乘积例如 105（语音回路）。图 6.6 展示了巴

---

4 虽然消极复述（passive rehearsal）的量对回忆（recall memory）成绩的提高没有什么影响，但是格兰博格等人（Glenberg et al.，1977）发现复述可以提高再认记忆（recognition memory）水平。再认记忆可能依赖于一种熟悉性的判断，不需要建立新的记忆痕迹。

德利关于各种伺服系统如何相互作用的总的观点。一个**中枢执行系统**（central executive）控制着各伺服系统的使用。中枢执行系统能够将信息送入任意的伺服系统或者从它们中提取信息。它还能将一个系统中的信息转换成另一个系统
中的信息。巴德利认为中枢执行系统需要有自己的信息暂存器以便决定如何控 153
制这些伺服系统。

语音回路比视觉空间画板得到了更多的研究。巴德利认为语音回路由很多成分构成。其中一种叫做**发音回路**（articulatory loop），一个“内心声音”通过它复述言语信息。我们如何使用发音回路的一个经典例子就是记电话号码。当一个人被告知一个电话号码时，他要一遍一遍地复述这个号码直到拨完电话。许多脑成像研究（综述见 E. E. Smith & Jonides，1995）发现当被试试图记住一列项目时，布洛卡区有激活（该区在图 4.1 的人脑示意图的前额位置，标示为“J”）。甚至被试并没有真的对自己说话时也会有激活。这个区域受损伤的病人在短时记忆测试中显示出有缺陷（Vallar，Di Betta，& Silveri，1997）。

语音回路的另一个成分是语音存储。巴德利认为这种存储像一个“内心耳朵”，倾听着内在声音并以语音的形式存储信息。这一功能可能可以定位在大脑的颞顶区（该区在图 4.1 的人脑示意图的颞顶位置，标示为“J”）。许多成像研究（Henson，Burgess，& Frith，2000；Jonides et al.，1998）都发现这一区域在存储言语信息时有激活。同样，该区域损伤的病人也表现出短时记忆的缺陷（Vallar et al.，1997）。

对于发音回路的存在，最有说服力的一个证据是词长效应（Baddeley，Thomson，& Buchanan，1975）。读下面的五个单词，然后试着不看书本背出它们：

- wit，sum，harm，bay，top

大多数人都能做到。巴德利等人发现被试平均能够背出 5 个这种单音节单词中的 4.5 个。现在读下面的五个单词并试着背诵：

- university，opportunity，aluminum，constitutional，auditorium

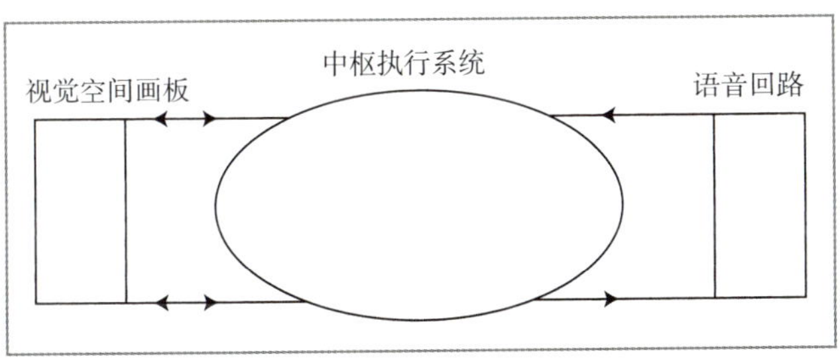

图 6.6　巴德利的工作记忆理论，其中，一个中枢执行系统控制着一系列伺服系统。（资料来源：Baddeley，1986. Reprinted by permission of the publisher. ©1986 by Oxford University Press.）

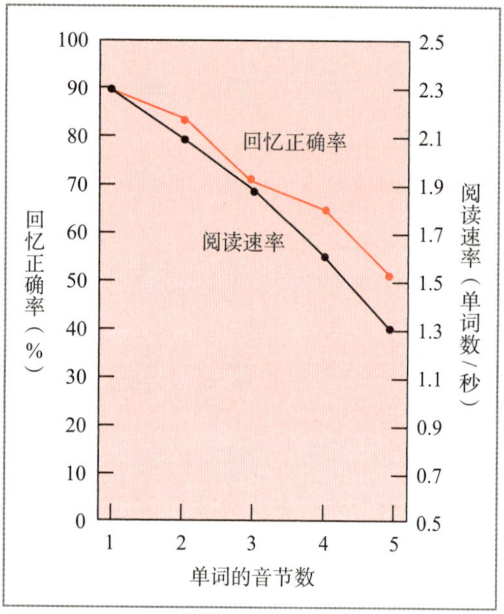

图 6.7　瓦拉和巴德利（Vallar & Baddeley, 1982）的实验结果表明了发音回路的存在。平均阅读速率和对五个单词正确回忆的百分率与单词长度之间的函数关系如图所示。（资料来源：Baddeley, 1986. Reprinted by permission of the publisher. © 1986 by the Oxford University Press.）

在 5 个这种五音节单词中，被试平均只能回忆出 2.6 个。关键的因素似乎在于读单词所需时间的长短。瓦拉和巴德利（Vallar & Baddeley, 1982）考察了从一个音节到五个音节的单词的回忆。他们还测量了被试 1 秒钟能说多少个不同长度的单词。结果见图 6.7，可以看到正确回忆的百分率和阅读的速率几乎完全匹配。

试图将信息保存在工作记忆中可以类比为杂技表演中的转盘子。杂技表演者先在一根细杆上把盘子转起来，然后用另一根细杆转另一个盘子，如此继续下去。接着他再转第一个盘子以防它转 154
得慢了掉下去，接着再重新转其他的。他只能同时转这么多盘子。巴德利认为这与工作记忆的情景是相同的。如果我们想要把过多的项目放入工作记忆中，那么等到我们返回去复述第一个项目的时候，它已经因时间太长衰减到无法提取和重新复述它的程度了。巴德利认为，我们可以在发音回路中保持能在 1.5 到 2 秒的时间内被复述的材料。

有相当多的证据表明发音回路确实存在于言语中。例如，康拉德（Conrad, 1964）的研究显示，与记忆不押韵的字母串（如 HBKLMW）相比，当被试要记忆的字母串中有很大一部分是押韵的字母时（如 BCTHVZ）会表现出更多的混淆。而且如我们刚刚所讨论的，有证据表明在这种记忆的复述过程中，左侧前额皮层的布洛卡区被激活了。

有人可能困惑于短时记忆与巴德利的发音回路之间的区别。最重要的差异在于语音回路中进行的信息加工并不是信息进入长时记忆的关键因素。也就是说，语音回路只是保持信息当下能被使用的一个辅助系统。

◎ 巴德利认为我们有由中枢执行系统控制的发音回路和视觉空间画板，两者都是保持信息的系统，并且是工作记忆的一部分。

额叶皮层与灵长类的工作记忆

随着从低等哺乳动物如老鼠到高等哺乳动物如猴子的不断进化，额叶皮层也逐渐增大，而从猴子到人类它又有了相应地更大的发展。一段时间以前，人们已经发现额叶皮层在灵长类执行可以认为是工作记忆的任务时起着非常重要的作用。这类研究中常用的任务是延迟目标匹配任务，见图 6.8。让猴子看到食物被放进两个相同的洞中的一个（图 6.8）。随后洞口被盖住，猴子的视线也被幕布挡住，此为延迟阶段，一般为 10 秒（图 6.8 b）。最后让猴子取出食物，但是他必须记得食物藏在哪个洞里（图 6.8 c）。额叶损伤的猴子无法完成这个任务（Jacobsen，1935，1936）。人类婴儿在额叶发育成熟到一定程度之前也无法完成类似的任务，通常要到 1 岁左右的时候才可以（Diamond，1991）。

当猴子必须记住食物放在哪里时，额叶的特定区域就兴奋起来（Goldman-
Rakic，1988）。这个叫做 46 区的小区域（图 6.9），位于额叶的外侧。损伤这一 155
区域会导致不能执行这种任务。研究显示这一区域的神经元只在任务的延迟阶段兴奋，似乎它们是在此期间保持信息的活性。在延迟前后它们都不处于兴奋状态。并且，这一区域的不同神经元与记忆视野中不同位置的物体有关（Funahashi，Bruce，& Goldman-Rakic，1991）。

戈德曼 – 拉凯克（Goldman-Rakic，1992）考查了猴子在其他任务上的表现，要完成这些任务必须要在延迟中保持不同类型的信息。在一项任务中，猴子必须记住不同的物体。例如，经过延迟后，猴子必须记住选择红色的圆圈，而不是绿色的方块。前额皮层的另一个区域似乎参与到了这项任务中。记住红色圆圈激活的该区域中的神经元与记住绿色方块不同。戈德曼 – 拉凯克推测前额皮

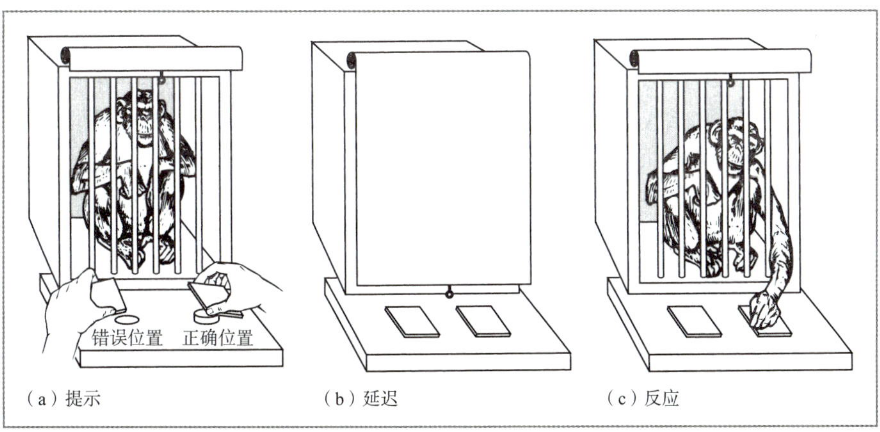

图 6.8　**延迟目标匹配任务示意图。（a）食物被放入右边的洞中并盖上洞口。（b）在延迟阶段幕布垂下。（c）幕布卷起，猴子可以掀开其中一个洞口的盖子。**（资料来源：Goldman-Rakic，1987. Reprinted by permission of the publisher. © 1987 by the American Physiology Society.）

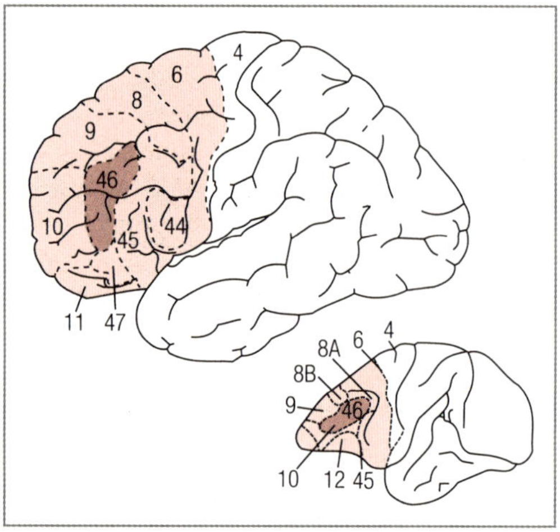

图 6.9 **人类大脑（上图）和猴子大脑（下图）的侧面图。阴影区域为 46 区。**（资料来源：Goldman-Rakic，1987. Reprinted by permission of the publisher. © 1987 by the American Physiology Society.）

层被分为很多小区域，每一个区域负责记住不同类型的信息。

和许多神经科学研究一样，这些实验都是相关性研究，它们只能说明神经活动和记忆功能之间存在相关关系，并不能说明神经活动是记忆功能所必需的。为了找出因果关系，桥新太郎等人（Funahashi，Bruce，& Goldman-Rakic，1993）训练猴子记住视野中目标的位置，经过一定的延时后，让它们的目光移向这些位置，
与图 6.8 所描述的任务等同的眼球运动任务，选 156
择性地损伤了猴子左半脑的前额叶皮层。他们发现猴子不再能记住右视野的位置了，但是记住左视野目标的能力并未受到损害（请回忆第 2 章左视野投射到右半脑的知识，见图 2.5）。当他们损伤猴子的右半脑时，猴子记住左视野目标位置的能力也遭到了破坏。因此，这些前额叶区域似乎确实是在延时后保持记忆的关键。

史密斯和乔尼德斯（E. E. Smith & Jonides，1995）利用 PET 扫描技术考察人类是否也有类似的激活区域。当被试在工作记忆中保存视觉信息时，右侧前额叶与 46 区相邻的 47 区有激活。猴子的大脑和人的大脑并不完全一样（见图 6.9），没有必要期望两者的脑区能有直接的对应。史密斯和乔尼德斯还检验了被试对文字符号的复述，他们发现在这个任务中左侧前额叶的 6 区有激活。前额叶的这一区域与语言加工有关（Petrides，Alvisatos，Evans，& Meyer，1993）。人们有可能认为这两种任务使用了巴德利的两个伺服系统，即与右侧前额叶有关的视觉空间画板和与左侧前额叶有关的语音回路。

◎ 额叶的不同区域似乎负责保存工作记忆中不同类型的信息。

激活与长时记忆

到目前为止，我们讨论了环境中的信息如何进入工作记忆，以及如何通过复述来保持。然而除了环境，还有另外一个信息来源，那就是长时记忆。例如，我们能从记忆中提取一个熟悉的电话号码并将它保持在工作记忆中，而不是读一个电话号码并保持在工作记忆中。许多理论都假设将长时记忆中的不同

信息提取到工作记忆中的难易程度随着时间不断地变化。不同的理论使用了不同的说法来描述同一个基本思想。我在本章中用的是类似于我的 ACT（adaptive control of thought，思维的自适应控制）理论所用的语言（J. R. Anderson, 1983；J. R. Anderson & Lebiere, 1998），ACT 说的是激活水平不断变化的记忆痕迹。另一种著名的理论，**SAM**（Search of Association，联想记忆搜索）说的是熟悉程度（激活水平）不断变化的表象（记忆痕迹）。

激活计算的例子

激活（activation）决定了记忆提取的可能性和速度。自由联想技术有时用于
获取记忆的激活水平。当你自由联想时，进入你心中的想法可以看成反映了你长 157
时记忆中当下最活跃的东西。当读完下面三个单词时，你会想到什么？

圣经
动物
洪水

如果你和我班上的学生一样，那么你就会想到诺亚方舟的故事。令人好奇的是，当我要求学生只联想圣经这个词时，他们会给出摩西和耶稣这样的答案，几乎没人回答是诺亚方舟。当要求学生只联想动物时，他们的联想会是农场和动物园，也几乎没人回答诺亚方舟；而当要求学生只联想洪水时，他们的联想会是密西西比河和约翰斯顿（匹兹堡人更容易联想到后者[5]），几乎从来不是诺亚方舟。那么为什么当三个单词一起给出的时候人们会回答诺亚方舟呢？图 6.10 显示的是解释这种现象的激活计算，其中包括了三种东西：

1. 可能会进入头脑中的各种各样的单词，例如耶稣、摩西和密西西比河。
2. 可能用于启动记忆的各种各样的项目，例如圣经、动物和洪水。
3. 启动和反应之间的关联。在图中，这些关联由输入线和输出线交点处的三角连接表示。

ACT 理论以一个方程式来表示任意特定元素 i 的激活程度 A_i 是如何反映这 158
个网络的结构和状况的：

$$A_i=B_i+\sum_j W_j S_{ji}$$

5　约翰斯顿在匹兹堡西边距离不到 130 公里处。1889 年 5 月的特大洪水灾害使 2209 人遇难，是美国历史上最大的一次内陆洪水灾害，现建有约翰斯顿大洪水国家纪念公园。约翰斯顿最近的一次大洪水发生于 1977 年 7 月，至少 85 人遇难。——译者注

图 6.10 在 ACT 理论所假设的一种神经网络中激活是如何累积的。源自各种刺激词，如圣经、动物和洪水的激活扩散到相关联的概念，例如诺亚方舟、摩西和农场。

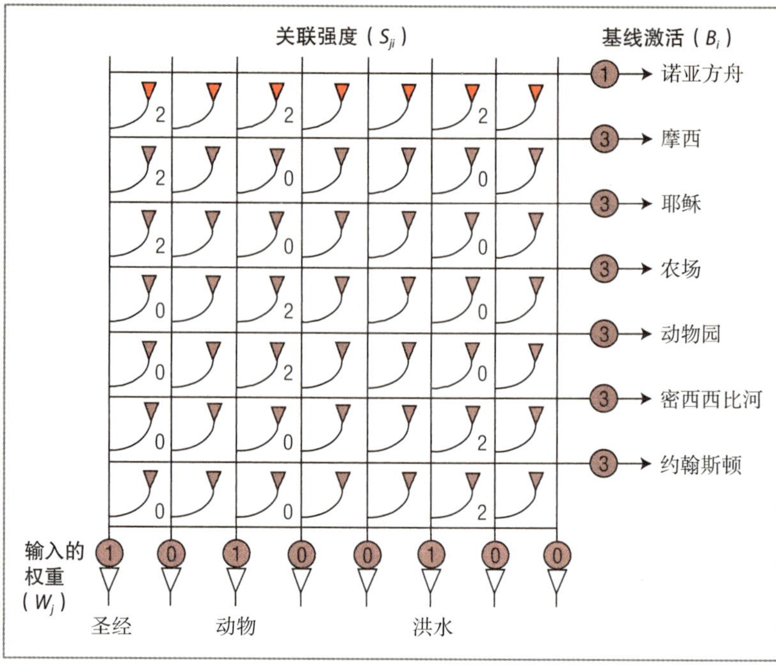

这个方程式将激活程度 A_i 与网络中的三个成分联系起来：

1. B_i 表示的是可能被回忆的单词的基线水平的激活。某些概念，如耶稣和密西西比河，比另一些概念更为常见，例如诺亚方舟等。因此也有着更高的基线水平激活。具体一点说，我们可以赋予耶稣和密西西比河的基线水平激活值为 3，而诺亚方舟的值为 1。
2. W_j 表示的是给各种可能启动记忆的项目 j 赋予的权重。例如，我们可以假设所呈现的每个单项目的 W_j 为 1，而未呈现的单词的 W_j 为 0。$\sum$表示对所有潜在启动刺激 j 求和。
3. S_{ji} 表示上述各种可能的启动刺激 j 与可能的反应 i 之间的关联强度。为了简便，我们假设圣经 – 耶稣和洪水 – 密西西比河这样的相关配对之间的关联强度值为 2，而圣经 – 密西西比河和洪水 – 耶稣这样的无关配对之间的关联强度值为 0。

根据这个方程式以及这些概念和数字，我们能解释为什么我班上的学生在看到所有三个单词时会联想到诺亚方舟，但是看到任意的单个单词时却不会作此联想。考虑一下当只呈现单词圣经时会发生什么。这时只有一个启动刺激，圣经，具有正的 W_j。在这种情况下，诺亚方舟的激活程度为

$$A_{\text{诺亚方舟}}=1+(1\times2)=3$$

这里第一个 1 是基线水平的激活 B_i，第二个 1 是圣经的权重 W_j，而 2 是圣经与诺亚方舟之间的关联强度 S_{ji}。耶稣的激活程度与此不同，因为它出现的频率高，因此具有更高的基线水平激活：

$$A_{\text{耶稣}}=3+(1\times2)=5$$

因此，在这种情况下联想到耶稣而不是诺亚方舟的原因就在于耶稣有较强的激活。现在让我们考虑当呈现所有三个单词时会发生什么。诺亚方舟的激活程度为

$$A_{\text{诺亚方舟}}=1+(1\times2)+(1\times2)+(1\times2)=7$$

这里有三个（1×2），因为这三个单词圣经、动物和洪水都与诺亚方舟有关。而耶稣的激活方程式仍为

$$A_{\text{耶稣}}=3+(1\times2)=5$$

因为只有圣经与耶稣有关。所以，对诺亚方舟附加的关联使诺亚方舟当下的激活超过了耶稣的激活程度，尽管其基线水平的激活较低。

这个激活方程式中有两个关键因素：基线水平激活，它设定了一个单词开 159
始时的激活，以及通过联想接收到的激活，它调整激活水平以反映当下的情境。接下来我们将探讨这种联想激活，然后将讨论基线水平激活。

◎ 提取记忆的速度和可能性由记忆的激活水平决定，而记忆的激活水平由基线水平激活和从相关概念获得的激活决定。

扩散激活

扩散激活（spreading activation）这个术语通常用来指当前受到注意的项目能够使与它相关联的记忆较容易得到提取的过程。许多研究考察了我们当下所注意的事物如何启动记忆。最早的研究之一是迈耶和施凡涅福尔特（Meyer & Schvaneveldt，1971）的一项研究，他们让被试判断一对项目是否均为真正的单词。表 6.1 列举了实验中所用材料的例子和被试判断的反应时。每一对项目上下排列呈现。只要一对项目中有一个不是真词，被试就要做出“否”反应。从“否”反应的数据看来，被试先判断上面的项目再判断下面的项目。因为当上面的项目为假词时，被试做出“否”反应的速度要快于只有下面的项目为假词的情况。

表 6.1

用于表明联想启动的成对材料				
"是"反应的成对材料		"否"反应的成对材料		
无关	相关	假词先出现	假词后出现	都是假词
Nurse（护士）	Bread（面包）	Plame［假词］	Wine（酒）	Plame［假词］
Butter（黄油）	Butter（黄油）	Wine（酒）	Plame［假词］	Reab［假词］
940ms	855ms	904ms	1 087ms	884ms

资料来源：Meyer & Schvaneveldt，1971. Reprinted by permission of the publisher. © 1971 by the *Journal of Experimental Psychology*.

（当上面的项目为假词时，被试不需要再对下面的项目进行判断，因此反应速度较快。）这个研究的主要兴趣在于"是"反应。在"是"反应中，既有无关的项目，例如护士和黄油，也有相关的项目，例如面包和黄油。被试判断相关项目的速度比判断无关项目快了85毫秒。这一结果可以通过扩散激活分析来解释。当被试读到相关项目中的第一个单词时，激活会扩散到第二个单词。这就使得第二个单词的拼写信息比较活跃从而使对第二个词的判断也较容易。该结果提示，记忆中信息激活的**联想扩散**（associative spreading）能够促进阅读单词的
160 速率。因此，我们阅读连贯的相关材料的速度将快于阅读不连贯的无关单词材料。

卡普兰（Kaplan，1989）在他的博士论文中报告了一个非常不同的信息加工时间尺度下的联想启动效应。这个研究中的"被试"是其论文的导师小组的成员。我也是其中之一，这真是令人难忘又有些尴尬的经历。他让我们猜谜语，我们每个人都只能回答出大约一半的题目。下面是其中一个我能猜出来的谜语：

> 什么东西下来时能从烟囱上去，上去时不能从烟囱下来？（What goes up a chimney down but can't come down a chimney up?）

答案是伞[6]。另一位教授答不出来，对此他很尴尬，与我想不出下面这个谜语的答案后的感受很相像：

6 这个谜语的原文可理解为：What goes up a chimney（when it is）down but can't come down a chimney（when it is）up。"什么东西下来"指伞收拢的状态，"上去"指伞撑开的状态。"从烟囱上去""下来"来自圣诞老人在平安夜从烟囱里进入各家的房子给小孩送礼物的传说。——译者注

> 山上有个绿房子，绿房子里面有个白房子，白房子里面还有个红房子，红房子里面坐着许多小黑人和小白人。这是什么地方？

或多或少有些随机，不同的教授能够答出不同的谜语。

随后卡普兰给我们每人一个话筒和录音机，并告诉我们在下一周的不同时间他会呼叫我们，这时我们需要记录下对未猜出的谜语的想法以及是否猜出了新谜语。他说他感兴趣的是我们逐步解决这些问题的过程。虽然这实质上是一个掩盖实验真实目的的谎言，但是它让我们在整个星期内都在思考这些谜语。

卡普兰所做的是将我们每个人无法解开的谜语随机分成两个组。对于其中一半未解的问题，他在我们的环境中提供了解决线索。其做法非常有创意：对于上面提到的我想不出答案的谜语，他画了一幅西瓜的画，挂在男卫生间作装饰。可想而知，在看到这幅装饰画后不久，当我又思考这个谜语时，就想出了答案——西瓜！我为我的大顿悟兴奋不已，等呼叫再次响起时我自豪地录下了我是如何解开这个问题的，一点都没有意识到卫生间的装饰画对我找到答案所起的作用。

当然，那只是一个问题和一个笨被试。但是，将所有问题和所有被试平均下来（其中包括一位诺贝尔奖得主），我们解决被环境启动问题的可能性是未被启动问题的二倍。基本上，西瓜图片引起的激活扩散到了我的西瓜知识，并且当我思考问题时启动了西瓜。我们全都没有意识到自己被操控了。这个例子表明了启动对顿悟（我们将在第 8 章探讨的一个主题）的重要性，也显示出一个人可能意识不到联想启动的发生，即便这个人所受的训练是揭示其中的奥妙，就像我一样。

◎ 呈现的项目引起的激活通过网络扩散到与启动项目相关的记忆。

练习与记忆强度 161

扩散激活关注的是情境如何使得一些记忆较容易提取。但是，有些记忆较容易提取是因为它们在各种情境中都频繁被用到。例如，无论何时何地，你几乎立即就能回忆起亲朋好友的名字。决定这种记忆的内在可得性的量被称为**强度**（strength）。记忆痕迹的激活水平会因为它所关联的项目是否被注意而引起大起大落，但是，痕迹的强度变化则平稳得多。我们每使用一次记忆痕迹，其强度就会增加一点。痕迹的强度部分地决定了痕迹的激活程度和由激活程度所决定的可提取性。痕迹的强度可以通过反复练习而逐步增强。

学习的幂定律

练习对记忆提取的影响非常大，也非常有规律。在一项研究中，皮罗利和安德森（Pirolli & Anderson，1985）让被试学习一系列内容，并反复练习 25 天，随后他们考察被试再认这些内容的速度。图 6.11a 显示了被试的再认时间随着练习的增加而减少的情况。可以看出，被试的再认时间从 1.6 秒减少到了 0.7 秒，记忆提取时间的缩短超过了 50%。图中还显示出速度提高率随着练习的增加而
162 减少。数据由如下形式的幂函数拟合得很好。

$$T = 1.40\,P^{-0.24}$$

其中 T 为再认时间，而 P 为练习天数。之所以称为**幂函数**（power function），是因为对练习量 P 进行了乘方运算。绩效（基于反应时和其他一些变量进行测量）与练习量之间的幂函数关系是学习中的独特现象。看数据是否符合幂函数的方法之一是以时间的对数（y 轴）为纵坐标，以练习的对数（x 轴）为横坐标作图。如果在标准坐标下得到幂函数，那么对数 – 对数坐标上就应该得到线性函数：

$$\ln T = 0.34 - 0.24 \ln P$$

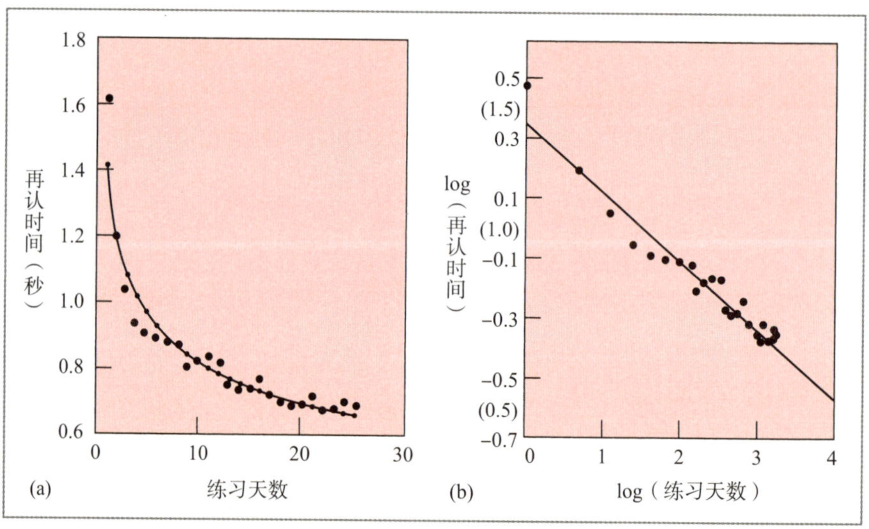

图 6.11 **皮罗利和安德森确定练习对再认时间影响的研究结果。(a) 句子的再认时间与练习天数之间的函数关系图。(b) 为了揭示幂函数关系，将 (a) 中的数据进行对数 – 对数转换。数据点是每天的平均反应时，最佳拟合曲线是幂函数。**（资料来源：Pirolli & Anderson，1985. Reprinted by permission of the publisher. © 1985 by the *Journal of Experimental Psychology: Learning, Memory, and Cognition.*）

图 6.11b 所示的就是对数转换后的数据。可以看到，其中反映出的关系非常接近线性函数（直线）。

纽厄尔和罗森布鲁姆（Newell & Rosenbloom，1981）将记忆绩效随练习提高的模式称为**学习的幂定律**（power law of learning）。图 6.12 所示的是布莱克伯恩（Blackburn，1936）的部分数据，他通过两个被试考察了练习加法问题 10000 次的效应。数据以对数－对数表示，可以看出其中的线性关系。在本图和本书的其他一些图中，对数图的坐标是用对数尺度标示的原始数据值（例如，图 6.11b 括号中的数字），而不是求对数后的值。布莱克伯恩的数据显示了练习量远大于图 6.10 中所示的量时的学习的幂定律。图 6.11 和图 6.12 反映出记忆
痕迹的强度随着练习逐步增加。随着记忆痕迹增强，它们就能达到较高的激活 163
水平，因此也能够更快速地被提取。

◎ 当记忆得到练习时，它的强度以幂函数形式增加。

幂定律的神经基础

有人可能想知道什么是练习的幂定律的基础。一些证据显示该定律与学

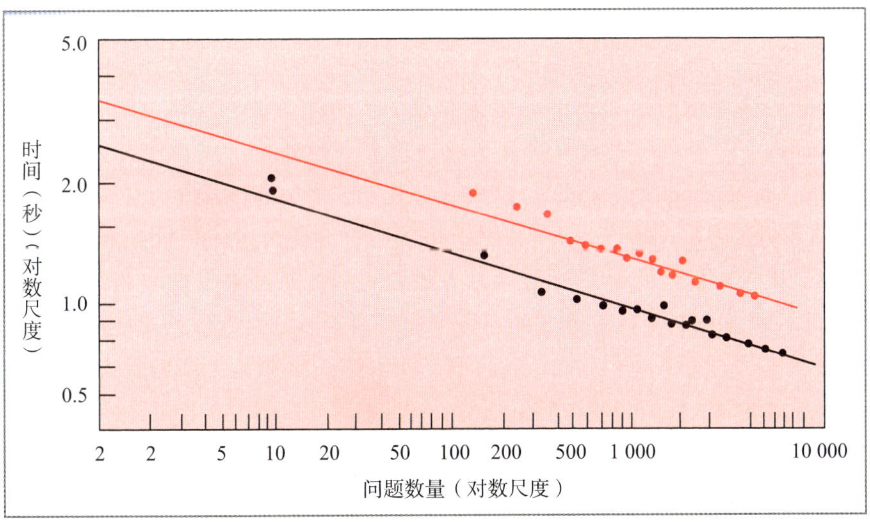

图 6.12　**布莱克伯恩关于练习加法问题 10000 次的效应的研究。结果显示计算两个数字相加所需的时间随练习的增加而变小。两个被试的数据分别显示在图中。解决问题所需要的时间与解决问题的数量均按对数尺度表示。**（资料来源：Plot by Crossman，1959，of data from Blackburn，1936. Adapted by permission of the publisher. © 1959 by *Ergonomics*.）

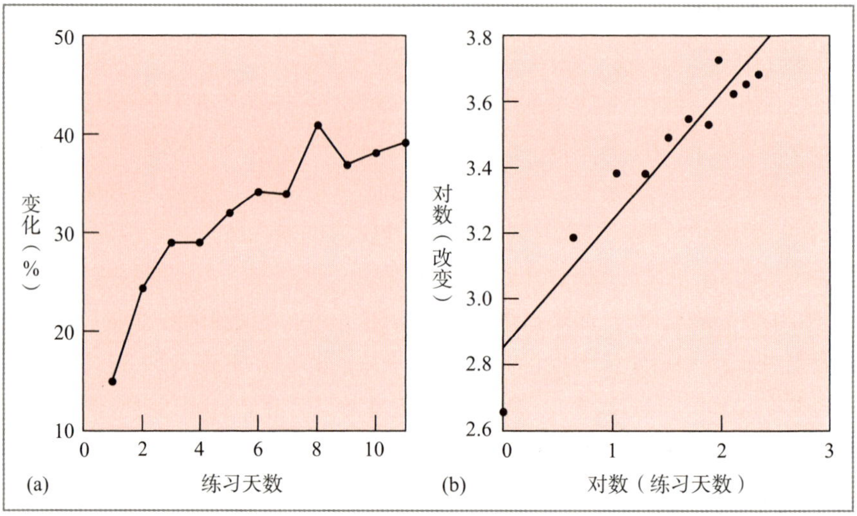

图 6.13 **巴尼斯对长时程增强效应（LTP）研究的结果，表明当神经通路受到刺激时，通路中的细胞对进一步刺激的敏感性会增强。LTP 的增加与练习天数之间的函数关系图分别以标准坐标和对数 – 对数坐标绘制。**（资料来源：Barnes，1979. Reprinted by permission of the publisher. © 1979 by the *Journal of Comparative Physiology*.）

习过程中的基本神经变化有关。一种引人关注的神经学习被称为**长时程增强效应**（long-term potentiation，LTP），它发生在海马和大脑皮层。这种类型的神经学习似乎与如图 6.11 和图 6.12 所示的学习的行为度量有关系。当一条通路被高频电流刺激时，通路中的细胞对进一步刺激的敏感性就会增强。巴尼斯（Barnes，1979）利用大鼠研究了这一现象，她测量了兴奋性突触后电位（excitatory postsynaptic potential，EPSP）比初始值增加的百分比[7]。巴尼斯连续 11 天每天刺激大鼠的海马，并以 EPSP 增加的百分比为指标测量 LTP 的增长。图 6.13a 用 LTP 变化的百分比与练习天数之间的关系图来呈现实验结果。图 6.13b 显示的是 LTP 变化百分比的对数值与练习天数的对数值的对应图，可以看出两者之间的关系基本上成一条直线，所以图 6.13 中的关系近似为幂函数。因此，正如我们从行为测量中所见到的一样，练习确实引起了神经激活的变化。

可以注意到，图 6.13a 中测量到的激活量增加得越来越缓慢，而再认时间的（见图 6.11a）减少也越来越缓慢。换句话说，像再认时间这样的绩效测量的数值从反面反映了内在强度的增加。随着记忆强度的增加，绩效也得到提高（这意味着再认时间变短且错误率变低）。你越是经常想着一件事，你就能越快

7 在第 1 章曾讨论过，当神经元的树突和胞体兴奋时，细胞内外的电位差减小。当这种电位差减小时，我们就说 EPSP 增加了。

地记住它。

这里观察到的海马区就是本章开始时讨论过的虚构人物伦纳德受损的脑区。通常这一区域的损伤会导致遗忘症。对正常被试的练习效应研究发现，当被试多次进行记忆提取后，海马和前额区域的活动减弱（Kahn & Wagner，2002）。[8]

海马与前额叶之间的关系非常有趣。在正常被试中，这些区域经常会同时 164
被激活，如同在卡恩（Kahn）和瓦格纳（Wagner）的研究中所示。研究者一般认为（例如，Paller & Wagner，2002）前额叶的信息加工控制信息输入海马区储存为记忆。海马损伤的病人会表现出与正常人同样的前额叶激活，但是由于海马受损了，他们无法储存这些记忆（R. L. Buckner，个人通讯，1998）。

在同一期的《科学》上曾接连刊登了两个关于前额叶在形成新记忆中的作用的研究。其中一个（Wagner et al.，1998）研究了对单词的记忆；另一个（J. B. Brewer et al.，1998）研究了对图片的记忆。在这两个研究中，被试能记住一些项目，也会忘记其他一些项目。通过 fMRI 对血流动力学反应的测量，研究者对比了被试在学习那些后来被记住和忘记的单词时大脑的活动情况。瓦格纳等人发现左侧前额叶能预测对单词的记忆，而布鲁尔（Brewer）等人发现右侧前额叶能预测对图片的记忆。图 6.14a 所示的是单词研究的结果，图 6.14b 所示的是图片研究的结果。在两种条件下，血流动力学反应的增加与刺激呈现后的延迟时间成函数关系。在第 1 章曾讨论过，血流动力学反应有延迟，所以它大概在实际的神经活动后 5 秒达到峰值。这两个实验室的结果惊人地相似。在每
种条件下，对于记住的项目前额叶有更强的激活，成功支持了前额叶的激活对 165
储存记忆信息有关键作用的结论[9]。同时，这些研究也是前额叶加工单侧化的例子，言语材料在很大程度上与大脑左半球有关，而视觉材料在很大程度上与大脑右半球有关。

◎ 前额叶的激活似乎驱动着海马的长时程增强效应，这种激活能够形成记忆和增强记忆。

8　练习使神经活动减弱是因为提取记忆所需要付出的努力减少。有人可能会觉得有些混淆：练习会导致痕迹的激活程度增加，而使大脑激活程度减弱。这是因为痕迹的激活反映了记忆的可提取性，而大脑的激活反映的是提取记忆所需要的血流动力学消耗。痕迹的激活和大脑的激活是不同的概念。

9　在学习过程中血液动力学的激活水平越高，记忆强度越强。因而，正如我们已讨论过的，在测验时会降低血液动力学的激活水平。

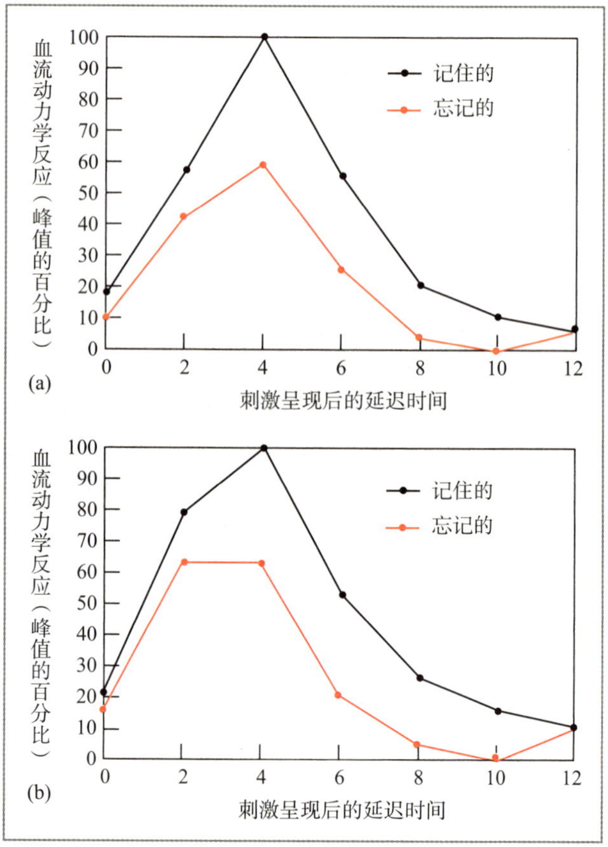

图 6.14 关于前额叶在形成新记忆中的作用的两个实验结果。（a）瓦格纳等人的研究数据显示了当被试学习后来被记住或忘记的单词时左侧前额叶皮层的血流动力学反应的增加情况。（资料来源：Wagner et al., 1998. Adapted by permission of the publisher. © 1998 by *Science*.）**（b）布鲁尔等人的研究数据显示了当被试学习后来被记住或忘记的图片时右侧前额叶的血流动力学反应的增加情况。**（资料来源：Brewer et al., 1998. Adapted by permission of the publisher. © 1998 by Science.）

166

影响记忆的因素

通过以上的讨论，一个合理推断可能是决定记忆效果的唯一因素是我们对需要记忆的材料的学习和练习情况。但是，我们此前讨论的一些证据表明，对材料的简单学习并不会改善回忆成绩。一个人在学习时如何加工材料是非常重要的。我们在第 5 章了解到对材料进行的加工越有意义便能回忆得越好。在本章前面介绍克雷克和洛克哈特（Craik & Lockhart，1972）的深层加工观点时，我们讨论了浅层加工不会改善记忆的证据。纳尔逊（D. L. Nelson，1979）从不同的角度证实了这一观点，他让被试阅读成对联想材料，它们之间或者有语义相关(例如，*tulip-flower* 郁金香 – 花)或者相互押韵(例如，*tower-flower* 塔 – 花)。对语义相关材料（回忆出 81%）的记忆效果要好于押韵材料（回忆出 70%）。由此可以推测，被试对语义相关材料的有意义加工比对押韵材料深。在第 5 章中，我们还看到，信息越有意义，人们越能较好地保持它们。在本节，我们将综述除加工深度和材料的意义性之外的其他一些决定记忆水平的因素。

增细加工

有证据表明增加细节的加工越多，记忆效果越好。**增细加工**[10]（elaborative processing）包括创建与需要记忆的事物有关且对它有所补充和扩展的额外信息。安德森和鲍尔（Anderson & Bouer，1973）所做的一项实验表明了增细加工的重要性。他们让被试记忆一些简单的句子，例如医生恨律师。在一种条件下，被试只学习句子；在另一种条件下，他们要根据自己的选择生成有关细节，例如因为治疗失当的诉讼。随后，给被试呈现原句的主语和动词（例如，医生恨），并让他们回忆宾语（例如，律师）。只学习过原句的被试能够回忆出 57% 的宾语，但是生成细节的被试能够回忆出 72% 的宾语。两位研究者认为这种优势缘于增细加工带来的信息冗余。如果被试开始不能回忆出原句中的律师，但能回忆出细节——因为治疗失当的诉讼，那么之后他们就可能回忆出律师。

斯坦和布兰斯福德（B. S. Stein & Bransford，1979）的一系列实验探讨了为什么自主产生的细节通常好于提供的细节。在其中一个实验中，他们让被试记忆 10 个句子，例如 *The fat man read the sign*（胖子读提示牌）。共有四种学习条件。

- 在基线条件下，被试只学习句子。
- 在自主产生细节条件下，要求被试自己构思细节。
- 在非确切细节条件下，给被试呈现与本句的意义关系不大的后续部分，如 *that was two feet tall*（有二英尺高的）。
- 在确切细节条件下，给被试呈现提示句子背景信息的后续部分，如 *warning about the ice*（关于结冰的警告）。

在学习材料后，所有条件下的被试都会看到这样的句子框架 *The _____ man read the sign*，他们需要回忆出空缺的形容词。在基线条件下，被试回忆出了 10 个形容词中的 4.2 个，而自主产生细节条件下回忆出了 10 个中的 5.8 个。显然，自主产生细节是有帮助的。在非确切细节条件下，他们只能回忆出 10 个中的 2.2 个形容词，这一结果重复验证了通常情况下实验者提供的细节比自主构思的细节效果差的发现。但是，在确切细节条件下，被试的回忆结果最好（10 个中的 7.8 个）。所以，通过认真选择单词，实验者提供的细节可以比被试自己构思的细节效果好。（对于该主题的进一步研究可阅读 Pressley，McDaniel，Turnure，Wood，& Ahmad，1987。） 167

---

10 又译精细加工。——译者注

看起来关键因素不在于细节是由被试构思的，还是由实验者提供的，而是细节是否提示了需回忆的材料。被试构思的细节效果较好是因为它们反映了每个被试独有的知识底蕴。但是，正如斯登和布兰斯福德所证明的，实验者有可能构造出更能改善记忆效果的细节。

◎ 对材料进行有意义的增细加工可以改善记忆。

学习课本教材的技巧

弗瑞斯（Frase，1975）发现了对课本教材进行增细加工的好处。他比较了两组被试对课文的记忆：一组在阅读课文之前需要思考问题，有时称为预先组织者（Ausubel，1968）；另一组是控制组，只学习课文，没有预先的问题。第一组被试需要在阅读课文的过程中寻找预先给出的问题的答案。这样可以迫使被试更认真地加工课文并思考其中的含意。在随后的测验中，预先组织者组（第一组）正确回答出了 64% 的问题，而控制组的正确率只有 57%。测验中的问题有的与预先组织者有关，有的无关。例如，一个测验问题是关于促使美国卷入第二次世界大战的事件，如果预先的问题是引导被试学习美国为什么会参加战争，那么这就是相关问题。如果预先的问题是引导被试学习第二次世界大战的经济后果，那么这就是无关问题。预先组织者组正确回答出 76% 的相关问题和 52% 的无关问题。与控制组相比，他们对无关问题的回答略差，而对相关问题的回答则好得多。

许多大学的学习技能部门，以及一些私人公司，都提供改善学生记忆教材能力的课程。这些课程讲授的主要是学习诸如社会科学学科中所使用教材的技术，而不是自然科学和数学中的比较复杂难懂的教材或者像小说这样的文学教
168 材。不同方案中的学习技术其实非常相似，也有许多关于这些方法成功之处的文献。这类学习技术的一个例子是 PQ4R 法（Thomas & Robinson，1972）。在第 1 章的“启示”专栏中我介绍了略有变动的这一技术作为学习本书的方法。

PQ4R 法的名字来自它所提倡的学习一本教科书中任一章的六个步骤。

1. 预习（Preview）：浏览整章内容，确定本章讨论的主题。找出作为一个阅读单元的节。将下面四个步骤应用于每一节的学习中。
2. 提问（Question）：针对每一节提出问题。通常，每一节标题就可以简单转化成适当的问题。
3. 阅读（Read）：认真阅读每一节，试着找出你所提出的问题的答案。
4. 思索（Reflect）：在阅读的同时进行思索。试着理解文字、思考例子，并

将读到的材料与先前的知识联系起来。

5. 复述（Recite）：读完一节后，试着回忆其包含的内容。试着回答你针对该节提出的问题。如果你无法充分回忆出来，那么重新阅读你难以记住的部分。
6. 复习（Review）：学习完一章后，将其在心里过一遍，回忆其中的要点。再次试着回答你之前提出的问题。

PQ4R 法的核心特征是提出和解答问题。可以认为该特征最重要的方面是鼓励对课本材料进行深层和精细的加工。在本节开始时，我们回顾了弗瑞斯（Frase，1975）的实验，它显示了带着预先提出的问题阅读课文的益处。这些益处似乎集中在与这些问题有关的测验项目上。

弗瑞斯（Frase，1975）的另一个实验比较了提出问题和回答问题的不同效果。他让成对的被试学习被分成两半的课文段落。对于其中一半阅读材料来说，每对被试中的一个在阅读过程中提出问题。另一个在阅读过程中试着回答这些问题。对于另一半阅读材料，被试交换角色。所有被试都要回答关于该段落的最后的测验问题。控制组只阅读课文不做其他事情，在最后测验中其正确率为 50%。在阅读的过程中提问的实验组被试，当他们自己提出的问题与最后测验的问题相关时，回答的正确率为 70%，而无关时，正确率为 52%。在阅读过程中回答问题的实验组被试，当他们遇到的问题与测验问题相关时，回答的正确率为 67%，而无关时，正确率为 49%。因此，看来不论是提出问题还是解答问题都有助于记忆。如果有什么区别的话，那就是提出问题可能更有益。

带着问题复习课文是 PQ4R 法中的另一个重要方面。罗斯考夫（Rothkopf，1966）比较了带着问题阅读课文和在阅读课文后思考问题的益处。罗斯考夫让被试阅读一个很长的文章片段，在文章中每隔三页会穿插问题。问题或者是与后面三页有关，或者是和前面三页有关。在前一种条件下，被试会带着问题阅 169
读后面的文章。在后一种条件下，他们需要回顾前面读到的内容并回答问题。将这两个实验组与控制组进行比较，控制组阅读的是没有穿插问题的文章。在最后的测验中控制组回答问题的正确率为 30%。对阅读前先有问题的实验组的被试来说，当问题与测验相关时，正确率为 72%，而无关时正确率为 32%——这一结果与弗瑞斯（Frase，1975）比较相关测验项目和无关测验项目的效应时所得结果基本相同。对阅读后被提问的实验组来说，当问题与测验相关时，正确率为 72%，而无关时正确率为 42%。因此，通过问题复习刚阅读完的课文似乎比带着问题学习课文更有效。

◎ 包含提出问题和解答问题的学习技术能够改善对教材的记忆。

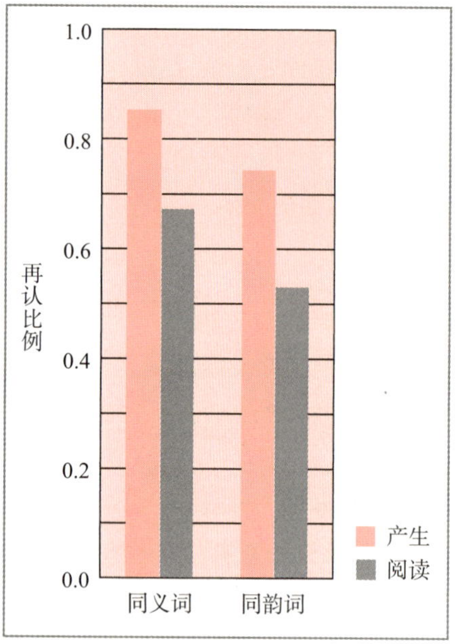

图 6.15 斯拉莫卡和格拉夫的研究结果表明增细加工和有意义加工对记忆有各自独立的效应。在产生条件下，给被试呈现一个单词并要求他们以给定的开头字母想出一个同义词或者同韵词。在阅读条件下，被试读出同义词对或者同韵词对，然后测验他们对第二个单词的再认能力。再认出的单词比例与增细加工的类型（同义或同韵）以及是产生还是阅读之间的函数关系如图所示。（资料来源：Slamecka & Graf, 1978. Reprinted by permission of the publisher. © 1978 by the *Journal of Experimental Psychology: Human Learning and Memory*.）

有意义与无意义的增细加工

虽然刚刚回顾的研究显示有意义的加工有益于记忆，但其他一些研究还显示其他类型的增细加工也能促进记忆。例如，考乐斯（Kolers，1979）考察了被试对句子的记忆。这些句子有的以正常形式呈现，有的将字母印刷得上下颠倒，结果发现被试更多地记住了字母上下颠倒的句子。他认为在阅读字母上下颠倒的句子时所需的额外加工是记忆提高的基础。这并不是有意义的加工的例子，而是额外加工的例子。

斯拉莫卡和格拉夫（Slamecka & Graf，1978）的一项研究表明增细加工和有意义加工对记忆有独立的效应。他们比较了两种条件，在产生条件下，给被试一个单词要求他们或者以给定的开头字母想出一个同义词［例如，以 *o* 开头的 *sea*（海）的同义词是什么？答案是 *ocean*（洋）］，或者以给定的开头字母想出一个同韵词（例如，以 *c* 开头的 *save* 的同韵词是什么？答案是 *cave*）。在阅读条件下，被试只需要读出一对对的同韵词对或者同义词对，然后测验他们对第二个单词的再认能力。图 6.15 显示了实验结果。被试在同义词条件下的成绩比同韵词条件下的好，并且无论是同义词还是同韵词，产生条件下的成绩都较好。因此，语义加工和增细加工似乎对记忆都有促进的作用。

欧腾等人（Otten，Henson，& Rugg，2001）注意到，前额叶和海马中记忆经过有意义加工和增细加工材料的区域，与记忆只是经过浅层加工材料的区域相同。但这些区域的激活强度能够预测随后的回忆成绩（见图 6.14）。较有意义的和增加细节的加工所引起的
170 激活强度比浅层加工高（Wagner et al.，1998）。因此，有意义的增加细节的加工之所以有效，似乎是因为它能够较好地驱动人脑的加工活动从而导致了成功的回忆。

171 ◎ 越是增加细节的加工越能导致较好的记忆效果，即使加工的不是材料的含义。

启 示

地点记忆法如何帮助我们组织记忆

心理表象是创造有意义细节的一种有效方法。经典的记忆术，**地点记忆法**（method of loci），就十分依赖于视觉表象和用空间知识来组织的回忆。这种方法应用得非常广泛，从古时没有书写记录和讲稿机的年代，一直使用到今天。西塞罗（Cicero）在《论演说家》中将这种方法归功于希腊诗人赛莫尼底斯（Simonides）。他在一次宴会上吟诵了一首抒情诗，在诗中赞美了天神卡斯托和波吕丢刻斯。吟诵结束，他被两位天神召唤到宴会厅外面。当他离开后，宴会厅的屋顶塌下来，砸死了屋里所有的人。尸体全都血肉模糊，连他们的亲属都无法辨认出谁是谁。然而，根据每个人在宴会厅中所处的位置，赛莫尼底斯认出了每一具尸体。这一次回忆的成功使他认识到把要记的事物有序地安排在场所中有助于记忆。虽然这个故事中可能有很多虚构成分，但是无论其来源真实与否，地点记忆法都被记载了下来（例如，Christen & Bjork，1976；Ross & Lawrence，1968），成为记忆有序事物，如演讲中的要点的非常有用的方法。

在使用地点记忆法时，一个人可以想象一条特定的路径，这条路经过熟悉的区域，沿途有一些固定的场所。例如，如果在校园里从书店到图书馆有这样一条路，我们就可以利用它。为了记住一系列事物，我们需要简单地在心中把这条路走一遍，并且将事物与固定的场所联系在一起。例如，要记住一张购买食品的清单，上面有六样东西：牛奶、热狗、狗粮、西红柿、香蕉和面包。为了将牛奶和书店联系起来，我们可以想象在书店门前，一堆书躺在一滩牛奶中。为了将热狗和音像店（从书店出发路过的第一个地方）联系在一起，我们可以想象一个热狗在留声机的转盘上旋转。接下来是比萨店，为了将狗粮和它联系起来，我们可以想象有一种狗粮比萨饼（呵呵，有人甚至爱吃咸鱼比萨饼呐！）。然后我们来到了十字路口，为了将之和西红柿联系起来，我们可以想象一辆运送蔬菜的卡车翻倒在路边，西红柿滚了一地。接着我们来到了行政楼，想象校长正从里面走出来，他只穿着一条香蕉做的草裙。最后，我们来到图书馆，通过想象一个巨大的面包像凉棚一样遮在入口上方来把图书馆与面包联系在一起。当需要回忆这个食品清单时，我们只需要想象沿这条路走下来，重现每个场所所对应的东西就行了。这种方法对特别长的清单也非常适用，只需要更多的场所就可以了。有相当多的证据（例如，Christen & Bjork，1976）表明，可以在学习不同的清单时反复使用同一个地点。

这种方法的有效性建立在两个重要原理之上。第一，该方法利用有序的事物来重组无序的事物。如果我们在回忆时沿着心中的路径走，保证能够将建立了联想的所有场所走一遍。第二，通过视觉表象，建立场所与项目之间的联系，使得我们对材料的加工更有意义，也更为细致。

伴随学习与有意学习

到目前为止，我们讨论了影响记忆的因素。现在我们将讨论一种与人们的直觉相反的对记忆没有影响的因素：人们是否有意地去学习材料似乎与记忆没有什么干系，重要的是人们如何进行加工。海德和詹金斯（Hyde & Jenkins，1973）的实验说明了这一事实。被试看每组 24 个单词的若干组单词，每个单词呈现 3 秒，一组被试要检查每个单词中是否有字母 e 或字母 g，另一组要评定单词令人愉悦的程度。这两种任务称为定向任务。可以合理地假设愉悦性评定任务比字母辨别任务需要更多有意义和深层次的加工。另一个变量是是否告诉被试，实验的真正目的是学习单词。每组被试中的一半被告知实验的真正目的（有意学习条件），另一半则以为实验的真正目的就是评定单词或者检查字母（伴随学习条件）。由此，一共有四种条件：愉悦性评定 – 有意学习，愉悦性评定 – 伴随学习，字母辨别 – 有意学习，字母辨别 – 伴随学习。

学习完一组单词后，要求所有被试尽可能多地回忆出刚才的单词。表 6.2 所示的实验结果是 24 个单词中被回忆出的百分比。有两个结果非常值得注意。首先，被试是否知道学习单词的真正目的对成绩几乎没有影响。其次，可以看到加工深度有很大的影响。不论被试是否预期随后将接受单词测验，愉悦性评定条件下的被试的回忆成绩都好得多。在评定一个单词的愉悦性时，被试必须思考它的语义，这使他们有机会对单词进行增细加工。

表 6.2

单词回忆与定向任务和被试学习意识的关系

学习 – 目的条件	单词回忆（%）定向任务 愉悦性评定	 字母辨别
伴随学习	68	39
有意学习	69	43

资料来源：Hyde and Jenkins，1998. Adapted by permission of the publisher. © 1973 by the *Journal of Verbal Learning and Verbal Behavior.*

海德和詹金斯（1973）的实验说明了一个在有意学习和伴随学习研究中反复证明了的重要发现：一个人是否有意识地去学习与记忆没有关系（综述见 Postman，1964），重要的是人们如何去加工呈现的材料。如果一个人在加工材料时投入了同样的心理活动，那么无论是否有意学习了这些材料，都会有相同的记忆成绩。人们有意学习时的记忆通常较好是因
172 为他们可能采用了有利于记忆的活动，例如复述和增细加工。詹金斯和海德实验中的被试在有意学习条件下表现出的微弱优势可能反映了加工过程中的一些小差异。仔细地控制了加工过程的实验发现，学习的意愿或者学习动力的大小对记忆没有影响（见 Nelson，1976）。

日常生活中有一个有趣的例子反映了学习意愿与加工类型之间的关系。许多学生都声称他们发现记住小说内容比记住课文内容要容易得多，即使他们并没有用心去记小说内容而却用心去记忆了课文内容。原因就是学生更容易对小

说进行增细加工，并且好的小说更能引发对细节的思考（例如，为什么嫌疑犯说他不认识被害人）。

◎ 记住的材料数量取决于加工水平，不取决于学习的意愿。

闪光灯记忆

虽然学习意愿对记忆似乎没有影响，但是许多数据都支持人们对重要事件的记忆较好这样一个结论。有一类研究涉及**闪光灯记忆**（flashbulb memories），即一些非常重要的事件给人留下了不可磨灭的永久记忆，例如布朗和库利克的研究（Brown & Kulik，1977）。他们用来作为例子的一个事件是 1963 年美国总统肯尼迪遇刺，该事件在那一代美国人心中留下了巨大的创伤。他们发现，在事情发生 13 年以后，大多数人仍然有着鲜活的记忆。他们认为有一种特殊的生物机制能让我们记住特别重大的事情。然而，如此解释这个结果是值得怀疑的，因为布朗和库利克实际上并没有任何办法去确认报告出的记忆内容的准确性。

自从布朗和库利克的观点提出以后，出现了大量研究来确定创伤性事件刚刚发生后被试记住了什么，以及事情过去一段时间后他们还记得什么。例如，麦克洛斯基、韦布尔和科恩（McCloskey，Wible，& Cohen，1988）对 1986 年挑战者号航天飞机爆炸事件进行了研究。当时，很多人都觉得那是他们在电视上看到的非常恐怖的带来巨大创伤的事件。麦克洛斯基等人在事故发生 1 周后和 9 个月后分别对被试进行了访谈。9 个月后，一个被试报告说：

> 第一次听到这个大爆炸时我正和一位室友坐在大学一年级的学生宿舍里看电视，这条新闻短讯出来后，我们俩都震惊了。我心乱如麻，跑到楼上告诉我的朋友，然后打电话给我的父母。（Nersser & Harsch，1992，p.9）

麦克洛斯基等人发现，当事情发生 9 个月以后，尽管被试报告他们仍然能保持鲜活的记忆，但是他们报告的内容实际上是不准确的。例如，上面这位被试实际上是事件发生一天后在课堂上听到挑战者号爆炸，然后才在电视上看到了那个场面。

帕尔默等人（Palmer，Schreiber，& Fox，1991）在对 1989 年旧金山地震的记忆研究中得出了一个略有不同的结论。他们比较了亲身经历地震的被试和 173
仅看了电视的被试。那些亲历地震的人对这一事件有好得多的长时记忆。康韦等人（Conway et al.，1994）认为麦克洛斯基等人（1988）在挑战者号研究中没能发现记忆优势的原因是他们的被试并没有产生真正的闪光灯记忆。他们认为关键在于事件要对记忆个体产生重要后果。因此，只有亲身经历旧金山地震的人才能产生闪光灯记忆，而在电视上看到的人不能。康韦等人研究了对1990年玛格丽特·撒切尔辞去英国首相一事的记忆。他们比较了来自英国、美国和丹麦的被试，他们都关注过关于撒切尔夫人辞职的新闻报道。结果发现，11个月以后，60%的英国被试对相关事件仍然保持了完好的记忆，而只有20%的不居住在英国的被试能够很好地记得这件事。康韦等人认为之所以得到这样的结果是因为撒切尔夫人的辞职只对英国被试造成了重大影响。

2001年9月11日，美国遭遇了一场特别惨烈的事件，那天的恐怖袭击事件被世人简称为"9·11"。有许多研究关注了这一事件对记忆的影响。塔拉瑞克和鲁宾（Talairco & Rubin，2003）报告了一项研究，比较了杜克大学学生对恐怖袭击细节的记忆（闪光灯记忆）和对那天发生的日常事件细节的记忆。研究者测验了他们在袭击发生后的那个上午的记忆。随后，又在1周、6周或42周后对他们进行测试。图6.16展示了研究的结果。图中既包括了与事件发生后的上午所说的一致的回忆，也包括了不一致的回忆（大概是错误记忆）。无论怎么测量，没有任何证据表明闪光灯记忆比日常记忆保持得更好。当然，被试只是杜克大学的学生，而不是亲身经历恐怖袭击的人。

沙洛特等人（Sharot，Martorella，Delgodo，& Phelps，2007）对身处曼哈顿的人进行了研究，那里是遇袭的世贸双塔所在的地方。研究是在袭击事件发生三年后进行的，参与者被要求回忆袭击事件和那个夏天之前发生的事情。虽然研究是在事件发生三年后实施的，且无法判定被试的记忆是否准确，但是沙洛特等人可以研究被试在回忆该事件时的脑活动。他们还对被试进行访谈以确定当双塔遇袭时他们在曼哈顿的位置。他们将被试分为两组，离双塔大约2英里的下城组和大约5英里的中城组[11]。研究者把关注点放在了杏仁核的激活上，这是一个已知的能反映情绪反应的脑结构。他们发现，当回忆9月11日所发生的事情时下城组的杏仁核 174
激活比中城组更强烈。这是非常重要的结果，因为有证据表明杏仁核的激活能增强记忆的保持（Phelps，2004）。在唤醒状态下，杏仁核会释放激素影响海马中记忆形成的关键过程（McGaugh

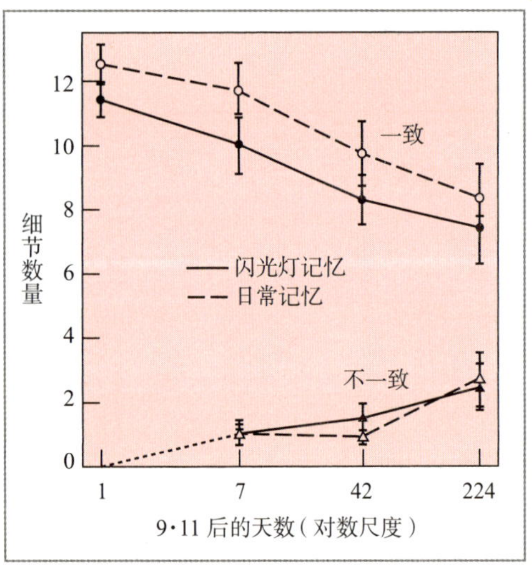

图6.16 闪光灯记忆和日常记忆之下的一致细节和不一致细节的平均数量。（资料来源：Talairco & Rubin，2003）

11 曼哈顿由南向北分为下城，中城和上城三个区域，世贸双塔在下城。——译者注

& Roozendaal，2002）。

也有相当可靠的行为证据表明高度唤醒状态下形成的记忆保持得更好（J. R. Anderson，2000）。这种现象可以通过两种不同的方式来解释。第一种是我们拥有某种特殊的生物学机制，它可以强化我们对重要事件的记忆。第二种是人们只是简单地对重要事情复述得更频繁（见 Neisser et al.，1996）。这两种因素都可能使高度唤醒状态下记住的信息保持得更好。人们当然会更多地复述重要的记忆，但是杏仁核参与记忆的证据表明唤醒状态的效应大于复述。

◎ 人们报告对特殊创伤事件有较好的记忆，并且有证据表明高度唤醒状态下的记忆保持得较好。

结　论

本章聚焦于将信息存入记忆的过程。我们看到大量信息进入感觉记忆中，但是只有相对很少的一部分能够保持在工作记忆中，而能长期保持的信息则更少。然而，分析长时记忆中到底储存了什么还需要考虑到信息是如何保持和提取的，这是下一章的主题。例如，我们刚刚谈到的唤醒状态对记忆的影响似乎是针对于保持而不是编码。与此相似，本章中谈到的许多问题都因记忆提取而变得复杂。刚刚讨论过的增细加工效应就是这样，记忆在学习阶段如何进行加工与在测验阶段如何进行加工之间有非常重要的交互作用。既使在本章，当我们在讨论诸如练习这样的因素的效应时，也不能不涉及这些因素所促进的基于激活的提取过程。第 7 章将对记忆痕迹的激活进行更多讨论。

思考题

1. 许多人在身体上做笔记来记电话号码一类的事情。在电影《记忆碎片》中，伦纳德则是把想要记住的讯息纹在身上。举例描述在身体的什么部位保存信息像感觉记忆，什么部位像工作记忆，以及什么部位像长时记忆。
2. 本章提到我的一个同事一直解不开谜语“什么东西下来时能从烟囱上去，上去时不能从烟囱下来？”你能在环境中设置可以无意中启发他解开这个谜语的因素吗？想知道卡普兰是怎么做的，请阅读 J. R. Anderson（2007，pp. 93-94）。
3. 图 6.11 和图 6.12 描绘了实验情境下被试通过多次学习以提高记忆的情况。你能说说在你的学习中，通过这种练习提高了你对事实的记忆的例子吗？
4. 想想你经历过的最为灾难性的事件。你是如何反复回顾和细化这些事件的？这些回顾和增细加工可能对记忆有哪些影响？这会让你形成关于并未发生过的事情的记忆吗？

关键术语

顺行性遗忘症
短时记忆
全部报告法
部分报告法
视感觉存储
视像记忆
听感觉存储
声像记忆
记忆广度
加工深度
视觉空间画板
语音回路
工作记忆
中枢执行系统
发音回路
ACT（思维的自适应控制）
SAM（联想记忆搜索）
激活
扩散激活
联想扩散
强度
幂函数
学习的幂定律
长时程增强效应
增细加工
地点记忆法
闪光灯记忆

人类的记忆：保持与提取 7

流行小说里时常会有一些主人公无法回忆起重要的事情——或许因为脑部损伤，或许因为创伤经验受到了压抑，或许仅仅因为随着时间的流逝而忘却。故事的关键转折点往往发生在主人公恢复记忆的时刻——也许因为催眠、临床治疗、回到原来的场景、或者（尤其不可能）头又被撞了一次。虽然日常生活中与记忆的抗争很少会如此戏剧性，但是我们都曾经历过感觉就要想起来了，却怎么也想不起来的时刻。例如，试着回想你小学同桌或者班主任的名字。我们中的很多人都能想起这个人的样子，但是却要费力地去提取这个人的名字，可能成功也可能失败。本章将回答以下问题： 176

- 记忆是怎样随时间的流逝而消退的?
- 其他记忆如何干扰想要的记忆的提取?
- 其他记忆如何能够帮助想要的记忆的提取?
- 一个人的内部和外部情境如何影响其回忆?
- 我们无法回忆起来的过去经验如何影响我们的行为?

记忆真的被遗忘了吗

图 7.1 与图 6.1 相同，显示了在记忆研究中起到重要作用的前额叶结构和颞叶结构。本章将更多地集中在颞叶（尤其是海马）对记忆的贡献，它对记忆的保持起着主要作用。一项关于颞叶结构在记忆中的作用的早期研究提供了证据，表明已经被遗忘的记忆依然存在，尽管我们不能提取它们。作为神经外科手术过程的一部分，彭菲尔德（Penfield，1959）用电刺激病人脑部的不同部位，并且要求病人报告他们的体验（病人在手术中是清醒的，但刺激技术是无痛的）。 177

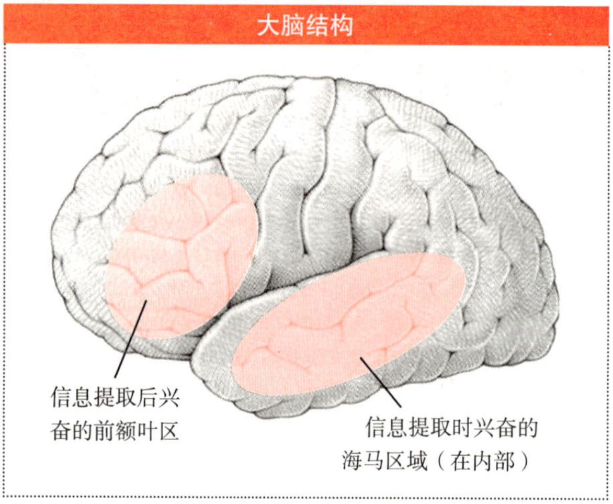

图 7.1 **影响记忆创建和储存的大脑结构。前额叶区负责创建记忆，海马及其周围的颞叶皮层负责永久地储存这些记忆。**

利用这种方式，彭菲尔德确定了大脑不同部位的功能。对颞叶的刺激导致病人报告出通过正常回忆不能报告的记忆内容，例如，童年时期的事件。这似乎为许多看似已被忘却的事情其实仍储存在记忆中提供了证据。遗憾的是我们很难知道病人的记忆报告是否准确，因为没有方法可以核实所报告的事件是否真正发生过。所以，尽管彭菲尔德的实验具有启发性，却基本上不被记忆研究者所重视。

一个较好的实验是纳尔逊（Nelson，1971）所做的，它也表明被遗忘的记忆依然存在。纳尔逊让被试学习 20 个配对联想项目，每一对都包含一个数字和被试必须记住的名词（例如，43– 狗）。被试学习这组项目后，接受测试，直到他们能正确地回忆出全部项目。两周后再测验，在有提示数字的情况下，被试能回忆出 75% 的关联名词。然而，研究者的兴趣集中在 25% 的再也回忆不起来的部分，这些项目真的被遗忘了吗？再让被试重新学习这 20 个数字 – 名词配对联想，他们所遗忘的那些配对联想有的没变化，有的发生了变化。例如，一个被试学习了 43– 狗，但测验时没能回忆起 43 所关联的名词是狗。现在训练他记住 43– 狗（没变化）或者是 43– 房子（有变化）。学习过一遍新配对联想表之后，被试接受测验。如果被试对所遗忘的那些配对联想完全丧失了记忆的话，改变的配对与未改变的配对此时的测验结果应当无差别。然而结果显示，被试正确地回忆了 78% 的在前一次测验中没记住且此次测验中也没变化的配对，而仅仅回忆了 43% 的变化了的配对。
178 未改变的配对的巨大优势表明，尽管被试最初没能够回忆出来，但是他们仍然保留着一些最初的配对联想的记忆。

有时，我们能够再认出我们无法回忆的事物。纳尔逊（Nelson，1978）还进行了一项类似的但涉及再认而不是回忆的测验。最初学习阶段的四周之后，被试未能再认出 31% 的已学过的配对联想。像前面那个实验一样，纳尔逊让被试重新学习未再认出来的配对，对其中一半的刺激反应词作了改变，另一半则保持原样。将配对重新学习过一次后，被试再认出了 34% 的没变化的项目，但对于改变了的项目则只再认出了 19%。因此，即使被试在这种灵敏的再认测验中失败了，他们的记忆中似乎还是有关于学过的项目的记录。证据就是重新学习时，没有变化的配对比变化了的配对的学习效果好。

这些实验并不能证明所有的东西都保存在记忆里。它们只表明通过适当灵敏的测验，我们就能发现一些看似遗忘了的记忆仍然存在的证据。本章将首先讨论记忆如何随时间而变得不易提取，然后讨论一些决定我们能否成功提取这些记忆的因素。

◎ 有证据表明，即使是人们看似已经遗忘了的记忆，其中的一些仍然储存在记忆中。

保持函数

记忆变得难以提取的过程是非常有规律的，而且心理学家已经研究了这一过程的数学表达形式。威克尔格林（Wickelgren）做了一些关于记忆保持函数方面的最有系统的研究，其数据一直沿用到现在。在一个再认实验中（Wickelgren，1975），他向被试呈现了一系列学习单词，通过延迟测验考察他们再认这些单词的概率，延迟的时间从 1 分钟至 14 天不等。在图 7.2 中，显示了作为延迟时间的函数的再认绩效。威克尔格林所用的绩效量度叫做 d'（发音为 d-prime），它是由再认概率导出的，威克尔格林把它解释为记忆强度的度量。

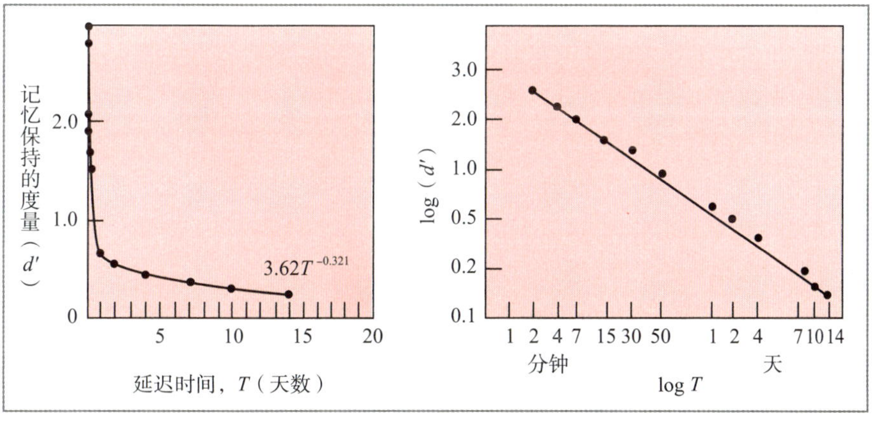

图 7.2　**威克尔格林用以发现记忆保持函数的实验结果。（a）由 d' 度量的单词成功再认率是延迟时间 T 的函数。（b）用对数—对数的尺度将（a）的数据重新作图，坐标中标出的是取对数前的值。**（资料来源：Wickelgren，1975. Adapted by permission of the publisher. © 1975 by *Memory & Cognition.*）

图 7.2 表示的是这种记忆的度量随时间系统性地消退的情况。但是，记忆丧失的速度是递减的（*负加速*），也就是随着延迟时间的增加，变化率变得越来越小。在图 7.2b 中以绩效度量的对数值作为延迟时间的对数值[1]的函数重新作图。不可思议的是，函数变成线性的了。绩效的对数是延迟时间（T）的对数的线性函数，也就是：

$$\log d'=A-b\log T$$

这里，A 代表延迟时间为 1 分钟时的函数值［$\log(1)=0$］，b 是图 7.2b 中函数的斜率，该例子中它的值是 0.321。

179 这个方程可以转换为：

$$d'=cT^{-b}$$

这里 $c=10^A$，在本例中数值是 3.62。也就是说绩效的度量值是延迟时间的幂函数。在关于遗忘研究的一篇综述中，威克斯蒂德和埃布森（Wixted & Ebbesen，1991）得出结论，记忆的保持函数一般是幂函数，被称为**遗忘的幂定律**（power law of forgetting）。回顾第 6 章，其中也有一个学习的幂定律：用幂函数表示的练习曲线。这两个函数都呈负加速，但有一个重要的差异。练习函数是随着练习的增加，改进量逐渐变小，而保持函数则是随着延迟时间的增加，消退量逐渐变小。

一个关于负加速保持函数的富有戏剧性的例子是巴尔里克的研究（Bahrick，1984）。他追踪调查被试对英语—西班牙语单词配对的保持。时间跨度从刚学过开始直至被试完成高中和大学课程 50 年之后。图 7.3 显示了从 15 个项目中正确回忆出的项目数与自从课程结束以来的时间的对数的函数关系。上过一学期、三学期以及五学期西班牙语的学生分别有相应的函数。数据显示的是知识的缓慢消退和巨大的练习效应。巴尔里克的数据表明，记忆保持函数在 3 年到 25 年中相当平坦（可以用幂函数预测），在 25 年至 49 年间加速下降（比用幂函数预测的值更迅速）。巴尔里克（个人通讯，大约 1993 年）猜测，最后的下降很可能和老年时的生理退化有关。

一些证据表明，有可能从相关的神经过程中找到对这种消退函数的解释。第 6 章提到过，长时程增强效应（LTP）是电刺激之后出现的一种神经敏感性
180 的增强。LTP 反映了学习的幂定律。图 7.4 展示了雷蒙德和雷德曼（Raymond & Redman，2006）的一些研究数据，从中可以看出大鼠海马的长时程增强效

1　延迟时间 T 的单位为分，log 是以 10 为底的对数。原文图 7.2 有误，经与作者讨论修改。——译者注

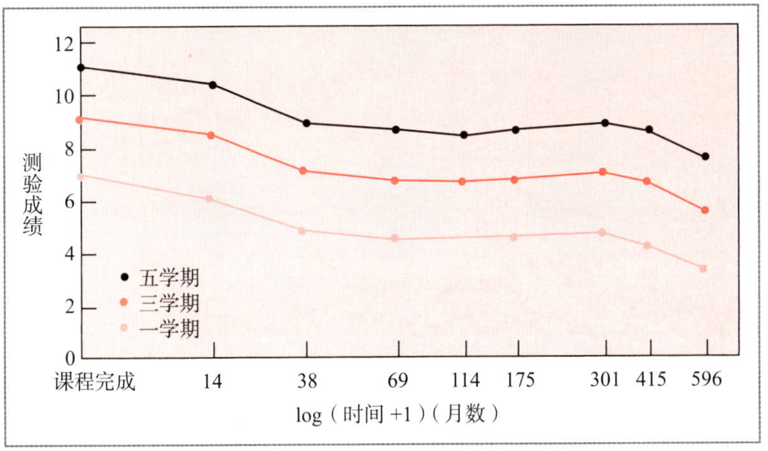

图 7.3　**英语—西班牙语单词配对的记忆保持实验中被试在不同时间段的表现。图中显示了 15 个项目中正确回忆出的项目数与自从课程结束以来的时间的对数值的函数关系。**（资料来源：Bahrick，1984. Reprinted by permission of the publisher. ©1984 by the American Psychological Association.）

应随时间减弱的情况。图中共有三种条件：不产生长时程增强效应的控制条件，只接受单次刺激引发长时程增强效应的条件，以及接受 8 次刺激引发长时程增强效应的条件。虽然 8 次刺激条件下比 1 次刺激条件下产生的长时程增强效应水平更大（学习效应），但是两种条件都表现出了随时间的消退。图中的平滑曲线表示的是最佳拟合幂函数，由此可以看出长时程增强效应是以幂函数形式保持的。因此，就像神经学习函数反映了行为学习函数一样，神经遗忘的时间 181
过程反映了行为遗忘的时间过程。根据第 6 章介绍的强度概念，可以假设记忆痕迹的强度是随时间消退的。LTP 的数据表明，这种强度消退和突触强度的变化有关。因此在行为水平定义的强度概念和神经水平定义的强度概念之间，可能有着直接的联系。

记忆痕迹的强度简单地随着时间而消退，这是对遗忘的常见解释之一，这种观念被称为遗忘的**消退理论**（decay theory）。接下来我们将讨论该理论的主要竞争理论之一：遗忘的**干扰理论**（interference theory）。

◎ 记忆痕迹强度的消退是保持时间的幂函数。

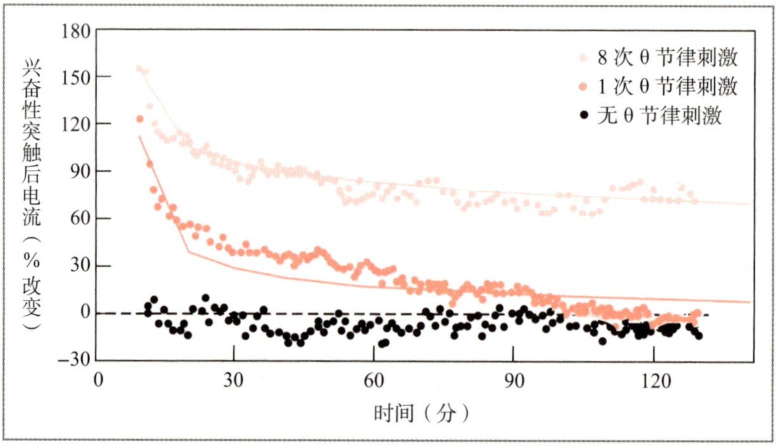

图 7.4 在雷蒙德和雷德曼（Raymond & Redman，2006）的实验中，前 10 分钟施加 1 次或 8 次的 θ 节律刺激（theta-burst stimulations，TBS）。兴奋性突触后电流（excitatory postsynaptic current，ESPC，长时程增强效应的测量指标）随时间变化的函数如图所示。控制条件是不施加 TBS。图中的两条曲线表示最佳拟合幂函数。

干扰如何影响记忆

迄今为止的讨论可能会使人认为影响记忆丧失的惟一因素是时光的流逝。然而事实表明，记忆保持还受到另一个因素的强烈影响，这个因素就是干扰材料。许多最初研究干扰效应的实验是通过学习一系列配对联想表来进行的，所关注的焦点是学习一个配对联想表如何影响对另一个配对联想表的记忆。在典型的干扰实验中，有两个关键的小组（表 7.1）。A–D 实验组学习两个配对联想表，分别命名为 A–B 和 A–D，这样命名是因为这两张表的刺激相同（都是 A）。例如，被试在 A–B 表中所学习的配对联想可能是：*猫* –43 和*房子* –61，而在 A–D 表中则是*猫* –82 和*房子* –37。C–D 是控制组，首先也学习了 A–B 表，但接着学习的第二张表与 A–D 组不一样，命名为 C–D，它的刺激和第一张表（A–B 表）的刺激完全不同。例如，C–D 控制组在第二张配对联想表中可能学习*骨头* –82 和*杯子* –37。在学习了他们各自的第二张表之后，两组被试再次接受对第一张表，即 A–B 表的记忆测验。通常这个保持测验是在相当长时间的延迟之后进行，比如说 24 小时或者一周之后。一般而言，无论是对第二张表的学习速度还是对原始 A–B 表的记忆保持，A–D 实验组都没有 C–D 控制组做得好（综述参见 Keppel，1968）。这些实验表明

表 7.1
典型干扰实验中的实验组和控制组

A–D 实验组		C–D 控制组	
学习	A–B	学习	A–B
学习	A–D	学习	C–D
测验	A–B	测验	A–B

学习 A–D 表干扰了对 A–B 表的保持，并且使其遗忘得更快。

概括地讲，研究已经表明保持同一个刺激的多个关联对象是困难的。学习这些项目的新配对联想和学了新的配对之后还要记住旧的都是非常困难的。这些结果可能让人们对自己记忆信息的能力不乐观。它们似乎意味着学习关于一个概念的新信息会越来越困难。每当我们学习到关于一个朋友的新事实时，我 182
们似乎就有忘记一个旧事实的危险。幸运的是，有一些重要的其他因素可以抵消这种干扰。然而，在讨论这些因素之前，我们需要更加仔细地探讨这种干扰效应赖以存在的基础。事实表明，一种独特的实验范式在确定干扰效应的原因方面很有作用。

◎ 学习一个项目的新关联对象，会导致对旧关联对象的遗忘。

扇面效应：事实网络

回顾第 6 章的激活方程，我们已经讨论过的干扰效应可以从刺激一个记忆结构的扩散激活量去理解。基本观点是当向被试呈现像猫这样的刺激时，激活就会从它扩散到它相关联的所有对象。然而，一个源能够扩散的激活量是有限的，因此与一个源相关联的对象越多，能够扩散到其中任何一个特定的记忆结构的激活量就越少。在一个阐明这些观点的实验中（J. R. Anderson，1974a），我让被试记住 26 个事实，采用某人在某地这种格式。有些人只和一个地点配对，有些地点只和一个人配对。其他的人和两个地点配对，其他的地点和两个人配对。例如，假设被试学习以下句子：

1. 医生在银行。（1-1）
2. 消防员在公园。（1-2）
3. 律师在教堂。（2-1）
4. 律师在公园。（2-2）

每一句后面都有两个数字，指的是与人和地点相关联的事实数。例如，第 3 句后面标注了 2-1 是因为句中的人出现在两个句子中（第 3、4 句），地点只出现在一个句子中（第 3 句）。被试反复背诵这个材料直到他们记得相当好为止。在开始测量反应时之前，被试都能记住和某一个人（比如医生）相关联的所有地点，以及和某一个地点（比如公园）相关联的所有人。因此，与前面讨论的干扰实验不同，在这个实验中，所有的材料都被记住了，研究兴趣集中在记忆提取的速度上。在记住这些材料之后，向被试呈现一些句子，要求被试判断它们是否是已经学过的句子。这些学习过的句子和新句子混在一起，新句子

表 7.2

扇面效应的一个实验结果。

用到了某一个具体地点的句子数量	句子的平均再认时间 关于某一个具体人物的句子数量	
	1	2
1	1.11	1.17
2	1.17	1.22

资料来源：J.R. Anderson，1974a. Reprinted by permission of the publisher. ©1974 by Cognitive Psychology.

由已学过的句子中的人物和地点重新配对构成。表 7.2 给出了被试对前面所列出的句子的反应时，表中这些数据已经按照与人物和地点相关联的事实数的函数关系进行了分类。由此可见，再认时间随着所学习的有关同一个人的事实数和同一个地点的事实数的增加而增加。回忆速度虽然只减慢了不到 100 毫秒，
183 但是这种效应在某些情况下会加剧，例如限时测验。因为回答每一道题的时间稍微增加一点就可能无法完成测验。

这些干扰效应可以通过把扩散激活概念应用于第 5 章介绍的命题网络来解释。图 7.5 显示了从句子 1 到句子 4 的网络表征。通过把激活概念应用于这个表征，我们可以解释反应时增加的原因。思考一下被试可能会怎样再认类似于律师在公园这样的测验句子。根据扩散激活理论，再认这个命题需要以下几个具体步骤：

1. 测验句子的呈现激活了律师、在、公园等词在网络中的表征，它们是激活源。
2. 激活沿着从这些源发出的通路而扩散。关键假设是每个源所发出的激活量是固定的，因此，由一个源发出的通路越多，沿每个通路所扩散的激活就越小。
3. 沿不同通路扩散的激活在命题结点汇集。这些激活的总和构成了一个命题结点的总激活水平。
4. 一个命题的再认时间与它的激活水平成反比。

因此，对于如图 7.5 所示的结构，被试再认涉及律师和公园的事实要比涉及医生和银行的事实来得慢，因为从前一组概念发出的通路比后一组的多。在律师和公园的情况下，每个概念各发出两条通路指向两个命题，这些命题都在学习过的命题组中，而从医生和银行这两个概念发出的通路都只有一条。这

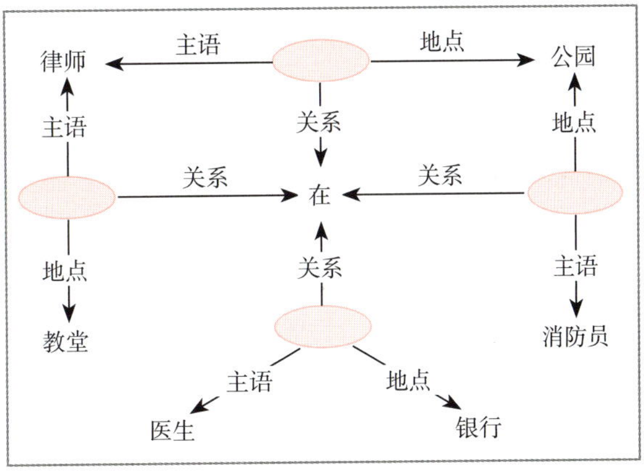

图 7.5　**安德森（J. R. Anderson，1974a）实验中所用四个句子的网络表征。它说明了扩散激活是如何工作的。这四个句子是：医生在银行；消防员在公园；律师在教堂；律师在公园。**

种因为与一个概念相关联的事实数的增加而导致反应时增加的现象被称为**扇面效应**（Fan effect），如此命名是因为反应时的增
184 加与网络表征中由一个概念发出的事实的扇面的增大有关。

在一项 fMRI 研究中，索恩等（Sohn et al.，2003）在验证这些理论时观察了前额皮层的反应。他们把大扇面句子（句中的词汇出现在其他很多句子中）和小扇面句子（句中的词汇很少在其他句中出现）进行了对比。图 7.6 比较了这两种情况下的血液动力学反应，结果显示在大扇面情况下的反应更为强烈。我们要注意的是，概念的激活越低，血液动力学反应越强。有人也许会以为较低的概念激活对应着较弱的血液动力学反应。但是，在激活较低的情况下，前额结构需要更加努力地提取记忆。正如我们将从本书后面章节中关于高层次心理过程的讨论中看到，问题解决越难，新陈代谢消耗越高，反映出在这种条件下需要更多的脑力劳动。

◎ 与一个概念相关联的事实越多，提取其中任何一个事实的速度就越慢。

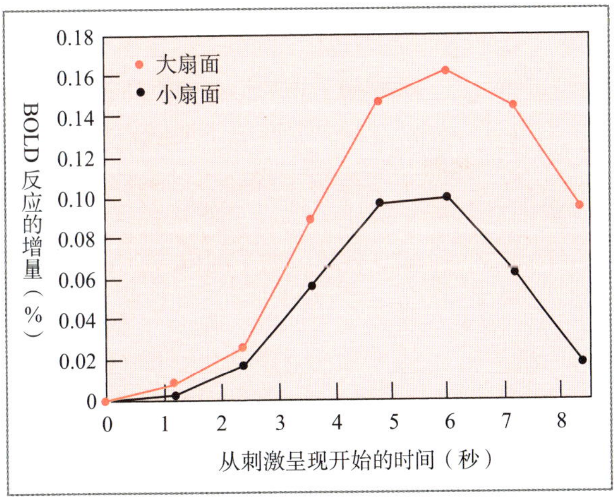

图 7.6　**提取大扇面句子和小扇面句子时，前额皮层有不同的血液动力学反应。图中表示 BOLD 反应的增量与从刺激呈现时开始的时间之间的函数关系。**（资料来源：Sohn et al.，2003. Adapted by permission of the publisher. ©2003 by the National Academy of Sciences.）

对先前存在的记忆的干扰效应

这种干扰效应会发生在实验室之外学习的材料上吗？为了解决这个问题，刘易斯和安德森（C. H. Lewis & Anderson，1976）研究了被试在实验之前获得的知识是否会产生扇面效应。我们让被试学习关于公众人物的虚构的事实，例如，拿破仑·波拿巴生于印度。对每一个公众人物，被试学习 0 到 4 件关于他的虚构事实。在学习了这些“事实”之后，被试进入再认测验阶段。在

图 7.7 刘易斯和安德森的实验结果。这个实验要研究的是，使用被试在实验之前获得的知识是否会产生扇面效应。被试的任务是再认关于一个公众人物的真实事实（实际真）和实验中学习的虚构事实（实验真），而否定既不是实际真也不是实验真的陈述。被试做出这些判断的反应时在图中标绘为实验室学习的虚构事实的数量（扇面）的函数。被试在实验中学习的虚构事实越多，在三种情况下做出判断所需的时间都越长。（资料来源：Lewis & Anderson，1976. Adapted by permission of the publisher. ©1976 by *Cognitive Psychology.*）

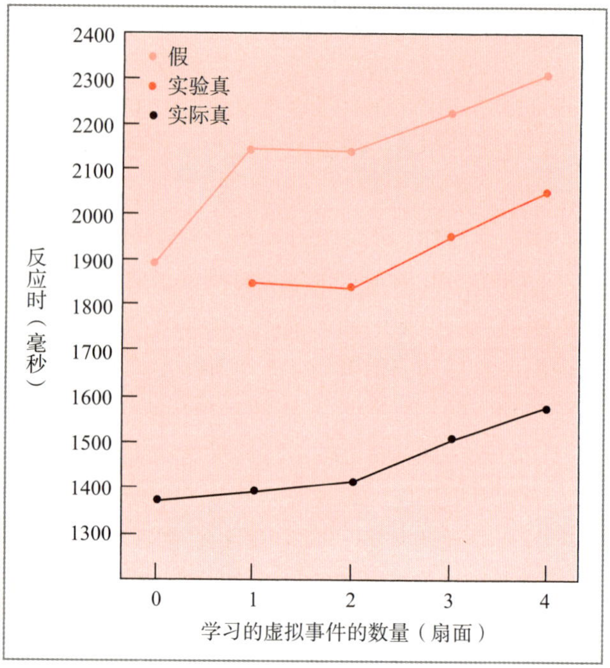

这个阶段，他们会看到三种类型的句子：（1）在实验中学习的陈述；（2）关于公众人物的真实事实（例如“拿破仑·波拿巴是一个皇帝”）；（3）有关公众人物的陈述，它们不论在本实验的虚构世界中还是在现实世界中均为假。对于前两种句子，被试必须判断为真，而对第三种句子则必须判断为假。

图 7.7 呈现了被试作出判断的反应时，它是所学习的公众人物的虚构事实的数量（扇面）的函数。请注意，对所有类型的陈述，反应时都随着扇面的加大而增加。另外被试对真实事实的反应比实验学习的事实快得多。真实事实的优势可以解释成，真实事实在记忆中的编码比虚构事实强得多。注意图 7.7 中最重要的结果是，被试对一个公众人物（如拿破仑·波拿巴）的虚
185 构事实学习得越多，他们再认关于此人的已知真实事实，比如拿破仑·波拿巴是一个皇帝的时间就越长。因此我们可以对实验之前已经存在的记忆产生干扰。关于这个问题的进一步研究请参见彼德森和波茨的论文（Peterson & Potts，1982）。

◎ 在实验室学习的材料会干扰在实验外已学得的材料。

关于干扰和消退的争论

我们已经了解了可以导致遗忘的两种机制：记忆痕迹强度的消退和来自其他记忆的干扰。在心理学中曾有一些推测：那些看似消退的记忆可能实际上是干扰的反映，也就是说，记忆经过一段保持期后消退是因为受到了被试在此期间习得的新记忆的干扰。这个推测引发了关于被试在清醒时还是在睡眠时记忆的保持效果更好的研究，因为睡眠时习得的干扰记忆较少。埃克斯特兰德（Ekstrand，1972）综述了很多研究，它们与睡眠中遗忘较少的结论相一致。但是，关键变量似乎不是睡眠而是在一天之中对材料进行学习的时间。霍基等人（Hockey，Davies，& Gray，1972）发现，即使被试晚上熬夜白天睡觉，他们也能更好地记忆晚上学习的材料。傍晚似乎是唤醒度最高的时段（至少对一般 186
的大学生被试而言），而在高度唤醒时学到的材料保持得最好。参见安德森（J. R. Anderson，2000）关于一天中不同时间的记忆效果的文献综述。

心理学上长期存在这样一个争论：记忆的保持函数（如图 7.2 和 7.3 所示）是反映了没有干扰时的记忆消退，还是反映了不明来源的干扰？有人反对遗忘的痕迹消退理论，理由是它们只是宣称了遗忘是随着时间自然产生的，并没有指出引起遗忘的心理因素。然而也许仅仅从心理学的层次上，我们找不到对记忆消退的解释。解释可能来自生理学，例如我们看到的关于 LTP 的数据（图 7.4）。因此，根据已有的数据，最佳的结论是干扰和消退效应都引起遗忘。

◎ 遗忘既是因为记忆痕迹强度的消退，也是因为来自其他记忆的干扰。

冗余防止干扰

干扰效应出现的一个重要限制条件是：只有学习多条没有内在联系的信息时，才会发生干扰。相反，当信息有某种程度的冗余时则不会有干扰产生。布拉德肖和安德森（Bradshaw & Anderson，1982）的实验显示了冗余信息和无关信息产生的不同效应。他们观察了被试记忆有关名人鲜为人知的信息的能力。在单一条件下，他们让被试只学习一个事实：

牛顿变得像小孩一样情绪多变。

在无关条件下，他们让被试学习有关同一个人的一个目标事实以及与其无关的两个事实：

洛克在威斯敏斯特做学生的时候一点也不开心。

以及：

洛克觉得水果有害于儿童的健康。
洛克长期受背痛困扰。

在相关条件下，被试学习一个目标事实以及与它有因果关系的两个事实：

莫扎特从慕尼黑长途跋涉到达巴黎。

以及：

莫扎特为避开恋爱纠葛而打算离开慕尼黑。
莫扎特对巴黎的音乐发展产生了很大的兴趣。

对被试回忆目标事实的能力进行了两次测验，一次是在刚学完这些内容之后，另一次是一周之后。方法是给被试呈现牛顿、莫扎特和洛克之类的名字，要求他们回忆所学习的目标事实。表 7.3 给出了实验结果。将无关条件与单一条件作比较，我们看到了标准的干扰效应：对于一个对象所需学习的事实越多，回忆就越差。 187
然而，当我们将相关条件与单一条件相比较时，结论就完全不同。当被试必须学习与目标事实有因果关联的附加事实时，他们的回忆比单一条件下好，这一点在一周的延迟以后更明显。

表 7.3

相关信息和无关信息的不同效应

条　件	回忆率（%）	
	即时回忆	一周后回忆
单一事实	92	62
无关事实	80	45
相关事实	94	73

资料来源：Bradshaw & Anderson，1982. Reprinted by permission of the publisher. ©1982 by the *Journal of Verbal Learning and Verbal Behavior.*

为了理解在非单一的学习材料中有冗余信息时，干扰效应为何消失或者甚至有相反的效应，我们需要讨论记忆提取的过程，尤其是记忆提取中的推断过程。

◎ 学习冗余材料不会干扰目标记忆，甚至会增强目标记忆。

提取和推断

通常，当人们想不起某件事情的时候，他们能够提取相关的事实，并基于这些相关事实来推断目标事实。例如，就前面提到的关于莫扎特的事实而言，即使被试不能回忆出莫扎特从慕尼黑长途跋涉到巴黎，但是如果他们能提取其他两个事实，就将能够推断出目标事实。有大量证据显示人们在回忆时会做这种推断，但他们似乎并没有意识到自己在进行推理，而是认为在回忆自己实际学习过的东西。

布兰斯福德等人（Bransford，Barclay，& Franks，1972）报告的一个实验表明推断会导致错误的回忆。他们让被试学习下面句子中的一个：

1. 三只海龟在一根漂浮的圆木旁休息，一条鱼在它们（them）下面游动。
2. 三只海龟在一根漂浮的圆木上面休息，一条鱼在它们（them）下面游动。

学习了第一个句子的被试，后来被问及他们是否学习过如下的句子：

3. 三只海龟在一根漂浮的圆木旁休息，一条鱼在它（it）下面游动。

没有多少被试认为他们学习了这句话。学习了第 2 个句子的被试所接受的测验为：

4. 三只海龟在一根漂浮的圆木上面休息，一条鱼在它（it）下面游。

在这组被试中认为学习过第 4 句的人数远远超过了另一组中认为学习过第 3 句的人数。当然，第 4 句的意思隐含在第 2 句中，而第 3 句的意思没有隐含在第 1 句中。因此，被试把学习材料中所隐含的东西当成了他们实际学习过的东西。

苏林和杜林（Sulin & Dooling，1974）的一个研究表明推断会引起被试对 188
文本的记忆出现偏差。他们让第一组被试阅读下面这段文字：

> **卡萝尔·哈里斯需要专业帮助**
> 卡萝尔·哈里斯自从出生以来就是一个问题儿童。她野蛮、固执、粗暴。到了八岁，她仍然难以管束，父母很担心她的心理健康，但在他们所在的州没有好的机构能解决卡萝尔的问题。她的父母最后决定采取一些措施，他们为卡萝尔请了一个私人教师。

第二组被试也阅读了这段文字，只是文中的卡萝尔·哈里斯被替换成海伦·凯勒[2]。一周后，让被试接受再认测验，向被试呈现一个句子，要求他判断

2　当时的被试都知道海伦·凯勒。她因为在童年时克服了聋和盲而闻名。[译者注：海伦·凯勒（1880~1968），美国盲聋女作家、卓越的社会活动家。1959 年联合国发起“海伦·凯勒”世界运动。1964 年获美国总统自由奖章。1904 年海伦以优等成绩毕业于哈佛大学拉德克利夫女子学院，成为美国第一位盲聋文学学士。在大学期间，她写了《我的生活》(1903) 讲述自己如何战胜病残。这本书被译成 50 种文字，在世界各国流传。但幼年的海伦·凯勒异常暴躁乖戾。6 岁时安妮·沙利文担任她的家庭教师后，才改变了她的生活。海伦·凯勒自传有中译本。]

这个句子是否出现在已经阅读过的材料中。测验中的关键句子之一是*她既聋又哑而且还失明*。阅读关于卡萝尔·哈里斯段落的被试中只有 5% 的人认为读过这个句子，而阅读海伦·凯勒版本的被试中则有整整 50% 的人认为自己读过这个句子。这个结果在我们的预料之中。第二组被试用他们所知道的关于海伦·凯勒的事实为这个故事增加了细节。因此，在测验时，他们会理所当然地认为这句话出现在学习材料中，但是他们此时的推断是错误的。

人们可能想知道类似于*她既聋又哑而且还失明*这样的推断是产生于被试学习这段文字时，还是只出现在他们接受测验的时候。这是个微妙的细节，被试对此不会有明确的直觉。但是有几种方法似乎提供了证据，表明这种推断是在测验时产生的。一种方法是确定推断的频率是否随时间延迟而增加。随着时间的延迟，被试对所学文字段落的记忆应当消退，因此，如果他们是在测验时做出的推断，那么这时他们就只好做更多的重构，进而导致更多的错误推断。杜林和克里斯琴森（Dooling & Christiaansen，1977）以及斯皮罗（Spiro，1977）都找到了随着测验时间的延迟，推断性干扰增长的证据。

杜林和克里斯琴森在卡萝尔·哈里斯这段文章的基础上，采用另一种方法证明了推断是在测验时产生的。他们让被试学习那段文章，一周后在即将测验的时候，告诉被试卡萝尔·哈里斯实际上就是海伦·凯勒。在这种情况下，被试仍旧犯了许多推断错误，认为诸如*她既聋又哑而且还失明*这样的句子出现在了文章中。因为被试直到测验时才知道卡萝尔·哈里斯就是海伦·凯勒，所以他们只能是在测验时做了推断。可见被试的确是在测验时做的这些重构性推断。

◎ 为了记住学习材料，人们会使用他们能记住的东西来推断自己可能学习过的内容。

似真提取

在前面的分析中，我们说被试回忆或再认出没有明显呈现过的事实是在
189 犯错误。但是在现实生活中，这种回忆行为不但不被认为是错误的，而且还被认为是智能性推断。雷德（Reder，1982）指出现实生活中的许多回忆是似真推断，而不是精确回忆。例如，断定《星球大战》中的达思·韦德是坏人时，人们并不是在记忆中搜索达思·韦德是坏人这一特定命题，尽管影片里可能已经直接断言了。人们是通过对《星球大战》的记忆而推断出达思·韦德是坏人这个结论。

雷德用实验表明，在精确提取和似真提取时，人们的行为非常不同。她让被试学习下面这段文章：

一家大型汉堡包连锁店的继承人很烦恼。他娶了一个看似爱他的可爱的年轻女子，但现在他担心她只是为了自己的钱财。他觉得她对自己不感兴趣。他可能喝了太多啤酒，吃了太多炸薯片。但是他不会放弃炸薯片。因为它们不但美味，而且是免费的。

然后她让被试判断这样一些句子：

1. 继承人娶了一个看似爱他的可爱的年轻女子。
2. 继承人从他家的汉堡包连锁店里获得炸薯片。
3. 继承人很谨慎，只吃健康食品。

其中，第一句已学过；第二句没学过，但看似是真的；第三句没学过，但看着不像是真的。精确条件组的被试被要求做出精确的再认判断。在这种情况下，被试认同第一句，而否定另外两句。似真条件组的被试被要求判断一个句子在故事中是否有可能是真的。在这种情况下，被试认同前两句，否定第三句。这些测验有的是在刚学完文章后进行的，有的是在 20 分钟或两天后进行的。

雷德感兴趣于被试做出精确判断和似真判断所需要的时间。图 7.8 是她的实验结果，图中显示了在精确条件和似真条件下做出判断的平均时间与时间延迟的函数关系。与人们可能预期的相一致的是，在精确判断的条件下，被试的反应时随着时间延迟而增加。然而，在似真判断的条件下，反应时随着时间延迟反而减少了。最初，做出似真判断比做出精确判断的速度慢，但是两天后情况正相反。雷德认为在精确提取的条件下，被试反应较慢是因为精确记忆的痕迹变弱了。然而似真判断并不依赖于特定的记忆痕迹，因此没有那么容易被遗忘。
190 随着时间的延迟，被试在似真条件下反应更快，是因为他们不再试图使用效率低的精确记忆提取，而是运用了较快的似真性。

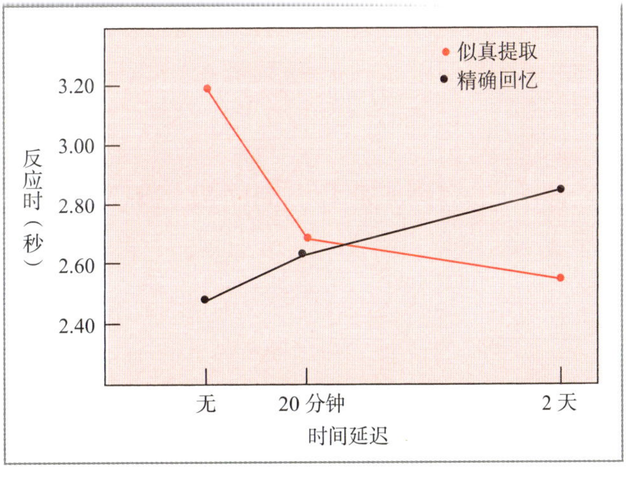

图 7.8　雷德的实验结果。这个实验显示了精确提取和似真提取两种要求下被试的不同表现。图中表示精确再认和似真再认所需要的时间与学习故事之后的时间延迟之间的函数关系。（资料来源：Reder，1982. Reprinted by permission of the publisher. ©1982 by *Psychological Review*.）

雷德和罗斯（Reder & Ross，1983）在另一项研究中比较了精确判断和似真判断。他们让被试学习一些句子，例如：

艾伦买了一张早上十点的火车票。
艾伦听到列车员喊“大家都上车”。
艾伦在火车上读报纸。
艾伦到达了中央车站。

他们让被试学习不同数量的关于像艾伦这样的特定人物的句子，然后观察被试再认如下这些句子所需要的时间：

1. 艾伦听到列车员喊“大家都上车”。
2. 艾伦在月台上看着缓缓驶过来的列车。
3. 艾伦把他的衣服按照彩色和白色进行了分类。

在精确的条件下，被试需要判断每个句子是否被学习过。因此对于上面所给的学习材料，被试会接受测验句 1，而拒绝测验句 2 和 3。在似真的条件下，被试需要根据已学习过的句子判断艾伦是否可能参与了相关的活动，因此他们将接受测验句 1 和 2，而拒绝测验句 3。

雷德和罗斯发现，在精确判断的条件下，被试学习的有关艾伦的句子越多，他们做出反应的时间就会越长。这基本上是重复验证了我们在本章前面讲到的扇面效应。相反，在似真判断的条件下，被试学习的有关艾伦的句子越多，他们做出反应的时间就会越短。他们对艾伦的事实了解得越多，就有更多的途径判断某一事情发生的可能性。因此，似真判断并不依赖于对特定事实的提取。

◎ 人们常常会去判断什么可能是真的，而不是试图去提取精确的事实。

增细加工和推断重构的交互作用

在第 6 章我们谈到，人们如果对所学材料进行增细加工就会有更好的记忆，我们还讨论了语义的增细加工怎样促进记忆。这种语义的增细加工可以使我们获得更多用以推断的材料，从而使推断更加容易。因此我们预期，增细加工既能增加对所学材料的回忆，也能增加回忆中的推断量。由欧文斯、鲍尔和布莱克（Owens，Bower，& Black，1979）进行的一项实验证实了这一预期结果。被试阅读了一个故事，该故事的主人公是一个大学生，故事的内容是她一天的生活：早上泡了一杯咖啡，然后去看医生，接着听了一个讲座，之后购买日用品，最后参加了一个晚会。以下内容是该故事的一段：

> 南希去看医生。她到了医生的办公室，挂了号，然后让护士给她做常
> 规检查。她站在体重秤上，护士记录了她的体重。医生进来了，他查看了 191
> 结果，然后笑着对南希说：“结果看来和我想的一样。”检查结束后南希离开了办公室。

共有两组被试阅读了这个故事。两组之间唯一不同的是，主题条件组在开始时先阅读了下面的材料：

> 南希醒来后又觉得很不舒服，她怀疑自己是否真的怀孕了。她该怎样把这件事情告诉和她一直在交往的教授呢？钱也是一个问题。

阅读了这段附加材料的大学生会认为南希是一个未婚的学生，她因为和一位大学教授有染而担心自己怀孕。中性条件组的被试没有读过开场这段内容，因而也就没有理由怀疑南希有任何异样。由此我们预期，主题条件组的被试将比中性条件组的被试产生出更多与主题相关的故事细节。

在学习了这个故事 24 小时后，要求被试回忆其内容。主题条件组的被试产生了更多的没有真正学习过而推断出来的内容。例如，许多被试报告说医生告诉南希，她怀孕了。如果被试基于他们的增细化重构了故事，出现这种变异是可以预见的。表 7.4 报告了这项研究的一些结果。从中我们可以看出，主题条件组被试的回忆比中性条件组有更多的推断。然而，另一个重要的发现是，主题条件组的被试同时能够回忆起更多的他们确实学习过的命题内容。由于这个组的被试做出了额外的增细加工，他们能够回忆更多的故事内容。

表 7.4

增细加工和推断的交互作用

	回忆的命题数量	
	主题条件组	中性条件组
学习过的命题	29.2	20.3
推断的命题	15.2	3.7

资料来源：Owens et al., 1979. Adapted by permission of the publisher. ©1979 by *Memory & Cognition*.

我们或许会质疑，既然这些被试同时也错误地回忆了许多在故事中未发生过的内容，那么对故事的增细加工真的能使他们受益吗？然而，把衍生的推断当做错误是不对的。被试基于主题信息，做出相应的推断和回忆是完全正确的。在非实验室情境下，比如考试时需要回忆信息，我们相信被试会像回忆学过的材料那样轻松地回忆推断信息。

◎ 当被试在学习过程中对所学习的材料进行增细加工时，他们不仅会回忆更多所学的内容，而且也会回忆那些没有学过但是由他们自己推断出的内容。

启 示

广告商如何利用认知心理学的知识

广告商常常利用我们通过似真推断来为自己所听到的内容添加细节的倾向。让我们来看看下面这段话，它来自于以前的李施德林（Listerine）广告：

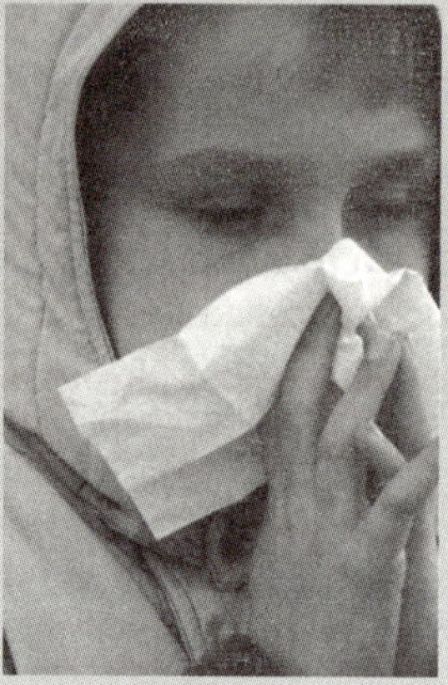

> “如果能让他永远不患感冒，那该有多好啊。”母亲说道，“但是这不可能，是无法做到的事。”[男孩打喷嚏]“不过有一种方法或许有用，你可以让他用李施德林杀菌剂漱口。李施德林杀菌剂不能保证他不患感冒，但是可以帮助他击退感冒。在易患感冒的季节，让他用纯李施德林杀菌剂漱口，一天两次。注意他的饮食，保证他有充足的睡眠，这样的话他就不易患感冒，或只是轻微感冒。”

哈里斯（Hrris，1977）进行的一项实验中曾使用了这个广告的文本，除了把其中产品的名字改为“加格益”以外，几乎一字未动。听了这个广告后，所有的 15 名被试都回忆出了“用加格益杀菌剂漱口有助于预防感冒”，虽然在广告中明说。美国联邦贸易委员会明令禁止在广告中做出虚假承诺，但是李施德林杀菌剂的这则广告是否做出了虚假承诺呢？在一次具有里程碑意义的诉讼案例中，法庭裁定不允许李施德林杀菌剂的生产商沃纳·兰伯特使用这则广告，因为广告中隐含着虚假承诺。法庭勒令沃纳·兰伯特公司做出更正，即在未来的广告中声明“与先前的广告所述相反，李施德林漱口水并不能预防或缓解感冒和咽喉痛”。他们被要求一直加入这则声明，直到其花费达到 10 年以来的广告费用。

目击者证言和关于虚假记忆的争论

在学习过程和回忆测验中，对信息进行增细加工并做出推断的能力对我们日常生活中的成功记忆至关重要。在学习过程中做出的推断，可以使我们从实际看到和听到的东西之中推出可能是真的东西。当我们听说某人在看病的时候得知自己怀孕了，那么我们就有理由推断是医生告知她的。因此，这样的推断常常使我们对世界的理解更加连贯和准确。然而有些时候，我们需要把自己实际的所见所闻和推断区分开来。这样做并不容易，因此常常会导致有害的虚假记忆。上面提到的加格益的例子只是冰山一角。

在见证人提供证词的情况下，区分推断和真实的经历尤为关键。尽管陪审团十分重视证人的证词，但是有证据表明目击者给出的证词常常不准确。准确率不高的一个原因就是人们混淆了自己在一场事故中看到的真实情况和从别人那里听说的情况。洛夫特斯（1975，1996；Loftus，Miller，& Burns，1978） 193
证明了后续信息可以改变目击者对事件的记忆。例如在一次实验中，洛夫特斯询问一些目击了一场交通事故的被试那辆车在经过让行标志时的车速是多少。尽管当时现场并没有让行标志，但被试把被问的问题和自己的真实所见弄混了，许多被试随后记住了自己当天看见过让行标志。另一个有趣的案例和约翰·迪安在尼克松白宫政府水门事件中作出的证词有关（Neisser，1981）。在迪安为总统办公室的谈话作证之后，人们才发现尼克松事先已经将这些谈话录了下来。尽管在要点上迪安的证言很准确，但是他混淆了许多细节，包括谈话的顺序。

记忆混淆的另一个案例是近期关于**虚假记忆综合征**（false-memory syndrome）的争论，该案例涉及许多声名狼藉的事件，因为当事人声称他们恢复了被压抑的童年曾遭受性虐待的记忆（Schacter，2001）。许多这些恢复的记忆是在心理治疗过程中产生的，于是一些记忆研究者质疑这些恢复的记忆是否真的发生过，并推测它们可能只是在心理治疗师的强烈暗示下出现的。例如，一位心理治疗师对病人说："你要知道，根据我的经验，许多人都受到和你同样问题的困扰，他们的童年通常经历过某种痛苦遭遇，也许是被殴打，也许是被性骚扰。我想知道，在你身上是否也发生过类似的事情呢？"（Forward & Buck，1988，p.161）。基于前面讨论过的关于人们怎样将信息整合起来并推断出他们应该记住的东西的证据，我们可以怀疑听到这些指导语的病人是否记起了没有发生过的事情。

许多研究者都表示，利用暗示性访谈技术可以制造出虚假记忆。例如，洛夫特斯和皮克罗（Loftus & Pickerall，1995）让成年被试阅读由长辈写下的关于他们童年的四个故事，其中三个是真实故事，一个是 5 岁时在商场走失的虚假故事。读完故事后，25% 的被试说自己记得在商场走失的事情。切奇等人（Ceci，Loftus，Leichtman，& Bruck，1995）在 3 到 5 岁儿童身上也制造出了类似的虚假记忆。我们用来分辨记忆与想象的过程十分脆弱，信息的来源很容易就被混淆了。当然，试图植入像性虐待这样的创伤性虚假记忆是不道德的，而且也存在制造虚假记忆是否有可能会造成与真实遭受童年性虐待同样的痛苦的疑问（e. g.，Pope，1996）。

关于恢复的童年受虐记忆有多大可信度，是一个争论激烈的问题。虽然人们很想得出一个简单的结论全盘接受或全盘否定恢复的受虐记忆，但事实往往没有这么简单。一些恢复受虐记忆的案例似乎找到了强有力的证据支持（Sivers，Schooler，& Freyd，2002），同时也有一些案例中的所谓受害者随后 194
又撤诉，并说他们的记忆被误导了（Schacter，2001）。

◎ 严重的记忆错误可能因为人们不能够将真实经历过的事情和自己推断的、想象的或被告知的事情区分开来而出现。

虚假记忆和大脑

近年来研究人员已经有能力研究虚假记忆的神经基础，他们使用的例子并不像使人们相信自己曾在购物中心迷路那么异乎寻常。在由迪斯（Deese，1959）首创而后又经罗迪格和麦克德莫特（Roediger & McDermott，1995）完善的 **DRM 范式**（Deese-Roediger-McDermott paradigm）中，被试被要求学习一些单词表。其中一张表包含的单词有：线、别针、眼睛、缝纫、尖锐、尖、刺、顶针、干草堆、荆棘、受伤、注射、注射器、衣服、针织品。第二张表的单词包括：床、休息、醒着、疲倦、做梦、醒来、打盹、毯子、打瞌睡、睡眠、打鼾、小睡、平静、打呵欠、困倦。在随后的测验中，他们向被试呈现一系列单词，并要求被试判断他们是否学过这些单词。这些单词有三类：

真（例如：缝纫、醒着）
假（例如：针、睡觉）
新（例如：门、糖果）

真项目是指在单词表中出现过的单词；假项目是指和单词表中的词有密切联系但并未在其中出现过的单词；新项目则是指和单词表中的词毫无联系的单词。被试们肯定了大部分的真项目，拒绝了大部分的新项目，但是很难排除假项目。在一项研究中，卡布查等人（Cabeza，Rao，Wagner，Mayer，& Schacter，2001）发现被试能够肯定 88% 的真项目和只有 12% 的新项目，但是他们却肯定了 80% 的假项目，这个比率几乎和真项目一样。

卡布查等仔细观察了这些不同类型的单词在大脑皮层所产生的激活模式。图 7.9 显示了在两种海马结构中的激活情况。在海马区本身，真项目和假项目产生的 fMRI 反应几乎相同，它们都比新项目产生的反应强烈。因而这些血液动力学反应看似非常符合被试的行为数据，被试无法分辨真假项目。然而在海马旁回（海马结构旁边的一个区域）中，假项目和新项目产生了相同的微弱的血液动力学反应，而真项目产生了较大的反应。海马旁回和脑的感觉区有更紧密的联系。卡布查等认为它保持的是看见一个单词时最初的感觉经验，而海马保持的是一个更抽象的表征。这就是为什么真项目引起了更大的血流动力学反应。沙克特（例如，Dodson & Schacter，2002a，2000b）指出，人们可以通过训练来使自己更加注意这些不同的感觉特征从而提高抵制虚假记忆的能力。作

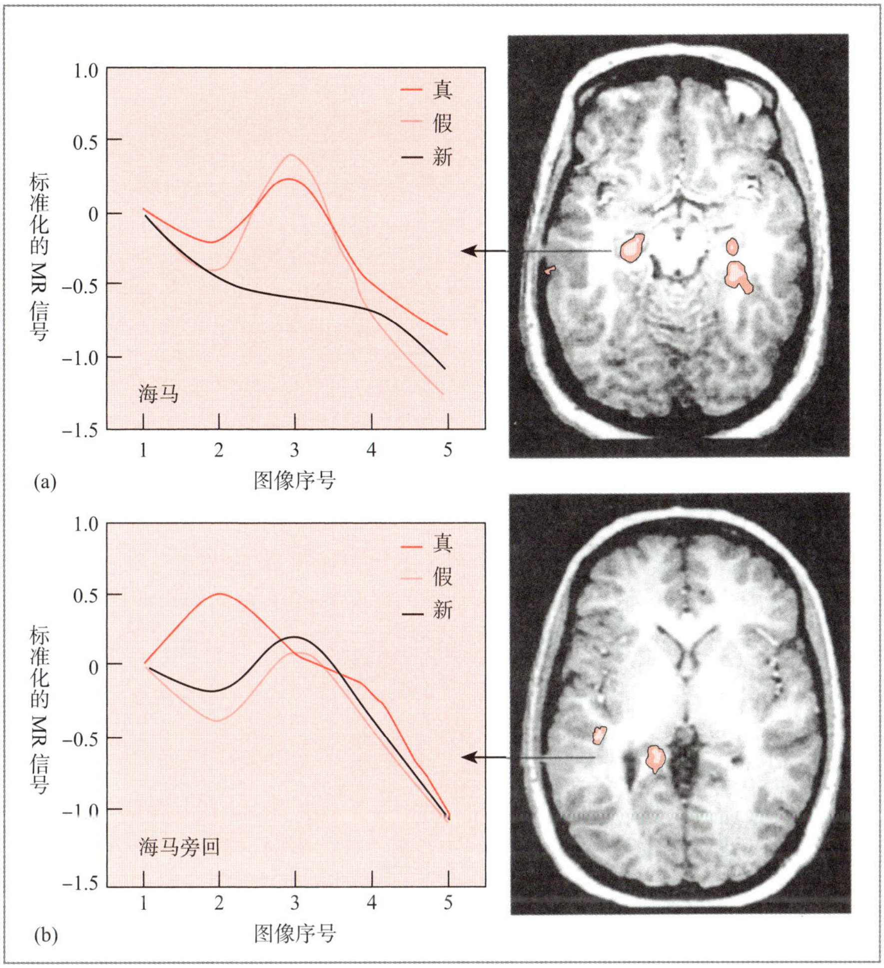

图 7.9　**卡布查等所做的 fMRI 实验的研究结果。这项研究是关于被试在学过单词表后对真项目、假项目以及新项目进行判断时所产生的激活模式。（a）双侧海马区对真项目和假项目的反应比对新项目更加活跃。而真项目和假项目所产生的激活没有差别。（b）海马旁回的一个左后区域对真项目的反应比对假项目和新项目更为活跃。而假项目和新项目所产生的激活没有差别。**（资料来源：Cabeza et al.，2001. Adapted by permission of the publisher. © 2001 by the National Academy of Sciences.）

为一种应用，这种区分训练也可以用来帮助那些有严重虚假记忆问题的老年病 195
人。例如，老年人有时候会觉得很难记清楚有些事情到底是自己亲眼看到的还是自己的想象（Henkel，Johnson，& DeLeonardis，1998）。

◎ 海马对虚假记忆表现出了与真实记忆同样的高激活反应，因而不能分辨出哪些是真正经验过的，哪些是想象出来的。

196 联想结构和提取

第 6 章提到的扩散激活理论意味着我们可以通过提供与某特定记忆紧密相关的提示来改善我们的记忆。当你试图回忆一位老同学的名字时，你就会发现其实你在运用这种技能。你会联想和这个同学有关的其他同学的名字或者和这个同学一起做过的事情来提示自己，努力的结果通常是想起来了这个名字。塔尔文和珀尔斯通（Tulving & Pearlstone，1996）为这一技术提供了一个例证。他们让被试学习了一张有 48 个单词的列表，这些单词都属于驯养的哺乳动物的类别，例如：*狗*、*猫*、*马*和*奶牛*。要求被试回忆所有学过的单词。当给出了*哺乳动物*这样的提示语后，他们能较好地回忆单词表。该提示语的作用是提示要提取这个类别的成员。

编码情境效应

在和记忆相关联的提示中，有一些是来自于记忆形成时的情境。测验记忆的时候如果能重现这些情境提示，人们就可以有更多的途径来重新激活目标记忆。很多证据表明情境可以极大地影响记忆。在本小节我们将考察情境影响记忆的一些途径。情境效应通常被认为属于编码效应，因为情境影响着将什么编码到记录一个事件的记忆痕迹中去。

史密斯等人（Smith，Glenberg，& Bjork，1978）进行了一项实验，该实验表明了物理情境的重要性。在实验中，被试在不同的日子和不同的物理情境下学习两个配对联想表。第一天，被试在密歇根大学校园附近的一座楼里一间没有窗户的房间学习一个配对联想表。实验者衣装整洁，穿着西服打着领结，用幻灯片呈现配对联想。第二天，被试在校园内一间有窗户的小房间里学习另一个配对联想表。实验者穿着邋遢的法兰绒衬衣和牛仔裤（是同一个实验者，但是有些被试并没有认出他），配对联想是通过录音机播放的。一天之后，在一个场景下测验了被试对一半配对联想的回忆[3]，在另一个场景下测验了另一半。当测验场景和学习场景一致的时候，他们能回忆 59% 的所学配对，但是当测验场景和学习场景不一致时，他们只能回忆起 46% 的所学配对。由此看来，

3 其中包括了一半在本场景下学习的配对联想，一半在另一场景下学习的配对联想。——译者注

当测验场景和学习场景一致的时候，记忆的效果较好。

最具戏剧性的情境安排或许是戈登和巴德利（Godden & Baddley，1975）的实验。他们让潜水员在岸边或在 20 英尺深的海水下学习 40 个无关联的单词。接着要求潜水员在同样的场景或者不同的场景回忆所学过的单词。图 7.10 给出了这个研究的结果。当被试在与学习单词时同样的情境中回忆这些单词的时候，他们很明显地有较好的记忆。由此看来，情境因素
197 的确与记忆有关联，而且如果测验的时候有这些情境因素则会增进被试的记忆。实际上这一研究结果对潜水教育具有重大意义，因为潜水员的大部分潜水知识是在岸上获得的，但是他们却要在水下回忆这些知识。

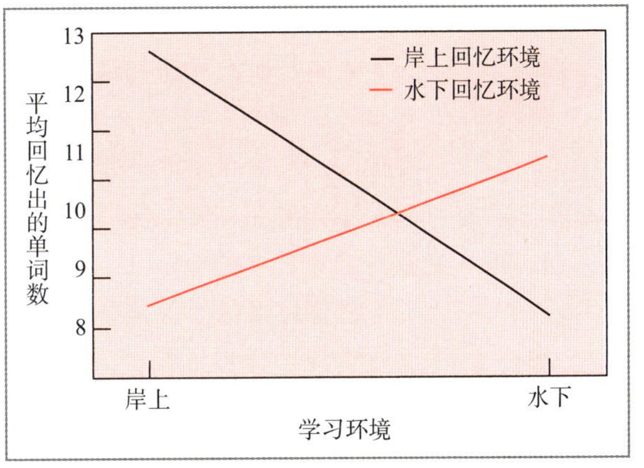

图 7.10　**戈登和巴德利关于情境对被试回忆单词影响的实验结果。在图中，被试回忆的单词的平均数量是学习情境的函数。被试在与学习时同样的情境下接受测验时，回忆效果较好。**（资料来源：Godden & Baddeley, 1975. Adapted by permission of the publisher. © 1975 by the *British Journal of psychology.*）

关于情境效应的大小，不同的实验得出的结论相当不同（Roediger & Guynn，1996）。费尔南德斯和格伦伯格（Fernandez & Glenberg，1985）报告了若干未能发现任何情境作用的情况。索弗雷等人（Saufley，Octaka，& Bavaresco，1985）报告说他们在教室中未能发现这种效应。艾希（Eich，1985）认为情境效应的大小取决于被试把情境和记忆整合在一起的程度。在实验中，他为两组被试读了单词表，并要求其中一组被试只单纯地想象名词所指的东西（例如，想象天空中有个风筝），要求另外一组想象情境中的名词所指的东西（例如，想象房间角落的桌子上有个风筝）。艾希发现，当要求被试想象情境中的名词所指的东西时，产生了较大的情境效应。

鲍尔等人（Bower，Monteiro，& Gilligan，1978）的实验表明情绪情境可以有与物理情境相同的效应。他们让被试学习两列单词。在学习其中一列单词的时候，他们用催眠的方法让被试回顾生活中的一个愉快片段来营造积极的情境。在学习另外一列单词的时候，他们用催眠的方法让被试回顾一件难过的事情来营造消极的情境。随后他们再次用催眠的方法营造积极或消极的情境来进行测验，结果发现当测验时的情绪状态和学习时的情绪状态一致时，被试有较

好的记忆。[4]

并不是所有的研究都能观察到心境依存效应。例如，鲍尔和迈耶（Bower & Mayer，1985）就没能够得出鲍尔等人 1978 年的研究结果。艾希和梅特卡夫（Eich & Metcalfe，1989）发现，只有被试在学习中把记忆和其心境信息整合起来时才会出现心境依存效应。因此和物理情境效应一样，心境依存效应只出现在特定的学习场合。

或许更强的一种效应是**心境一致**（mood congruence），当一个人高兴的时
198 候就容易记住那些愉快的事情，但是当一个人悲伤的时候就容易记住那些不愉快的事情。心境一致是记忆内容的效应，而不是被试在学习时的情绪状态的效应。例如，蒂斯代尔和拉塞尔（Teasdale & Russell，1983）曾让被试在正常的心境状态下学习包括积极的、消极的以及中性的单词的单词表。接着在随后的测验中，他们营造了积极或消极的心境状态。如图 7.11 所示，他们的结果表明，被试回忆出了较多的和他们测验时的心境一致的单词。在测验的时候如果营造了某种特定的心境，该心境的元素就会启动共享这些元素的记忆。因此，心境元素既可以启动本身内容与心境相匹配的记忆（如蒂斯代尔和拉塞尔的实验所示），也可以启动学习过程中融合了这些心境元素的记忆（如艾希和梅特卡夫 1989 年的实验所示）。

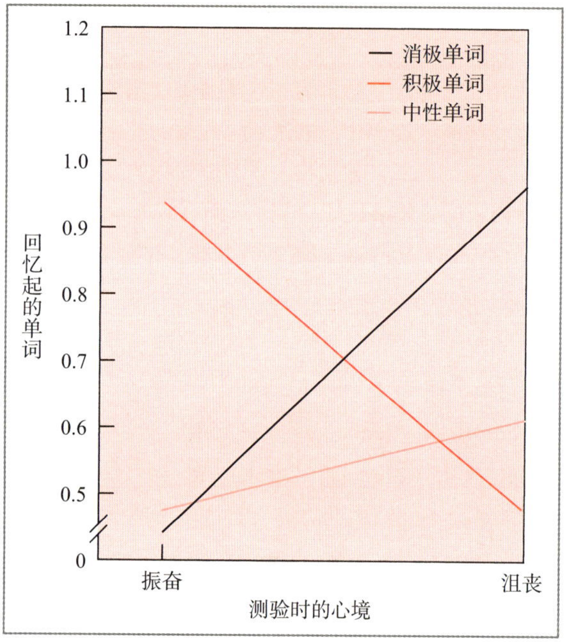

图 7.11　蒂斯代尔和拉塞尔对心境一致的研究结果。在图中，所学单词的回忆数量是测验时心境状态的函数。被试回忆起了更多和他们在测验时的心境一致的单词。（资料来源：Teasdale & Russell，1983. Reprinted by permission of the publisher. © 1983 by the British Psychological Society.）

与此相关的一个现象就是**状态－依存学习**（state-dependent learning）。人们发现，如果他们能够回到学习时的情绪状态和物理状态，就能够更容易地回忆信息。例如，人们通常开玩笑地说，酗酒者清醒时想不起醉酒时把酒藏在了哪里，而

4　作为一个题外话，值得指出的是，尽管有很多流行的报告，但最有力的证据表明，催眠本身并不能改善记忆（见 Hilgard，1968；Smith，1982；Lynn，Lock，Myers，Payne，1997），虽然它可以在测试中通过再造情境来帮助改善记忆。然而，许多学习情境也可以通过非催眠的途径重构，比如通过对有待回忆事件的环境的自由联想（例如，Geiselman，Fisher，Mackinnon，& Holland，1995）。

表 7.5

状态－依存学习：在学习和测验时服用药物的效应。

学习	测验（正确的百分比）		
	普通香烟	大麻香烟	平均
普通香烟	25	20	23
大麻香烟	12	23	18

资料来源：Eich et al.（1975）. Reprinted by permission of the publisher. © 1975 by the *Journal of Verbal Learning and Verbal Behavior.*

醉酒时想不起清醒时把钱藏在了哪里。实际上，的确有关于记忆对酒精状态的依存的实验证据，但是更重要的是，酒精一般会削弱信息获取（Parker，Birnbaum，& Noble，1976）。大麻也被证明具有类似的状态－依存效应。在一次实验中（Eich，Weingartner，Stillman，& Gillin，1975），被试在吸了一根大麻香烟或者普通香烟之后学习一个自由回忆词表。四个小时之后他们接受测验，测验也是在吸了大麻香烟或者普通香烟之后进行的。表 7.5 给出了实验结果。我们可以看见两种效应，这两种效应都属于研究神经药物作用于记忆的实验中的典型现象。首先，当测验状态与学习状态匹配时有较好的回忆，这反映了状态－依存效应。其次，在非吸毒状态下学习的材料的记忆效果普遍比吸毒状态下的好。 199

◎ 如果学习时的外部环境与内在状态和测验时的一致，人们就会表现出较好的记忆。

编码特异性原理

对学习材料的记忆还在很大程度上取决于与它们紧密相连的其他学习材料所构成的情境。我们来看一下汤普森（D. M. Thompson，1972）的一项再认记忆实验。汤普森让被试学习一些成对的单词，例如，天空 蓝色。他告诉被试只需要注意每对单词中的第二个单词，就刚才的例子来说就是只需注意蓝色这个词就可以了，第一个单词只是代表一种情境。在之后的测验中，或者向被试呈现蓝色，或者呈现天空 蓝色，要求他们回答是否在学习时看见过单词蓝色。在只呈现单个单词的情况下，他们再认出了 76% 的蓝色这类目标词。然而在成对呈现单词的条件下，再认率是 85%。因此，即使测验的目的只是一个单词，但是在有其他单词构成的情境下，被试有较好的记忆。

一系列的实验（例如，Tulving & Thompson，1973；Watkins & Tulving，1975）显著地表明，对一个单词的记忆取决于测验时的情境和最初学习时情境的匹配程度。实验有三个阶段：

1. 初始学习：沃特金斯和塔尔文让被试学习成对的单词，例如：火车－黑色。他们告诉被试只需要记住第二个单词就可以了，这个单词被称作待记忆单词。

2. 生成和再认：向被试呈现一个单词，例如白色，然后让被试生成四个自由联想的单词。这样，被试或许会生成雪、黑色、羊毛和纯洁这样的单词。本任务选择刺激的标准是它们更可能诱发待记忆的单词。例如，白色很容易使人联想到黑色。接着被试需要指出他们所生成的四个单词中哪一个是他们在第一阶段所学习的待记忆单词。在待记忆单词被生成的情况下，被试正确地选择它的概率是54%。因为被试总是被迫选出一个，有些正确的答案也可能只是幸运的猜中而已，所以实际的再认率比54%还要低。
3. 线索回忆：向被试呈现了初始的情境单词（例如，火车），然后要求被试回忆待记忆单词（例如，黑色）。被试能回忆起61%的单词，高于他们的再认率，而且没有猜对的成分。此外，沃特金斯和塔尔文还发现，在被试能回忆起的单词中，有42%在之前的自由联想测验中没有被再认出来[5]。

再认通常比回忆有优势。因此我们会认为，如果被试再认不出某一个单词，
200 他们就无法回忆出这个单词。通常，我们预期做多项选择题比做问答题的成绩好。但是上面介绍的这类实验却给我们的这种惯性想法提供了戏剧性的反例。我们可以从测验情境和学习情境的相似性来理解实验的结果。单词白色和它的关联词的测验情境与初学黑色这个单词时的情境不相同。与此相反的是，线索回忆测验中的情境是被试最初学习黑色这个单词时的情境（火车）。因此如同在这些实验中那样，如果情境因素足够利于支持回忆，那么回忆就可以比再认有优势。塔尔文对这些结果的解释是，它们验证了其所提出的**编码特异性原理**（encoding-specificity principle）：在测验时能回忆起一个项目的概率取决于测验时的编码和学习时的初始编码的相似程度。

◎ 如果单词测验时的情境和学习单词时的情境相同，人们会表现出较好的单词记忆。

海马结构和遗忘症

在第6章中，我们谈到一个虚构的人物伦纳德由于海马创伤而导致遗忘症。海马是一个嵌在颞叶皮层内部的结构，有大量证据表明海马结构对建立永久记忆极其重要。动物研究（典型的有大鼠或灵长类动物，综述可见 Eichenbaum &

5 已经有大量的关于这个现象的研究，综述可见 Nilsson & Gardiner，1993。

Bunsey，1995；Squire，1992）表明损伤海马结构会严重损害学习新关联的能力，尤其是那些需要记住元素的组合或者建构的关联。损伤人类的海马区域也可以导致严重的**遗忘症**（amnesia）。研究得最多的遗忘症病人之一是 HM [6]。1953 年时，他刚满 27 岁，为了治疗癫痫，他的大部分颞叶在手术中被切除了。他成为了有记录以来最著名的遗忘症患者之一，并且被研究了几十年。他仍能记得 16 岁之前的事情，但是 16 岁到手术前 11 年间的记忆却不翼而飞。另外，他几乎无法记住新发生的事情。从很多方面来看，他都是一个具有清晰自我认同的正常人，但是，他的认同仅滞留在 16 岁，他记忆停止的那个时刻（虽然他意识到自己老了并且对世界有了更多认识）。他接受的那次外科手术包括全部切除海马及其周边结构，这被认为是他患严重遗忘症的原因（Squire，1992）。

在外科手术中需要切除人类海马结构的情况很少见。然而由于各种原因，
人类有可能伤及这一结构及其周边的颞叶。其中一个常见的例子就是头部受到 201
重击，但是也有其他原因，比如脑部感染（例如脑炎）和慢性酒精中毒可以导致一种叫做**科尔萨科夫综合征**（Korsakoff syndrome）的疾病。该区域的损伤会导致两种类型的遗忘症：一种叫做**逆行性遗忘症**（retrograde amnesia），它指的是病人忘记了在受伤前发生的事情。另一种叫做**顺行性遗忘症**（anterograde amnesia），指的是失去学习新事物的能力。

在头部受到重击的情况下，遗忘症通常并不是永久性的，而是呈现出一种特定的康复模式。图 7.12 展示了一个病人因为闭合性脑损伤昏迷了七周的康复模式。在受伤后 5 个月的测验中，病人呈现出了完全的顺行性遗忘症状，他无法想起受伤后发生的事情。他还对受伤之前的两年生活呈现出完全的逆行性遗
忘症，并且对两年之外的记忆也非常混乱。受伤后 8 个月的测验显示，病人获 202
得了一些记忆新事物的能力，完全的逆行性遗忘症的时间缩减为一年。受伤后 16 个月的测验结果表明，病人已经完全获得了记忆新事物的能力，只是永远地失去了对受伤之前两周内所发生事情的记忆。逆行性遗忘症的典型特征就是忘记了和受伤时间很接近的时期发生的事情，而且永远丧失了对刚受伤之前发生的事情的记忆。一般而言，尽管在不同的病人身上顺行性遗忘症和逆行性遗忘症的症状表现轻重有所不同，它们都呈现了这种同时发生和同时康复的模式。

遗忘症有许多显著特征。第一个特征是在顺行性遗忘症发生的同时，长时记忆却能有某种程度的保持。HM 的案例尤其属于这一情况，他可以记起许多小时候的事情，但是无法学习任何新事物。这种现象表明，形成新记忆的神经结构不同于保持旧记忆的神经结构。人们认为海马结构在创建新记忆时尤为重

---

6 Henry Gustav Molaison 已于不久前逝世，享年 82 岁。他的讣告仍可见于 http:/www.nytimes.com/2008/12/05/us/05hm.html.

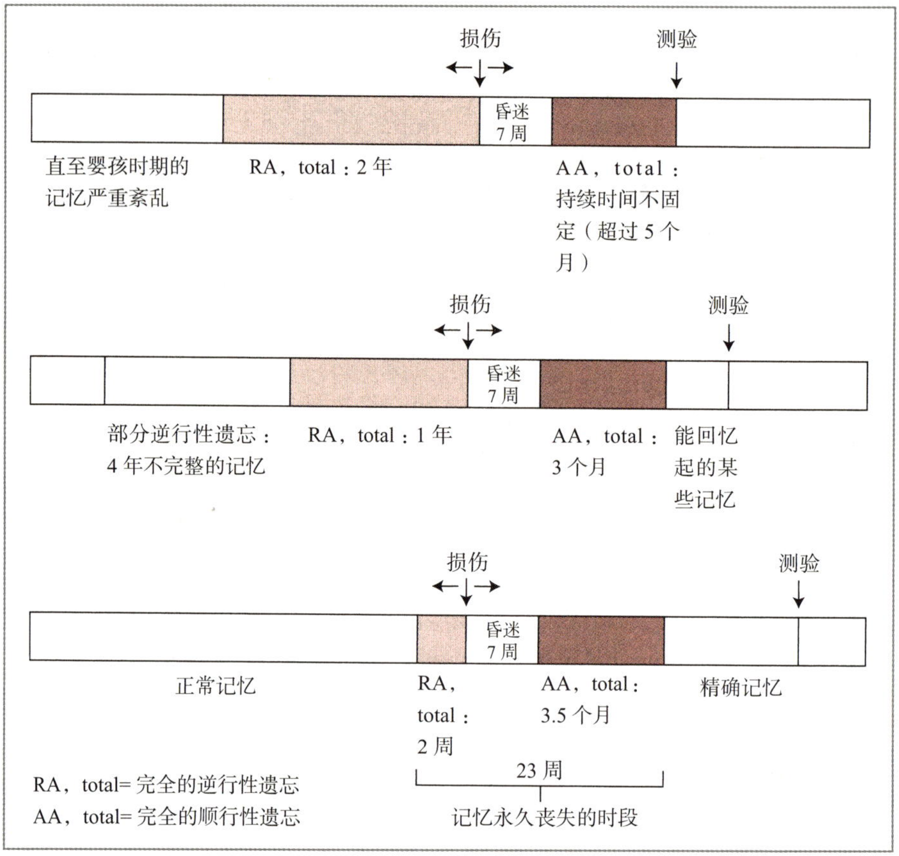

图 7.12　一个因闭合性脑损伤而导致遗忘症的病人的康复模式。（a）5 个月之后；（b）8 个月之后；（c）16 个月之后。（资料来源：Barbizet，1970. Reprinted by permission of the publisher. ©1970 by W. H. Freeman.）

要，而旧记忆则保持在大脑皮层中。人们通常还认为正好在受伤前刚发生的事情尤为容易遭受逆行性遗忘，因为它们仍然需要海马的支持。这些遗忘症现象的第二个显著特征就是记忆并不是完全地缺失，病人仍然能形成一定种类的记忆。关于这个特征我们将在下一部分内隐记忆和外显记忆中探讨。遗忘症的第三个显著特征是病人可以在短期内记得事情，然后将其遗忘。因此，当介绍其他人给 HM 并告知他对方姓名的时候，他会在短时期内用那个名字，但是经过半分钟就忘掉了。因此顺行性遗忘症的问题是不能保持记忆超过 5 到 10 秒钟。

◎ 海马结构遭受创伤的人既有顺行性遗忘症也有逆行性遗忘症。

内隐记忆与外显记忆

到目前为止，我们在本章一直讨论的是有意识的记忆。然而在记忆这个研究领域中还有一些极为有趣的研究是围绕我们并没有意识到的记忆展开的。有时候我们会发现自己知道的一些事情是无法描述的。跟某些人有关的一个例子是对键盘按键的记忆。许多熟练的打字员如果不想象他们在打字就无法回忆起键盘的布局结构。很明显，他们的手指知道每一个键在哪里，但是他们不能有意识地通达这些知识。这个有关内隐记忆的例子强调了提取条件在评估记忆时的重要性。如果我们让打字员告诉我们键盘上的每一个键的位置，我们得出的结论将是他们对键盘一无所知。如果我们测验他们打字，那么我们得出的结论将是他们拥有完美的键盘知识。本部分将讨论外显记忆和内隐记忆的区别，或者叫**分离**（dissociations）。在上面刚讲过的键盘的例子中，外显记忆表现不出 203
知识，然而内隐记忆却表现出完全的知识。**外显记忆**（explicit memory）描述我们可以有意识地回忆的知识。**内隐记忆**（implicit memory）则是描述我们无法有意识地回忆的知识，但是这些知识却能在我们执行某项任务时通过提高绩效显示出来。

像打字这样外显记忆和内隐记忆完全分离的例子在普通人身上很少见，但这种情况在那些患了某种遗忘症的病人中则比较普遍。遗忘症病人显示了对其不能有意识地回忆起来的自身经历的内隐记忆。例如，格拉夫等人（Graf, Squire, & Mandler, 1984）比较了患遗忘症的被试和正常被试对单词表的记忆，例如单词 *banana*（香蕉）。在学习了这些单词之后，要求被试回忆它们。图 7.13 显示了测验结果，患遗忘症的被试比正常被试的表现差很多。接着被试需要完成一项单词补全任务。主试呈现一个所学过的单词的前三个字母，要求被试由此生成一个英语单词。举个例子，被试也许需要补全 *ban*______。如果全凭几率决定，被试能够生成他们所学单词 *banana* 的可能性不到 10%[7]。但是结果却表明两组被试生成所学过单词的比率均超过 50%，患遗忘症的被试和正常的被试在单词补全任务中没有差异。由此可知，患遗忘症的被试显然具有对单词表的记忆，尽管他们在自由回忆的任务中无法有意识地通达该记忆。更确切地说，他们在单词补全任务中显示了内隐记忆。患者 HM 也显示出具有内隐学习的能力。例如，尽管每一天他都记不住前一天的任务，但是他能够一天一天地改进各种知觉—运动任务的绩效（Milner, 1962）。

7　例如 banker（银行家）、banish（驱逐）、banner（横幅）、bangle（手镯）等等都是 ban 开始的六个字母的常用单词。——译者注

图 7.13 **格拉夫、斯奎尔和曼德勒的实验结果。这个实验比较了遗忘症被试和正常被试回忆所学单词的能力以及补全残缺的所学单词的能力。在回忆单词任务中，遗忘症被试的表现比正常被试差很多。但是在单词补全任务中，遗忘症被试和正常被试之间没有差异。**（资料来源：Graf，Squire，& Mandler，1984. Reprinted by permission of the publisher. ©1984 by the *Journal of Experimental Psychology: Learning, Memory, and Cognition.*）

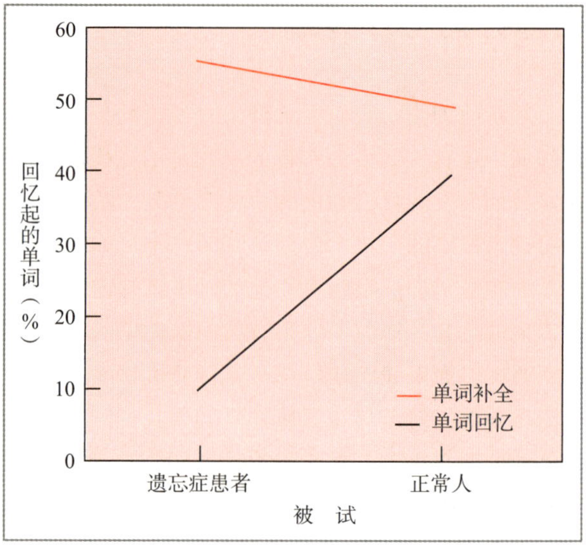

◎ 遗忘症患者通常无法有意识地回忆某一特定的事件，但是却能用内隐的方式显示出他们对所发生的事件有某些记忆。

正常被试的内隐记忆和外显记忆

已经有大量的研究考察了正常人的内隐记忆和外显记忆的分离（综述可见 Schacter，1987；Richardson-Klavehn & Bjork，1988）。遗忘症患者表现出不具备有意识的记忆但拥有正常的内隐记忆，而我们不太可能在正常人中看到遗忘症病人所表现出的这两种记忆的戏剧性的分离。然而，现在已经有可能证明有
204 些变量对外显记忆测验和内隐记忆测验有不同的影响。雅各比（Jacoby，1983）让被试在三种条件下学习了一张单词表。即对单词表中每一个单词，例如*女人*，可以是在单独呈现下学习（无情景条件），或者是在有反义词呈现的情况下学习，例如*男人 – 女人*（有情景条件），或者是通过产生一个词的反义词而学习（生成条件）。在最后一种条件下，被试将会看见单词*男人*且必须说出单词*女人*。雅各比接着用两种方式测验了被试，这两种方式分别涉及外显记忆和内隐记忆。在外显记忆的测验中，向被试呈现一张单词表，有些单词是学过的，还有一些没有学过，要求被试再认出学过的单词。在内隐记忆测验中，在短时间（40 毫秒）内向被试呈现单词表中的一个单词并要求被试识别这个单词。图 7.14 给出了这两种测验的结果，它们是三种学习条件的函数。

在学习中涉及较多的语义和生成的条件下，外显记忆测验的结果最好，这

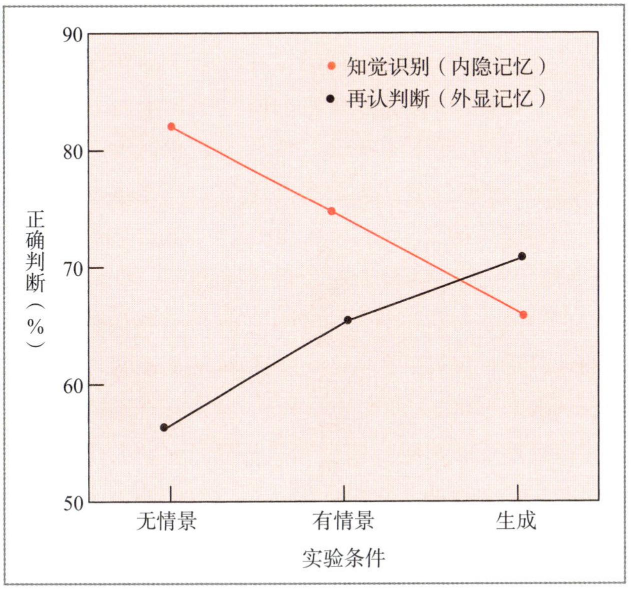

图 7.14　雅各比的实验结果表明，一些变量对外显记忆和内隐记忆的影响不同。实验对比了在记忆测验中再认一个词的能力和在知觉测验中识别这个词的能力，它们作为最初学习这些单词的方式的函数显示在图中。（资料来源：Jacoby，1983. Reprinted by permission of the publisher. © 1983 by the *Journal of Verbal Learning and Verbal Behavior.*）

一点与我们在前面所讨论过的增细加工的研究相一致。然而，这个条件下的内隐知觉识别测验结果最差。在内隐测验时的非常短的视觉刺激呈现条件下，如果被试完全没有学习过这些单词，正确的知觉识别率的期望值只有 60%，三种学习条件下的知觉识别结果都高于这个期望值。这种增强被称为**启动**（priming）。雅各比认为被试之所以在无情景条件下表现出最大的启动是因为，在这种学习条件下他们将主要依赖知觉编码来识别单词。在生成条件下被试甚至没有看到要学习的单词[8]。图片记忆也显示了类似的差异：对图片的增细加工会改善对图片的外显记忆，但是不会影响识别图片的知觉过程（例如，Schacter et al., 1991）。

在另外一项实验中，雅各比和威瑟斯庞（Jacoby & Witherspoon，1982）想弄清楚被试是否对能再认的单词比不能再认的单词表现出了更多的启动。被试首先学习了一系列单词。然后，在实验的一个阶段，被试需再认是否学过这些单词；在另一个阶段，被试需在单词短暂呈现后说出看到的是什么单词。被试对短暂呈现的学习过的单词的识别能力要好于没有学习过的单词。然而，他们既识别出了学习过且能够再认的单词，也识别出了学习过但未能再认的单词，在识别两者的成功率上没有差异。因此，学习过一个单词能够提高正常被试感知该单词的能力（内隐记忆的成功），即使他们无法回忆出这是学习过的单词

8　并不是所有的研究都发现在无情景条件下内隐记忆效果更好。但是，所有的研究都发现学习条件与记忆测验类型之间存在交互作用。见马森和麦克莱奥德（Masson & MacLeod，1992）的深入讨论。

（外显记忆的失败）。

205 比较内隐记忆和外显记忆的研究表明这两种记忆在大脑中的实现相当不同。我们已经提到过，海马损伤的遗忘症患者在启动研究中显示出了正常的效应，然而他们的外显记忆却表现出严重的缺失。使用药物咪达唑仑（速眠安，midazolam）的研究能在正常被试身上产生出类似的结果。咪达唑仑在外科手术中起镇静作用。有研究表明（Polster，McCarthy，O'Sullivan，Gary，& Park，1993），当这种药物作用在病人的身上时，能产生严重的顺行性遗忘症，尽管病人的机能正常。在学习一个单词表之前使用了这种药物的被试对他们所学单词表现出了极大的外显记忆障碍，但是对这些单词的启动却仍然正常（Hirshman，Passannante，& Arndt，2001）。咪达唑仑对一种遍布全脑但在海马和前额叶皮层中特别丰富的神经递质有影响。它会造成外显记忆缺失是和海马及前额叶皮层与外显记忆的关联相一致的。它对内隐记忆没有影响说明内隐记忆储存于别的地方。

脑成像研究表明内隐记忆储存于大脑皮层。正如我们已经讨论的那样，当记忆被外显地提取的时候，海马活动有所增强（Schacter & Badgaiyan，2001）。相反，在启动的过程中，一些皮层区域的活动通常会减弱。例如，在一项 fMRI 的研究中（Koutstaal et al.，2001），启动导致了负责图片再认的视觉区域活动的减小。我们看到的这种由于启动而减小的皮层活动水平反映了一个事实，那就是对启动了的项目进行再认比较容易。看来，受到启动的项目在皮层的表征得到了增强。

对这些实验结果的一个总的解释就是新的外显记忆形成于海马结构中；但是随着经验的增加，这一信息逐渐转移到了大脑皮层。这就是为什么海马创伤不会导致创伤之前的旧记忆的丢失。储存于大脑皮层的永久信息包括单词的拼写、事物的外观等。当这些记忆被启动后就会得到强化，而且在以后的再测中更容易被提取。

◎ 新的外显记忆形成于海马区域，但是旧的记忆可以在皮层结构中被内隐地启动。

程序性记忆

内隐记忆被定义为意识觉察不到的记忆。按照这个定义，很多相当不同的事物都可以被认为是内隐记忆。有时候，内隐记忆涉及到与再认单词有关的知觉信息。这些记忆会引起我们在雅各比实验中看到的那种启动效应。在另一些情况下，内隐记忆涉及的是如何执行任务的知识。这种内隐记忆的一个经典例子涉及**程序性知识**（procedural knowledge）[9]，例如骑自行车。我们大部分人学过骑自行车，但是不能有意识地说清楚我们学到的是什么。遗忘症患者对程序性知识的记忆没有受到损害。

贝里和布罗德本特（Berry & Broadbent，1984）的实验涉及到一个比学自行车更具有认知特征的程序性学习任务。他们要求被试通过调整劳动力的规模来控制一个假想的由计算机模拟的糖厂的产糖量。被试将看到数以千吨计的当月产糖量（例如 6000 吨），然后他们需要确定数以百人计的下一个月的工人人数（例如 700）。然后，他们将会看到下一个月的产糖量（例如 8000 吨），并且他们需要确定下个月的工人人数。表 7.6 显示了模拟糖厂中的一系列交互作用。其目标是为了把糖的产量控制在 8000 到 10000 吨的范围之内。 206

表 7.6

程序性记忆：一个假想糖厂的投入和产出	
劳动力的投入（W）	糖的产出（吨）
700	8 000
900	10 000
800	7 000
1 000	12 000
900	6 000
1 000	13 000
1 000	8 000

我们可以从表 7.6 中推测产糖量和劳动力之间的相关规律，这一规律并非那么明显。以千吨计算的糖的产量（S）和以百人计算的劳动力的投入（W），以及上个月以千吨计算的糖产量（S_1）之间的关系可用如下的公式来表示：$S=2\times W-S_1$。（此外，有的时候会加上随机波动的 1000 吨糖，并且 S 和 W 的取值在 1 到 12 之间。）牛津大学的大学生进行了 60 次试图控制这个工厂的测试。在这 60 次测试中，他们对糖厂的产量控制得相当不错。然而他们无法说清楚其中的规律是什么，他们声称所做的决定是建立在“某种直觉”之上或者说就是“觉得那样做是对的”。因此，被试不需要获得相应的外显知识就能够获得如何经营这样一家工厂的内隐知识。患遗忘症的被试也显示了学习这种内隐知识的能力（Phelps，1989）。

近年来序列学习（Curran，1995）成为了研究程序性记忆本质及其大脑机制的一种主要模式。序列学习的模式有很多，但是它们的基本过程都是让被试看一个闪光点序列，并且要求他们按下相应的按钮。例如，有四个亮点，每个的下方有一个相对应的按钮。被试的任务就是按照与亮点闪光相同的顺序按相应的按钮。一种典型的做法是引进一个多次重复的亮点闪光序列，然后考察被试依这个序列按键的速度比亮点随机闪光时快多少。例如，在尼森和布勒默（Nissen & Bullemer，1978）的初始实验中，重复的序列可以是 4-2-3-1-3-2-4-3-2-1。对于重复的序列，人们的按键速度较快。研究的兴趣在于被试是否意识到存在着重复序列。在一些实验中，他们意识到重复序列的存在，但是在许多

9 这里是从众的译法。但是这种译法容易引起误解，因为这里涉及的是信息加工过程，而这个过程不一定是一个通常意义下的“程序”，例如计算机程序。较好的译法是“过程性知识”。——译者注

其他实验中他们没有意识到这一点。当实验的节奏很快或者当被试需要执行第二项任务时，他们就会忽略重复序列的存在。不管被试是否意识到重复序列的存在，他们在执行重复序列任务时的速度都比较快。

海马不是对重复序列形成熟练技能的关键区域，因为遗忘症患者和用药物诱导出遗忘症的正常被试都显示了重复序列的优势。另一方面，总称为基底神经节的一组皮层下结构（见图 1.8）似乎可能对序列学习起着关键作用。长期
207 以来大家都知道基底神经节对于运动控制起着至关重要的作用，因为损伤这些结构会产生亨廷顿氏症和帕金森氏症。这些疾病的一个典型特征就是病人无法控制运动。然而，基底神经节和前额皮层之间有紧密的联系。现在已经知道，基底神经节对认知功能非常重要。它们在许多技能学习中，包括序列学习，呈现活跃状态（Middleton & Strick，1994）。序列学习的一个优点就是它是非人类灵长目动物可以学会的一种认知技能，这使我们可以对其神经机制进行详细研究。灵长目动物的实验表明，基底神经节在序列学习的早期至关重要。例如，宫地等人（Miyachi，Hikosaka，Miyashita，Karradi，& Rand，1997）通过给猴子的基底神经节注射一种使其暂时失活的化学药物而延缓了猴子的早期序列学习。还有一些神经结构似乎也和序列学习有关。例如，对小脑的结构进行同样的化学失活会使后期的序列学习出现障碍。总而言之，有足够的证据表明程序性学习涉及的脑结构与外显学习涉及的脑结构不同。

◎ 程序性学习是另一种类型的内隐学习，它由基底神经节所支持。

结论：人脑中记忆的各种类型

斯夸尔（Squire，1987）认为记忆有很多种类，图 7.15 再现了他的分类，主要的区分是外显记忆和内隐记忆，他把它们分别称为陈述性记忆和非陈述性记忆。**陈述性记忆**（declarative memory）主要指我们能够外显地回忆出的事实
208 性记忆，似乎海马对于建立陈述性记忆尤为重要。在陈述性记忆系统内，存在着情景记忆和语义记忆的区分。情景记忆包含着知识获得的时间和地点的信息。例如，对一则新闻广播的记忆可以被称作情景记忆，在本章以及前面的第 6 章我们已经讨论了这些类型的记忆。在第 5 章我们讨论了语义记忆，它反映了对世界的一般知识，例如什么是狗，或什么是饭店。

图 7.15 清楚表明有许多种非陈述性（或内隐性）记忆。我们刚刚讨论了程序性记忆，以及基底神经节和小脑在其形成中所起到的关键作用。我们还谈到了启动，以及启动似乎伴随着直接负责处理相关信息的皮层区域的变化。还有

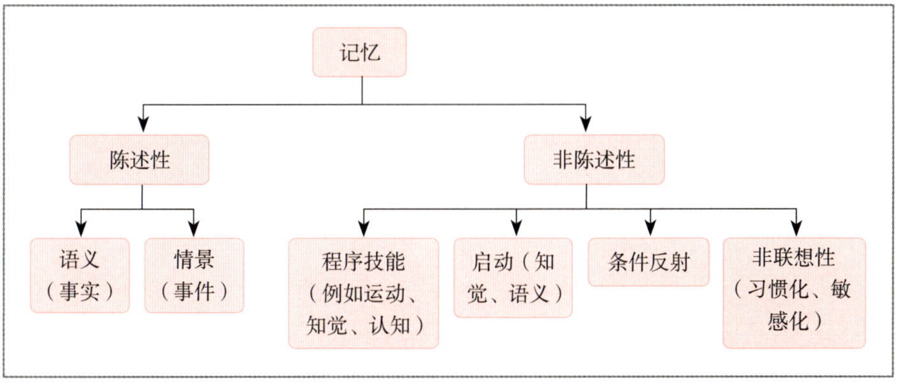

图 7.15　**斯夸尔所划分的记忆的种类。**（资料来源：Squire，1987. Reprinted by permission of the publisher. © 1987 by Oxford University Press.）

其他一些我们没有谈到过的学习种类，但是它们在动物学习的研究中很重要，其中包括条件反射、习惯化和敏感化，从海兔到人，大量的物种都存在这些现象。有证据显示哺乳动物身上出现的这些条件反射现象和许多不同的脑结构有关（J. R. Anderson，2000）。许多不同的脑结构都涉及学习，而且不同的脑结构支承着不同类型的学习。

思考题

1. 记忆随时间消退的现象有一个例外，那就是“往事回忆高峰（reminiscence bump）”（Berntsen & Rubin，2002）。人们对青少年晚期和 20 岁出头时所发生的事比对其他或早或晚发生的事有更好的记忆。我们该如何解释这种现象呢？
2. 这个故事是关于戴维·斯塔尔·乔丹（David Starr Jordan）的，他是一位鱼类学家，斯坦福大学的首任校长。他试图记住所有学生的名字，但是他发现当他记住一个学生的名字时，就会忘掉一种鱼的名字。这真的是记忆受到干扰的例证吗？
3. DRM 范式所制造的虚假记忆反映了与对童年事件的虚假记忆有着相同的产生机制吗？
4. 有时候，人们建议学生在将要举行考试的教室里学习。根据艾希（Eich，1985；见 p.211 的讨论）的研究，怎样才能使这样的学习产生效果呢？对于考试，这种学习方法有道理吗？
5. 图 7.15 中斯夸尔的分类似乎表明内隐记忆和外显记忆涉及不同的记忆系统和脑结构——一种叫陈述性记忆，另一种叫非陈述性记忆。但是，雷德、帕克和凯弗波尔（Reder，Park，& Keiffaber，2009）认为同样的记忆系统和脑结构有时会表现出能意识到的记忆，有时是不能意识到的记忆。该如何确定内隐记忆和外显记忆是否对应着不同的记忆系统？

关键术语

遗忘的幂定律
消退理论
干扰理论
扇面效应
虚假记忆综合征
DRM 范式
心境一致性
状态 – 依存学习
编码特异性原理
遗忘症
科尔萨科夫综合征
逆行性遗忘症
顺行性遗忘症
分离
外显记忆
内隐记忆
启动
程序性知识
陈述性记忆

问题解决

8

人类解决新问题的能力远远超出了其他物种，而这种能力依赖于人类前额 209
叶皮层的高度进化。我们已经看到前额叶在语言、表象和记忆等一系列的高级认知功能中的作用。然而，人们一般认为前额叶不只是执行这些特定的功能，它在行为的整体组织上起着重要的作用。迄今为止，我们所讨论的前额叶皮层多半是腹侧（靠近下方）和后侧（靠近后方），而且这些部位很多都具有左侧化优势。相反，背侧（靠近上方）、前侧（靠近前方），以及右脑半球的前额叶更倾向于与行为的组织有关，这些前额叶脑区在人类大脑中扩张得最多。

戈尔和格拉夫曼（Goel & Grafman，2000）描述了一个称作 PF 的病人，他由于中风使右侧前额叶皮层的前部受损。就像很多前额叶受损的病人一样，PF 看起来是正常的，甚至显得聪明，智力测验成绩上乘。实际上，他在大部分的测验中都表现良好，虽然在我们稍后将介绍的河内塔任务中出现了困难。尽管表面看上去很正常，他却有着深度的智力缺陷。他在中风前是个成功的建筑师，但是中风后由于丧失了设计能力而不得不退休。他可以做一些制图员之类的工作。戈尔和格拉夫曼让 PF 重新设计他们的实验室空间。虽然他能够将这个问题条理分明地说出来，但是他在解决这个问题上没有任何实质性的进展。一个与他受过相同的建筑方面训练但没有脑损伤的人，在几个小时内就很好地解决了这个问题。这样看来中风似乎只影响了 PF 最高级的智力技能。

本章和第 9 章将介绍我们已知的关于人类问题解决的知识。在这一章，我们将回答下列问题：

- 将人类的问题解决过程看作对问题空间的搜索意味着什么？
- 为了搜索问题空间，人类如何学习叫做算子的方法？
- 为了搜索问题空间，人类如何从不同的算子中选择算子？ 210
- 过去的经验如何影响不同算子的可得性以及成功解决问题的可能性？

问题解决的本质

从比较的角度看问题解决

图 8.1 给出了不同哺乳动物前额叶皮层的相对大小，可以看出人类的前额叶皮层有显著的增加。这种增加是解决只有人类能够解决的高级问题的基础。然而，人们也能发现一些有趣的其他物种问题解决的例子，尤其是黑猩猩之类的高等猿类。对其他物种的问题解决的研究，为我们对自身问题解决能力的研究提供了新视角。科勒（Köhler，1927）对黑猩猩的问题解决进行了一些经典的研究。科勒是德国著名的格式塔心理学家，他于 20 世纪 30 年代来到了美国。第一次世界大战期间，他被困在了加那利群岛的特尼里弗岛上。在岛上，他发现了一群被囚禁的黑猩猩并对它们进行研究，他尤其对黑猩猩的问题解决行为感兴趣。他最好的被试是一只名叫萨尔坦的黑猩猩。萨尔坦要解决的一个问题
211 是取得挂在笼子外面的香蕉。如果给萨尔坦一根能够到香蕉的棍子，它将能很轻易地拿到香蕉，只需要简单地用棍子把香蕉拉进笼子即可。当给萨尔坦两根棍子，而其中没有任何一根能够得着食物时，问题就变得比较困难。在尝试使用棍子去够食物失败后，这只沮丧的黑猩猩便在笼子里生闷气。突然，它走向

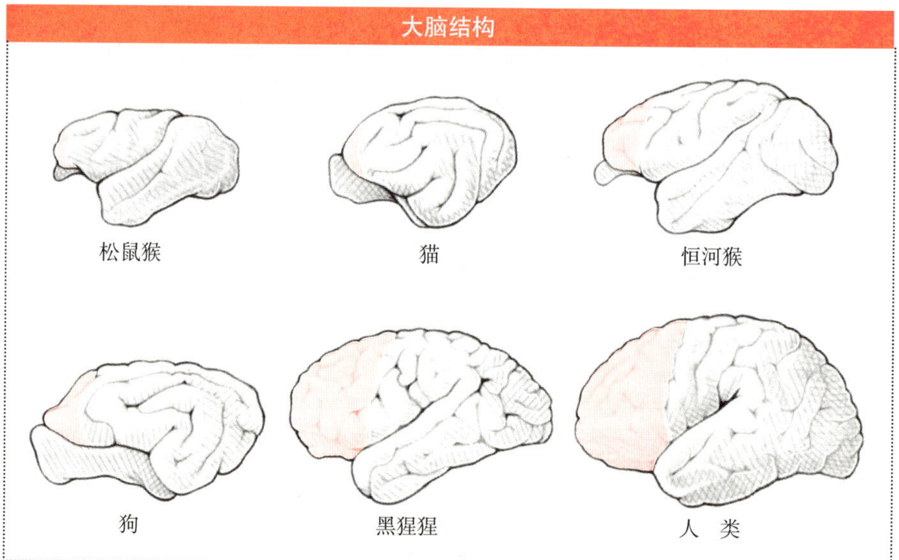

图 8.1　**六种哺乳动物的前额皮层在脑中的相对比例。请注意这些脑没有按比例绘制，人脑的绝对尺寸要大得多。**（资料来源：Fuster，1989. Adapted by permission of publisher.©1989 by Raven Press.）

棍子，把其中一根插进另一根里，造出了一根长度足以够得着香蕉的棍子（图 8.2）。显然，萨尔坦创造性地解决了这个问题。

哪些基本特征可以让我们称这一情景是一个问题解决的实例？似乎有以下三点：

1. 目标导向性。该行为很显然是指向一个目标，在这个例子中目标是取得食物。
2. 子目标分解。如果萨尔坦简单地伸出手就能够得到食物，这个行为也是问题解决，但这是最一般意义的问题解决。问题解决的要点是这只黑猩猩需要将初始目标分成一些子任务，或**子目标**（subgoal），例如拿到棍子以及把它们连接在一起。
3. 算子应用。将整个目标分解成子目标是非常有用的，因为黑猩猩知道能够帮助他达到这些子目标的算子。**算子**（operator）这个术语指将某一问题状态转化为另一问题状态的动作。整个问题的解就是这些已知的算子的一个序列。

◎ 问题解决是目标导向行为，通常包括设置子目标以便于应用算子。

问题解决的过程：问题空间和搜索 212

问题解决通常被描述为搜索**问题空间**（problem space），问题空间包括问题的各种不同状态。**状态**（state）指处于某一解决程度时问题的表征。问题的

图 8.2　**科勒的猩猩萨尔坦通过把两根短棍连接成一根长棍来获取笼外的食物，解决了两根棍子的问题。**（资料来源：Köhler，1956，Reprinted by permission of the publisher. © 1956 by Routiedge & Kegan Paul.）

最初状态被称为**初始状态**（start state），通往目标的途中的状态被称为**中间状态**（intermediate state），目标被称为**目标状态**（goal state）。从初始状态开始，就存在着许多供问题解决者来选择的改变状态的途径。萨尔坦可以伸手去拿棍子，可以倒立，生闷气，或者尝试使用其他的方法。假设它伸手拿了一根棍子，那么它就进入了一个新的状态。它还可以将其转换成另一种状态——例如，扔掉棍子（由此又回到前一个状态），用棍子去够食物，把棍子投向食物，或者去拿另外一根棍子。假设它拿到了另外一根棍子，那么它又创造了一个新的状态。从这个状态起，萨尔坦可以选择去尝试新的行为。例如，在棍子上走，把棍子连接起来，或者吃掉它们。假设它选择把两根棍子连接在一起，那么它就可以选择去够食物，扔掉棍子，或者拆开它们。如果他去够食物，那么它将会达到目标状态。

问题解决者所能达到的各种不同的状态被定义为问题空间，也称状态空间。问题解决的算子可以被认为是将问题空间中的一个状态转变成另一个状态的办法。这里的挑战是，找出问题空间中从初始状态到目标状态的可能的算子序列。我们可以把问题空间看作状态的迷宫，把算子看作在其间移动的路径。在该模型中，对某个问题的解决通过**搜索**（search）来实现。也就是说，问题解决者必须找到一条穿越状态迷宫的合适的路径。把问题解决看作是对状态空间的搜索这一构想由艾伦·纽厄尔（Allen Newell）与赫伯特·西蒙（Herbert Simon）提出。他们两人在其职业生涯中都称得上是认知科学界的主导人物，并且这一概念在认知心理学和人工智能研究中已成为主要的问题解决方法。

问题空间的表征包括一系列状态和改变这些状态的算子。解释问题空间表征的一个很好的例子是八子谜题。它是由 3×3 的框架内的八个标有数字并可移动的棋子组成的。框架内总会有一个空格，这样邻近的棋子有可能移进这个空格，从而也就“移动”了这个空格。目标是形成一个特定的棋子布局，它与起始棋子布局不同。比如一个问题可能是

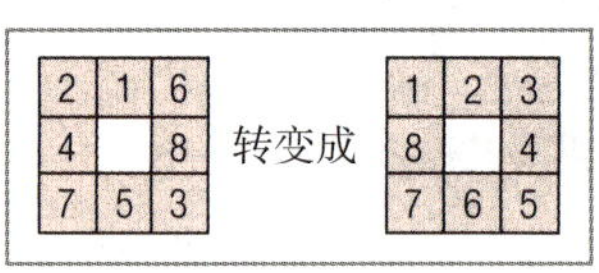

这个问题的可能状态由八子谜题的棋子布局来表征。因此，上面所示的第一幅棋子布局是初始状态，第二幅是目标状态。改变状态的算子是棋子进入空
213 格的移动。图 8.3 再现了我解决这个问题的一种尝试。我的解决方案包括 26 次移动，每次移动都是改变该问题状态的一个算子。这个算子序列比必需的序列长得多。尝试找到一种比它短的移动序列。（最短的可能移动序列见本章末的附录部分，图 A8.1。）

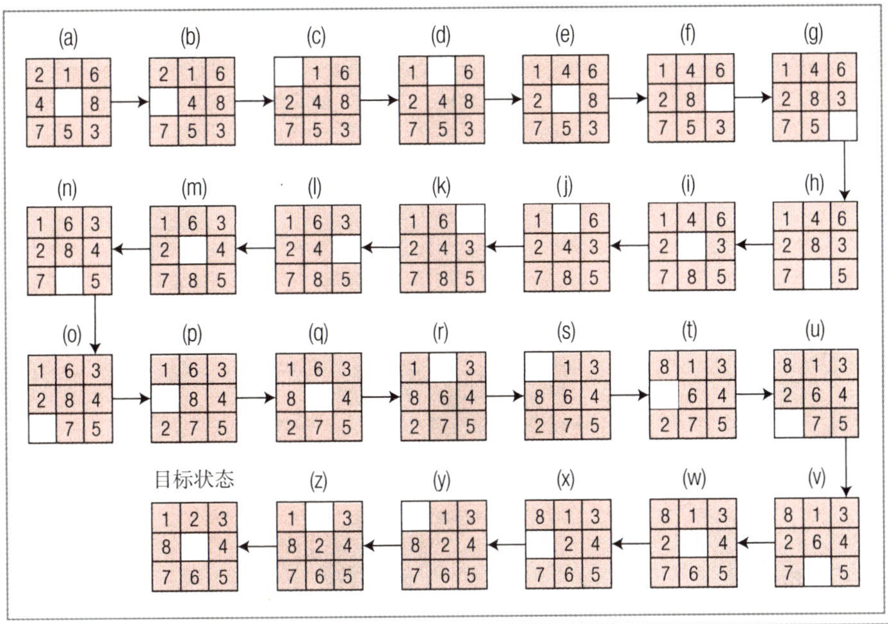

图 8.3　作者解决一个八子谜题时的棋子移动序列。

对问题解决的种种讨论通常包括搜索图或**搜索树**（search tree）的使用。图 8.4 描绘了如下较简单的八子谜题的部分搜索树。

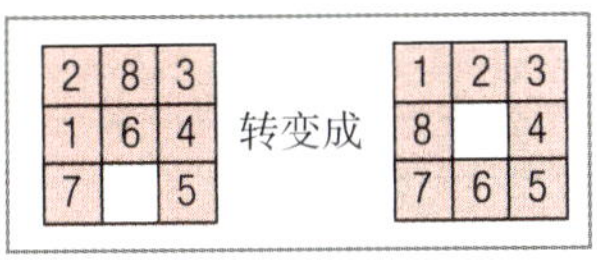

图 8.4 像一棵倒置的树。它有一个树干和从树干上长出来的一些树枝。这个树从初始状态开始，表征了从该状态出发所有可能到达的状态，然后是从这些状态出发的所有可能到达的状态，依此类推。贯穿于这个树的任何路径都代表问题解决者可能采取的移动序列。通过绘制完整的搜索树，我们也可以找到初始状态和目标状态之间最短的算子序列。图 8.4 描绘了问题空间的某些部分。在这一类例子的讨论中，通常只提供一条贯穿于问题空间并能使问题得以解决的路径（例如图 8.3）。而图 8.4 却可以使人较清楚地看到这类问题的所有的可能移动构成的问题空间的大小。

搜索空间这个术语指的是问题解决者可能采取的步骤。在我们能够用它解 214
释某一特定的问题解决者的行为之前，需要回答两个重要的问题。第一，什么决定了问题解决者可获得的算子？第二，同时有几个可供使用的算子时，问题解决者是如何选择特定算子的？第一个问题的答案决定了问题解决者将要面临

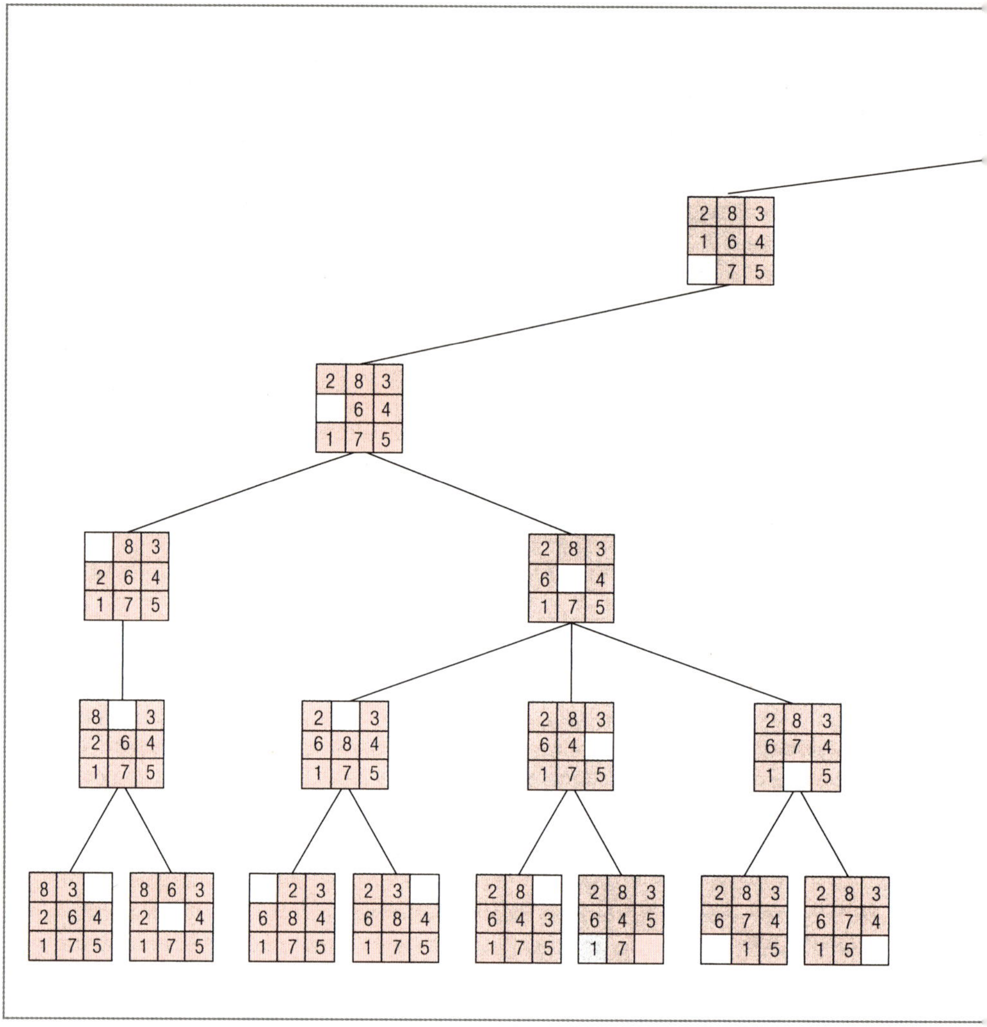

图 8.4　**八子谜题的搜索树的一部分，包括五个纵深移动。**（资料来源：Nilsson，1971. Adapted by permission of the publisher. ©1971 by McGraw-Hill.）

的搜索空间。第二个问题的答案决定了问题解决者所选取的路径。我们将在随后的两部分中对这些问题进行讨论。首先我们将集中讨论问题解决者的算子的来源问题，其次是算子的选择问题。

215 ◎ 问题解决算子产生了可能状态的空间，问题解决者必须搜索这个空间找出到达目标的路径。

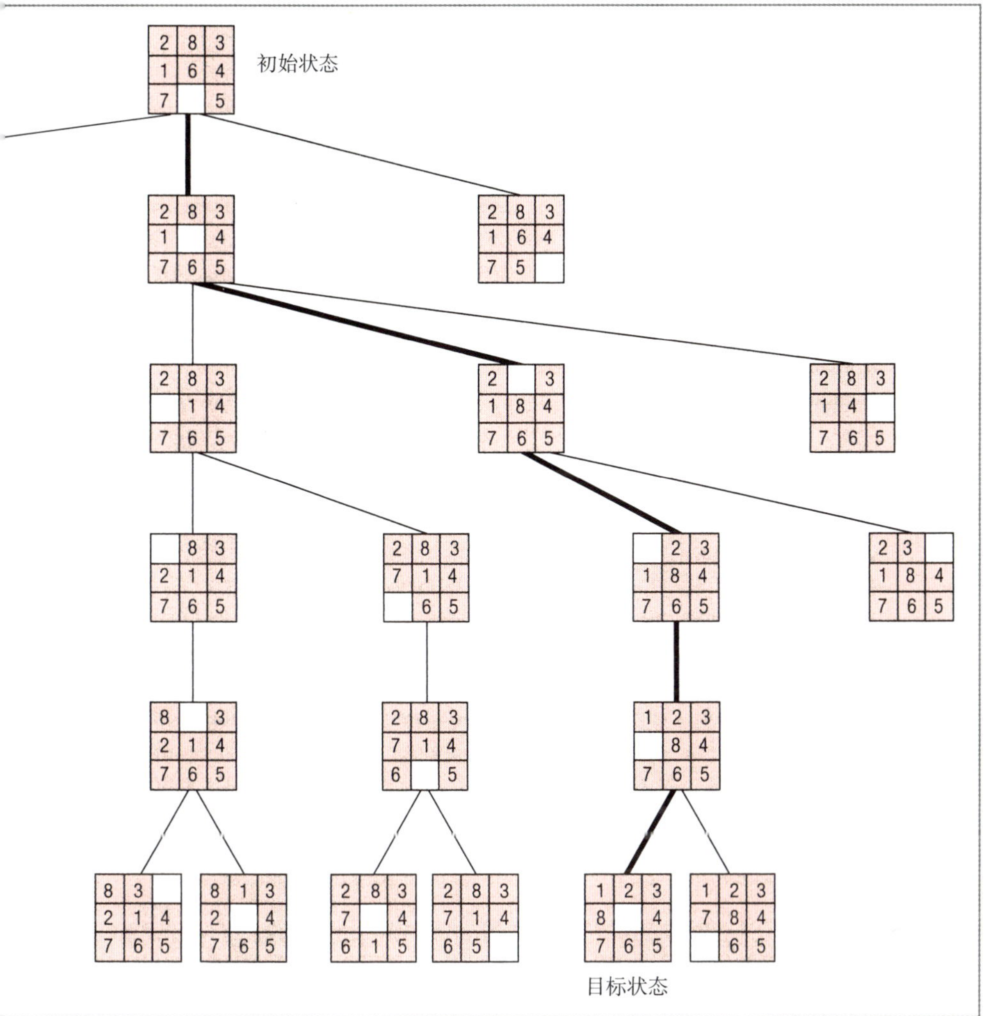

问题解决的算子

算子的习得

习得新的问题解决算子至少有三种途径。我们能够通过发现、被他人告知、或者观察其他人使用算子来获得新算子。

发现。我们可能看见附近开了一家新维修站，因此我们通过发现而学到了可以 216
修理汽车的一个新算子。孩子们可能发现如果自己发脾气父母就会很容易让步，因此学到了一种新方法来得到他们想要的东西。我们可能摆弄一个新微波炉看

它是如何工作的，由此学到一种新的烹饪食物的方法。或者一位科学家可能发现了一种可以杀灭细菌的新药物，并因此发明了防止感染的新方法。以上的每一个例子都包括了不同的推理过程，我们将在第 10 章对这些推理过程进行讨论。

尽管发现能够涉及人类复杂的推理，但有趣的是，发现却是其他生物用来学会新算子的唯一方法，而它们绝不会进行任何复杂的推理。在 1898 年的一份著名的研究报告中，桑代克把猫放进“迷箱”里，箱子可以通过一些不那么容易察觉的方式打开。比如，在一个箱子里，如果猫碰到了线圈，门就会打开。这些饥饿的猫出去就能够获得食物。最初，猫可能会胡乱地动来动去，抓箱子，或者做其他无用的举动，直到它偶然碰到了开锁机关。在同样的迷箱里经过反复尝试，猫最终能够立即触碰开锁机关而从箱子里出去。然而如今依然存在一个争论，那就是猫是真正地“理解”了它们所习得的新算子，还是仅仅在待在箱子里和触碰开锁机关之间渐渐形成了一种无意识连接。最近有人认为这并不一定是非此即彼的情况。道等人（Daw，N. D.，Niv，Y.，& Dayan，P.，2005）综述的证据表明，从经验中学习这样的算子有两个基础：一个是基底神经节（见图 1.8），在这里简单的连接逐渐强化；而另一个是前额叶皮层和关于这些算子如何工作的心理模型。由此可以进行合理地推论：对于哺乳动物中拥有更大的前额叶皮层的物种来说，第二个系统变得更重要。

通过他人告知或从例子中学习。我们可以通过他人告知而获得新算子，或者通过观察他人使用算子而获得它们，这些是社会学习的例子。第一种方法是人类独有的，因为它依赖于语言。第二种方法被认为是灵长目动物普遍具有的能力：“猴子看到什么，就做什么”。然而正如我们将会看到的，非人类的灵长类通过模仿进行学习的能力经常是被高估了。

学习新的问题解决算子的最有效的方法似乎是通过他人的告知。然而，观看一个例子常常与被告知怎样做至少一样有效。表 8.1 给出了金字塔表达式这一代数概念的两种不同指导语。这个概念对于大部分大学生来说是陌生的。学生要么学习（a）部分，它提供了一种半形式化的关于什么是金字塔表达式的说明；要么学习（b）部分，它提供了一个金字塔表达式的简单例子。在学生们阅读了其中的一个指导语之后，要求他们给出像

10$2

这样的金字塔表达式的值[1]。你认为哪一种指导语会更有效？从卡内基梅隆的本
217 科生来看，从（b）部分通过简单的例子学习与（a）部分通过严格的说明进行

1 答案是 27。——译者注

表 8.1

关于金字塔表达式的指导语

（a）直接说明

N$M 是金字塔表达式，它表示一种重复的加法，其中的每一个加数都比前一个数小 1。
N，基数，表示这列加法中的第一个加数。
M，高度，表示在基数的基础上进行相加的加数的个数。

（b）只是一个例子

7$3 是一个金字塔表达式的例子
7$3=7+6+5+4=22
7 是基数　3 是高度

学习的效果相似。有的时候例子更有效。例如，里德和博尔斯塔德（Reed & Bolstad，1991）让被试学习解决如下所示的一些问题：

> 一位专家完成一项技术任务需要五个小时，而一位新手做同样的工作需要七个小时。当两人一起工作时，新手比专家多工作了两个小时，请问专家工作了多长时间？（p.765）

被试得到了关于如何使用下面的方程式来解决问题的指导语：

$$比率_1 \times 时间_1 + 比率_2 \times 时间_2 = 任务$$

被试需要获得问题解决算子来给方程中的项赋值。有的被试得到的是关于如何进行赋值的抽象指导语，有的被试得到的是一个如何进行赋值的简单示例，还有一种条件是被试既有抽象的指导语又有示例。给以抽象说明的被试只能解决之后一组问题中的 13%，给以示例的被试可以解决 28%，而同时给以说明和示例的被试可以解决 40%。

为什么给出示例比直接告诉某人如何去做能够使其更好地学习问题解决算子？直接给出指导语的问题在于，像比率$_1$这样的量常常会让人难以理解，而这种信息在一个示例中会较为清楚。但是，另一方面，如何把示例的解答从一个问题推广应用到另一个问题上也有可能不容易理解。因此，里德和博尔斯塔德做的实验表明，结合了两种方法的被试组的学习效果最好。方、克兰茨和尼斯比特（Fong，Krantz，& Nisbett，1986）在统计学领域，程等人（Cheng，Holyoak，Nisbett，& Oliver，1986）在逻辑学领域都得出了相似的结论。

218 ◎ 可以通过发现、仿照问题解决的示例，或通过直接的指导语而习得问题解决的算子。

类比与模仿

类比（analogy）是问题解决者提取用于解决一个问题的算子，并把它们应用到解决其他问题的过程。有时类比过程很直接。比如，学生可能找出数学课本某一节中已经解答出来的例子的结构，把它用于解决这一节后面的习题。有时，这类迁移会比较复杂。比如，卢瑟福（Rutherford）使用太阳系作为原子的模型，在这个模型中，电子围绕着原子核旋转，就好像行星围绕着太阳旋转一样（Koestler，1964；Gentner，1983；见表 8.2）。这是一个特别有名的关于类比的例子，科学家和工程师们经常使用这种类比，但可能没有这个例子那么有名。例如，克里斯腾森和舒恩（Christensen & Schunn，2007）发现，工程师们在九个小时的问题解决过程中就用了 102 个类比（也可参见 Dunbar & Blanchette，2001）。

吉克和霍利约克（Gick & Holyoak，1980）所做的一个实验显示了问题解决中类比的作用。他们给被试阐述了下面的问题，这个问题采自邓克（Duncker，1945）的实验：

> 假如你是个医生，正面对着这样一位胃癌患者。如果不杀灭肿瘤，患者就很难保住性命，而病人的情况又无法进行手术。这样你考虑用射线去杀灭肿瘤，如果射线以足够高的强度突然到达肿瘤，肿瘤就会被摧毁。但不幸的是，在这种强度下，周围的健康组织也会同时被杀灭。而射线强度较低时，虽然对健康组织无害，但也起不到杀灭肿瘤的作用。那么，我们

表 8.2

太阳系 – 原子 类比

基础范畴：太阳系	目标范畴：原子
太阳吸引着行星。	原子核吸引着电子。
太阳比行星大。	原子核比电子大。
行星围绕着太阳旋转，因为引力和重量的不同。	电子围绕着原子核旋转，因为引力和重量的不同。
地球这颗行星上存在生命。	没有迁移。

资料来源：Gentner，1983. Adapted by permission of the publisher. © 1983 by LEA，Ltd.

应该采取何种治疗程序去摧毁肿瘤，同时又避免伤害健康的组织呢？（pp. 307~308）

这个问题真让人为难，也很少有人能够解决它。然而，吉克和霍利约克给被试呈现了下面这样一个故事： 219

> 一位独裁者通过一座坚固的堡垒统治着一个小国家。这座堡垒位于国家的中央，周围被农场和村庄环绕着，有很多条路从乡村延伸至堡垒。一位揭竿而起的将军发誓要占领堡垒，他知道如果全军出动的话就能够占领堡垒。他在一条路前召集了他的军队，准备发动全面进攻。然而，将军随后了解到独裁者在每条道路上都埋了地雷。根据地雷的设置，只有小部队才能安全地通过这些道路，因为独裁者需要在堡垒内外转移他的军队和工作人员，而任何大部队都会引爆地雷。爆炸不仅会摧毁道路，而且会摧毁许多临近的村庄。因此，占据这个堡垒看起来似乎是不可能的。但是，将军设计了一个简单的计划。他把自己的部队分成许多小分队，并且派遣到各条不同的道路上。当所有的分队都准备好时，将军发出信号，每个分队沿着不同的道路前进，直接到达堡垒。这样，整个部队就同时到达堡垒。通过这种方式，将军攻占了堡垒，推翻了独裁者。（p. 351）

当被告知用这个故事作为求解的模型后，大部分被试都能够想出类似的办法来解决肿瘤问题。

通过类比进行解答有时并不奏效，一个有趣的例子是某个学生遇到的一道几何题。图 8.5a 给出了课本中例子的解答步骤，图 8.5b 给出了学生把这个例子的证明应用到家庭作业中的尝试。图 8.5a 中，已知两条线段相等，目的是要证明两条较长的线段长度相等。图 8.5b 中，给出了 AB 和 CD 两条线段，已知 AB 长于 CD，学生的任务是证明两条较长的线段 AC 和 BD 有同样的不等关系。

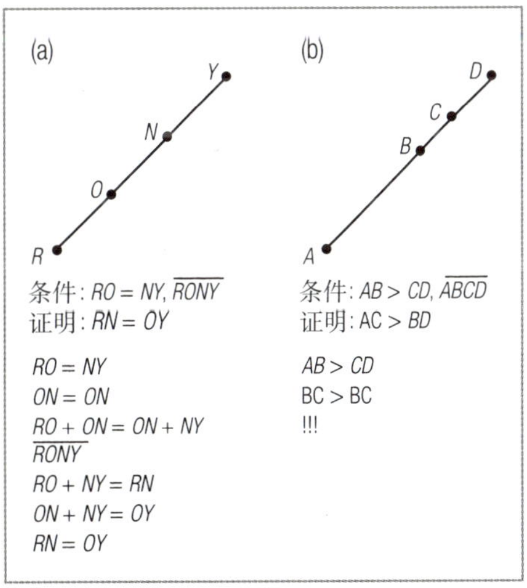

图 8.5　（a）几何课本中给出的已解答出来的证明题。（b）学生尝试使用该问题的解题结构去解决一个相似问题。这个例子表明类比如何在问题解决中被应用（和误用）。

我们的被试注意到了两个问题之间明显的相似之处，并且进行了类比。他认为可以简单地用一条线上的点替换另一条线上的点，用不相等替换相等。也就是，他尝试用 A 替换 R，用 B 替换 O，用 C 替换 N，用 D 替换 Y，以及用 > 替换 =。通过这些替换，他写对了第一行，与 RO = NY 类似，他写了 AB > CD。然后，他需要写与 ON = ON 类似的东西，所以他写了 BC > BC！这个例子表明类比如何被用来创造问题解决的算子，同时也说明不能简单地通过类比来解决问题。

类比的另外一个难点是找到合适的例子来类推算子。当能够进行类比时，被试往往会注意不到。吉克和霍利约克（Gick & Holyoak, 1980）做了一个实验。在实验中，他们先向被试读了将军和独裁者的故事，然后提出邓克（Duncker, 1945）的射线问题（这两者都已经在前面有所介绍）。只有极少数的被试能够自发地注意到第一个故事与解决第二个故事中的问题的关联。要想成功解决问
220 题，必须明确地告知被试以将军和独裁者的故事作为类比来解决射线问题。

当被试确实自发地使用以前的例子来解决问题时，他们通常按照表面的相似性来选择例子。比如，罗斯（B. H. Ross，1984，1987）教给被试解决概率问题的几种方法。这些方法都是通过特定的例子来教给被试，比如计算掷一对骰子得到的点数之和是 7 的概率。然后再使用新的问题测试被试，这些问题与先前的例子表面相似。所谓表面相似是指这些问题包含相同的内容（比如骰子），但是不一定涉及相同的概率原理。被试则试图使用之前表面相似的例子中所阐明的算子来解决新问题。当前面例子中阐明的原理与当前问题所需要的原理一致时，被试就能够解决问题。而不一致时，他们就不能解决当前的问题。里德（Reed，1987）的代数题实验也得到了相似的结论。

做家庭作业时，学生们会以接近性为线索来决定在类比中使用哪些例子。比如，学生完成物理教材某一章后的作业时，会期望本章中的例题用了相同的解决方法，并试图通过与这些例题类比来解决问题（Chi，Bassoak，Lewis，Riemann，& Glaser，1989）。

◎ 类比是指注意到过去的一个问题解答的相关性，并且通过映射解答中的各要素以产生解决当前问题的新算子。

从进化和脑的视角看类比与模仿

有人认为类比推理是人类认知的一个标志（Halford，1992）。解决类比问题的能力几乎是人类独有的。有证据表明，黑猩猩也具有这种能力（Oden，Thompson，& Premack，2001），但是比它低级的哺乳动物，例如猴子，似乎就完全没有能力解决类比问题了。比如，普雷马克（Premack，1976）发现语言研究中的黑猩猩萨拉（参见第 11 章）能够解决如下的类比问题：钥匙对应锁，什么对应罐头？答案是：开罐器。然而，通过对萨拉的能力进行更细致的研究，奥登（Oden）等发现尽管萨拉解决这些问题的概率高于随机概率，但与人类被试相比，它还是更容易犯错误。

最近的脑成像研究考察了大脑皮层在进行类比推理时的激活情况。图 8.6 显示了克里斯托夫（Christoff et al.，2001）研究中所使用的刺激的例子。这些例子取自一种标准的智力测验——瑞文推理测验。只有如图 8.6c 中的问题才真正算得上类比推理，它要求解答者综合二维的信息。有证据表明，5 岁以下的孩子（他们的前额皮层还未发育成熟），
221 非人类的哺乳动物，以及前额皮层受到损伤的患者在解决类似图 8.6c 中所显示的问题时，都特别困难，并且常常解决不了。克里斯托夫感兴趣的是找出被试在解决这些问题时，大脑的哪个区域会被激活。与本章序言中提到的一致，他们发现右侧前额皮层的前部只有在被试解决二维问题时才会被激活。

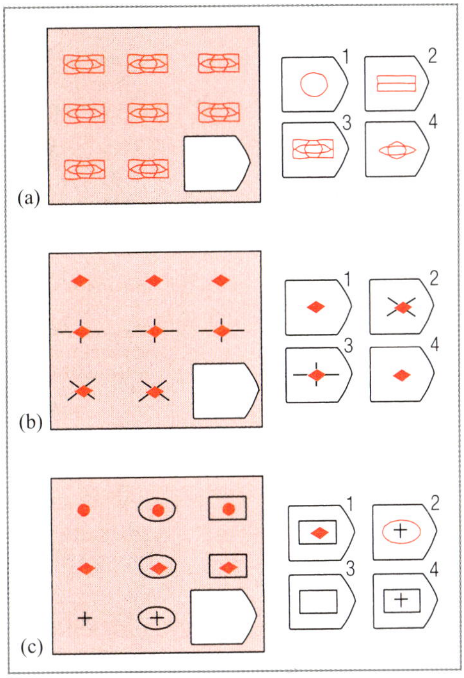

图 8.6　克里斯托夫等的研究中所使用的刺激的例子。这项研究关注的是被试在尝试解决三种不同类型的类比问题时所激活的脑区。这三种问题分别是：(a) 零维的；(b) 一维的；(c) 二维的。每种情况下的任务都是推断缺失图形，从四个选项中选出来。（资料来源：Christoff et al.，2001.Adapted by permission of the publisher. © 2001 by *Neuroimage*.）

在图 8.6 所示的这类例子中，类比推理的目的并不是习得新的问题解决算子。然而，从本章的视角来看，类比真正的重要性在于它能够被用于习得新的问题解决的算子。我们在前面提到，人们从例子中学习通常比阅读抽象的指导语学得更多，人类有模仿他人的问题解决方法的特殊能力。当我们询问一个人如何使用某个新设备时，那个人会倾向于做给我们看，而不是说给我们听。尽管有“猴子看到什么，就做什么”的说法，但是高级猿类的模仿能力还是很弱的（Tomasello & Call，1997）。因此，人类之所以成为如此高效的问题解决者的一个原因是我们拥有通过类比推理习得新的问题解决算子的特殊能力。

◎ 类比问题解决似乎是人类独有的能力，它依赖于人类高度发达的前额皮层。

算子选择

正如前面所提到的，在任何一个具体的状态下，都有多个能够使用的问题解决算子，关键的任务就是选择其中的一个来应用。原则上，问题解决者可以通过多种途径选择算子，而且人工智能领域已经成功地列举了种种有效的技术。

然而，人工智能领域的大部分方法看起来并不像人类问题解决的方法那样自然。这里我们将简要介绍人类用来选择算子的三个标准。

回溯规避（backup avoidance）使问题解决者倾向于避免那些可能消除先前算子作用的算子。例如，在八子谜题中，人们极不情愿后退一步，即使这样做对问题的解决很有必要。然而，回溯规避本身并没有提供如何在剩余的算子中进行选择的任何基础。

人类趋向于选择最大限度地减少当前状态与目标状态之间差异的非重复算子。**差异降低**（difference reduction）是一个普遍的原则，并且可以用来描述许多生物的行为。比如，科勒（Köhler，1927）描述了一只小鸡直接奔向自己想
222 要的食物，而不会绕过挡着它的篱笆。事实上这个可怜的生物待在那里无法动弹，既不能前进又不愿意后退和离开篱笆。除了差异降低和回溯规避，小鸡对算子的选择似乎没有其他原则，这使得它无法找到解决问题的方法。

另一方面，黑猩猩萨尔坦（参见图 8.2）并不仅仅试图通过从笼子里往外抓来够到香蕉，它还试图创造一个新的工具来够到食物。实际上，他的新目标变成了为达到旧目标而创造新方法。**手段 – 目的分析**（means-ends analysis）是用来描述创造一个新目标（目的）使得一个算子（手段）得以应用的术语。通过运用手段 – 目的分析，人类和其他高级哺乳动物能够使用更丰富的策略来达到目标，而不仅仅是差异降低策略。在下一节我们将先后讨论差异降低和手段 – 目的分析在算子选择中的作用。

◎ 人类使用回溯规避、差异降低以及手段—目的分析来指导自己选择算子。

差异降低法

问题解决的一个普遍方法，尤其是在不熟悉的领域，是尽量减少当前状态与目标状态的差异。考虑在图 8.3 中，我对八子谜题的解答。第一步有四种可能的选择。一种可能的算子是把棋子 1 移动到空格里，另一种是移动 8，第三种是移动 5，第四种是移动 4。我选择了最后一个算子。为什么呢？它看起来可以使我靠近最终目标，我将棋子 4 移向它的最终目标位置。人类问题解决者通常会受到差异降低的支配，或者反过来讲，受到增加相似性的支配。也就是说，人们选择能够使当前状态转变成一种新状态的算子，新状态比当前状态减少了与目标状态的差异，与目标状态更为相似。差异降低有时被称为**爬山算法**（hill climbing）。如果我们想象目标为地面的最高点，那么达到顶点的一种办法是使每一步都在向上走。通过减少目标状态和当前状态之间的差异，问题解决者朝着目标"往上"走了一步。然而，爬山算法有一个潜在的问题：按照爬山

算法，我们可能到达某座小丘的顶点，而这个顶点低于整个地面的最高点，即目标。因此，差异降低不能保证可以起作用。它只考虑下一步是否是一个进步，而不考虑较大的范围内是否会奏效，因此这种方法缺乏远见。而我们稍后将讨论的手段—目标分析将尝试为问题解决提供一个比较全局的视角。

问题解决者改进算子选择所采取的一个方法是使用更加完善的相似性度量。我以往做法中的第一步移动仅仅旨在使一枚棋子更加接近它的最终目标。在解决了许多棋子问题后，我们开始注意到序列的重要性，即非中心处的棋子的后面跟的是不是合适的棋子。比如，图 8.3 的状态（o）中，棋子 3 和 4 是在目标序列中，因为它们后面跟的分别是 4 和 5，
223 而 5 并不在目标序列中，它后面跟的是 7 而不是 6。事实证明首先试图把棋子移入目标序列中比立刻把它们移动到最终目标状态更为重要。因此，使用序列作为相似性增加的度量会导致较为有效的基于差异降低的问题解决过程。（进一步的讨论见 Nilsson，1971）。

差异降低技术依赖于对当前状态与目标状态之间相似性的估计。尽管差异降低通常很有可能会起作用，但它也会使问题解决者走上歧路。在一些问题解决的情况下，正确的解答包含了少量违反相似性的地方。其中，一个很好的例子就是霍比特人与半兽人问题：

> 在河的一边有三个霍比特人和三个半兽人。他们有一只船，一次只能载两个人过河。目标是把所有六个人都运到河对岸去。任何时候在河的每一边的半兽人数量都不能超过霍比特人（否则，半兽人会吃掉数量较少的霍比特人）。因此，问题是要找出把六个人都运到河对岸，并且两岸半兽人的数量均不能超过霍比特人的方法。

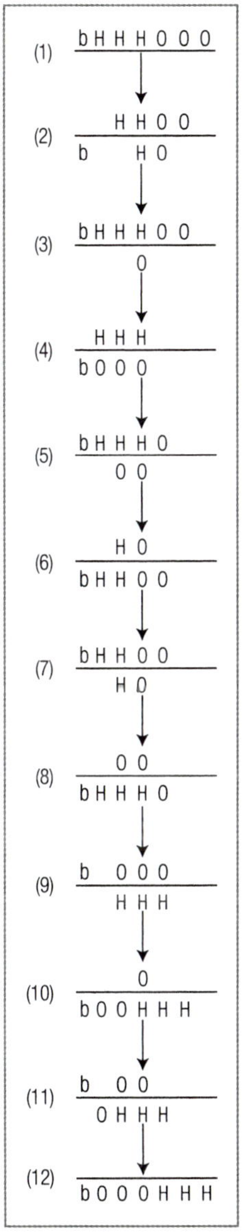

图 8.7　**解决霍比特人和半兽人问题的连续状态图。H= 霍比特人，O= 半兽人，b= 船。**

现在，停止阅读并且尝试解决这个问题。图 8.7 给出了正确的移动序列，显示了霍比特人（H）、半兽人（O）和船（b）的不同位置。船、三个霍比特人和三个半兽人开始时都在河的一边。这种情况表示在状态 1，所有的人和船都处于线的上面。然后，一个霍比特人、一个半兽人和船驶向河的另一边。这个动作的结果表示在状态 2 中，船、一个霍比特人和一个半兽人移动到线的下面。在状态 3 中，一个霍比特人把船带了回去，如此下去。图中的每一个状态都代表着霍比特人、半兽人和船的分配布局。被试把状态 6 转化成状态 7 时会存在一定的问题。在杰佛里斯等人（Jefferies，Polson，Razran，& Atwood，1977）所做的研究中，大约三分之一的被试选择回到先前的状态 5，而不是继续移动到状态 7（参见 Greeno，1974）。造成这种困难的原因之一是因为这个动作把两个人移回了河的错误的一边，这个移动似乎远离了问题的解。在这一点上，

被试会回到状态 5，尽管这会使上一次的移动失效。他们宁愿撤消移动也不愿意移动到一个看似远离目标的状态。

阿特伍德和波尔森（Atwood & Polson，1976）提供了另一个实验来说明被试对相似性的依赖，以及这种依赖的利弊。给被试呈现的是如下的水罐问题：

> 如果你有三个水罐，分别称为 A、B 和 C。水罐 A 正好可以盛 8 杯水，B 正好可以盛 5 杯水，C 正好可以盛 3 杯水。A 盛满了 8 杯水。B 和 C 是空的。我们想要你找到一个方法，把 A 中的水在 A 和 B 之间平分，使其各盛 4 杯水。你可以把水从一个水罐倒进另一个水罐里。

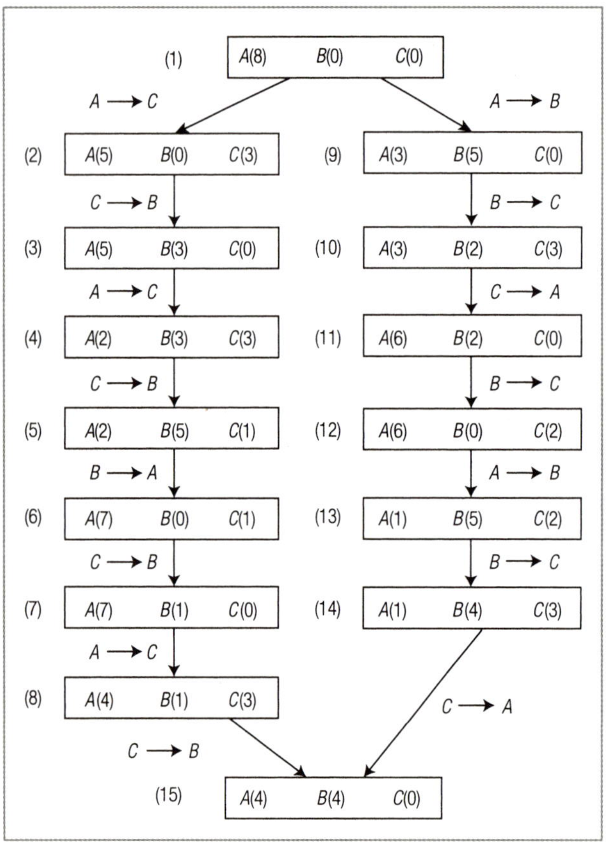

图 8.8 阿特伍德和波尔森（Atwood & Polson，1976）提出的水罐问题的两条解决途径。每一个状态都由三个水罐的盛水情况来表示。例如，状态 1 中，A（8）B（0）C（0）。状态之间的转换（例如，A → C）表示把一个水罐里的水倒进另外一个水罐。

图 8.8 显示了解决这个问题的两条途径。在图的顶端，所有的水都在水罐 A 中，由 A（8）表示；水罐 B 和 C 中没有水，由 B（0）C（0）表示。两个可能的动作是把 A 中的水倒进 C 中，这样我们就得到了 A（5）B（0）C（3）；或者把 A 中的水倒进 B 中，这样我们
就得到了 A（3）B（5）C（0）。从这 224
两个状态出发，可以进行更多的移动。除了上面两种解题途径，还有许多其他的移动序列，但是这两种是达到目标的最短序列。

阿特伍德和波尔森利用图 8.8 中的表征对被试的行为进行了分析。比如，他们问被试在开始状态 1 时更喜欢哪一种移动。即，他们更喜欢把 A 中的水倒进 C 中，变成状态 2，还是把 A 中的水倒进 B 中，变成状态 9？答案是被试更喜欢后一种移动。移动到状态 9 的被试是移动到状态 2 的被试的两倍还要多。请注意，状态 9 与目标十分相似。目标是要在 A 和 B 中各盛 4 杯水，而在状态 9 中 A 有 3 杯水，B 有 5 杯水。相反，在状态 2 中 B 里没有水。在实验的整个过程中，阿特伍德和波尔森都发现了被试将问题状态

移动成与目标状态相似的状态的强烈趋势。通常，相似性是一个很好的启发，但是也有相似性产生误导作用的情况。比如，从状态 5 转换到状态 6 和从状态 11 转换到状态 12 都导致了与目标的相似性的显著降低。然而，这两种转换对于解决途径来说是至关重要的。阿特伍德和波尔森发现，超过 50% 的次数，被试在这些关键点脱离了移动的正确序列。他们坚持选择一些看起来接近目标，实际上却使他们远离了问题的解的移动[2]。

值得注意的是，在解决谜题时，人们通常不会困在不理想的状态中。而面对严肃的生活选择时，爬山算法通常会使我们被困住。一个经典的例子是一个人被困在一份不满意的工作上，因为他不愿意去接受一个更好的工作所必需的教育。这个人不愿意忍受与目标（挣尽可能多的钱）的暂时分离，以致他不能得到可以使其获得更高薪水的技能。

◎ 在问题解决中，当正确的解需要增加当前状态与目标状态之间的差异时，人们会遇到困难。

手段—目的分析

手段—目的分析是算子选择中比较高级的方法。纽厄尔和西蒙（Newell & Simon）对这种方法进行了广泛的研究，并把它运用到作为人类问题解决模型的计算机模拟程序[名为**通用问题解决者**（General Problem Solver——GPS）]中。下面是他们对手段 – 目的分析的描述。 225

手段 – 目的分析以如下这种常识性的推论过程为典型代表：

> 我想送我儿子去幼儿园。我所拥有的和我的目的之间有什么差别呢？距离是其中之一。什么可以改变距离？汽车。我的汽车出毛病了，为了使它工作需要什么？新电池。哪里有新电池？汽车修理店。我想让汽车修理店安装新电池，但是汽车修理店并不知道我需要一个新电池。困难是什么？通信是其中之一。通信需要什么？一部电话……等等。
>
> 这种分析——将事物按功能进行分类，并且在目的、所需的功能以及实现功能的手段之间来回反复——构成了 GPS 的基本系统。（Newell & Simon，1972，p.416）

手段 – 目的分析可以视为差异降低的升级版本。如同差异降低一样，它试图消除当前状态与目标状态之间的差异。比如，在这个例子中，它试图缩短家

2 比如，从状态 5 或状态 11 回到状态 9。

和幼儿园之间的距离。手段 – 目的分析同样会首先识别最大的差异，并试图消除它。因此，在这个例子中，焦点集中在家和幼儿园所在地之间的距离上，并没有考虑幼儿园的停车位置和教室位置之间的差异。

与差异降低的方法相比，手段 – 目的分析具有重要的进步，因为它不会丢弃不能立即应用的算子。例如，如果汽车出毛病了，差异降低法会让人步行去幼儿园。而手段 – 目的分析的基本特征是它把焦点集中在使受阻的算子起作用上，手段暂时变成了目的。实际上，问题解决者会有意识地放下真正的目标，而集中在使手段起作用这一目标上。在我们一直讨论的这个例子中，问题解决者设定了修理汽车这一子目标，这是实现把孩子送到幼儿园这一最初目标的手段。可以选择新算子来实现这一子目标。比如，选择安装一个新电池。如果这个算子受阻，那么使它起作用就成为另一个子目标。

图 8.9 显示了 GPS 所用的手段 – 目的分析过程的两个流程图（flowchart）[3]。这种分析的一个总体特征是把一个比较大的目标分解成一些子目标。GPS 使用两种方式创建子目标。第一种，如流程图 1 所示，GPS 把当前状态分解成一系列的差异，并且把每一个差异的降低当作一个子目标。它会首先试图消除被认为是最重要的差异。第二种，如流程图 2 所示，GPS 试图找到能够消除差异的算子。然而，由于算子的条件和环境的状态之间存在差异，GPS 也许不可能立即运用这个算子。因此，在算子得以应用之前，有必要先消除另一个差异。要消除阻止算子应用的差异，需要再次运用流程图 2 找到与消除差异相关的另外的算子。算子子目标这个术语是指以消除阻止一个算子应用的差异为目的的子目标。

226 ◎ 手段 – 目的分析包括创建子目标以消除阻止应用所需算子的差异。

河内塔问题

手段 – 目的分析被证明是一种普遍适用和极其有效的问题解决方法。厄恩斯特和纽厄尔（Ernst & Newell，1969）探讨了该方法在建立猴子和香蕉问题（比如本章开头萨尔坦的困境）、代数问题、微积分问题以及逻辑学问题等问题的解决模型方面的应用。然而，我们在此要通过应用它解决**河内塔问题**（Tower of Hanoi problem）[4] 来说明手段 – 目的分析。图 8.10 是河内塔问题的一个简单版
227 本。有三根小柱子和三个尺寸大小不同的圆盘 A、B 和 C。圆盘上有洞，这样

3 又译为框图。——译者注

4 有人将它音译为‘汉诺塔’，如同将 Salmon（鲑鱼，大马哈鱼）音译为三文鱼。——译者注

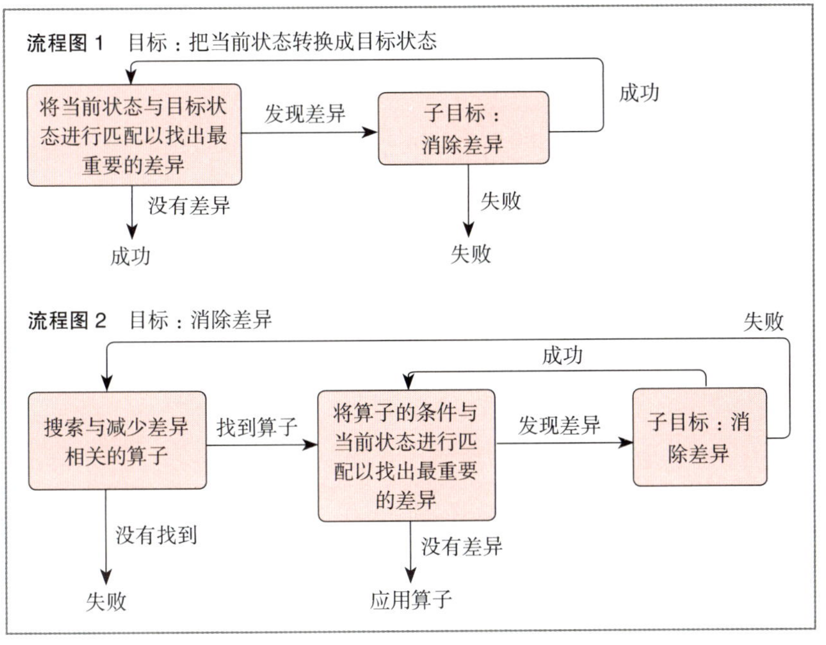

图 8.9 纽厄尔和西蒙的 GPS 程序对手段－目的分析的应用。流程图 1 把问题分成了一系列的差异并且试图消除每一个差异。流程图 2 搜索与消除差异相关的算子。

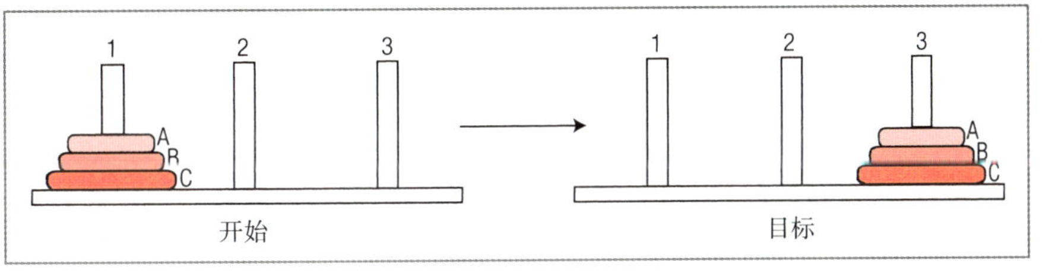

图 8.10 三个圆盘版的河内塔问题。

它们可以叠放在小柱子上。圆盘可以从任何一根小柱子移动到另外一根小柱子上，但只有顶部的圆盘才能被移动，并且不能把它放在比它小的圆盘上。所有的圆盘都从小柱子 1 上开始移动，目标是在小柱子之间移动圆盘，一次移动一个，把所有圆盘都移动到小柱子 3 上。

图 8.11 是应用 GPS 技术来解决这个问题的轨迹图。第一行给出了把圆盘 A、B 和 C 移动到小柱子 3 上去这一总目标。这个目标引导我们回到图 8.9 的第一个流程图。目标状态和当前状态的差异之一是圆盘 C 不在小柱子 3 上。这个差异之所以被选择出来，是因为 GPS 首先试图消除最重要的差异，并且我们假定被错放的最大的圆盘是最重要的差异。设定了消除这一差异为子目标，这使我们进行到了图 8.9 的第二个流程图，找出降低差异的算子。被选择的算子是把 C 移动到小柱子 3 上。应用一个移动算子的条件是圆盘面上没有任何东西，因为 A 和 B 在 C 上，所以算子的条件和当前状态之间存在差异。因此，需要创

```
1.  目标：把 A、B 和 C 移动到小柱子 3 上
2.      差异是 C 不在 3 上
3.      子目标：使 C 在 3 上
4.          算子是把 C 移动到 3 上
5.          差异是 A 和 B 在 C 上
6.          子目标：把 B 从 C 上移开
7.              算子是把 B 移动到 2 上
8.              差异是 A 在 B 上
9.              子目标：把 A 从 B 上移开
10.                 算子是把 A 移动到 3 上
11.                 与算子的条件没有差异
12.                 应用算子（把 A 移动到 3 上）
13.             实现子目标
14.             与算子的条件没有差异
15.             应用算子（把 B 移动到 2 上）
16.         实现子目标
17.         差异是 A 在 3 上
18.         子目标：把 A 从 3 上移开
19.             算子是把 A 移动到 2 上
20.             与算子的条件没有差异
21.             应用算子（把 A 移动到 2 上）
22.         实现子目标
23.         与算子的条件没有差异
24.         应用算子（把 C 移动到 3 上）
25.     实现子目标
26.     差异是 B 不在 3 上
27.     子目标：使 B 在 3 上
28.         算子是把 B 移动到 3 上
29.         差异是 A 在 B 上
30.         子目标：把 A 从 B 上移开
31.             算子是把 A 移动到 1 上
32.             与算子的条件没有差异
33.             应用算子（把 A 移动到 1 上）
34.         实现子目标
35.         与算子的条件没有差异
36.         应用算子（把 B 移动到 3 上）
37.     实现子目标
38.     差异是 A 不在 3 上
39.     子目标：使 A 在 3 上
40.         算子是把 A 移动到 3 上
41.         与算子的条件没有差异
42.         应用算子（把 A 移动到 3 上）
43.     实现子目标
44.     没有差异
45. 实现目标
```

图 8.11 **将图 8.9 所示的 GPS 程序应用于图 8.10 中所示的河内塔问题的轨迹图。**［学习这一部分的一个有效办法是把自己当成计算机，在设定问题的目标（第 1 步）后，执行流程图 1，然后机械地一步一步走下去，形成一个轨迹图。你可能会遇到泛泛地阅读碰不到的问题，从而帮助你思考书中为什么这么做，道理何在？可能存在的问题是什么？如何解决？等等。——译者注］

建新的子目标以减少其中一个差异——B 在 C 上。这个子目标使我们回到了流程图 2 的起点，但这时的目标是把 B 从 C 上移开（图 8.11 的第 6 行）[5]。

第二次执行流程图 2 所选择的算子是把圆盘 B 移动到小柱子 2 上。然而我们不能立即应用把 B 移动到 2 上这一算子，因为 B 被 A 盖着。因此，另一个 228
子目标移开 A 被设定，并且运用流程图 2 以消除这个差异。与实现这个子目标相关的算子是把圆盘 A 移动到小柱子 3 上。这个算子的条件与当前状态没有差异。最终，我们有了一个可以应用的算子（图 8.11 中第 12 行），并且实现把 A 移动到 3 上这一子目标。现在我们回到了把 B 移动到小柱子 2 上这一目标。这个算子的条件与当前状态没有差异，所以这个动作得以进行。把 B 从 C 上移开这个子目标得到实现（图 8.11 中第 16 行）。

我们现在已经回到了把圆盘 C 移动到小柱子 3 上这个最初的目标上。然而，圆盘 A 现在在小柱子 3 上，这阻止了上面的动作。因此，我们需要消除当前状态与算子状况之间的差异。我们把 A 移动到小柱子 2 上来消除差异，这时把 C 移动到小柱子 3 上这一最初的算子得以应用（图 8.11 的第 24 行）。

现在的状态是圆盘 C 在小柱子 3 上，而圆盘 A 和 B 在小柱子 2 上。在这一点上，GPS 回到最初的目标，即把三个圆盘都移动到小柱子 3 上。它注意到了另外一个差异，B 不在小柱子 3 上，并且设定另一个子目标来消除此差异。它通过先把 A 移动到 1 上，然后把 B 移动到 3 上实现这一子目标。这使我们到达了图 8.11 中的第 37 行。剩下的差异是 A 不在 3 上。第 38 行到第 42 行使这个差异得以消除。进行完这一步，差异不再存在，最初的目标得以实现。

请注意子目标是在为其他子目标服务的基础上才得以创建的。比如，为了实现移动最大的圆盘这个目标，GPS 创建了移动位于其上的第二大圆盘这样一个子目标，我们通过识别所依赖的子目标的加工过程，在图 8.11 中指出了一个子目标与另一个子目标之间的逻辑依赖性。在图中第 12 行的第一次移动之前，不得不创建三个子目标。看起来，创建这样的目标和子目标有可能代价不菲。安德森等人（J. A. Anderson，Kushmerick，& Lebiere，1993）和鲁伊兹（Ruiz，1987）都发现进行一次移动所需要的时间与必须创建的子目标的数量具有函数关系。比如，图 8.11 中把圆盘 A 移动到小柱子 3 上之前（第一次移动），必须创建三个子目标，而进行下一个移动，把 B 移动到小柱子 2 上之前则不需要创建子目标。相应地，安德森等人发现进行第一次移动需要 8.95 秒，而进行第二次移动只需要 2.46 秒。

被试可以使用两种问题解决的方法来解决河内塔问题。他们可以使用图

5　请注意我们已从使用流程图 1 转到使用流程图 2，再到使用流程图 2。为了应用流程图 2 以找到把圆盘 C 移动到小柱子 3 上的方法，我们需要应用流程图 2 找到把圆盘 B 从圆盘 C 上移开的方法。这样，一个过程调用自身作为一个子过程，这样的动作叫做递归。

8.11 中所示的手段–目的分析，或者使用比它简单的差异降低法，在这种情况下，被试将永远不会设定一个子目标以移动目前不能移动的圆盘。在河内塔问题中，简单的差异降低法不会有效，因为人们需要考虑的不只是目前可能的移动，而是要对这个问题的解决有一个更加全面的规划。图 8.10 中，差异降低唯一能做的一步是把顶上的圆盘 A 移动到目标柱 3 上，但是走了这一步之后，它就不能提供进一步的指导了，因为没有任何其他移动可以减少当前状态和目标状态之间的差异，被试将不得不随机地移动下一步。科托夫斯基等人（Kotovsky, Hayes, & Simon, 1985）研究了人们实际处理河内塔问题的方式。他们发现存在一个问题解决的最初阶段，在此时期内，被试确实采用了这种无果的差异降低策略。然后，被试转向了手段–目的策略，并且很快找到了问题的解。

◎ 河内塔问题通过采用创建若干子目标的手段–目的分析策略得以解决。

229

目标结构与前额皮层

复杂的目标结构，尤其是包含算子子目标的目标结构，只有在人类和高等灵长类动物中才能或多或少地观察到，这一点很重要。我们已经讨论过萨尔坦解决两根棍子的问题（参见图 8.2）。制造新工具是建立算子目标的一个明显的例子，这基本上是高等猿类才具有的能力（Beck, 1980）。我曾经推测（Anderson, 1993）处理复杂子目标的加工过程是由前额皮层负责的。正如图 8.1 所示，高等灵长类动物的前额皮层比其他大多数哺乳动物的前额皮层要大得多，而人类的又比大多数的猿大。第 6 章讨论了前额皮层在保持工作记忆中的信息的作用。创建复杂的目标结构的主要先决条件之一是在工作记忆中保持这些目标结构的能力。

戈尔和格拉夫曼（Goel & Grafman, 1995）观察了额叶受到损伤的患者解决河内塔问题时的表现。这些患者的前额皮层受到了严重的损伤，其中许多是越南战争中的退伍军人。由于穿透性的火器创伤，他们失去了大量的脑组织。尽管这些患者有正常的智商，但他们在完成河内塔任务上的表现比正常被试差远了。在某些移动上，这些患者会感到尤其困难。正如我们在讨论如何将手段–目的分析应用于河内塔问题时所注意到的，偏离爬山算法这一原则的某些移动是必要的。人们可能已经把一个圆盘放到了正确的位置，却不得不把它移开以使另外一个圆盘能够移动到那个位置。这些患者的问题正是在这些必须“向后”移动的地方。只有通过保持一系列目标，人们才能看清向后的一步移动对问题的解决来说是必要的。

更一般地讲，已经有证据表明额叶受到损伤的患者在抑制优势反应时会遇

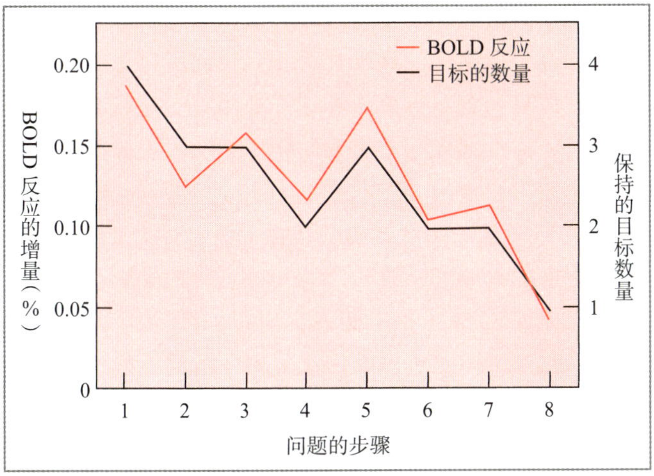

图 8.12　**芬彻姆等人考察解决河内塔问题时的步骤与脑部激活的函数关系的研究结果。红线表示在问题解决的八个步骤中，保持的目标数量在 1 和 4 之间变化时，右脑背外侧前额皮层的前部区域的 fMRI BOLD 反应的大小。黑线表示每个点上所保持的目标数量。**（资料来源：Fincham et al.，2002.）

到困难（例如，Roberts，Hager，& Heron，1994）。比如，在 Stroop 任务中（参见第 3 章），当这些患者被要求说出单词的颜色时，他们很难做到不去说出这个单词本身。很显然，他们很难记住目标是要说出颜色而不是单词本身。

在许多涉及到组织新的复杂行为的任务中，前额皮层中的血流量会有所增加（Gazzaniga，Ivry，& Mangun，1998）。芬彻姆等人（Fincham，Carter，van Veen，Stenger，& Anderson，2002）研究了学生解决河内塔问题时的 fMRI，观察了脑部激活与学生所必须建立的目标数量之间的函数关系。这些学生解决的问题比图 8.10 中所示的简单问题要复杂得多。一个问题可能会包括放置 5 个圆盘，并且可能要求保持多达 5 个目标以解决问题。图 8.12 显示了在问题解 230
决的八个步骤中，要求保持的目标数量在 1 和 4 之间变化时，右脑背外侧前额皮层的前部区域的 fMRI BOLD 反应。它也显示了每个点上所保持的目标数量。目标负荷和 fMRI 反应的大小之间有着惊人的匹配。

◎ 前额皮层在保持目标结构方面起着关键性的作用。

问题表征

正确表征的重要性

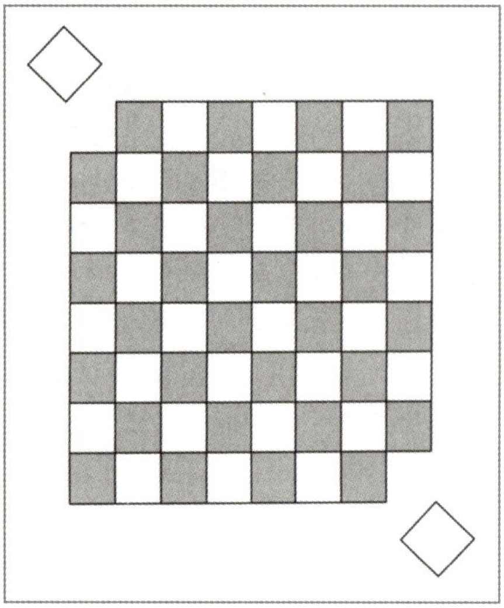

图 8.13 **卡普兰和西蒙（1990）用来说明表征重要性的残缺棋盘。**（资料来源：Wickerlgren，1974.Adapted by permission of the publisher.©1974 by W. H. Freeman and Company.）

我们已经把问题的解分解成由问题状态和改变状态的算子所组成。到现在为止，我们所讨论的问题解决看似只包含习得算子和选择适当算子。然而，问题如何表征也同样起着重要的作用。说明表征重要性的一个著名的例子是残缺棋盘问题（Kaplan & Simon，1990）。假设有一个棋盘[6]，棋盘上位于对角线位置的两个方格被去掉了。图 8.13 表示了这种残缺棋盘，其中还保留着 62 个方格。假设我们有 31 张多米诺骨牌[7]，每一张都可以正好覆盖两个方格。请问你能找到使用这 31 张多米诺骨牌覆盖 62 个方格的解决方法吗？如果能做到，请说明是如何做到的。如果做不到，也请解释为什么做不到。在继续往下看这个例子之前，你可以试着思考一下你能否找到解决这个问题的办法。很少有人能在没有任何暗示的条件下解决这个问题，而一下子就找到解决方法的人就更是寥寥无几了。

这个问题的答案是多米诺骨牌不能覆盖棋盘。弄清这一点的窍门是在你的问题表征中包括如下事实：每一张多米诺骨牌必须覆盖一个黑色和一个白色的方格，而不是任意两个方格。我们无法将一张多米诺骨牌放到棋盘上，而不使其覆盖一个黑色和一个白色的方格。因此，31 张多米诺骨牌将覆盖 31 个黑色方格和 31 个白色方格。但是，棋盘上已经缺失了两个白色方格，只有 30 个白色方格和 32 个黑色方格。因此，残缺棋盘不能用 31 张多米诺骨牌覆盖。

为什么当我们把多米诺骨牌表征成覆盖一个白色方格和一个黑色方格时，残缺棋盘问题会比较容易解决？因为这样表征问题会促使我们去比较棋盘上白色方格和黑色方格的数量。所以，问题表征的作用就表现在允许关键算子的应用上（即检查黑白方格的数量是否相等）。

231 依赖于正确表征的另一个问题是 27 个苹果问题。设想把 27 个苹果装到一个长、宽、高各为 3 个苹果大小的纸箱里，在位于中心的那个苹果里有一只虫子，它毕生的追求就是吃出一条路穿过箱子里的所有苹果。但是，它不愿意浪费时间光临同一个苹果两次。这只虫子只能从一个苹果的一边进入到另一个苹果的一边。这意味着它只能移动到直接位于上面、下面、或旁边的苹果里，而不能以对角线的方式移动。从中心的苹果出发，你能否找到一条路，使虫子能够通过所有的苹果，而不用两次经过同一个苹果？如果不能，你是否能够证明为什

6 由黑白两种颜色交替构成 64 个方格的棋盘，可用来下国际象棋或西洋跳棋。——译者注

7 由一个黑色方格和一个白色方格构成的矩形。——译者注

么不能？这个问题留给你去解决。（提示：其解是基于残缺棋盘问题的解的部分三维类比，答案见本章附录。）不适宜的问题表征经常会导致学生无法解决问题，尽管已经教给了他们相应的知识。这个事实通常会让教师们感到沮丧。巴索克（Bassok，1990）以及巴索克和霍利约克（Bassok & Holyoak，1989）研究了已经学习过解决如下物理问题的中学生：

> 如果一列火车的速度从第 1 秒时的 15 米 / 秒，均匀增加至第 12 秒时的 45 米 / 秒，那么它的加速度（每秒的速度增加值）是多少？

学生们已经听老师讲过这样的物理问题，并且可以十分有效地解决这类问题。然而，他们很少能够把这种知识迁移到如下的代数问题上：

> 朱安妮塔开始做一家银行的出纳员时的工资是每年 12 400 美元，工资的每年增长率相同，在她工作的第 13 年，工资增加到了每年 16 000 美元。那么其工资的年增长率是多少？

学生们无法意识到他们解决物理问题的经验与解决此类代数问题相关，无法意识到这些问题实际上具有相同的结构。发生这种情况的原因是由于，学生们没有理解与速度（米 / 秒）这样的连续量相关的知识和与美元这样的离散量相关的问题之间的对应关系。

◎ 成功的问题解决依赖于采用能够看出和应用适当的算子的方式来表征问题。

功能固着

有时候问题的解决取决于问题解决者使用新颖方式表征所处环境中事物的能力。这个事实显示在一系列不同的实验研究中，其中的一个典型实验是图 8.14 中所示的梅尔（Maier，1931）的双绳问题。要求被试把天花板上垂下来的两条绳子系在一起，但是两条绳子相距太远，被试不能同时把它们抓住。房间里只有一张椅子和一把钳子，被试尝试各种利用椅子的方法都不起作用。唯一起作用的解决方法是把钳子系在一条绳子上，接着甩动绳子使它像钟摆一样来回摆 232
动；然后拉住第二条绳索走到房间的中央，等第一条绳索摆到足够接近时抓住它，只有 39% 的被试能够在十分钟之内找到解决方法。这个问题的难点在于一些被试想不到钳子可以起到摆锤的作用。这种现象被称为**功能固着**（functional fixedness）。这样命名是因为人们总是固着于根据一个物体的传统功能来表征该物体，未能表征它的新颖功能。

图 8.14 **梅尔用来表明功能固着的双绳问题。只有 39% 的被试能够在十分钟之内找到解决方法，大部分被试都意识不到钳子作为重物可以用来作摆锤。**（资料来源：Maier, 1931.Adapted by permission of the publisher.©1931 by the *Journal of Comparative Psychology*.）

功能固着的另一个实例是邓克（Duncker，1945）所做的一个实验。被试的任务是把一支蜡烛放到门上，他声称这是一个视觉实验。问题如图 8.15 所示，桌子上有一盒图钉、一些火柴和一支蜡烛。解决方法是把盒子钉在门上，然后蜡烛放置在盒子上。这个任务对于被试来说很困难，因为他们把盒子看成一个容器，而不是一个平台。如果盒子里装满大头针，强化了盒子的容器功能

233 的话，被试会面临更大困难。

这些关于功能固着的示例与表征会影响算子选择的观点是一致的。比如，为了解决邓克的蜡烛问题，被试需要将图钉盒表征成解决蜡烛台问题的算子。如果盒子被当作一个容器而不是一个台子，那么它将不能作为蜡烛台算子。

◎ 功能固着指人们的一种倾向，它将物体看成只有传统的问题解决功能，因而不能看到这个物体可能的新颖功能。

图 8.15　**在另一项功能固着的研究中邓克（Duncker，1945）所使用的蜡烛问题。**（资料来源：Glucksberg & Weisberg，1966.Adapted by permission of the publisher.Copyright© 1966 by the American Psychological Association.）

定势效应

解决问题时，人们会受到自己经验的影响而倾向于选择某些算子，这种问题解决的偏向被称为**定势效应**（set effect）。陆钦斯（Luchins，1942）以及陆钦斯和陆钦斯（Luchins & Luchins 1959）所研究的水罐问题提供了一个很好的例子。与图 8.8 所示的阿特伍德和波尔森（Atwood & Polson，1976）的水罐问题不同，在这些水罐问题中提供给被试一组容量各不相同的水罐和无限制的水量。被试的任务是量出一定数量的水，其中的两个例子如下所示：

问题	水罐 A 的容量	水罐 B 的容量	水罐 C 的容量	要求的数量
1	5 杯	40 杯	18 杯	28 杯
2	21 杯	127 杯	3 杯	100 杯

假设被试有一个水龙头和一个水池，这样他们可以装满水罐也可以倒空水 234
罐。水罐最初是空的，只允许被试完全装满水罐、倒空水罐，或者把水从一个水罐倒进另一个水罐里。在问题 1 中，被试有三个水罐：水罐 A，容量为 5 杯水；水罐 B，容量 40 杯；水罐 C，容量 18 杯。为了解决这个问题，被试会装满水罐 A，然后把水倒进水罐 B 中，然后再装满 A，再把水倒进 B 中，然后装满水罐 C，然后把水倒进 B 中。这样，这个问题的解就表示为 2A+C。第二个问题的解是用 127 杯水装满水罐 B，用 B 中的水装满 A，这样 B 中就剩下 106 杯水；然后再用 B 中的水装满水罐 C，这样 B 中就只剩下了 103 杯水；倒空水罐 C，然后

再用 B 中的水装满 C，这样在 B 中装满 100 杯水的目标就达到了。那么，这个问题的解就可以表示为 B-A-2C。第一种解被称为加法解，因为它是把水罐内的水加在一起；第二种解被称为减法解，因为它是用一个罐子减去了另一个罐子的水量。陆钦斯首先给了被试一系列可以通过加法解决的问题，创造了“加法组”。结果，与未经过练习的控制组被试相比，加法组被试解决新加法问题时会比较快，而解决减法问题时则比较慢。

表 8.3

陆钦斯用来说明定势效应的水罐问题

问题	容量（杯数）			
	水罐 A	水罐 B	水罐 C	目标数量
1	21	127	3	100
2	14	163	25	99
3	18	43	10	5
4	9	42	6	21
5	20	59	4	31
6	23	49	3	20
7	15	39	3	18
8	28	76	3	25
9	18	48	4	22
10	14	36	8	6

资料来源：Luchins (1942). Adapted by permission of the publisher. ©1942 by *Pshchological Monographs*.

陆钦斯（Luchins，1942）所证明的最著名的定势效应的是**心向效应**（einstellung effect），或称思维机械化。这一效应通过表 8.3 所示的一系列问题得以说明。将这些问题按照表中的次序提供给被试，要求被试找出每个问题的解。请暂时停止阅读课文，尝试解决每个问题。

除第 8 题外，所有的问题都可以通过 B-2C-A 这种方法解决（即装满 B，把 B 中的水倒进 C 中两次，倒进 A 中一次）。从题 1 到题 5，这个解最简单。但是对于题 7 和题 9，也可以应用比它更简单的解
A+C。题 8 不能用 B-2C-A 的方法解决， 235
但可以运用相对简单的 A-C 的方法解决。题 6 和题 10 运用 A-C 也比运用 B-2C-A 简单。做过所有 10 个问题的陆钦斯的被试中，83% 的被试运用 B-2C-A 的方法来解决题 6 和题 7，64% 的被试无法解决题 8，79% 的被试运用 B-2A-C 的方法来解决题 9 和题 10。将解出了所有 10 个问题的被试的绩效与只看到后 5 个问题的控制组被试的绩效进行了比较，这些控制组被试没有出现倾向于使用 B-2C-A。只有不到 1% 的控制组被试运用了 B-2C-A 的方法，只有 5% 的控制组被试无法解决第 8 个问题。因此，前 5 个问题形成了采用某一特定解的强烈偏向。这种偏向损害了对 6~10 题的求解。尽管这些效应十分明显，但使用认知控制来消除它却相对比较容易。陆钦斯发现，如果在第 5 个问题之后，简单地警告被试“不要盲从”，可以使 50% 以上的被试克服 B-2C-A 这一定势的影响。

问题解决中的另一种定势效应与一般语义因素的影响有关。这种效应在萨芙伦（Safren，1962）的乱位词求解的实验中得到了很好的说明。萨芙伦呈现给被试如下这种乱位词表，要求被试将表中的每一组字母整理成一个单词：

kmli graus teews recma foefce irkdn.[8]

这是一个有组织的乱位词表的例子，其中每一个单独的词都与喝咖啡有关。萨芙伦比较了有组织的乱位词表与无组织的乱位词表的问题解决时间。无组织的表中，乱位词的解决时间的中位数是 12.2 秒，而有组织的则是 7.4 秒。有组织的词表的优势很可能是因为词表中前面的词关联启动了后面的词，使得更容易得到后面的词。请注意，这个乱位词实验与水罐实验不同，它没有强化任何特定的程序，它强化的是被试关于相互关联的单词的拼写的事实性（陈述性）知识。

一般来说，定势效应发生在某些知识结构比其他的知识结构更容易获得时。这些知识结构可能是程序，比如水罐问题中的程序，也可能是陈述性信息，比如乱位词问题中的信息。如果可获得的知识是被试解决问题所需要的，那么就会促进问题的解决。如果可获得的知识不是所需要的，就会阻碍问题解决。认识到有时候可以很容易地消除定势效应（比如陆钦斯的"不要盲从"指导语的例子）是有益的。如果你发现自己被困在一个问题上，并且不断尝试使用相似的方法却依然不成功时，你最好强迫自己后退一步，改变定势，尝试一种不同的解决方法。

◎ 当与某种特定类型的问题解决方法相关的知识被强化时会发生定势效应。

酝酿效应 236

人们经常会报告说，他们努力解决某一问题而无法解决时，会把问题搁置几个小时、几天或者是几周，然后再回过头来解决问题，这时就会很快找到解决方法。著名的法国数学家庞加莱（Poincaré, 1929）就曾报告过许多这类例子，其中有：

> 随后我把自己的注意力集中到一些算术问题的研究上，我看不到有什么收获，而且毫无疑问，与我之前的研究也没有任何关联。我厌恶自己的失败，所以去海边待了几天，想一些其他的事情。一天早上，我走在断崖边，我脑中突然出现了一个想法，这个想法简短、突然而确定无疑，那就是不定三元二次式的算术转换与非欧几里德几何学的转换完全相同。（p. 388）

这种现象被称为**酝酿效应**（incubation effects）。

8　这个问题的答案是 milk（牛奶）sugar（糖）sweet（甜味剂）cream（奶粉）coffee（咖啡）drink（喝）。

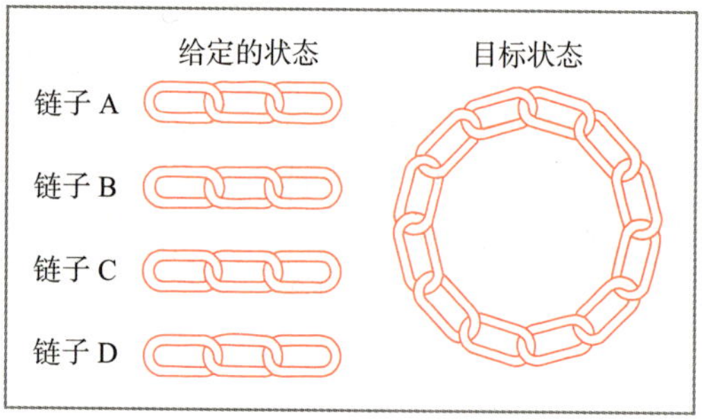

图 8.16 西尔维拉（Silveira，1971）研究酝酿效应所使用的便宜项链问题。（资料来源：Wickelgren，1974. Adapted by permission of the publisher.©1974 by W.H.Freeman.）

西尔维拉（Silveira，1971）的实验很好地说明了酝酿效应。她呈现给被试的问题被称为便宜项链问题，如图 8.16 所示。她向被试呈现的指导语如下：

如果你有四条分开的链子，每条链子由三个环组成。打开一个环需要花费 2 美分，闭合一个环需要 3 美分。开始时所有的环都是闭合的，你的目标就是把所有 12 个环连成一个圆环，而且花费不能超过 15 美分。

请自行尝试解决这个问题（本章的附录提供了一个解）。西尔维拉对三组被试进行了测试。她给控制组半小时来解决这个问题，55% 的被试解决了这个问题。在一个实验组中，插进来半个小时的其他活动，64% 的被试解决了这个问题。在另一个实验组中，插进来 4 个小时的其他活动，85% 的被试解决了这个问题。西尔维拉要求被试边解决便宜项链问题边大声说出解决问题的过程。她发现中途停下来以后再回来解决问题时，被试并没有带着答案回来，而是像原先那样从头做起。这个结果是反对认为人们远离问题时会在潜意识里解决问题这一普遍错误观点的证据。

对酝酿效应最好的解释是把酝酿效应与定势效应联系到一起。在解决一个问题的最初尝试中，人们会设定用某种方式思考问题并利用某种知识结构来解决。如果这种最初的设定合适的话，他们就能够解决问题。然而，如果不合适
237 的话，他们就会被困在不合适的问题解决程序里。将问题搁置一旁可以使不合适的知识结构的活动降低，人们就可以采用新的方式来解决问题。

基本的观点是酝酿效应之所以发生是由于人们“忘记”了不合适的解决问题的方式。史密斯和布莱肯希普（Smith & Blakenship，1989，1991）对这个假设进行了比较直接的检验。他们让被试解决如图 8.17 中所示的问题，让一半被试在固着组，一半在控制组，并且给固着组提供不合适的思考问题的方式。例如，关于第三个问题，他们告诉被试去考虑一下化学物质。这样，在固着条件下，他们故意诱导被试产生不正确的定势。毫不奇怪，固着组被试比控制组被试解决的问题要少。然而有趣的是，这两组被试表现出了多少酝酿效应。各有一半的固着组被试和控制组被试在连续的时间内解决问题，而在另一半被试解决问题过程中插入了一段酝酿时间。固着组被试显示了更大的酝酿期效益。因此，史密斯和布莱肯希普的研究表明了以不合适的方式开始解决问题的被试有更大的酝酿效应。而且当询问固着组被试误导线索是什么时，他们发现较多的

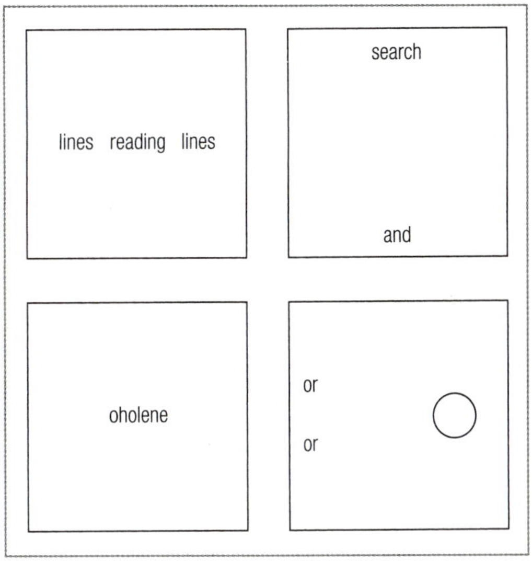

图 8.17　**史密斯和布莱肯希普为检验"酝酿效应是由于人们'忘记'不合适的解决问题方式而产生的"这一假设所使用的谜题。被试必须想出每一幅图代表了哪个熟悉的短语。例如，第一幅图代表了"reading between the lines"；第二幅图代表了"search high and low"；第三幅图代表了"a hole in one"；第四幅图代表了"double or nothing"。**（资料来源：Smith&Blakenship，1989，1991. Adapted by permission of the publishers.©1989 by the Bulletin of the Psychonomic Society.©1991 by the *American Journal of Psychology*.）

经过酝酿期的被试已经忘记了不合适的线索是什么。

◎ 当人们忘记所使用的不合适的解决问题策略时，就发生了酝酿效应。

顿　悟

关于学习和问题解决的一个普遍错误信念是认为存在神奇的顿悟时刻，在这个时刻一切都变得一清二楚，我们突然发现了解决方法。这个叫做"啊哈"（"aha"）经验，我们中许多人都有在长时间努力之后，问题突然间解决时发出这种惊叹的经验。我们刚刚讨论的酝酿效应一直被用来证明是潜意识在酝酿期内引发了顿悟。然而，正如我们所看到的，真实情况只是被试放弃了不合适的解决问题的方法。

梅特卡夫和维贝（Metcalfe & Wiebe，1978）提出了一个有趣的方法来定义顿悟问题。他们使用的顿悟问题包括了像便宜项链这类问题（见图 8.16）。他们的非顿悟问题的解则需要若干步，例如河内塔问题（见图 8.10）。他们要求被试每 15 秒判断一次感觉自己距离问题的解决还有多远。在真正得到一个非顿悟问题的解的前 15 秒，被试相当自信自己已经接近问题的解决。相反，
在解决顿悟问题时，即使是在距离真正解决问题的前 15 秒，他们也几乎不知 238
道自己已经接近问题的解决。梅特卡夫和维贝提议用这一差异来定义顿悟问题。**顿悟问题**（insight problem）是指人们已经接近问题的解却还意识不到这一点的问题。

这个定义似乎支持问题瞬间解决的观点。然而，梅特卡夫和维贝实际上说的是在解决顿悟问题时，被试已经接近问题的解却不自知，而不是问题是在瞬间解决的。卡普兰和西蒙（Kaplan & Simon，1990）研究了被试对另一个顿悟问题的解决——残缺棋盘问题（见图 8.13）。他们发现有些被试一开始就提及问题的解的关键特征，例如一块多米诺骨牌覆盖每种颜色的一个方格。但是他们有时候不认为这些特征是关键性的，转而尝试其他解决方法，只是到了后来，他们才回到这些关键特征上来。所以，顿悟问题并不是不能一步一步得到解决，而是被试在看到最终答案前不能确定哪一步是关键性的。这让我想起了有一次我试图找出一条路穿越迷宫，没有得到任何与出口位置相关的线索。我努力地找寻出口，找了很长时间都没找到，我非常沮丧，怀疑自己能否出去，然后我转了一下身，发现出口就在那里。我相信我甚至大叫了一声"啊哈！"这并不是说我一个转身就解决了谜题，而是因为直到我最后转身发现迷宫出口前，我都看不到哪些转弯是解决问题的步骤。

有时，顿悟问题只需要一步（或一个转身）就可以解决，问题就在于找到这关键一步，而困难就在于找到这一步有点像大海捞针。这类问题的一个例子如下：

What is greater than God
More evil than the Devil
The poor have it
The rich want it
And if you eat it, you'll die.[9]

据报道，小学生比大学生觉得这个问题更容易。如果是这样，原因就在于小学生考虑的可能选项较少。（如果你失败了，无法解决这个问题，那么如同许多其他事情一样，你可以在网上搜索找到答案，许多人会在自己的网页上贴出这个问题的答案。）

作为顿悟问题的最后一个例子，请考虑梅德尼克（Mednick，1962）介绍的远距离联想问题。在这些问题的一个版本中（Mednick，1962），被试被要求找出一个单词，它跟三个给定的单词都能组合成一个复合词。例如，如果给定的单词是 *fox*、*man* 和 *peep*，那么答案是 *hole*（*foxhole*、*manhole*、*peephole*）。
239 这里有一些问题你可以试一试（答案在附录中）：

print/berry/bird
dress/dial/flower

9 猜这个谜语的通常办法是试着用一个个英语单词去代替 'what' 和 'it'。这个谜语的字面含义是 '什么比上帝更伟大，比魔鬼更邪恶，穷人们拥有它，富人们想要它，如果你吃它你就会死亡'。——译者注

pine/crab/sauce

已经有了关于人们试图解决这类问题时的脑活动研究（Jung-Beeman et al.，2004）。顿悟问题的典型特征是，人们在解决这类问题的时候，经常有一种突然顿悟的感觉。图 8.18 是我们实验室的一个脑功能成像结果，它告诉了我们很多事情。这幅图表示的是左侧前额叶脑区的激活，该脑区被认为与从陈述性记忆中提取知识有关（例如，图 1.16c，图 7.6）。这张图比较了被试能够解决问题时的激活与被试不能够解决问题时的激活。图中的时间点 0 表示在能够解决问题的情况下，被试得出答案的时刻。在能够解决问题和不能够解决问题的情况下功能曲线都在增加，这表示在搜索求解过程中不断增加的努力。但是在顿悟之后（一个预期中的 BOLD 反应的时间延迟），功能曲线急剧下降。另外还需要强调的是其他脑区，例如运动区在这个时间点有一个上升，它与做出反应有关。前额叶的激活突然下降表明它与其他脑区的反应明显不同，而这反映了在记忆中搜索答案的终止。被试一直在不停地试着提取信息，直到最后提取到正确的答案。顿悟的感觉对应着最后成功提取到信息的时刻和涉及信息提取的脑区活动的下降。

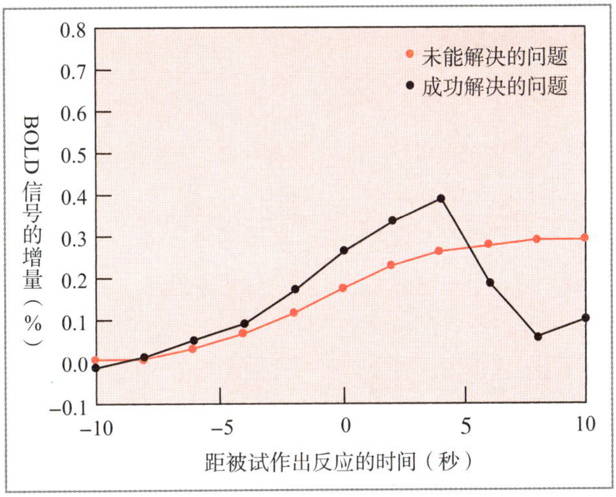

图 8.18　成功解决和未能解决远距离联想问题时的脑激活比较。图中表示的是对信息提取敏感的前额叶的活动情况。在执行任务的过程中随着时间的增加脑激活增强，但是在成功解决问题的情况下，在解答（时间点为 0）之后激活很快就出现了下降。（经作者同意，本图内的标注略有变动。——译者注）

◎ 顿悟问题是解决者已经接近问题的答案却意识不到这一点。

结　论

本章围绕纽厄尔和西蒙的问题解决模型而展开，这个模型认为问题解决是在由算子决定的状态空间里进行搜索。我们已经看到问题解决的成功与否由可供使用的算子和指导算子搜索的方法所决定。这种分析尤其适合于第一次遇到的问题，不论是黑猩猩的困境（见图 8.2）还是人类第一次面临河内塔问题（见图 8.10）时的困惑。下一章我们将集中讨论在重复练习问题解决时起作用的其他因素。

思考题

1. 最近有人开始研究所谓的“推销员旅行问题”（例如 Pizlo et al.，2006）。要理解这个问题，可以随机地在纸上画一些点（例如，10 到 20 个），然后取其中一个作为起点。试图画出从这个点开始的一条最短的途径，它经过所有的点，但是每个点只经过一次，并且最后回到起点。如果你将这个问题看作对状态空间的搜索，那么问题的状态是什么？算子又是什么？你如何从算子中进行选择？用搜索空间来描述这个问题会非常有用吗？
2. 在现代生活中，人们经常要学习如何使用设备（例如微波炉）或者软件（例如表格处理软件包）。什么时候你试图通过发现来学习这些东西？什么时候你试图通过例子学习？什么时候你试图根据说明书学习？你是否经常综合使用这些学习方式？
3. 对学生来说，一个常见的目标是在一门课程中得到好成绩。你可以做很多不同的事情来帮助你提高成绩。你是如何从中进行选择的？什么时候你会采用爬山算法？什么时候你又会采用手段－目的分析法。
4. 图 8.19 表示了一个九点问题（Maier，1931）。这个问题是将所有的 9 个点通过 4 条线连起来，但是你的笔不能离开纸面。（通常的说法是用一笔画出 4 条线通过图中 9 个点。——译者注）克肖和厄尔森（Kershaw & Ohlsson，2001）总结了大量研究，发现在只给出几分钟的情况下，只有 5% 的大学生能够解决这个问题。你试试看能否解决这个问题。如果你陷入了困境，可以在网上搜索一下“九点问题”的答案。在你解决这个问题之后，使用本章的术语（见下）描述该问题的困难所在，以及人们要成功解决该问题需要做些什么。

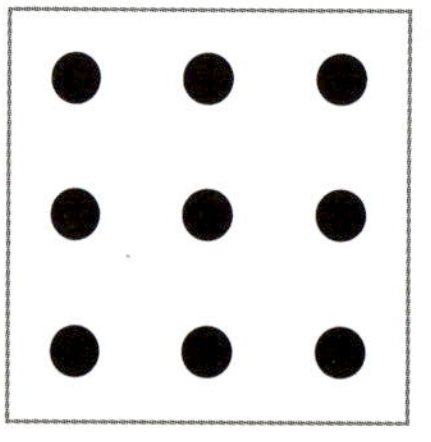

图 8.19　九点问题

关键术语

子目标	类比	功能固着
算子	回溯规避	定势效应
问题空间	差异降低	心向效应
状态	手段－目的分析	酝酿效应
目标状态	爬山算法	顿悟问题
搜索	通用问题解决者	
搜索树	河内塔问题	

附录：解答

图 A8.1 给出了更有效地解决图 8.3 中八子谜题的最短路径解。

关于 27 个苹果的问题，答案是虫子不可能成功。为了理解这一点，设想苹果有红绿交替的颜色，形成了一个三维棋盘模式。如果作为虫子出发点的那个位于中心的苹果是红色的，那么一共会有 13 个红苹果和 14 个绿苹果。虫子每次从一个苹果爬到另一个苹果，苹果的颜色会改变。因为虫子是从红苹果开
始爬的，所以它所到达的绿苹果的数量不会比到达的红苹果的数量多。因此， 241
如果它到达每个红苹果只有一次，那么它不可能到达所有 14 个绿苹果。

要解决图 8.16 中的便宜项链问题，需要把一条链子中的三个环都打开（花费 6 美分），然后用这三个打开的环连接其余的三条链子（花费 9 美分）。

三个远距离联想问题的答案是 blue、sun 和 apple。[blueprint（蓝图）/blueberry（蓝莓）/bluebird（北美产的蓝知更鸟）; sundress（太阳裙）/sundial（日晷）/sunflower（向日葵）; pineapple（菠萝）/crabapple（海棠）/applesauce（苹果酱）。——译者注]

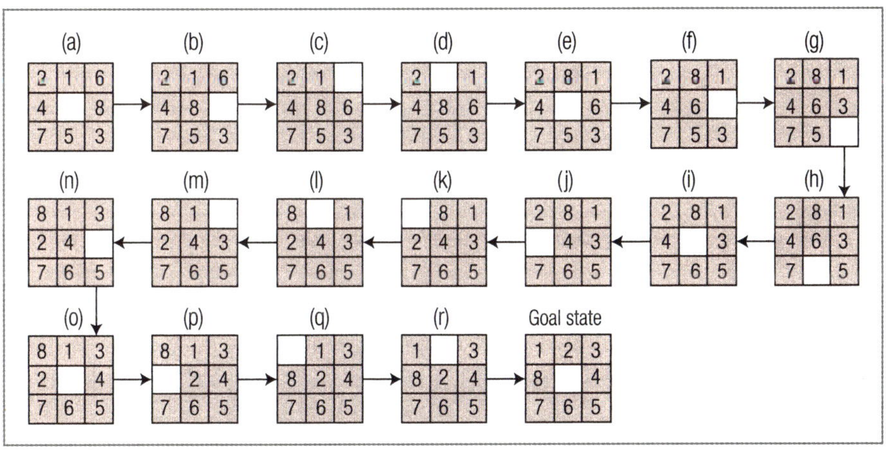

图 A8.1　更有效地解决图 8.3 中八子谜题的最短路径解。

9 专业技能学习[1]

据推测，在从直立人到现代智人的进化过程中，人脑发展的原因是需要在新环境中获得技能（Skoyles，1999）。这种能力使得人类遍布整个世界，并使得创造现代文明的技术得以开发。人类是唯一的一个能够展示这种行为可塑性的物种——能够在现代社会中成为驾驶车辆的高手，在波利尼西亚地区（Polynesian[2] society）横渡海洋，或者为互联网设计搜索引擎。

威廉姆·蔡斯（William. G. Chase）生前在美国卡内基·梅隆大学任教，是我们这里研究专业技能的专家之一。他提出了两条格言，可以大致总结专业技能及其形成本质：

- 一份耕耘，一份收获。（No pain，no gain.）
- 艰难之路，唯勇者行。（When the going gets tough，the tough get going[3].）

第一条格言是指不付出艰辛的努力就不可能熟练掌握某项技能。约翰·海斯（John R. hayes，1985），另一位卡内基·梅隆大学教授，研究了从音乐到科技到国际象棋等不同领域的天才，他发现不经过至少 10 年的艰苦练习就没有人能达到天才的水平。蔡斯的第二条格言是指在处理比较困难的问题时，新手和专家之间的差异会更明显。例如，如果不限制棋手思考每一步选择的时间，那么低水平的棋手在与象棋大师的较量中可能也不至于输得太难堪。然而，在限定每一步选择为 5 秒的快棋赛中，他们可能会输得很惨。

第 8 章介绍了指导问题解决的一般原则，尤其是不熟悉领域内的问题解决

1 本章原文的标题为 Expertise，作者对它的解释是 I might say “learning to become an expert in a particular subject”。Expertise 也常译为专家技能。——译者注

2 位于大洋洲东部的中太平洋群岛，主要包括法属波利尼西亚、夏威夷、汤加等。——译者注

3 20 世纪 80 年代的一首流行歌曲名。——译者注

原则。这方面的研究为问题解决中分析专业技能的发展提供了一个框架，专业技能研究是近 30 年来认知科学的一个重要进展。这项研究十分振奋人心，因为它对数学、科学以及工程等领域中的技术或正规技能的教学有很大帮助，这一点我们将在本章的最后一部分进行讨论。

本章将讨论以下有关人类技能本质的问题： 243

- 技能发展有哪些阶段?
- 在一个人成为专家的过程中技能的组织是如何变化的?
- 在技能发展过程中练习和天赋各有什么作用?
- 一个领域内的技能在多大程度能够迁移到新的领域?
- 我们关于专业技能的知识对于新技能的教学有什么意义?

脑随着技能的获得而发生改变

人们越是能熟练地完成某项任务，在执行那项任务中就可能越少用到脑。图 9.1 是由秦等人（Qin et al.，2003）做的 fMRI 实验数据。它显示了大学生学习一种新的数学运算时所产生的脑激活区域。图 9.1a 表示他们第一天执行任务时激活的脑区。图 9.1b 表示第五天时激活的脑区。当学生能熟练完成任务的时候，在第一天激活的脑区有的消失了，有的缩小了。这些区域的活动与新陈代谢的消耗相当，显而易见，随着对专业技能的掌握，我们在执行任务时需要耗费的心理能量就会减少。

研究专业技能的一个一般性目标是刻画出专业技能获得过程中发生的质变和量变。图 9.1 可以看做一个量变的结果，练习越多意味着心理运作越有效。

大脑结构

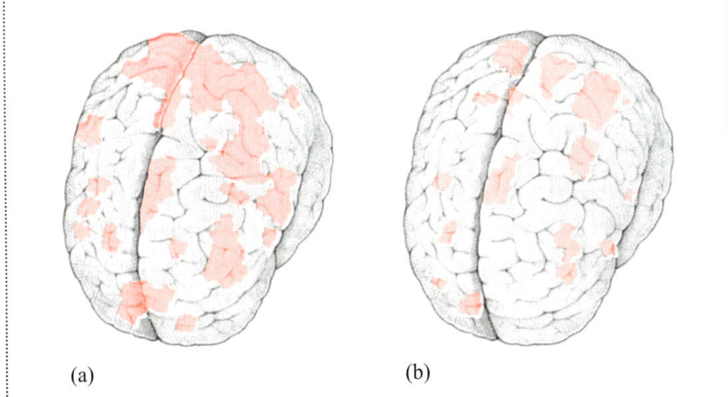

图 9.1　在秦等人（Qin et al.，2003）的一项符号操作任务中激活的脑区；(a) 练习的第一天；(b) 练习的第五天。请注意，这些图像显示的是“透明的大脑”，我们所看到的激活区域不仅是脑表面，还有脑内部。

我们将会看到很多的定量测量，尤其是反应时，它可以显示出效率的提高。然而，通过练习还能使技能发生质的变化。图 9.1 没有揭示这种变化，在该项研
244 究中只看到通过练习激活脑区的减少，而不是涉及不同的激活脑区。不过，这一章我们将介绍一些其他的脑成像和行为研究的结果，这些结果确实证明，当我们成为一项任务的行家后，我们执行这一任务时所采用的方法会发生变化。

◎ 通过大量的练习，我们能够在促进人类文明进化的新领域逐渐获得高水平的专业技能。

技能习得的一般特征

技能习得的三个阶段

典型的技能发展包括三个阶段（Anderson，1983；Fitts & Posner，1967）。菲茨和波斯纳把第一个阶段叫做**认知阶段**（cognitive stage）。在这一阶段被试对技能进行陈述性编码（详情请参看第 7 章末陈述性表征和程序性表征的区别），也就是说，他们记住一系列与技能有关的事实。这些事实基本上定义了执行任务的算子（参见第 8 章）。当学习者最初使用技能时通常都是在复述这些事实。例如，我最初学习手排档车换挡的时候，我需要记住各个档的位置（例如，“倒车档是向上向左”——那辆车是一种老式的三档车）以及啮合离合器和移动换档杆的正确顺序。我一边操作一边复述这些信息。

我所学习的有关手档位置和功能的信息等同于解决开车问题的一系列算子。例如，如果我要倒车，算子就是把档推向左上方。尽管我很清楚下一步做什么，但是人们不会认为我的驾驶操作是熟练的。我在这些知识的运用上还很迟钝，因为这些知识仍然处于陈述性的状态。我需要提取具体知识并加以解释来解决开车的问题，我还没有获得程序性知识。

技能习得的第二个阶段是**关联阶段**（associative stage），在这第二阶段主要发生了两件事。第一件事是最初的错误理解会被逐渐发现和改正。因此，我逐渐掌握了挂一档、松离合器和踩油门的协同动作以免启动时发动机熄火。第二件事是成功操作所需的各种要素之间的联系被强化。因此，我再也不需要停顿几秒钟来回忆如何从一档换到二档了。一般来说，关联阶段得到的结果是一个成功执行技能的程序。然而在这个阶段结束时，知识的程序性表征并不能够完全代替陈述性表征。有时候，这两种形态的知识是可以并存的。例如，我们在熟练的说一门外语的同时也能记住许多语法规则。不过，支配着熟练操作的是

程序性知识而不是陈述性知识。

在技能习得的标准分析中，第三阶段叫做**自主阶段**（autonomous stage）。
在这个阶段，整个过程变得越来越自动化和迅速。自动化这个概念我们在第 3
章作过介绍，在那里我们讨论了当我们对一个任务变得熟练时，中枢认知开始 245
退出执行任务的过程。复杂技能，如开车或者下棋，会朝着越来越自动化和不
需要太多认知加工资源的方向逐步演化。例如，开车会变得越来越自如，有些
人可以边开车边谈话，并对驾驶过程中的交通状况毫无记忆。

◎ 技能习得有三个阶段：认知阶段、关联阶段和自主阶段。

学习的幂定律

第 6 章用证据表明简单联想提取随练习的改进遵从幂定律。事实上，对于复杂技能的改进需要协调很多简单联想，也遵从幂定律。图 9.2 显示的是这种技能习得的一个著名例子。这项研究对工人制造雪茄烟的能力跟踪调查了 10 年。图中的点表示工作年数所对应的生产一支雪茄烟的时间，两个量都用了对数—对数尺度的坐标来揭示幂定律（回忆第 6 章和第 7 章，对数 – 对数坐标中的线性函数意味着原始尺度中的幂函数）。直到大约第五年，图中的数据都显示了

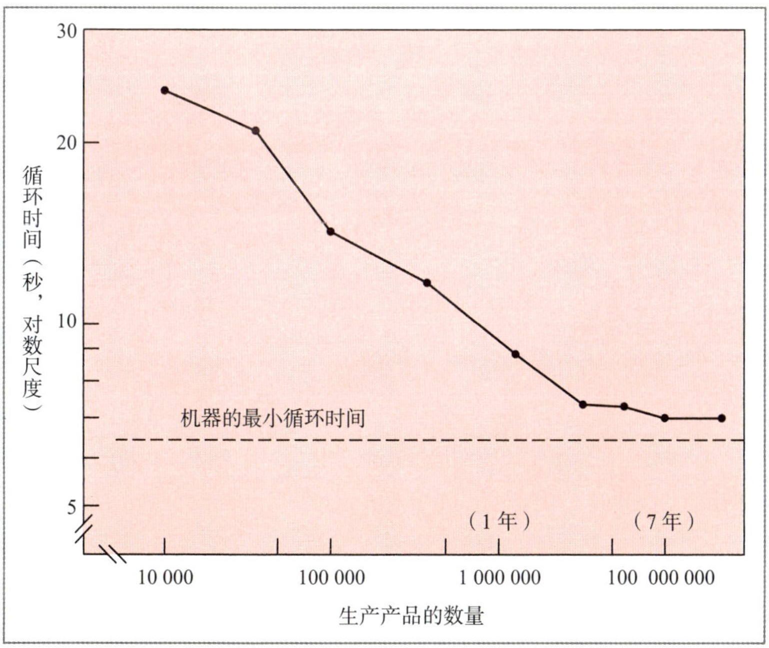

图 9.2　生产一支雪茄烟所需要的时间是生产经验的函数。（资料来源：crossman，1959. reprinted by permission from Taylor & Francis.）

246 接近线性函数，从那以后，工作能力的提高似乎终止了。结果表明，这位工人制造一支雪茄烟的时间接近了他所用机器的最小循环时间，因此不可能再减少了。绩效的提高通常是有限度的，它取决于设备、人的肌肉系统的能力、年龄等因素。然而，除了这些物理限制外，技能的提高是无限的。如果进行了足够的练习，一项技能所需的认知成分的时间将趋于零。

在第 6 章我们讲过，时间 T 的对数和练习 P 的对数之间的线性关系可以表达为[4]

$$\ln T = A - b \ln P$$

它可以变换为

$$T = aP^{-b}$$

其中 $A = \ln a$。在第 6 章，我们曾经讨论过记忆的这种幂函数（参见图 6.11 和 6.12），这些函数的基本特点是，加工时间的缩短会随着练习的增加而迅速变慢。

解决复杂问题时练习的作用也已经有所研究，例如，几何证明题的证明过程（Neves & Anderson，1981）。图 9.3 显示了该领域的幂函数，其中一个用正常的尺度，一个用对数 – 对数尺度。这些函数表明进一步练习带来的效果会迅速下降，但是不管已经有了多少练习，进一步练习都会带来一点点帮助。

科勒斯（Kolers，1979）用类似于图 9.4 所给的材料研究了阅读技能的习得。

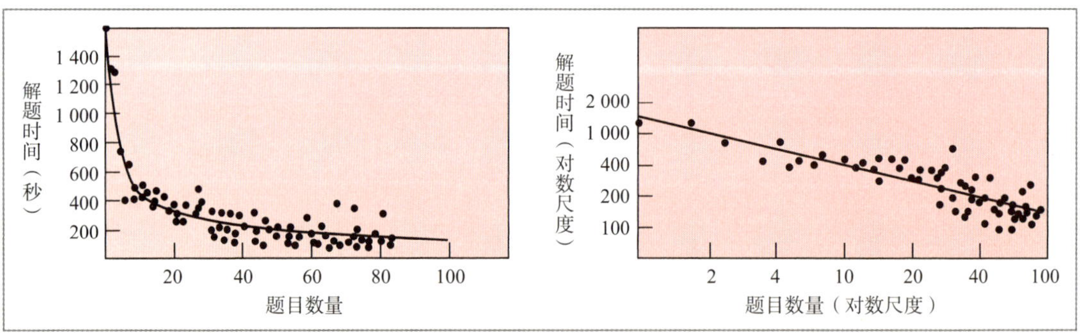

图 9.3 在做几何证明题时，完成证明题所需要的时间是已经完成的证明题数的函数：（a）正常尺度表示的函数，RT=1410$P^{-0.55}$；（b）对数 – 对数尺度表示的函数 .

4 本节用了两种对数：log 是‘常用对数’（以 10 为底的对数），ln 是‘自然对数’［以 e（2.718…）为底的对数］。通常，我们也会将 log-log 译成对数 – 对数。——译者注

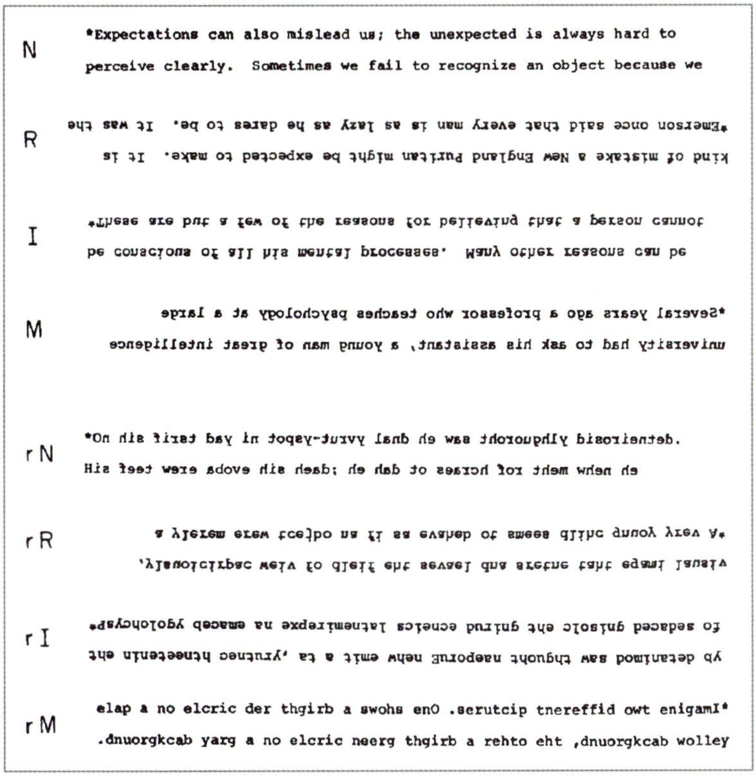

图 9.4　在科勒斯的阅读技能习得研究中所使用的变换文本样例。星号表示阅读的起始点。（资料来源：Kölers & Perkins，1975）

第一种文本（N）是正常文本，但是其余的文本用不同的方法做了变换。在 R 变换文本中，将整个一行旋转倒置；在 I 变换文本中，将各个字母上下颠倒；在 M 变换文本中，将整个句子设置为标准字的镜像。其余的则是几种变换的综合。在一项研究中，科勒斯观察了大量练习对阅读上下颠倒文本（I）的影响。被试花了大约 16 分钟阅读了颠倒文本的第一页，而正常文本的阅读仅需 1.5 分钟。在测试了最初的阅读速度之后，被试进行了 200 页的颠倒文本阅读测试。
图 9.5 是练习数量与阅读时间的对数—对数图。在这个图中，练习用所读的页 247
数来表示，随着练习而发生的速度变化由标着“颠倒文本初始训练”的曲线表示。科勒斯还插入了一些正常文本阅读的测试，这些测试的数据由标着“正常文本初始测试”的曲线表示。我们看到颠倒文本的阅读表现出如图 9.2 和 9.3(例如，对数－对数图中的直线函数)中所示的相同的改进模式。在阅读了 200 页后，科勒斯的被试的阅读速度提高到每页 1.6 分钟，几乎和阅读正常文本的速度一样。

一年以后，科勒斯让他的被试再次阅读颠倒文本，这些数据由图 9.5 中标着“颠倒文本再次训练”的曲线表示。这次被试用了 3 分钟的时间阅读颠倒文

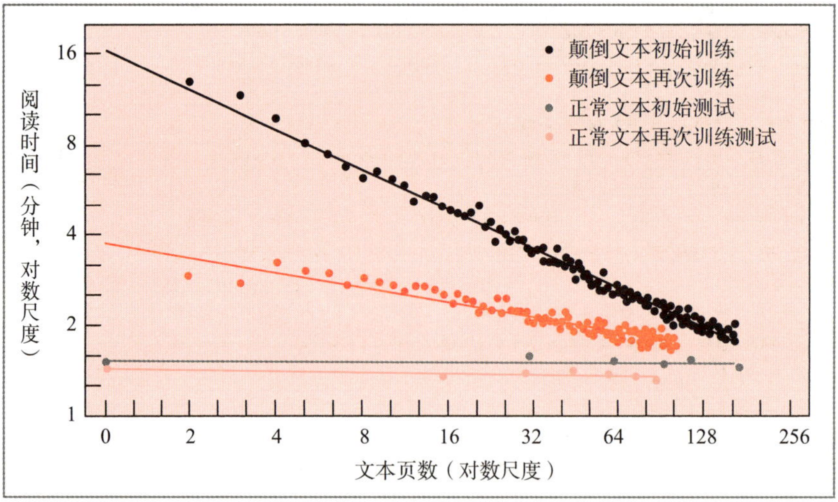

图 9.5　科勒斯的阅读技能实验中的被试在间隔时间超过一年的两次测试中的表现。被试进行了 200 页颠倒文本的阅读训练，在这些文本里穿插了几页正常的文本。一年之后他们再次进行了 100 页的颠倒文本阅读训练，同样在这些文本里穿插了一些正常的文本。结果表明了练习对技能习得的影响。阅读时间和练习文本的页数都以对数尺度表示。（资料来源：Kölers，1976. Copyright by the American Psychological Association. Reprinted by permission.）

本的第一页，和一年前需要 16 分钟阅读第一页的绩效相比，被试这次的绩效表明他们保留了很大一部分先前训练的记忆。但是现在他们的阅读时间几乎是一年前经过 200 页阅读训练后的阅读时间的两倍。很显然，他们也忘掉了一些先前训练的东西。如图 9.5 所示，和初始训练一样，被试在再训练测试中速度的提高也表现出练习和绩效结果之间的对数—对数线性关系。被试在初次阅读
248 200 页后的绩效水平是现在阅读 50 页后的绩效水平。技能的保持程度通常很高。在许多情况下，这类技能记忆可以被保持多年而不会有任何丧失。例如，有些会滑雪的人在多年没有滑雪的情况下，只需要一会儿热身时间，就可以重新恢复技能（Schmidt，1988）。

波达瑞克和加布里埃利（Poldrack & Gabrieli，2001）研究了被试在阅读如图 9.4 所示变换文本时脑的相应变化。在一项 fMRI 脑成像的研究中他们发现，随着学习的增加，基底神经节的活动增加，而海马区域的活动减少。第 6 章和第 7 章告诉我们基底神经节与程序性知识有关，而海马则与陈述性知识有关。波达瑞克等（Poldrack，1999）在另一项需要对刺激分类的技能习得实验中也发现了同样的脑部活动变化。随着技能的提高，被试似乎能够直接识别文本。因此，脑成像研究揭示的变化与从认知阶段到关联阶段的转换是一致的。因此，质变似乎导致了幂函数所显示的量变。在下一节我们将详细讨论这些质变。

◎ 认知技能的提高是练习的幂函数，且经过长时间的保持后只出现了轻微的下降。

专业技能的本质 249

本章到目前为止讨论了一些和技能习得有关的现象，对不同领域各种专业技能本质的研究使我们对这些现象背后的机制开始有所了解。从 20 世纪 70 年代中期以来，有了大量关于专业技能的研究，涉及的领域包括数学、国际象棋、计算机编程以及物理学等。这类研究对具有不同专业水平的人作了比较。有的研究是真正的纵向研究，它们跟踪调查了一些学生，从他们初涉一个领域开始，一直到他们获得一定的专业技能为止。这些研究更典型的一种做法是抽样调查专业技能程度不同的人。例如，在医学专业技能的研究中，可能会考查刚进医学院的学生、住院医生、以及有多年医疗实践经验的医生。这类研究已经发现，随着经验的积累，有一些原因可导致问题解决更为有效，下面让我们从一些不同的维度来考虑专业技能的发展。

程序化

被试在专业技能的提高过程中对陈述性知识和程序性知识的依赖程度有很大变化，我在几何领域的专业技能发展研究说明了这一点（Anderson，1982）。一个学生刚学习了能够证明三角形全等的边边边（SSS）和边角边（SAS）定理。SSS 定理说的是，如果一个三角形的三个边全等于另一个三角形相应的三个边，那么这两个三角形全等。SAS 定理说的是，如果一个三角形的两个边以及它们的夹角全等于另一个三角形的相应部分，那么这两个三角形全等。图 9.6 给出了这个学生要解决的第一个问题。他在解决这个问题时要做的第一件事情就是决定使用哪一个定理。以下是他边想边说的口述报告的部分内容，在这期间他决定了适用的定理。

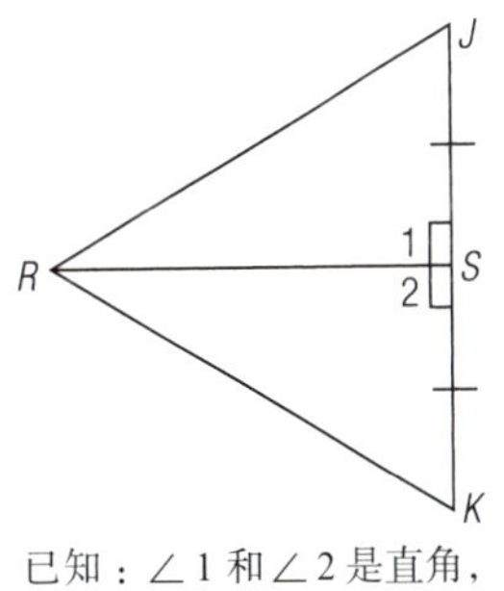

已知：∠1 和∠2 是直角，$\overline{JS} \cong \overline{KS}$

求证：$\Delta RSJ \cong \Delta RSK$

图 9.6　一个学生在学习了边边边定理和边角边定理之后遇到的第一个几何证明题。

> 如果你考虑边角边定理（长停顿），那么，*RK* 和 *RJ* 几乎是（长停顿）所缺失（长停顿）缺失的边。我觉得在这里应该使用边角边定理（长停顿），它是说："两个边和夹角。"我必需必需有两对相同的边，*JS* 和 *KS* 是其中的一对。然后你可以回到 *RS*=*RS*，这样就可以用边角边定理（长停顿）。但是角

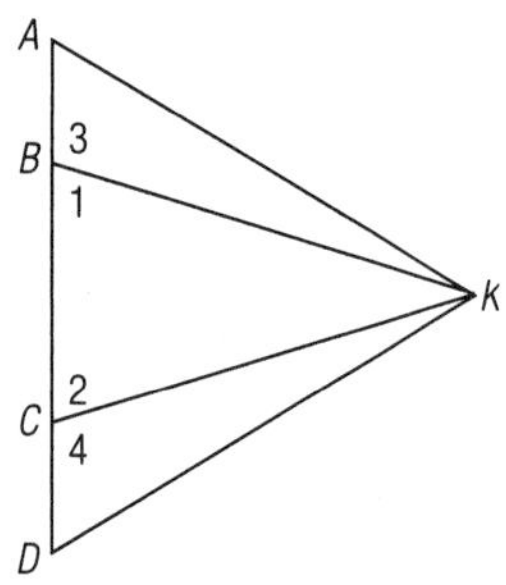

已知：∠1 和∠2 是直角，

$\overline{AB} \cong \overline{DC}$

$\overline{BK} \cong \overline{CK}$

求证：Δ *ABK* ≅ Δ *DCK*

图 9.7 学生在学习了边边边和边角边定理后遇到的第六个几何证明题。

> 1 和角 2 都是直角用在什么地方（长停顿）等一下，我知道怎么做了（长停顿）。*JS* 等于 *KS*（长停顿），角 1 和角 2 是直角，这里有点问题（长停顿）。好，它是怎么说的，再检查一遍："如果一个三角形的两个边和夹角全等于另一个三角形相应的部分。"所以我需要找出两个边和夹角。夹角的话，有角 1 和角 2。我假设（长停顿）它们都是直角，这意味着它们相互全等。我的第一个边是 JS 全等于 *KS*，另外一个是 *RS* 全等于 *RS*，因此这是两个边。对，我觉得这是边角边定理。（Anderson，1982，pp. 381~382）

到这一步以后，这个学生还用了很长的时间来写出具体的证明。 250
但是刚给出的口述报告部分与判断识别 SAS 定理的相关性密切相关。在继续做了四道题后（两题用 SAS 解答，两题用 SSS 解答），这个学生运用 SAS 定理解决如图 9.7 所示的问题。其口述报告中有关方法 - 识别的内容如下：

> 我首先要想一下该怎么做：∠ *DCK* 全等于∠ *ABK*。两个中只有一个，边角边定理就是解决问题的定理。（Anderson，1982，p. 382）

这两个口述报告的对比鲜明。首先，在第二个口述报告中定理的运用明显变快了。其次，在第二种情况中学生没有在口头上复述定理的内容。学生不再需要在工作记忆中回忆定理的陈述性表征。还要注意的是在第一个口述报告中，工作记忆失败了好几次，有好几次这个学生不得不找回他遗忘的信息。第三个不同是，在第一份口述报告中，定理的应用是一部分一部分地分开实现的，他对定理的每一部分分别进行检验。而在第二份口述报告中没有这样分开，定理的应用一步到位。

这些转变看来属于菲茨和波斯纳所刻画的技能习得的关联阶段。学生不再依赖于逐字地回忆定理内容，而是把定理的应用简化成了一个模式。模式识别是技能程序化的一个重要部分。我们不必再思考下一步做什么，我们只要识别什么是适合于当前情境的做法。这种把基于思考的陈述性知识转化为模式驱动的程序性知识的过程叫做**程序化**（proceduralization）。

我在（Anderson，2007）书中报告了一项对我们实验室的大量研究的元分析，它们考察练习在解决类似于本节讨论过的数学问题中的作用。我们的兴趣在于这类练习对图 1.15 所示的三个脑区的影响：

运动区（Motor）：与写答案时的实际的肌肉运动有关；
顶叶（Rasetal）：与在脑内表征问题有关；
前额叶（Prefrontal）：与提取任务操作指南这类信息有关。

此外，我们考察了第四个脑区：

前扣带回（ACC）：与认知控制有关，见图 3.1 以及第 3 章中的讨论。

图 9.8 显示了刚开始时以及练习 5 个小时之后这些脑区的平均活动水平。任务对运动和控制的需求不会发生太大的改变，所以运动皮层和前扣带回这两 251
个脑区在前、后两个阶段的活动水平差不多。顶叶激活的一定程度的降低表明对表征的需求可能降低了一些。然而，巨大的变化发生在前额叶，它表明不再需要提取关于任务的操作指南，由此导致了前额叶的活动水平大大降低。通过练习，知识能够逐渐地被直接运用。

◎ 程序化是指人们从外显地运用陈述性知识转变为直接运用程序性知识的过程，这使得人们在执行像骑自行车这样的任务时不再需要思考该怎么做。

技法学习

学生在练习的过程中逐渐掌握了解决一个问题或解决一部分问题所需要的动作序列。学习执行这些动作序列的过程叫做**技法学习**（tactical learning），技法指的是实现某一具体目标所需要的方法。例如，格里诺（Greeno，1974）发现只需要重复四次霍比特人与半兽人问题（详见图 8.7 前后的讨论），被试就

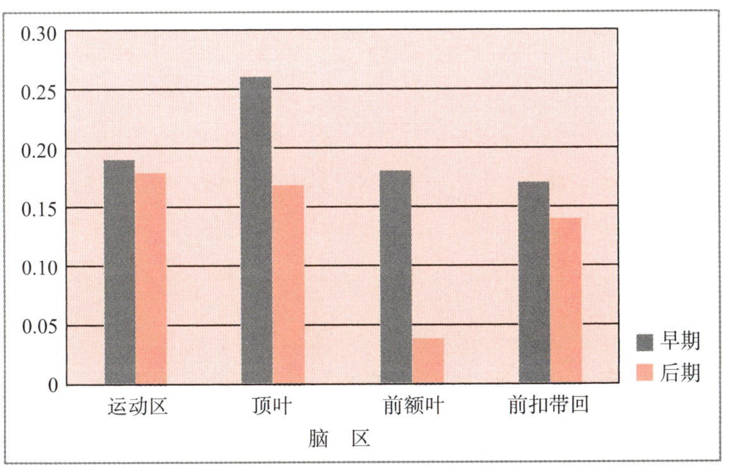

图 9.8　在执行任务的早期和练习 5 个小时之后四个脑区的活动水平。

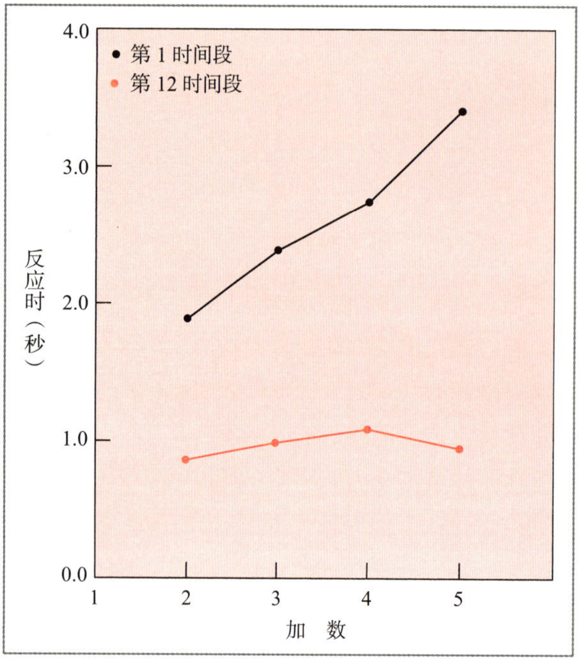

图 9.9 **在进行了 12 个时间段的训练后，被试解决不同大小加数的字母算术问题的时间缩短了很多。**（资料来源：logan & klapp，1991）.

能很好地解决这个问题。在这个实验中，被试学习的是让这些生物过河的移动顺序。一旦学会了这个顺序，他们就能通过简单地回忆这个顺序去解决问题，而不再需要去寻找问题的解了。

洛根（Logan，1988）认为技能习得的一个一般机制是去学习回忆他们之前必须要找出的问题解。这个机制的一个很好的例证来自于一个叫做字母算术的实验。它要解决形如 F+3 这样的问题，被试的任务是说出字母表中从给定的字母往下数给定的数目所得的字母——对于本例，F+3=I。在洛根和克莱普（Logan 252
& klapp，1991）的实验中，给被试的问题包括从 2（例如，C+2）到 5（例如，G+5）的加数。图 9.9 表示了被试最初回答这些问题所需的时间以及在进行了 12 个时间段的训练之后回答这些问题所需要的时间。最初被试花在解决加数为 5 的问题上的时间要比花在加数为 2 的问题上的时间多 1.5 秒。这是因为在字母表中往前数 5 个字母比往前数 2 个字母花费的时间长。但是这类问题在每个时间段的练习中一次又一次的出现。随着连续不断的重复训练，被试解决所有问题的速度都得到了提高，并且在解决加数为 5 的问题与解决加数为 2 的问题能够一样快。他们已经记住了所有问题的答案，不需要再通过数数的方式来解决问题了[5]。

有证据表明，随着人们对一项任务越来越熟练，以及从计算到提取的转变，脑活动也从前额脑皮层转移到较后面的脑皮层区域。例如，詹金斯等人（Jenkins，Brooks，Nixon，Frackowiak，& Passingham，1994）观察被试学习各种不同的按手指的序列，如："无名指，食指，中指，小拇指，中指，食指，无名指，食指。"比较了被试初始学习这些序列和练习之后的表现。他们使用 PET 成像研究发现，在学习的初期额叶区域的激活多于学习后期[6]。另一方面，在学习后期，海

5 拉比诺维茨和戈德堡（Rabinowitz & Goldberg, 1995）报告了结论与此相似的研究。

6 学习初期的活动与图 9.8 的数学问题解决一样也涉及到前扣带回。在数学问题解决任务中前扣带回的活动在学习中没有改变，但是，在现在这个比较简单的实验中，对控制的需求改变很大，在学习的后期前扣带回的活动水平有所降低。

马区域的活动增多，海马是一个与记忆有关的结构。这些结果表明，在任务的早期，行为的组织很明显地涉及到了前扣带回，但是在学习后期被试只是从记忆中提取答案。因此，这些神经生理学数据与洛根的观点是一致的。

◎ 技法学习是指人们学习解决具体问题的具体步骤的过程。

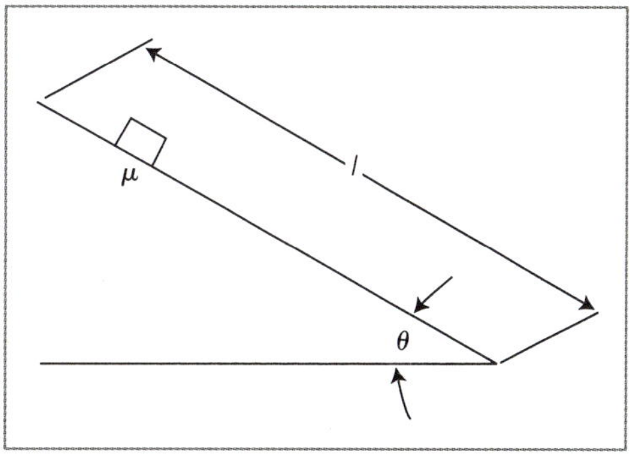

图 9.10　**一个物理问题的简略图。**（资料来源：larkin，1981）

策略学习

我们在前面关于技法学习的部分讲述了学生们如何通过记住动作序列来学习技法。很多小问题经常反复出现，使我们能够用这种方法去解决它们，然而大的复杂问题一般不会重复出现，但是它们会有类似的结构。我们可以学会如何组织解决整个问题的办法。学习如何把问题解决的过程组织起来以把握一类问题的一般结构叫做**策略学习**（strategic learning）。技能获得中的技法学习和策略学习类似于军事中的战术和战略。军事中战术是指较小规模的战场机动，而战略是指对战役的高层次组织。与此类似，技法学习是指学习新的技能，而策略学习主要涉及如何将它们组合到一起。 253

策略改变的一个最清楚的例证存在于物理问题解决领域。研究人员比较了新手和专家解决如图 9.10 所示的问题时所采用的方法。一块积木沿着一个长度为 l 的斜面下滑，θ 是斜面和水平面的夹角，摩擦系数为 μ。被试的任务是算出积木到达斜面底部时的速度。在这类研究中新手一般是刚入学的大学生，专家通常是他们的老师。

在比较新手和专家的一项研究中，拉金（Larkin，1981）发现了他们解决问题方式的一个不同之处。表 9.1 给出了解决上述问题时典型的新手的解，表 9.2 给出了典型的专家的解。新手的解一般从未知数出发向后推理，在这个问题中，未知数是速度 V，然后新手找到一个计算 V 的公式。然而，要用这个公式计算出 V，就必须算出加速度 a。因此新手又找到计算 a 的公式，新手就这样一步步向后推理，直到找到一组可以解决问题的公式。 254

另一方面，专家虽然使用了同样的公式，但是顺序却完全相反。他们从可以直接计算的数据出发，例如重力，然后计算想要得出的速度。很明显，专家说话就像有些物理老师说话的口气，他把最后的代入留给了学生。

表 9.1

新手解决一个物理问题的典型过程
要计算出最后的速度 v，需要一个其中有 v 的公式——譬如说
$$v = v_0 + 2at$$
但是这里的 a 和 t 都是未知数；所以这个公式似乎没有用。试试这一个
$$v^2 - v_0^2 = 2ax$$
在公式中，v_0 是零，x 已知；所以还需要计算出 a。因此试试下面的
$$F = ma$$
在公式中，m 已知，只有 F 是未知的，因此使用
$$F = \sum F's$$
在本题中它意味着
$$F = F_g'' - f$$
其中 F_g'' 和 f 可以从下面的公式中推导出来
$$F_g'' = mg \sin \theta$$
$$f = \mu N$$
$$N = mg \cos \theta$$
通过一系列的替换，可以得到正确的速度表达式：
$$v = \sqrt{2(g \sin \theta - \mu g \cos \theta)/}$$
改编自：Larkin（1981）.

表 9.2

对一个物理问题的熟练的解答
积木的运动可以用重力来解释，
$$F_g'' = mg \sin \theta$$
沿着斜面向下，摩擦力是
$$f = \mu mg \cos \theta$$
沿着斜面向上。积木的加速度 a 因此就和这些力的（带符号的）和有关
$$F = ma$$
或者
$$mg \sin \theta - \mu mg \cos \theta = ma$$
知道了积木的加速度 a，那么就可以从下面的公式中计算出积木的最后速度 v
$$l = {}^1/_2 at^2$$
和
$$v = at$$
改编自：Larkin（1981）.

由普里斯特和林赛（Priest & Lindsay，1992）所做的另外一项研究却没能发现新手和专家在解题方向上的差异。参与他们研究的是英国大学生而不是美国学生，他们发现新手和专家都是主要采用向前推理的方式。不过专家的成功率高得多。普里斯特和林赛认为专家具有足够的经验，知道哪一种向前推理是

合适的。新手似乎有两个选择：向前推理但失败了（普里斯特和林赛的学生），或者向后推理但有困难（拉金的学生）。

向后推理的困难在于需要设立目标和子目标并记住它们。例如，学生需要记住他正在计算 F，由此可以计算出 a，然后可以计算出 v。因而，向后推理给工作记忆带来了沉重的负担，也就容易导致错误。向前推理没有记住子目标的
必要。然而，要成功地进行向前推理，我们就必须弄清楚，在许多可能的向前 255
推断之中哪些与最终的解有关，这一点是专家随着经验的积累总结出来的。他们学习把各种推断和各种问题的特征模式联系起来。在拉金的研究中，新手似乎更愿意向后推理，然而在普里斯特和林赛的研究中，新手则徒劳地试图向前推理。

并非在所有领域的问题解决中向前推理都有优越性，计算机编程就是一个很好的反例（Anderson，Farrell，& Sauers，1984；Jeffries，Turner，Polson，& Atwood，1981；Rist，1989）。不管是新手还是专家，他们都采用叫做自上向下的方式来开发程序。也就是说，他们从问题的陈述开始着手到子问题再到更下一层的子问题，直到解决问题。这种自上向下的开发基本上与几何或物理学领域中的向后推理相同。然而专家程序员和新程序员有很大的不同。专家倾向于采用宽度优先的方式解决问题，而新手倾向于用深度优先的方式去解决问题[7]。物理学与几何问题有许多已知条件，它们比目标更能预测求解方向。与此相反，在一个编程问题的典型陈述中没有能够指导向前推断或者自下而上求解的信息。这类问题的典型陈述只是描述了目标，而且是用能够指导自上而下求解的信息描述的。因此，我们看到不同领域的专业技能要求采用合适途径来成功解决具体领域的问题。

总之，并不是在所有领域内，从新手到专家的过渡都发生同样的策略变化。不同问题领域有不同的结构，因而就有不同的最佳策略。物理学专家会做向前推理，程序专家学会宽度优先开发程序。

◎ 策略学习指人们学习组织问题解决的过程。

问题感知

在问题解决者获得专家技能的过程中，他们学会了感知问题的有效解决过

7　参见图 8.4，如果从初始状态开始，先搜索它能产生的所有可能状态（本图是 3 个），再搜索它们所能产生的所有可能状态，如此下去，直到找到目标状态，此过程叫做宽度优先。如果从初始状态开始，先将图中的一个分枝搜索到底，如果没有找到目标状态，再将另一个分枝搜索到底，如此下去，直到找到目标状态，此过程叫做深度优先。——译者注

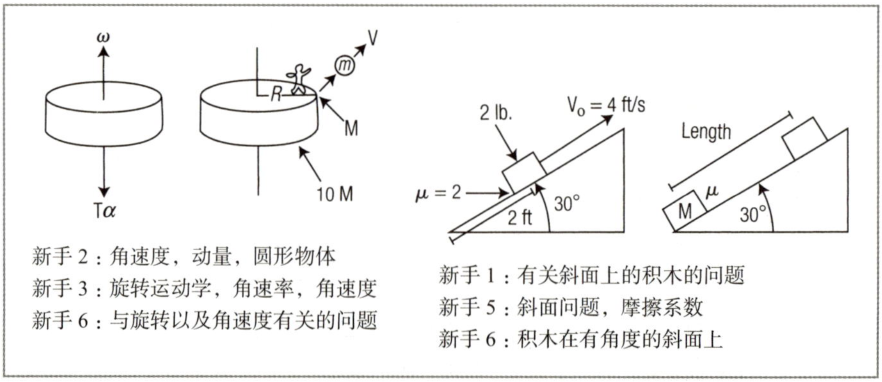

图 9.11 **新手所划分的具有相似性的问题对以及他们解释相似性的例子。**（摘自 Chi et al.，1981）

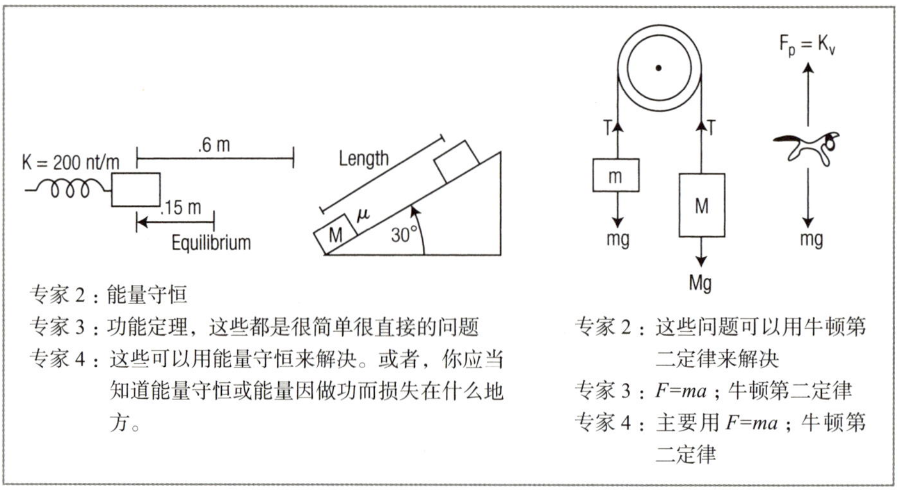

图 9.12 **专家所划分的具有相似性的问题对以及他们解释相似性的例子。**（摘自 Chi et al.，1981）

程。这一点在物理学领域得到了很好的体现。物理学是一门具有知识深度的学科，一个物理问题所涉及的原理隐含在它的表层特征下面。专家们学会了看出这些隐含的原理并根据它们来表征问题。

季等人（Chi，Feltovich，& Glaser，1981）让被试按照相似性把一大堆问题分类。图 9.11 显示了新手认为相似的问题组以及新手对相似性分组的解释。可以看出，新手选择了表面特征作为他们分类的基础，例如旋转、斜面等。作
256 为一个物理学新手的我，不得不承认这些问题具有直觉上的相似性。这种分类和图 9.12 显示的专家被试所认为的相似问题对完全不同。表面上看来十分

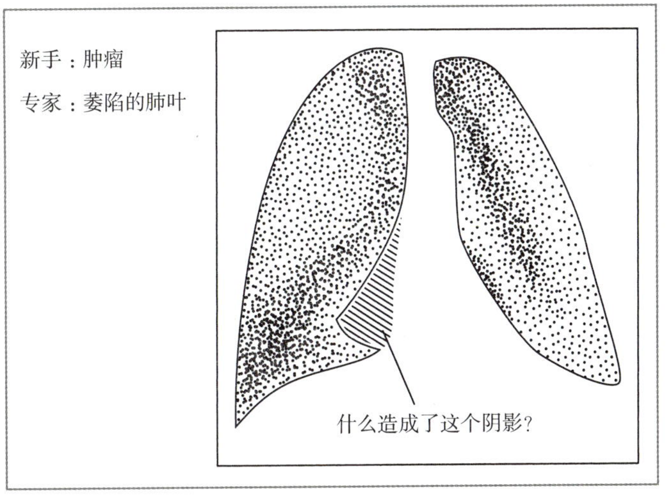

图 9.13　萎陷的右中肺叶的 X 光底片示意图。（资料来源：Lesgold et al.1988.）

不同的问题被专家视为相似，因为它们都是要用到能量守恒原理的问题或者都要用到牛顿第二定律的问题。因此，专家具有把问题的表面特征映射到深层原理上的能力。这种能力很有用，因为深层原理更能预测解题方法。这种从依赖简单特征到依赖更复杂特征进行分类的转变出现在很多领域，包括数学（Silver，1979；Schoenfeld & Herrmann，1982）、计算机编程（Weiser & Shertz，1983）和医疗诊断（Lesgold et al.，1988）。

257 能够说明这种感知特征过程不同的一个例子是对 X 光底片的解释。图 9.13 是莱斯戈德（Lesgold）等人的研究中，被试所诊断的 X 光底片中的一张。右肺的船帆状区域是一个阴影（呈现在 X 光底片的左侧），萎陷的肺叶造成了该区域的 X 光影比其他肺部浓厚。医学院的学生把这个阴影解释为肿瘤的标志，因为肿瘤是肺部阴影的最常见原因。然而，放射学专家却能够正确地把这个阴影解释为是萎陷的肺叶的标志。他们看到了可以反驳肿瘤诊断的标志，例如，船帆状区域的大小。因此，专家不是简单地把肺部的阴影和肿瘤联系起来，而是能够从 X 光底片中看到更多特征信息。

◎ 专业技能增长的一个重要维度是有能力以一种更利于产生有效解决方案的方式来感知问题。

模式学习和记忆

有关专业技能的一个出乎意料的发现是，专家似乎对与自己专业领域相关的信息有着特别强的记忆。这种增强了的记忆首先是在德格鲁特（De groot，1956，1966）的研究中发现的。他试图找出国际象棋大师和较弱的棋手之间的主要区别，结果发现国际象棋大师在国际象棋以外的领域并不比别人更聪明。德格鲁特发现专家棋手和较弱的棋手之间没有多大差别，当然，除了专家棋手选择了更好的着法以外。例如，国际象棋大师在做出一步选择之前所考虑的可供选择的棋步的数目和一个较弱的棋手其实差不多。事实上，如果说有区别的话，大师考虑的棋步的数目比较弱棋手要少。

然而，德格鲁特的确发现了大师和较弱棋手之间的一个很有趣的差别。他
258 将棋局（比赛中出现过的棋子在棋盘上的布局）给棋手呈现 5 秒种，然后把棋子撤走。国际象棋大师在 5 秒的观察后能够复原超过 20 个棋子的棋局。然而较弱棋手只能重构棋局中的 4 到 5 个棋子——这个数据和传统的工作记忆容量一致。大师们似乎建立了由 4 到 5 个棋子构成的常规棋盘布局的模式，这是他们丰富的国际象棋经验的结果。因此，他们记住的不是单个的棋子，而是棋子的布局模式。与这个分析一致的是，如果棋手所看到的不是那些在实际比赛中出现过的布局而是随机的棋盘布局，那么大师和较弱棋手的表现就没有差别，都只能复原几个棋子的位置。大师还会抱怨被这种无章法的棋盘布局扰乱得不舒服。

在一项系统的分析中，蔡斯和西蒙（Chase & Simon，1973）比较了新手、A 级棋手和大师之间的差别。他们比较了这些不同类型的棋手复原如图 9.14a

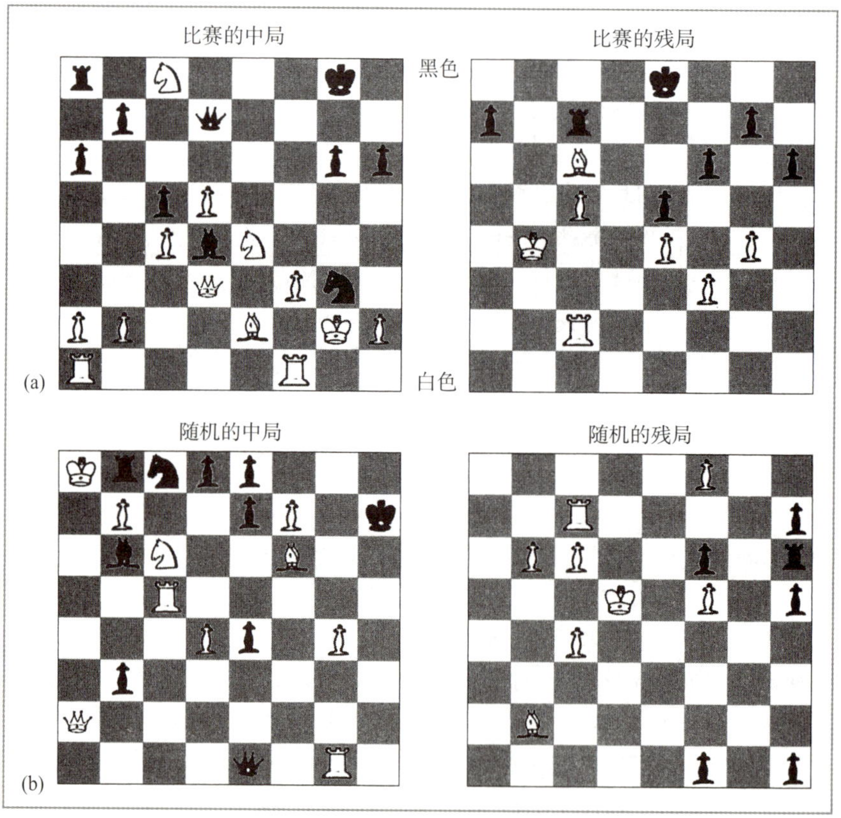

图 9.14 （a）比赛中局和残局的例子（b）对应的随机布局的例子。（资料来源：Chase & Simon，1973.）

所示的比赛棋局的能力和如图 9.14b 所示随机布局的能力。结果呈现在图 9.15 中。在复原随机布局方面，各组的表现都很差。如果说有区别的话，大师们最差。但是另一方面，在真实棋局的复原中，大师们显示了明显的优势。专家们对有意义的问题有高超的记忆，这是出现在许多领域的基本现象，包括围棋（reitman，1976）、电子电路图（egan & schwartz，1979）、桥牌（Engle & Bukstel，1978；Charness，1979）和计算机程序设计（Mckeithen，Reitman，Rueter，& Hirtle，1981；Schneiderman，1976）。 259

蔡斯和西蒙（Chase & Simon，1973）也使用了一种棋局复制任务来考察国际象棋大师们所使用的模式或组块的特性。被试的任务是简单地在测试棋盘上复制目标棋盘上的所有棋子的位置。在这个任务中，被试扫视一下目标棋盘，然后把一些棋子放在测试棋盘上，再扫视一下目标棋盘，再放一些棋子在测试棋盘上，如此继续。蔡斯和西蒙定义组块为被试在扫视一次后放置的一组棋子。他们发现这些组块倾向于表现棋局中棋子之间的有意义关联。例如，一半以上的大师的组块是连兵（在国际象棋中常见的兵的布局）。

西蒙和吉尔马丁（Simon & Gilmartin，1973）估计国际象棋大师习得了 50000 种不同的国际象棋模式，并且他们能够很快地在棋局中识别这些模式。这种能力使得他们在国际象棋方面具有高超的记忆。考虑到成为一个国际象棋大师需要付出多年的努力，50000 这个数字不是没有道理的。记忆这么多的模式和在国际象棋比赛中的优异表现之间有什么联系？纽厄尔和西蒙（（Newell & Simon，1972）推测，除了学习了许多模式以外，大师们还学会了怎样应对这些模式。例如，如果一个组块模式表现出一边弱势，应对这个模式时可能就可以攻击这个弱势的边。因此，大师们能够有效地‘看到’可能的着法，而不需要思考它们。这就说明了为什么国际象棋大师擅长于几秒钟一步的快棋赛。

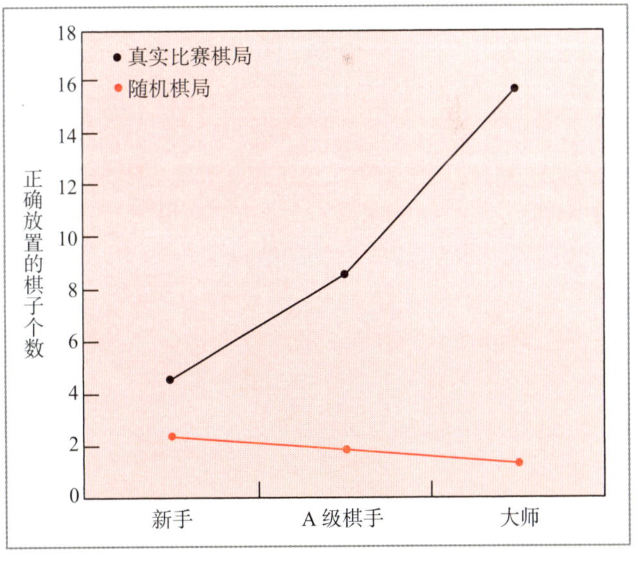

图 9.15　棋手们在初次学习棋盘布局后成功回忆出的棋子数。（资料来源：Chase & Simon，1973.）

总之，国际象棋专家储存了很多问题的解，而对于低水平的棋手来说，这些都是需要解决的新问题。低水平的棋手必须要分析不同的布局，评估它们的结果，并据此来确定如何行动。而大师的记忆里储存着所有这些信息，因此就具备了两

个优势。首先，他们在解决这些问题时几乎没有出错的风险，因为他们已经储
260 存了正确的解。其次，由于他们储存了对这么多的棋局的正确的分析，他们可以专注于解决更复杂的问题和全局策略。因此，专家的模式学习和对棋局的更好记忆属于我们之前讨论过的技法学习的一部分。人们在国际象棋方面成长为

启 示

计算机成为国际象棋专家的方式与人类不同

在第 8 章，我们讨论了如何将人类问题解决看成搜索问题空间，及判断各种状态组成的过程。最初的问题状态是初始状态，通往目标途中的状态是中间状态，问题的解是目标状态。第 8 章也描述了人们如何运用特定的搜索问题空间的方法，例如回溯规避、差异降低、和手段 – 目的分析。当人类在问题空间中搜索时，如解八子迷题（图 8.3 和 8.4），他们通常会在真实的物理世界进行实际操作。然而，有时候他们对问题空间进行想象。例如当一个人下棋时，他在心里盘算对手对他正在考虑的某一棋步会做出怎样的反应，他又将怎样应对等等。计算机能非常有效地表征这些假设的问题状态和搜索这些问题状态以寻找最优的目标状态。人们已经开发出了种种可成功地用在所有的问题解决领域中的人工智能算法，包括下国际象棋。这就导致了计算机下棋程序的下棋风格与人类棋手下棋有很大的区别，人类棋手下棋时更多地依赖于模式识别。起先很多人都认为，这种计算机程序尽管能够在下国际象棋时表现得非常有竞争力，但是它们还是不能跟人类棋手相比。哲学家休伯特·德赖弗斯（Hubert Dreyfus）在 20 世纪 60 年代曾经严厉地批评过计算机象棋，但是他却被麻省理工大学本科生理查德·格林布拉特（Richard Greenblatt）在 1966 年编写的程序所打败（Boden，2006 年讨论了围绕该事件的趣事）。然而德赖弗斯是低水平的棋手。20 世纪 60 年代和 70 年代时的程序还赢不了国际象棋大师。当计算机变得更强大，而且能够搜索更大的空间的时候，它们的竞争力明显增强，并最终在 1997 年 5 月，IBM 的深蓝计算机程序打败了当时的世界冠军加里·卡斯帕罗夫（Gary Kasparov）。深蓝每秒评估 2 亿个可能的棋子位置，它还储存了 4000 个开局和 70 万盘大师棋局（Hsu，2002），以及很多其他基于计算机专用硬件的有利条件的最优化方法。现在可以从网上免费下载很多有大师级水平的下棋程序到你的个人计算机。这种发展导致在对智能的理解上出现了意义深远的改变。人们曾经认为只有一种途径能实现高水平的智能行为，而这就是人类。然而现在已经被广泛接受的一种观点是，实现智能的途径可以有很多种，而人类的途径并不一定总是最好的。有趣的是，与此同时，这也导致一些研究者不再认为下棋的能力能够反映出人类智能的本质。

专家的方式表明，我们的模式识别能力很强，但是在心里对各种可能的下法进行搜索的能力则相对较弱。正如启示专栏里所说明的，人类的优势与弱势导致他们习得国际象棋专业技能的方式与我们从计算机下棋程序中所看到的不同。

◎ 专家能够识别在很多问题中重复出现的各种要素及其模式，并且当这些 261
模式出现时，不假思索就知道该怎么做。

长时记忆和专业技能

有人或许会认为象棋专家表现出来的记忆优势仅仅只是工作记忆的优势，但是研究表明他们的长时记忆也具有优势。查尼斯（Charness，1976）比较了专家们在两种情况下对棋盘布局的记忆。一种是在让他们浏览了棋盘布局后马上进行测试；一种是他们浏览了棋盘布局后做一项 30 秒钟的干扰任务，然后进行测试。A 级棋手在 30 秒的干扰后没有表现出记忆丢失的迹象，然而低水平棋手却忘记了很多。因此，与低水平棋手相比，象棋专家储存专业领域内信息的能力有所增强。有趣的是，这些专家被试在记忆三字母组合时和普通被试的表现一样差。因此，他们只是在专业领域内有增强了的长时记忆。

有理由相信记忆优势不仅仅表现在专家用熟悉模式对问题进行编码的能力。专家似乎能够记住更多和更大的模式。例如，蔡斯和西蒙（Chase & Simon，1973）在他们的研究中（参见图 9.14 和 9.15）试图找出被试用来回忆棋盘的模式。他们发现被试会倾向于回忆一个模式，停顿，然后回忆另外一个模式，接着再停顿，如此下去。他们发现被试可以用 2 秒的停顿作为模式之间的界限。有了这种关于模式的客观定义，他们就可以探究有多少模式被回忆起来以及这些模式的大小。通过比较，他们发现象棋大师和初学者在这两个方面都存在巨大的差异。首先，大师的模式大小平均为 3.8 个棋子，然而初学者的只有 2.4 个棋子。其次，每个棋盘大师平均回忆了 7.7 个模式，然而初学者只平均回忆了 5.3 个。因此，专家的记忆优势不仅在于回忆更大模式的能力，而且还在于回忆更多模式的能力。

关于专业技能需要记忆更多和更大的模式的最有说服力的证据来自蔡斯和埃里克森（Chase & Ericsson，1982）的一项实验，他们研究了一个简单但不寻常的技能发展过程。他们观察了被试 S. F. 增加其数字广度的过程。数字广度是指在向他呈现一遍数字后，他能够复述出的数字个数。正如在第 6 章讨论过的，正常的数字广度是 7 或 8 个项目，刚刚是一个电话号码的长度。经过大约 200 小时的练习，S. F. 可以记住 81 个以每秒 1 个的速度呈现的毫无联系的数字。图 9.16 显示了他的记忆广度随练习而增加的过程。

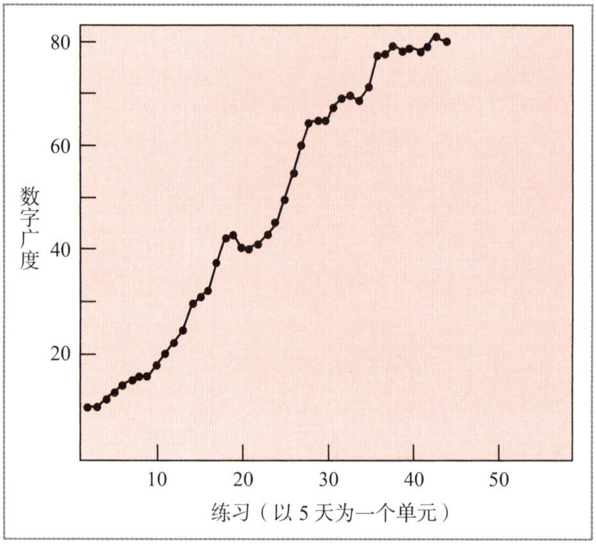

图 9.16 **S.F. 的记忆广度随练习增大。注意随着练习次数的增加，他回忆数字的能力是如何逐渐而稳定提高的。**

这种超人般的记忆的背后机制是什 262
么？部分地来讲，S. F. 在学习用组块的方法把数字组成有意义的模式。他是一个长跑运动员，他的一部分技巧就是把数字转变成跑步的时间。因此，他会将 4 个数字，例如，3492，转变成“3 分，49.2 秒——接近 1 英里跑步的世界记录时间”。运用这样的策略，他可以把记忆广度从 7 个数字转变成 7 个数字模式，每个数字模式的长度为 3 个或 4 个数字。这将使他获得了一个超过 20 个数字的记忆广度，但仍然远远低于他最终的成绩。除了组块化，他还发展出了蔡斯和埃里克森所谓为的提取结构，这种结构使他可以回忆 22 个这样的模式。这种提取结构非常专门化，不能从提取数字推广到提取字母。蔡斯和埃里克森假设，国际象棋等其他领域的专业技能发展机制的一部分基础就是提取结构的发展，提取结构使得人们能够很好地回忆起经历过的模式。

◎ 随着人们在一个领域变得更加内行，他们在长时记忆中储存和提取问题信息方面培养出了更强的能力。

有目的的练习的作用

我们讨论过的所有研究的一个隐含意义就是，只有投入大量的时间学习某一领域特有的模式、问题解决规则和适当的问题解决组织方式，才会获得这个领域的专业技能。我们在前面提到过，约翰·海斯发现不同领域的天才们只有在一个领域做 10 年的学徒才能达到最好状态。在另一个研究中，埃里克森等人（Ericsson，Krampe，& Tesch-romer，1993）比较了柏林的一个音乐学院里的最好的小提琴手和普通好的小提琴手。他们通过日记和自我估计来确定这两组人进行了多少练习。结果发现最好的小提琴手在来学院之前就已经练习了大约 7000 个小时，而普通好的小提琴手仅练习了 5000 个小时。埃里克森等观察了大量的领域，他们发现，同音乐一样，花在练习上的时间是决定性的。时间不仅对高水平的演出很重要，而且对学好学校里的课程也是绝对必要的。例如，安德森等人（Anderson，Reder，& Simon，1998）发现，亚洲学生的数学普遍学得好，其中的一个主要原因是他们花了两倍的时间来做练习。

埃里克森等（Ericsson et al.，1993）坚称几乎所有的专业技能都是长期练习的结果，天生的才能实际上几乎没有什么作用。他们提到了布卢姆的研究（Bloom，1985 a，1985b），在这项研究中布卢姆考查了那些在音乐或者在网球领域内表现杰出的孩子的历史，发现大部分的孩子都是在玩闹中开始涉足这些领域的，但是过了一个短暂的时期以后，他们就明显地表现出了在这些方面的才能，并在父母的鼓励下开始接受有老师指导的正规训练。然而，这些孩子早期的自然能力出人意料的平凡，并不能预示他们后来在自身领域取得的最终成就（Ericsson et al.，1993）。相反地，至关重要的似乎是父母坚信自己的孩子有天赋并愿意为孩子支付教育和相关器材的费用，以及鼓励他们长时间的苦练。埃里克森等认为由此而带来的训练足以解释孩子的成功。天赋肯定有一定作用 263
（见第 14 章），但是所有的证据都表明天才是 90% 的汗水加 10% 的灵感。

埃里克森谨慎地指出，并非所有的练习都能导致专业技能的发展。他们注意到许多人毕生都在下象棋或者进行某项体育运动，但是却没有取得多大的进步。埃里克森等认为，问题的关键在于他们所称的**有目的练习**（deliberate practice）。在有目的练习中，学习者不是机械地操作，他们有学习的动力；他们得到关于自身操作的反馈；他们仔细观察自己的操作和正确的操作相比，哪些做对了，哪些有差距，并集中注意消除差距。有目的练习的重要性与第 6 章以及第 7 章讲到的对学习材料的深度加工和增细加工的重要性相似。在那里我们了解到被动学习对记忆没有多少益处。

不论对于儿童还是对于成人，有目的练习的一个重要作用可能是它会促进专业技能所必需的神经的增长。人们曾经认为，成年人不会再长出新神经元，但是现在看来，成年人能够长出新神经元（Gross，2000）。近年来的一个有趣的发现是，大量的练习能够驱使成年人脑中神经元的增长。例如，埃尔伯特等人（Elbert，Pantev，Wienbruch，Rockstroh，& Taub，1995）发现用左手拨弄琴弦的小提琴手的右脑皮层上与手指活动对应的区域有所增大。在第 4 章提到的另外一项研究中，马圭尔等（Maguire et al，2003）使用了脑成像技术研究伦敦出租车司机的脑。伦敦的出租车司机至少要花三年的时间来掌握那些熟练穿行于伦敦大街小巷所必需的知识。这些出租车司机的海马区的灰质比与他们相匹配的控制组有显著地增多。这项发现与需要寻路的小哺乳动物和鸟类的海马体积增大的报告相一致（Lee，Miyasato，& Clayton，1998）。例如，储存食物的鸟类的海马体积的季节性增加与一年之中它们需要记住储存食物位置的时间相一致。

◎ 在任何领域，大量的有目的练习对发展专业技能都是必要的。

技能的迁移

专业技能涉及的面通常很狭窄。正如我们前面提到的，蔡斯和埃里克森的被试 S.F 无法把对数字的记忆广度技能迁移到对字母的记忆上。这个近乎可笑的极端例子反映了认知技能发展中的一个常见模式：这些技能可能十分狭隘且不能迁移到别的领域中。象棋大师虽然有高超的象棋才能，但是并非是更好
264 的思想家。一个关于专业技能狭隘性的有趣例子来自于盖勒哈等人（Carraher，Carraher，& Schliemann，1985）的研究。这些研究者调查了巴西学龄儿童的数学策略，这些儿童同时也是街道小贩。在工作的时候，这些孩子使用非常高超的策略来计算购买不同数量不同种类物品的总价格（例如，4 个椰子和 12 个柠檬的总价格），并且他们能够在脑子里准确地完成这种计算。盖勒哈等还不怕麻烦地亲自假扮这些孩子的顾客，买了一些东西并记录了他们正确计算的百分比。接着实验者让这些孩子来到实验室，在那里对他们进行书面的数学测试，测试题目中包括他们在街道上成功计算的数学运算题。例如，如果一个孩子曾在街道上正确计算了 5 个柠檬［每个 35 克鲁赛罗（巴西的一种基本货币单位）］的总价格，那么他接受的测试中会有下面的书面计算题：

$$5\times 35=?$$

结果表明，尽管孩子们在真实的情境中正确解决了 98% 的问题，但是在实验室情境下却只做对了 37% 的题，需要强调的是这些问题包括相同的数字和数学运算。有趣的是，如果在实验室以文字题的形式呈现问题，他们的正确率会提高到 74%，这种提高和我们平常的发现相反。我们通常认为文字题比同等的“数字”题的难度大（Carpenter& Moser，1982）。显然，文字题提供的额外的情境信息使得孩子们联想到了他们的实用策略。

盖勒哈等的研究显示了一个令人惊奇的结果，人们不能将实际生活中的技能迁移到教室。但是教育者关注的问题是在一门学科所教的东西能否迁移到别的学科和现实世界中。20 世纪初教育者对此相当乐观，许多教育心理学家都赞同所谓的正规训练信条（Angell，1908；Pillsbury，1908；Woodrow，1927），这个信条宣称，学习像拉丁文和几何这样深奥的科目具有特别的价值，因为它们是训练心智的，正规训练支持心理官能观。这个观点可追溯至亚里士多德，由托马斯·里德（Thomas Reid）在 18 世纪末第一次正式提出（Boring，

1950）。心理官能观认为，心理是由诸如观察、注意、辨别以及推理等一般官能集合而成的，可以用与锻炼各部分肌肉相似的方法锻炼这些官能。锻炼的内容无关紧要，最重要的是努力的程度（因此，最重要的是对拉丁文和几何的热爱程度）。按照这一观点，迁移是广泛的，发生在普遍的层次上的，有时候还会跨越那些在内容上毫无共同之处的领域。

尽管正规训练信条所设想的普遍迁移是美好的，但对该问题的一个世纪的研究，还是没有找到有效的证据来支持这一点。这方面的一些最早的研究是桑代克做的（例如，Thorndike & Woodworth，1901）。在其中一项研究中，研究者没有发现记忆单词和记忆数字之间的相关关系；在另一项研究中，拼写的准确性和算术的准确性之间也没有相关关系。桑代克把这些实验结果作为证据来反驳关于记忆和准确性的统一官能理论。 265

◎ 在把技能迁移到类似的领域时通常会遭遇失败，因而更不可能迁移到非常不同的领域。

相同要素说

桑代克提出了他的**相同要素说**（theory of identical elements）来代替正规训练信条。在桑代克看来，人的心理并非由一般官能构成，而是由一些特殊的习惯和联想构成，正是这些使一个人对各种特定的刺激具有种种具体的反应。实际上，心理被认为仅仅是无数特殊的操作或功能的一个方便称谓而已（Stratton，1922）。桑代克的理论认为，只有当两个活动之间具有共同的情境 – 反应要素时，在一个活动中接受的训练才会迁移到另一个活动中：

> 一项心理功能或活动改善其他的心理功能或活动，是因为后者与前者有相同成分，两者包含了相同的要素。加法能促进对乘法的学习，因为乘法在很大程度上是加法；拉丁语知识可增强学习法语的能力，因为在其中一种语言中所学习的许多知识也是学习另一种语言所需要的。（Thorndike，1906，p. 243）

因此，既然能表明迁移是以相同的要素为中介，桑代克是乐于承认不同技能之间的迁移的。然而，一般而言，他的结论是

> 心理被专门化为众多的独立能力，我们只能在小范围内改变人的本性，任何学校教育带给人的心理的总体影响远比我们所普遍认为的要窄得多。（p. 246）

尽管正规训练信条所预言的迁移范围太宽，桑代克用以建立他的相同要素说的方式也已被证明过度狭窄。例如，他认为如果你解决了一道几何题，即它是用了一组字母来标注图中的点，那么你就不能迁移到用一组其他字母标注的几何题上。第 8 章讲到的关于类比的研究表明这个观点是不对的。迁移并非在于表面因素的相同。在一些情况下，即使两种技能的表面因素很不同，但他们有相同的逻辑结构，那他们之间就可以发生很大的正迁移（综述见 Singley & Anderson，1989）。因此，举例来讲，在不同的文字处理系统之间，在不同的程序语言之间，在用微积分解决经济学问题和用微积分解决立体几何问题之间都可以有很大的正迁移。然而，现有的证据表明技能迁移的广度是有明确界限
266 的，成为一个领域的专家对成为另外一个非常不同领域的专家几乎没有什么正面作用。正迁移只有在两个领域使用相同的事实、规则和模式，也就是说相同的知识的范围时才存在。因此，桑代克的合理性在于他指出了迁移只存在于有共同要素的两种技能之间，桑代克错在他将要素认定为刺激 – 反应对。现代认知心理学认为这些元素是相当抽象的知识结构，它们有较宽泛的迁移范围。

技能迁移的特定性有积极的一面：很少会出现**负迁移**（negative transfer），即一个人学习一种技能很少会对他学习另一种技能造成困难。在技能习得中几乎不存在如同事实记忆中发生的干扰现象（参见第 7 章）。波尔森等人（Polson，Muncher，& Kieras，1987）提供了一个在计算机文本编辑的领域（使用在当时非常普遍的基于命令的文字处理器）不存在负迁移的很好的例证。他们要求被试学习一种文本编辑器，然后学习第二种，后者的设计与前者有很大程度的混淆。在一种文本编辑器中，下移一行的命令是 n，删除一个字符的命令是 k；但是在另外一种文本编辑器中，n 是删除一个字符的命令，而 k 是下移一行的命令。然而，被试在从一个文本编辑器转到另一个文本编辑器时发生了完全的正迁移，这是因为两种文本编辑器尽管在表层的命令上容易混淆，但他们的工作方式是一样的。只存在一种有明显证据的认知技能的负迁移，即在第 8 章中讨论的心向效应。学生们在一个领域习得的解决问题的方法，在用来解决另一个领域的问题时便不再是最优的方法了。例如，有人在代数中学习了避免复杂算术运算的技巧，但是当一个人使用计算器进行计算的时候这些技巧就没有必要了。然而，学生在代数运算中仍然表现出了继续运用这些已经没有必要的简化技巧的倾向。但这并不是一个迁移失败的例子，而是一个迁移了不再有用的知识的例子。

◎ 技能间的迁移只发生在这些技能有相同的抽象知识要素的时候。

教育启示

随着对技能习得的分析，我们不禁会问：这些分析对技能训练的启示是什么？其中的一个启示是问题分解的重要性。估计在传统的高中代数中学生需要习得几千条规则（Anderson，1992），对什么是独立的因素进行分析可以 267
改进教学。这种以分析要教授内容的要素为开始的教学方法被称作**成分分析**（componential analyses）。安德森（Anderson，2000）介绍了成分分析法在许多阅读和数学课题教学中的应用。一般而言，有这种成分分析的教学计划获得了更大的成功。

这种具有成分分析的教学计划的一个特别有效的部分是**掌握学习**（mastery learning）。掌握学习的基本理念是跟踪学生认知技能在每个成分上的绩效，以此来确保所有的成分都被掌握。在没有采用掌握学习的典型教学过程中，教师听任学生学不好某些部分。如果一门课程前面的材料是掌握后面材料的先决条件，没有学好前面部分带来的影响就会滚雪球般地增长。有大量的证据表明掌握学习会提高教学质量（Guskey & Gates，1986；Kulik，Kulik，& Bangert-Downs，1986）。

◎ 使用基础知识成分识别并确保学生能全部掌握这些成分的方法将提高教学质量。

智能家教系统

最广泛地运用成分分析的可能是**智能家教系统**（intelligent tutoring systems）（Sleeman & Brown，1982）。当学生学习和解决问题的时候，这些计算机系统能像人类家庭教师一样和学生互动。这种家教系统的一个例子是 LISP 家教（LISP tutor）（Anderson，Conrad & Corbett，1989；Anderson & Reiser，1985；Corbett & Anderson，1990），它教授 LISP，一种用于人工智能的主要程序语言[8]。从 1984 年到 2002 年，卡内基·梅隆大学一直通过 LISP 家教教授 LISP。它也是一代智能家教的样板，在这些家教中有很多是专门教授初中和高中数学的。数学的家教系统现在由一家叫做卡内基学习的公司经销，它是于 1998 年从卡内基·梅隆大学派生出的公司。卡内基学习的数学家教系统已被全美范围内的 2600 所学校所使用，每年大约与 50 万名学生互动（Koeding & Corbett，2006；Ritter，Anderson，koedinger，& Corbett，2007；你可以从网页 www.

8　LISP 是‘LISt Processing’的缩写。——译者注

carnegielearning.com 看到有关宣传材料，不过别完全相信它）。彩色插页 9.1 显示的是使用得最广泛的一个产品“高中代数家教”的一个屏幕截图。

研究智能家教的一个动因是有证据显示私人家教的教学效果非常显著。研究结果表明 98% 的请了私人家教的学生比在常规课堂中学习的普通学生的成绩好（Bloom，1984）。理想的私人家教是在一个学生学习某一学科的所有时间都和学生在一起的家教。用埃里克森等人（Ericsson et al.，1993）的话来说，
268 私人家教可以保证学习必不可少的有目的练习。在解决像 LISP 和数学这种需要复杂解题技巧领域的问题时，家教的存在尤其重要。在 LISP 中，解决问题的形式是编写计算机程序或者叫函数（LISP 中通常的称呼）。因此在开发 LISP

表 9.3

LISP 家教系统和学生之间的互动

学生正在编写满足以下问题的编码。在家教系统和学生每一次互动之前，学生写的部分编码都已经被显示在了屏幕上。

问题描述

定义一个名为 ctof 的函数，它的参数是摄氏温度读数，它的功能是将摄氏温度读数转变成华氏温度读数。首先，你需要将参数乘以 1.8 来改变尺度，然后，再加上 32。因为 0 摄氏度等于 32 华氏度。比如（ctof 20）返回 68[1]。

家教系统与学生的互动

编码：*(defun ctof (cdeg)(**

家教：是的，你需要用乘法来放大尺度，但是你最终要得到与摄氏温度相对应的华氏温度。所以，你需要调用另一个函数，它需调用乘法函数。

编码：*(defun ctof (cdeg)(+*

学生：求助一下

家教：你需要调用 * 函数把摄氏温度与转换成华氏温度的系数相乘。当你把这些数相乘后，就会得到放大了尺度的值，在我们的例子中它是 36。

编码：*(defun ctof (cdeg) (+ (* 1.8 cdge)*

家教：你是指 cdeg 吗？

学生：对。

编码：*(defun ctof (cdeg) (+ (* 1.8 cdge) 32))*[2]

家教：你已经做完了。在测试完你定义的函数后，按“next”键继续。

1 LISP 中所有操作都以函数的形式表示。调用任何函数的格式是（函数名参数）。例如函数（+ 2 3），表示求值 2+3，函数的返回值为 5。函数（+ 2（* 3 4）表示 3*4 + 2，函数的返回值为 14。定义函数的函数格式是（defun 被定义的函数名（参数）（函数体））。——译者注

2 作为函数体的表达式 (+ (* 1.8 cdeg) 32) 的含义是 (cdeg * 1.8)+32。这一条编码是调用系统函数 defun 定义了一个函数，函数名是 ctof, 自变量用 cdeg 代表，函数体是 (cdeg * 1.8)+32。定义了这个函数后，在程序的任何地方都可以调用它。例如，ctof (10) 将得到值 50，ctof(1) 将得到值 33.8, ctof(0) 将得到值 32。在 LISP 中，它们应分别表达为 (ctof 10), (ctof 1), 和 (ctof 0)。

家教的时候，我们选择了将注意集中在学生编写计算机程序的时候给他们提供指导。表 9.3 给出了一个学生和 LISP 家教在课程的一个早期问题上的简短对话。值得注意的是家教在监督指导学生解决问题时有多么认真小心，它能这么做是因为它知道如何编写 LISP 函数。学生在编写函数的时候，家教系统也同时在试图解决学生的问题，一旦发现学生犯了错误它就及时给予纠正。

家教本身解决问题和监管学生解决问题的能力基础是一系列规则，它们可以解决与我们期望学生能够解决的相同的 LISP 编程问题。总共有大约 500 条 269
规则，它们表征了和 LISP 相关的知识。LISP 家教中的一个典型规则是：

如果（*If*）目标是用一个数乘以另外一个数，
那么（*Then*）使用 * 和设置子目标来编码这两个数字。

LISP 家教的最基本目标是要把这 500 个规则传授给学生，监控和注意他们的表现，看他们是否正确掌握了这些规则，并给学生提供机会练习这些规律。LISP 家教的成功提供了这 500 个规则确实是 LISP 编码技能基础的证据。

除了提供教育工具以外，LISP 家教还是一个研究技能习得过程的研究工具。家教系统能监控学生对这 500 个规则中的每个规则的学习水平，记录学生学习每个规则时的出错次数和编码所花费的时间等统计数据。这些数据表明学生的 LISP 技能习得是通过独立地习得 500 个规则中的每个规则而实现的。图 9.17 显示了对这些规则的学习曲线。两个因变量是对一条规则编码时的出错数和对一条规则的编码时间（当规则被正确地编码时），这些统计量作为学习机会的函数标示于图上。所谓学习机会是指学生在问题中需要应用同一规则的时机。可以看到，从第一次学习机会到第二次学习机会，绩效有明显的提高，然

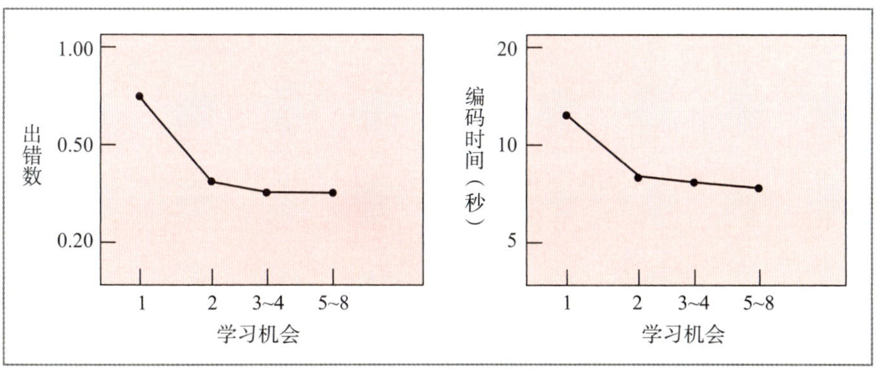

图 9.17 来自于 LISP 家教系统的数据：（a）每条规则出错数（最大值为 3）（每条规则的平均出错数不超过 3，图中是所有规则的平均出错数。——译者注）**是练习次数的函数；（b）对规则正确编码时的编码时间是练习量的函数。**

后是渐进地提高。这些学习曲线和第 6 章中简单联想的学习曲线很相似。

学习这些规则时的个体差异得到了考查。已经学习过一门编程语言的学生与第一编程语言是 LISP 家教系统教的语言的学生相比有很大的优势。迁移的
270 "相同要素模型"可以解释这种优势，这是一种语言的编程规则迁移到了另一种语言的编程中。

我们还分析了学生个体在使用 LISP 家教中的表现，发现存在两种个体因素。一些学生能够很快地学习一节课中的新规则，然而其他的学生则相对遇到了较多的困难。与这个习得因素相独立的是，可以按照学生对之前学过的规则的保持程度将学生分为不同的类别[9]。因此，学生们利用 LISP 家教进行学习的速度是不同的。然而，LISP 家教采用了一种掌握学习系统，它让较慢的学生进行较多的练习，使他们对教材的掌握程度与其他学生相同。

学生在和 LISP 家教系统的互动中获得了复杂高超的技能，增强了的编程能力使他们在同伴中显得更聪明。然而，当检查这种新出现的智能时，我们看到它的基础是系统地掌握大约 500 条编程规则。一些学生由于过去的经历和特殊的能力，能够比别的学生更容易掌握这些规则。然而，当他们学完 LISP 课程的时候，所有的学生都习得了这 500 条新规则。由于掌握了这些规则，学生之间在用 LISP 语言编程的能力方面并没有多大差异。因此，我们最终发现，关于个体差异，重要的是学生学到了多少信息，而不是他们天生的能力。

◎ 通过仔细监控对一项技能的各个成分的学习和提供反馈，智能家教可以帮助学生迅速地掌握复杂技能。

结　论

本章从指出人类在掌握复杂文化和技术时所表现出的非凡能力开始。实际上，在当今世界中我们可以预期人在一生中都将不断地掌握全新的技能。例如，我现在用手机即时收发短信、GPS 定向、在网上冲浪，所有这些事情在我年轻时都不曾想象过，更不用说用手机来做了。本章强调了练习在获得这些技能中的作用，我也确实是通过大量的练习才掌握了这些新技能。然而人类的灵活性不仅仅取决于花在任务上的时间，其他的生物不管做多少练习，它们永远也不可能学会这些技能。人类专业技能的关键是在前一章中讨论的高层次问题解决

9 这些习得因素和保持因素与数学 SAT（SAT 的全称为 Scholastic Aptitude Test and Scholastic Assessment Test，是美国高中生申请大学入学通常需要参加的一项全国性标准考试——译者注）相关很大，但是与文字理解程度 SAT 无关。

技能。同样关键的是人类的推理、决策和使用语言交流的能力，这些是后面几章的主题。

思考题

1. 奥尔森（Ohlsson，1992）报告了一个非常有趣的关于技能获得的案例研究。他考查了艾萨克·阿西莫夫（Isaac Asimov）的写作技能的发展，阿西莫夫是我们这个时代成果最丰硕的作家之一。他在 40 年的职业生涯中写了大约 500 本书，他每天早上 7:30 坐到键盘前，一直写到晚上 10 点。图 9.18 的对数 – 对数图表示随着练习增加，他写一本书所需要的平均时间，它与幂函数非常吻合。你认为阿西莫夫的写作技能处于技能获得的什么阶段？

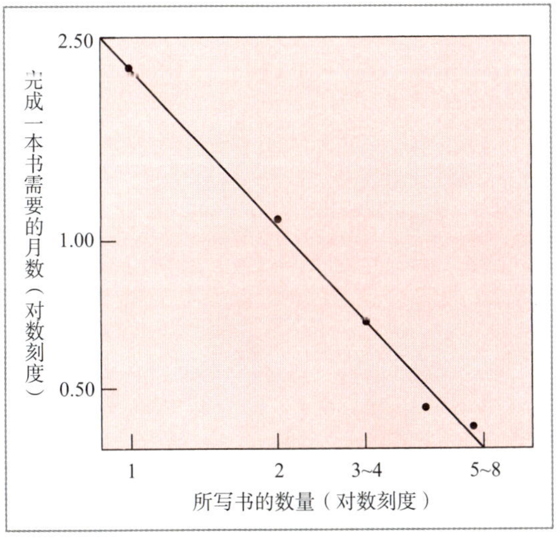

图 9.18　完成一本书所花费的时间是练习的函数，两个坐标轴均用对数刻度。（资料来源：Ohlsson，1992）。

2. 本章讨论了国际象棋专家如何学到只要看棋局就能识别出合适的棋步。也有人认为（Charness，1981；Holding，1992；Roring，2008），专家也学会了更多、更有效地搜索赢棋的走步。试给出这两种学习（学习特定的走步和学习如何搜索）与技法学习和策略学习的关系。
3. 在《纽约时报》2006 年的一篇文章中，斯蒂芬·达布纳和斯蒂文·莱维特（Stephen J. Dubner & Steven D. Levitt）（因“魔鬼经济学”而出名）提到足球精英们更倾向于在一年中靠前的月份而不是靠后的月份出生。安德斯·埃里克森认为这让他们在青年足球联盟中变得有利，联盟是按出生年份来组织球队的。由于他们比同年出生的其他孩子生得早，个头也显得大，因此他们更有可能被选入精英球队并从有目的练习中受益。你可以为优秀的足球运动员倾向于出生在一年中的较早月份这样的事实想到其他解释吗？
4. 人们经常可以读到针对美国学生数学考试成绩的抱怨，他们被来自其他国家（例如日本）的孩子远远地抛在了后面。常见的改进方法在于改变数学课程的特性或者提高教师的教学质量。少数人指出了美国孩子在学习数学上花的时间非常少的事实（见 Anderson，Reder，& Simon，1998）。对于比较授课和练习时间量的重要性来说，本章意味着什么？如果改进了其中一个方面而忽略另一方面会提高美国学生的数学成绩吗？

关键术语

认知阶段	技法学习	负迁移
关联阶段	策略学习	成分分析
自主阶段	有目的练习	掌握学习
程序化	相同要素说	智能家教系统

推理 10

正如第 1 章所指出的，智能被认为是将人类与其他物种区分开来的特征。 272
前面两章考查了我们这个物种所享有的解决问题并获取新智力技能的巨大能力。

鉴于这种特殊的能力，我们也许会期望关于人类推理（本章主题）和决策（下章主题）的研究会证明我们有着何等高超的智能行为。然而，在历史上，大部分关于推理和决策的心理学研究都是从由逻辑和数学推导出发，指出人类行为应当如何，并将这些结果与人类的实际行为作比较，研究发现，与这些标准相比人类是不够完善的。

与之相反的结论似乎是来自于早期的人工智能（AI）研究。当时研究者们试图使用相同的源自逻辑和数学的规范来创建推理和决策的人工系统。例如，肖特列夫（Shortliffe，1976）创建了一个用计算机诊断流行性疾病的专家系统。相似的形式推理机制也被用在第一代机器人中，以帮助他们推断如何行进在世界上。研究者们对这些系统感到非常沮丧，因为他们发现这些系统缺乏常识，会做一些人类从来不会做的蠢事。面临这些困境，现在的研究者正在创建一些较少基于逻辑计算、而较多地模仿脑中神经元的计算系统（例如 Russell & Norvig，2003）。

这样，我们就面临着一个悖论：按逻辑和数学的标准，人类的推理被认为是不完善的；但是按人类的标准，完全基于这些标准建立的人工智能系统又被认为是不完善的。这种明显的矛盾可能会使人得出结论，或者是逻辑和数学错了，或者是人类有一种神秘的直觉来指导他们思考。然而，真正的问题似乎是应用逻辑和数学原则的方法，而不是这些原则本身。新的研究表明，人类面临的情景比通常设想的要复杂得多。当我们将对人类推理的分析扩展到包括这些复杂性的时候，我们就能够更好地理解人类行为。在本章和下一章中，我们将
综述若干个模型，用来预测在面对一定具体情形时人们如何得出结论，以及人 273

们在实际中如何偏离这些模型，随后是一些比较新的和比较丰富的关于人类推理的研究。

本章将探讨以下几个关于人类推理方式的问题：

- 人们如何对用条件语句（例如，“如果–那么”）描述的情况进行推理的？
- 人们对于用“所有”、“一些”和“没有”这样的量词描述的情况是如何进行推理的？
- 人们是如何从具体的例子和个别的证据中推导出一般性的结论的？

推理和脑

现在已经有一些研究考察了人脑的哪些区域参与推理。这些研究认为人们能够用不同的系统来解决不同的推理问题。在戈尔等人（Goel，Buchel，Frith，& Dolan，2000）的一项 fMRI 的实验中，他们让被试解决逻辑**三段论**（syllogism）问题。三段论是由两个前提和一个结论组成的论证，这种类型的推理将会在本章的第三节中进行讨论。他们向被试呈现如下的一致性的问题，

所有狮子狗都是宠物。
所有宠物都有名字。
所有狮子狗都有名字。

实验中要求被试判断第三句话是否能从前两句推导出来。这个例子的内容多多少少与人们关于宠物和狮子狗的想法一致。戈尔等人（Goel et al.）把这种问题和那些前提、结论与人们的标准想法不相符的（如下例所示）不一致性的问题进行比较，

所有宠物都是狮子狗。
所有狮子狗都是凶猛的。
所有宠物都是凶猛的。

他们将这两种推理与抽象概念的推理进行比较，例如

所有的 P 是 B。
所有的 B 是 C。
所有的 P 是 C。

逻辑学家会认为所有这三种三段论都是有效的。

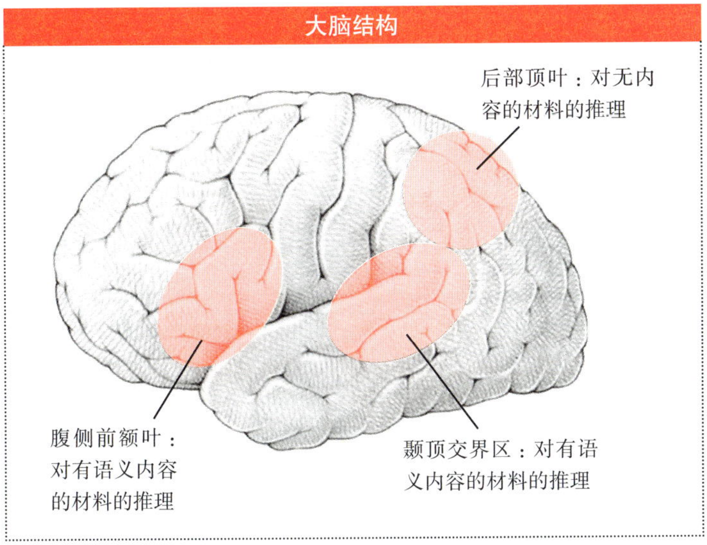

图 10.1 人们对有语义内容的材料进行推理与对无内容的材料进行推理时脑激活区域的比较。

被试正确地判断第一个一致性的三段论为有效推理的正确率是 84%，而判断第二个不一致性的材料为有效推理的正确率只有 74%。与内容无关的推理的正确率为 77%。读者可能会对被试在错误地拒绝不一致性的结论，例如“所 274
有的宠物都是凶猛的”，时的敏感性感到惊奇，我们在本章的第三节将会回到这个问题。现在，我们更感兴趣的是，当被试判断有内容的材料时和判断没有内容的材料时激活的脑区，这些脑区如图 10.1 所示。当被试判断没有内容的材料时，已被发现在解决代数方程中具有重要作用的顶叶脑区出现激活（见图 1.16b）。当对有意义的内容进行判断时，左侧前额叶和颞顶交界区这两个与语言加工有关的脑区出现激活（见图 4.1）。我们将会看到像后者这样的脑区经常在关于现实问题的推理中激活，它们既与在某些问题上较好的表现有关，也与在另一些问题中较差的表现有关。由此可见，人们能够通过两种相当不同的途径来处理逻辑问题。

◎ 当人们面对逻辑问题时，被激活的脑区或者是与处理有意义的内容有关的脑区，或者是与处理比较抽象的信息有关的脑区。

对条件命题的推理

我们将首先讨论关于演绎推理的研究。**演绎推理**（deductive reasoning）是由前提得到必然性结论的推理，它与归纳推理不同。**归纳推理**（inductive

表 10.1

条件命题的分析和各种有效、无效的推理规则		
条件命题		
前件	后件	
(A) 如果你阅读了本章,	(B) 你会更聪明。	
	名 称	推理规则
有效演绎	**肯定前件**	已知 A 为真，推断 B 为真。
	否定后件	已知 B 为假，推断 A 为假。
无效演绎	**肯定后件**	已知 B 为真，推断 A 为真。
	否定前件	已知 A 为假，推断 B 为假。

275 reasoning）是由前提得到或然性结论的推理。让我们通过一个例子来说明它们之间的差别。假定某人被告知“弗雷德是玛丽的兄弟”和“玛丽是莉萨的妈妈”，那么这个人可能得出“弗雷德是莉萨的叔叔”和“弗雷德比莉萨年长”的结论。根据家庭关系的定义，第一个结论，“弗雷德是莉萨的叔叔”是正确的演绎推论。而从另一个角度来看，第二个结论，“弗雷德比莉萨年长”是一个良好的归纳推论，因为它很可能是真实的，但不是一个正确的演绎推论，因为它并非必然真实。

我们的第一个主题是关于人类使用条件连接词如果（if）进行的演绎推理。一个**条件命题**（conditional statement）是一个断言，例如“如果你阅读本章，你会更聪明”。如果部分（你阅读本章）叫做**前件**（antecedent），那么部分（你会更聪明）叫做**后件**（consequent）。表 10.1 列出了条件命题的结构和各种有效、无效的推理规则，下面我们将讨论这些推理规则。

在条件命题逻辑中，一个特别核心的推理规则被称为**肯定前件**（modus ponens）[来自拉丁语，大体上可翻译为英语的“method for affirming"（“肯定的方法”）]。如果已知前件，它允许我们推论出条件命题中的后件。因此，假定有命题“如果 A 那么 B”和“命题 A”，我们能够推论出“B”。因此，假定我们被告知下面的前提和结论：

肯定前件

如果琼理解这本书，那么她就会得到好成绩。

琼理解这本书。

因此，琼得到好成绩。

这是一个有效演绎的例子。所谓有效，指的是如果前提 1 和 2 为真，那么结论

3 一定为真。这个例子也显示了运用逻辑到真实世界中的不自然性。人们怎样真的知道琼是否理解这本书？人们对她的理解只能赋予一定的概率。即使琼确实理解这本书，她最多也只是可能而不是肯定会得到好成绩。然而，被试被要 276
求暂时不管与这件事情有关的知识，而把它们都当作是肯定的事实。或者，更确切地说，被试被要求推断在这些事实是肯定的情况下接下来的结果肯定是什么[1]。被试不会认为这样的指导语特别奇怪，但是，正如我们将会看到的，他们并不总是能够得出逻辑上正确的推论。

另一条推理规则在逻辑中叫做**否定后件**（modus tollens）[来自拉丁语，大体上可翻译为英语的“method for denying”（“否定的方法”）]。这条规则说的是，如果已知命题“A 蕴涵（implies）B”和“B 为假”的事实，那么我们可以推论出“A 为假”。下面的推论练习要求用到否定后件：

否定后件

如果琼理解这本书，那么她就会得到好成绩。

琼没有得到好成绩。

因此，琼没有理解这本书。

这个结论可能让读者觉得不完全有说服力，因为，如前面所说，在现实世界中人们通常并不认为这些命题是确定无疑的。

◎ 肯定前件允许我们从前件中推论出后件；否定后件允许我们在后件为假的情况下推论出前件为假。

由条件论据判定结论

人们有时会接受另外一些推理模式，但这些推理是无效的。一种是**肯定后件**（affirmation of the consequent），下面是这种不正确推理模式的例子。

肯定后件

如果琼理解这本书，那么她就会得到好成绩。

琼得到了好成绩。

因此，琼理解这本书。

1 有趣的是，概率的数学理论中包括条件命题。在这种情况下，条件命题的对象是对概率的命题，它表明精确的数学需要关于条件的形式逻辑，但这并不是说一定要将条件的形式逻辑结合到日常生活中的推理理论。

另外一种不正确的模式叫做**否定前件**（denial of the antecedent），下面是这种推理模式的例子：

否定前件

如果琼理解这本书，那么她就会得到好成绩。

琼没有理解这本书。

因此，琼没有得到好成绩。

在上面这两个案例中，琼都可能通过别的方法获得好成绩。比如，写一篇很好的学期论文。埃文斯（Evans，1993）综述了大量研究，比较了人们接受
277 有效的肯定前件和否定后件的频率以及他们接受无效推理的频率。这些研究的平均接受率显示在图 10.2 中。从中可以看出，人们在接受肯定前件的推理方面很少出错，但是接受有效的否定后件的频率只是略微高于接受无效的肯定后件或否定前件的频率。

◎ 人们只是在肯定前件时表现出了高水平的逻辑推理能力。

在更大的背景中由条件论据判定结论

伯恩（Byrne，1989）[2] 对典型的条件推理研究做了有趣的改变，结果表明人类推理对被如表 10.1 所示的简单分类所忽略的信息很敏感。在一种情况下，她向被试呈现如下所示的三段论：

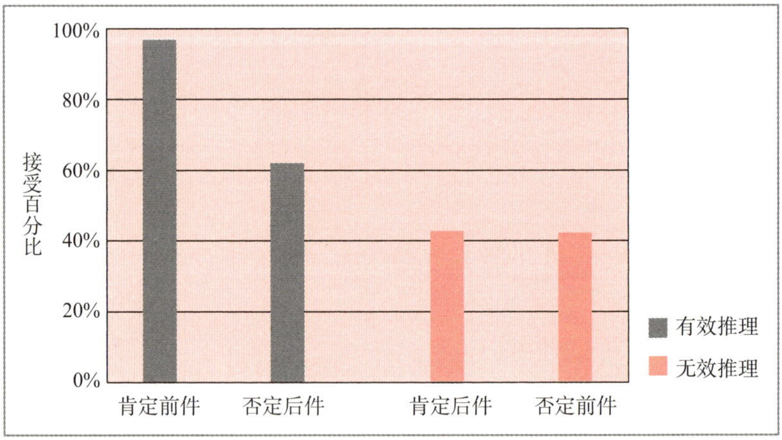

图 10.2 **各种条件三段论的接受频率。**（摘自 Evans，1993）

2 Byrne, R. M. J.（1989）Suppressing valid inferences with conditionals. Cognition, 31, 61-83（原文 References 遗漏此条）——译者注

如果她有一篇作文要写，她会在图书馆待到很晚。
（如果她有一本书要读，她会在图书馆待到很晚。）
她将在图书馆待到很晚。
因此，她有一篇作文要写。

有一组被试没有看到括号中的前提，而其他组被试看到了。当没有这个额外的前件时，有 71% 的被试接受了结论，犯了肯定后件的错误。但是，提供了括号中额外前提的被试接受结论的概率则降为 13%。因此，我们看到，如果向 278
人们提供的材料对情况有更详尽的说明，他们推理的正确率就会高很多。

对比如下列所示的情境，伯恩的结果甚至更加有趣：

如果她有一篇作文要写，她会在图书馆待到很晚。
（如果图书馆开着，她会在图书馆学习。）
她有一篇作文要写。
因此，她会在图书馆待到很晚。

当没有括号中额外的前提时，96% 的被试接受肯定前件推理。但是，当有额外的前提时，他们的接受率降为 38%。从狭义的、逻辑学的角度来说，当有额外的前提时，被试不接受结论会被认为是犯了错。但是，在实验室之外的世界里，他们会被认为是作出了正确的判断。如果图书馆没有开门，她怎么能够真的在那里学习？人工智能的研究者会因为他们的程序在有额外的前提时仍然得出这个结论而感到沮丧。在现实世界中人们有丰富的推理能力，这些能力会强行进入并使得人们在用刻板的逻辑规则推理的研究中出错。然而，这些能力会导致人们在现实世界中做出正确的决定。

◎ 当人们关于现实世界情境的推理能力强加到逻辑推理任务中时，会导致较好的或较差的表现。

沃森选择任务

由彼得·沃森（Peter Wason）首创的一系列实验（对早期研究的综述可参见 Wason & Johnson-Laird，1972，第 13 章和第 14 章）被认为是关于人类不能进行正确推理的一个明显证据。在这项研究中的一个典型实验中，研究者向被试呈现如下四张有字符的卡片：

E	K	4	7

被试被告知每张卡片的一面是字母，另一面是数字。他们的任务是判断对于这四张卡片来说下述规则的有效性：

如果卡片的一面是元音，那么另一面是偶数。

要求被试为了判断规则的正确性，只翻看必需的卡片。这个任务通常被称为**选择任务**（selection task），现已有了非常多的研究。

大量实验的平均结果是（Oaksford & Chater，1994），大约 90% 的被试选择卡片 E，这是一个逻辑上正确的选择，因为如果卡片的另一面是个奇数则可否定这条规则。然而，约有 60% 的被试也会选择翻看卡片 4，这是一个逻辑上
279 不提供任何信息的选择，因为不管卡片的另一面是元音还是辅音都无法证明这条规则是错的。只有 25% 的被试选择翻看卡片 7，一个在逻辑上提供信息的选择，因为如果卡片的另一面是元音则将证明这条规则是错的。只有大约 15% 的被试选择翻看卡片 K，一个在逻辑上不提供任何信息的选择。

因此，被试在这个任务中表现出了两种逻辑错误。第一种，他们经常翻看卡片 4，一个肯定后件错误的例子。更突出的是他们没有采取否定后件的步骤去检查否定了的后件所对应的前件是否也是否定（换句话说即翻看卡片 7）。

作出正确的选择组合，只翻看卡片 E 和 7 的人通常只有 10%。这个结果曾被用来作为对人类推理的强烈指责。在此研究的早期，沃森在 IBM 研究中心的一次报告中向听众呈现了同样的问题，听众中不乏博士，许多是数学和物理博士。沃森从这些听众中得到了同样糟糕的结果。据报道，他们非常窘迫，以至于反复地攻击沃森，抱怨题目呈现得如何不准确，或者正确答案并非真的正确。对于什么才是正确答案的问题最近得到了研究，但是在考虑它之前，我们将看一下当人们将内容置于这些问题之中时会发生什么。

◎ 在沃森选择任务中，当呈现的是中性材料时，人们很难认识到检查后件是否为假的重要性。

条件命题的许可解释

当待判断的材料具有有意义的内容时，人们的表现有时能得到很大的改善。格里格斯和考克斯（Griggs & Cox，1982）属于最早给出这种改善效应证据的研究者，他们的任务范式与沃森的卡片－选择任务在形式上相当。他们通过指导语要求被试想象自己是警察，负责确认下面的人是否遵守了这条法律：*如果一个人在喝啤酒，那么这个人一定超过了 19 岁*。向被试呈现 4 张卡片，它们代表围桌而坐的 4 个人。卡片的一面是某个人的年龄，另一面是这个人在喝的

饮料。卡片上分别标着“喝啤酒”、“喝可乐 "、“16 岁”、“22 岁”。被试的任务是从这些卡片中挑选出可以提供进一步信息，以判断饮酒法律是否被违反了（即挑选需翻看的卡片）。在这种情况下，74% 的被试选择了逻辑上正确的卡片（即“喝啤酒”和“16 岁”）。有趣的是，前额叶腹内侧皮层受损的病人没有表现出这种内容上的优势（Adolphs，Tranel，Bechara，Damasio，& Damasio，1996）。我们将在下一章对这类病人作更全面的讨论。

有人认为在这个任务上有较好的表现是基于条件命题被解释成名为**许可图式**（permission schema）的社会规范规则。社会有许多关于其成员行为举止的 280
规则，人们非常擅长于运用这些社会规则（Cheng & Holyoak，1985）。另一种可能性是在这个任务中的较好表现并非基于许可的语义，而是基于被试对规则的熟悉性。被试是弗罗里达的大学生，这条饮酒法律当时正在弗罗里达施行。被试能够基于一条相似但不熟悉的法律进行推理吗？为了区分这两种可能性，程和霍利约克（Cheng & Holyoak，1985）进行了下面的实验。要求一组被试根据一系列事例判断一个看来无意义的规则是否被执行了：“如果表格的一面为‘进入’，则另一面是包括霍乱在内的一些疾病名单。”即向另一组被试提供了相同的规则又提供了解释说明：根据移民官员的要求，进入一个特定国家的人必须已经接种过霍乱疫苗。这个解释说明应当能激起人们基于许可图式推理的能力。表格的一面显示了旅客是进入这个国家还是只在飞机场转机，另一面列出了他或她已经接种过的疾病疫苗名单。向被试呈现一系列的表格，例如“转机”、或者“进入”、或者“霍乱、伤寒症、肝炎”、或者“伤寒症、肝炎”。提供了解释说明的组比提供无意义规则没有解释说明的组的表现好得多。也就是说，前一组知道检查“进入”表格和“伤寒症、肝炎”表格。因为被试对规则不熟悉，他们的良好表现显然是基于对许可概念的唤醒，而不是基于运用特定规则的练习。

科斯米德斯等人（Cosmides，1989；Gigerenzer & Hug，1992）则认为我们在这些规则（他们称这些为社会契约规则）上的良好表现是基于我们习得的觉察欺骗的技能。吉格仁泽尔和胡克让被试评价下列规则：

如果一个学生被分到格罗弗高中，那么这个学生一定住在格罗弗城。

被试看到的卡片一面陈述了学生是否进入格罗弗高中，另一面陈述的是他们是否住在格罗弗城。就像最早的沃森实验一样，他们需要决定翻看哪些卡片。在觉察欺骗的条件下，要求被试从格罗弗城中学委员会成员的角度，寻找违规进入格罗弗高中的学生。在非觉察欺骗的条件下，要求被试从来自德国政府的访问官员的角度考察，只是想知道这条规则在格罗弗高中是否有效。吉格仁泽尔和胡克关心的是被试只选择翻看进入格罗弗高中和不住在格罗弗城这两张卡片的频率，这些是符合逻辑的正确选择。在觉察欺骗的条件下，从高中委员会成员的角度出发，80% 的被试选择这两张卡片，重复了许可规则实验的结果。在非觉察欺骗的条件下，从不感兴趣的访问者的角度出发，仅有 45% 的被试只选择了这两张卡片。

281 ◎ 当被试从觉察社会规则是否被破坏的角度出发时，他们在沃森卡片选择任务中的大部分选择在逻辑上是正确的。

条件命题的概率解释

前面介绍的研究表明，当采用条件命题的许可解释时，人们可以作出良好的推理。然而，我们应该怎样理解在最初的沃森任务中被试没有采用许可解释时的不佳表现呢？奥克斯弗德和查特（Oaksford & Chater，1994）认为人们倾向于将这些命题解释为关于世界的事件的概率命题，而不是严格的逻辑命题。因此，当一个人说“如果 A 那么 B”时，他们认为这意味着当 A 发生时 B 很有可能发生。对奥克斯弗德和查特的理论来说更重要的是，他们认为通常事件 A 和 B 在生活中发生的概率相当低——这导致了这些命题是提供信息的。为了说明他们的理论，我们假设你来到一个城市，有个朋友告诉你在这个城市开车有如下规律：

如果一辆汽车的头灯坏了，那么它的尾灯也坏了。

事件 A 和事件 B（头灯坏和尾灯坏）非常罕见，因此，关于一件事出现就意味着另一件事情出现的断言是提供信息的。假定你到了一个有数百辆车的大型停车场，有的汽车头朝外停着，有的车尾朝外停着。大多数汽车的头灯或尾灯都没有坏。但是有一辆或两辆车的头灯或尾灯坏了。为了检验你朋友的断言，你会挑哪些车去查看它们朝里的那一头？让我们考虑下面的可能性：

1. 一辆头灯坏的汽车：如果你看到这样一辆车，就会像所有这些实验中的被试一样，你会倾向于检查它的尾灯。几乎所有的人都认为这是明智的。
2. 一辆头灯没有坏的汽车：你倾向于不检查这辆车，就像这些实验中的大多数被试一样，并且所有的人也都会认为你是对的。
3. 一辆尾灯坏的汽车：你会很想去看看这辆车的头灯是否没有坏（尽管按理讲这么做是没有必要的或者“不合逻辑”的），奥克斯弗德和查特同意你的做法。原因是尾灯坏了的汽车很少，那么如果它的头灯也确实坏了，你就会倾向于相信朋友的断言。这样的事太巧合了，你不可能对它不屑一顾。

4. 一辆尾灯没有坏的汽车：你会不愿意去检查停车场上每一辆符合这个条件的车（尽管这么做按道理来说是符合逻辑的），而且奥克斯弗德和查特会再次赞同你的做法。从尾灯没有坏的汽车中找到头灯坏的汽车的机率太小了，因为头灯坏的汽车很稀少，而需要查看的车又太多了。检查数百辆正常的汽车看上去不值得。

奥克斯弗德和查特开发了一种最佳行为数学分析法，解释了为什么在最初的沃森任务中的典型错误是明智的。他们的分析预测了沃森任务中各种选择发生的频率。他们的分析基于的假设是“头灯坏”和“尾灯坏”这类属性很罕见。由于这个原因，在可能性 3 中检查尾灯坏的汽车是提供信息的，而在可能性 4 中检查尾灯没有坏的汽车是不提供信息的。尽管属性并不总是像这个例子中的属性一样罕见，但奥克斯弗德和查特认为它们通常都很罕见。例如，非狗远远多于狗，不吠叫的动物远远多于吠叫的动物。因此相同的分析可以应用到例如“如果一种动物是狗，那么它会吠叫”的规则以及其他类似的规则中。然而奥克斯弗德和查特观点的一个缺陷是，当用该方法分析最初的沃森实验时，偶数并不比奇数少。不过，奥克斯弗德争辩道，人们会将他们关于属性是稀少的信念带到沃森任务中。有证据表明操纵这些属性的概率能够按他们的理论所预期的方式改变人们的行为（Oaksford & Wakefield，2003）。 282

◎ 如果假设被试选择在概率模型下提供信息的卡片，我们就能够解释他们在沃森选择卡片任务中的行为。

关于连接词‘如果’的最后思考

逻辑连接词如果可以引发很多不同的解释，这反映了人类认知的丰富性。我们已经分别考查了关于它的概率解释和许可解释的证据。人们也有能力采用逻辑学家对它的解释，毋庸置疑，这是逻辑学家和学习逻辑学的学生在搞逻辑的时候采用的解释。他们用连接词进行推理研究（Lewis，1985；Scheines & Sieg，1994），发现它类似于数学推理，例如在第 9 章中讨论的几何领域的推理。基本上，他们是采用问题解决的方法来对连接词作形式推理。秦等人（Qin，et al.，2003）考察了被试如何解决抽象的逻辑任务，发现了顶叶脑区（见图 10.1）的激活，即戈尔等人（Goel et al.，2000）发现的判断无内容的材料时激活的脑区。

有趣的是，逻辑训练并不一定导致在初始的沃森选择任务中有较好的行为。

在程等人（Cheng，Holyoak，Nisbett，& Oliver，1986）的研究中，刚上完一个学期逻辑学课程的大学生只比那些没有接受过正规逻辑训练的学生在卡片选择任务中的成绩好3%。并不是他们不懂得逻辑规则，反而是他们宁愿在实验中运用逻辑规则。但当这些问题呈现在逻辑课堂之外时，学生们选择了对单词*if*做出其他解释。然而，这并不一定是人类推理的"缺陷"。再重复一次前面说
283 过的观点，人工智能领域的许多研究者希望他们的程序在解释所呈现的信息时能够有同样的适应性。

◎ 依赖于对逻辑连接词*if*的不同解释，人们采用不同的问题解决算子。

演绎推理：关于量词的推理

人类的许多知识离不开"所有"或者"一些"等这样的**逻辑量词**（logical quantifiers）。林肯的名言可以说明这一点："你也许能在一些时候欺骗所有的人，你甚至能在所有的时候欺骗一些人，但是你不能在所有的时候欺骗所有的人。"像牛顿第三定律，"任何作用力都有一个相反且相等的反作用力"，这样的科学定律则试图确定适用于所有情况的规律。因此，理解我们如何用量词进行推理非常重要。本节将报告关于这些量词出现在简单的句子中时人们如何进行推理的研究。与讨论逻辑连接词*if*时的情况一样，我们会看到逻辑学家对量词的解释和人们通常对量词进行推理的方式之间的不同。

直言三段论

现代逻辑非常重视对所有、没有和一些等这样的量词的意义分析，例如：

所有的哲学家都读了一些书。

我们中的大部分人会相信这句话是真实的。而逻辑学家会说，这句话的意思是我们肯定相信找不到一个没有读过书的哲学家。但是我们中的大部分人都很容易接受在还没有书的社会中就存在哲学家的观点，或者相信在这个世界上的某个地方可能会发现一个懂得深刻的道理且足以冠上"哲学家"之名的文盲。这个例子表明我们在生活中使用"所有"时，经常是指"大部分"或"具有高可能性"。同样，我们在如下的例子中用没有时

没有医生是贫穷的。

我们经常是指“几乎没有”或“很小的可能性”。可是逻辑学家把“所有”和“没有”的命题都叫做**全称命题**（universal statements），因为他们将这些命题解释为包括了所有情况且没有任何例外的命题。一个非常著名的人工智能研究者罗杰·尚克（Roger Schank）曾经作出过这样的论断：

> 没有人使用全称命题。

这肯定指的是人们以一种比逻辑分析更丰富、更复杂的方式来使用这些词。

在 20 世纪初，逻辑学家分析这些量化命题的严密程度有了很大的提高（历史性的讨论见 Church，1956）。大多数的现代逻辑课程都包括了对这些量词的
新理解。然而，心理学中关于量词的研究大部分集中在一种比较简单、比较古 284
老的量词推理上，叫做**直言三段论**（categorical syllogism）[3]。亚里士多德的很多关于推理的著作中都涉及直言三段论。在比较老的逻辑教科书中能够找到对不同类型的三段论的更广泛的讨论，例如科恩和内格尔（Cohen & Nagel，1934）所编的教材。

直言三段论包括含有如下量词的命题：一些、所有、没有和一些没有（*some-not*）。下面是直言命题的例子：

1. 所有的医生都富有。
2. 一些律师不诚实。
3. 没有政客值得信任。
4. 一些男演员不英俊。

作为一种简便的表达方式，经常用字母来表示这些命题中的范畴（例如医生，富有的人，律师，不诚实的人）——例如：A，B，C，等等。这样，刚才的那些命题可以修改为下面的形式：

1. 所有的 A 都是 B。
2. 一些 C 是 D。
3. 没有 E 是 F。
4. 一些 G 不是 H。

有些时候，例如在本章开头介绍的戈尔等人的实验中，实验材料就是用这些字母来呈现的。

一个典型的直言三段论包括两个前提和一个结论。在研究中可能用到的典型例子如下：

---

3 也有心理学文献将 categorical syllogism 译为范畴三段论，这里采用逻辑学中比较惯用的译法。

1. 没有匹兹堡人是布朗斯的粉丝。
   所有布朗斯的粉丝都住在克利夫兰。
   所以，没有匹兹堡人住在克利夫兰。

许多人认为这个三段论在逻辑上是有效的。为了弄清楚它的结论并不是前提的必然结果，可以考虑与之等价的如下三段论：

2. 没有男人是女人）
   所有的女人都是人。
   所以，没有男人是人。

第一个例子表明人们经常接受无效的三段论，这是在直言三段论研究中经常出现的结果。例如，人们接受无效的三段论 1 的程度与接受如下有效的三段论几乎相同：

3. 没有匹斯堡人住在克利夫兰。
   所有布朗斯的粉丝都住在克利夫兰。
   所以，没有匹兹堡人是布朗斯的粉丝。

285 ◎ 量词推理研究主要是试图理解为什么人们会经常接受无效的直言三段论。

氛围假说

前面的例子 1 是人们会受到三段论内容影响的一个例子，但是有许多研究关注：即使是中立的内容，人们仍然有接受无效三段论的倾向。当呈现中立的内容时，人们通常能够很好地认出有效的三段论。例如，几乎所有的人都会接受：

1. 所有的 A 是 B。
   所有的 B 是 C。
   所以，所有的 A 是 C。

但是问题是人们也会经常接受无效的三段论，例如，许多人会接受：

2. 一些 A 是 B。
   一些 B 是 C。
   所以，一些 A 是 C。

（为了弄清楚这个三段论是无效的，可以设想把 A 换成男人，把 B 换成人，把 C 换成女人。）然而，人们并非完全不加选择地接受三段论为有效的。例如，即使人们会接受例 2，但是他们并不会接受例 3：

3. 一些 A 是 B。
   一些 B 是 C。
   所以，没有 A 是 C。

为了解释被试接受什么模式和拒绝什么模式，伍德沃斯和塞尔斯（Woodworth & Sells，1935）提出了**氛围假说**（atmosphere hypothesis）。这个假说认为，三段论前提中所使用的逻辑项（一些，所有，没有和非）创造出了一种“氛围”，这种氛围让被试倾向于接受包含相同逻辑项的结论。氛围假说包括两个部分：肯定性前提导致被试倾向于接受肯定性结论，否定性前提导致被试倾向于接受否定性结论。当前提是混合型时，被试倾向于接受否定性结论。因此，他们会接受如下的无效三段论：

4. 没有 A 是 B。
   所有的 B 是 C。
   所以，没有 A 是 C。

（这是在前一小节中讨论过的无效三段论[4]的抽象形式。）

氛围假说的另一部分是关于被试对**特称命题**（particular statement）（一些或者一些没有）和**全称命题**（universal statement）（所有或者没有）的不同反应。正如例 4 所表明的，如果前提是全称的，被试会接受全称结论。如果前提是特
称的，被试倾向于接受特称结论，这是被试接受前面的三段论 2 的原因。当一 286
个前提是特称的，另一个是全称的，被试倾向于接受特称结论。因此，他们会接受下面的无效三段论：

5. 所有的 A 是 B。
   一些的 B 是 C。
   所以，一些 A 是 C。

（为了看出这个三段论是无效的，将 A 替换为男人，将 B 替换为人，将 C 替换为女人。）

4　指无效的三段论 1。——译者注

◎ 氛围假说认为在三段论前提中所使用的逻辑项（一些，所有，没有，一些没有）创造出一种“氛围”，这种氛围使得被试倾向于接受具有相同逻辑项的结论。

氛围假说的局限性

氛围假说描述了被试在各种三段论中行为的简洁特征，但是对于被试实际上是怎么想的以及为什么这么想很少给出说明。它没有解释为什么三段论中的内容（就像在匹兹堡－克利夫兰的例子中那样）能够对判断产生那么强烈的影响。对无内容的三段论的被试行为的描述也不完全正确。例如，根据氛围假说，被试倾向于接受氛围一致的结论，而不管它是有效的还是无效的。也就是说，它预期被试以同样的程度接受：

6\. 所有的 A 是 B。
一些 B 是 C。
所以，一些 A 是 C。

这个无效三段论，和

7\. 一些 A 是 B。
所有 B 是 C。
所以，一些 A 是 C。

这个有效三段论。实际上，被试更倾向于接受有效的例子中的结论。因此，被试表现出了一定的评估三段论正确性的能力。

氛围假说的另一个局限是它不能预测三段论的形式对被试判断有效性的影响。例如，这个假说预期被试错误地接受

8\. 一些 A 是 B。
一些 B 是 C。
所以，一些 A 是 C。

的程度不会高于错误地接受：

9\. 一些 B 是 A。
一些的 C 是 B。
所以，一些 A 是 C。

而实际上，被试会更愿意错误地接受前者的结论（Johnson-Laird & Steedman，1978）。总之，如果被试在一个前提中发现从 A 到 B 的链，在第二个前提中发现从 B 到 C 的链，那么他们会更加愿意接受从 A 到 C 的结论。 287

氛围假说存在的下一个问题是，它不能真正解决存在两个否定的前提时被试会怎样做。如果向被试呈现下面的两个前提：

没有 A 是 B。
没有 B 是 C。

氛围假说预期被试应该倾向于接受无效的结论：

所以，没有 A 是 C。

尽管有一些被试确实接受了这个结论，但是大部分被试都拒绝接受当两个前提都是否定命题时的任何结论，而这是正确的做法（Dickstein，1978）。

氛围假说还有一个问题就是，它不能真正解释当人们在加工这些三段论时是怎样想的，它只是预期人们会接受什么样的结论。下一小节将考虑一些对导致人们做出正确或不正确的结论的思维过程的解释。

◎ 被试只是近似地符合氛围假说的预期，他们通常比预期更准确。

加工解释

有一类解释是，被试不是按照实验者们所认为的那样去进行选择的。例如，有人指出，让被试按照逻辑有效性去判断这些推理是不自然的，人们倾向于判断什么结论是真的。考虑下面的两个三段论：

所有的律师都是人。
所有的共和党人都是人。
所以，一些律师是共和党人。

这个三段论的结论是真，但并不是有效的推理（试将律师替换为男人，将共和党人替换为女人）。

所有 bictoids 是爬行动物。
所有 bictoids 是鸟类。
所以，一些爬行动物是鸟类。

这是一个有效的推理，但它的结论是错误的。人们接受前面结论真实的无效推理倾向比接受后面结论错误的有效推理倾向要强（Evans，Handley，& Harper，2001）。

他们还认为很多人其实并不知道推理的有效性意味着什么，只是根据给定
288 的前提判断结论是否是可能的。因此，尽管前面关于律师和共和党人的三段论是无效的，但根据给定的前提，判定结论为真是十分可能的。埃文斯（Evans）等人的研究表明，要求被试根据给定的前提判断结论是否必然为真（有效性判断）和要求被试根据给定的前提判断结论是否可能为真，这两者的结果几乎没有区别。

约翰逊－莱尔德（Johnson-Laird，1983；Johnson-Laird & Steedman，1978）认为被试创建一个满足三段论前提的关于世界的心理模型，然后检查结论是否符合这个模型的要求，并以此来判断一个结论是否是可能的。这种解释叫做**心理模型理论**（mental model theory）。请考虑下面的前提：

所有的方形都有条纹。
一些有条纹的物体有粗边界。

图 10.3a 表示的是根据约翰逊－莱尔德的观点，一个被试可能想象的这些前提的例子。被试想象了一组物体，有些是方形，而另外的是圆形，有些有条纹，而另外的是空白的，有些有粗边界，而另外的没有粗边界。这个世界表征了对这些前提的一种可能的解释。当要求被试判断下面的结论时，

一些方形有清晰的边界。

被试检查这些图形并发现根据前提，结论确实是可能的。问题在于这种反应只是说明结论是有可能的而不是必然的。如果结论是必然的，它必须对所有支持前提的心理模型都为真。图 10.3b 显示了一个前提为真但结论为假的例子。约翰逊－莱尔德断言被试很难形成另一个不同的模型。因此，被试根据前提建立了一个特定的模型，然后检查这个模型以观察什么是真的。约翰逊－莱尔德（Johnson-Laird，1983）开发了一个计算机模型模拟这个理论，复制出了很多人类所犯的错误。约翰逊－莱尔德（Johnson-Laird，1995）还认为存在神经学证据

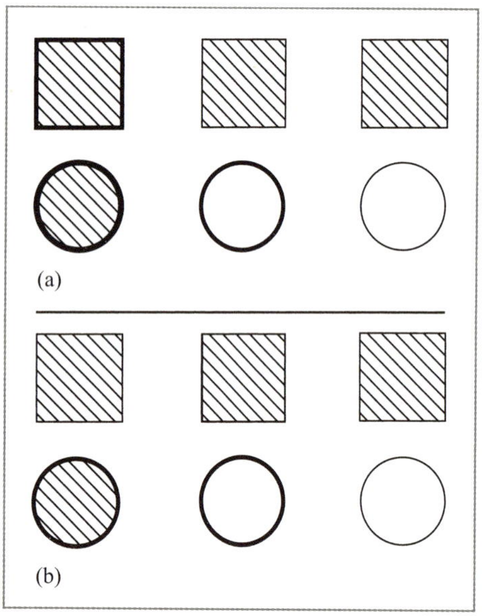

图 10.3 **根据正文中的**（根据作者意见修改。）**直言三段论，被试能够从前提形成两种可能的模型。**

支持这个心理模型解释。他注意到右脑受损比左脑受损对病人的推理任务的影响更大。他还注意到右半球倾向于参与心理表象的空间加工。在一项脑成像的研究中，克罗格、科恩和约翰逊 – 莱尔德（kroger，Cohen，& Johnson-Laird，2008）发现，在三段论加工中右侧额叶皮层比左侧有更强的激活，但是在算术计算中表现出了相反的激活模式（这种算术的左侧化优势显示在图 1.16 所描述的研究中）。帕森斯和奥舍尔森（Parsons & Osherson，2001）报告了相似的结果， 289
演绎推理定位于右侧半球，概率推理定位于左侧半球。

基本上，约翰逊 – 莱尔德认为人们在推理中犯错是由于他们忽略了对前提的一些可能的解释。例如，被试想象到图 10.3a 是一种解释，但忽略了图 10.3b 的可能性。约翰逊 – 莱尔德（个人交流）认为人类推理中的大量错误是因为没有考虑到数据的各种可能的解释而造成的。例如，在切尔诺贝利（Chernobyl）灾难中[5]，工程师们有好几个小时都没有考虑到反应器不再完好的可能性。

埃文斯等人（Evans et al.，2001）认为人们倾向于只寻找一个满足前提的心理模型，如果能够发现一个这样的解释，并且结论在这个模型中是有效的，他们便接受论证。真实世界内容的效应使人们对这种心理模型的搜索产生偏向，从而我们能够从这个角度来解释真实世界的内容效应。例如，人们倾向于接受无效的“一些律师是共和党人”的三段论，因为它使人很自然地想到支持结论的心理模型。与之相反，他们倾向于拒绝有效的“一些爬行动物是鸟类”的三段论，因为根据它的内容，很难想象一个使它为真的世界。

为了成功地适应我们的世界，重要的是正确地推断这个世界上什么为真，而不是在所有可能的世界上什么为真（判断逻辑有效性所关注的）。从这个角度来看，在这些实验中要求被试回答的提问方式中所存在的问题似乎不比被试所存在的问题少。

◎ 三段论推理中的错误可以由假设被试未能考虑到三段论的可能的心理模型来解释。

归纳推理和假设检验

与演绎推理中人们按照逻辑规则从前提中推出确定的结论不同，在归纳推理中，结论并不一定是前提的必然结果。请看下面的前提：

5　1986 年 4 月 26 日，前苏联的乌克兰共和国切尔诺贝利核电厂发生的世界历史上最严重的核事故。——译者注序列中第一个数是 1。
序列中第二个数是 2。
序列中第三个数是 4。

可以得出什么结论呢？数字在不断加倍，因此，可能的结论是：

序列中第四个数是 8。

然而，更好的结论可能是指出一般的规则：

每一个数是前一个数的两倍。

290 像第二个结论那样的好的归纳推论有个特点，它是一个能够演绎出所有前提的命题。例如，由于知道每一个数是前一个数的两倍，我们现在可以演绎出最初的三个数必定是什么。因此，从某种意义上讲，它是演绎推理的反向。归纳推理的困难是通常没有一个单一的与前提一致的结论。例如在上面的问题中，有人得出的结论可能是前后两个数之间的差按 1 递增，这样，第四个数就是 7[6]。

归纳推理与日常生活中的很多方面有关：侦探试图通过已知的一组线索破解一个秘密，医生试图诊断引起一系列症状的根源，或者某人试图知道电视出了什么问题，或者一个研究人员试图发现一个新的科学规律。在所有这些案例中，人们都是进行了一系列特定的观察，希望从中推出相关的结论。这些案例中许多都包含概率推理（例如，医学症状与疾病通常只是概率相关），我们将在下一章讨论。在本章中，我们主要关心像上面的数字案例那样的情况，找出确实蕴含观测结果的假设。对于这类情况，很多研究感兴趣于人们如何寻找与假设相关的证据。

假设形成

布鲁纳等人（Bruner，Goodnow，& Austin，1956）实施了一系列经典的假设形成实验。图 10.4 是他们所使用材料的例子。所有的刺激材料都是包含各种物体的长方框。刺激在四个维度上变化：物体数目（一个、两个或三个）；边框数目（一条、两条或三条）；形状（加号、圆形、或方形）；颜色（绿色、
291 黑色或红色：在这里表示成白色、黑色或红色）。他们要求被试发现能够描述这些实例的特定子集的概念。例如，概念可能是黑色加号。被试必须基于向他们提供的关于符合或不符合概念的实例信息去发现正确的概念。

---

6 第二个数（2）与第一个数（1）的差为 1。第三个数（4）与第二个数（2）的差为 2，差增加了 1。因此，第四个数与第三个数（4）的差为 2 + 1 = 3，第四个数为 4 + 3 = 7。——译者注

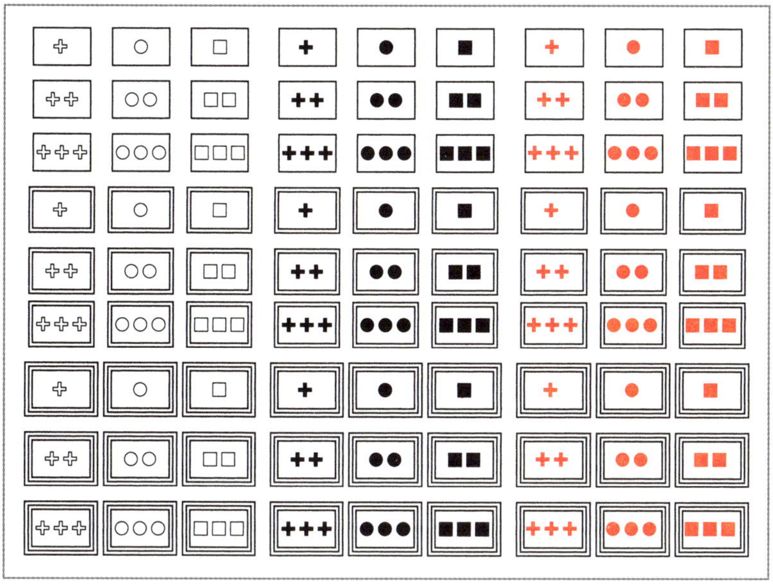

图 10.4 布鲁纳等人的概念识别研究中所用到的材料。阵列中的实例是四个特征的组合，每个特征有三种不同的取值。

图 10.5 包含三个可能向被试呈现信息的例子（三列）。每一列包含一系列实例，标注了是概念成员（正向，+），或者不是概念成员（负向，–）。每一列表示一个不同概念。每次只向被试呈现一列中的一个实例，他们将从这些实例中判断概念是什么。请先停止阅读，试试看能不能找出每列的概念。

第一个例子的概念是*两个加号*。这种概念被称为合取概念，因为在标有正号的实例中呈现的是若干个特征（这个例子中是*两个*和*加号*）的结合。人们通常会觉得合取概念最容易被发现。合取假设从某种意义上来看是最自然的假设类型，也是研究最广泛的一种类型。第二个例子的概念是*两条边框或者圆形*。这种概念被称为析取概念，因为只要有其中任何一个特征出现，都是概念成员。在最后的例子中，答案是*物体数目必须等于边框数目*。这个例子是一种*关系*概念，因为它规定了两个维度之间的关系。

这个系列中的问题非常难，因为为了识别概念，你必须既要判断哪些特征是有关的，还要发现将这些特征联系起来的规则（例如，合取、析取、或者关系）。前一个问题被称为**特征识别**（attribute identification），后一个问题被称为**规则学习**（rule learning）（Haygood & Bourne，1965）。在许多实验中，要么要求被试识别规则的形式，要么要求被试识别相关的特征。例如，在布鲁纳等人（Bruner et al.，1956）的实验中，只要求被试识别正确的特征，被试知道他们识别的是合取概念。

◎ 形成一个假设既需要识别与假设相关的特征，也需要识别这些特征是如何相关的。

假设检验

在图 10.5 所示的实验中，向被试呈现一系列的实例并要求他们找出概念。实际生活中的某些问题与此相像——我们没有办法控制我们所看到的证据，但必须找出支配它的规则。例如，当在美国发生食物中毒事件时，医疗健康研究者检查受害者吃的是什么，它们有什么共同的模式，他们不能控制受害者吃了
292 什么。另一方面，在其他情况下，人们能够做实验并检验某些可能性。例如，当医学研究者们想确定治疗某种疾病的最有效的药物组合时，它们会进行临床试验，让不同组的病人接受不同组合的药物。当研究者们能够选择作检验的案例而不是只能处理环境呈现给他们的案例时，科学研究能够更快地获得更肯定的结论。

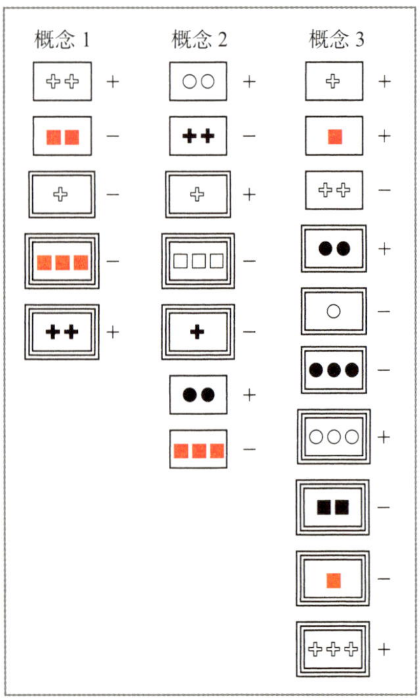

图 10.5　要求被试识别概念而用到的一系列实例。每一列给出了一个不同概念的概念成员和非概念成员的实例。加号（+）表示是概念成员，减号（–）表示非概念成员。

在布鲁纳、古德诺和奥斯汀（Bruner，Goodnow，& Austin，1956）的经典研究中也包括了让被试选择使他们获得信息的实例的实验。例如，在一个实验中，布鲁纳等人向被试呈现某个概念的一个正向实例，然后被试可以选择各种实例，并可询问它们是否是这个概念的成员。假设你被告知图 10.4 中间（第五行、第五列）实例是要求你去发现的一个合取概念的例子，你将会选择什么样的刺激？科学所倡导的方法是每次检验一个维度，确定它是否是假设的关键。例如，你可以选择首先检验维度边框的数目，于是选择一个只在这个维度上与初始刺激不同的刺激。如果所选的这个刺激不是概念的一个实例，你就会知道初始刺激在这个维度上的值（在这里是“两条边框”）与概念有关，否则，你就会知道这个维度与概念无关。然后你再检验下一个维度。检验四个刺激后，你肯定可以发现这个合取概念。布鲁纳等人将这种策略叫做“保守聚焦”，他们的一些被试（20 世纪 50 年代的哈佛大学生）遵循了这个策略。然而，许多被试采用了不是这么有效的策略。例如，假定给定相同的初始刺激，他们可能会检验一个既改变了颜色又改变了边框数目的刺激。如果这个刺激是概念的实例，

他们就会知道这个两个维度都与假设无关。然而，如果不是，他们获得的信息就相对较少了。

关于人们似乎不能用最优方式检验假说的一个著名的案例是沃森（Wason，1960；提出我们前面讨论过的卡片选择任务的心理学家）引入的 2-4-6 任务。在这个实验中，被试被告知“2 4 6”是符合某种规则的一个三元组，要求被试通过考查其他数字三元组是否符合规则来找出这个规则。你会用什么样的三元组来试呢？下面的口述报告来自沃森实验中的一个被试。这份口述报告中给出了被试提出的每一个三元组和选择的原因，并附有主试对这些三元组是否符合规则的反馈。当被试决定报告得出一个假设的时候，三元组序列会被随机打乱。主试对每一个假设的反馈放在括号中。

三元组	提出三元组的理由	反馈
8 10 12	每次加 2	是
14 16 18	按从小到大的顺序排列的偶数	是
20 22 24	相同理由	是
1 3 5	在前一个数上加 2	是

报告：规则是从任何一个数字开始，每次加 2 以形成下一个数。（错） 293

三元组	提出三元组的理由	反馈
2 6 10	中间的数是另外两个数的算术平均数	是
1 50 99	相同理由	是

报告：规则是中间的数是另外两个数的算术平均。（错）

三元组	提出三元组的理由	反馈
3 10 17	每次加上相同的数字 7	是
0 3 6	每次加 3	是

报告：规则是两个相邻数之间的差相等。（错）

三元组	提出三元组的理由	反馈
12 8 4	每次减去相同的数以形成下一个数	否

报告：规则是每次加一个相同的数，以形成下一个数。（错）

三元组	提出三元组的理由	反馈
1 4 9	按从小到大顺序排列的任意三个数	是

报告：规则是按从小到大顺序排列的任意三个数。（正确）

这份口述报告中值得注意的一个重要特征是被试几乎只产生与假设一致的序列来检验假设。在这种情况下较好的程序是也尝试与假设不一致的序列。也就是说，被试在检查正向证据的同时也应尽早的检查负向证据。这就反映了一个事实，被试开始形成的假设过于狭窄因而没有能得到更一般的正确的假设。

发现这种错误的唯一途径是检查那些与假设不一致的例子，而这正是很难做到的。

另一个实验中，在被试报告了假设之后，沃森（Wason，1968）询问这 16 个被试他们会怎样来判断假设是否不正确。9 个被试说他们只产生与假设一致的实例，等待一个不符合规则的实例出现。只有 4 个被试说他们会产生与假设不一致的实例来判断这些实例是否符合规则。剩下的 3 个被试则坚持说他们的假设不会不正确。

这种只选择正向实例的策略叫做**证实偏向**（confirmation bias）。有人认为证实偏向并不一定是一种错误策略（Fischhoff & Neyth-Mrom，1983；Kayman & Ha，1987）。在许多情境下，选择与假设一致的实例是否定假设的一种有效方法。例如，如果一个人在某次喝完一杯桔子汁后的测验中取得了好成绩，然后得出了“桔子汁导致好成绩”的假设，那么连续几次在考试之前喝桔子汁也许就能很快纠正这个假设。这种策略在沃森的实验中如此低效只是由于正确的
294 假设太宽泛了，这就如同说发现喝任何一种饮料都会提高考试成绩一样，此结论太宽泛因而不像是真的（如果包括酒精饮料的话这就实在太不可能了。）

◎ 在选择实例来检验假设时，人们经常集中于那些与其假设一致的实例。如果他们的假设过于狭窄的话，这样做将会带来困难。

科学发现

不论是被试试图从图 10.4 中那样的选择集里选取实例来推断概念，还是像我们刚才看到的口述报告那样通过列举一系列的实例来推断规则，他们都是在进行问题解决搜索（如图 8.4 或图 8.8）。然而，区别在于他们在搜索两个问题空间，一个是可能的假设空间，另一个是可能的实例空间。有理论认为（例如 Simon & Lea，1974；Klahr & Dunbar，1998）这确实是科学家们发现一种新理论时所面临的状况：他们搜索可能的理论空间和可能检验这些理论的实验空间。

“证实偏向”这个术语已被用来描述人们在检验科学理论时的方法偏差。在上面讲的假设检验的例子中，它仅是指人们只检验符合假设的实例的一种倾向。然而，在检验科学理论的更广泛的背景下，它是指为了防止个人所偏爱的理论被否定而产生的大量行为。在一项研究中，邓巴（Dunbar，1993）让大学生被试以高度简化的方式重复使得雅克·莫诺德和弗朗索瓦·雅各布（Jacques Monod & Francois Jacob）荣获 1965 年的诺贝尔医学奖的研究（基因如何被控制）。他们提供给被试能够模仿一些关键实验的计算机模拟环境。告诉被试他们的任务是确定一组基因如何控制另一组基因，使得只有当乳糖存在时才产生一种酶。

（这种酶用来将乳糖分解成葡萄糖。）所有的大学生被试开始都认为应当存在一种机制使得第一组基因对乳糖的出现作出反应，并激活第二组基因。这也是莫诺德和雅各布最早的假设。但是事实上这是一种抑制机制，当没有乳糖时，第一组基因抑制产生酶的第二组基因，但是当有乳糖时，这种抑制作用被阻止。由于证实偏向，这些学生试图发现能够证实其激活假设的实验。大部分被试持续在实验空间中搜索，以发现能够支持其激活假设的基因组合。但是有小部分被试开始搜索其他的控制假设。

科学作为一种体系可以使我们避免接受那些受证实偏向强烈影响的科学家
所出现的错误。科学家们通常有非常强的动机去发现一个特定科学家的理论中 295
存在的问题（Nickerson，1998）。个体科学家的实践也有明显不同。19 世纪著名的化学家迈克尔·法拉第（Michael Faraday），其科学发现方法是先集中搜集支持性证据，然后集中搜集否定性证据（Tweney，1989）。邓巴（Dunbar，1997）在斯坦福大学研究了三个免疫学实验室和一个生物学实验室的科学家，他注意到他们非常在意意外的结果，并修改理论以适应这些结果。

福吉桑和邓巴（Fugelsang & Dunbar，2005）进行了 fMRI 成像研究，考查被试用一定的假设整合数据的过程。例如，告知被试他们正在查看临床实验的

启　示

一个 90% 的结果有多大的说服力

科学家们会容易出现证实偏向。例如，路易斯·巴斯德（Louis Pasteur）曾经与其他科学家进行过一场关于新的有机生物体能否自发产生的争论。有人争辩说，在灭菌后的有机物上出现细菌很显然是生命自发产生的一个证据。巴斯德做了许多实验试图否认这个观点，但 90% 的实验都没有成功。然而他只发表那些成功的实验，并且断言其他的结果是实验差错造成的（Geison，1995）。如果结果看起来与已经确立的理论相悖的话，科学家们通常会质疑他们的实验。例如，如果一个人从 100 米高的塔上丢下一块石头，石头落到地上的时间为 1 秒钟。明智的做法是不接受重力加速度为 200 米 / 秒 ^{2} 的理论（使用公式距离 =1/2 × 加速度 × 时间 ^{2}），而是坚持约 10 米 / 秒 ^{2} 的地球标准重力加速度值。几乎可以肯定测量中有些地方出错了，实验需要重复。另一方面，巴斯德的案例可能看起来相当极端，基于一个在当时还饱受质疑的理论而置 90% 的实验于不顾。然而在这个案例中，他最终被证明是正确的。

数据以检查一种抗抑郁药物对情绪的效果，他们看到的病人记录或者表明药物对情绪有效（一致），或者是无效（不一致）。被试一开始相信药物有效，因此感到一致性证据比较可信。当看到不一致的证据时，被试的前扣带回（ACC）（见图 3.1）出现了更大的激活。我们在第 3 章了解到，当被试执行一个需要较强的认知控制的任务时，例如在 Stroop 任务中处理不一致的刺激时，前扣带回被高度激活。看来当被试在科学情境下必须处理不一致数据时，似乎也引发了相同的基本脑机制。这些结果表明科学推理激发了人基本的认知过程。

296 ◎ 在科学发现的研究中，被试倾向于集中注意那些与他们偏爱的假设一致的实验，而不愿去搜索有利于其他假设的证据。

结　论

许多关于人类推理的研究发现，当与形式逻辑的规则和含义进行比较时，人类的推理并不合标准。正如我们刚才看到的，甚至也可以这么说科学家的研究过程。然而，这种关于人类推理的令人沮丧的描述没有对人类推理的全部情境予以足够重视。在许多现实的推理情境下，人们能表现得很好，部分原因是由于他们考虑到现实世界情境中的全部的复杂性和它所蕴含的意义。尽管有证实偏向的倾向，科学作为一个整体在其发展中取得了巨大的成功。在一定程度上，这是由于科学是研究人员共同体实现的社会行为。相互竞争的科学家不但会迅速找到对方方法中的错误，而且科学也有合作的本质。研究是研究团队开展的，他们经常依赖于相互帮助。冈田和西蒙（Okada & Simon，1997）发现两人一组的大学生比单个学生更能发现邓巴（Dunbar，1993）的基因控制任务中的抑制机制。正如冈田和西蒙所注意到的："在一个合作情境中，被试必须比在单独的个人学习情境中表达地更清楚，以使同伴能理解他们的想法并说服同伴。这将促使被试深入思考对于解释的要求并构建更深刻的解释"。（p. 130）。本章的基本点是人类推理通常发生在复杂的世界中（包括自然和社会），在实验室中所表现出的不足，可能正是这复杂世界中的精湛所在。

思考题

1. 约翰逊·莱尔德和格德瓦格（Johnson-Laird and Goldvarg，1997）向普林斯顿大学的学生呈现如下的推理问题：

   对于手中特定的扑克牌，下面的前提只有一个为真：

   手中有一个 K，或者有一个 A，或者两者都有
   手中有一个 Q，或者有一个 A，或者两者都有
   手中有一个 J，或者有一个 10，或者两者都有

   手中有可能有一个 A 吗？

   他们报告说只有 1% 的学生正确回答了这类问题。上面这道题的正确答案是什么？它为什么如此难？约翰逊·莱尔德和格德瓦格将这种困难归因于人们创建了与本题情况不相符合的心理模型（正确答案是“不可能”。——译者注）。

2. 约翰逊·莱尔德和斯蒂德曼（Johnson-Laird & Steedman，1978）向来自哥伦比亚教师学院的被试呈现如下的三段论：

   所有美食家都是店主。
   所有玩保龄球的人都是店主。

   并询问被试可得出什么结论。下面是各种答案的分布：

   17 个人认为不能得出结论。
   2 个人认为结论是“一些美食家是玩保龄球的人”。
   4 个人认为结论是“所有的玩保龄球的人都是美食家”。
   7 个人认为结论是“一些玩保龄球的人是美食家”。
   8 个人认为结论是“所有美食家都是玩保龄球的人”。

   使用本章中的概念来解释被试给出和没有给出的答案。

3. 考虑图 10.5 中的第三列，正文里讲它满足“边框数目与物体数目相等”的规则。另一个规则也能描述这些实例：“3 个白色物体或者 2 个黑色圆或者 1 个物体与一条边框”。哪一个是对概念的更好的描述，为什么？有可能确定哪一个是正确规则吗？

关键术语

三段论	否定后件	直言三段论
演绎推理	肯定后件	氛围假说
归纳推理	否定前件	特称命题
条件命题	选择任务	心理模型理论
前件	许可图式	特征识别
后件	逻辑量词	规则学习
肯定前件	全称命题	证实偏向

11 判断与决策

298

正如我们在第 10 章中所看到的，大部分关于人类推理的研究都将人类推理与来自逻辑和数学的各种规范模型进行比较。规范模型假定人们能够获得确定的信息和冷静地思考这些信息。然而在现实世界中，人们必须面对不完全和不确定的信息去做决策。并且，与前一章中对生活不产生太大影响的三段论不同，在现实生活中，我们的决策对我们的生活能产生重要的影响。请考虑以下简单的决策任务“该吃什么”——我们全都被那些宣称以前的“健康”食品“不健康”的医学报告或者那些与之相反的报告弄得懊恼不已。在决策中，我们还必须处理那些可能是好的决定所带来的不愉快结果，例如减肥或者放弃像吸烟这样很享受的行为。

本章将集中介绍这些与实际生活更接近的判断和决策研究。和前一章一样，我们将讨论一些研究，这些研究表明与理性行为模型相比，正常人的表现不合标准。然而，我们也将看到那些研究的不全面性以及其对人们日常生活中决策的复杂性缺乏考虑。近年来已经发展出了能够细致地刻画人们的日常生活画面、并更好地理解人类判断本性的研究。

本章将回答下列问题：

- 人们判断不确定事件概率的能力有多强?
- 人们如何运用过去的经验作判断?
- 人们如何在收益和代价不同的各种不确定选项中作决策?
- 人脑如何支持这些决策?

人脑与决策 299

1848 年，佛蒙特州的一名铁路工人菲尼亚斯·盖奇（Phineas Gage）遭受了一场异乎寻常的事故：他正在用一根铁棒往岩石上的一个洞里装填火药以便引爆它，为建铁路的路基清除阻碍。这时火药突然爆炸，铁棒穿过他的头落在了 80 英尺外。图 11.1 是铁棒穿过其头骨的轨迹的重构图（Damasio，Grabowski，Frank，Galabruda，& Damasio，1994）。（更详细的重构图见彩色插页 11.1）。铁棒没有伤及任何致命的脑区，大部分脑区也完好无损，但是它穿透了非常靠前的脑区的中间部分，一个叫做**腹内侧前额叶皮层**（ventromedial prefrontal cortex）的区域。他不仅奇迹般地活了下来，且在几分钟的失去知觉之后，他还能跟人谈话，并步行离开事故现场。因为感染，他的康复过程非常艰辛，但是最后他终于能够从事像四轮马车车夫这样的工作。哈佛大学的一名外科教授亨利·雅各布·比奇洛（Henry Jacob Bigelow）认为"他的各项身体和心理能力都恢复得很好"（MacMillan，2000）。基于这份报告，也许有人会认为这部分脑区不执行任何功能。

大脑结构

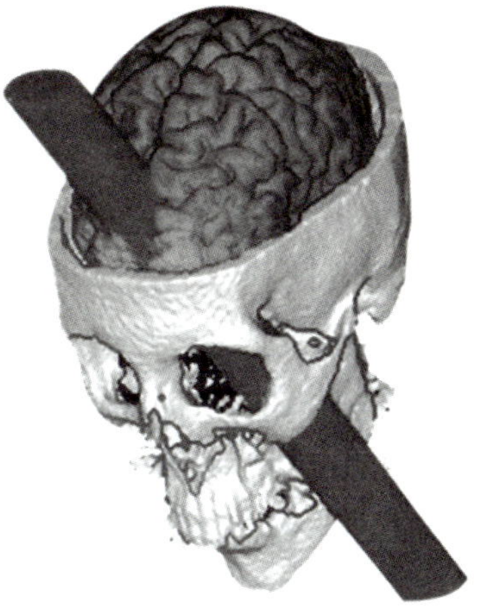

图 11.1　**铁棒穿过菲尼亚斯·盖奇的大脑的示意图。注意只有大脑最前面的中间部分受到伤害。**（资料来源：Damasio et al.，1994）。

然而，并非一切都令人满意，他的人格发生了巨大的变化。在事故之前他是一个有礼貌、尊敬人、受欢迎、可信赖的人，总的来讲他具有当时美国男人的典型行为举止。在那之后，他变成了一个截然不同的人，就像他的医生哈洛（Harlow）后来所描述的：

> 不时地使用无礼、放纵和最粗俗的亵渎性语言（这不是他之前的风格），张扬，很少尊重同伴，对与他的愿望不一致的限制或建议不耐烦，不时地异常顽固，然而有时又反复无常，摇摆不定。对将来有很多设想和计划，可是还没有实施就放弃了，因为别的事似乎更有吸引力。他有小孩一样的智力和行为，同时有一个强壮男人的动物性激情。在他受伤之前，尽管没有接受学校训练，但他拥有平和的心态，了解他的人认为他是个精明的会挣钱的人，充满活力又百折不挠地执行其所有的计划。就这点而言，他的心智发生了根本变化，难怪他的朋友和熟悉他的人都说他"不再是盖奇"（Harlow，1868，p. 327）。

盖奇是证明腹内侧前额叶皮层对人格具有重要意义的一个经典案例。随后，发现了大量相似的病人，他们都表现出相同类型的人格缺陷。家庭成员和朋友用像“社会无能”、“背弃最大利益的决策”和“不能从错误中学习”这样的词语来描述他们（Sanfey，Hastie，Colvin，& Grafman，2003）。在第 8 章的开始
300 部分，我们讨论过一个病人 PF 的案例，像盖奇一样，其前额叶的前部也受到了损伤。然而，在那个案例中，还包括前额叶前部的外侧部分的损伤，他的困难在于不能处理复杂的问题而不是决策。一般来说，前额叶前部的内侧部分，也就是盖奇受损的地方，对动机、情绪管理和社会知觉有重要影响（Gillbert，Spengler，Simons，Frith，& Brugess，2006）。

◎ 腹内侧前额叶皮层在实现动机平衡和社会知觉方面有重要作用，而这些对于作出成功的判断非常关键。

概率判断

关于人们收集相关证据时应当如何推断事件的概率有一个规范模型，叫做**贝叶斯定理**（Bayes's theorem），它是基于概率性质的数学分析。这方面的许多研究显示人类的行为与贝叶斯定理的规范不相符。

贝叶斯定理

为了说明贝叶斯定理的运用范围，我们先举一个例子，假定我回到家发现房子的门半开着。我感兴趣的假设是这可能是窃贼干的。我怎么去判定这个假设呢？我可以将它看作一个如下的条件三段论：

如果有一个窃贼在房子里，那么门就会半开着。
门半开着。
所以，有一个窃贼在房子里。

作为一个条件三段论，它会被认为是犯了肯定后件的错误。然而，作为一个归纳推理，它确实具有一定程度的可能性。贝叶斯定理提供了一种方法以估算它有多大的可能性。它把先验概率和条件概率相结合而得到所谓的后验概率，以此作为衡量结论强度的测度。

先验概率（prior probability）是指在考虑证据（例如门半开着）之前，假设为真的概率。在考虑证据之前一个假设令人信服的程度越低，在考虑证据之

后这个假设令人信服的程度也应当越低。让我们将我的房子被偷窃的假设记为 H。假设我从警察的统计中知道，在我居住的社区，任何一天房子被偷窃的概率为千分之一[1]。这个概率可以表示为：

$$\text{Prob}\ (H) = 0.001$$

这个等式表示假设的先验概率，或者在考虑证据之前假设为真的可能性。 301
应用贝叶斯定理所必需的另一个先验概率是房子没有被偷窃的概率。这个替换假设记为 $\sim H$，它的值为 1 减去 Prob（H），可以表示为

$$\text{Prob}\ (\sim H) = 0.999$$

条件概率（conditional probability）是指如果一个特定假设为真，一个特定类型的证据为真的概率。我们来考虑在两种假设下证据（门半开着）出现的条件概率。第一，譬如说我相信如果被偷窃的话门半开着的可能性非常高，例如有五分之四。用 E 表示证据，或者表示门半开的事件。那么给定 H 为真的条件下，E 的条件概率为

$$\text{Prob}\ (E|H) = 0.8$$

第二，我们来确定如果 H 不为真的话，E 的概率。假设我知道如果没有进入窃贼的话，门半开（例如刚好邻居有钥匙）的概率只有百分之一。我将这种概率表示为

$$\text{Prob}\ (E|\sim H) = 0.01$$

给定 H 不为真的条件下，E 的概率。

后验概率（posterior probability）是指在考虑证据之后假设为真的概率。在已知证据 E 的条件下，假设 H 为真的后验概率记为 Prob（$H|E$）。根据贝叶斯定理，我们能够计算 H 的后验概率，也就是在已知证据的条件下，房子被偷窃的概率，因此有：

$$\text{贝叶斯公式：Prob}\ (H|E) = \frac{\text{Prob}\ (E|H) \cdot \text{Prob}\ (H)}{\text{Prob}\ (E|H) \cdot \text{Prob}\ (H) + \text{Prob}\ (E|\sim H) \cdot \text{Prob}\ (\sim H)}$$

根据我们假定的数值，我们将数值替换到前面的公式里能够算出 Prob ($H|E$)：

1　尽管是为了计算简单捏造了这一个数字，实际上匹兹堡每天每 100 000 户人家大约有 1 家被盗。

$$\text{Prob }(H|E)=\frac{(0.8)\cdot(0.001)}{(0.8)\cdot(0.001)+(0.01)\cdot(0.999)}=0.074$$

因此，我的房子进入窃贼的概率仍然低于百分之八。注意，即使门开着是进入窃贼的一个很好的证据，且不是事情的正常状态：比较 Prob ($H|E$) = 0.8 和 Prob ($E|{\sim}H$) = 0.01[2]，后验概率仍然很低。这是由于开始的 H 的先验概率非常低——Prob (H) = 0.001。相对于这种低的开始，0.074 的后验概率是一个相当大的增加。

表 11.1

贝叶斯定理的分析——100 000 户人家			
	被偷窃	没有被偷窃	和
门开着	80	999	1 079
门没有开着	20	98 901	98 921
和	100	99 900	100 000

摘自 J. R. Hayes（1984）。

表 11.1 表示的是贝叶斯定理在偷窃这个例子中的运用，根据上面假设的统计数字它对 100 000 户人家进行了分析。根 302
据偷窃的假设是否为真以及门开着的证据是否为真，共有四种可能的事件状态。表中列出了每种状态的频数。让我们考虑左上格里的频数，这是我所担心的情况：门开了，我的房子被偷窃了。由于在 1 000 户人家中有 1 户人家被偷［Prob (H) 是 0.001］，在 100 000 户人家中应当有 100 户被盗。这是左列两个事件出现的频数之和。由于有盗贼时十分之八的前门是开着的［Prob ($E|H$) 是 0.8］，即 100 件偷盗事件中有 80 件门会被打开，这就是左上格里的数字。与此类似，可以计算出右上格里的数字为 999，因为 99 900 户人家没有被盗窃，而没有被盗窃的人家前门开着的比率是百分之一。因此，总共有 80 + 999 = 1 079 户人家的前门开着，这些房子被盗的可能性是 80/1 079 = 0.074。贝叶斯定理执行的是与表 11.1 相同的计算，但是使用的术语是“概率”而不是“频数”。我们将会看到，人们觉得用“频数”进行推理比较容易。

贝叶斯定理是基于概率性质的数学分析，贝叶斯公式已被证明能够正确地判断假设。它能使我们根据先验概率和条件概率，精确地确定一个假设的后验概率。这个定律作为一个**规范性模型**（prescriptive model），或者**标准模型**（normative model），指明了判断假设成立的概率的方法。这个模型与**描述性模型**（descriptive model）不同，描述性模型说明了人们实际上做了什么。正如人们通常不遵循形式逻辑规定的步骤一样，通常人们也不会进行上述计算。尽管如此，人们对“我的房子里有窃贼”这样的断言有不同的相信程度，并且这种相信程度会随着是否发现“门开着”这样的证据而变化。一个有趣的问题是，

2 Prob（$E|H$）= 0.8 说明在有窃贼的假设下很可能出现这个证据；（$E|{\sim}H$）= 0.01 说明在正常情况下几乎不可能出现门开着的事件。——译者注

这种相信程度的变化是否与贝叶斯定理一致。

◎ 贝叶斯定理指明了如何结合一个假设的先验概率和证据的条件概率来确定该假设的后验概率。

对基础比率的忽视

许多人惊诧于前面的例子中开着的门为有窃贼提供的证据并不像预期的那样强。他们感到惊诧是因为他们没有理解先验概率的重要性，人们有时候会忽视先验概率。一个例证是，卡尼曼和特韦尔斯基（Kahneman & Tversky，1973）告诉一组被试，从由 70 个工程师和 30 个律师组成的 100 个人当中随机抽取一个人，这组被试叫做工程师多组。第二组被试叫做工程师少组，从由 30 个工程师和 70 个律师组成的 100 个人中随机抽取一个人。两组被试都需判断随机 303
抽取的那个人是工程师的概率有多大，假定被试对这个人的信息一无所知。被试们都能够给出正确的先验概率：工程师多组估计的是 0.70，工程师少组估计的是 0.30。然后告诉被试，从这些人当中抽取出另外一个人，这个人的信息描述如下：

> 杰克是一个 45 岁的男人，已婚并有 4 个孩子。他比较保守、谨慎、有野心。他对政治和社会事务没有兴趣，他把大部分的空余时间都花在其业余爱好上，他有许多业余爱好，包括家庭木工、帆船运动和解决数学难题。

对于这个人是一个工程师的假设，两组被试均给出了 0.90 的概率估计。尽管向两组提供了不同的关于工程师假设的先验概率，两组之间没有表现出任何差异。但是贝叶斯定理指出先验概率应当有巨大的效应，工程师多组应该比工程师少组有更高的后验概率。

在第二个案例中，卡尼曼和特韦尔斯基向被试呈现如下的描述：

> 迪克是一个 30 岁的男人，他已经结婚了，没有孩子。他有很强的能力，强烈的动机，他发誓要在他的领域内获得极大的成功，他很受同事的欢迎。

这个例子没有提供任何关于迪克可能从事这两种职业中的哪一种的特征信息。根据贝叶斯定理，工程师假设的后验概率应该与先验概率相同，因为这段描述没有提供任何信息。然而，工程师多组和工程师少组都估计所描述的这个人是一个工程师的概率为 0.50。因此，被试让一条根本无意义的信息改变了他们对概率的估计。这个例子也再次表明，被试在估计一个假设的后验概率时，完全不能利用先验概率。

不考虑先验概率会导致人们得出一些完全没有根据的结论。例如，假定一个人参加一种癌症检查。再进一步假定，有这种癌症的人其检查结果为阳性的概率是 95%。另一方面，如果一个人没有这种癌症，那么他的检查结果为阳性的概率只有 5%。假定这个人被告知结果为阳性。如果这个人像大多数人一样，他就会假定自己将会有 95% 的可能性死于这种癌症（Hammerton，1973）。他假定这种癌症会致命是一种过度反应，同时他在概率估计上也犯了一个基本的错误。这个错误是什么呢？

他没有考虑这个问题中的特定类型的癌症的基础比率（先验概率）。假定 10 000 个人中只有 1 个人患有这种癌症，这个百分比就是先验概率。现在根据
304 这个信息，他能够判断自己患有这种癌症的后验概率。根据贝叶斯公式，他会用下面这样的方式来表达这个问题：

$$\text{Prob}\ (H|E) = \frac{\text{Prob}\ (H) \cdot \text{Prob}\ (E|H)}{\text{Prob}\ (H) \cdot \text{Prob}\ (E|H) + \text{Prob}\ ({\sim}H) \cdot \text{Prob}\ (E|{\sim}H)}$$

在这里假设的关于癌症的先验概率是 $\text{Prob}\ (H) = 0.0001$，$\text{Prob}\ ({\sim}H) = 0.9999$，$\text{Prob}\ (E|H) = 0.95$，和 $\text{Prob}\ (E|{\sim}H) = 0.05$，因此

$$\text{Prob}\ (H|E) = \frac{(0.001) \cdot (0.95)}{(0.0001) \cdot (0.95) + (0.9999) \cdot (0.05)} = 0.019$$

也就是说他患癌症的后验概率仍然比 1/500 还要低。

◎ 在进行概率判断时，人们经常忘记了考虑基础比率。

保守主义

前面的例子表明人们过分看重证据而忽略了基础比率。然而，也存在人们对证据缺乏足够重视的情况，尤其是当证据指向累积结论时。沃德·爱德华兹（Ward Edwards，1968）广泛地研究了人们怎样使用新信息调整他们对各种假说的概率估计。在一个实验中，他向被试呈现两个袋子，每个袋子里面有 100 个圆形筹码。一个袋子里装着 70 个红色的筹码和 30 个蓝色的筹码，另一个袋子里装着 70 个蓝色的筹码和 30 个红色的筹码。主试随机选取一个袋子，被试的任务是判断选取的是哪一个袋子。

在缺乏任何先验信息的情况下，每个袋子被选取的概率都是 50%，因此

$$\text{Prob }(H_R) = 0.50 \text{ 和 Prob }(H_B) = 0.50$$

H_R 指假设被选取的是红色筹码为主的袋子，H_B 指假设被选取的是蓝色筹码为主的袋子。为了获得更多信息，让被试随机从这个袋子里抽取一个筹码。假定第一次抽出的是红色筹码，从每个袋子里任意抽出一个红色筹码的条件概率分别为

$$\text{Prob }(R \mid H_R) = 0.70 \text{ 和 Prob }(R \mid H_B) = 0.30$$

现在，在已知抽出的一个是红色筹码的情况下，我们可以计算红色筹码为主的袋子的后验概率，将贝叶斯公式应用到这种情况：

$$\text{Prob }(R|H_R) = \frac{\text{Prob }(R \mid H_R) \cdot \text{Prob }(H_R)}{\text{Prob }(R|H_R) \cdot \text{Prob }(H_R) + \text{Prob }(R|H_R) \cdot \text{Prob }(H_R)}$$

$$= \frac{(0.70) \cdot (0.50)}{(0.70) \cdot (0.50) + (0.30) \cdot (0.50)} = 0.70$$

不论是新手还是有经验的观察者都会觉得这个结果中的概率增大太多了。通常， 305
被试不会将红色筹码为主的袋子的概率增大到 0.70，而是比较保守地修订数值，例如修订到 0.60。

在第一次抽取筹码之后，实验继续进行：将筹码放回袋子，随机抽取第二个筹码。假定这次筹码也是红色。再次运用贝叶斯定理，我们能够得到红色筹码为主的袋子的后验概率是 0.84。假定我们再继续进行 10 次。在总共进行了 12 次之后，我们观察到了 8 次红色筹码和 4 次蓝色筹码。通过连续运用贝叶斯定理进行分析，我们可以得到假设的红色筹码为主的袋子的新的后验概率为 0.97。看到这 12 次抽取的被试只是主观地估计红色筹码为主的袋子的后验概率为 0.75，或者更少。爱德华兹使用保守这个术语来指被试低估可得证据所带来的影响的这种倾向。他估计在与这个实验类似的情况下，我们只使用了五分之一到二分之一的可得证据。

◎ 在进行概率判断时，人们经常低估证据的累积力量。

经验导致遵从贝叶斯定理

前面所有的例子都表明被试进行概率判断的能力还差得很远。一种可能的原因是被试确实不理解概率或者不知道如何根据概率去进行推理。可以肯定的

是，在这些实验中极少有被试能重现贝叶斯定理，更不用说有人会报告进行了贝叶斯计算。然而，有证据表明，尽管被试不能说出正确的概率，但是他们行为的很多方面都遵从了贝叶斯定理。返回到第 7 章中所讨论的外显和内隐的差别，人们经常显示出关于贝叶斯定理的内隐知识，即使他们没有显示出任何外显的知识，并且在要求进行外显判断时会出错。

格卢克和鲍尔（Gluck & Bower，1988）的一个实验表明了内隐的贝叶斯行为。他们向被试呈现一些虚构的病例记录，这些病人表现出一种到四种症状（鼻出血、胃痉挛、眼肿胀和牙龈发白），让被试诊断这些病人得了两种假想的疾病中的哪一种。其中一种疾病的基础比率是另一种疾病的三倍。并且，疾病所表现的各种不同症状的条件概率不同。不直接告诉被试这些基础比率或条件概率，他们只是察看 256 个病人的记录，选择他们认为病人所罹患的疾病，然后得到关于他们的判断正确与否的反馈。

病人可能有一种到四种症状组合成的总共 15 种可能的症状模式。格卢克和鲍尔根据贝叶斯定理计算出对应于每一种症状模式的每一种疾病出现的概率，并且在实验中根据这个概率安排每一种症状模式出现时所对应的疾病。因此，被试根据症状模式－疾病组合的频数内隐地体验了基础概率和条件概率。有趣的是在不同的症状组合下被试 306
分配给比较少见的那种疾病的概率。格卢克和鲍尔对被试给出的概率和真实的贝叶斯概率进行了比较。这种对应关系通过散点图的形式表示在图 11.2 中。对于每一种症状组合，我们有贝叶斯概率（在图中标记为客观概率）以及被试将比较少见的那种疾病对应于症状组合的比例。从图中可以看出，这些点非常靠近斜率为 1 的对角线，这表明被试选择的比例与真实的概率非常接近[3]。因此在这个实验中，被试内隐地成了一个相当不错的贝叶斯主义者。从可选项中按正确的比例进行选择的行为叫做**概率匹配**（probability matching）。

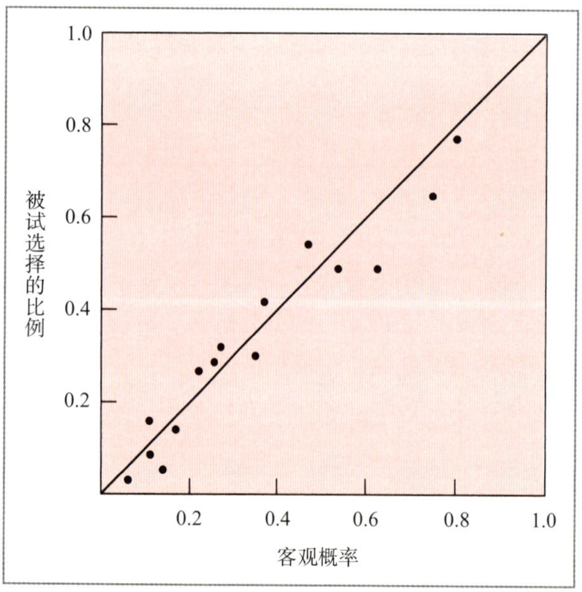

图 11.2　被试选择的比例与由贝叶斯定理决定的客观概率相符。

实验后，格卢克和鲍尔向被试逐个

3　说明：图 11.2 中有 15 个点，对应于 15 种可能的症状组合。客观概率的平均值为 0.25，说明这是基础比率较小的疾病的数据（注意：一种疾病的基础比率是另一种疾病的三倍）。——译者注呈现了四种症状，要求被试回答每种情况下比较少见的那种疾病出现的频率。结果表示在与 11.2 相似的图 11.3 中。可以看到，被试显示了对基础比率的一些忽视，一致高估了比较少见的那种疾病出现的频率。同时，他们的判断也显示了基础比率的一些影响，他们对比较少见的那种疾病的平均估计概率低于 50%。

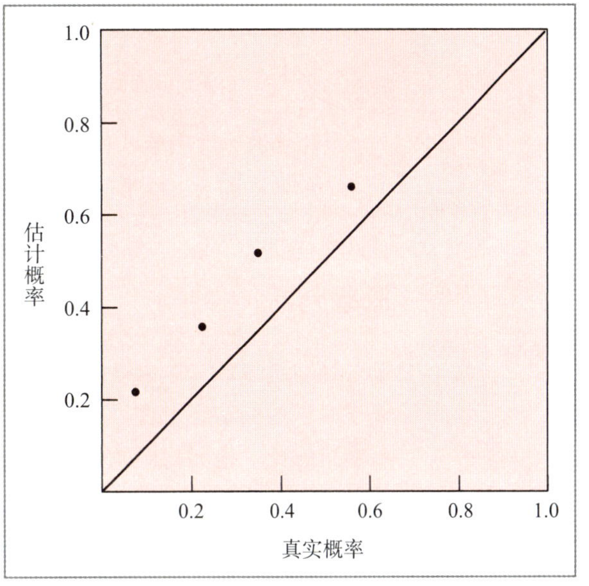

图 11.3　**被试对比较少见的疾病的估计概率系统地高于真实概率，表现出对基础比率的忽视。**

吉格仁泽尔和霍夫瑞吉（Gigerenzer & Hoffrage，1995）的研究表明，如果是用频数而不是用概率陈述事件时，对基础比率的忽视会有所降低。他们向一些被试呈现用概率描述的事件，如：

> 参加例行检查的 40 岁的妇女罹患乳腺癌的概率为 1%。如果一个妇女有乳腺癌，那么她的乳房 X 线照片为阳性的概率为 80%。如果一个妇女没有乳腺癌，她得到阳性乳房 X 线照片的概率为 9.6%。这个年龄的一位妇女参加例行检查得到了阳性乳房 X 线照片。她确实患有乳腺癌的概率有多大？

在呈现这种陈述的条件组，100 个被试中只有不到 20 个（20%）计算出了
正确的贝叶斯答案（大约为 8%）。在另一种条件下，向被试呈现用频数描述的 307
事件，如下所示：

> 每 1000 个 40 岁的妇女在例行检查中会有 10 个查出有乳腺癌。每 10 个有乳腺癌的妇女中有 8 个的乳房 X 线照片为阳性。每 990 个没有乳腺癌的妇女中也会有 95 个得到阳性乳房 X 线照片。现有一些重新采样的 40 岁妇女在例行检查中接受了正性的乳房 X 线照相术检查。你认为这些妇女中有多少人真的有乳腺癌？

在这种陈述条件下，大约有 50% 的被试计算出了正确的贝叶斯答案。吉格仁泽尔和霍夫瑞吉认为，我们对频数的推理好于对概率的推理，这是因为我们在日常生活中体验的是事件的频数而不是概率。

也有证据表明，经验使得人们趋于遵循统计理论。在一项医学诊断的研究中，韦伯等人（Weber，Böckenholt，Hilton，& Wallace，1932）发现医生对基

础比率和症状证据都很敏感。而且医生的临床经验越丰富，他们的判断就越趋于遵循统计理论。

◎ 尽管被试对抽象概率的加工通常不遵循贝叶斯定理，但是他们基于经验的行为却遵循了贝叶斯定理。

概率判断

当被试报告一个事件的概率，例如某个牙龈出血的人患有某种特定疾病的概率时，他们实际上在做些什么？有证据表明他们考虑的是相对频数，而不是概率。因此，他们试图判断所看到的牙龈出血的病人中具有某种特定疾病的比例。当不需要依赖记忆时，人们能够相当准确地进行这种比例判断（Robinson，1964；Shuford，1961）。考虑舒福德（Shuford，1961）的一个实验。他向被试呈现如图 11.4 这样的阵列 1 秒钟，然后要求被试判断纵向短线与横向短线的比例。在不同的阵列中纵向短线的数目在 10% 至 90% 之间进行变化。舒福德的结果显示在图 11.5 中。我们可以看到被试的估计与真实的比例非常接近。

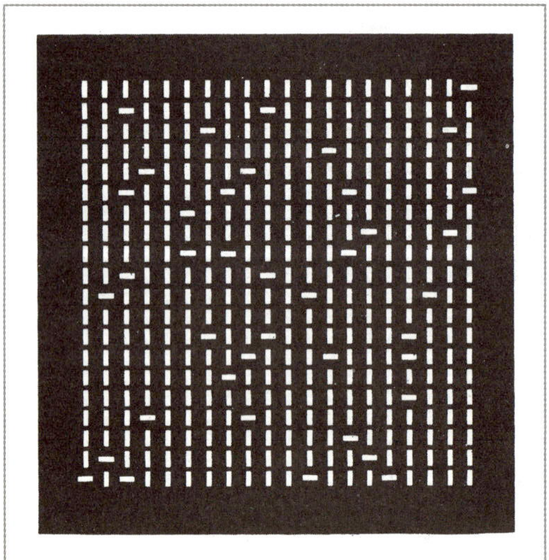

图 11.4 **用来确定被试比例判断准确性的随机阵列。这个阵列中 90% 是纵向短线，10% 是横向短线。**（资料来源：Shuford，© 1961。Copyright 1961 by the American Psychology Association. Reprinted by permission.）

上面讲到的是被试能够看到相关信息时作关于比例的判断的情况。当被试不能看到事件而必须从记忆中回忆时，如果他们从记忆中回忆了太多的某类信息，便会作出扭曲的判断。已经有相当多的研究考察了使得被试在估计不同事件在总体中的相对频数时产生偏向的原因。考虑下面由特韦尔斯基和卡尼 308
曼（Tversky & Kahneman，1974）所报告的表明比例判断因样例可获得性的不同而产生偏向的实验。这两位研究者要求被试判断语言中符合某种特征的单词的比例。例如，它们要求被试估计英语单词中以字母 k 开头的单词所占的比例和英语单词中字母 k 位于第三个位置的单词的比例，并比较这两种比例的大小。被试会怎样执行这个任务？一个明显的方法是简短地想一下满足要求的单词和那些不满足要求的单词，并且估计目标单词的相对比例。你能想出多少个以字母 k 开头的单词？你能想出多少个不以字母 k 开头的单词？你对它们的比例的估计是多少？现在，你能想出多少个字母 k 位于第三个位置的单词？你能想出多少个第三个字母是 k 的单词？它们的相对比例是多少？被试估计以字母 k 开头的单词多于第三个字母是 k 的单词。事实真相是，第三个字母是 k 的单词是以字母 k 开头的单词的三倍。被试通常会高估以各个字母开头的单词的频数。

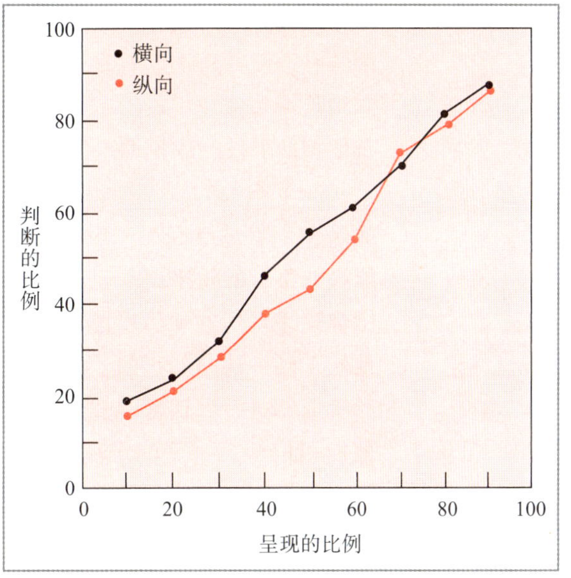

图 11.5 **作为真实比例的函数的平均估计比例。被试表现出有相当准确的能力来估计图 11.4 中的纵向短线和横向短线的比例。**（资料来源：Shuford，1961。Copyright © 1961 by the American Psychology Association. Reprinted by permission.）

和该实验一样，现实生活中我们在很多时候都要在不能直接获得总体信息的情况下估计概率。在这种情况下，我们只有依靠记忆作为估计的资源。在第 6 章和第 7 章中已经讨论过的记忆因素可以解释这些估计是如何产生偏向的。在所有单词与第一个字母的关联强于与第三个字母的关联的合理假设下，实验结果所出现的偏向能够用扩散激活理论来解释（第 6 章）。譬如说，在注意焦点为字母 k 的情况下，激活将从字母 k 扩散到以字母 k 开头的单词。这个过程将使得以字母 k 开头的单词比其他单词更容易得到。因此，在被试为估计以字母 k 开头的单词占整体的真实比例而从记忆中提取的样本中，这些单词被过度表征。由于一个单词不太可能直接与位于第三个位置的字母相关联，所以第三个字母为 k 的单词不会出现这种过度表征。因此，这些单词不能被关联启动而使它们较容易得到。

除记忆之外的其他因素也会导致概率估计的偏向。考虑特韦尔斯基和卡尼曼（Tversky & Kahneman, 1974）的另一个实验。下列投掷硬币六次的序列（H 代表有头像的正面，T 代表背面）哪一个更有可能出现：H T H T T H 或者 H H H H H H？许多人认为第一个序列更有可能，但是事实上这两个序列出现的可能性是相等的。第一个序列的概率为第一次投掷为 H 的概率（等于 0.50）乘以 309
第二次投掷为 T 的概率（等于 0.50），再乘以第三次投掷为 H 的概率（等于 0.50），如此继续下去。整个序列的概率为 0.50*0.50*0.50*0.50*0.50*0.50=0.016。与此相似，第二个序列的概率也是每一次投掷硬币的概率的乘积，每一次投掷为 H 的概率为 0.50。因此出现整个序列的概率同样为 0.50*0.50*0.50*0.50*0.50*0.50 =.016。为什么有些人会错误地认为第一个序列更有可能？这是因为第一个事件似乎跟许多其他的事件相似，例如，H T H T H T 或者 H T T H T H。这些相似的事件使得人们在估计目标序列时有增大的偏向。另一方面，H H H H H H 全都是有头像的正面，看起来似乎与其他的事件不同，因此对它的概率估计不会受到其他相似事件的影响而增大。总之，人们对一个事件概率的估计将会受到其他相似事件的影响而产生偏向。

一个相关的现象被称为**赌徒谬误**（gambler’s fallacy）。这种谬误是指相信如果一个事件已经有一段时间没有出现了，那么根据“平均定律”，它很有可能会在不远的将来出现。这种现象可以通过一个实验来进行说明。例如，让被试观察一系列的硬币投掷，并让他们猜测每一次掷出的是正面还是背面。如果他们看到一连串的正面，他们会越来越倾向于猜测下一次会出现背面。赌场经营者依靠这种谬误来赚钱。已经在赌桌前连续输钱的玩家会继续赌下去，因为他们相信根据“平均定律”，他们将遇到一连串的赢钱机会作为补偿。然而，设定的规则是偏向于赌场的。骰子并不知道或关心每一个赌徒是否已经连续输钱。结果当玩家们希望自己的损失得到补偿时，他们反而可能会损失更多。“平均定律”是谬误。

在某些情境中可以用赌徒谬误来获利，例如在赛马场。大部分的赛马场是由一个赛马赌金计算系统来操作的，即一匹马的赌注比率是由押在这匹马上的人数来决定的。在这天快结束的时候，如果有被看好的马赢得了所有的比赛，人们会倾向于怀疑另一匹被看好的马就要赢了，他们会把赌注转到这个风险大的赌注对象上，减少了押原先被看好的马的人数。结果是，押在原先被看好的马上的赌注偏离了他们应有的价值，一个人有时候可以通过把赌注押在这匹马上而赚钱。

◎ 当人们必须依赖于记忆或相似性等要素来估计概率时会产生偏向。

再认启发式的适应性本质

上一节中的例子集中讨论了人们依赖记忆中事件的可获得性等因素做出不准确判断的案例。吉格仁泽尔、托德和 ABC 研究组（Gigerenzer，Todd，& ABC Research Grpup，1999）在他们的《使我们变聪明的简单启发式》（*Simple Heuristics That Makes Us Smart*）一书中认为这些案例都是例外而并不是普遍规
310 律。他们认为人们倾向于识别和利用那些最有效的线索来做判断。例如，通过进化人们形成了一种倾向，注意记忆中事件的可获得性，这种倾向更多的时候是有利的而不是有害的。

戈尔茨坦和吉格仁泽尔（Goldstein & Gigerenzer，1999，2002）报告了他们称之为**再认启发式**（recognition heuristic）的研究。这种启发式运用在人们能

再认一样东西而不能再认另一样东西的时候。这种启发式导致人们相信能再认的对象比不能再认的对象更大、更重要。在一项研究中，他们考察了芝加哥大学的学生判断德国的各个城市的相对大小的能力。例如，哪个城市更大，班贝格还是海德堡？大部分的学生都知道海德堡是德国的一个城市，但是不知道班贝格，也就是说一个城市在记忆中是可获得的，而另一个不是。戈尔茨坦和吉格仁泽尔发现，当面临这样的城市配对时，学生们几乎总是选择那个能再认的城市。有人可能会认为这是另一种基于记忆中的可获得性的谬误。然而，戈尔茨坦和吉格仁泽尔发现，实际上，学生们面临这一类城市对（能再认一个城市，而不能再认另一个城市）时的判断比给定的两个城市都能再认（例如慕尼黑和汉堡）而必须基于其他知识来判断城市大小时更准确。这是由于大部分的美国学生关于德国城市人口的知识非常少。因此，这表明了它不但远不是一个谬误，而且是一个做判断的有效依据。同样，美国学生使用这种启发式判断德国城市的相对大小比美国学生判断美国城市的大小更准确，也比德国学生判断德国城市的大小更准确，因为，德国被试几乎能再认所有的德国城市，不能使用这种启发式[4]。德国学生也比美国学生在判断美国城市人口的任务中做得好，因为他们能够运用再认启发式，而美国学生不能。

图 11.6 显示了戈尔茨坦和吉格仁泽尔如何解释为什么当学生不知道一个城市时能更准确地判断两个城市的相对大小。他们统计了在美国《芝加哥论坛报》（Chicago Tribune）上提到的德国城市的频率和在德国报纸《德国时代周刊》（Die Zeit）上提到的美国城市的频率。结果表明，实际的城市大小和其在报纸上的出现频率之间有非常强烈的相关。这并不奇怪，对于其他国家，人们比较频繁地读到的是那些比较大的城市的新闻。吉格仁泽尔和戈尔茨坦也发现再认一个城市在报纸上（和更广泛的媒体）的出现频率与学生能够再认它的名称的概率之间存在非常强的相关。这正是频率在记忆中的基本效应。作为这两种强相关的结果，一个城市在记忆中的可获得性和城市实际大小之间有强烈的相关。

戈尔茨坦和吉格仁泽尔认为再认启发式在很多领域有用，但并不是在所有 311
的领域都有用。研究者发现，在一些领域，人们会聪明地综合运用再认启发式和其他信息。例如，里克特和斯帕思（Richter & Spath，2006）让被试判断两种动物中哪一种动物的数量较多。例如，请看下面的问题：

4　我的德国资料提供人（Angela Brunstein）告诉我，几乎所有的德国人都能知道班贝格和海德堡，但是许多人都不知道哪个城市比较大。有趣的是，在英文版的谷歌里，查询“海德堡”检索到 3 700 万条；查询“班贝格”检索到 350 万条。而在德文版的谷歌里，查询“海德堡”检索到 3 000 万条；查询“班贝格”检索到 1 200 万条——两者的比例接近多了，而且“班贝格”检索到的条目也多得多了。

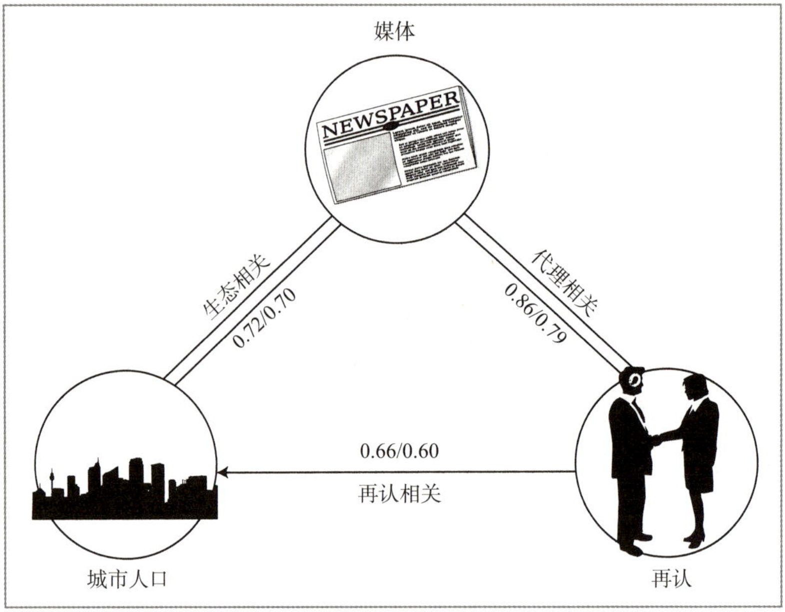

图 11.6 **生态相关（报纸上出现的频率和城市人口多少之间的相关）、代理相关（报纸上出现的频率和再认的可能性之间的相关）和再认相关（再认的概率和城市人口多少之间的相关）。第一个值是美国城市和作为媒体的德国报纸《德国时代周刊》的相关，第二个值是德国城市和作为媒体的《芝加哥论坛报》的相关。**（资料来源：Goldstein and Gigernzer，2002）

海南山鹑和北极野兔哪一种较多？
大熊猫和灰裙尺蠖蛾哪一种较多？

在第一个例子中，大部分人都听说过北极野兔但没听说过海南山鹑，他们会运用再认启发式做出正确的选择。在第二个例子中，大部分人能够再认大熊猫但不能再认灰裙尺蠖蛾（一种蛾子）。然而，他们也知道大熊猫是一种濒临灭绝的物种，因此他们会正确地选择灰裙尺蠖蛾。这个例子说明了人们如何适应性地选择应该注意的信息。

◎ 人们能够运用他们的能力去再认一个项目，并结合其他信息去作出良好的判断。

决 策

312

概率推理研究的一个扩展是决策研究，它关注人们作出选择的方法。有时候,我们要作的选择很容易。如果让我们在 400 美元和 1000 美元之间进行选择，大部分人都可以轻松地决定应该接受哪一个。然而，如果我们面对的是肯定能得到 400 美元和有 50% 的机会得到 1000 美元这两种选择,我们会选择哪一个?像这样的事情是有可能会发生的，如果我们继承了一笔风险股票，我们可以用它兑现 400 美元；或者持有这些股票，看这家公司会腾飞还是会破产。大量关于不确定情况中的决策的研究要求被试在不同的机会选项之间作抉择。例如，一个被试可能会被要求在下面的两个机会选项之间作出抉择：

A. 以 1/3 的概率得到 8 美元

B. 以 5/6 的概率得到 3 美元

在有些案例中，只是询问被试的观点；在另一些案例中，被试真的按他们的选择玩赌博游戏。后一种可能的例子是，一个被试在掷骰子，如果选择赌 A，他掷得 5 点或 6 点为赢；如果选择赌 B，他掷得除 1 之外的其他任何点数为赢。你会选择赌哪个?

和其他的推理领域一样，决策有其关于人们在各种情况下如何行为的标准规范理论（von Neumann & Morgenstern，1944）。这种理论认为人们应该选择期望价值最高的选项。选项的期望价值可以通过将价值与概率相乘计算出来。因此，对选项 A 的期望价值是 $8×1/3=$2.67，而选项 B 的期望价值是 $3×5/6=$2.50。因此，这种规范理论认为被试应当选择赌 A。然而，大部分的被试会选择赌 B。

一个可能更极端的有相同结果的例子是，假设要求你在下列选项中作出抉择：

A. 以 100% 的概率得 100 万美元

B. 以 50% 的概率得 250 万美元

也许，在这个例子中，你在参加一个机会选项的电视节目，让你在肯定得一大笔财富和根据抛掷硬币来决定能否获得更大的财富这两者之间作出抉择。我，而且我想你也会去拿这 100 万，而且是“拿了就跑，越快越好”。但事实上，如果计算效用，我们应当看好第二个选项，因为它的效用是 0.5×250 万 =125 万。我们的行为真的不理性吗?

如果要求证明在这种情况下选择 100 万是正确的，大部分人会主张财富到了一定程度就够了（如果我们能够用这个观点说服 CEO 们的话！），对他们来

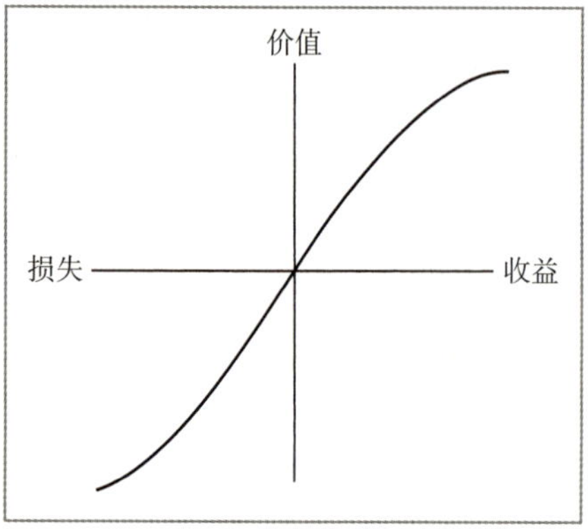

图 11.7 **反映收益和损失的大小与其对应的主观价值的关系的函数。**（资料来源：kahnemann & Tversky，1984. Reprinted by permission from the American Pshchological Association）

说，100 万和 250 万之间其实没有多大的差别。这种观点已经被表述为一个术语，叫做**主观效用**（subjective utility），即我们赋予钱财的价值，与钱财的面值并不成线性关系。图 11.7 显示的是用来描述钱财和主观效用关系的一种典型函数。它具有两个特征，第一 313
个特征是，它是一种需要超过加倍的金钱才能导致加倍效用的曲线。因此，在前面的例子中，我们可能估计 250 万只比 100 万的价值多了 20%。假定我们用 U 来表示 100 万的效用，那么 250 万的效用可以表示为 $1.2U$。赌 A 的期望价值为 $1\times U=U$，赌 B 的期望价值为 $1/2\times 1.2U=0.6U$。这样，从主观效用的角度来说，赌 A 更有价值，因此 A 被看好。

这种效用函数的第二个特征是，它的曲线在损失区域比在收益区域更陡峭。这样，当给出被试下面的机会选项：

A. 以 1/2 的概率获得 10 美元，以 1/2 的概率损失 10 美元

B. 肯定不会发生任何事

被试会倾向于选择 B，因为他们把损失 10 美元看得重于获得 10 美元。

卡尼曼和特韦尔斯基（kahnemann & Tversky，1984）还认为，与主观效用相类似，人们将一件事情与**主观概率**（subjective probability）相关联，它与客观概率并不相同。他们用图 11.8 中的函数来表示主观概率和客观概率之间的关系。根据这条曲线，相比于高概率事件，人们过于重视概率非常低的事件，形成了一种弓形曲线。因此，被试可能会选择 1% 获得 400 美元的机会，而不是选择 2% 获得 200 美元的机会，因为 1% 并不被表征为 2% 的一半。卡尼曼和特韦尔斯基（kahnemann & Tversky，1979）指出，按照这种主观效用和主观概率的方式作反应的假设可以解释大量的人类决策行为。

一个有趣的问题是图 11.7 和图 11.8 的主观函数是否表示非理性的倾向。通常，图 11.7 中的效用曲线被认为是合理的。当一个人有了较多的钱，获得更多钱的重要性似乎越来越小。可以肯定的是，10 亿美元买来的快乐不是用 100 万美元买来的快乐的 1000 倍。值得注意的是，并不是所有人的效用函数都像图 11.7 中所示的那样，它表示的只是一种平均的情况。可以想象，如果一个人需要 1 万美元来做一个非常重要的医疗手术，那么低于 1 万美元的所有的钱数都没有什么用，而高于 1 万美元的所有的钱数基本上都是一样地好。因此，这个人的效用函数曲线在 1 万美元的地方可能会有一个台阶。

关于我们应该如何评价图 11.8 中的主观概率函数，观点不太一致。我（Anderson，1990）认为，事实上不应当相信该函数的概率极低的部分。因为当我们被告知极端的概率时，我们实际上是被误导了（见本章最后，思考题的第 3 题）。然而，在关于如何评估主观概率函数方面几乎没有一致的观点。

◎ 不确定的情况下，人们按照主观效用和主观概率作决策。

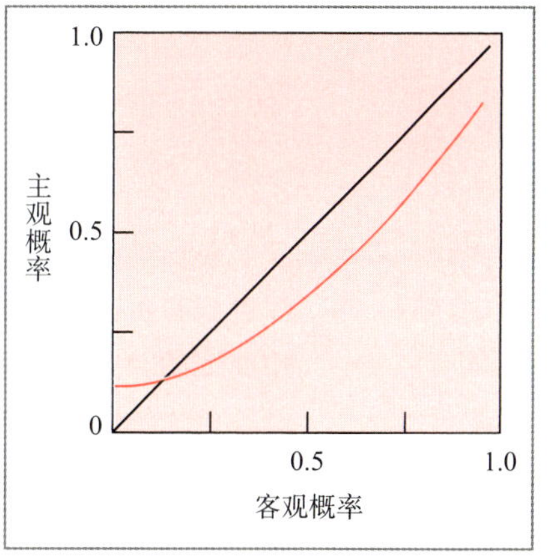

图 11.8 反映主观概率与客观概率关系的函数。（资料来源：Kahnemann & Tversky，1984. Reprinted by permission from the American Pshchological Association）

314 ## 框架效应

尽管人们可能会认为图 11.7 和图 11.8 的函数是合理的，但是有一些证据表明，它们会导致人们做一些相当奇怪的事情。它们涉及到**框架效应**[5](framing effects)。这种效应指的是人们的决策随着他们对自己在图 11.7 的效用函数曲线中的位置的感知而变化。在卡尼曼和特韦尔斯基（Kahnemann & Tversky，1984）的一个例子中，比较了一个人必须买一个 15 美元的东西和 125 美元的东西。如果另外一个商店对 15 美元的东西有 5 美元的折扣，那么这个人很有可能会花费功夫到另外那家商店去购买，然而如果 125 美元的东西有 5 美元的折扣，他很可能不会这样做。然而，在两种情况下，同样都是省 5 美元，都是同一个人的时间是否值 5 美元这个简单的问题。但是，两种情境将这个人放在了效用曲线的两个不同位置，而效用曲线是递减的。根据这条曲线，15 美元和 10 美元之间的差异大于 125 美元和 120 美元的差异。因此，在第一种情况下，节省似乎是值得的，但是在第二种情况下则并非如此。

另一个例子是关于下赌注的行为。假设一个人在赛马场已经输掉了 140 美元，现在有一个机会在一匹赔 15 比 1 的马上下注 10 美元。下注者可以有两种方式来看待这个选择。在一种考虑方式下，选择变成了：

A. 拒绝下注并接受输 140 美元的肯定性事实。

B. 下注并且面临着有很大的可能输 150 美元和很小的可能不输钱的情况。

由于损失 150 美元和损失 140 美元在主观上的差异很小，这个人很可能会

5 为什么不用‘frame effect’？作者回答两种命名都行，但‘framing effect’强调了动词性：“Which way you decide depends on how you frame the options”（你的决策取决于你将选项置于什么框架之下）。——译者注

选择 B 来下注。另一方面，下注者可能会将它看成下面的选择：

C. 拒绝下注并接受没有改变任何情况的肯定性事实。

D. 下注并面临着有很大的可能输另外的 10 美元和很小的可能赢 140 美元的情况[6]。

在这种情况下，由于损失权重大于收益权重，并且由于递减效用曲线，下注者很有可能会避免下注。两种方式的唯一差别只是这个人将自己放在图 11.7 中曲线的 -$140 点还是 0 点的位置。然而，根据他将自己所放置的位置，他对两种可能的结果得出了不同的评价。

作为一个似乎更为重要的例子，考虑卡尼曼和特韦尔斯基（Kahnemann & Tversky，1984）所描述的情况：

问题 1：设想美国正准备对抗一种不寻常的流行性疾病，预期这种疾病会导致 600 人死亡。为了对抗这种疾病提出了两种可供选择的方案，假定以下是对这两个方案实施结果的确切科学估计：

如果采纳方案 A，200 人获救。

如果采纳方案 B，有三分之一的可能性 600 人获救和三分之二的可能性无人获救。

你会倾向于哪一个方案？

72% 的被试选择了能保证挽救生命的方案 A，而不是风险方案 B。然而，
315 我们来看一下，当两个方案不是关于挽救多少生命的描述，而是像下面这样的描述时，将会发生什么

如果采纳方案 C，400 个人死亡。

如果采纳方案 D，有三分之一的可能性没有人死亡和三分之二的可能性 600 人死亡。

在这种描述下，只有 22% 的被试选择方案 C。读者可能已经辨认出来它与方案 A 是相同的（方案 D 和方案 B 是相同的）。这两种选择都可以由递减的生命效用曲线来解释。在第一种情况下，救 600 条生命的主观价值低于三倍的救 200 条生命的主观价值。然而，在第二种情况下，400 人死亡的主观价值高于 600 人死亡的主观价值的三分之二。麦克尼尔、波克尔、考克斯和特韦尔斯基（McNeil，Pauker，Cox，& Tversky，1982）发现，这种倾向存在于现实的医疗实践中。一个医生对治疗方案的选择取决于该方案是采用获救机率的描述方式还是死亡机率的描述方式。

最广泛地出现框架效应的情况往往有一个共同点——没有明确的作选择的基础。这个共同点在我们所讨论过的三个例子中都存在。在顾客有机会省钱的

6 按 1:15，如果真的赢了，可得 $150，扣去 $10 买票下注钱，净得 $140。——译者注

例子中，是否值得为 5 美元而到另一家商店是不清晰的。在赌博的例子中，没有明确的决策基础 [7]。第三个例中的赌注非常大，但是不幸的是，这是一种不理会清楚明确的分析的社会政策决策。因此，在这些情况中难以单独根据它们的优劣作决策。

沙菲尔（Shafir，1983）认为，在这些情况下，我们的决策可能不是基于哪个决定真的是最好的，而是基于哪个决定最容易被证明是有道理的（对我们自己或者对其他人）。不同的框架使得证明一个行为是否有道理变得更加容易或者更加困难。在关于疾病的例子中，第一种框架聚焦于挽救生命，第二种框架聚焦于避免死亡。在第一种情况下，人们会根据挽救了人们的生命来解释所采取的行动是对的（有些人能得救成了关键）。在第二种情况下，要证明所采取的行动是正确的，就需要解释这种疾病为什么导致了人的死亡（并且，如果没有死亡将会更好）。

需要证明行为的合理性有可能导致一个人在选择接受对象和选择拒绝对象时选取同一个选项。考虑表 11.2 中的离婚案例。表中描述了一对要离婚的家长（父母双亲）的情况,要求被试判决哪一位家长有其独生子的监护权。在“授予”条件下的实验，要求被试判决应当将孩子的监护权授予谁；在“不授予”条件下的实验，要求被试判决应当将孩子的监护权不授予谁。从整体来说，两位家长基本上相当，但是家长 B 具有比较极端的正面因素和负面因素。当要求被试

表 11.2

设想你是一个比较棘手的涉及独生子的单独监护权的离婚案中的陪审团成员。这个案子的案情因经济、社会和感情等含糊因素而变得复杂，你决定完全依据下面所观察到的情况作出判决。（你将授予哪一位家长有孩子的单独监护权？ / 你将不授予哪一位家长有孩子的单独监护权？）

		判决	
		授予	不授予
家长 A	平均水平的收入状况 平均水平的健康状况 平均水平的工作时间 与孩子有和谐友爱的关系 相对平静的社会生活	36%	45%
家长 B	高于平均水平的收入状况 与孩子有非常亲密的关系 特别活跃的社会生活 工作需要经常出差 很小的健康问题	64%	55%

摘自 Shafir，1983。Reprinted by permission from the Pchchonomic Society，Inc.

7 也就是说，没有明显的基础决定去赌博，而不是从一开始就因为它是不理性的而拒绝赌博。

启 示

为什么青少年更容易做出错误的决策

社会最关注的问题之一是青少年的冒险行为。与较成熟的成年人相比，青少年更容易卷入高危的性行为、吸毒、酗酒以及疯狂飙车中。这些糟糕的选择是导致青少年死亡的首要原因，也导致了他们终生受害，例如受教育不足、人际关系败坏、吸烟、喝酒和其他毒品成瘾。这已经成为大量研究的主题（例如 Fischhoff，2008；Reyna & Fareley，2006），研究结果让人感到有些惊奇。与通常的信念相反，青少年与成年人相比，并非认为自己不会受到伤害，而且他们常常比成年人更感到冒险行为危险。而且在许多实验室研究中，年长的青少年在抽象推理和决策任务中经常表现出与成年人一样好、甚至更好的成绩（这将在第 14 章中详细谈到）。因此，青少年关于危险的思考似乎并不比成年人差。与此相反，关于青少年冒险行为的解释似乎涉及两种类型的因素：

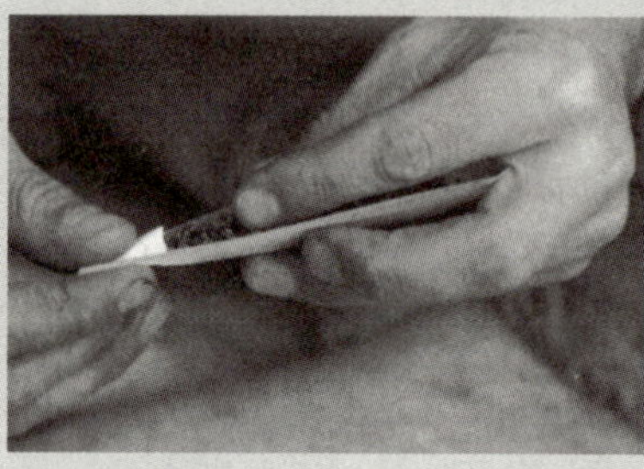

1. 知识和经验。青少年缺乏成年人拥有的一些信息。例如，青少年可能知道“安全的性行为”是重要的，但是他们不完全知道应该如何去实践安全的性行为。同样，由于经验，成年人已经成为了危险推理专家。雷纳和费尔雷（Reyna & Fareley）认为，成年人不是通过思考一种危险行为的潜在代价和收益而得出结论，而是简单地识别危险并避免这种情况——正像第 9 章中讨论的国际象棋大师能够识别一个可能的棋子位置的危险一样。与之相反，青少年，正像低水平国际象棋棋手一样，经常不得不去推断事情的后果，并在推断中犯错误。
2. 不同的价值和处境。冒险行为会带来像瞬间快感这样的好处，且青少年更看重这些。特别是在同伴中间，当社会认同处于成败关头的时候，青少年尤其可能高估这种冒险行为的益处。因此，在计算期望价值时，它们的效用不同。雷纳和费尔雷推测这与腹内侧前额叶皮层这样的脑区要过了 20 岁才能发育成熟的事实有关。菲施霍夫（Fischhoff）还注意到，当青少年试图实现对他们而言非常重要的独立和个人能力时，冒险行为通常会增加。然而，这使得青少年处于一种成年人很少会遇到的处境。如果成年人发现自己处在相似的情境中，他们可能会发现也在用比较冒险的方式行动。

作出授予判决时，比较多的被试选择将监护权授予家长 B；当要求被试作出不授予判决时，他们也倾向于选择不授予 B 监护权。沙菲尔认为，被试这么做的理由是，家长 B 提供了与孩子有亲密的关系这样的理由来证明授予其监护权的合理性。但是家长 B 也提供了另外一些理由，如离家的时间多等来证明不授予其孩子的监护权的合理性。

格林等人（Greene，Sommerville，Nystrom，Darley，& Cohen，2001）进行了关于框架效应的一个有趣的研究。他们比较了如下的两种道德两难局面。在第一种两难局面中，一辆失控的电车正冲向五个人，如果这辆电车继续在当前轨道上前进的话，这五个人将会被压死。唯一拯救他们的方法是按下一个按钮，使电车转向另一个轨道，这将压死一个人，但救了五个人。第二种两难局面与第一种相似，不同的是你站在人行桥上，一个肥胖的陌生人就在旁边，这座人行桥横跨在即将到来的电车和五个人之间的轨道上。在这种情况下，唯一拯救这五个人的方法是将陌生人从桥上推向下面的轨道。他会死，但是他的身体将会让电车停下来阻止它冲向其他人。在第一种情况下，大部分的人愿意牺牲一个人来挽救五个人，但是在第二种情况下大部分的人却不愿意这么做。

在一项 fMRI 的研究中，格林等人比较了人们考虑第一种不涉及个人情感的两难局面时脑的激活区域和人们考虑第二种涉及个人情感的两难局面时脑的激活区域。在不涉及个人情感的情况下，与客观计算有关的顶叶皮层区域被激活。相反，在涉及个人情感的情况下作判断时，与感情有关的脑区（例如在本章开头讨论过的腹内侧前额叶皮层）被激活。因此，问题表征的框架不同，其部分原因似乎在于问题所涉及的脑区不同。

◎ 在没有明确的决策基础时，表征问题的框架会影响人们的决策。 317

主观效用和主观概率的神经表征

最终结果的主观效用似乎与基底神经节的多巴胺神经元的活动有关。20 世纪 50 年代以来，人们就已经知道这个脑区在动机中的重要作用，当时奥尔兹和米尔纳（Olds & Milner，1954）发现大白鼠会不停地压杠杆直到精疲力竭，以获得这个区域附近的电极发出的电刺激。这种电刺激导致基底节中一个叫做 318
伏隔核的区域释放多巴胺。海洛因和可卡因这类毒品的效果是通过提高来自该区域的多巴胺的水平产生的。所有的正面奖励，既包括基础性的奖励如食物与性，也包括社会性的奖励如金钱和跑车（Carmerer，Loewenstein，& Prelec，2005），它们都会提高多巴胺神经元的活动水平。因此多巴胺神经元似乎是主观效用的神经等价物。

尽管人们可以在动物接触几小块食物的时候记录它们的多巴胺神经元活动，但关于人类系统的许多知识都是来自神经影像学的研究。在一项 fMRI 研究中，克努森等人（Knutson，Taylor，Kaufman，Peterson，& Glover，2005）向被试呈现各种不确定的结果。例如，在一次测试中，被试可能被告知有 50%

的机会赢得 5 美元；在另一次测试中，被试可能被告知有 50% 的机会赢得 1 美元。克努森等人扫描了被试在仔细思考这些风险行为但还没有实际见到结果时的脑活动。伏隔核的 fMRI 反应的大小反映了这些奖励的不同。然而，该区域并没有对奖励的概率产生不同的反应。例如，在一次测试中被试被告知有 80% 的概率获得奖励，在另一次测试中被试被告知有 20% 的概率获得奖励，该区域在这两次测试中的反应没有不同。在这个例子中，腹内侧前额叶皮层对奖励的概率有反应，但它对奖励的大小没有反应。图 11.9 显示了这些脑区对奖励大小和奖励概率的不同反应。

尽管克努森等人的研究发现腹内侧前额叶皮层只对概率起反应，其他的研究发现它与整合概率和效用有关。这个腹内侧前额叶皮层正是菲尼亚斯·盖
319 奇的大脑受损区域（见图 11.1），他的问题远远超出了对概率的判断。随后的研究证明，这个区域受损的人，在以不同的概率遇到好的和坏的后果的情况下，难以作出适应性反应。例如，它在一个叫做爱荷华赌博任务的范式中得到了广泛研究（Bechara，Damasio，Damasio，& Anderson，1994；Bechara，Damasio，Tranel，& Damasio，2005）。图 11.10 是这个任务的示例。被试在四组卡片之间做选择。在图中所示的问题中，组 A 和组 B 相当，组 C 和组 D 相当。每次被试选择组 A 或组 B 中的卡片时，可以获得 100 美元；但是 10 次中有 1 次将损失 1250 美元。所以，应用期望价值公式，选择这两组中任一组里的一张卡片的期望价值是

$$\$100 - 0.1 \times \$1250 = -\$25$$

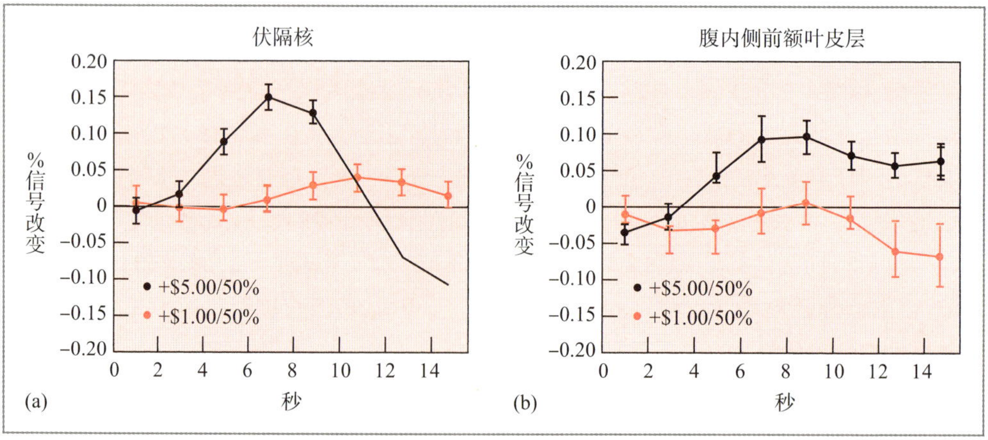

图 11.9 （a）伏隔核的激活反映了奖励的大小；（b）腹内侧前额叶皮层的激活反映了奖励的概率。（资料来源：Knutson et al.2005）

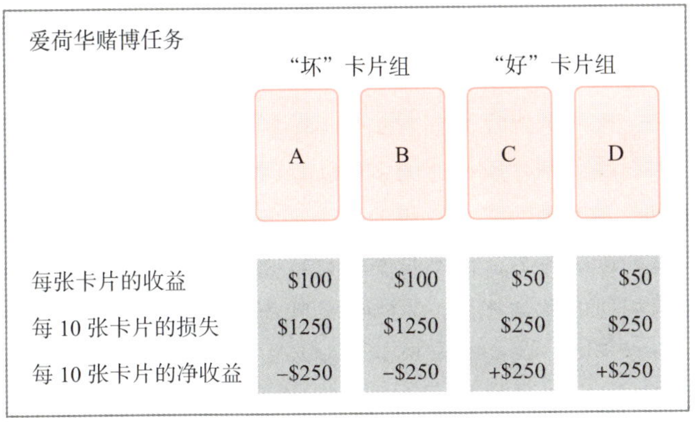

图 11.10　**爱荷华赌博任务示意图。向被试提供 4 组卡片，借给被试 $2000 复制的美元，要求被试努力去赢最多的钱。翻开每一张卡片，被试能立即得到奖励（翻组 A 和组 B 卡片得 $100，翻组 C 和组 D 卡片得 $50）。但是，不可预料的是，翻某些卡片会带来惩罚（组 A 和组 B 的惩罚大，组 C 和组 D 的惩罚小）。主要翻组 A 和组 B 卡片的被试总体上会输钱，主要翻组 C 和组 D 卡片的被试总体上会赢钱。**（资料来源：Bechara et al., 2005）

或者说，如果被试有 10 次机会选择这两组中的卡片，他们可以预期将损失 250 美元。每次选择组 C 或组 D 中的卡片时，被试只能获得 50 美元，但是每 10 次中损失 1 次也只有 250 美元。选择这两组中任一组里的一张卡片的期望值是

$$\$50 - 0.1 \times \$250 = +\$25$$

所以，选择这两组中的卡片时，被试可以预期每 10 次将获得 250 美元。被试们开始时会被组 A 和组 B 吸引，因为他们的报酬比较高，但是正常被试最后都学会了不选它们。与此相反，腹内侧前额叶皮层受损的病人不断地回到高报酬的卡片组。此外，与正常被试不同，当他们选择这些卡片组时，他们没有情感活动的介入（例如皮肤电反应增加）。

◎ 伏隔核的多巴胺活动反映了奖励的强度，而人类腹内侧前额叶皮层与概率 320
和奖励的整合有关。

结 论

决策涉及行为的选择，这些选择在面临现实的不确定性时能够产生现实的结果。所有的哺乳动物都有我们刚才所描述的多巴胺系统，这使得他们有基本的趋利避害的能力。然而，人类借助于大面积地扩张了的前额叶皮层，有能力仔细考虑他们的客观环境和选择行为，而不是基于比较原始的系统的本能冲动而产生行为。即使与基因相似的猿类相比，人类前额叶皮层的腹内侧区域的大小也有了巨大的扩张。研究表明，这个脑区可能在制约人的行为中起着特别重要的作用。人类在试图采取自我调节的行为，例如，减肥计划，这是任何其他物种远远做不到的。然而，我们生活在一个不确定的世界中，各种各样减肥计划的相互矛盾就是一个例子。如果我们能够更好的理解人们如何应对这些不确定性和相互矛盾性，或许我们也就能更好地理解为什么有那么多好的行为计划[8]失败了。

8 作者说明，这里的好行为计划指‘戒烟’、‘锻炼’、‘减肥’等。——译者注

思考题

1. 考虑蒙蒂·霍尔问题（Monty Hall problem）：

   假定在一个电视游戏节目中，让你对三扇门进行选择：一扇门的后面是一辆车；另外两扇门的后面各是一只羊。你选择了一扇门，例如门 1，主持人知道门后面是什么，他打开了另一扇门，例如门 3，其后面是一只羊。然后他对你说："你想改选成门 2 吗？" 改变你的选择对你有好处吗？（Whitaker，1990，p16）

   可以通过如下的贝叶斯定理的公式进行分析：

$$P(H2|E3)=\frac{P(H2)\cdot P(E3|H2)}{P(H1)\,P(E3|H1)+P(H2)\,P(E3|H2)+P(H3)\,P(E3|H3)}$$

   其中 $P(H2|E3)$ 指主持人打开门 3 后在门 2 后有一辆车的概率。$P(H1)$、$P(H2)$ 和 $P(H3)$ 是在每一扇门后有一辆车的先验概率，它们都是 1/3。$P(E3|H1)$、$P(E3|H2)$ 和 $P(E3|H3)$ 是在每一个给定的假设时，主持人打开每一扇门的条件概率。在计算这些概率时，请记住主持人不能打开你选择的门并且必须打开一扇后面有羊的门。

2. 保守主义和基础比率忽视看起来相互冲突（Fischhoff & Beyth-Marom，1983；Gigerenzer et al.，1989）。保守主义说人们对数据关注太少，而基础比率忽视说人们只注意证据而忽略基础比率。这个矛盾能够通过爱德华兹的证明保守主义的一类研究和卡尼曼和特韦尔斯基的证明基础比率忽略的一类研究之间的不同来解释吗？

3. 查阅网页 http：//www.rense.com/general81/dw. htm 来看看一系列人们说的永远不会发生的事情[1]。当有人告诉我们客观概率为 0 时，这张表对于我们的主观概率应当如何取值有什么启发？

4. 在 20 世纪 80 年代，曾经建议年龄达到或超过 35 岁的孕妇做关于胎儿是否有唐氏综合征的检查。这种建议背后的逻辑是，随着年龄的增加婴儿罹患唐氏综合征的概率会增加，当一个孕妇的年龄为 35 岁时婴儿患病的概率为 1/250，而这种检查程序导致流产的概率也是 1/250。使用本章介绍的期望价值分析 20 世纪 80 年代使用的这种决策标准所基于的假设。你认同这种建议吗？

1　表中第一项是 "Man will never reach the moon regardless of all future scientific advances." ——Dr. Lee DeForest, Father of Radio & Grandfather of Television.（'无论将来的科学怎样进步，人类永远不能登上月球'——李·德福雷斯特博士，无线电之父、电视之祖父）。表中最后一项是 "There is no reason anyone would want a computer in their home." ——Ken Olson, president, chairman, founder of Digital Equipment Corp. 1977.（'每个人都想家里有一台计算机是没有道理的'，肯·奥尔森，Digital Equipment 公司总裁、主席、奠基人，1977。）——译者注

关键术语

腹内侧前额叶皮层	规范性模型	主观效用
贝叶斯定理	描述性模型	主观概率
先验概率	概率匹配	框架效应
条件概率	赌徒谬误	
后验概率	再认启发式	

12 语言结构

究竟是什么使人类成为最特别的物种？关于人类为什么在智力上区别于其他物种，有两种基本的假说。在前面的几章里，我主要介绍了我所喜欢的一种理论，这种理论认为，我们人类具有无法匹敌的解决问题、推断世界的能力，而这在很大程度上归因于我们大脑前额皮层的高度发达。然而，在认知科学中至少还有一种和它一样流行的理论，该理论认为人类之所以特别是由于只有人类才拥有语言。

本章与下一章将更详细地讨论语言是什么，人们如何加工语言，以及什么使得人类语言如此特别。本章将主要集中在语言的总体特征，而下一章将更详细地关注语言是怎样被加工的。我们将讨论一些关于语言结构方面的语言学中的基本观点，这些观点在心理学研究中获得的证据，以及关于语言和思维之间关系的研究和思考。我们也会讨论关于语言获得的研究。支持或反对人类语言唯一性的许多证据来自对儿童学习语言结构的过程的研究。

在本章，我们将回答以下问题：

- 关于人类语言是如何加工的，语言学研究领域能告诉我们什么？
- 将人类语言与其他物种的交流系统区分开来的是什么？
- 语言如何影响人类思维的特征？
- 儿童如何获得语言？

语言与脑

人脑的一些特征与语言有很强的相关。大约 92% 的人是右利手，几乎所有的右利手者的语言加工功能均定位于大脑左半球[1]。在 8% 的左利手者中，大约一半人仍然表现出语言加工的左侧化。因此，96% 的人主要利用大脑的左半球进行语言加工。裂脑病人的研究（见第 1 章）发现，大脑右半球只具有最基 323
本的语言能力。人们曾经认为左脑半球比较大，尤其是那些跟语言加工相关的脑区，并因此导致大部分的语言能力与左脑半球有关。然而脑成像的研究结果表明，两半球的大小差异并不明显。现在研究者们开始寻找大脑左半球的神经联系和组织结构是否与右半球有所不同（Gazzaniga，Ivry，& Mangun，2002）。大脑左右半球的哪些不同可以解释语言加工的左侧优势仍然是一个谜。

图 12.1 显示了左脑半球加工语言的特定脑区。这些脑区最早是通过对因中风而引起失语症（丧失语言功能）的患者的研究发现的。1861 年，法国外科医生保罗 · 布罗卡（Paul Broca）在一位中风病人去世后，检测了他的脑，最早发现了一个特定的脑区（该脑仍然保存在巴黎的一个博物馆）。这位病人虽然能够理解别人的话，但是他基本上不能说话，其前额叶的一个脑区有大面积损伤，该脑区后来被命名为布罗卡区。从图 12.1 中可以看出，这个脑区与控制嘴部运动的区域相邻。不久之后，德国内科医生卡尔 · 威尔尼克（Carl Wernicke）发现，颞上回的初级听觉皮层之后的区域受伤的病人，其言语理解能力严重受损，该脑区后来被命名为威尔尼克区。顶叶靠近威尔尼克区的脑区（缘上回和角回）在语言加工中也很重要。

现在布罗卡失语症和威尔尼克失语症是两类经典的失语症，它们跟这两个脑区受损有关。第 1 章给出了关于这两
324 类失语症病人的言语问题的例子。受损的严重程度决定了布罗卡失语症病人或者几乎不能产生任何言语（就像最早的那位布罗卡病人一样），或者能够产生有意义但不合语法的言语。除了有理解方面的问题之外，威尔尼克失语症病人有时会产生符合语法但是没有意义的言语。另一种失语症是传导性失语症，病人在对言语进行重复时存在困难，并且很难产生自发言语。传导性失语症有时与图 12.1 所示的顶叶区域的受损有关。

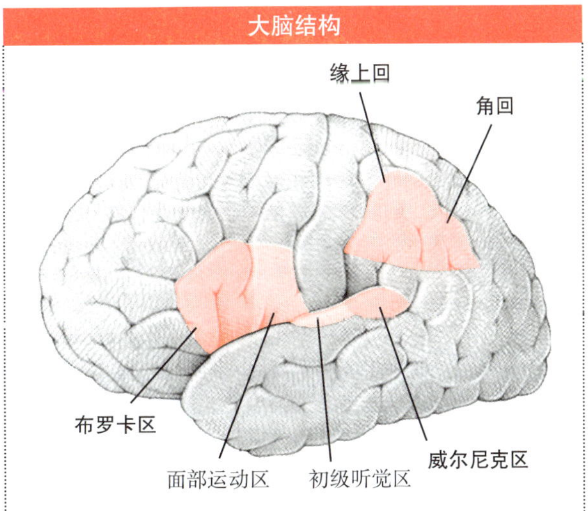

图 12.1　**左脑半球的侧视图。跟语言加工有关的一些脑区用黑体字表示出来。**（资料来源：Dronkers，Redfern，& Knight，2000.）

1　有趣的是右手运动主要激活的也是左半球的运动区。

虽然已经有充分证据表明这些左侧大脑皮层区对言语加工的重要性，很多典型的失语症正是由于这些脑区受损引起的，但是越来越明显的是，受损脑区与失语症类型之间没有简单的对应关系。目前的研究集中在对每一个失语症病人的功能缺失和受损脑区之间关系的更细致的分析。

尽管仍然还有很多地方需要探索，但人类的进化和发展选择左侧大脑皮层作为语言加工的首选脑区却是一个不争的事实。然而，语言加工并非必须是左侧化的。一些左利手的人的语言功能区位于右脑，年幼的儿童左脑受损后能在右脑发展出语言功能，这些右脑脑区与图 12.1 中显示的左脑脑区位置相当。

◎ 语言加工优先位于大脑左侧，包括前额区域（布罗卡区）、颞叶区域（威尔尼克区）和顶叶区域（缘上回和角回）。

语言学领域

语言学（linguistics）这个学术领域试图描述语言的本质。它与心理学的区别在于它研究的是自然语言的结构而不是人们加工自然语言的方式。尽管存在区别，但来自语言学的研究在很大程度上影响了心理学对语言的研究。就像我们将要看到的，来自语言学的概念在语言加工的理论中起着很重要的作用。正如第 1 章所说明的，语言学对于行为主义的没落和现代认知心理学的崛起有很重要的影响。

生成性和规则性

语言学家关注语言的两个方面：语言的生成性和语言的规则性。**生成性**（productivity）是指任何语言都有能力产生无数的话语。**规则性**（regularity）是
325 指这些话语在许多方面都是有系统的。我们不用费力就能自己看到语言的高产性和创造性的特点。从本书或者任何一本你选择的其他书中随机挑选一个句子，然后将它作为严格的字符串（用引号括起来）输入谷歌搜索。如果谷歌能在数十亿的页面中找到这个句子，那么很可能它不是来自同一本书就是对这本书的引用。事实上，类似这样的方法用在了探测剽窃的程序中。你在书中看到的大部分句子都只在人类历史中创造了一次。此外，重要的是，我们必须看到组成这些句子的成分很少：英语只有 26 个字母，40 个音素（见第 2 章语音识别部分的讨论），以及几万个单词。然而，就是通过使用这些成分，我们能够产生而且确实产生了亿万个不同的新句子。

看一下句子结构可以帮助我们弄清楚为什么这种生成性是可能的。自然语言能够方便地在结构里无限制地嵌入子结构，并且有能力使结构之间彼此协调。一个略微逗笑的社交聚会游戏，从一个简单的句子开始，要求参加者不断地扩充这个句子：

- The girl hit the boy.（女孩打了男孩。）
- The girl hit the boy and he cried.（女孩打了男孩，男孩哭了。）
- The big girl hit the boy and he cried.（大个子女孩打了男孩，男孩哭了。）
- The big girl hit the boy and he cried loudly.（大个子女孩打了男孩，男孩大声地哭了。）
- The big girl hit the boy who was misbehaving and he cried loudly.（大个子女孩打了做错事的男孩，男孩大声地哭了。）
- The big girl with authoritarian instincts hit the boy who was misbehaving and he cried loudly.（具有专制本性的大个子女孩打了做错事的男孩，男孩大声地哭了。）

一直这样下去，直到某人不能再继续扩充句子为止。

人们可以产生出一个有无穷多个单词的单词串，这一事实本身可能并不特别有趣。如果我们在每个位置都可以有成千上万的单词，并且这些句子可以是任意长度，那么不难发现数目巨大（事实上是无穷的）的单词串是能产生的。但是如果我们只是随机地组合单词，那么就会得到像这样的“句子”.

- From runners physicians prescribing miss a states joy rests what thought most.（从跑步者内科医生开药方失去一个若干状态快乐休息什么思考最）

事实上，在很多可能的单词组合中，只有极少数能成为可以接受的句子。有一个经常用于开玩笑的说法，让足够多的猴子在打字机前工作足够长时间，有些猴子就能敲出一本畅销书。很明显，即使只是敲出一条像 *R@！ #s 这样的能接受的组合也需要很多猴子花很长的时间。

因此，和语言的生成性相平衡的是它的高度规则性。语言学的任务之一是发现一系列规则来说明自然语言的生成性和规则性。

这样的一系列规则被称为**语法**（grammar）。语法应该既能够规定或产生一种语言的所有可接受的言辞，也能够拒绝这种语言的所有不能接受的句子。语法包含三种类型的规则：句法规则、语义规则和语音规则。**句法**（syntax）主要涉及单词的顺序和变形。请看下面这些违反句法的句子： 326

- The girls hits the boys.

- Did hit the girl the boys?
- The girl hit a boys.
- The boys were hit the girl.

这些句子是有一定意义的，但是在单词组合或单词形式上出了错。

语义（semantics）涉及句子的意义。请看下面这些违反语义的句子，尽管单词形式和句法位置都是正确的：

- Colorless green ideas sleep furiously.（无色的绿色理念们狂怒地睡觉）
- Sincerity frightened the cat.（诚实吓着了猫）

这些是所谓的反常句子，因为即使句法正确，它们也没有任何意义。

语音（phonology）涉及句子的声音结构。句子可能句法和语义都正确但发音错误，这样的句子被称为包含语音反常。请看下面的例子：

> The Inspector opened his notebook. “Your name is Halcock, is't no?” he began. The butler corrected him. “H'alcock”, he said, reprovingly. “H, a, double-l?” suggested the Inspector. “There is no h'aich in the name, young man. H'ay is the first letter, and there is h' only one h'ell”. (Sayers, 1968, p.73)

男管家想掩饰其字母 h 不发音的伦敦东区口音，因此他系统性地读错了以元音开始的每一个单词[2]。

◎ 语言学家的目标是发现能够决定语言结构的一系列规则。

语言直觉

语言学家的一个主要目标是解释说话者的语言直觉。**语言直觉**（linguistic intuitions）是对话语的性质或者话语间关系的判断。说话者经常能够做出这些判断而不知道自己是怎样做的。因此，语言直觉是第 7 章介绍的内隐知识的又一个例子。这些语言直觉包括判断句子是否不规范，如果不规范，原因是什么。例如，我们能够判断一些句子因句法错误而不规范，而另外一些句子由于缺乏语义而不规范。语言学家声称语法能够辨别不规范句子，并清楚地揭示其原因。另外一种语言直觉与变换措辞有关。一个说英语的人会判断下面的两句话在语

2 管家的名字是 Alcock。他在每个元音开头的单词前都加了 h。最后一句正确的发音是” There is no aich in the name, young man. A is the fist letter, and there is only one ell”（“名字里没有 H，年轻人。A 是第一个字母，名字里只有一个 L”）——译者注

义上是相似的，而只是变换了措辞：

- The girl hit the boy.（那个女孩打男孩）
- The boy was hit by the girl.（那个男孩挨了女孩的打）

还有一种语言直觉是关于歧义性的。下面这句话有两种意思： 327

- They are cooking apples.

这句话可以理解为一些人在烹饪苹果，也可以理解为那些苹果是用来烹饪的。而且，语言使用者能够将这种结构性歧义与词汇性歧义区分开，下面这句是词汇性歧义：

- I am going to the bank.

这里 *bank* 可以指与钱有关的机构（银行），也可以指河的堤岸。当一个单词含有两种或更多的意义时就会产生词汇性歧义；当一个完整的短语或句子有两种或两种以上的意思时，就会产生结构性歧义。

◎ 语言学家试图解释我们所具有的关于句子规范性、释义性和歧义性的直觉。

能力和操作

我们在日常生活中使用的语言并不总是符合语言学理论的规定。在对话时我们会产生一些句子，但在仔细考虑后，我们能够判断它们是不规范的和不能接受的。我们会犹豫、重复、结结巴巴、舌头打结。我们会错误的理解句子的意思，当我们听到有歧义的句子时，可能不会注意那些歧义。

另一种复杂性是语言直觉并不总是很清晰。例如，语言学家拉科夫(Lakoff, 1971）告诉我们，在下面的例子中，第一句是不能接受的，但是第二句是可以接受的：

- Tell John where the concert's this afternoon.
- Tell John that the concert's this afternoon[3].

人们对这些句子的判断并不总是那么一致，当然也不会总是与拉科夫所说的一致。

---

3 这两句话的直译分别是，告诉约翰下午的音乐会的地点，告诉约翰音乐会在今天下午。问题的焦点是 concert's 是否用得合适。——译者注

由于考虑到人类的语言行为和判断的不可靠性，语言学家诺姆·乔姆斯基（Noam Chomsky，1965）区分了两个概念：**语言能力**（competence），即一个人抽象的语言知识；和**语言操作**（performance），即在听和说中对这些语言知识的实际运用。根据乔姆斯基的观点，语言学的任务是发展关于能力的理论，而心理学的任务是发展关于操作的理论。

关于能力理论和操作理论之间的关系现在还不清楚，有可能会成为争论的热点。乔姆斯基认为能力理论是操作的根本，语言能力是我们运用语言的基础，即使是间接的。其他的人则认为语言能力的概念是基于非自然的行为（做语言学的判断），对日常语言使用没有什么作用。

◎ 语言操作并不总是和语言能力一致。

328 句法形式结构

语言学对语言心理学研究的一个主要贡献是，它提供了一系列概念来描述语言结构。语言学中最常使用的概念是关于语言句法结构的描述。

短语结构

语言学非常强调理解自然语言的句法。语言学的一个核心概念是**短语结构**（phrase structure）。短语结构分析不仅在语言学中有意义，而且对于理解语言加工也非常重要，因此这部分内容也是下一章的基础。在高中接受过一定英语训练的人会发现短语结构分析与语法分析练习相似。

句子中的短语结构将句子按等级分解成被称为短语的单元。请看下面的句子：

- The brave dog saved the drowning child.（勇敢的狗救了溺水的小孩）

如果要求你将这个句子用最自然的方式分成两个主要部分，大部分人会像下面这样划分：

- （The brave dog）（saved the drowning child）.

圆括号将这个句子分成两部分，传统上这两部分叫主语和谓语，或者名词短语和动词短语。如果要求进一步划分第二部分（动词短语），大部分人会这样做：

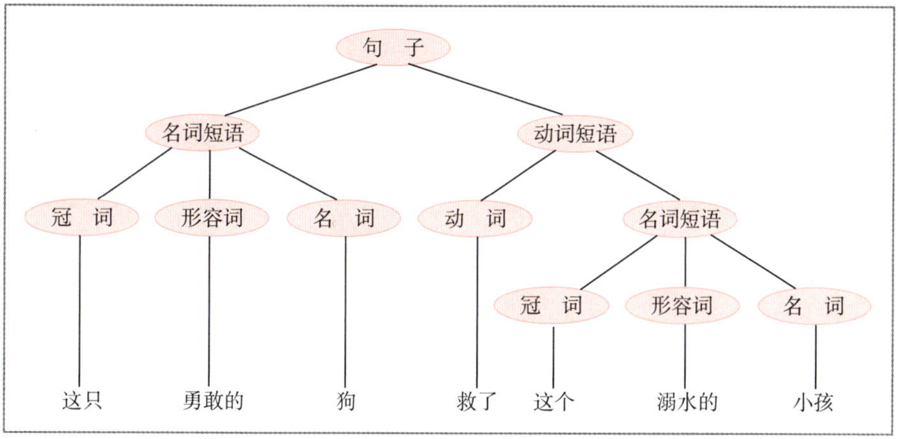

图 12.2 句子的短语结构举例。树结构显示了从句子到短语的等级划分。

- (The brave dog) (saved [the drowning child]) .

如图 12.2 所示，句子分析经常被表示成自上而下的树形。在这棵短语结构树上，句子指向它的亚单元*名词短语*和*动词短语*，而这些单元又指向它们的亚 329
单元，最终，树的分支终止于每个单词。这种树形结构的表征普遍用于语言学。实际上，术语*短语结构*经常被用来指这种树形结构。

短语结构分析能够指出结构歧义。我们再来看这个句子 ：

- They are cooking apples.

cooking 这个单词与 *are* 一起作为动词部分，还是和 *apple* 一起作为名词短语决定了句子的语义。图 12.3 表示了这两种解释的短语结构。在图 12.3a 中 *cooking* 是动词的一部分，而在图 12.3b 中它是名词短语的一部分。

◎ 短语结构分析涉及将句子分解成语言单元的方法。

言语的停顿结构

大量研究证据都支持在句子产生过程中短语结构起着关键作用。当一个人在生成一个句子时，他或她通常是一次产生一个短语，并在大的短语单元之间停顿[4]。例如，尽管在林肯时代没有录音机，人们还是能猜出他在讲出“葛底斯堡演说（The Gettysburg Address）”的第一个句子时会在每一个主要的短语后有

4 在第 13 章，我们将考察短语结构在语言理解中的作用。

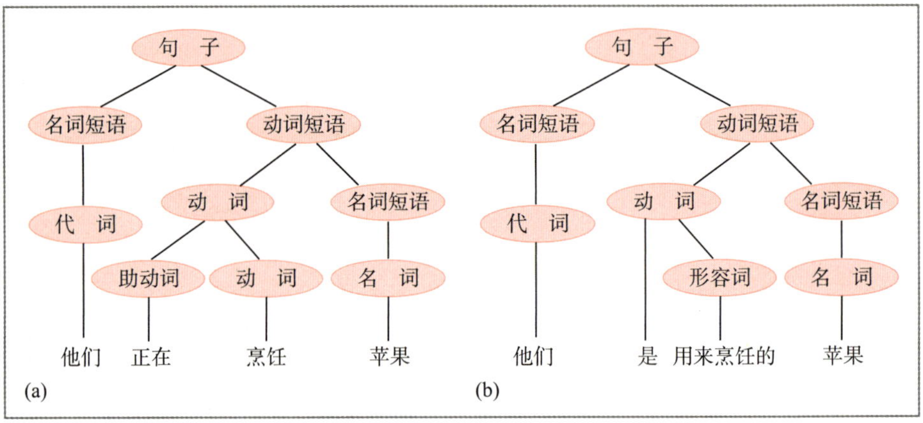

图 12.3 短语结构分析显示出有歧义的句子 They are cooking apples 的两种可能的语义：(a) 那些人 (他们) 正在烹饪苹果；(b) 那些是用来烹饪的苹果。

一个短暂的停顿，就像下面这样：

Four score and seven years ago (pause)
八十七年前 (停顿)

our forefathers brought forth on this continent (pause)
我们的先辈们在这个大陆上建立了 (停顿)

330 a new nation (pause)
一个新的国家 (停顿)

conceived in liberty (pause)
她孕育于自由之中 (停顿)

and dedicated to the proposition (pause)
她奉行的原则是 (停顿)

that all men are created equal (pause)
所有的人生来平等 (停顿)

尽管不能拿到林肯的讲话用来进行听觉分析，但布默 (Boomer，1965) 分析了自发言语的例子，发现主要的短语之间的连接处比在其他地方的停顿更频繁，停顿时间更长。在主要的短语之间的平均停顿时间为 1.03 秒，而在短语内的平均停顿时间为 0.75 秒。这个发现表明，讲话者在产生句子时倾向于每次产生一个短语，并且经常需要停顿以规划下一个短语。其他的研究者们（Cooper & Paccia-Cooper，1980；Grosjean，Grosjean，& Lane，1979）观察了被试产生准备好的句子而不是这种自发言语的情况，他们发现被试的这种停顿短得多，大约为 0.2 秒。但是，与前面的研究结果模式一致，在主要的短语结构的连接处有较长的停顿。

如图 12.2 和 12.3 所示，短语结构中有短语套短语再套短语的多层嵌套。讲话者会选择哪一层来划分停顿的单元呢？吉和格罗斯吉恩（Gee & Grosjean，1983）认为，讲话者倾向于选择若干个单词结合在一起形成连贯的语义信息的最小层次。在英语中，这一层一般为名词短语（例如：the young woman）、动词短语（例如，will have been reading it）和前置词短语（in the house）。

◎ 人们倾向于在每一个有意义的言语单元之后有一个短暂的停顿。

言语错误

另外一些研究者通过查看言语中的错误找到了支持短语结构的证据。麦克莱和奥斯古德（Maclay & Osgood，1959）对自发言语进行记录和分析，他们发现了许多言语错误，这些言语错误表明短语具有心理现实性。他们发现，当讲话者重复或纠正自己时，倾向于重复或纠正整个短语。例如，下面这样的重复：

- Turn on the heater/the heater switch.（打开加热器 / 加热器开关）

和下面的这一对常见的纠正类型的例子：

- Turn on the stove/the heater switch.（打开炉子 / 加热器开关）

在前面的例子中，名词短语被重复了一次。然而，讲话者并不做出如下只是重复部分（不是完整地重复）动词短语的重复：

- Turn on the stove/on the heater switch.

其他类型的言语错误也为心理现实性提供了证据，说明句子成分是言语产生的单元。例如，一些研究者分析了言语中的舌尖打滑现象（slips of tongue）（Fromkin，1971，1973；Garrett，1975）。一种错误为斯普纳现象[5]，它是根据英国牧师威廉·斯普纳（William A. Spooner）在讲演中出现的大量机敏的错误而 331

5　意译为首音互换现象。——译者注

被命名的。下面这些都是斯普纳现象（首音互换错误）[6]：

- You have hissed all my mystery lectures.
- I saw you fight a liar in the back quad；in fact，you have tasted the whole worm.
- I assure you the insanitary spectre has seen all the bathrooms.
- Easier for a camel to go through the knee of an idol.
- The lord is a shoving leopard to his flock.
- Take the flea of my cat and heave it at the louse of my mother-in-law.

就像这些例子所显示的，斯普纳现象是词之间的音素互换形成的。有理由怀疑前面的这些错误只是斯普纳本人为了幽默而故意编造的。然而人们确实会出现真正的斯普纳现象，尽管很少有这么逗人发笑的。

通过耐心地搜集，研究者们积累了大量的出现在其朋友和同事身上的错误。这些错误有的只是简单的语音提前，有的则是如同斯普纳现象中的语音替换[7]。

- Take my bike → bake my bike [语音提前]（拿我的自行车）
- night life → nife lite [语音替换]（夜生活）
- beast of burden → burst of beaden [语音替换]（驮畜）

有一个是我经常爱犯的错误：

- coin toss → toin coss [语音替换]（掷钱币）

在前面的例子中，第一个错误是语音提前，因为较前面的一个音素被后面的一个音素替换了。其余的是语音替换，即两个音素互相交换。这些错误的一

---

6 正确的句子如下，其中首音互换的地方用粗斜体标出：

You have ***m***issed all my ***hi***stery lectures.

I saw you ***l***ight a ***f***ire in the back quad; in fact, you have ***w***asted the whole ***th***orn.

I assure you the insanitary ~~in~~spectress has seen all the bathrooms.

Easier for a camel to go through the ***eye*** of a ***needle***.

The lord is a ***l***oving ***shepherd*** to his flock.

Take the flea of my cat and ***l***eave it at the ***h***ouse of my mother-in-law.

有趣的是，错误的句子也都是符合语法的句子，只是内容变得荒诞了。例如，第 4 句来自圣经，原意用‘让骆驼穿过针门’来比喻‘有钱人只有把财产施舍给穷人，才可能找到永生之路’（城门旁边的小门被称为针门，为牲畜所用。如果卸下骆驼身上的东西，骆驼就可以从针门过去），错误句成了‘比骆驼穿过神像的膝盖容易’。——译者注

7 → 的左边是想讲的话（中文据此译出），右边是错误说出的话。——译者注

个有趣的特点是，它们倾向于发生在一个短语之内，而不是跨越短语。所以，我们不太可能看到如下发生在主语名词短语和宾语名词短语之间的语音提前错误：

- The dancer took my bike. → The banker took my dike.（舞女拿了我的自行车）

同样，语音替换也不太可能发生在下例所示的起始的前置词短语和最后的名词短语之间：

- At night John lost his life. → At nife John lost his lite.（约翰在夜晚死亡）

加勒特（Garrett，1990）区分了简单语音错误和整个单词错误，语音错误发生在他所谓的位置层次，这个层次基本上对应于单个的短语；而单词错误发生在他所谓的功能层次，这个层次对应于言语中更大的单元，例如整个从句。因此，下面的单词错误是已经观察到的：

- That kid’s mouse makes a great toy. → That kid’s toy makes a great mouse.（那只小老鼠成了个好玩具）

然而下面的语音错误不太可能发生：

- That kid’s mouse makes a great toy. → That kid’s touse makes a great moy.

在加勒特（Garrett，1980）的数据库中，83% 的单词互换超越过了短语的 332
界限，但是只有 13% 的语音错误跨越短语。一般认为单词错误和语音错误发生在言语产生过程中的不同阶段。单词是从言语规划中的较高层次插入到言语规划之中，这就有可能使替换发生在较大的距离之间。

人们开发了一个实验程序，它能在实验室中人为地导致首音互换错误（Baars，Motley，& MacKay，1975；Motley，Camden，& Baars，1982）。这个过程包括呈现如下的单词对序列：

Big Dog
Bad Deal
Beer Drum
Darn Bore
House Coat
Whale Watch[8]

8　据作者的说明，这些单词对是一对一对地呈现给被试的。要求被试注意所有的单词对，但是只说出指定的单词对。——译者注并且要求被试说出一定的单词，例如上面序列中被星号括起来的单词对 Darn Born。当他们已经被一系列具有相反的第一个辅音字母的单词对启动之后（前面的三个单词对都是 B—D—），他们显示出将第一个辅音字母置换的倾向。在这个例子中，会产生单词对 Barn Door（谷仓大门）。有趣的是，与那些辅音互换后不是真词的情况相比（例如“Dock Boat”，它们辅音互换的结果是“Bock Doat”），如果辅音互换后产生的是真词，如上面的例子，被试就更容易犯辅音互换的错误。被试对其他的许多情况也很敏感，例如单词对是否符合语法，是否符合文化习惯（例如他们更可能将“cast part”转换成“past cart”，而不是将“fast part”转换成“past fart（屁）”。这些研究成了人们在选择言语时联合各种因素的证据。

◎ 言语错误包括语音替换和单词替换，它表明人们在从句层次选择单词，而在较低的短语层次确定语音。

转　换

短语结构用大成分中有小成分的层次结构描述一个句子。有些语言学家认为有一些特定的语言结构类型不符合这种严格的层次结构。请看下面的两个句子：

1. The dog is chasing Bill down the street.（狗在沿着街追比尔）
2. Whom is the dog chasing down the street?（狗在沿着街追谁？）

在句 1 中，Bill（比尔）是 chasing（追）的宾语，也是动词短语的一部分。然而在句 2 中，whom 是动词短语的宾语，却位于句子的开头。宾语不再是它
333 应该所属的动词短语的一部分。一些语言学家提出，形式上，这些疑问句开始产生时有一个以 whom 作宾语的动词短语结构，例如

3. The dog is chasing whom down the street?

这个句子多少有点奇怪，但是当 whom 带有合适的疑问语调时，它看起来还算合理。在有些语言中，例如日语，疑问代词通常像句 3 一样出现在动词短语中[9]。然而有理论认为，在英语中应通过转换将 whom 移动到更正常的位置。注意这个理论是从语言学角度出发，考虑到语言的形式结构而提出来的，它可能并没有描述产生疑问句的实际过程。

9　中文亦然，见句子 2 的中译文。——译者注

一些语言学家认为语言的满意性分析要求这种**转换**（transformations），使句子的组成元素从一个部分移动到另一部分。转换还可以发生在更加复杂的句子中，例如，我们可以把它应用到下面形式的句子中：

4. John believes that the dog is chasing Bill down the street.（约翰相信狗在沿着街追比尔。）

   相应的疑问句形式是

5. John believes that the dog is chasing whom down the street?（约翰相信狗在沿着街追谁？）
6. Whom does John believe that the dog is chasing down the street?

即使 whom 带有疑问语调，句 5 看起来仍然是奇怪的。但是一些语言学家还是相信句 6 是从句 5 转换而来，即便我们从来不会产生句 5。

让语言学家感兴趣的是，对于能够通过转换移动的对象似乎有实际的限制。例如，请看下面的一组句子：

7. John believes the fact that the dog is chasing Bill down the street.（约翰相信狗在沿着街追比尔的事实。）
8. John believes the fact that the dog is chasing whom down the street.
9. Whom does John believe the fact that the dog is chasing down the street?

句 7 所示的句子的基本形式是可以接受的，但是人们不能从疑问句 8 中移动 whom 转换成疑问句 9。句 9 听起来很古怪。我们在后面会继续讨论移动转换的限制性问题。

语言加工中有很多短语结构转换，这方面的证据很多。与此不同的是，人们在语句理解或语句产生中是否做类似的转换，这方面的证据却相当少。人们怎样加工这种转换过的句子仍是一个没有解决的问题。同时，语言学界中关于怎样构建转换也仍然存在大量争论。很多人已经不再强调转换的作用了。

◎ 转换是将句子短语结构中的一些元素从它们的正常位置移到别处。

人类语言为什么如此特别 334

我们已经介绍了人类语言的一些特征，其中隐含的假设是任何其他物种都不具备像人类语言一样的东西。是什么给了我们这种自信？我们怎么知道其他物种没有它们自己的语言？也许我们只是不理解其他物种的语言。可以肯定，所有的社会性物种都会与其他个体进行交流，最终，我们是否称它们的交流系统为语言只是个定义问题。然而，人类语言与所有这些其他的系统都有着本质的区别，有必要明确人类语言很关键的一些特征（Hockett，1960）。

单元的语义性和任意性（semanticity and arbitrariness of units）。例如，我们来看看狗的交流系统。他们在交流中有非常有效的非口语系统。狗之所以被认为是一种成功的宠物，是因为它们的非口语交流系统与人类的非常相似。除了非口语之外，犬类的交流系统有着比较根本的局限性。人类语言的信号和语义之间的关系是任意的［没有原因解释为什么 "good dog"（好狗）和 "bad dog"（坏狗）必须表示它们所表示的语义］。与人类语言不同，狗的信号直接与语义有关——狂吠表示挑衅（经常露出它尖利的门牙），暴露脖子表示柔顺（脖子是狗的身体中脆弱的部分），等等。然而，尽管犬类具有的是非任意性的交流系统，但并不是所有其他物种都是如此。例如，有些种类的猴子的发声法具有任意语义的特征（Marler，1967）。有一种猴子，非洲黑长尾猴，用不同的警告呼叫表示来了不同的食肉动物：轧轧声表示蛇，短促而高音质的唧唧声表示豹，咵咵声表示鹰。

时间和空间的转移性（displacement in time and space）。猴子警告系统的一个关键特征是，只有当出现危险时猴子才会使用它。他们绝对不会随后使用这种系统来"讨论"日常生活。人类语言的一个极其重要特点是它可以用于跨越时间和空间的交流（本书就是一个例证）。有意思的是，蜜蜂的"语言"同时满足语义的任意性和时空转移性（von Frisch，1967）。当一只蜜蜂发现了一个食物源回到蜂巢时，它就会跳一种舞蹈告诉其他蜜蜂食物源的位置。这种舞蹈包含一条直线，随后向右转，跑一个圆弧回到起点，然后沿另一条直线奔跑，随后向左转，跑一个圆弧回到起点，按照这种交替的模式继续下去。直线奔跑的长度指明了食物源的距离，直线奔跑相对于垂直的方向[10]表明食物源相对于太阳的方向。

分立性和产生性（discreteness and productivity）。语言包含分立的单元，这个特点将它与蜜蜂的语言系统区分开来，但猴子的警告系统符合这个标准。要求语言具有分立单元并非只是一个武断的规则，是为了使蜜蜂的舞蹈不能成为一种语言。这种分立性使得语言的元素能够结合成无限数量的短语结构，前面已经
335 描述过这些短语结构的转换。在本章及下一章中你会越来越清楚地看到，这种组合符号的能力使得人类语言不同于所有其他物种的交流系统。

10 更具体讲是垂直向上的方向。——译者注

一个惊人的事实是，这个世界上所有的人类，即使那些与世隔绝的部落也都在说某一种语言。但是没有任何一个别的物种（即使是基因与人非常接近的猿）会本能地使用任何像人类语言的交流系统。然而很多人想知道猿或黑猩猩能否习得一种语言。在 20 世纪的早期，有人试图教黑猩猩学习说话，但是败得很惨（C. Hayes，1951；Kellogg & Kellogg，1933）。我们现在已经很清楚，人类的发音器官经过特别的进化和适应才使得人类能够说话，而试图教黑猩猩学习说话是一个不可能达到的目标。然而猿的动作灵巧，近年来，人类广泛报道了一些教黑猩猩和其他猿类学习动作语言的尝试。

有一些研究使用了美国手势语言（例如 Gardner & Gardner，1969），这是一种完全成熟的语言，它表明语言并不一定需要讲话。只是这些尝试所取得的成功还非常有限（例如 Terrace，Pettito，Sanders，& Bever，1979）。尽管黑猩猩能够习得不止一百个手势词汇，但是它们从来不会像人类使用自身语言那样具有典型的产生性。一些更吸引人的尝试是使用人工语言，它由被称为图形词的“单词”所组成。图形词是由塑料做的图形，它们能够附着在一个磁力板上（例如 Premack & Premack，1983）。

也许最吸引人的例子来自一个叫做坎兹的倭黑猩猩（bonobo），它是大猩猩的一种（Savage-Rumbaugh et al.，1993；见图 12.4）。倭黑猩猩被认为比黑猩猩与人类在基因上更接近，但是很稀有。在某个这类实验中，坎兹的妈妈是一个被试，坎兹只是跟随妈妈并观察妈妈所接受的训练。然而，它自发地开始使用图形词，实验者也开始对这个新发现的被试进行研究。它自发造出来的句子

图 12.4　倭黑猩猩坎兹正在听英语。你可以通过它的名字从 YouTube 搜索到许多关于坎兹的录像。（The Language Research Center.）

336 非常有吸引力，并且人们发现它已经获得了相当可观的理解口头语言的能力。当它 5.5 岁时，它对口头英语的理解能力被认为已经相当于人类 2 岁时的水平。

与其他情况相同，如果认为人类的语言能力与基因上相似的灵长类的语言能力完全不具有连续性是不明智的。然而，人类所表现出的对语言的内在倾向在动物世界中是很突出的。史蒂文·平克（Steven Pinker，1994b）创造了“语言本能”（“language instinct”）这个术语来描述人类获得语言的内在倾向。他认为，经过进化，一些通路已经在人脑中形成。正像鸣禽生来就具有学唱本物种曲目的本性一样，我们生来就具有学习我们社会的语言的本性。与一些人能够部分成功地模仿鸟类唱歌一样，其他物种，例如倭黑猩猩，可以部分成功地掌握人类的语言。然而，鸟类的歌是鸣禽类所特有的，语言是人类所特有的。

启 示

猿的语言和实验伦理问题

关于是否能教会猿学习人类语言的问题与在研究中如何对待动物的伦理问题交织在一起。哲学家笛卡尔认为语言将人类与动物区分开。根据这种观点，如果猿能够显示获得语言的能力，那么它们就具有了人类的身份地位，在实验中应当被赋予与人类相同的权利。有人甚至要求应当让它们在参加实验之前知情同意。的确，任何包含伤害的程序是不可接受的。有相当多的研究需要损伤灵长类动物的脑，但是这种实验大部分都是对猴子进行的而不是大猩猩。有趣的是，有报道称有关猿的语言学方面的研究发现，这些猿将它们自己与人类归为一类，而和其他动物不同（Linden，1974）。有人主张教猿类学习语言是为了猿类的最大利益，因为这将赋予它们人类的权利。然而，其他的人争辩说教猿学习人类语言使它们失去了它们最基本的天性，这样做的真正问题是人类将丧失理解猿类的能力。

灵长类与人类的高度相似性是使得它们成为科学研究中如此有吸引力的被试的原因。许多国家对猿的研究有非常严格的限制。一部旨在禁止对大猩猩做任何有伤害的研究的《大猩猩保护法案》于 2008 年被提交给美国国会［至今（2011 年春）仍在辩论之中——译者注］。该法案主要关注的是利用猿类来研究人类的疾病，它会带来巨大的好处，但是让动物感染疾病的道德问题也是严重的。从这个角度讲，大部分对猿类进行的认知研究，例如关于语言获得的研究都是十分无害的。从认知的观点来看，他们是思维方式与人类接近的唯一的物种，它们所能提供的启示是我们无法通过别的物种得到的。尽管如此，许多人已经主张，所有的使它们背离自身自然属性的研究，包括语言获得的研究，都应当被禁止。

◎ 只有人类表现出有内在倾向或能力去习得像自然语言那样的以各种方式组合符号的复杂的交流系统。 337

语言和思维的关系

所有具有思考能力的人都承认语言和思维之间存在着特殊的关联。然而，关于为什么存在这样的关联却一直存在争论。许多研究者，例如史蒂文·平克和诺姆·乔姆斯基认为，人类具有某种特殊的遗传天赋，它使得人类能够学习语言。然而，其他研究者却认为人类特殊的地方在于其智力能力，这些能力使我们能够将交流系统塑造成如自然语言般复杂的系统。我承认我倾向于后面这种观点。这样就产生了语言和思维究竟是什么关系的问题。至今已有三种可能性被考虑过：

1. 思维以各种方式依赖于语言。
2. 语言以各种方式依赖于思维。
3. 它们是两个独立的系统。

我们会依次讨论这些观点，首先从思维依赖于语言的观点开始。这种观点有很多不同的版本，包括极端的行为主义者所认为的思维就是语言和比较温和的称为语言决定论的观点。

行为主义观点

在第 1 章我们讨论过，行为主义之父约翰·华生认为根本没有内在的心理活动这回事。华生认为，所有的人类行为只是对不同刺激的条件反射。正如第 1 章所谈到的，这种极端的观点在美国流行了一段时间。但是面对大量的没有外在反应的思考行为（例如心算），它就不能解释了。为了回应这种明显的反驳，华生提出思维只是一种不出声的言语，即当人类进行这种“思维”活动时，他们实际上是在对自己说话。因此，华生的观点是，思维的一个非常重要的成分就是简单的不出声的言语。[哲学家赫伯特·费格尔（Herbert Feigl）曾经说过，华生“拼凑起他的气管，但是他没有心智。”（“made up his windpipe that he had no mind.”[11]）]

华生的观点刺激了一个研究项目，这个项目采用记录的方法[12]来考察思考

---

11 赫伯特·费格尔用说话需要的‘windpipe'（气管）代替了‘make up his mind’中的‘mind’，制造了一种幽默。——译者注

12 记录喉肌的运动。——译者注

时是否存在这种不出声的言语活动。实际上，当被试进行思维活动时，很有可能记录到不出声的言语活动。然而，更重要的一个发现是，在有些情况下，人们进行各种无声的思维活动时，没有检测到发音活动。这个发现没有难倒华生。
338 他声称我们利用全身思考，例如利用胳膊思考。他引用了一个很吸引人的证据，聋哑人在睡着时会做手势（用手势语言进行大量交流的、会说话的人在睡觉的时候也会使用手势）。

阐明华生假设的决定性实验来自史密斯等人（Smith，Brown，Toman，& Goodman，1947）。他们使用箭毒马鞍子的提取物来引起人的整个自主肌肉系统的瘫痪。史密斯是这个实验的被试，他不得不通过人工呼吸器维持生命。由于他的整个肌肉组织完全瘫痪，他不可能进行不出声的言语或任何其他身体运动。但是，尽管有箭毒的作用，史密斯仍然能够观察他周围发生了什么，理解言语，记住这些事情，并对它们进行思考。因此，很明显，思维能够在没有任何肌肉活动的情况下进行。与我们当前的目标相关的另外的发现是，思维不仅是内隐的言语，而且确实是内在的、无运动的活动。

关于思维不等同于语言的另外的证据来自第5章中所讨论的意义记忆研究。在那里，我们讨论了人们加忆不出语言交流中的准确的用词，而是能够回忆出交流中比较抽象的语义表征。思维，至少是部分地，被认为与这种抽象的非言语的命题编码密切相关。第 5 章也谈到，在知觉符号系统的假设下，人类思维的抽象性被重新审议。然而即使是知觉符号系统假说也认为，思维不止是不出声的言语，而且是由大量内在的知觉表征组成的。

还有一种证据来自那些极少数根本不具备语言能力、但肯定能够进行思维的人。此外，很难认为像猿那样的非言语动物不能够进行思维。第 8 章中萨尔坦的问题解决行为就是个例子。因为没有一种语言可以用来与不能言语的被试进行交流，所以要准确地判定他们的“思维过程”所具有的特点，以及其与能言语的被试的思维过程有什么不同一直是很困难的。因此，思维表面上对语言的依赖可能只是一种假象，因为难以获得不使用语言进行思维的证据。

◎ 行为主义者相信，思维只是由不出声的言语和其他内隐的动作所组成的，但是已有证据表明，思维可以在没有激活任何运动神经的情况下发生。

沃夫的语言决定论假说

语言决定论（linguistic determinism）认为语言决定或者强烈地影响一个人思维或知觉世界的方式。这种观点比华生的立场弱多了，因为它并不认为语言和思维是相同的过程。这种假说由许多语言学家提出，但他们大都与沃夫

（Whorf, 1956）密切相关。沃夫本人有非同寻常的特点，他在麻省理工学院（MIT） 339
接受的是化学工程师的训练，在哈特福德火灾保险公司工作，作为业余爱好，他学习了北美的印第安语言。他深刻地感受到一个事实，不同语言在其结构中强调世界的不同方面。他认为语言中的这种强调必然强烈地影响语言使用者对世界的思维方式。例如，他认为，爱斯基摩人用很多不同的单词表示雪，每个单词表示一种不同状态的雪（风中飘的雪、堆积的雪、半融的雪等等），而英语中只有一个单词来表示雪（snow）[13]。在单词水平还存在许多其他的例子：菲律宾的哈努努人用了 92 个不同的名字来命名不同的米。阿拉伯语中有许多命名骆驼的方式。沃夫认为，对某个特定类别的东西有多样的术语，将使得讲这种语言的人对世界的知觉不同于只用一个单词来阐述这个类别的人。

怎样去评估沃夫假说，需要慎重的考虑。没有人会惊诧于爱斯基摩人比通常的讲英语者对雪知道的更多。毕竟，雪是他们生活经验中更重要的部分。问题是，除了经验的影响外，爱斯基摩人的语言是否对他们对雪的知觉产生了影响。如果一个讲英语的人具有爱斯基摩人的生活经验，他们对雪的知觉与讲爱斯基摩语的人会有差别吗？（实际上，滑雪迷的生活中也有大量接触雪的经验，他们也具有大量关于雪的知识，有趣的是，他们发展出了关于雪的新词汇。）

人们对该假设进行了相当充分的研究，所采用的是颜色单词。英语中有 11 个基本颜色单词，这是一个不小的数目——黑色、白色、红色、绿色、黄色、蓝色、棕色、紫色、粉色、桔黄色和灰色。它们之所以被称为基本颜色单词，是因为与藏红色、青绿色和红紫色相比，这些单词很短，并且被频繁使用。位于另个极端的例子是达尼人的语言，达尼人生活在印度尼西亚新几内亚，仍处于石器时代的农业社会。他们的语言只有两个基本的颜色词：*mili* 指暗的、冷的色调，*mola* 指亮的、暖的色调。如果语言中的范畴决定知觉，那么与讲英语的人相比，达尼人应当用比较粗糙的方式知觉颜色。我们在这里关心的问题是这种猜想是否符合事实。

至少讲英语的人能在基本颜色词所对应的范围内判断出某一种颜色是最正的颜色，例如最正的红色，最正的蓝色等等（见 Berlin & Kay，1969）。英语中这 11 个基本的颜色词看起来都有一个普遍被认同的最正的颜色，即焦点颜色。讲英语者感到处理和记忆焦点颜色比非焦点颜色容易（例如，Brown & Lenneberg，1954）。有趣的问题是，识别焦点颜色的特殊认知能力是否是因为讲英语者有专门针对这些颜色的单词。如果是这样的话，那么这就是语言影响 340
思维的一个案例。

---

13 沃夫的关于爱斯基摩人有丰富的单词来形容雪的观点受到挑战（Martin，1986；Pullman，1989）。我们一般认为，沃夫夸大了不同语言之间单词的变异性。

为了检验是否对焦点颜色的特殊加工是语言影响思维的例子，罗施（Rosch，曾用她以前的名字海德发表过她的一些工作）对达尼人做了一系列重要实验，关注达尼人对焦点颜色的加工是否和讲英语者有所不同。其中一项实验（Rosch，1973）比较了达尼人和讲英语者学习焦点颜色所对应的无意义名称和非焦点颜色所对应的无意义名称的差别。讲英语者感到学习焦点颜色的任意性命名比非焦点颜色容易，达尼人被试也感到学习焦点颜色的任意性命名比非焦点颜色容易，尽管他们的语言中没有这些颜色的名称。在另一项实验中（Heider，1972），研究者向被试呈现一个颜色薄片 5 秒钟，在呈现结束的 30 秒后，要求被试从 160 种颜色薄片中选出呈现过的颜色。当呈现的是焦点颜色时，讲英语的人和讲达尼语的人的成绩都比呈现非焦点颜色时表现得好。颜色视觉的生理学研究表明，很多焦点颜色在视觉系统中都有着特定的加工（de Valois & Jacobs，1968）。许多语言对这些颜色形成了基本颜色词，这一事实可以看作是思维影响语言的一个例子[14]。

然而，罗伯森等人（Roberson，Davies，& Davidoff，2000）近期的一项研究表明，语言对颜色记忆能力有影响。他们比较了英国的被试和新几内亚的另一族群的被试，这个族群使用贝林姆语（Berinmo）。贝林姆语中有五个基本颜色词。彩色插页 12.1 比较了讲贝林姆语言的人和讲英语的人是如何切分颜色空间的。他们发现，与早先的研究结果相同，任何语言对于焦点颜色都有较好的记忆。但是，他们也发现颜色边界存在着明显的效应。研究人员考察了在一种语言中重要的界限在另一种语言中的状况。例如，贝林姆语的颜色 wor 和 nol 之间的界限位于英语的绿色类别之中，而讲英语者的黄 – 绿界限在贝林姆语颜色 wor 的类别之中。要求来自两种语言的被试按照这两种界限将刺激分类。图 12.5 显示了这两组被试在学习这两种区分时的困难程度。讲英语的被试感到区分位于黄 – 绿界限两边的刺激最容易，而讲贝林姆语的被试感到区分位于 nor-wol 界限两边的刺激最容易。

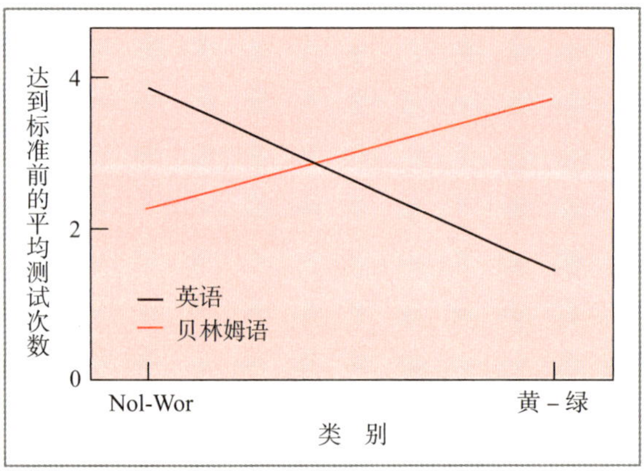

图 12.5 两组被试学习区分在 nol–wor 界限和黄 – 绿界限两边的颜色，该图所示的是他们达到标准前的平均测试次数。（资料来源：Roberson et al.，2000）

请注意每一组被试都能够作出对另一组被试来讲非常重要的区分。因此，他们

14 关于这个问题的更深入的研究，参见 Lucy & Shweder（1979，1988）以及 Garro（1986）。

的语言并没有使他们看不到颜色的区别。然而，他们确实感到，要区分那些在自身语言中没有区分的颜色并学会稳定地区分它们有困难。因此，尽管语言并 341
不会完全决定我们如何感知颜色空间，但是它确实是有影响的。

◎ 语言能够影响思维，但是它并不能完全决定我们思考何种类型的概念。

语言取决于思维吗

另外一种可能性是语言结构由思维结构决定。亚里士多德在 2500 多年以前就认为思维的范畴决定语言的范畴。我们有理由相信他是对的，但是大多数的证据是在亚里士多德的时代无法获得的。所以，尽管这种假设已经存在大约 2500 年了，但直到今天我们才有了更好的证据。

有大量的证据表明人类的思维能力（即非语言的认知活动，例如记忆和问题解决）比语言能力进化得更早，在人的发展过程中也产生得更早。许多没有语言的动物物种显示出了复杂的认知能力。在能够熟练使用语言之前，儿童便明确表现出了相对复杂的认知能力。如果我们接受思维比语言进化得更早的观点，很自然就会推想语言是作为交流思想的工具而出现的。一般来讲，工具被塑造得适合于它必须实现的操作目标。与此类似，假定语言被塑造得适合于思维交流似乎是有道理的。

在第 5 章我们看到，命题结构是既可以表征来自语言的信息，也可以表征来自图片的信息的一种非常重要的知识结构。这种命题结构显示在语言的短语结构中，语言的基本短语单元通常表达命题。例如，*the tall boy* 表达了命题 *the boy is tall*（这个男孩个子高）。存在着适应命题的短语，这一现象本身似乎就是语言依赖于思维的一个清楚的例子。

思维塑造语言的另一个例子来自罗施对焦点颜色的研究。如前所述，人类视觉系统对一定的颜色最敏感。其结果是语言中有着特别的、短且使用频率高的单词来表示这些颜色。因此，视觉系统决定了英语如何划分颜色空间。

当考虑单词顺序时，我们发现了思维影响语言的其他证据。每一种语言都有一个优先的单词序列来表达主语（S）、谓语（V）和宾语（O）。考虑这个句子，它展示了在英语中优先使用的单词序列：

- Lynne petted the Labrador.（琳恩抚摸着拉布拉多狗。）

英语被认为是一种 SVO 语。在一项对世界上不同语言样本的研究中，格 342
林伯格（Greenberg，1963）发现，在六种可能的主（S）、谓（V）、宾（O）顺序中只有四种在自然语言中被使用，而且这四种之中的一种非常罕见。六种可能的单词顺序以及每一种顺序在世界上各种语言中的使用频率如下所示（数据来自乌尔坦，1969）：

SOV 44%	VOS 2%
SVO 35%	OVS 0%
VSO 19%	OSV 0%

这里有一个重要的特点，主语几乎总是在宾语的前面。当我们考虑认知的时候，这种顺序显得非常有意义。一个动作始于施动者，然后影响受施者。因此当一个句子中的主语反映的是实施者时，它首先出现就很自然了。

◎ 在很多方面，语言结构与我们的大脑加工世界的结构相对应。

语言的模块性

我们已经考虑过思维也许依赖于语言的可能性，以及语言也许依赖于思维的可能性。第三种逻辑上的可能性是语言和思维也许是相互独立的。这种独立性原理的一个特殊版本被称为**模块性**（modularity）假说（Chomsky，1980；Fodor，1983）。这种假说认为，重要的语言加工过程独立于其他认知而存在。福多尔（Fodor）认为，有一个独立的语言模块首先分析输入的言语信息，然后将这种分析结果传递给一般的认知。福多尔认为在这点上语言模块与早期视觉加工类似，早期视觉加工主要是对视觉刺激作反应，它独立于高层次的意图[15]。与此相似，在语言产生过程中，语言模块根据要说的话的意图而产生语言。这种假说并不否定语言模块可能被思维交流所塑造。然而，它认为语言模块的运作原理与其他认知系统不同，并且是封闭的，因此它不会被一般认知所影响。在本质上，这种假说认为语言与其他心理过程之间的交流仅局限于传递语言加工的产物给一般认知，以及接受来自一般认知的产物。

语言独立于其他认知功能的一个证据来自于对语言功能受损而一般认知功能未受损的病人、或者情况相反的病人的研究。威廉综合征（Williams syndrome）是一种罕见的遗传性疾病，它似乎是不影响语言流畅性的一种智力迟钝（Bellugi，Wang，& Jernigan，1994）。另一方面，有些人有严重的语言缺陷但并不伴有智力障碍，包括一些失语症和一些有发展发育问题的病人。特定
343 型语言障碍是一个专门的术语，主要用来描述那些不能被解释为由于听力丧失、智力迟钝或其他的非语言因素而引起的语言发展缺陷。它需要进行排除性诊断，

15 然而，如在第 3 章中所述，视觉注意对初级视觉皮层有一定的影响——见关于图 3.10 的讨论。

并可能具有若干种原因;在有些个案中,这些原因看来是遗传性的(Stromswold, 2000)。近来一些通俗出版物指出一种叫做 *FOXP2* 的特定基因的突变(例如, Wade, 2003)与特定型语言障碍有关,尽管其他的认知障碍看起来也与这种变异有关(Vargha-Khadem, Watkins, Alcock, Fletcher, & Passingham, 1995)。基因 FOXP2 在所有哺乳动物中都相似,但人类的 FOXP2 有两个氨基酸(FOXP2 总共有 715 个氨基酸)与其他物种的不同。FOXP2 的变异与很多物种的发声障碍以及其他障碍有关。例如,它导致鸟类不能完全获得鸟语模仿的能力(Haesler et al., 2007)。有人认为人的 FOXP2 基因在大约 5 万年前的人类中形成,根据某些理论,那是人类语言出现的时间(Enard et al., 2002)。然而,更新的证据表明这些变化也发生在大约 30 万至 40 万年前的尼安德特人身上,(Krause et al., 2007)。尽管基因 FOXP2 在语言中有重要作用,但是它似乎并没有为语言能力的独特性提供非常有力的遗传学证据。

模块性假说已经成了本领域主要的争论,不同的研究者们或者支持它或者反对它。在评价模块性假说方面,有两个研究领域起着重要的作用:

1. 语言获得。在这里,争论的焦点是,语言是否是根据它自身的学习原则获得的,或者语言获得是否和其他认知技能的获得没有什么不同。
2. 语言理解。在这里,争论的焦点是,语言加工的主要方面是否不需要一般认知过程的参与。

我们将在下 章考察与语言理解有关的一些问题。本章将考察我们对语言的获得已经知道了些什么。在综述儿童语言获得的一般过程之后,我们将讨论语言获得过程对语言唯一性的意义。

◎ 模块性假说认为语言的获得和加工独立于其他认知系统。

语言获得

通过对我的两个孩子的语言获得的观察,我才知道原来语言获得是一种多么了不起的本事,然而,这种本事又是多么容易被人忽略。这个过程好像很慢,一天天、一周周过去了,他们的语言能力几乎没有显著的变化。然而,非凡的事情正在发生。通过很少而且经常是无意识的教导,儿童在 10 岁的时候已经
内隐地取得了一个语言学博士通过外显学习而不能取得的成就。他们已经内化 344
了自然语言所有的主要规则,这些规则看起来有数千条而且相互间存在着微妙的关系。任何一个语言学家即使终其一生也不能够为一种语言建立一种语法,

使得它能接受所有遵循语法规则的句子，而拒绝所有不遵循语法规则的句子。然而，就像我们在孩提时代经历过的，我们确实内化了这样的一种语法。对语言学家来说，不幸的是，我们所拥有的关于自身语言的语法知识是我们所不能描述出来的。这是一种内隐的知识（见第 7 章），只能在使用语言的过程中展示出来。

儿童获得语言的过程似乎具有一些与母语无关的共同特点（虽然全世界的语言差别很大）：儿童从出生起就是声名狼籍的吵闹生物。起初，他们的言语很少有变化。他们发出的声音几乎只有‘啊’（*ah*）这一个音（尽管发音的强度和所带的情绪声调会有所不同）。在出生后的几个月里，儿童的发音器官逐渐成熟。大约 6 个月的时候，儿童的发声出现变化，他们开始出现所谓的咿呀语言，产生丰富多变且具有有趣声调的语音。然而，对于听者来说，这些声音一般没有任何意义。

早期儿童言语的一个非常有趣的特点是，他们能够产生在其将要学习的特定语言中不需要使用的语音。并且很明显，他们的听觉能够区分在其语言中所没有的不同语音。例如，日本婴儿能够区分 /i/ 和 /r/，而日本成年人并不能区分这两个音（Tsushima et al.，1994）。同样，英国婴儿能够区分不同的 /t/ 音，这在印度的印地语中非常重要，但是英国成年人不能区分它们（Werker & Tees，1999）。似乎儿童在来到这个世界的时候，就具有语言和感知能力，它们如同一块大理石，这块大理石被雕琢成特定语言，而语言中不必要的部分则被抛弃了。

当儿童长到一岁左右的时候，最早的单词出现了，这对于所有的父母来说都是一件令人非常兴奋的事情。最早的单词只能被非常关注孩子的父母或看护者听到，但是很快儿童会发展出大量的单词，这些单词可以使那些没有经过训练的耳朵听懂。儿童能够有效地利用这些单词表达需求和描述所发生的事情。早期的单词是具体词，针对当时当地所发生的事。我的孩子最早的语言中有 *Mommy*（妈咪）、*Daddy*（爹爹）、*Rogers*（指罗杰斯先生）[16]、*cheese*（乳酪）、*'puter*（指 computer，计算机）、eat（吃）、hi（嗨）、bye（再见）、go（去）和 hot（热）。这个阶段的一个明显特点是，儿童只用单词语讲话（one-word utterance）。尽管儿童知道很多单词，但他们从不把这些单词放到一起组成一个多单词的短语。儿童对单个单词的使用非常复杂。他们通常使用单个单词来传达整个想法。儿童也会过分扩展单词所指对象的范围，例如，狗这个单词可能被用来指任何有皮毛、四条腿的动物。

---

16 弗雷德·罗杰斯（Fred Rogers）是儿童电视的最早创办人。罗杰斯先生是他的每日儿童电视节目《罗杰斯先生的街坊四邻》中的主角。——译者注

单个单词阶段持续大概 6 个月，在随后的阶段中儿童会将两个单词放到一起。我仍然还记得我们做父母的有多兴奋，儿子在 18
345 个月时说出第一个双词语（two—word utterance）——more gee。对他来说，是指 more brie（更多的乳酪[17]），他是一个乳酪品尝家。表 12.1 列出了一些儿童在这个阶段产生的双词语，他们所说的都是一个或两个单词。一旦他们的言语超过两个词，就会有许多不等的长度，不存在三词语阶段。双词语对应着大约十二个左右的语义关系，包括施动者 – 动作，施动者 – 受施者，动作 – 受施者，物体 – 位置，物体 – 特征，所有者 – 物体，拒绝 – 物体和拒绝 – 事件。儿童放置这些单词的顺序，通常与儿童语言环境中成人的语言顺序一致。

表 12.1

双词语	
肯德尔游泳	枕头掉了
狗狗叫	肯德尔书
看肯德尔	爸爸门
写书	肯德尔转
坐游泳池	毛巾床
鞋掉了	那里牛

资料来源：Bowerman（1973）

即使儿童已不再处于双词阶段，开始使用 3 到 8 个单词长度的句子，他们的语言仍保留一些独特的性质，这个性质有时被称为电报语。表 12.2 给出了一些这类较长的多单词的语句。儿童的这种言语有点像人们发电报时写的文字（也像现在的人们发送文字短信时的做法），忽略了一些不太重要的功能词，例如 *the*（定冠词）和 *is*（是）。事实上，在早期儿童的语言中很难发现那种被认为组织得很好的句子。然而，就是从这种语言开始，在儿童身上最终出现了符合语法的句子。有些人可能会猜想儿童先学会完美地讲一些类型的句子，然后再学会完美地讲另一些类型的句子，然后再继续学会别的类型的句子。但是儿童似乎是从讲所有类型的句子且所有类型的句子都讲得不完美开始的。儿童语言发展过程的特点在于他们不是学会更多类型的句子，而是让他们的句子逐渐接近成年人的句子。

表 12.2

多词语	
放 卡车 窗户	我的 气球 炸了
要 更多 葡萄 汁	狗狗 咬 我 我的 靴子
坐 亚当 椅	那个 妈咪 鼻子 就在 那边
妈咪 穿 袜子	她 戴 那个 帽子
不 我 看 卡车	我 喜欢 把 泥 放上 救火车
亚当 掉了 玩具	没有 图画 在 那里

资料来源：Brown（1973）

除了遗漏单词之外，儿童早期语言的不完整性还表现在其他一些维度上。一个典型的例子是英语中的复数规则。刚开始的时候，儿童不能区分他们语言中的单数和复数形式，用单数形式既表示单数又表示复数。随后他们学会增加 s 的规则来表示复数，但是会过度使用这条规则，会产生 foots[18] 甚至 feets。他们逐渐地学会不规则词的复数形式，这种学习一直持续到成年。认知科学家必须学会 *schema*（图式）的复数是 *schemata*（在第 5 章讨论 schemas 时，我没有让读者操心这件事）。

---

17 brie 是法国北部的一个地区，这里指此地特产的一种乳酪。通常译为布里乳酪。——译者注

18 foot（脚）的复数是 feet。——译者注

儿童语言有待完善的另一个维度是词序。他们对于将单词从其所在短语结构中的自然的位置作转换移动（见本章前面的讨论）感到特别困难。因此，有一段时期儿童在构成疑问句时会不移动动词短语中的助动词：

- What me think?（我想什么？）
- What the doggie have?（狗狗有什么？）[19]

甚至当儿童更大一些，他们自发的语言看上去组织得很好的时候，他们还会在理解上出错，表明他们还没有完全掌握语言中的精妙之处。例如，乔

346 姆斯基（Chomsky，1970）发现儿童在理解下面这类句子时存在困难：John promised Bill to leave[20]，他们会认为 Bill 是那个离开的人。动词 promise 不常被这样使用，与之相比，儿童能正确地理解 John told Bill to leave[21]。

尽管 10 岁之前他们会继续在细节上改进，但是儿童到 6 岁时已经基本掌握了自己的语言。在这个时候，他们已经学会了在数以万计的特定情况下的规则和数以万计的单词。研究表明，儿童单词习得速度的估计值是每天多于五个单词（Carey，1978；E. V. Clark，1983）。掌握自然语言所需要获得的知识超过第 9 章中提到的任何专业领域的知识。当然，儿童也需要付出极其大量的时间来获得语言，毫无疑问他们在 6 岁之前要花上万个小时去练习讲话和理解讲话。

◎ 儿童通过不断地产生较大的和较复杂的语言结构来逐步接近成人的言语。

关于规则和过去式的争议

语言获得研究中的一个争论涉及到儿童所学习的规则是否同语言学理论中所说的规则一样。例如，当一个儿童开始学习英语中的动词词尾变化，如 kick 加 ed 表示过去时态，他学习的是表示过去式的规则还是 kick 和 ed 的关联呢？一个幼小的儿童肯定不可能外显地说出加 ed 的规则，但是也许这只是意味着这种知识是内隐的。在这方面的一个有趣的观察是，儿童会将这个规则推广到新的动词。如果教给他们一个新动词（例如，人造一个词 *wug*，告诉儿童动词 *wug* 的意义是跳舞），他们会自发地产生这个动词的恰当的过去式（在本例是 *wugged*）。

这方面的一些有趣的证据涉及到儿童怎样学会不规则动词的过去式。例如，

---

19 应当是 What do I think? 和 What does the doggie have?——译者注

20 约翰答应比尔他将离开（约翰将离开）。——译者注

21 约翰让比尔离开（比尔将离开）。——译者注

sing（唱）的过去式是 sang。儿童学习改变动词的词尾来表示过去式的顺序与学习复数形式的典型顺序相同。首先，儿童会正确地使用不规则形式，产生 sang；然后他们会过度归纳动词的过去式规则，产生 singed；最后，他们能够正确地回到 sang。这个过度归纳的中间阶段的存在曾经被用来作为支持规则存在的证据。因为人们认为儿童不可能由直接经验学到将 ed 和 sing 相关联。所以，以下的论证是：儿童肯定是过度归纳了他们所习得的规则。

这个传统的过去式习得的解释受到鲁姆哈特和麦克莱兰（Rumelhart & McClelland，1986a）的严重挑战。他们用如图 12.6 所示的神经网络模拟学习动词过去式的过程。在这个网络中，如果输入的是动词的原型（例如，kick， 347
sing），经过一定数量的关联层，动词过去时态的形式应该会出现。

这个计算机模型对 420 个动词原型和过去式的配对进行训练，模拟获得这种配对学习的神经机制。这个系统要学习输入特征和输出特征之间的关联。因此，它可能学会将以“s”开头的单词和以“ed”结尾的过去式之间建立的连接，结果导致它产生“singed”这样的过度归纳（但是在这个神经模型中事情可能更复杂）。这个模型反映出儿童发展的标准顺序，首先产生正确的不规则词，然后过度归纳，最后能够完全学会。它经历了一个中间阶段，泛化了符合规则的过去式形式产生了像 singed 这样的过去式。通过足够的练习，模型事实上记住了过去式的形式，不再采用一般性的形式。鲁姆哈特和麦克莱兰总结说：

> 我们相信，我们提供了与儿童有意识的习得了关系英语过去时态构成

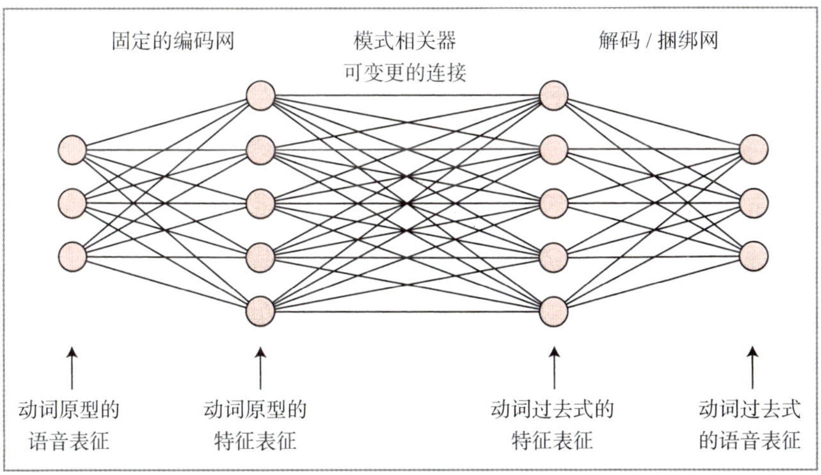

图 12.6 产生过去式的一个网络模型。动词原型的语音表征转换成分布式的特征表征。这种表征被转换成过去时态的分布式的特征表征，然后再映射成过去式的语音表征。（资料来源：Rumelhart & McClelland，1986a）

> 规则的观点相截然不同的另外一种解释。我们的结果表明，不需要求助于“规则”这一仅是用来描述语言的概念，获得也可以有合理的解释。我们已经指出，在这个案例中，没有归纳问题。儿童不需要找出规则是什么，甚至不用知道规则的存在。（p. 267）

他们的观点受到平克和普林斯（Pinker & Prince，1988）的反对。平克和普林斯指出，之所以在最开始的时候模型能够产生正确的不规则动词的过去式，
348 是因为鲁姆哈特和麦克莱兰在最早的时候使用了大量的不规则动词，多于儿童在现实生活中所经历的不规则动词。他们对模型还有许多其他批评，包括模型有时会产生一些儿童从来不会产生的词，例如，模型产生了 membled 作为 mail 的过去式。

他们的另外一个批评则关系到，学习过去式是否真的是建立动词原型和过去式之间关联的一个过程。事实上，动词改变词尾形成过去式不仅取决于动词原型的形式，而且还取决于语义。例如，单词 ring 作为动词时有两个语义：发出声音和包围。尽管它们的原型形式相同，但是前者的过去式是 rang，而后者的过去式是 ringed，如在下列句中：

- He rang the bell.（他摇了铃）
- They ringed the fort with soldiers.（他们派士兵包围了要塞）

这些批评是否能够构成根本性的批评尚不清楚，并且现在有了许多更合适的基于关联的模型。（例如，MacWhinney & Leinbach，1991；Daugherty，MacDonald，Petersen，& Seidenberg，1993；对它们的批评可见 Marcus et al.，1995）。

马斯兰 – 威尔逊和泰勒（Marslen-Wilson & Tyler，1998）认为，基于规则和基于关联的两种解释之间的争论，如果只是集中在儿童的语言获得问题上是不能得到解决的。他们建议，更具有决定性的证据来自对成人加工过去时态所依赖的神经机制的研究。他们引证了在关于过去式加工的本质方面趋于一致的两类证据。首先，他们引证的证据是加工规则动词的过去式有缺陷的失语症病人和加工不规则动词的过去式有缺陷的失语症病人。加工规则动词的过去式有缺陷的失语症病人的布罗卡区有严重损伤，布罗卡区一般与句法加工有关。与此相反，加工不规则动词的过去式有缺陷的失语症病人受损伤的是颞叶，它一般与关联学习有关。其次，他们引证了耶格等人（Jaeger et al.，1996）关于正常成人的过去式的加工过程的 PET 图像数据。耶格等人发现，布罗卡区仅在加工规则动词的过去式时被激活，而在加工不规则动词的过去式时颞叶出现激活。基于这些数据，马斯兰 - 威尔逊和泰勒总结道，规则动词的过去式可能是基于规则进行加工，而不规则动词的过去式可能采用关联方式加工。

◎ 不规则动词的过去式通过关联的方式产生。关于规则动词的过去式是通过关联产生还是基于规则的方式产生仍然存在争论。

输入的性质

儿童第一语言的获得和许多其他技能获得（包括典型的第二语言获得）之间的一个重大区别是，在儿童获得第一语言的过程中几乎不会有任何指导。儿童的任务是倾听父母、照料者和年纪较大的儿童的语言，从中归纳出自然语言的结构。不仅得不到任何直接的指导，儿童也得不到关于自然语言中的错误形式的指导。许多父母根本不纠正孩子的言语，而那些纠正孩子言语的行为似乎也没有任何效果。请看下面一段来自母亲和孩子之间的知名对话记录(McNeill，1966）： 349

孩子：Nobody don't like me.
妈妈：No, say "Nobody likes me". (不对，说"没人喜欢我")
孩子：Nobody don't like me.
妈妈：No, say "Nobody likes me".
孩子：Nobody don't like me.

［对话重复了八次］

妈妈：Now listen carefully, say "Nobody likes me". (听好啦，说"没人喜欢我")
孩子：Oh! Nobody don't likeS me.

这种纠正中并没有详细说明哪里错了，此问题困扰着研究自然语言获得的理论家们。我们已经看到儿童的早期言语充满错误，如果从来没有人指出过他们的错误，那么儿童为什么会抛弃不正确的言语方式而采用正确的方式呢?

因为儿童得不到多少关于自然语言规则的指导，且给他们的指导也大多被忽略了，所以他们的学习任务是归纳，他们必须从所听到的言语中推导出什么样的言语才是本族语言可以接受的。即使在最好的条件下这个任务也是困难的，何况儿童常常不是在最好的条件下学习的。例如，儿童听到不合语法的句子和合乎语法的句子混杂在一起，他们怎样避免不被这样的句子误导? 一些父母和照料者尽量使自己的言语让孩子听起来简单清楚。这种言语由短句子组成，伴随夸张的语调，被称为妈妈语（Snow & Ferguson，1977)。然而，并不是所有的儿童都能听到这种语言，但是所有的儿童都学会了他们的母语。一些父母对孩子只会说成年人的句子，儿童能学会母语［希夫林（Schieffelin，1979）研究的卡鲁里（Kaluli）[22] 案例］；另外一些父母根本不与孩子说话，但儿童仍然能够通过无意中听到的成年人语言学会母语［希思（Heath，1983）研究的皮埃蒙特·卡罗莱纳（Piedmont Carolina）[23] 居民的案例］。另外，在比较典型的父母之中，使用妈妈语的程度与儿童语言发展的速度之间不存在相关（Gleitman，Newpot，& Gleitman，1984）。因此，输入的性质不是关键。

另一个有趣的现象是，儿童似乎能够在没有任何输入的情况下学会语言。戈尔丁－梅多（Goldin-Meadow，2003）总结了对一些失聪儿童的研究。这些儿童的父母言语正常并选择通过口语教导他们的孩子。对于失聪儿童来说，学会说话很困难，但是学会手势语很容易。手势语是一种设计得非常完美精巧的语言。尽管这些孩子的父母不教孩子手势语，但是孩子们会发明自己的手势语
350 来与父母进行交流。这种被发明的语言具有正常语言的结构。而且，这些儿童在发明的过程中似乎经历了与学习使用母语的儿童相同的阶段。也就是说，他们从单个的手势开始，然后进入两个手势的阶段，然后继续发展，基本上是在与能听到语言的同龄人相同的时间里获得完整的语言。可见，儿童似乎天生就具有交流的本性，并且能学会任何一种语言。

幼儿在几乎所有的环境下都能够成功学会语言，正是这一事实可以支持我们的观点，即学习语言的方式必定和我们学习其他认知技能的方式不同。还有一个需要指出的事实是，儿童是在一般智力还不高的发展阶段成功地学习了第一语言。

◎ 儿童在很幼小的年纪和几乎没有直接指导的情况下掌握了语言。

语言获得的关键期

一个相关的争论涉及到年幼儿童获得第二语言似乎比年长儿童或成人要快得多的说法。该说法认为存在一个学习语言最容易的关键期（从 2 岁到大约 12 岁）。很久以来，关于儿童学习第二语言比成年人更容易的说法，主要是基于对不同年龄段的儿童和成人在新的语言环境——例如，家庭因为工作需要搬迁到另一个国家或移民到另外一个国家——中的非正规的观察。据说年幼儿童与年长的兄弟姐妹或父母相比，能够更快地学习新语言。然而，成年人、年长儿童和年幼儿童在语言经验的量、语言经验类型（例如，是否讨论过股市、历

22 在巴布新几内亚。——译者注

23 美国东南部的一个地区。——译者注

史或者任天堂）以及是否愿意学习等方面存在巨大差别（McLaughlin，1978；Nida，1971）。在这些影响因素得到控制的情况下进行细致研究，发现儿童的年龄和语言发展的速度之间存在正相关（Ervin-Tripp，1974）。也就是说，年长儿童（超过 12 岁）比年幼儿童学得快。

虽然年长儿童和成人在刚开始学习一门新语言时可能比年幼儿童学得快，但是他们最后掌握的语言的精细内容，例如语音和词法，似乎不能够达到年幼儿童的水平（Liberman，1984；Newoport，1986）。例如，不带口音地讲第二语言的能力随着年龄的增加而急剧降低（Oyama，1978）。在一项研究中，约翰逊和纽波特（Johnson & Newport，1989）观察了韩国人和中国人到美国时的年龄及其对其英语的熟练程度。所有这些人都在美国生活了大约 10 年。一般来说，他们到达美国时的年龄越大，其句法熟练程度的各项测量成绩似乎就越差。因此，虽然年幼儿童学习语言最快的说法不正确，但是那些在非常小的时候就开始学习语言的人最终掌握语言的程度确实最好。

图 12.7 所示的数据来自弗里奇等人（Flege，Yeni-Komshian，& Liu，1999）， 351
他们考察了 240 个韩国人移民到美国后的语言成绩。就外国口音和句法错误来说，随着被试到达美国时的年龄增加，这些指标存在一个稳定下降的趋势。数据还表明这些指标在大约 10 岁的时候有一个迅速的下降，这与语言获得有一个关键期的假设相一致。然而，到达美国时的年龄与很多其他因素混淆在一起，

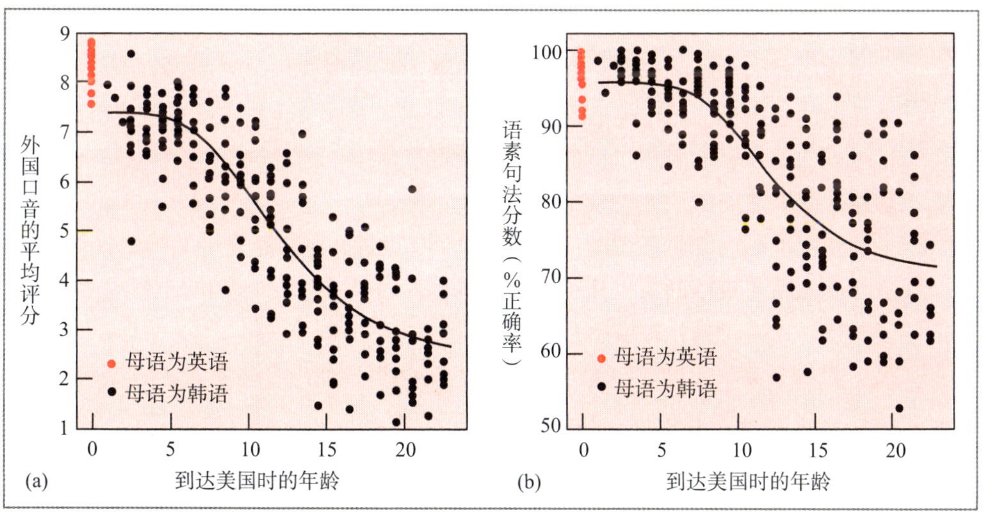

图 12.7　**以到达美国时的年龄为自变量，考察得出的 24 个母语为英语和 240 个母语为韩语的被试的平均语言成绩。（a）外国口音测试成绩（分数越低表示口音越强）和（b）词素句法测试的成绩（分数越低表示出错越多）。**（资料来源：Flege et al.，1999）

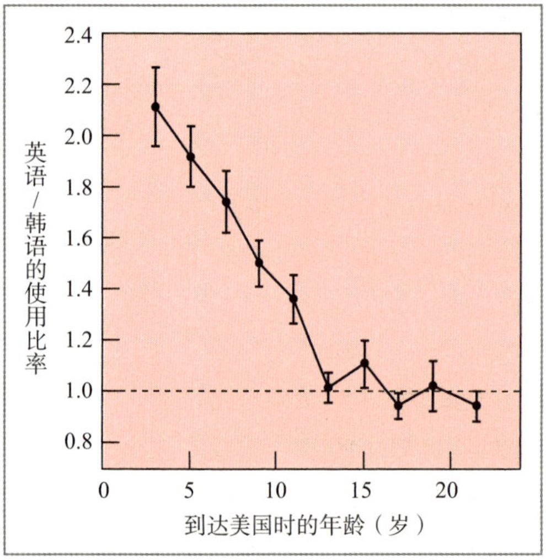

图 12.8 使用英语与使用韩语的比率是到达美国时的年龄的函数。（资料来源：Flege et al.，1999）

其中一个关键因素就是使用韩语和英语的相对量。根据问卷数据，弗里奇等人比较了这些被试使用英语和韩语的相对比率。图 12.8 呈现了这些数据，表明在关键期前到达的被试，随着其到达美国时的年龄的增大其使用英语的程度在稳定地下降。在关键期以后到达美国的被试报告，他们使用两种语言的频率大致相等。也许英语成绩的下降反映了在英语使用量上的差别。为处理这个问题，弗里奇等人选取了两个相匹配的被试组（原先的 240 人里的两个子集），他们报告的英语的使用量相当，但是一组到达美国时的平均年龄为 9.7 岁，而另一组到达美国时的平均年龄为 16.2 岁。这两组在句法测验中没有差别，但是到达美国时年龄较大的一组仍然表现出有较强的外国口音。因此，似乎不存在一个获得句法知识的关键期，但是有一个获得语音知识的关键期。

352 韦伯－福克斯和内维尔（Weber-Fox & Neville，1996）报告了一个关于语言获得年龄效应的有趣分析。他们比较了从不同年龄开始将英语作为第二语言学习的汉－英双语者，其中一个测试包括采用 ERP 测量对英语句法违规的敏感程度。只讲英语的人对这种违规的反应呈现出强烈的左侧化，这是语言左侧化的一个标志。图 12.9 比较了这些双语成人两个大脑半球的反应，它们是开始学习英语时的年龄的函数。那些在生命最初几年就开始学习英语的成人表现出了强烈的左侧化，与以英语为母语的成人相同。如果他们开始学习英语的年龄推迟到 12 岁到 13 岁之间，他们几乎没有显示出任何单侧化。那些语言获得年龄在这两者之间的成人表现出的单侧化程度也居于这两者之间。有趣的是，韦伯－福克斯和内维尔报告说，对词汇或语义的违规不存在这种关键期。直到 16 岁才开始学习英语的人也几乎没有显示出对语义违规反应的单侧化。因此，似乎句法[24]对关键期比较敏感。

大部分关于语言获得的年龄效应的研究很自然地都与第二语言获得有关。
353 然而，纽波特和苏帕拉（Newport & Supalla，1990）对母语获得的年龄效应进行了研究。他们观察了美国手势语言的获得过程，这是青少年或成年人作为第一语言获得的极少数语言之一。父母正常讲话的失聪儿童有时候到了年龄较大时才接触这种手势语言，因此他在早期生活中没有获得任何语言。成

24 此处及图 12.9 原文为‘grammar’，作者同意改为‘syntax’。——译者注

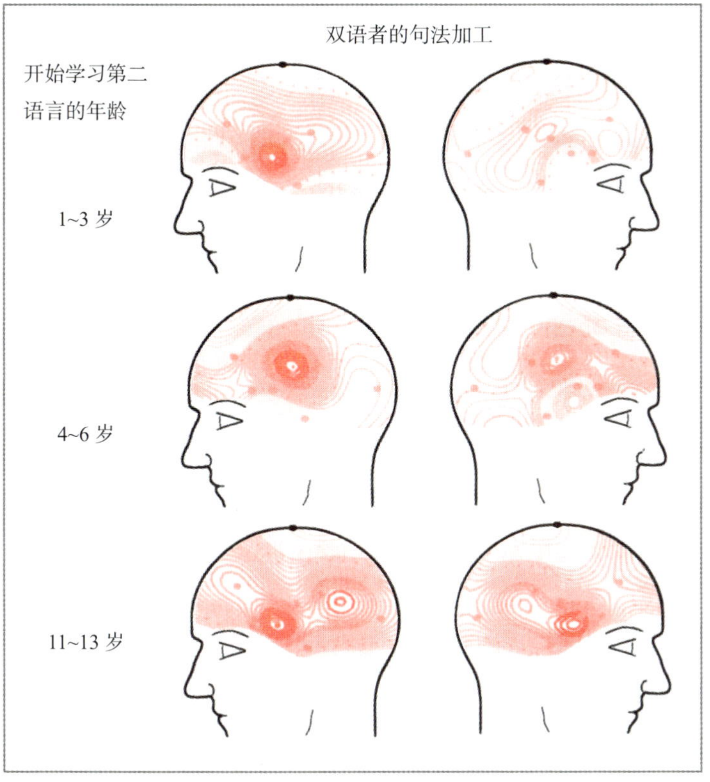

图 12.9 大脑左右半球对英语句法违规的 ERP 反应模式。（资料来源：Weber-Fox & Neville，1995）

年时才开始学习手势语言的人对手势语言的最终掌握程度不如儿童时就开始学习的人。

◎ 儿童获得一种新语言的成功程度与年龄有关，最强的年龄效应在语音方面，中间的效应在句法方面，最弱的效应在语义方面。

语言通则

乔姆斯基（Chomsky，1965）认为语言获得的基础是一种特定的先天性内在机制。他宣称，一种自然语言中各种可能形式的数量如此巨大，以至于我们如果不是先天就具有一些关于人类自然语言可能形式的信息，学习语言将变得完全不可能。可以形式地证明[25]乔姆斯基的观点是正确的。尽管形式地分析超出了本书的范围，但是有一个类比也许可以帮助说明问题。按乔姆斯基的观点，

25 这里的形式证明是指采用数理逻辑方法的证明。——译者注

儿童作为学习者要面临的问题是，在只提供给他们言语实例的情况下，发现语言中的语法。这个任务就相当于从一大堆袜子（可能的语言集合）中找出一只与手中的袜子相配对的袜子（语言）。人们可以利用手中袜子的各种特征（言语）来判断这堆袜子中哪一只是配对的袜子。如果这堆袜子的数量足够大，袜子之间的相似程度足够高，这个任务就变得几乎不可能。同样，相互之间足够相似的、数量足够多的语法使得要学会一种语言的所有可能实例变得不可能。然而，由于语言学习明显地发生了，所以，根据乔姆斯基的观点，我们必须拥有特殊的先天知识，它极大地限制了我们所要考虑的可能的语法数量。就好像在袜子的类比中，预先知道要检查哪部分的袜子。因此，尽管我们不能学会所有可能的语言，但我们能学会了它们的特定子集。

乔姆斯基认为存在着**语言通则**（language universals），它约束了自然语言和自然语法的可能特征。他的假设是，儿童能够学会一种自然语言是由于他们先天拥有这些语言通则的知识。违背这些通则的语言完全不可能被学会。这就意味着存在人类不可能学会的假设的语言。人类能够学会的语言被认为属于**自然语言**（natural language）。

如前所述，我们能够形式上证明乔姆斯基的断言是正确的。也就是说，必定存在着对一种自然语言的可能形式的约束。然而，关键的问题是这些约束是否应归于儿童的语言特异性的知识，或者，它们是否只是学习机制中的一般性的认知约束。乔姆斯基认为这些限制是语言特异性的。这产生了一个严肃的问题：对自然语言的形式的约束是语言通则还是认知通则？

354 当说到语言通则时，乔姆斯基关注的是能力语法。前面讲过，能力分析关注的是对讲话者的语言知识的抽象描述；相反，操作分析关注的是讲话者使用语言的方式。因此，乔姆斯基所主张的是，儿童具有关于自然语言中可能出现的短语结构与转换类型的先天约束。由于所声称通则的抽象的、非基于操作的特点，人们不能简单地通过观察任何一种特定语言获得的详细过程来评价乔姆斯基的断言。相反，研究策略是观察对所有语言或者所有语言获得来说都成立的特点，这些普遍的特点将是乔姆斯基所提出的语言通则的表现形式。

尽管语言之间的差别可以很大，但是存在清晰的一致性或基本一致性。例如，正如我们之前看到的，事实上没有一种语言中的词序是宾语在主语的前面。然而，也正如所提到的，这种约束似乎可以从认知角度来解释（就像语言形式的许多其他约束一样）。

通常语言中的这种一致性是如此自然，以至于我们根本不会意识到还存在其他的可能性。语言通则之一是形容词出现在其所修饰的名词附近。因此，我们在把 *The brave woman hit the cruel man*（勇敢的女人打了粗暴的男人）翻译成法语时会译为

- La femme brave a frappe I'homme cruel

而不会是

- La femme cruel a frappe I'homme brave[26]

尽管在一种语言中，主语名词旁边的形容词修饰宾语名词或者宾语旁边的形容词修饰主语的做法在逻辑上是可能的。但是，很明显，从认知需求来看这种语言设计很荒谬。这会要求听者在句子一开始就要记住形容词，直到听到句子结束时的名词。没有一种自然语言具有这种有悖常情的结构。如果真的需要给出证据，我会以成人无法学习这种人工语言（Anderson，1978b）的例子来说明。可见，很多语言通则似乎原本是认知的需要，因而并不支持乔姆斯基的观点，下一小节我们将讨论一些看来更可能是语言特有的通则。

◎ 人类能够学会的各种语言存在着共同的约束。

对于转换的约束

关于转换的一系列特有的约束（参见前面有关转换的小节）被用来证明语言通则的存在。其中讨论得比较广泛的一种叫做 **A 盖 A 约束**（A-over-A constraint）[27]。试将句子 1 与句子 2 进行比较：

1. Which woman did John meet who knows the senator?
   （约翰遇到哪个知道参议员的妇女？）
2. Which senator did John meet the woman who knows?

语言学家会认为句子 1 是可以接受的，但是句子 2 则不可以。句子 1 能通 355
过将句子 3 中的 *which woman* 向前移而得到：

3. John met which woman who knows the senator?
4. John met the woman who knows which senator?

---

26 在这个错误句中，修饰宾语“l'homme”的形容词“Cruel”在主语旁，而修饰主语的形容词“brave”在宾语旁。——译者注

27 作者指出，A 指句法中的短语或从句，A-over-A 指一个从句中包含有相同类型的从句，从句法树上看，是一个表示 A 从句的节点在另一个的上面 (over, above)。按正文，这种情况下，第二个 A 是不能被转换移动的是谓约束。——译者注

句子 2 能够通过对句子 4 中的 which senator 作类似的转换得到，但是很明显这样的移动是不允许的，因为要移动的名词短语（*which senator*）被嵌套在另一个名词短语中（在这里，*which senator* 是用来修饰 *the woman* 的从句的一部分，因此它是与 *the woman* 有关的名词短语的一部分）。转换可以移动嵌套的名词，只要这些名词不在修饰其他名词的短语中。因此，例如，句子 5 是可以接受的句子，而它是从句子 6 转换而来的：

5. Which senator does Mary believe that Bill said that John Likes?
   （玛丽相信比尔说约翰喜欢哪个参议员？）
6. Mary believes that Bill said that John like which senator?

因此，我们可以看到，对形成 *which* 疑问句的转换约束是任意的。只要这个名词不是另一个名词短语的一部分，任何嵌套的名词都可以作这样的转换。

这种约束的任意性让人难以想象儿童是怎样学会的，除非儿童已经知道它是语言的一条通则。当然，儿童肯定从来没有被外显地告知过语言的这个规则。

语言形式的这类约束的存在，对任何语言获得理论来说都是一种挑战。这些约束是如此奇怪，让人难以想象它们是怎样被学会的，除非儿童已经为处理它们而作了先天的专门的准备。

◎ 对于转换产生的移动，有相当任意的约束。

参数设定

通过前面这些关于语言通则的讨论，人们可能会形成一个印象：所有的语言基本上是相同的。然而事实远不是这样，在许多维度上，世界上的语言存在根本的不同。它们可能具有一些共有的抽象特征，例如上面讨论过的对转换的约束，但是它们在很多特征上存在不同。正如已经提到过的，不同语言偏爱不同的主语、动词和宾语的顺序。不同语言的词序严格性也不同。英语非常严格，但是一些词尾高度变化的语言，例如芬兰语，几乎允许人们使用他们选择的任何词序的句子。有些语言不使用改变动词形式的方法来表示时态，而有些语言采用改变动词形式的方法来灵活地反映动作对象。

语言之间差别的另一个例子曾经是讨论焦点。有一些语言，例如意大利语
356 和西班牙语，被称为代词主语缺省（pro-drop[28]）语言：当代词出现在主语位置时，

28 有些语言学文献也译为‘代语脱落’或‘脱落’等。——译者注

允许人们省略它。因此，尽管我们在英语中说 I am going to the cinema tonight [29]，意大利人可以说 Vado al cinema stasera，西班牙人可以说 Voy al cine esta noche，这两种情况下，都是以动词开始，并且省略了第一人称代词。有理论认为代词主语缺省是自然语言变化的一个参数。尽管儿童不会生来就知道他们的语言是否为代词主语缺省语言，但是他们可能生来就知道自然语言不是这种方式就是那种方式。因此关于代词主语缺省参数存在的知识被称为是自然语言的一个通则。

像代词主语缺省这样的参数知识很有用，因为很多特征由它决定。比如，如果一种语言不是代词主语缺省语言，那么这种语言就需要所谓的语助代词。英语是一种非代词主语缺省语言。英语中的 it 和 there 用在句子 It is raining（下雨了）或者 There is no money（没钱）中时，它们就是语助代词。英语需要这些没有语义的代词，因为根据定义，在非代词主语缺省语言中，主语位置不能为空。在西班牙和意大利语这类代词主语缺省语言中，不存在没有语义的代词，因为不需要这种代词。

海厄姆斯（Hyams，1986）认为，儿童开始学习任何一种语言包括英语的时候，都视它为代词主语缺省语言，随意地省略代词，即使这样做在成人的语言中是不正确的。她注意到年幼儿童学习英语时倾向于省略主语。他们也不会使用语助代词，即使这些是成人语言的一部分。当非代词主语缺省语言的儿童开始使用语助代词时，他们会时不时地停止省略主语位置的代词。海厄姆斯认为，在这个时候，他们认识到了他们的语言不是代词主语缺省语言。想要了解对海厄姆斯观点的进一步讨论和与其不同的观点，请阅读布卢姆的文章（R. Bloom，1994）。

有理论认为，许多自然语言的变化可以通过调节大约 100 个如同代词主语缺省参数这样的参数而实现。因此语言学习中很大的一部分是学习设定这些参数的值（当然，除了这些参数的赋值之外还有很多需要学习——例如，大量的单词）。这种语言获得的理论即所谓的**参数设定**（parameter setting）理论。这种理论备受争议，但是，它告诉我们，儿童为学习语言可能准备好了先天的、语言特异性的知识。

◎ 有些理论认为，学习语言结构包括学习设定大约 100 个引起不同自然语言变化的参数值。

29 英语原文是‘我打算今晚去看电影’，省略代词主语后是‘打算今晚去看电影’，中文在一定语境下也是允许的。——译者注

结论：语言的独特性：总结

尽管我们很清楚，人类语言相对于任何其他物种的语言是一种非常独特的
交流系统，但是，关于语言系统是否真的是一个不同于人类其他认知系统的问
题还远没有定论。语言的地位是认知心理学的一个大问题。这个问题的解决有
357 待于比本章所讨论的内容更细致的经验和理论。本章所提到的观点提供了探讨
这个问题的基本背景。下一章将综述我们当前关于语言理解的具体过程的认识。
对这些主题的仔细的实验研究将最终解决语言独特性问题。

思考题

1. 已经出现了大量基于计算机的表达语义的方法，这些程序可以阅读大量的文献，用这些文献中与某个词一起出现的其他词来表达该词的语义。有趣的是，这些方法没有现实世界的知识，也没有关于这些单词所指是什么的知识。其中最有名的一个系统也许是“潜在语义分析”（LSA——Landauer，Foltz，& Laham，1998）。LSA 的作者们将系统中的知识描述成“类似于一个博览群书的修女的性知识（修女不能结婚。——译者注），其知识水平经常被认为足以为年轻人提供咨询”（p.5）。基于这种知识，LSA 能够通过教育测试中心（Educational Testing Service）的以英语为外语测验［即 TOEFL（Test of English as a Foreign Language）测验。——译者注］的词汇测验。这个测验要求从四个选项中选择能与一个单词的语义进行匹配的最佳选项，LSA 能够通过比较单词的语义表征（基于单词出现在什么样的文献中）以及这些选项的语义表征（同样是基于上述方法的信息）来进行选择。为什么这样的程序能如此成功？你怎样设计一个词汇测验去揭示单词所没有被 LSA 表征的语义？
2. 除了本章讨论的停顿和言语错误之外，英语中的自发言语包括像 *uh*（啊）、*um*（嗯）这样的填充词（不同的语言有不同的填充词）。克拉克和福克斯·特里（Clark & Fox Tree，2002）发现，在讲话中 *um* 通常比 *uh* 的延迟长。就短语结构而言，在那些地方你会期望看到出现 *uh* 和 *um*？
3. 有一些语言会赋予单词语法性别属性，而这些单词本质上并没有性别，看起来完全是一种随意的分配。例如，德语中的“钥匙”是男性的，而在西班牙语中“钥匙”是女性的（语言学文献中通常译为‘阳性’、‘阴性’。——译者注）。博罗迪斯基、施密特和菲利普斯（Boroditsky，Schmidt，& Phillips，2003）发现，当被要求描述钥匙时，德国人更容易使用像“*hard*（坚硬的）”、“*jagged*（参差不齐的）”这样的单词，而西班牙人更容易使用“*shiny*（闪光的）”“*tiny*（小的）”这样的单词。关于语言和思维的关系问题，像这样的证据说明了什么？
4. 当两个语言群体需要经常进行接触时，例如在

商业贸易之中，他们会发展出简便的交流语言，这叫做混杂语。这些语言通常不是一种完整的自然语言。然而，如果这些语言群体生活在一起，混杂语会发展成羽翼丰满的新语言，叫做克里奥尔语。这可以在一代人中发生，首先，与新的语言群体接触的父辈继续使用混杂语，而他们的孩子说的则是成熟的克里奥尔语。对于关键期在语言获得中的作用，这种现象能说明什么？

关键术语

语言学	语音	语言决定论
生成性	语言直觉	模块性
规则性	语言能力	语言通则
语法	语言操作	自然语言
句法	短语结构	参数设定
语义	转换	

13 语言理解

358 科幻作品里能说话和理解语言的计算机或机器人总是个吸引人的设计，无论它们是邪恶如《2001 年》中的 HAL，还是善良如《星球大战》中的 C3PO。人工智能领域的专家已经在努力开发着能够理解和产生语言的计算机，而且也在不断取得进展。但是当斯坦利·库布里克（Stanley Kubrick）在 2001 年设计 HAL 时，他明显地错了。与科幻作品的描绘相比，语言加工的人工智能程序还依然不成熟。成功地运用语言需要大量的知识和智能。

本章将考察语言的使用，尤其是语言理解（而不是语言的产生）。这样的聚焦能使我们把问题看得清楚些，人们对语言理解的了解多于对语言产生的了解。语言理解既包括听说理解也包括阅读理解。听说理解的过程经常被认为是这两部分中更基础的一个。然而，许多相同的因素影响着听说理解和阅读理解。研究者们在书面材料和口头材料之间的选择取决于哪种材料更容易做实验，通常他们选择使用书面材料。

我们将仔细分析语言理解过程。语言理解过程分三个阶段、第一个阶段包含知觉过程，该过程对口头的（听觉的）或书面的材料编码。第二个阶段叫做语法分析阶段。**语法分析**（parsing）[1] 是将材料中的单词转换成这些单词的语义组合的心理表征的加工过程。第三个阶段是**语用**（utilization）阶段，在这个阶段理解者应用句子语义的心理表征。如果理解的是一个陈述句，听者可能只是简单地在记忆中存储语义；如果是疑问句，他们可能会回答；如果是祈使句，他们可能会遵守执行。然而，听者并不总是遵从这些规律。他们可能会从一个关于天气的陈述句去推断说话者的人格，他们可能会用一个疑问句来回答疑问句，或者做与说话者的要求相反的事情。知觉、语法分析和语用这三个阶段部

1 在计算机程序编译系统中 parsing 常为 syntactic analysis（句法分析）。作者确认，这里的 parsing 是指 grammar analysis（语法分析）。——译者注

分地按照时间顺序执行；但是，他们也会有部分重迭。听者能在对句子的第一部分进行推理的同时知觉句子的后半部分。本章将主要关注两个层次较高的加 359
工阶段——语法分析和语用。（知觉阶段已在第 2 章讨论过。）

在这一章，我们将回答下列问题：

- 单个的单词如何整合到一起形成短语的语义？
- 在句子理解中语法和语义信息是如何整合的？
- 当语言理解者听到一个句子时，他们进行了什么样的推理？
- 在加工更大的语段（discourse）[2] 单元时，如何整合单个句子的语义？

脑和语言理解

图 12.1 标出了传统上认为在单个句子的语法分析阶段所激活的语言加工区。然而，如果考虑语用阶段及包括较大的文本加工时，我们发现有许多其他被激活的脑区。图 13.1 列出由马森和贾斯特（Mason & Just，2006）在语段加工中发现的一些脑区（所有这些脑区的更详细表征，参看彩页 13.1）。我们可以把图 12.1 和图 13.1 结合起来形成一个比较接近于语言加工所涉及的全脑网络的画面。由此可以清楚地看到，语言理解涉及很大范围的脑区和许多认知加工过程。

◎ 语言理解依次包含知觉阶段、语法分析阶段和语用阶段。

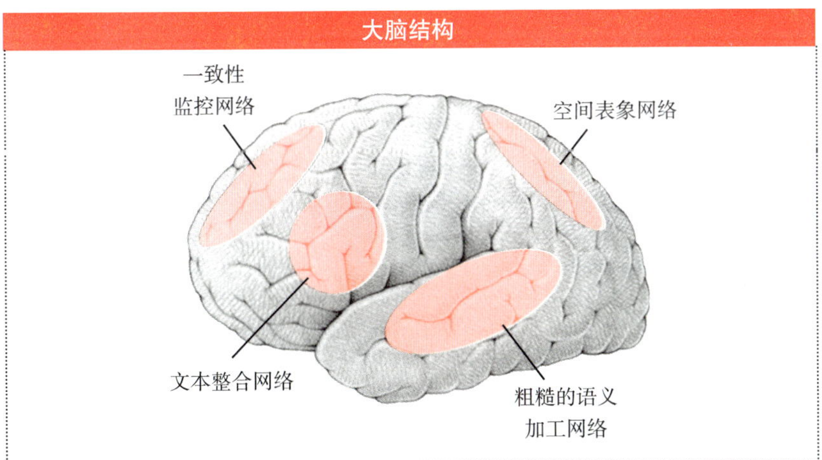

图 13.1 与语段加工有关的一些脑区。（资料来源：Mason & Just，2006）

2 Discourse 也译为‘段落’、‘篇章’、‘语篇’。作者认可的在本书的含义是‘A piece of writing or talking（written text or speech at least several sentences in length）’。——译者注

360 语法分析

成分结构

语言是根据一系列规则构成的，这些规则告诉我们怎样从特定的单词串获取它们的语义解释。例如，在英语中，我们知道如果听到 *A noun action a noun*（名词—动作—名词）形式的句子，说话者的意思是第一个名词发出的动作施加于第二个名词。相反，如果句子的形式是 *A noun was action by a noun*（名词— was- 动作—名词），说话者的意思是第二个名词发出的动作施加于第一个名词。因此，我们关于英语结构的知识使我们能领会 *A doctor shot a lawyer*（医生射击律师）和 *A doctor was shot by a lawyer*（医生被律师射击）之间的区别。

通过学习语言理解，我们获得了大量的规则，它们对语言中的各种语言模式进行编码，并将这些模式与语义解释联系起来。但是，我们不可能学习每一种可能的句子模式的规则——句子可以很长很复杂。要对所有可能的句子形式进行编码需要大量的（可能是无穷的）句子模式。虽然我们没有学会解释所有可能的完整句子的模式，但是我们学会了解释句子的子模式或短语，以及整合和连接这些子模式的解释。子模式对应着一个句子结构中的基本短语或单元，这些短语单元又叫做**成分**（constituent）。从 20 世纪 50 年代后期到 80 年代初，一系列的研究考察了短语结构（或成分结构）在语言加工中的心理真实性。第 12 章综述了一些证明语言产生中短语结构重要性的研究，在这里，我们将综述这种成分结构在语言理解中的心理真实性。

我们可以预期，句子的成分结构越清晰，就越容易理解。格拉夫和托里（Graf & Torrey，1966）每次向被试呈现一行句子。语句段落可能是以形式 A 的方式呈现，其中每一行对应一个主要的成分，或者以形式 B 的方式呈现，其中没有这种对应关系。下面是两种段落类型的例子：

形式 A[3]	**形式 B**
During World War II	During World War
even fantastic schemes	II even fantastic
received consideration	schemes received
if they gave promise	consideration if they gave
of shortening the conflict.	promise of shortening the conflict.

---

3 形式 A 的每一行直译为：（1）在第二次世界大战中，（2）甚至怪诞的计划，（3）得到考虑，（4）如果他们承诺，（5）缩短战争。——译者注

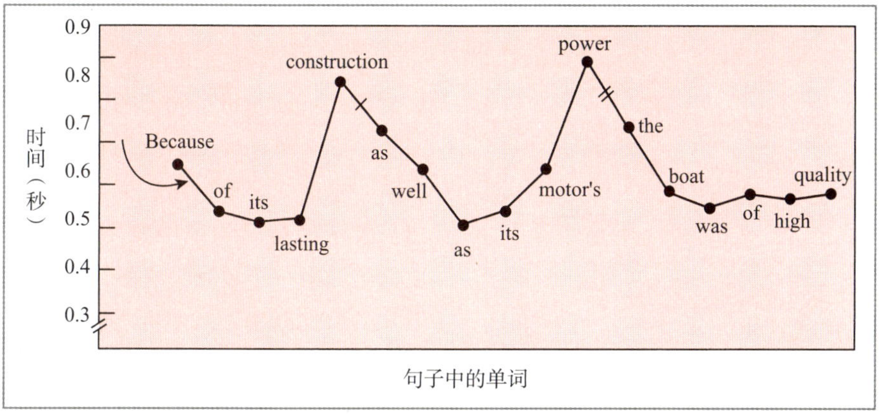

图 13.2 一个单词一个单词地阅读一个样例句子的时间。图形上的短线条表示短语结构间的间隔。（图中的句子直译为：鉴于它的耐久的结构和其发动机的力量，这艘船是高质量的。——译者注）（摘自 Aaronson & Scarborough，1977.）

被试对以形式 A 呈现的段落有更好的理解。这个发现表明，识别成分结构对于句子的语法分析来说非常重要。

当人们阅读这些段落时，会在从句间的边界处自然停顿。阿伦森和斯卡伯勒（Aaronson & Scarborough，1977）要求被试阅读计算机屏幕上出现的句子，组成句子的单词一个一个呈现，被试每次想阅读下一个单词时需要按键。被试阅读后要对句了进行回忆。图 13.2 呈现的是被试阅读一个句子的时间模式。我 361
们可以看到，因在短语的边界处有较长时间停顿而形成的 U 形模式。随着每一个主要短语的呈现完毕，被试似乎需要时间来对它进行加工。

在个体为了理解而对一个短语中的单词进行了加工以后，就再不需要准确地提及这些单词了。因此，我们可以预期在对句子的一个成分进行了语法分析，并已经开始了对下一个成分的语法分析时，被试对已分析过的成分中的单词的精确记忆会很差。杰维拉（Jarvella，1971）的实验证实了这个预言。他给被试阅读一段在不同地方中断的材料，在每一个中断的地方，要求被试尽可能多地写下他们所记住的材料。研究关心的是以由 13 个单词组成的句子结尾的材料，如下所示[4]：

1 2 3 4 5 6
Having failed to disprove the charges,
7 8 9 10 11 12 13
Taylor was later fired by the president.

4 句子的直译为：由于没能反驳指控，泰勒后来被主管解雇了。——译者注

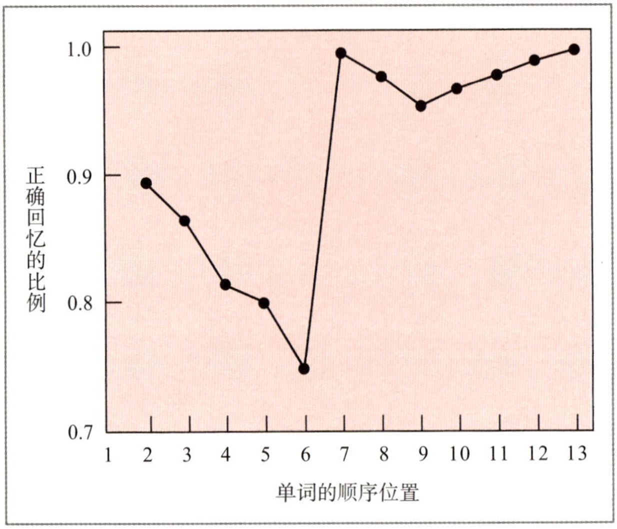

图 13.3 在一个段落中的最后 13 个单词的回忆概率是他们所在位置的函数。（摘自 Jarvella，1971.）

在听到最后一个单词后，用句子的第一个单词提示被试，并要求他们回忆剩下的单词。每个句子的组成都是一个由 6 个单词构成的从句在先，然后是一个由 7 个单词构成的主句。图 13.3 表示的是对句子中剩下的 12 个单词（除第一个单词，它被用来做提示）的回忆概率。从中可以看到，在第 7 个单词，即主句开始的地方，出现了一个急剧的升高值。这些数据表明，被试对后面的主要成分的记忆最好，这个结果与被试只保留了最后一个成分的逐字表征假说相一致。

卡普兰（Caplan，1972）的一个实验也提供了利用结构成分的证据，但是这项研究采用的是反应时的方
362 法。以听觉形式向被试呈现一个句子，随后是探测词；然后要求被试尽可能快地指出探测词是否在句中出现过。卡普兰成对比较了两类句子，句子示例如下：

1. Now that artists are working fewer hours oil prints are rare.
（现在艺术家们工作时间少了油画罕见了）
2. Now that artists are working in oil prints are rare.
（现在画油画的艺术家很罕见了）

研究关注的是当探测词 oil（油）出现在句尾时，被试能有多快地识别出 oil 在这两个句子中出现过。句子的设计非常巧妙，在这一对句子中，oil 这个单词都是倒数第四个单词，并且后面跟着相同的单词。实际上，通过连接录音，卡普兰使被试无论听到哪个句子，最后这四个单词都是相同的录音。但是，在句 1 中，oil 是最后成分（*oil prints are rare*）的一部分，然而在句 2 中，它是第一个成分（*now that artists are working in oil*）的一部分。卡普兰预言被试能更快地识别句 1 中的 oil，因为在他们的记忆中这个成分的表征仍然处于激活状态。正如他所预期的，如果探测词出现在最后一个成分中，它能够更快地被识别。

◎ 被试每次加工句子中一个短语的语义，并且只有正在加工其语义时保持该短语的通道。

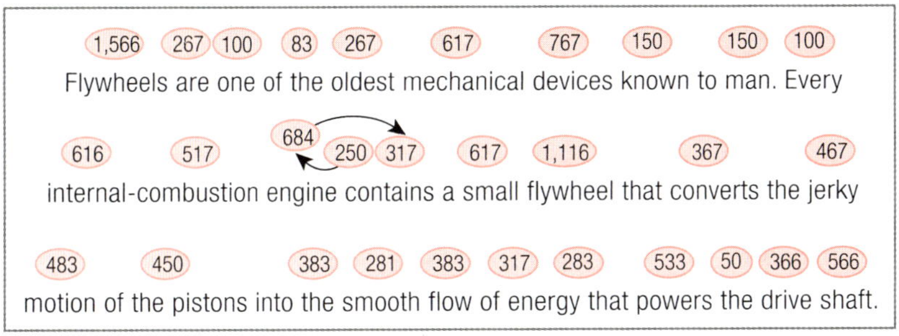

图 13.4　**一位大学生阅读一篇关于飞轮的科技文章的开头两个句子时，用在每个单词上的时间。时间标注在注视单词的上方，单位为毫秒。这位读者从左向右阅读句子，在较前面的地方有一次回视**[1]。（摘自 Just & Carpenter，1980.）

1　这两句比照单词的翻译是：飞轮是一种最古老的机械设备被人类所知的。每部内燃机有一个小飞轮它转换不平稳的活塞运动成平稳的能量流提供动力给驱动轴。

解释的即时性

在新近的语言加工研究中出现的一个重要规则叫做**即时解释**（immediacy of interpretation）原则。这个原则基本上是指当人们接收到某个单词时会试图立即抽取这个单词的语义，而不是等到句子的最后甚至段落的末尾才决定怎么解释一个单词。例如，贾斯特和卡彭特（Just & Carpenter，1980）研究了被试阅读句子时眼睛的运动。当阅读一个句子时，被试通常会注视几乎每一个单词。贾斯特和卡彭特发现，对单词的注视时间与单词所提供的信息量的多少成比例。因此，如果一个句子中包含一个不熟悉或奇怪的单词，被试在这个单词上会有短暂的停顿。在包含这种单词的短语的末尾，停顿也会长一些。图 13.4 示出的是其中一位大学生阅读一段科技文献时的注视时间。这个学生注视的单词的上方有圆圈，圆圈里面是注视时间。注视的顺序一般是从左向右。但是 *engine contains* 上方的三个注视点的顺序在图上有所不同。注意不重要的功能词，例如 *the* 和 *to* 可以跳过或者只得到相当少的加工。注意用在单

363

图 13.5　**埃尔佩纳等人（Allopenna et al., 1998）的研究中用计算机呈现的刺激的范例（1998）。**

词 *flywheel*（飞轮）上的时间，被试没有等到句子结束才思考这个单词。同样需要注意的是对包含高信息量的形容词 *mechanical*（机械的）的注视时间，被试也没有等到名词短语结束才思考这个单词。

眼动也已被用来研究对口语的理解。在其中的一项研究（Allopenna，Magnuson，& Tanenhaus，1998）中，用计算机上向被试呈现如图 13.5 所示的一些物体和如下的指导语：

> Pick up the beaker and put it below the diamond.
> 选择烧杯，把它放在菱形下面。

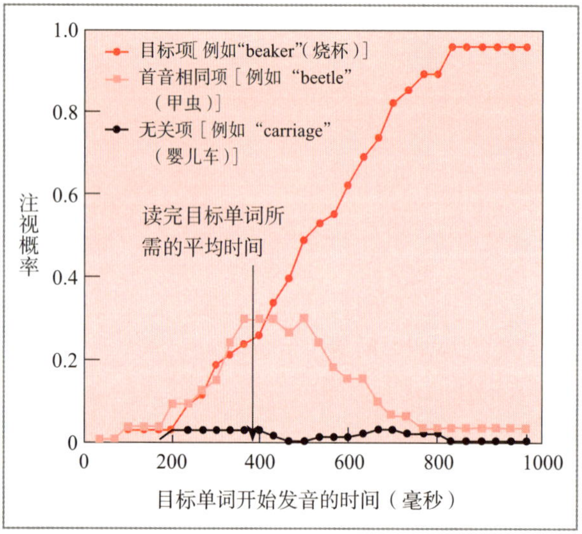

图 13.6　被试注视所呈现的不同项目的概率随听到的关键单词（例如 beaker）的第 1 个发音的时间而变化。（资料来源：Allopenna et al.，1998.）

被试通过鼠标选择物体并移动它，但是实验考察的是在任何鼠标动作发生之前
的眼动。图 13.6 显示的是从开始听到单 364
词"beaker"（烧杯）起，被试在不同时间注视计算机上呈现的各个不同项目的概率。可以看到，在单词的发音结束之前，被试就开始注视具有相同起始音的两个项目［"beaker"（烧杯）和"beetle"（甲虫）］。说完这个单词大约需要 400 毫秒，几乎在单词发音结束的瞬间，他们在错误项目（"beetle"）上的注视概率下降，而在正确项目（"beaker"）上的注视概率快速上升。假定眼动反应的时间是 200 毫秒，那么该项研究提供的证据表明，被试甚至在一个单词呈现结束之前就开始加工它的语义了。

这种加工的即时性意味着，我们甚至在主要动词出现之前就开始解释句子。我们有时候意识到，在听一个句子时，我们会想知道动词是什么。当遇到动词放在最后的句子结构时，我们很可能会经历像这样的事情。设想当我们对下面的句子进行加工时会发生什么：

- It was the most expensive car that the CEO bought.
  （这是执行总裁买的最贵的汽车。）

在听到 *bought*（买）之前，我们已经对 CEO（执行总裁）和 car（汽车）之间会发生什么有了一些想法。尽管这种以动词结尾的句子结构在英语中不常见，但是它在德语这样的语言中并不罕见。这种语言的听者在听到动词之前确实对

整个句子形成了预期（参阅综述 Clifton & Duffy，2001）。

如果人们确实是在接收到每个单词时对句子进行加工，那为什么有如此多的证据支持短语结构边界的重要性呢？这些证据反映了句子的语义是由短语结构所定义的事实，即使听者试图尽可能多地抽取他们听到的单词的语义，但有些东西只有在短语结尾的时候才能确定下来。因此，在短语的边界处，人们经常需要额外的时间来完成这种加工。人们必须在记忆中保持当前短语的表征，因为他们对当前短语的解释可能有错，他们可能不得不对短语的起始部分重新进行解释。贾斯特和卡彭特（Just & Carpenter，1980）在他们关于阅读时间的研究中发现，被试在阅读时，倾向于在每一个短语的结尾处花一些额外的时间，以便获取这个短语所要传达的语义。

> ◎ 在句子加工中，我们试图从每个单词中抽取尽可能多的信息，并在每个短语的结尾处花费额外的时间。

句法结构的加工

语法分析的基本任务是整合各个单词的语义以获得整个句子的语义。在这
个任务中有两种基本的句法信息源可以指导我们：一种信息源是单词顺序，另 365
一种是词形变化。尽管下面的两个句子包含了相同的单词，但是他们的语义非常不同：

1. The dog bit the cat.（狗咬猫。）
2. The cat bit the dog.（猫咬狗。）

英语中主要的句法线索是单词顺序[5]。其他的一些语言对词序的依赖较少，而是利用词形变化表示语义。这种词形变化系统在某些英语代词中有少量残留。例如，he 和 him，I 和 me 等单数主语和宾语。麦克唐纳（McDonald，1984）比较了英语和德语，德语有更丰富的词形变化系统。她让英语被试解释句子，例如

3. Him kicked the girl.（他踢女孩。）
4. The girl kicked he.（女孩踢他。）

这些句子中的词序线索表示了一种解释，而词形线索表示了另一种解释。英语被试使用词序线索，解释句 3 中的 him 为主语，girl 是宾语。德语被试判断

---

5 这两句的中译文表明中文也是如此。——译者注

具有可比性的德语句子时刚好相反。德语和英语双语被试在解释英语句子时常常更像解释德语句子；也就是说，他们会认为句 3 中的 him 是宾语，girl 是主语。

有趣的是，在英语中组合词序和词形需要使用关系从句。思考下面的句子：

5. The boy the girl liked was sick.（女孩喜欢的男孩病了。）

这是一个**中心嵌入句**（center-embedded sentence），在这个句子中，子句（clause）the girl liked（the boy）嵌入在另一个子句“The boy was sick”之中。正如我们将看到的，有证据表明人们对这种从句的加工存在困难，部分原因可能是子句的起始部分模棱两可。例如，这个句子可能被当成如下的句子：

6. The boy the girl and the dog were sick.

为了防止这种歧义性，英语提供了关系代词。关系代词实际上像词形变化词，指出了即将出现的单词的作用：

7. The boy whom the girl liked was sick.

句 5 和句 7 相当，只是在句 5 中 *whom* 被省略了，它被用来表示即将出现的单词是嵌入从句的一部分。

也许我们可以预期，如果句子含有关系代词来指明从句的嵌入，那么对句子的加工会容易一些。哈克斯和福斯（Hakes & Foss，1970；Hakes，1972）采用音素监测任务来检验这种预言。他们采用双重嵌入的句子，例如

8. The zebra which the lion that the gorilla chased killed was running.[6]
9. The zebra the lion the gorilla chased killed was running.

366 句 8 和句 9 的唯一区别为是否存在关系代词，研究者要求被试同时完成两个任务。一个任务是理解和重述句子。第二个任务是倾听特定的音素，在这个例子中是 [g]（在 gorilla 中）。哈克斯和福斯预言，句子越难理解，被试识别目标音素所花费的时间越多，因为当完成理解任务后，用于监测任务所剩的注意力就较少。这个预言被事实证实了，当呈现如句 9 这种没有关系代词的句子时，被试识别 [g] 确实需要花费较长的时间。

尽管使用关系代词有助于对这种句子的加工，但也有证据表明即使带有关系代词，对中心嵌入句的加工仍然相当困难。在一个实验中，卡普兰等人（Caplan，Alpert，Waters，& Olivieri，2004）比较了中心嵌入句和与之相匹配的非中心嵌入句，例如

6 直译为：大猩猩追逐的狮子杀害的斑马正在跑着。——译者注

10. The juice that the child enjoyed stained the rug.[7]
11. The child enjoyed the juice that stained the rug.

他们采用 PET 脑成像的方法来考察加工差异，结果发现在处理中心嵌入句时，布罗卡区有较强的激活。当被试加工比较复杂的句子结构时，布罗卡区通常会有较强的激活（Martin，2003）。

◎ 人们借助于词序和词形变化这两种句法线索来解释句子。

语义考虑

上一小节举例说明了人们利用句法模式来理解句子，但是他们也能利用单词本身的语义来理解句子。一个人在遇到一串单词时，只需要考虑如何将它们放在一起有意义，就能决定这个单词串的含意。因此，当泰山[8]说，Jane（女孩名）fruit（水果）eat（吃），尽管这句话不符合英语句法，但我们也能知道它的意思是什么。我们知道泰山在说某个能吃东西的人和某个可以被吃的东西之间的关系。

相当多的证据表明，人们在语言理解中会使用这种语义策略。斯特内尔和纳尔森（Strohner & Nelson，1974）让 2 岁和 3 岁的儿童使用动物玩具呈现下面两个句子所描述的情景：

- The cat chased the mouse.
- The mouse chased the cat.

在这两种情况下，儿童都将句子解释为猫追老鼠，这个意义与他们之前所拥有的关于猫和老鼠的知识相对应。因此，这些幼小的儿童对语义模式的依赖超过了对句法模式的依赖。

菲利鲍姆（Fillenbaum，1971，1974）要求成人重述包含"有悖常情"的 367
项的句子，例如

- John was buried and died.（约翰被埋了和死了。）

超过 60% 的被试以比较符合常理的方式重述句子，例如，首先是约翰死了，然后是约翰被埋了。然而，对这种结构的通常的句法解释应该是第一个活动出现在第二个活动之前，例如下面的句子

---

7 直译为：小孩喜欢的果汁弄脏了小地毯。——译者注

8 美国影片《人猿泰山》的主人公。——译者注

- John had a drink and went to the party.（约翰喝了酒，然后去参加聚会。）

不同于

- John went to the party and had a drink.（约翰去参加聚会，在聚会上喝了酒。）

因此，当语义原则和句法原则发生冲突时，语义原则有时候（但并不总是）会决定句子的释义。如果你对于语义主导句法的力量有任何疑问的话，请看下面的句子：

No head injury is too trivial to be ignored.

如果你将这个句子解释为"没有头部受伤是应该被忽略的"，那么你跟大多数人是一样的(Wason & Reich，1979)。然而，仔细地检查句法就会发现"正确"的意思是所有的头部受伤都应该被忽略。请参看句子"No missile is too small to be banned"，它的意思是所有的导弹都应当禁止。

◎ 有时候人们依赖一个句子中单词的语义来理解句子。

句法和语义的整合

在理解句子时，听者似乎会整合句法和语义信息。泰勒和马斯兰－威尔逊（Tyler & Marslen-Wilson，1977）要求被试补全如下的句子片段，

1. If you walk too near the runway, landing planes are
2. If you've been trained as a pilot, landing planes are[9]

短语 *landing planes* 本身具有歧义。它可以解释为"正在着陆的飞机"，也可以解释为"使飞机着陆"。但是它后面的复数动词 *are* 表明这个短语是指第一种语义。因此，句法约束决定了具有歧义的短语的语义。在句子片段 1 中，前面的语境与这个语义一致，然而在句子片段 2 中，前面的语境与这个语义不一致。被试补全句子 1 时花费的时间较少，表明他们能够同时利用前面语境的语义和当前的句法信息解决 *landing planes* 的歧义问题。当这些因素相互冲突时，被试的理解变慢。[10]

9 这两个句子片段的直译是：(1) 如果你离飞机跑道太近，正在着陆的飞机 (2) 如果你已经被训练成飞机驾驶员，正在着陆的飞机。——译者注

10 泰勒和马斯兰－威尔逊最初的实验在方法论上受到汤森和贝弗（Townsend & Bever，1982）和科沃特（Cowart, 1983）的批评。马斯兰－威尔逊和泰勒的论文中对此作了回应（Marslen-Wilson & Tyler, 1987）。

贝茨等人（Bates，McNew，Macwhinney，Devesocvi，& Smith，1982）考 368
察了一种不同范式下的句法和语义的整合。他们让被试解释如下单词串：

- Chased the dog the eraser

如果你必须作出解释，你会如何解释这个单词串？根据宾语在动词之后的句法原则，dog（狗）是被追赶的对象，eraser（橡皮）是追赶者。而从语义原则来看则应当是相反的解释。实际上，说美语的人倾向于遵从句法原则，但是有时候也会采纳语义原则。也就是说，大部分人会说 The eraser chased the dog，但是有些人也会说 The dog chased the eraser。另一方面，如果单词串是

- Chased the eraser the dog

听者则会给出一致的解释，即 the dog chased the eraser。

贝茨等人研究中的另一个有趣的部分是比较美国人和意大利人。当句法线索和语义线索冲突时，意大利人倾向于遵从语义线索，然而美国人更倾向于遵从句法线索。最关键的案例关注的是像下面这样的句子

- The eraser bites the dog

或者相对应的意大利句子

- La gomma morde il cane

美国人经常遵从句法原则，将这个句子解释为 eraser（橡皮）是 bite（咬）的实施者。与此相反，意大利人更倾向于使用语义，将这个句子解释为 dog（狗）是咬的实施者。但是与英语相同，意大利语也具有主语－动词－宾语这样的句法。

因此，我们看到听者联合句法线索和语义线索来解释句子。而且，对这两种线索的依赖程度随语言不同而不同。这一证据和其他研究结果表明，讲意大利语的人比讲英语的人对语义线索的依赖程度更强。

◎ 人们整合语义线索和句法线索来解释句子。

句法和语义加工的神经标志

研究者们已经在脑的事件相关电位（ERPs）记录中发现了两个句子加工的标志。第一个是 N400，它是语义加工难度的一个标志。N400 最初被认为是对语义反常的一种反应，尽管它不对语义反常有反应。库塔斯和希利亚德（Kutas & Hillyard，1980a，1980b）最早发现了 N400。在实验中，他们让被试听语义

反常的句子，例如“He spread the warm bread with socks[11]”。在语义反常词（socks）出现之后大约 400 毫秒，ERP 记录显示出一个大的负波幅变化。第二个标志是 P600，它的出现是对句法违反的反应。例如，奥斯特豪特和霍尔库
369 姆（Osterhout & Holcomb，1992）向被试呈现如下的句法违反句，“The broker persuaded to sell the stock[12]”，发现在单词 to（句法违反点）呈现之后大约 600 毫秒出现了一个正波。在这里一个特别有趣的问题是 N400 与 P600 之间的关系。

安斯沃斯－达内尔等人（Ainsworth-Darnell，Shulman，& Boland，1998）研究了当被试听到如下的句子时，这两种效应是怎样结合的：

控制句：Jill entrusted the recipe to friends before she suddenly disappeared.[13]
句法反常：Jill entrusted the recipe friends before she suddenly disappeared.
语义反常：Jill entrusted the recipe to platforms before she suddenly disappeared.
双重反常：Jill entrusted the recipe platforms before she suddenly disappeared.

最后一句话结合了语义反常和句法反常。图 13.7 对比了在中线中部（Cz）和中线顶叶（Pz）[14] 的电极记录的不同类型句子的 ERP 波形。箭头所指是开始
370 出现关键词（friends 或 platforms）时的 ERP 点。包含语义反常的两类句子在关键词出现后 400 毫秒时，中线中部位置引发一个负波（N400）。与此相对，包含句法反常的两类句子与关键词起始点后大约 600 毫秒时出现在顶叶区域的正波（P600）有关。基于每种加工（句法和语义）影响不同脑区的事实，安斯沃斯－达内尔等人认为句法加工和语义加工是分离的。

◎ ERP 记录表明，句法和语义反常分别在脑的不同部位引发不同的反应。

歧　义

或者由于单词具有歧义，或者由于句法结构有歧义，许多句子可以有两种或更多的解释。下面是这类句子的例子[15]：

---

11 译文为‘他往温暖的面包上抹短袜。’正常的句子应当是抹黄油、果酱等。——译者注

12 大致意思为‘股票经纪人劝（某人）卖股票’。本句的句法错在缺失‘（某人）’部分。在这里正确的句型应是 persuade sb to do sth。——译者注

13 第一句比照单词的翻译为‘吉尔将处方委托给朋友们，在她突然消失前。’第二句的句法错在 friends（朋友们）前缺失 to。第三句 platform 意为‘平台’，语义不符合本句上下文。——译者注

14 正文中的 Cz，Pz 为译者所加，与图中的标注对应。——译者注

15 第一句可以理解为‘约翰去银行’或‘约翰去河堤’。第二句可以理解为‘开飞机可能是危险的’或‘正在飞的飞机可能是危险的’。——译者注

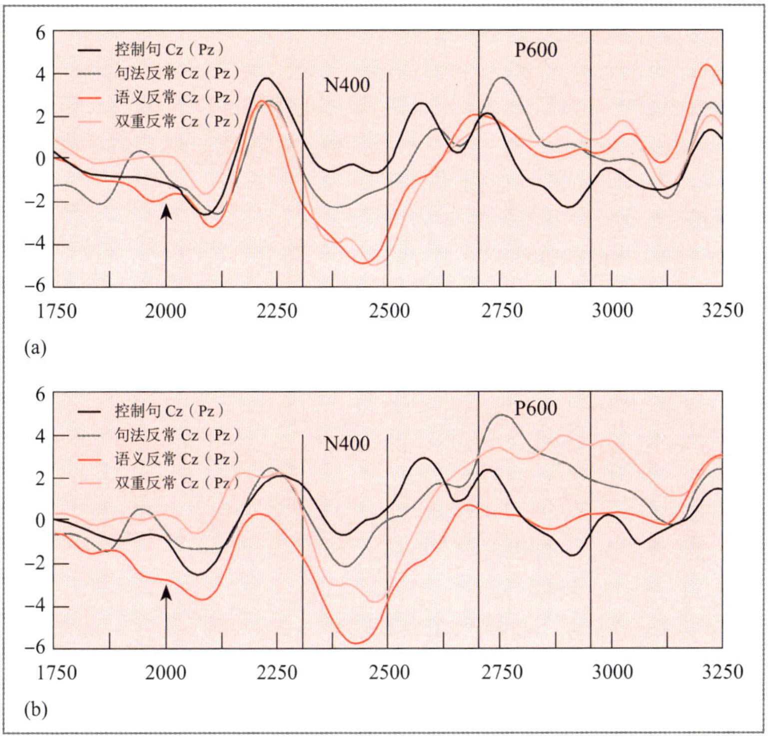

图 13.7 **来自（a）中枢和（b）顶叶部位的 ERP 记录。箭头指向关键词的起始点。**（资料来源：Ainsworth-Darnell，Shulman & Boland，1998.）

- John went to the bank.
- Flying planes can be dangerous.

区分暂时性歧义和永久性歧义非常有用。前面的例子是永久性歧义。也就是说，这种歧义会保持到句子结束。**暂时性歧义**（transient ambiguity）指句子中的歧义到句子结尾时便能够解决。例如，设想听到一个句子，它的开头是：

- The old train …

在这个时候，*old* 是名词还是形容词具有歧义。如果句子后半部分是

- … left the station.[16]

此时 *old* 是一个形容词修饰 *train*。另一方面，如果句子后半部分是

- … the young.[17]

16 此时完整的句子是 'The old train left the station.'（陈旧的火车离开了车站。）——译者注

17 此时完整的句子是 'The old train the young.'（年长的训练年幼的。）——译者注

此时 *old* 是这个句子的主语，*train* 是动词。这是暂时性歧义的一个例子，句子中间具有歧义，它的消除取决于句子怎样结束。

暂时性歧义是语言中非常普遍的现象，它与之前提到的即时加工原则产生互动。即时加工意味着我们应当马上对一个单词或短语作出解释，但是暂时性歧义意味着我们并不总是能够立刻知道正确的解释。请看下面的句子：

- The horse raced past the barn fell.[18]

大多数人会看两遍这个句子，第一遍时有一种解释，第二遍时有另一种解释。这样的句子被称为**花园路径句**（garden-path sentences），因为我们“沿着花园走”，到某一点时产生了一个解释，而只有到另外一点时才发现这个解释是错的。例如，对于上面的句子，大部分的读者起先会将 *raced* 解释为句子的
371 主要动词。花园路径句的存在被认为是即时解释原则的重要证据之一。在有歧义的点，人们本可以推迟对句子的解释，直到消除歧义为止，但是他们却不这样做。

当句子中出现句法歧义时，什么决定了我们对它的解释？一个有效的原则是**最简附着原则**（principle of minimal attachment）。这个原则主要是指人们按产生具有最小复杂性的短语结构的方式来解释句子。因为所有的句子必须有一个主要动词，最简单的解释应当是把 *raced* 放入主句，而不是创建一个带 raced 的关系从句来修饰名词 *horse*。

很多时候，我们没有意识到句子中存在的歧义。例如，考虑下面的句子：

- The woman painted by the artist fell.（被画家画的那个女子倒下了。）

正如我们将看到的，人们似乎会在这个句子中遇到与前面的 horse raced 句相似的困惑（暂时将 woman 解释成正在画画的人）。但是，人们通常意识不到这个句子是像 horse raced 句那样的花园路径句。

为什么我们在有些句子中，例如 horse raced，意识到了重新解释，但在其他一些句子中，例如 woman painted，却没有意识到？如果我们遇到的句法歧义很快得到解决，那么我们似乎不会意识到曾经思考过两种解释。只有歧义的消除被推迟之后，我们才会意识到需要重新解释它（Ferriera & Henderson, 1991）。因此，在 *woman painted* 的例子中，歧义在动词“*painted*”之后立即就被消除了，因此大多数人不会意识到歧义。相反，在 *horse raced* 的例子中，只有到“The horse raced past the barn”的最后，这个解释与最后一个单词“fell”发生矛盾时，句子才完全结束。

---

18 全句是‘迅速跑过谷仓的马倒下了。’但是在看到‘fell’前，一个可能的解释是‘马在迅速跑过谷仓’。——译者注

◎ 当人们在句子中遇到歧义词时，他们暂时采纳一种解释，如果这种解释与后来的内容产生矛盾，他们将取消这个解释。

暂时性歧义加工的神经标志

脑成像研究提供了很多关于人们如何加工歧义句的知识。在一项研究中，马森等人（Mason，Just，Keller，& Carpenter，2003）比较了三类句子：

非歧义句：The experienced soldiers spoke about the dangers of the midnight raid.（有经验的战士讲了午夜袭击的危险。）

优先歧义句：The experienced soldiers warned about the dangers before the midnight raid.（有经验的战士警告了午夜袭击的危险。）

非优先歧义句：The experienced soldiers warned about the dangers conducted the midnight raid.（被警告了危险的有经验的战士实施午夜袭击。）

第一句话中的 spoke（讲）没有歧义，但是后两句中的动词 warned 具有上一小节中谈到的暂时性歧义：不到句子的最后，我们不知道是战士们正在警告 372
别人还是在被警告。可以看到，被试会优先选择第一种解释[19]。马森等人采用 fMRI 的方法，收集了被试在阅读这些句子时布罗卡区的激活数据。这些数据如图 13.8 所示，它们是从句子的起始点开始的时间的函数（句子大概持续 6~7 秒）。正如典型的 fMRI 测量，与血液动力学反应的延迟相对应，只有在加工完句子之后才出现条件之间的差异。从图中可以看出，非歧义句产生的激活最小，这是因为对这种句子的加工要容易得多。但是，在比较两种有歧义的句子时，我们看到以非优先的方式结尾的句子产生的激活更大。

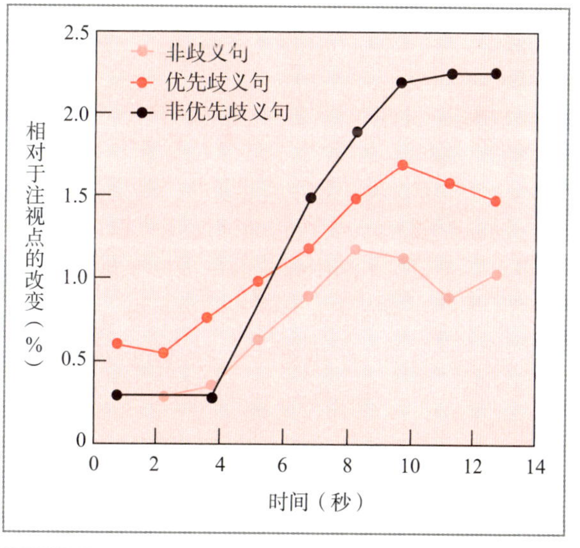

图 13.8　从句子开始起，三种类型的句子在布罗卡区的平均激活随时间变化的曲线。（资料来源：Masson et al., 2003）

根据如图 13.8 的 fMRI 测量能够对信息加工的脑区进行定位。本研究证实了布罗卡区在语句结构加工中的关键作用。然

19 因此，第二句是优先歧义句。——译者注

而，这种测量不能识别信息加工过程的细致的时间结构。弗瑞斯等人（Frisch, Schlesewsky, Saddy, & Alpermann, 2002）的一项 ERP 研究从时间角度考查了人们是如何处理歧义问题的。他们的研究采用德语被试，利用了德语中有些名词在角色分配时具有歧义的特点。他们考察的德语句子以两种不同名词中的一种开始，以动词结束。在下面的例子中，第一行是德语句子，下面一行是对应的每个词的英语翻译，再下面一行是与之对应的完整的英语句子：

1. Die frau hatte den mann gesehen.
   The woman had the man seen
   The woman had seen the man.（女人已经见到男人）
2. Die frau hatte der man gesehen.
   The woman had the man seen
   The man had seen the woman.（男人已经见到女人）
3. Den mann hatte die frau gesehen.
   The man had the woman seen
   The woman had seen the man.
4. Der mann hatte die frau gesehen.
   The man had the woman seen
   The man had seen the woman.

注意，当被试阅读句 1 和句 2 开头的 *Die frau*（女人）时，他们不知道女人是句子的主语还是宾语。只有当看到句 1 中的 *den mann* 时，才能够推断出 *mann*（男人）是宾语（因为有定冠词 *den*），因此女人就应当是主语。同样的，句 2 中的 *der mann* 表明男人是主语，女人必须是宾语。由于句 3 和句 4 以
373 *mann* 和它的词形变化冠词开头，就不具有这种暂时性歧义。区别在于，德语中的阳性冠词用词形变化表示主格或宾格，而阴性冠词则没有这种变化。人们能够基于这个特点解释句子。

弗瑞斯等人使用 P600（已经在图 13.7 的部分介绍过）来考查对这些句子的句法加工。他们发现句 1 和句 2 中第一个歧义名词比句 3 和句 4 中的非歧义词引发了更大的 P600。句 1 和句 2 之间的比较也很有趣。尽管德语允许主语–宾语或者宾语–主语的词序，但句 1 的主语–宾语结构是优先的。对于非优先的句 2，弗瑞斯等人发现，第二个名词引发了一个更大的 P600。因此，当被试遇到如句 1 和句 2 中的暂时性歧义时，他们似乎必须立即来努力地处理这种歧义。他们先产生了优先的解释，但是，如同在句 2 中那样，当发现这种解释不正确时，他们还得重新解释。

◎ 当被试遇到暂时性歧义和必须改变对句子的初始解释时，布罗卡区的激活会增加。

词汇歧义

前面讨论的是被试怎样处理句法的歧义性，而词汇歧义指的是一个单词有两种含义，有词汇歧义时人们对句子的两种解释并没有任何结构性的差异。由斯维尼（Swinney，1979）开始的一系列实验有助于揭示人们怎样确定带有歧义的单词的含义。斯维尼让被试听如下的句子

- The man was not surprised when he found several spiders，roaches，and other bugs in the corner of the room.[20]

斯维尼关注的是带有歧义的单词 *bugs*（指昆虫或者窃听器）。被试听到这个单词后，在屏幕上向他们呈现一个字母串，要求他们判断这个字母串是否是一个正确的单词。因此，如果他们看到 *ant*（蚂蚁），他们要说是；但是如果看到 *ont*，他们要说不是。这是在第 6 章中讨论扩散激活机制时介绍的词汇判断任务。斯维尼的兴趣在于句子中的单词 *bugs* 怎样启动词汇判断。

关键的对比涉及在 *bugs* 之后判断 *spy*（间谍）、*ant*（蚂蚁）或者 *sew*（缝纫）的相对时间。单词 *ant* 与 *bugs* 的启动语义有关，而 *spy* 与非启动语义有关。单词 *sew* 是一个中性的控制条件[21]。斯维尼发现，如果要判断的单词在启动词 *bugs* 之后 400 毫秒内呈现，对 *spy* 和 *ant* 的辨认都具有促进效应。因此，*bugs* 呈现后会立即激活它的两种语义以及它们的关联对象。然而当斯维尼 700 毫秒之后才呈现要判断的单词时，只对相关的单词 *ant* 具有促进作用。看来此时正确的语义被选择了，而另外一个语义未被激活。可见，一个歧义单词的两种语义都立即被激活了，但在语境作用下迅速地选择了合适的语义。 374

◎ 当歧义单词出现时，被试在 700 毫秒以内选择了一个特定的语义。

模块性加工与交互加工的比较

人们消除歧义句的歧义有两个基础。一种可能是使用语义，它是前一小节

20 比照单词的翻译是：这人不惊讶，当他发现几个蜘蛛、蟑螂以及其他昆虫在房间角落时。——译者注

21 在本句中 bug 的含义为昆虫，因此启动 ant。bug 的窃听器的含义与 spy 有关。Sew 与 bug 的任何含义都无关。——译者注

的句子中消除bugs歧义的基础。另一种可能是使用句法。语言的模块性假说（参阅第 12 章）的拥护者认为存在一个初始的阶段，在这个阶段我们仅仅加工句法，只是到了后来，才会涉及语义因素。因此，在开始的时候只有句法可以用来消除歧义，因为句法是语言特定模块的一部分，它本身可以被迅速加工。相比之下，考虑语义需要用到一个人关于世界的所有知识，它远远超出了语言的特定范围。与模块性假说相反的是**交互加工**（interactive processing）假说，这种假说的支持者认为句法和语义在语言加工的所有水平上都是共同起作用的。

这两种观点的许多争论发生在暂时性句法歧义的加工上。现在已出现了一系列的研究，在早期，费雷拉和克利夫顿（Ferreira & Clifton，1986）让被试阅读如下句子

1. The woman painted by the artist was very attractive to look at.[22]
2. The woman that was painted by the artist was very attractive to look at.
3. The sign painted by the artist was very attractive to look at.
4. The sign that was painted by the artist was very attractive to look at.

句 1 和句 3 叫做简化关系句，因为关系代词 *that* 省略了。没有局部的句法基础来判断名词 – 动词组合是关系从句结构还是施动者 – 动作组合。费雷拉和克利夫顿认为，由于最简附着原则，人们有一种天生的倾向，将会像 *The woman painted* 这样的名词 – 动词组合看作施动者 – 动作组合来编码。支持这种倾向的证据是被试在第一句中阅读 *by the artist* 的时间比在第二句中的时间长。其原因在于，他们发现第一句中使用施动者 – 动作的解释是错误的，因此不得不进行改正，然而第二句中的句法线索 *that was* 阻止他们进行这样的错误解释。

费雷拉和克利夫顿实验的真正兴趣在句 3 和句 4。语义因素应该会排除句 3 的施动者 – 动作组合的解释，因为 *sign*（符号）不是有生命力的施动者，不能绘画。尽管如此，被试阅读 *by the artist* 的时间和在句 1 中一样长，长于没有歧义的句 2 或句 4。因此，费雷拉和克利夫顿认为，被试首先只使用句法因素，所以错误解释了短语 *The sign painted*，然后使用短语 *by the artist* 中的句法线索
375 纠正错误解释。所以，尽管语义因素可以用来解释句子并防止产生错误解释，但是被试似乎使用句法线索进行所有的早期加工。

这类实验被用来支持语言的模块性。这种观点认为，在语言的早期加工中我们使用语言特有的因素，即句法，而忽略其他一般性的、我们所知道的关于这个世界的非语言的知识，例如符号不会画画。然而，楚斯韦尔、坦尼豪斯和加恩西（Trueswell，Tannehause，& Garnsey，1994）认为，费雷拉和克利夫顿的研究

---

22 第 1、2 句：被画家画的那个女子看上去很吸引人。第 3、4 句：被画家画的那个符号看上去很吸引人。——译者注

中的很多句子并不像句 3。具体说来，虽然那些句子被假定具有消除歧义的语义基础，但很多并非如此。例如，在福瑞斯和克利夫顿的研究中有如下的句子：

5. The car towed from the parking lot was parked illegally.

在这里，*car towed* 被假定是没有歧义的，但是 car 作 towed 的主语是有可能的，譬如：

6. The car towed the smaller car from the parking lot.[23]

当楚斯韦尔等人使用避免了这些问题的句子时，他们发现，被试在加工句子时不存在任何困难。例如，被试加工

7. The evidence examined by the lawyer turned out to be unreliable.

并不难于加工

8. The evidence that was examined by the lawyer turned out to be unreliable.[24]

因此，当名词 *evidence*（证据）在语义上不能被解释成动词的施动者时，人们似乎确实能够选择正确的解释。可见，早期的句法判断并非没有参考语义因素。

此外，麦克雷、斯皮维 - 诺尔顿和坦尼豪斯（McRae，Spivey-Knowlton，& Tannehaus，1998）指出，名词作为动词的施动者的相对可能性影响句子结构的难度。他们比较了下面的句子对：

9. The cop arrested by the detective was guilty of taking bribes.

10. The cop that was arrested by the detective was guilty of taking bribes.[25]

以及

11. The crook arrested by the detective was guilty of taking bribes.

12. The crook that was arrested by the detective was guilty of taking bribes.[26]

他们发现被试加工简略关系句 9 比加工句 11 困难得多。句 9 中的主语 cop（警察）有可能作为 arresting（逮捕）的施动者，而在句子 11 中的主语 crook（骗子）则没有这种可能性。

◎ 似乎被试能够即时地利用语义信息来引导句法判断。

23 句 5：从停车场被拖走的那辆车是非法停车。句 6：那辆车从停车场拖走了比它小的车。——译者注

24 句 7，8：被律师检查的证据结果是不可靠的。——译者注

25 句 9，10：被侦探逮捕的警察犯了受贿罪。——译者注

26 句 11，12：被侦探逮捕的骗子犯了受贿罪。——译者注

启　示

智能话匣子

能够成功使用语言进行交流被我们视为一种重要的人类智能。例如，艾伦·图灵（图灵机理论的提出者。）（著名的英国逻辑学家，二战期间破译了纳粹的通讯密码）在1950年提出（Turing，1950），我们可以通过一台机器能否让与它对话的人相信自己是在与一个人对话来判断机器是否是智能的。在广为人知的图灵测试中，评判员通过一个对讲系统（消除视觉线索）与一个人和一台计算机进行互动。如果在与两者交谈之后，他不能判断谁是人，谁是计算机，那么可以断言这台计算机是智能的。图灵预言在2000年将会有一台计算机能通过这项测试。

在1990年，人们创立了洛伯纳奖来表彰第一台能通过图灵测试的计算机。以后每年都举行这种比赛，让各种各样的参赛计算机接受评判。每年的铜奖授予那些能够产生最具有说服力的对话的程序，但是到目前为止还没有一台计算机能够愚弄大部分的裁判。如果一台计算机能够愚弄大部分裁判，它将会得到银奖（金奖留给不仅能够愚弄大部分的裁判而且看上去也像人类者）。2008年的胜利者是一个叫埃尔波特的程序，它愚弄了12个裁判之中的3个裁判，接近获得银奖，它甚至愚弄了《泰晤士报》的记者威尔·帕威尔（http：//technology.timesonline.co.uk/tol/news/tech_and_web/article4934858.ece.）。以下给出的两小段对话，其中一个是提问者和一个人的对话，另一个是提问者和埃尔波特的对话。我不能分辨出哪个是真人哪个是计算机。你来试着判断一下哪一段是与真人的对话，哪一段是与埃尔波特程序的对话。

对话 A

提问者： What do you think of this year' s Turner Prize shortlist?（你怎么看待今年特纳奖［始于1984年的英国中青年（年龄不超过50）当代艺术大奖。——译者注］的候选者名单？）

回答者： Difficult question. I will have to work on that and get back to you tomorrow.（这个问题太难了，我得研究一下，明天给你答案。）

提问者： You sound rather like Sarah Palin.（你似乎更喜欢萨拉·佩林。）

回答者： Did this Palin ever write a telephone book?（这个佩林曾经写过一本电话号码簿吗？）

提问者： I doubt it. Does anyone really write telephone books? I don't suppose you caught the football last night?（我怀疑。有人真的写电话号码簿吗？我不认为你看了昨晚的足球比赛？）（作者认为这句话实际上是在问'你是否看了昨晚的足球比赛？'——译者注）

回答者： What a shame，There are many talented authors who waste their energies on prose or run-of-the-mill poetry. But to write a telephone book is highest art!（真遗憾。许多有才华的作家将他们的精力浪费在散文和没有特色的诗歌上。但是写一本电话号码簿是最高的艺术。）（作者认为这句话是一种讽刺。）

对话 B

提问者： What do you think of this year's Turner Prize shortlist?（你怎么看待今年特纳奖的候选者名单？）

回答者： Good I think. Better than the years before I heard.（我觉得还好。比我听说的之前的那几年要好。）

提问者： Which was your favourite?（你喜欢哪一个？）

回答者： It's my first time，so I can't compare.（这是我第一次听说，所以很难比较。）

提问者： No. I mean of the entries this time around.（不，我的意思是这次在场参加比赛的人中。）

回答者： Not really sure.（我不是很确定。）

语　用 377

完成了对句子语法分析，并形成了它的语义表征之后，接下来该做什么？听的人很少会被动地记录语义，例如，如果这个句子是一个疑问句或者祈使句，说的人将期望听的人作出回应行为。而且，即使是陈述句，人们通常也不仅仅只是听过就完了。完整地理解一个句子通常需要做出推断和连接。在第 6 章，我们讨论了这种增细加工可导致记忆增强。这里，我们将考查一些关于人们如何作出这些推断的研究。

跨桥推理与增细推理

在理解句子时，理解者必须作出超出所陈述内容的推断。研究者们通常将**跨桥推理**（bridging inference）[也叫做**逆向推理**（backward inferences）] 和**增细推理**（elaborative inference）[也叫做**顺向推理**（forward inference）] 区别开。跨桥推理回到早先的文本，与早先的文本部分建立关联。增细推理为文本的解释提供新信息，并且通常预测文本中将要出现的内容。为了区分跨桥和增细推理，请比较辛格（Singer，1994）使用的下列配对句子：

1. **直接陈述：**The dentist pulled the tooth painlessly. The patient liked the method.（牙医实施无痛拔牙。病人喜欢这种方法。）
2. **跨桥推理：**The tooth was pulled painlessly. The dentist used a new method.（牙被无痛拔出。牙医使用了一种新方法。）
3. **增细推理：**The tooth was pulled painlessly. The patient liked the new method.（牙被无痛拔出。病人喜欢这种新方法。）

呈现了句子对之后，要求被试判断 *A dentist pulled the tooth*（*牙医拔掉牙齿*）是否正确[27]。这个意思直接表达在例 1 中，但是在例 2 和例 3 中它也具有很高的可能性，尽管并没有被直接陈述。从例 2 作出牙医拔掉牙齿的推断需要将第二句的 dentist（牙医）与第一句相连接，因此应被分类为逆向的跨桥推理。从例 3 作出这个判断是个增细过程（因为两个句子中都没有提及牙医），因此应被分类为顺向的增细推理。被试在例 2 的跨桥推理条件下判定*牙医拔掉牙齿*与在例 1 的直接条件下一样快，表明他们在阅读时作了跨桥推理。然而，被试在例 3 的增细推理条件下判定这个句子比在例 1 的直接条件下慢了四分之一秒，表明他们还没有做增细推理。

---

27 作者说明，只给每个被试呈现一个句子对。——译者注

增细推理的问题是能作出无数这种推理。请思考句子 *The tooth was pulled painlessly*（牙被无痛拔出），除了做出谁把牙拔出的推理之外，还可以推断这次拔牙使用的是什么工具，为什么要拔牙，为什么这个拔牙过程不痛，病人的
378 感觉如何，拔牙之后还发生了些什么，哪颗牙齿被拔了（例如门牙还是臼齿），这次拔牙的难度如何等等。相当多的研究试图准确地确定作出了哪种增细推理（Graesser，Singer，& Trabasso，1994）。在刚才介绍的辛格（Singer，1994）的研究中，被试似乎没有做出增细推理。关于被试作增细推理的例子，请考虑朗、戈尔丁和格雷泽（Long，Golding，& Graesser，1992）所报告的实验。他们让被试阅读一个包含如下关键句的故事：

- A dragon kidnapped the three daughters.（一条龙绑架了三个女儿。）

阅读完这个句子后，要求被试对单词 *eat* 作词汇判断（如在本章前面部分和第 6 章中所讨论过的，词汇判断任务是判断一个字母串是否构成一个单词。）朗等人发现，被试在阅读完这个句子后作词汇判断比在中性的上下文环境下作判断要快。根据这个数据，他们认为被试作出了“龙的目的是吃掉女儿”的推断（故事中并没有直接提及这一点，甚至都没有暗示）。朗等人认为，当阅读故事时，我们通常对角色的目标作出推断。

尽管跨桥推理可以自动进行，但是人们是否进行增细推理却是选择性的。作这样的推断需要付出努力，读者需要充分地被他们正在阅读的内容所吸引才能进行这种推理。它似乎也取决于读者的阅读能力。例如，在默里和伯克（Murray & Burke，2003）的一项研究中，被试阅读如下的段落：

> Carol was fed up with her job waiting on tables. Customers were rude, the chef was impossibly demanding, and the manager had made a pass at her just that day. The last straw came when a rude man at one of her tables complained that the spaghetti she had just served was cold, as he became louder and nastier, she felt herself losing control.（卡罗尔受够了餐馆服务员工作。顾客们很粗鲁，厨师根本不卖力工作，经理就在那天还对她做了非礼的举动。最后一根稻草[28]是，她负责的餐桌上一个粗鲁的男人抱怨刚送上去的意大利面太凉。就在他声音越来越大、越来越无礼的时候，卡罗尔感到自己失控了。）

这段话以下面两句之一结尾：

---

28 出自“The last straw that breaks the camel's back'，压断了骆驼背的最后一根稻草，终于使她忍无可忍的最后一件事。——译者注

实验条件：Without thinking of the consequences, she picked up the plate of spaghetti and raised it above the customer's head.（她没有考虑后果，就拿起装意大利面的盘子，举到客人的头上。）

或者

控制条件：To verify the complaint, she picked up the plate of spaghetti and raised it above the customer's head.（为了核实他的抱怨，她拿起装意大利面的盘子，举到客人的头上。）

在被试读完这句话之后，向他们呈现一个如"dump"（倾翻）的关键单词，这个单词只与实验条件下的读者可能作的增细推理有关。要求被试简单地读出这个单词。在实验条件下，阅读能力高的一类被试能够更快地读出单词"dump"，表明他们做了增细推理。然而，阅读能力低的被试不能进行这种推理。因此，似乎阅读能力高的读者作出了"Carol was going to dump the spaghetti on the customer's head（卡罗尔将要把意大利面条倒在客人头上）"的增细推理，但是阅读能力低的读者则不能作这样的推理。

◎ 在理解句子时，听者作出跨桥推理，将它与之前的句子进行连接，但是只 379
在有的时候才进行增细推理，将它与未来可能的情况相连。

所指推理

当句子中的一个措辞涉及我们已经知道的东西时，跨桥推理的一个重要方面是把它识别出来。有各种语言线索显示某个措辞涉及我们已知的东西。英语中的一个线索是定冠词 *the* 和不定冠词 *a* 之间的区别。the 往往用来表明理解者应当知道名词短语所涉及的对象，而 *a* 往往用来引入新对象。比较下列句子的意义差别：

1. Last night I saw the moon.（昨晚，我看到了月亮。）
2. Last night I saw a moon.（昨晚，我看到了一个月亮。）

句 1 表达一件相当普通的事情——看到一个熟悉的月亮——但是句 2 则清晰地指出看到了一个新月亮。大量的证据表明，语言理解者对于句子间如此细小的差别所携带的语义非常敏感。在一个实验中，哈维兰和克拉克（Haviland & Clark，1974）比较了被试理解如下句子对的时间：

3. Ed was given an alligator for his birthday. The alligator was his favorite present.（埃德生日的时候得到了一个鳄鱼玩具。这个鳄鱼是他特别喜爱的礼物。）
4. Ed wanted an alligator for his birthday. The alligator was his favorite present.（埃德生日的时候想得到一个鳄鱼玩具。这个鳄鱼是他特别喜爱的礼物。）

这两个句子对的第二句话相同。句子对 3 的第一句话引入了 *the alligator*（鳄鱼）的一个特定的先行词（antecedent）。然而在句子对 4 中，尽管在它的第一句中也提到 *alligator*，但是它并不是特定的 *alligator*。因此，在句子对 4 的第一句话中并没有 *the alligator* 的先行词。这两对句子的第二句话中的定冠词 *the* 都假定有一个特定的先行词。因此，我们可以预期被试在加工句子对 4 的第二个句子时会存在困难，而加工句子对 3 时则不会。在哈维兰和克拉克的实验中，被试一次看一个句子对，在理解了每个句子后按键。测量的时间是从呈现第二句话开始，直到被试按键表示理解了这个句子为止的时间。被试理解给定了先行词的句子对，如句子对 3 的第二句话的平均时间是 1031 毫秒；但是理解对于指定名词短语没有给定先行词的句子对，如句子对 4 的第二句话的平均时间是 1168 毫秒。因此，在没有先行词的情况下，理解句子要多用大约十分之一秒的时间。

洛夫特斯和赞尼（Loftus & Zanni，1975）所作的一项实验的结果表明，冠
380 词的选择会影响听者的信念。他们向被试呈现一段汽车事故的电影，要求他们回答一系列问题。有些被试要回答：

5. Did you see a broken headlight？（你看到有一个前灯打碎了吗？）

另外一些被试要回答：

6. Did you see the broken headlight？（你看到了打碎了的前灯吗？）

实际上，电影中的前灯没有打碎。但是问题 6 使用了定冠词，它假定存在打碎了的前灯。在回答以问题 6 的方式呈现的问题时，被试更加可能回答“是的”。正如洛夫特斯和赞尼所指出的，这个发现对于询问目击者有重要的意义。

◎ 理解者认为定冠词 the 暗示名词所涉及的对象是存在的。

代词的所指

所指对象加工的另一个方面是对代词的解释。当人们听到一个代词，例如 she（她）的时候，确定代词指的是谁非常关键。很多人可能已经在前面被提

及，所有这些人都可能是这个代词所指的对象。正如贾斯特和卡彭特（Just & Carpenter，1987）所指出的，有许多决定代词所指对象的依据：

1. 最直接的一个方法是使用数量和性别线索。请看下面的句子
   - Melvin，Susan，and their children left when（he，she，they）became sleepy.［迈尔文、苏珊和他们的孩子在（他，她，他们）困乏欲睡时离开了。］

   每一个可能的代词都有不同的所指对象[29]。

2. 代词所指对象的一个句法线索是代词与它所指的对象通常具有同样的语法地位（例如，都是主语或宾语）。请看下面的句子
   - Floyd punched Bert and then he kicked him.（弗罗依德用拳头猛击了伯特，然后他踢了他。）

   大部分人会同意主语 he（他）是指 Floyd，宾语 him（他）是指 Bert。

3. 同时存在着很强的近期效应，最近的候选对象是最可能的所指对象。请看下面的句子
   - Dorothea ate the pie；Ethel ate cake；later she had coffee.（多罗西娅吃馅饼；艾萨尔吃蛋糕；然后她喝了咖啡。）

   大部分会同意 she（她）可能是指 Ethel（艾萨尔）。

4. 最后，人们能够利用他们关于这个世界的知识来决定所指对象。请比较
   - Tom shouted at Bill because he spilled the coffee.（汤姆朝比尔大声喊叫，因为他弄洒了咖啡。）
   - Tom shouted at Bill because he had a headache.（汤姆朝比尔大声喊叫，因为他头痛。）

大部分人会同意第一句话中的 *he*（他）指的是 *Bill*（比尔），因为你可能会斥责出差错的人；而第二句话中的 *he* 是指 *Tom*（汤姆），因为当人们头疼时可能会脾气暴躁。

与前面讲的即时解释原则相一致，在遇到代词时，人们试着马上确定它所指的是谁。例如，在眼睛注视时间的研究中（Carpenter & Just，1977；Ehrlich 381
& Rayner，1983；Just & Carpenter，1987），研究者发现，当难以判断一个代

---

29 Melvin 是男人名，Susan 是女人名，children 是复数，分别对应‘他’、‘她’和‘他们’。——译者注

词的所指对象时，人们会较长时间注视它。埃利希和雷纳（Ehrlich & Rayner, 1983）还发现，被试对所指对象问题的思考会延续到下一个注视点，这表明他们在阅读下一个单词时仍在对代词进行加工。

科比特和张（Corbett & Chang, 1983）发现了被试会考虑多个候选所指对象的证据。他们让被试阅读如下的句子

- Scott stole the basketball from Warren and he sank a jumpshot.（斯科特断了沃伦的篮球，他将球跳投入篮。）

读完这个句子后，要求被试看一个探测词，并且判断这个词是否出现在句子中。科比特和张发现，在读过这样的句子后，被试对 Scott 或 Warren 的再认时间都有所减少。他们也让被试阅读如下的控制句，这个句子不要求判断代名词的所指对象：

- Scott stole the basketball from Warren and Scott sank a jumpshot.（斯科特断了沃伦的篮球，斯科特将球跳投入篮。）

在这种情况下，只对 Scott 的再认有促进作用。只有第一句对再认 Warren 有促进作用，因为在第一句中，被试在确定 Scott 为所指对象之前，必须考虑 Warren 作为 *he* 的所指对象的可能性。

科比特和张以及埃利希和雷纳的研究结果表明，对代词所指对象的确定会超越阅读代词本身。这个结果意味着加工并不总是像即时加工原则所说的那样即时。对代词所指对象的加工会延续至后面的注视点（Ehrlich & Rayner, 1983），未被选择的所指对象在句子末尾仍具有启动作用（Corbett & Chang, 1983）。

◎ 理解者会考虑一个代词的多种可能的所指对象，并且使用句法和语义线索来选择它的所指对象。

否 定

否定句似乎是先假设一个肯定句，然后要求我们推论如果肯定句是错误的，那么什么为真。例如，句子 *John is not a crook*（约翰不是一个骗子）先假设有理由假定 *John is a crook*（约翰是一个骗子），然后断言这种假定是错误的。另外一个例子，想象一个健康的朋友对 *How are you feeling*（你感觉怎么样？）这个问题的四种回答：

1. I am well.（我很好。）
2. I am sick.（我病了）
3. I am not well.（我不舒服。）
4. I am not sick.（我没病。）

回答 1 至 3 不会被认为是异常表述，但是回答 4 看起来有点奇怪。由于使用了否定句，回答 4 假设，认为我们的朋友有病是有道理的。为什么我们会认为朋友有病，朋友通过否定有病的方式来回答，究竟想告诉我们什么？相反，回答 3 中的否定很容易理解，因为假设朋友健康是合理的，朋友告诉我们他的情况并非如此。

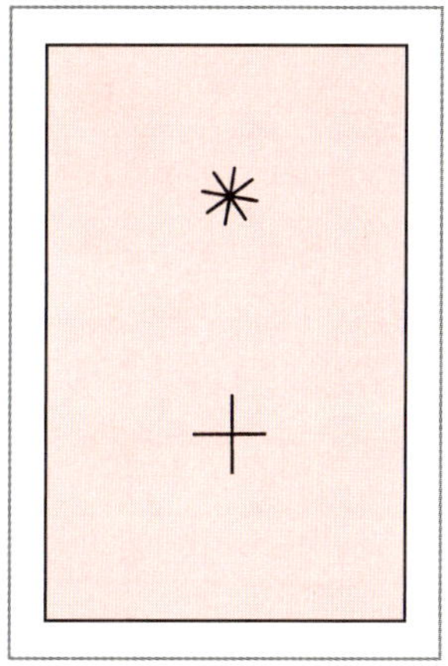

图 13.9　与克拉克和蔡斯的句子核实实验中所用刺激相似的卡片。要求被试判断简单的肯定和否定句是否正确地描述了卡片。

382 克拉克和蔡斯（Chase & Clark，1972；H. H. Clark，1974；Clark & Chase，1972）实施了一系列核实否定句的实验（参阅 Carpenter & Just，1975；Trabasso，Rollins，& Shaughnessy，1971）。在一个典型的实验中，他们向被试呈现如图 13.9 那样的卡片，并要求他们核实下面四个关于这张卡片的句子中的一句：

1. The star is above the plus—true affirmative.（星号在加号的上面——真实肯定。）
2. The plus is above the star—false affirmative.（加号在星号的上面——错误肯定。）
3. The plus is not above the star—true negative.（加号不在星号的上面——真实否定。）
4. The star is not above the plus—false negative.（星号不在加号的上面——错误否定。）

真实和错误是指句子是否符合图形的真实情况；肯定和否定是指句子的结构是否包含一个否定词。句 1 和 2 句是简单的陈述句，但是句 3 和句 4 包含一个假设以及对这个假设的否定。句 3 假设加号在星号的上面，并判定这个假设是错误的；句 4 假设星号在加号的上面，且判定这个假设是错误的。克拉克和蔡斯认为被试首先会核查假设，然后进行否定加工。在句 3 中，假设与图形不匹配，但是在句 4 中，假设与图形匹配。假设与图形不匹配时需要较长的加工时间，克拉克和蔡斯预期，被试对真实否定的句子 3 的加工时间长于对错误否定的句子 4 的加工时间。相反，被试对错误肯定的句子 2 的加工时间长于真实肯定的句子 1 的加工时间长，因为句子 2 与图形不匹配。实际上，句 2 和句 1 之间的差异与句 3 和句 4 之间的差异相同，因为这两种差异都是对句子和图形之间的不匹配的额外反应时间。

表 13.1

在句子核实实验中观察到的和预测的反应时

条　件	观察到的时间	等　式	预测的时间
真实肯定	1463 毫秒	T	1469 毫秒
错误肯定	1722 毫秒	$T+M$	1715 毫秒
真实否定	2028 毫秒	$T+M+N$	2035 毫秒
错误否定	1796 毫秒	$T+N$	1789 毫秒

克拉克和蔡斯针对这些数据开发出了一种简单优美的数学模型。他们假定被试对句 3 和句 4 的加工时间比句 1 和句 2 的长 N 个时间单元，因为句 3 和句 4 是更复杂的假设－加－否定结构。他们还假定加工句 2 的时间比加工句 1 的时间长 M 个时间单元，因为句 2 中的断言和图形不匹配；同样，句 3 的加工时间比句 4 长 M 个时间单元，因为句 3 中的假设和图形不匹配。最后，他们假定加工如句 1 这样的真实肯定句需要 T 个时间单元。时间 T 是指不包含否定或与图形不匹配的情况时所需要的时间。现在让我们来看看被试在加工如句 3 这样的句子时所需要的时间。这个句子有一个复杂的假设－加－否定结构，它要花费 N 个时间单元；以及一个与图形不匹配的假设，要花费 M 个时间单元。因此，总的加工时间应当是 T+M+N。表 13.1 呈现了观察到的数据以及根据克拉克和蔡斯的实验预测的反应时间。对这个实验中的 T、M 和 N 的最佳预测值可以通过数据进行估计得到，T=1469 毫秒，M=246 毫秒，N=320 毫秒。你可以看到，预测的时间与观察到的时间匹配得非常好。尤其是，真实否定和错误否定之间的差异接近
383 于错误肯定与真实肯定之间的差异。这个发现支持了这一假设，即被试确实抽取出否定句中的假定并且将它们与图形进行匹配。

◎ 理解者在加工否定句时，首先加工它所包含的假定，然后加工对假定的否定。

文本加工

到目前为止，我们已经关注了对孤立的单句的理解。而我们更经常地是在更大的语境中加工句子，例如，在一本教科书中。和句子一样，文本也按一定的模式构成，尽管这些模式可能比句子的模式更加灵活。研究者们注意到了用来将句子组织成更大的文本时反复出现的关系。表 13.2 列出了某些已被确认的关系。这些结构关系指出了如何将一个句子与整个文本进行关联。例如，表 13.2 中的第一个文本结构（反应）指导读者将一组句子看成是对另一组句子所提出问题的解答。这些关系可以出现在文本的任何水平。也就是说，组织一个
384 段落的主要关系可以是表 13.2 中 8 种关系中的任何一种关系。段落中的子结构也可以根据这些关系中的任何一种关系来组织。

表 13.2

文本中可能的句子关系类型	
关系类型	说明
1. 反应（Response）	提出一个疑问，然后给出它的答案；或者提出一个问题，然后给出它的解。
2. 具体（Specific）	在一个比较概括化的要点之后，呈现它的具体信息。
3. 解释（Explanation）	呈现一个要点的解释。
4. 证据（Evidence）	呈现证据来支持一个要点。
5. 顺序（Sequence）	按时间顺序呈现一系列要点。
6. 原因（Cause）	将一个事件作为另一个事件的原因而呈现。
7. 目标（Goal）	将一个事件作为另一个事件的目标而呈现。
8. 集合（Collection）	以一种松散的方式呈现一系列要点（这可能是要点之间没有真正有机联系的一种情况。）

为了说明表 13.2 中的关系是怎样被应用的，请看迈耶（Meyer，1974）对如下段落的经典分析：

关于长尾小鹦鹉的段落

现今市场上的色彩多样的长尾小鹦鹉是对绿身黄脸长尾小鹦鹉色彩突变的后代所做的精心培育的结果。淡绿色的身体和黄色的脸是长尾小鹦鹉在它们的自然栖息地澳大利亚的颜色。1840 年，博物学家约翰·古尔德（John Gould）将第一只活的长尾小鹦鹉从澳大利亚带到欧洲。首次色彩突变于 1872 年发生在比利时，这些鸟变成了全身都是黄色的长尾小鹦鹉。在美国最普遍的长尾小鹦鹉是天蓝色，这些鸟有天蓝色的身体和白色的头，这种色彩突变于 1878 年出现在欧洲。虎皮鹦鹉协会（the Budgerigar Society）的颜色和技术委员会列出了 66 种之多的不同颜色的长尾小鹦鹉。除了最初的绿身黄头鹦鹉以外，长尾小鹦鹉的颜色包括了不同深度的紫罗兰、蓝色、灰色、绿色、黄色和白色（p. 61）。

表 13.3 基本上再现了她对这一段落的分析。注意，这种分析倾向于将各种事实组织成或多或少的要点。这个段落最高层次的组织关系是解释（*explanation*，参见表 13.2 的第 3 项）。具体来说，这项解释的关键点是（要点 A）对颜色突变后代的精心培育以及（要点 B）变化多端的长尾小鹦鹉的颜色，要点 A 是要点 B 的解释。要点 A 包括一些培育长尾小鹦鹉的历史事件。这种组织是顺序关系的一个例子。而在这些事件之下的是一些具体细节。例如，在 A2 下的是约翰·古尔德是一位博物学家的事实。在要点 B 下的是一些支持多样色彩的证据和可得到关于颜色变化的细节。 385

表 13.3

对关于长尾小鹦鹉的段落的分析

1. A 解释 B
    A. 对绿身黄脸长尾小鹦鹉色彩突变的后代的精心培育。历史顺序是
        1. 它们的自然栖息地是在澳大利亚。具体细节：
            a. 在那里它们的颜色是淡绿色的身体和黄色的脸。
        2. 第一只活的长尾小鹦鹉由约翰·古尔德于 1840 年从澳大利亚带到欧洲。具体细节：
            a. 约翰·古尔德是一位博物学家。
        3. 首次色彩突变于 1872 年出现在比利时。具体细节：
            a. 这些鸟全身都是黄色的。
        4. 天蓝色的色彩突变于 1878 年出现在欧洲。具体细节：
            a. 这些鸟有天蓝色的身体和白色的脸。
            b. 在美国这是最普遍的颜色。
    B. 现今市场上有色彩多样的长尾小鹦鹉。它的证据是：
        1. 虎皮鹦鹉协会的颜色和技术委员会列出了 66 种之多的不同颜色的长尾小鹦鹉。
        2. 有许多可列出的颜色。这些颜色是
            a. 最初的绿身黄脸
            b. 紫罗兰
            c. 蓝色
            d. 灰色
            e. 绿色
            f. 黄色
            g. 白色

◎ 人们能够根据各种语义关系按层次组织文本中的命题。

文本结构和记忆

大量的研究证实了文本结构的心理意义。对于在文本分析时应当使用什么样的关系系统，人们有许多不同的假设，但是总的来讲人们都承认是某些层次结构在组织文本中的命题。记忆实验提供的证据表明，被试确实在一定程度上对这些层次结构作出反应。

迈耶等人（Meyer，Brandt，& Bluth，1978）研究了学生对文本的高层次结构的知觉，即如表 13.3 的层次结构中的较高层的结构关系的知觉。他们发现

被试识别文本组织的高层次结构的能力有着相当大的差异。并且，他们发现被试识别最高层次结构的能力是预测他们对文本记忆程度的一个重要预测因子。在另一项对九年级学生[30]的研究中，巴特利特（Bartlett，1978）发现只有 11% 的被试会有意识地识别和使用高层结构来记忆文本材料。这些被试在回忆测验上的得分是其他学生的两倍。巴特利特还指出，训练学生识别和使用高层结构能使他们在回忆测验上的得分提高一倍多。

除了层次结构之外，我们常常通过因果结构和逻辑结构组织文本。这种倾向在描述一系列事件中某个事件引起了另一个事件的记叙文中最明显。第 5 章中讨论的脚本就是对这种因果关系的知识结构所做的一种编码。因果关系经常不明显，而是需要我们推断出来。例如，我们可能会在新闻广播中听到：

- There is an accident on the Parkway East. Traffic is being rerouted through Wilkinsburg[31].（东高速公路出了车祸，车辆需要从威尔肯斯堡绕行。）

它让听众去推断前一个事实是后一个事实的原因。基南等人（Keenan，Baillet，& Brown，1984）研究了两个句子之间的因果联系的可能性对加工第二个句子的影响。他们让被试阅读句子对，这些句子对的第一句可能是下列句 386
子中的一句：

1a. Joey's big brother punched him again and again.（乔以的哥哥用拳头一次又一次地打他。）
1b. Racing down the hill, Joey fell off his bike.（从小山上往下冲的时候，乔以从他的自行车上摔了下来。）
1c. Joey's crazy mother became furiously angry with him.（失去理智的母亲对乔以发火了。）
1d. Joey went to a neighbor's house to play.（乔以去一个邻居家玩。）

基南等人感兴趣的是第一个句子对阅读如下第二个句子的时间的影响

2. The next day, his body was covered with bruises.（第二天，他身上布满了淤伤。）

从句子 1a 到句子 1d，与第二个句子有因果联系的可能性逐渐降低。相应地，基南等人发现，被试阅读第二个句子的时间逐渐增加，阅读 1a 这样很可能是

30 美国的学制一般是小学 5 年，初中 2 年，高中 4 年。九年级大约相当于国内高中一年级。——译者注

31 Parkway East 是从东面进匹兹堡市中心的一条高速公路名；Wilkinsburg 是从 Parkway East 的一个出口绕道进匹兹堡市中心经过的一个地区名。——译者注

其原因的句子时用 2.6 秒，而阅读 1d 这样不大可能是其原因的句子时增加到 3.3 秒。可见，句子间的因果关系越远，理解的时间越长。

因果关系对记忆也有影响。在一个故事中，那些对其因果结构来说越重要的部分越容易被记住（Black & Bern，1981；Trabasso，Secco，& van den Broek，1984）。例如，布莱克（Black）和伯恩（Bern）让被试阅读包含有如下句子对的故事：

- The cat leapt up on the kitchen table.（猫跳上了厨房的餐桌。）
- Fred picked up the cat and put it outside.（弗雷德抱起猫，把它放到了外面。）

这一对句子具有因果联系。他们将这样的句子对与如下的句子对进行比较

- The cat rubbed against the kitchen table.（猫蹭着厨房餐桌。）
- Fred picked up the cat and put it outside.（弗雷德抱起猫，把它放到了外面。）

这一对句子之间有因果联系的可能性较低。尽管它们的第二个句子相同，但是被试对有因果关系的句子对的第一句的记忆比较好。

桑代克（Thorndyke，1977）也发现当文本的组织与其“自然”结构相冲突时，对故事的记忆较差。他让一些被试阅读原故事，而另一些被试阅读句子顺序被打乱了的故事。阅读原故事的被试能够回忆出故事中 85% 的事实，但是阅读句子混乱的故事的被试只能回忆 32% 的事实。

曼德勒和约翰逊（Mandler & Johnson，1977）发现，在回忆具有因果结构的故事时，儿童比成年人困难得多。成年人将事件以及这些事件导致的结果放在一起记忆，然而儿童回忆起了结果，却往往忘记了结果是怎样来的。例如，儿童可能会记得一个故事中的黄油融化了，但是他们可能忘记了黄油融化是因为被放在太阳底下。成人在处理这种简单的因果结构时不存在任何困难，但他
387 们在觉察将文本的各部分连接起来等比较复杂的关系时可能会存在困难。例如，如果让你指出这一段落与前一段落的关系，你会觉得有多难？

帕林斯卡和布朗（Palinscar & Brown，1984）开发出了一个训练程序，它专门训练儿童对文本中的因果关系等结构的识别和提问。他们能够帮助成绩差的七年级学生将其阅读理解成绩从 20 百分点提高到 56 百分点。这个结果与巴特利特（Bartlett，1978）的实验结果相似，他通过训练学生识别文本的层次结构提高了阅读成绩。

◎ 对于文本材料的记忆很容易受到文本的层次和因果结构的影响，当人们注意到这些结构时往往能较好地记住文本材料。

文本表征的层次

金西（Kintsch，1998）指出文本有多个层次的表征。例如，请看实验中所用的题为“尼克去看电影”的故事中的一对句子：

- Nick decided to go to the movies. He looked at a newspaper to see what was playing.（尼克决定去看电影，他浏览报纸看看影院正在上映什么电影。）

金西认为这段材料有三层表征：

1. 有一个准确地表征原句的表层表征。这个表征可以通过检验人们是否能准确地记住原句，从而把它与“Nick studied the newspaper to see what was playing.”（“尼克阅读报纸看看影院正在上映什么电影。”）这样的句子区别开来进行测试。
2. 同时也存在一个命题层次的表征（见第 5 章），这个表征可以通过检查人们是否记得尼克阅读了报纸（尽管可能忘记了原句的准确措词[32]）来进行测试。
3. 还存在一个**情景模型**（situation model），它包含了故事的要点。因此，我们可以通过查看人们是否记得“Nick wanted to see a film”（“尼克想看电影”）来进行测试，故事中并没有说明但是很强烈地蕴含在其中。

在一项研究中，金西等人（Kintsch，Welsch，Schmalhofer，& Zimny，1990）考察了被试在为期四天的时间段里记住这些不同类型的信息的能力，结果呈现在图 13.10 中。正如我们在第 5 章中所看到的，表层信息被迅速遗忘，而命题信息则保持得较好。但是，最惹人注目的是情景信息的保持。四天之后，被试忘记了一半的命题，但是仍然能很好地记得故事讲的是什么，这与许多人看小说或电影的经验相吻合。他们会很快忘记大量的细节，但是在

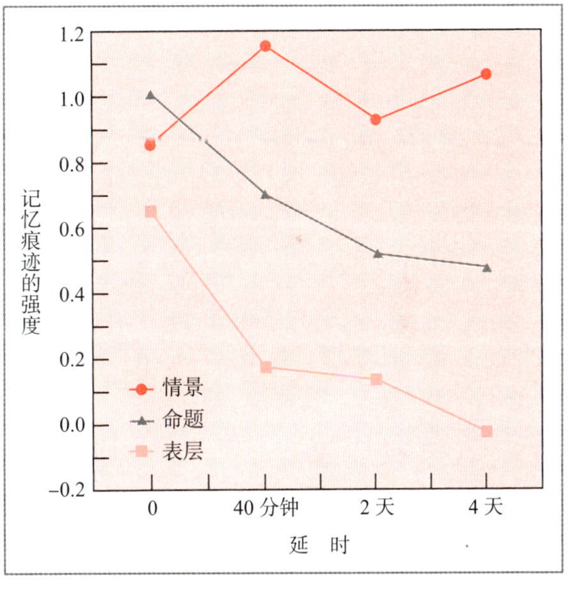

图 13.10 对故事的记忆与时间的函数关系：对句子的表层形式、构成故事的命题和高层次的情景表征的记忆强度随时间而变化。（资料来源：Kintsch et al.，1990）

32 括号内是按作者 email 中的说明补充的。——译者注

几个月之后仍然记得小说或电影讲的是什么事。

388 ◎ 人们在理解故事时，他们构建关于这个故事的高层次的情景模型。对这个模型的记忆比对句子的表层形式或组成故事的命题的记忆更持久。

结 论

本章所涵盖的主题的数量和多样性见证了语言理解研究方面令人瞩目的持续进展。公正地说，当 50 年前认知心理学在行为主义败落的背景下兴起的时候，我们对语言理解的了解几乎为零。现在，对于从听到一个单词后的 100 毫秒到几分钟后大段复杂文本的整合以及在这些层面上发生了什么，我们已经有了一幅相当连贯的画面。语言加工研究引起了许多理论争论，其中有些争论在我们对这个领域作综述时已有过讨论（例如，早期句法加工是否与后面的认知过程相分离）。但是，我们不应该因为这些争论而看不到该领域已取得的令人瞩目的进展。这个领域内的激烈争论也带来了的巨大的研究成果[33]。

33 原文是'The heat in the filed has also generated much light.'作者的解释是'heat refers to the anger in a debate, light refers to the understanding that comes from the research.'——译者注

思考题

1. 回答下列问题："How many animals of each kind did Moses take on the ark?（摩西分别将每种动物中的几只带上了方舟？）"如果你像大部分人一样，你将回答"两只"，你甚至都没有注意到是诺亚而不是摩西带着动物上了方舟（Erickson & Matteson，1981）。甚至当人们被警告要留神查看这类句子而不用给出回答时，他们还是会这样做（Reder & Kusbit，1991）。这种现象被称为摩西错觉，当然除摩西之外，我们发现对许多不同的词来说都有这种现象。对于人们如何将各个单词组合成句子，摩西错觉说明了什么？

2. 克里斯汀森等人（Christianson，Hollingworth，Halliwell，& Ferreira，2001）发现，当人们阅读句子"While Mary bathed the baby played in the crib"时，大部分的人实际上都把这个句子解释成"玛丽给婴儿洗澡"[1]。费雷拉和帕特森（Ferreira & Patson，2007）认为这表明人们并没有对句子进行仔细的语法分析，而是有一个"足够好"的解释就满足了。如果人们不是仔细地加工句子，那么交互加工理论的支持者和模块假说的支持者争论人们如何理解"The woman painted by the artist was very attractive to look at（被画家画的那个女子看上去很吸引人。)"这样的句子有什么意义呢？

3. 帕林斯卡和布朗（Palinscar & Brown，1984）发现，训练七年级的学生在阅读中进行增细推理能够大幅度提高他们的阅读技能。如果他们集中教授儿童做跨桥推理，你认为会取得同样的成功吗？

4. 别洛科等人（Bielock，Lyons，Mattarella-Micke，Nusbaum，& Small，2008）比较了被试听关于曲棍球的句子和听关于其他活动的句子时脑的激活情况。他们发现，只有那些曲棍球迷在听到关于曲棍球的句子时，其运动前区皮层才会产生更强的激活。这个发现对于说明专业技能在作出增细推理和形成情景模型中的作用有什么意义？

1 这句话的逐词翻译是'当玛丽洗婴儿在婴儿床里玩。'作者指出这个句子不合英语句法，含义不清楚。

关键术语

语法分析	N400	交互加工
语用	P600	跨桥（或逆向）推理
成分	暂时性歧义	增细（或顺向）推理
即时解释	花园路径句	情景模型
中心嵌入句	最简附着原则	

14 认知的个体差异

390

显然，人和人所想的并不一样。认知包括很多方面，但是，作为一个生来就爱互相评价的物种，人们往往关注其中的某些方面，在这些方面有些人表现得比别人“好”。这种表现一般被视为智力，有些人被认为比其他人智力高。第 1 章将智能看成是人类这一物种的定义性特征。因此，说我们物种中的一些成员比其他成员智力高是对这些成员的一种特别有分量的评价。正如我们将会看到的，人类认知的复杂性导致了不可能仅依据单一的智力评价尺度来定位人。

本章将考察认知中的个体差异。对个体差异的研究既有它本身的重要性，也有助于了解人类认知的普遍特征。贯穿本章的一个重大的争论是后天与先天之争。有些人在某些认知任务中表现得比较好，是由于他们天生就被赋予了更强的执行这些任务的能力，还是由于他们学习了更多的与这些任务有关的知识？毫无疑问，两种原因都有。我们将考虑和检验基本能力和经验对人类智能共同作出贡献的几种方式。

具体地说，本章将回答以下问题：

- 儿童在成熟过程中，其思维是如何发展的？
- 神经发育和经验对儿童智力发展的相对贡献是什么？
- 在成年时期我们的智力能力发生了什么变化？
- 智力测验测量什么？
- 智力的不同亚成分有哪些？

认知发展 391

人类物种的一部分独特性在于儿童来到世界和长大成人的过程。相对于人的体形来讲，人脑非常大。这就带来了一个严重的进化问题：这么个大头娃娃是怎么出生的呢？一种方法是逐渐扩大产道，现在已经扩大到了据说是哺乳动物的骨骼结构所能允许的最大程度（Geschwind，1980）。此外，婴儿出生时的颅骨柔韧到能被挤压成圆锥形以通过产道。尽管如此，与大多数的其他哺乳动物相比，人类的出生过程依然是特别困难的。

图 14.1 表示在妊娠期间人脑的发育过程。在出生时，儿童的脑比成年人的脑拥有更多的神经元，但是这些神经元特别不成熟。与很多其他物种相比，人类婴儿的脑在出生后要经历更多的发展。在出生时，人脑体积大约为 350cm³。在生命的第一年，它加倍成 700cm³，而且在到达青春期之前，人脑的体积还要再增加一倍。大多数的其他哺乳动物在出生之后脑的体积不会有如此大的增长（S. J. Gould，1977）。由于人类的产道已经扩张到它的极限，我们的许多神经发育被推迟到了出生之后。

虽然在子宫内发育了 9 个月，人类婴儿在诞生时仍然非常无助，需要花费 392
相当长的时间来长大成人——大约 15 年，约是人生的五分之一的时间。然而，

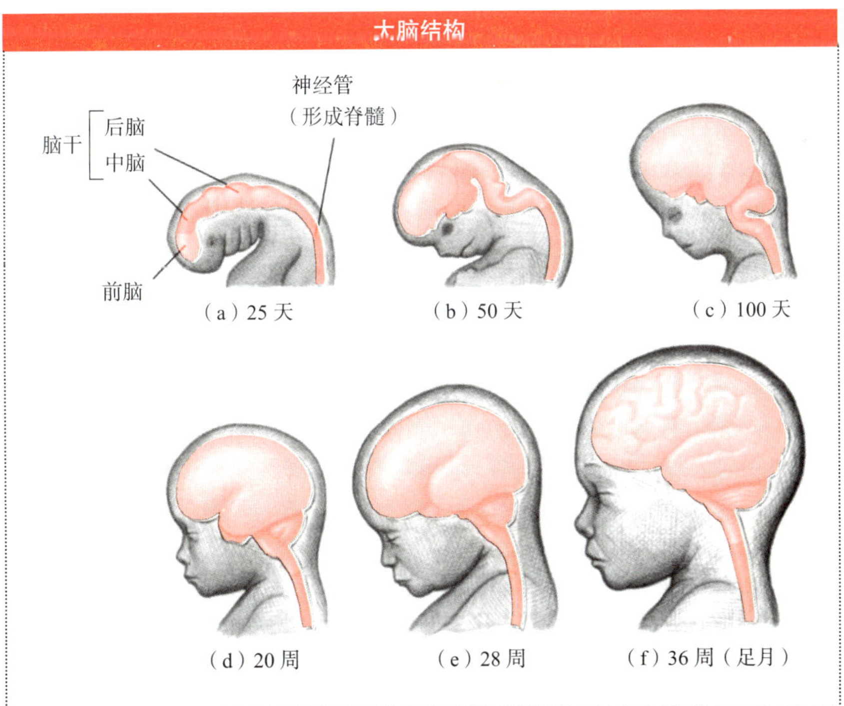

图 14.1　**脑发育过程中结构的改变。**（摘自 Cowan，1997，P116）

一只小狗的妊娠期只有9个星期，它在出生时比人类的新生儿更有能力。在一年之内，即不到其整个生命的十分之一的时间，狗就发育完全并具备了生殖能力。

人类的儿童期之长超出了其硕大的脑在发育中所需的时间。实际上，神经系统的大部分发育在5岁时已经完成。人类漫长儿童期是由于身体发育缓慢。有人推测，这种身体的缓慢发育是让儿童维持对成年人的依赖（de Beer，1959）。成长为合格的成年人之前儿童需要学习很多东西，儿童期如此之长使得儿童有足够的时间来获得这些知识，儿童期是步向成人期的学徒时期。

现代社会如此复杂，使得我们不能仅仅通过简单地跟父母交往15年就能学会所需的知识。为了提供所需要的训练，社会创建了社会性机构，例如中学、大学、大学之后的研究生院[1]等。人们通常要花上超过25年的时间，几乎是与职业生命相同的时间来准备他们在社会中担当的角色。

◎ 人类发展至成年期的时间长于任何其他哺乳动物，这使得他们有时间来发育一个硕大的脑并且获得大量的知识。

皮亚杰的发展阶段

发展心理学家们试图理解在我们从婴儿成长为成人的过程中智力所发生的改变。其中很多人深受瑞士心理学家让·皮亚杰（Jean Piaget）的影响，皮亚杰用了超过半个世纪的时间来研究和建立儿童发展理论。许多当代认知发展领域的信息加工研究涉及对皮亚杰的认知发展理论的修正和重建。尽管有这些修订，他的研究横跨从出生到成人时期的认知发展，将大量的定性观察组织成理论。因此，值得我们去回顾他的观察以获得关于儿童认知发展的一般特征。

按照皮亚杰的观点，在一个儿童进入这个世界的时候，他几乎缺乏所有的成人所具备的基本认知能力。但是通过一系列的发展阶段，儿童逐渐地发展出了这些能力。皮亚杰区分了四个主要的阶段。人生最初的两年是**感知运动阶段**（sensory-motor stage）。在这个阶段，儿童发展了用来思考物理世界的图式。例如，他们逐渐形成了物体在这个世界持久存在的概念[2]。第二个阶段是**前运算阶段**（preoperational stage），它刻画了2~7岁的儿童的特征。与前一阶段的儿童不同，这个阶段的儿童能够对世界进行内在的思考，但是这种心理过程是直觉性的，缺乏系统性。例如，当要求一个4岁大的孩子说明他所画的农场和一些

1 作者说明，在美国大学本科以后的教育还包括 Law school（法学院）、Medical school（医学院）等。——译者注

2 例如，一个玩具不会因为被帽子盖住而不存在了。——译者注

动物的图画时说："首先，这边是动物住的一个房子。我住一个房子，妈咪和 393
爹爹住一个房子。这是马。我在电视里看见马了。你有电视吗？"

第三个阶段是**具体运算阶段**（concrete-operational stage），7~11 岁。在这个阶段，儿童发展出一系列心理操作，使得他们能够以一种系统的方式对待物理世界。然而，儿童对世界进行形式化推理的能力仍然非常有限。形式化的推理能力出现在皮亚杰所说的第四个阶段，**形式运算阶段**（formal-operational stage），跨度为 11 岁到成人。一旦进入这个阶段，尽管仍然有很多东西需要学习，但是儿童已经成长为一个概念上的成人，并且能够进行科学推理——皮亚杰将它作为成熟的智力功能的一个范例。

皮亚杰的阶段概念一直是发展心理学的一个痛处。很显然，儿童不会在 11 岁生日的那一天突然从具体运算阶段进入形式运算阶段。不同的儿童和文化之间存在着巨大的差异，各阶段对应的年龄只能是一个大概值。然而，仔细分析单个儿童的发展过程，同样也找不到在任何年龄出现的突然变化。对这种渐变的一种解决办法是将各个阶段再细分成更小的亚阶段。另一种解决方法是将阶段解释为对逐渐的、连续的内在变化过程的一种简单的刻画。西格勒（Siegler，1969）认为，经过仔细地分析，所有的认知发展都是连续的、渐变的。他把关于儿童的成长经历了离散的阶段的信念称为是"完美跃迁神话"。

与皮亚杰的阶段分析一样重要的是，他对儿童在这些阶段内的一些特定任务上的表现所进行的分析。这些任务分析为他对各阶段的宽泛而抽象的刻画提供了实证基础。也许他最有名的任务分析是对守恒的研究，这将在下一小节讨论。

◎ 皮亚杰提出儿童的发展经历了四个智力不断复杂化的阶段：感知运动阶段、前运算阶段、具体运算阶段和形式运算阶段。

守　恒

术语**守恒**（conservation）通常是指对世界的理解和知识在各种变换下保持不变。儿童对守恒的理解沿着皮亚杰所谓的各个成长阶段而发展。

感知运动阶段的守恒（conservation in the sensory-motor stage）：儿童必须了解物体经过时间和空间的变换仍然持续存在。如果用布挡住婴儿正在伸手去抓的玩具，6 个月大的婴儿会停止动作，并且表现出对这个玩具不再有兴趣（图 14.2）。似乎对这个孩子来说，当物体不在视线内时它就不存在了。皮亚杰从他的实验中总结道，儿童不是生来就有关于客体持久存在的知识，而是在生命的第一年发展出这种概念的。

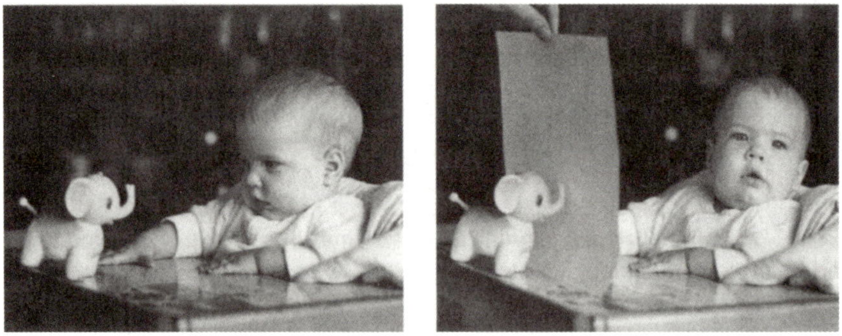

图 14.2 **一个关于婴儿不能理解物体持久存在的例子。**（资料来源：Monkmeyer Press Photo Service，Inc. From Santrock and Yussen，1989. Reprinted by permission of the publisher. Copyright ©1989 by Wm. C. Brown）

按照皮亚杰的观点，婴儿的客体持久存在的概念发展缓慢，它是感知运动
394 阶段智力发展的一个主要表现。年长一点的婴儿会去寻找藏起来的物体，但是要求更高的测试表明，他们还不能理解客体持久存在的概念。在一项实验中，将一个物体放在覆盖物 A 下面，然后，当着儿童的面，将这个物体拿走，放在覆盖物 B 下面。儿童仍会经常在覆盖物 A 下面去寻找那个物体。皮亚杰主张儿童没有理解物体将在位置 B 出现。只有在 12 个月之后儿童才能在该任务中取得一致性的成功。

前运算阶段和具体运算阶段的守恒（conservation in the preoperational and concrete-operational stages）：在大约 6 岁的时候，儿童的守恒概念出现了许多重要的进展。按照皮亚杰的观点，这个年纪是前运算阶段向具体运算阶段转变的时期。在 6 岁之前，儿童在推理中表现出一些明显的错误。6 岁时，他们开始纠正自己的这些错误。关于这种变化的原因一直存在争论，不同的理论家指出了不同的原因，包括语言（Bruner，1964）、入学（Cole & D'Andrade，1982）以及其他的原因。这里我们将介绍一种导致儿童理解数量守恒的变化。

作为成年人，我们几乎一瞬间就能辨认出盘里有四个苹果，而且很肯定把它们倒进一个袋子里，这些苹果仍然是四个。皮亚杰感兴趣的是儿童如何发展出数量概念的以及他们如何知道数量在各种变换之下，例如将物体从盘里倒进袋子里，仍然保持不变。图 14.3 显示的是心理学家们在许多实验中向学龄前儿童呈现的一个典型的守恒问题。向儿童呈现两排物体，例如棋子。它们包含相同数量的物体，并且两排物体平行排列，一一对应。当问儿童这两排物体的数量是否相同时，儿童回答‘是’，可以通过要求儿童数出这两排物体的个数以确认他们的答案。现在，当着儿童的面，将其中一排压缩得比另一排短，但是

图 14.3　**测试数量守恒的一个典型实验情境。**（资料来源：Monkmeyer Press Photo Service, Inc. From Santrock and Yussen，1989 Reprinted by permission of the publisher. Copyright ©1989 Wm. C. Brown）

不添加或移走任何棋子。然后再次问儿童哪一排有更多的物体，此时儿童会说 395
长的那一排更多。儿童似乎不知道数量在像空间压缩这样的变换之下是保持不变的。如果让他们数出两排物体的个数，儿童会非常惊奇地发现他们的数量相同。

显示儿童缺乏守恒的各种实例的一个普遍特点是，与任务无关的物理特征的呈现干扰了儿童。另一个例子是如图 14.4 所示的液体守恒任务。向儿童呈现两个同样的玻璃杯，里面装有同样多的水，另外还有一个空的、又高又瘦的玻璃杯。当问儿童这两个同样的玻璃杯里是否装有同样多的水时，儿童回答“是”。然后把一个玻璃杯里的水倒进高而瘦的玻璃杯里，再问这两个玻璃杯中的水是否相同，此时儿童会说高玻璃杯里装的水更多。年幼儿童被外在物理特征所干扰，从而不能将他们看到的水从一个玻璃杯倒进另一个玻璃杯与液体的量并未发生改变联系起来。布鲁纳（Bruner，1964）的实验表明，如果在向高玻璃杯里倒水时，遮挡住高玻璃杯，使儿童看不到高的水柱，不受物理外观的干扰，儿童就很少会在液体守恒任务中失败。因此，这是一个被物理外观弄得不知所措的案例。儿童其实是知道倒出的水的量保持不变的。

儿童的守恒失败也表现在固体的重量和体积上（关于守恒研究的讨论见 Brainerd，1978；Flavell，1985；Ginsburg & Opper，1980）。曾经有一种观点认为，成功地完成所有这些任务的能力取决于获得一种单一的抽象的守恒概念。然而，现在我们都很清楚，在一些任务上获得守恒比在另一些任务上早。例如，数量守恒通常早于液体守恒。另外，在由前运算阶段向具体运算阶段转变时期的儿

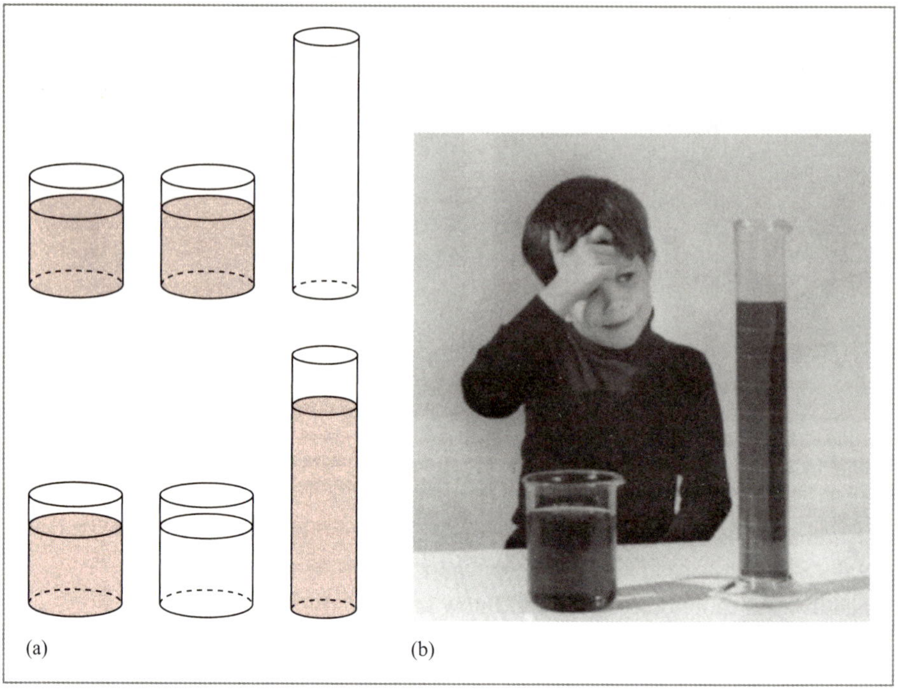

图 14.4 **测试液体守恒的一个典型实验情境。**（资料来源：Monkmeyer Press Photo Service, Inc. From Santrock and Yussen，1989 Reprinted by permission of the publisher. Copyright ©1989 Wm. C. Brown）

童，会在一个实验情境中表现出数量守恒，但却在另一个实验情境中守恒失败。

396 **形式运算阶段的守恒**（conservation in the formal-operational period）：当儿童发展到形式运算阶段，他们对守恒的理解达到了新的抽象水平。他们能够理解作为现代科学的一部分的理想化守恒，包括能量守恒和动量守恒这样的概念。在一个没有摩擦力的世界，一个物体一旦运动就会一直持续运动下去，这是儿童从来没有经历过的一种抽象形式。然而，儿童开始理解这种抽象形式及它与现实世界经验的关联。

◎ 随着儿童的发展，他们越来越深刻地认识到在何种变换之下客体的哪些特征能保持不变。

什么在发展

很显然，正如皮亚杰和其他研究者所证明的，主要的智力变化发生在儿童期。然而，有一些很重要的问题是这些变化的基础是什么。有两种路径可以解释为什么随着年龄的增长儿童在各种认知任务中的表现越来越好：一种是他们的“更好的思维”，另一种是他们的“更好的知识”。更好的思维这一观点认为儿童的基本认知过程变得更好。也许他们的工作记忆能包含更多信息，或者对信息的加工变得更快。更好的知识这一观点认为，随着年龄的增长， 397
儿童习得了更多的事实和更好的方法。我称它为“更好的知识”，而不是“更多的知识”，是因为它不仅仅是增加知识，而且也包括去除错误的事实和不合适的方法（例如在守恒任务中对外观的依赖）。也许这些较好的知识使他们能更有效地执行任务。用计算机来打个比喻：一个计算机应用项目可以通过在内存更大、速度更快的计算机上运行同样的程序而提高绩效，或者通过在同样的计算机上运行更好的程序而提高绩效。儿童发展属于哪一种情况呢，更好的机器还是更好的程序？

原因并非是其中的一个或另一个，这两者都是儿童发展的原因，但是他们各自的贡献是什么？西格勒（Siegler，1998）认为，儿童在最初两年发生的许多发展变化可以理解成与神经系统的变化有关。在最初两年里神经系统的变化相当大。我们已经提到，刚出生的婴儿比年纪大一点的儿童有更多的神经元。如图 14.5 所示，在最初的两年里，神经元的数量有所减少，但突触连接的数量却增加了 10 倍。在大约 2 岁时，突触的数量达到顶峰，随后开始下降。早 398
期对神经元的修剪和后来对突触连接的修剪可以被认为是使得脑能够自我精细调整的过程。最初的过度生成保证了有足够的神经元和突触来加工所需的信息。当一些神经元和突触不再被使用，因此被证明是不必要时，它们会消失（Huttenlocher，1994）。在两岁之后，神经元和它们的突触连接没有出现太多的进一步增长。脑的持续成长是由于其他细胞的增殖，尤其是神经胶质细胞的增加，包括提供包围神经元轴突的髓鞘的细胞的增加。正如在第 1 章所讨论的，髓鞘能使轴突迅速传递脑信号。髓鞘化的过程以渐进的方式持续到接近成年。这种渐进的髓鞘化的效应相当可观。例如，成年人的神经冲动在大脑两半球之间的传递时间大约是 5 毫秒，是 4 岁儿童速度的 4~5 倍（Salamy，1978）。

加工能力的提高是两岁以后发展的基础。毕竟我们要考虑一个两岁儿童和成人在生理上的差别。我儿子两岁时，他难以解开睡衣的扣子。如果他的肌肉和协调能力已经如此成熟，为什么他的脑还没有成熟呢？然而这个类推并不成立，一个两岁儿童只有其成年期身体重量的 20%，然而他的脑已经达到了它最终大小的 80%。儿童两岁之后的认知发展可能更多地取决于输入脑中的知识而不是脑的生理能力的任何改进。

◎ 两岁之前的神经系统发育对认知发展的贡献比两岁之后的更重要。

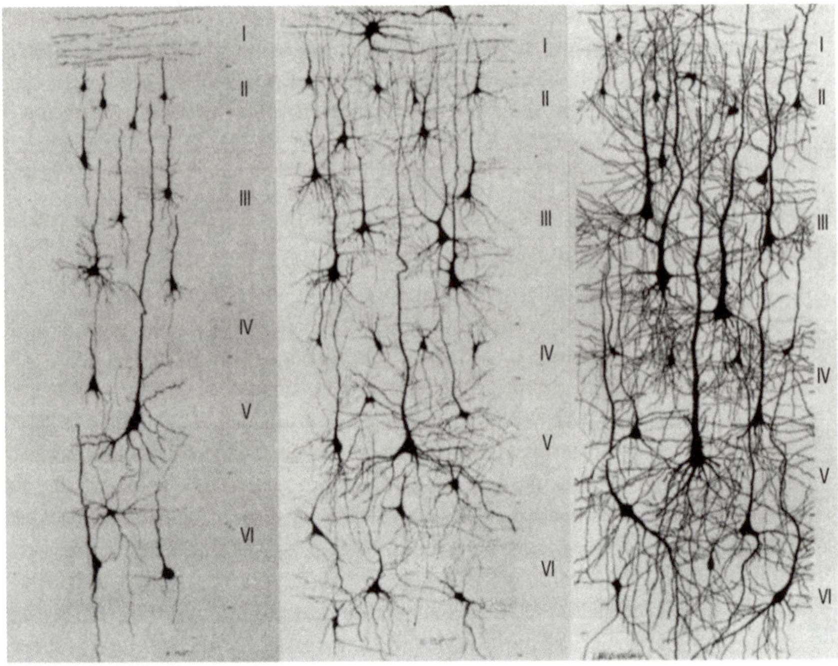

图 14.5 人出生之后其大脑皮层环布罗卡区的发展（a）新生儿；（b）3 个月；（c）24 个月。

（资料来源：Lenneberg，1967.）

经验论者和先验论者的争论

脑的生理发育在人类智能成长中的作用或者知识在人类智能进程中惊人的重要性这样的问题上，存在的争论相对较少。然而，由来已久的先天和后天之争与生理发育和知识积累的问题有关，但又不相同。这是先验论者[3]和经验论者（见第 1 章）关于知识起源问题的争论。先验论者认为，我们关于世界的知识在一定程度上是我们按照由基因编好的程序发展的结果。然而经验论者认为，事实上所有的知识都来自与环境互动的经验。这个问题引起强烈争议的一个原因是，它似乎与什么使得人类独特以及什么使人类潜力改变等观念有关。先验论者的观点是，如果我们相信心智只是经验的简单反映，那么我们就过分低估了自身；而经验论者相信，如果我们认为我们没有根本性地改变和提高的能力，我们就过分轻视了人类的潜力。问题并非如此简单，但是争论双方都带有强烈的情绪色彩。

3 又译为先天论者。——译者注

我们在讨论语言获得以及人类语言的一些重要问题（例如语言通则）时遇到过这个问题。然而，类似的争论也存在于我们关于人脸的知识或关于生物 399
种类知识的问题上。一个特别有趣的案例是我们关于数的知识。皮亚杰通过诸如研究数量守恒的实验指出我们没有天生的数的感觉，但是其他人则通过实验提出了相反的观点。例如，在关于婴儿注意的研究中，年幼儿童显示了区分一个物体与两个物体以及区分两个物体与三个物体的能力（Antell & Keating，1983；Starkey，Spelke，& Gelman，1990；van Loosbroek & Smitsman，1992）。在这些研究中，当年幼儿童看一定数量的物体变得厌烦时，物体数量的改变会使他们又重新产生兴趣。甚至有一些实验证明婴儿有基本的做加减的能力（Simon，Hespos，& Rochat，1995；Wynn，1992）。例如，一个五个月大的婴儿看到一个物体出现在舞台上，随后被屏幕挡住，然后看到第二个物体出现在舞台上，随后也被屏幕挡住，如果屏幕升起来后婴儿没有看到两个物体就会觉得很惊奇（图 14.6——注意这与皮亚杰的关于感知运动阶段缺乏守恒的观点相悖）。这种行为被看作是支持婴儿计算 1+1=2 的证据。德翰（Dehaene，2000）认为顶叶皮层有一个专门结构负责数的表征，它在一些数量判断任务中非常活跃。

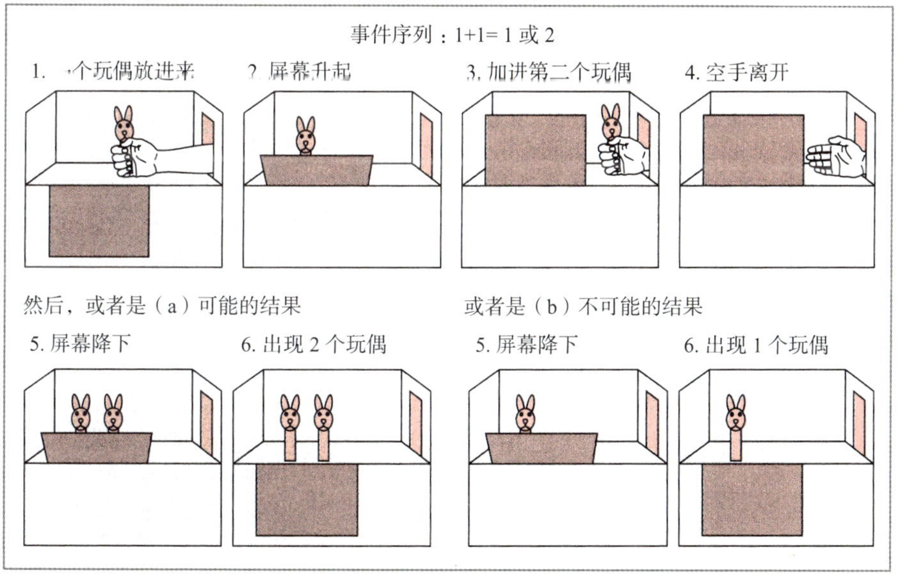

图 14.6　在卡伦·温（Karen Wynn，1992）的实验中，她让五个月大的婴儿看到她将一个或两个玩偶呈现在舞台上。然后她把玩偶隐藏在屏幕后面，并且当着婴儿的面移走或增加一个玩偶。在她降下 屏幕后，如果呈现的是错误数目的玩偶，婴儿通常会注视较长的时间。

另一方面，其他研究者认为，人类的大部分知识不能被编码进我们的基因。这种观点因 2001 年标定一个人只有 30 000 个基因（大约只有原先估计的三分之一）而被强化。况且，超过 97% 的基因基本上与黑猩猩相同，这就没有留下
400 多少基因来编码人类特有的丰富知识。埃尔曼等人（Elman et al.，1996）以及其他一些研究者指出，尽管人类信息加工的基本机制是先天特定的，并且这些机制使得人类能够思维，但是大部分知识和心理结构一定是通过经验获得的。

◎ 在认知科学中，关于我们的基本知识在多大程度上是天生的、多大程度上是从经验中获得的，一直存在着相当大的争论。

增强的心理能力

许多发展理论认为某些基本认知能力从出生到青少年时期都在增长。（Case，1985；Fischer，1980；Halford，1982；Pascual-Leone，1980）。这些理论经常被称作关于发展的新皮亚杰理论。让我们考虑一下凯斯（Case）的记忆空间理论。这个理论认为工作记忆容量的增加决定了发展的顺序。它的基本概念是，较高级的认知操作要求有更多的信息保持在工作记忆中。

这种分析的一个例子是凯斯（1978）关于儿童如何解决诺尔廷（Noelting，1975）的果汁问题的描述。向儿童呈现两个空的大水罐 A 和 B，并告诉儿童将分别向这两个水罐里倒入几玻璃杯的桔汁和几玻璃杯的水。儿童的任务是预测哪一个水罐里有最浓的桔汁味道。图 14.7 表示了儿童在不同的年龄能够解决的果汁问题的四个阶段。在最小的年龄阶段，儿童只能可靠地解决所有的桔汁倒进一个水罐，而所有的水倒进另一个水罐的问题。在 4 到 5 岁时，他们能够计算倒进水罐里的桔汁的杯数，并选择倒进桔汁杯数多的那个水罐，而不考虑倒进水罐里的水的杯数。在 7 到 8 岁时，他们注意到是否有比较多的桔汁或者比较多的水倒进凉水瓶里。如果水罐 A 的桔汁比水多，而水罐 B 的水比桔汁多，他们会选择 A，即使倒进 A 里的桔汁的绝对杯数较少。最后，在 9 到 10 岁时，儿童计算桔汁总量和水的总量之间

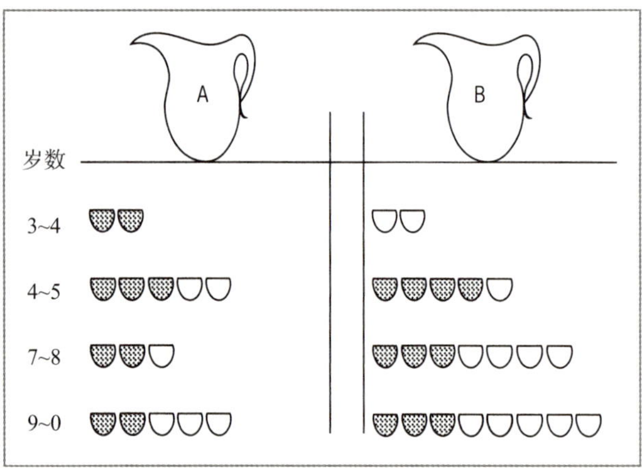

图 14.7 儿童在不同年龄解决的诺尔廷果汁问题。考查的问题是，当被试看到将要倒进每个水罐里的若干装有桔汁的玻璃杯和若干装有水的玻璃杯之后，判断哪个水罐里的桔汁味儿比较浓。

的差异（仍然不是一个完美的解决方法）。

凯斯认为图 14.7 显示了不同类型的问题对工作记忆的要求不同。对于最简单的问题来说，儿童只要在记忆中保持一个事实：哪一组玻璃杯里装有桔汁，儿童在 3 到 4 岁时只能保持一个这样的事实。如果两个组里都有装桔汁的玻璃杯，儿童就不能解决该问题了。对于第二种类型的问题，儿童需要在记忆中保持两件事：每一个组里的桔汁的杯数。对于第三种类型的问题，儿童需要在心中保持额外的部分结果来决定哪边的桔汁比水多。为了解决第四种类型的问题， 401
儿童需要依据四种事实来作判断：

1. 倒进水罐 A 里的桔汁的杯数和水的杯数之差的绝对值[4]
2. 水罐 A 之差的符号（即，倒进水罐里的水比桔汁多还是桔汁比水多）
3. 倒进水罐 B 里的桔汁的杯数和水的杯数之差的绝对值
4. 水罐 B 之差的符号

凯斯认为儿童发展的顺序由他们对问题的工作记忆容量所控制。只有当他们能够在工作记忆中保持四种事实时，他们才会发展到第四个阶段。因为难以决定如何计算工作记忆，凯斯的理论受到了批评（例如，Flavell，1978）。

另一个问题关系到是什么支配着工作记忆的增强。凯斯认为，影响工作记忆增强的一个主要因素是神经功能速度的提高。他引用的证据是髓鞘化的程度随年龄而增长，髓鞘增加的迸发点接近于他所假定的工作记忆发生重大变化的时间点。另一方面，他也认为练习同样有着非常重要的作用：随着练习的增加，我们学会了更有效地进行心理操作，使得它们减少了对工作记忆容量的需求。

凯尔（Kail，1988）的研究结果与心理操作速度非常关键这一观点相一致。这位研究者考察了许多认知任务，包括我们在第 4 章中讨论的心理旋转任务。他向被试呈现一对对朝向不同的字母，要求他们判断这两个字母是相同的，还是一个字母是另外一个字母的镜像。正如第 4 章所述，被试倾向于在脑中对一个物体的表象进行旋转，使它的方向与另外一个一致，从而做出判断。凯尔观察了从 8 岁到 22 岁的被试，发现随着年龄的增加他们普遍地加快了完

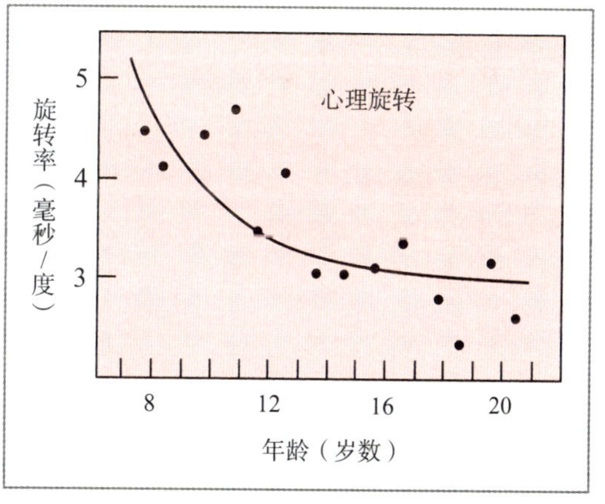

图 14.8　**由反应时与刺激方向之间的线性函数的斜率**（参见图 4.5——译者注）**来估算心理旋转率。**（资料来源：Kail，1988.）

4　例如，不管是水比桔汁多 2 杯，还是桔汁比水多 2 杯，差的绝对值都是 2。——译者注

成这个任务的速度。他感兴趣的是旋转率，即每旋转 1°角所花费的毫秒数。图 14.8 以旋转率作为年龄的函数来呈现了这些数据。可见，旋转 1°角所需的时间随年龄的增长而下降。

在凯尔的一些论著中，他认为这个结果是基本心理操作速度随年龄增长而加快的证据。然而，另一种可能的假设是这一结果反映了随年龄增长而积累的心理旋转经验。凯尔和帕克（Kail & Park，1990）通过让 11 岁的儿童和成年人进行 3000 多次心理旋转的练习来检验这个假设。他们发现，两组被试都能由于练习而使心理旋转的速度加快，但成人一开始的速度就较快。然而，凯尔和帕克指出，如果假设成人被试在参加实验前比儿童被试多了 1800 次的练习，那么这两组被试的数据就能用一个幂函数来拟合（第 6 章和第 9 章表明学习曲
402 线往往能用幂函数拟合）。图 14.9 显示了结果，儿童的学习曲线部分重叠在成
人的学习曲线上。对儿童练习曲线的起始点的假设是他们在参加实验之前已经有了 150 次的练习，对成年人练习曲线的起始点的假设是他们在参加实验之前已经有了 1950 次的练习。在 3000 次练习之后儿童的速度比成年人在实验开始时的速度快了很多。因此，尽管儿童的信息加工速度随着发展而加快了，但是

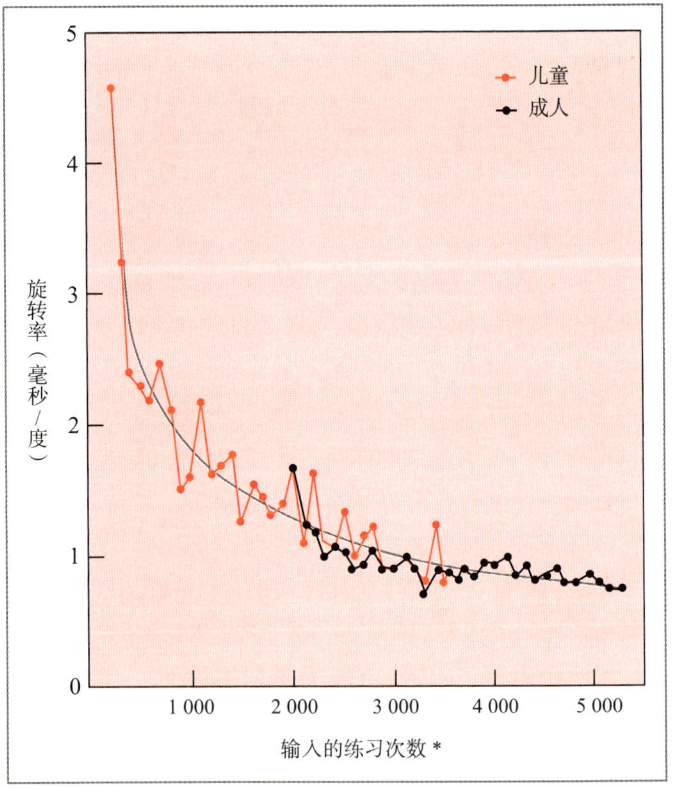

图 14.9 **来自凯尔和帕克（Kail & Park，1990）的数据：儿童和成人在同一条学习曲线上，但是成人在实验开始时比儿童多做了 1800 次练习。**

* 注意，此次数不是实验中的练习次数，因为儿童和成人的学习曲线开始时各有不同的起始练习次数。——译者注

对这种增加可能有一种基于练习而不是基于生理的解释。

◎ 认知发展过程中定量和定性发展的原因，既包括工作记忆容量的增大，也包括信息加工速度的提高。

增长的知识

迟（Chi，1978）证实了发展上的不同可能与知识有关。她报告的领域是记忆。毫不奇怪，儿童几乎在每一个记忆任务上都比成人差。他们的成绩差是 403
由于他们的记忆容量比较小还是由于他们对所要求记忆的对象了解较少？为了回答这个问题，迟比较了 10 岁儿童和成年人在两个记忆任务中的表现，标准的数字广度任务和国际象棋记忆任务（见第 6 章和第 9 章的讨论）。10 岁儿童是熟练的国际象棋棋手，而成年人是象棋新手。国际象棋任务与第 9 章中描述过的相似：呈现一个盘棋局 10 秒钟，然后撤走，要求被试复原棋局。

图 14.10 显示的是儿童和成人所回忆的棋子的数目，同时也列出了在数字广度任务中回忆出的数字的数目来进行对比。正如迟所预期的，成人在数字广度任务中表现较好，但是儿童在国际象棋任务中表现较好。儿童在国际象棋任务中的优势得益于他们拥有更多关于国际象棋的知识。成人在数字任务中的优势得益于他们对数字更熟悉，在第 9 章中的被试 S. F. 在数字广度任务中的惊人表现只是表明数字知识能够在多大程度上提高记忆成绩。

第 9 章中新手和专家的比较经常被用来解释发展的现象。我们看到，一个人如果要成为专家，需要大量的专业领域经验。迟认为儿童由于缺乏知识，几乎在各方面都是新手，但是他们通过积累某个领域（例如国际象棋）的经验，能够比成人更像一个专家。

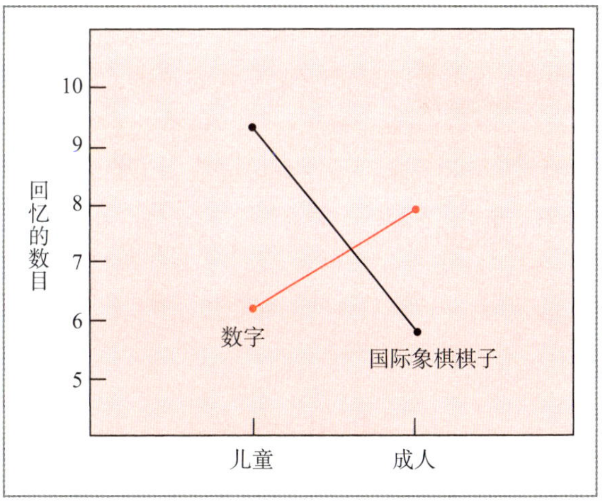

图 14.10　**儿童和成人回忆出的棋子数目和数字数目之对比。**（资料来源：Chi，1978.）

迟的实验比较了儿童专家和成人新手。施耐德、考科尔和韦纳特（Schneider，Korkel，& Weinert，1988）考查了在各个年龄水平的专门知识效应。他们根据足球水平把德国的在校儿童分成专家和新手两类。他们分别对 3 年级、5 年级和 7 年级的儿童进行这种划分。在呈现一个关于足球的故事后，要求每一个年级的儿童回忆这个故事。表 14.1 表示的是随年级水平和

表 14.1

故事要点的平均回忆百分比是年级和专门知识的函数

年　级	足球专家	足球新手
3	54	32
5	52	33
7	61	42

资料来源：Körkel（1987）.

专门知识而不同的回忆数量，专门知识的效应比年级水平效应要强很多。在一个再认测验中，没有年级水平效应，只有专门知识效应。他们还将每一年级的儿童被试按智力测验的成绩分成高能力组和低能力组。尽管这种测试一般都能够预测回忆成绩，但施耐德等人没有发现这种一般能力水平的效应，只有关于足球知识的效应。他们认为高能力组的学生只是因为了解很多领域内的知识，所以通常在记忆测验中表现较好。然而，当测试对某一个特定领域（例如足球）的故事的记忆时，高能力但对该领域一无所知的学生，就比那些低能力但知道很多该领域知识的学生表现差。

404 除了缺乏相关知识外，儿童在记忆任务中存在困难还因为他们不知道提升记忆的策略。复述是一个最显而易见的例子。如果让你拨打一个陌生的七位数字的电话号码，我相信你会一直复述它，直到你有充分的自信已经记住它或者直到你已经拨打了这个号码为止。但是幼年儿童一般不会复述数字。在一个比较 5 岁儿童和 10 岁儿童的研究中，基尼等人（Keeney，Cannizzo，& Flavell，1967）发现 10 岁的儿童几乎一直在口头复述要记住的一组物体，而 5 岁的儿童则很少这样做。如果指导幼年儿童使用口头复述策略，通常会提高他们的成绩。但是，非常年幼的儿童基本不能执行口头复述。

第 6 章强调了增细加工策略对好的记忆效果的重要性。尤其对于长期保持来说，增细加工显得比机械复述要有效得多。似乎有一种明显的使用增细编码策略的发展趋势。例如，帕里斯和林道尔（Paris & Lindauer，1976）观察到儿童使用增细加工来记忆配对 – 联想名词，例如*女士*和*扫帚*配对。年长儿童更倾向于产生交互式的句子，例如*女士乘着扫帚飞行*，而不是静态的句子，例如*女士有一把扫帚*。这种交互式的句子会产生更好的记忆成绩。年幼儿童也不大会通过推论来记忆故事（Stein & Trabasso，1981）。

◎ 年幼儿童经常在各种任务中比年长儿童表现差，因为他们拥有较少的相关知识和较差的策略。

认知和老龄化

当我们进入成人期后，认知的变化并没有停止。在我们逐渐变老的过程中，我们继续学习着更多的东西。如果智力只与一个人的知识有关，我们可以预期人类的认知能力会随着年龄的增加而持续地增强，但事实并非如此。图 14.11

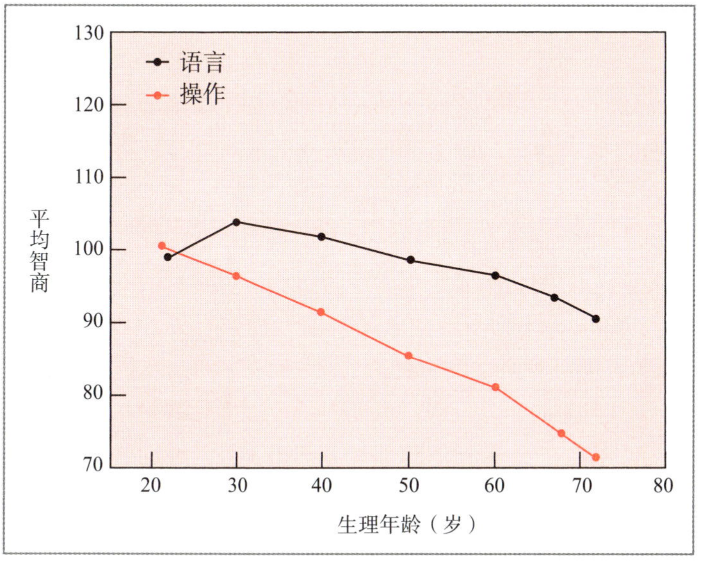

图 14.11　**韦氏成人智力量表标准样本的平均语言智商和操作智商随年龄的变化。**（资料来源：Salthouse，1992. Reprinted by permission from LEA，Inc.）

表示的是由索尔特豪斯（Salthouse，1992）总结的韦氏成人智力量表修订版（Wechsler Adult Intelligence Scale-Revised，WAIS-R）的两个智力成分的成绩。一个成分涉及语言智力，包括的要素有词汇量和语言理解。你可以看到，这个成分随年龄的增长变化不大。相反，包含推理和问题解决等这类能力的操作成分，则下降得非常快。

这些认知能力在测量中的下降很容易被夸大。这种测验的典型的做法是要求迅速地完成任务，但是年长的成年人在慢一点的测验上做得比较好。而且，这种测验通常非常像学校里的考试，年轻的成年人在这样的测验中拥有更多的近期经验。当测验与工作有关的行为时，年长的成年人经常能够比年轻的成年人做得更好（例如，Perlmutter，Kaplan，& Nyquist，1990），这既得益于他们积累的知识，也得益于他们更成熟的满足工作需要的方法。也有证据表明，老一代人年轻的时候在这些测验上的成绩也不如现在的年轻人好。这就是所谓的“弗林效应”，每 10 年智商成绩会大约增长 3 点（Flynn，1987）。图 14.11 中的 405
比较不仅仅是不同年龄的人，也有成长在不同时期的人。图中的某些明显下降可能应归因于不同时代的人之间的差别（教育、营养等），而不是与年龄相关的因素。

尽管与年龄无关的因素可以解释一部分在图 14.11 中所示的下降，但是确实存在与年龄有关的脑功能下降。脑细胞会逐渐残废，某些区域尤其如此。对记忆来说非常重要的海马区（见第 7 章），每 10 年丧失约 5% 的细胞（Selkoe，1992）。另外一些海马区中的细胞尽管没有死亡，但是已经观察到在萎缩和退化。另一方面，研究者还发现了补偿性增长的证据：海马中保留的细胞会增长以补偿周围因衰老死亡的细胞。也有越来越多的证据支持新神经元的出现，尤其是在海马区（Gould & Gross，2002）。而且，新神经元的数量似乎与一个人的经验丰富程度有非常密切的关系。尽管这些新神经元与那些丧失的神经元相比数量很少，但是它们可能非常有价值，因为新神经元更具有可塑性，有可能对编码新经验具有关键作用。

尽管神经元的损失与年龄有关，但是对于大多数智力活跃的成人来说，其影响不大。真正的问题是与各种脑疾病有关的智力损伤。最常见的疾病是阿尔
406 茨海默症（Alzheimer's disease），它与脑功能的实质性损伤有关，尤其是包含海马的颞叶区域。很多这类疾病是缓慢发展的，图 14.11 显示的年长被试在一些测验中表现出的与年龄有关的能力下降，可能有部分原因是其中一些被试已经处在这些疾病的早期。但是，即使把健康因素考虑进去，并对同样的一些被试进行长时间的追踪研究（因此排除了不同时代的影响），仍然有证据表明智力下降与年龄有关，尽管这些可能要到 60 岁以后才显著（Schaie，1996）。

随着我们的年龄增长，存在着知识增长和神经功能损失之间的竞争。不同专业的人（艺术家、科学家、哲学家）往往都在三十来岁的中期工作最突出。图 14.12 显示了来自莱曼（Lehman，1953）的一些有趣的数据。他考察了 182 名当时已故的著名哲学家的著作，他们总共写了大约 1，785 本书。图 14.12 显示的是一位哲学家的某本书被认为是该哲学家最好的一本书的概率与其写这本书时的年龄的函数关系。这些哲学家们在七十多岁时仍然多产，出版了很多书。然而，如图 14.12 所示，在这 10 年中所写的书不太可能被认为是这位哲学家最好的书[5]。莱曼收集了许多领域的数据，它们都与三十多岁常常是智力活动的高峰时期的假说相一致。然而，正如图 14.12 所示，人们在四十多岁和五十多岁期间仍然有相对较高的智力活动能力。

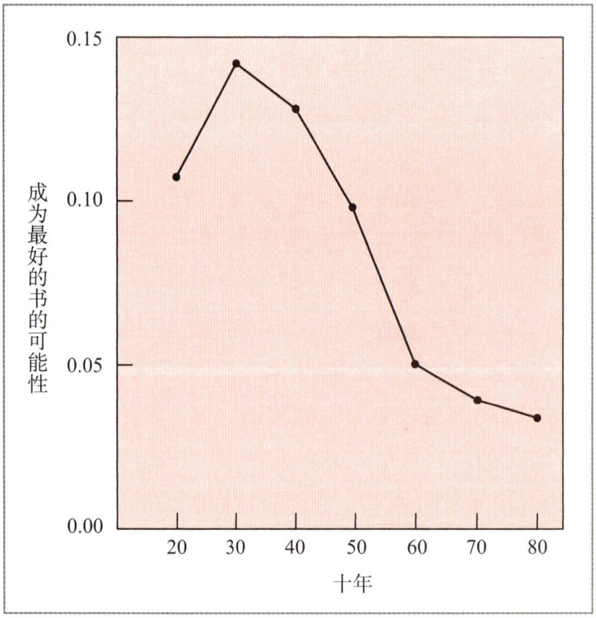

图 14.12 一位哲学家的某本书成为该哲学家的最好的一本书的概率与其写这本书时的年龄的函数关系（资料来源：Lehman，1953.）

与年龄有关的脑功能和认知之间的

5 注意，本图指的是一本具体的书成为最好的书的概率，不是一个作者在某个十年里所写的书的数量。

相关关系清楚地表明，智力有着一定的生理基础，知识的贡献并不总是能够超越它。索尔特豪斯（Salthouse，1992）认为，就信息加工而言，人们会随着年龄的增长而丧失在工作记忆中储存信息的能力。他比较了不同年龄的被试在完成如图 14.13 中的推理问题的成绩。这些问题的不同在于前提的数量，需要整合这些前提以得出一个特定结论。图 14.13 表示的是不同年龄段的人执行这些任务的成绩。如图所示，人们在解决这种问题时的能力一般会随着需要整合的前提数量的增加而下降。然而，对于年长的被试而言，这种下降趋势要陡峭得多。索尔特豪斯认为年长的成年人的信息加工比年轻的成年人慢，这就限制了他们在工作记忆中保持信息的能力。

407 ◎ 知识的增长和成熟有时候会补偿与年龄有关的信息加工速度的下降。

Q 和 R 相反
如果 Q 增加，R 会怎么样？

D 和 E 相反
C 和 D 相同
如果 C 增加，E 会怎么样？

R 和 S 相同
Q 和 R 相反
S 和 T 相反
如果 Q 增加，T 会怎么样？

U 和 V 相反
W 和 X 相同
T 和 U 相同
V 和 W 相反
如果 T 增加，X 会怎么样？

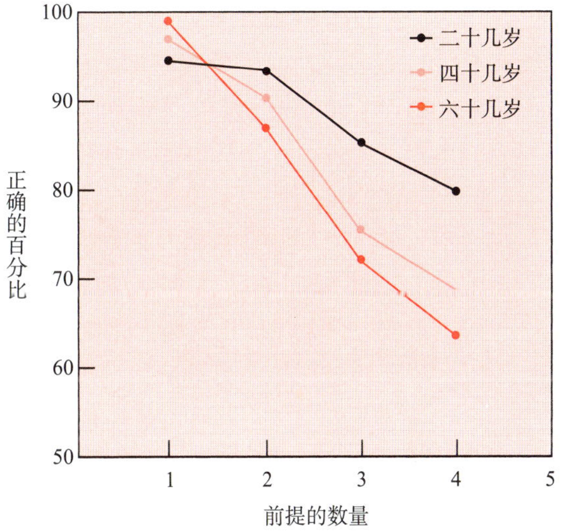

图 14.13　**对工作记忆有不同需求的整合推理任务的例子（上），以及二十几岁、四十几岁、和六十几岁的成年人在每种任务上的平均成绩（下）。**

认知发展小结

在先天与后天之争的问题上，认知发展的数据描述了一幅混合图像。人脑在二十来岁的早期可能到达它生理上的最佳状态，智力倾向于随着脑功能的发展而提高。这种关系似乎在儿童早期尤其明显。但是，我们也看到有证据表明，
408 练习能够克服与年龄有关的速度差异（见图 14.9），知识可能是一个比年龄更重要的因素（见图 14.10 和表 14.1）。另外，智力产出的顶峰出现在二十来岁之后的三十来岁（图 14.12），这表明了它对知识累积的需求。正如在第 9 章中讨论的，要在一个领域真正出类拔萃至少需要有 10 年该领域的经验。

认知的心理测量学研究

现在我们从探讨认知怎样随年龄变化转向探讨在固定年龄群中认知是怎样变化的。这种研究基本上有一个相同的特点，它测量不同的人在许多任务上的成绩，然后寻找不同任务下的成绩之间的相关关系。这些测验被称为**心理测量学测验**（psychometric tests）。这方面的研究已经确认，人们不是在单一维度的‘智力’上各不相同，认知的个体差异非常复杂。我们将首先考查智力测验的研究。

智力测验

智力测验的研究比认知心理学有着更长久的历史。1904 年，巴黎的公共教育部长任命了一个委员会负责鉴别需要辅助教育的儿童。阿尔弗雷德・比奈着手开发能够客观地识别有智力困难的学生的测验。1916 年，刘易斯・推孟修订了比奈的测验使之适用于美国学生。他的努力产生了斯坦福 – 比奈测验（Stanford-Binet），这是现今美国使用的一个主要的综合智力测验（Terman & Merrill，1973）。美国使用的另一个主要的综合智力测验是韦氏智力测验，它有分别适用于儿童和成人的量表。这些测验包括对数字广度、词汇量、类比推理、空间判断和算术能力的测量。在斯坦福 – 比奈测验中成人需要回答的一个典型问题是 :“为了使你的右手在北边，你应该面向哪个方向？”人们要付出大量努力来从中作出选择，这些项目能够预测学业成绩。

这两个测验的测量结果都叫做**智商**（intelligence quotient，IQ）。最初对智商的定义与心理年龄和生理年龄有关。由测验确定一个人的心理年龄。如果一个儿童在测验中能解决的是一个普通 8 岁儿童能够解决的问题，那么这个儿童的心理年龄是 8 岁，独立于他的生理年龄。智商被定义为心理年龄和生理年龄的比率再乘以 100，或者

$$IQ = 100 \times MA/CA$$

在这里，MA 是指心理年龄，CA 是指生理年龄。因此，如果一个儿童的心理年龄是 6，而生理年龄是 5，那么智商是 $100 \times 6/5 = 120$。

409 智商的这一定义在好几个方面被证明是不合适的。它不能用于测量成人的智力，因为在接近二十岁时人们的智力测验成绩开始达到平稳状态，再往后则随年龄的增长逐渐下降。为了克服这个困难，现在的智商定义普遍采用离差分数。一个人的原始成绩减去他所属的年龄组的平均成绩，然后将这个差值转换成与早期的智商分数大致相同的在 100 上下变化的测量结果。精确的定义可以

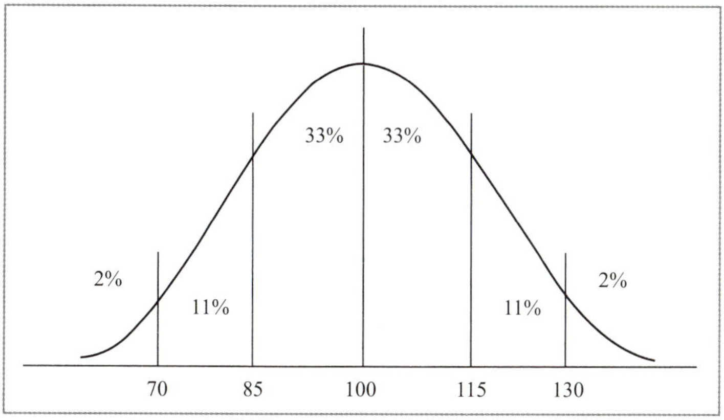

图 14.14　**智商成绩的正态分布**

表达为

$$IQ = 100 + 15 \times [（成绩 - 平均成绩）\div 标准差]$$

在这里，标准差是对成绩的变化程度的度量。这样测量的智商值的分布倾向于遵从正态分布。图 14.14 显示的是智商分数的正态分布以及分布在不同范围的人的百分数。

斯坦福 – 比奈智力测验和韦氏智力测验都是对综合智力的测量，但是也有很多其他的测验来测量特定的能力，例如空间能力。这些测验得以在美国持续使用的部分原因是，它们能够以一定的准确程度预测学生的在校成绩，这也是比奈当初的目标之一。然而，智力测验用于这个目的是备受争议的。尤其是因为这类测验会被用来决定什么人能获得什么样的教育机会。人们非常关切这些测验的构成是否能防止对特定文化种群的歧视。由于这些测验在文化上的歧视性，移民们的智力测验成绩通常很差。例如，不到一个世纪以前，意大利移民的平均智商只有 87（Sarason & Doris，1979），然而今天其后代的智商已经略高于平均水平了（Ceci，1991）

智力概念本身与文化有密切的关系。在一种文化中被认为智力高，而在另 410
一种文化中则不然。例如，格贝列（Kpelle），一种非洲文化，认为韦氏智力测验中对具体东西进行分类的方法（例如将苹果和桔子归为同一类——智力测验中一些项目的基础）是愚蠢的（Cole，Gay，Glick，& Sharp，1971）。罗伯特·斯滕伯格（Robert Sternberg，个人交流）注意到，在一些文化中甚至没有表述智力的单词。尽管如此，事实是智力测验确实能预测（西方）在校学生的成绩。它们能够为学校提供有价值的评估学生的服务，还是简单地强化了其文化中武断性地认为有价值的东西，这很难判断。

与智力测验的公正性有关的问题是，它测量的是内在的禀赋还是获得的能力（又一个先天与后天之争的问题）。具有说服力的数据似乎来自于那些对分开抚养的同卵孪生子的研究。被不同家庭收养的同卵孪生子拥有相同的遗传资质，但是环境经验不同。对此类研究结果的解释存在着争议（Kamin，1974），但是分析（Bouchard，1983；Bouchard & McGue，1981）表明，分开抚养的同卵孪生子相互之间的智商相似程度远远高于在同一家庭中长大的异卵孪生子。这一证据似乎表明智商有很强的先天成分。然而，如果由此得出智力主要是先天性的则是错误的。智力和智商并不是一回事。出于智力测验的目的，它们必须预测在一系列环境中的成绩，尤其是学业成绩。因此，它们必然忽视特定经验对智力的贡献。如在第 9 章所注意到的，国际象棋大师通常并没有特别高的智商。这种倾向更多地反映了智商测验的不佳而不是国际象棋大师的不佳。如果一项智商测验聚焦于国际象棋经验，那它预测一般学业成绩的能力就很差。因此，智力测验试图测量的是，在一种文化中可以合理地预期的每一个人天生的能力和一般性知识。然而，如我们在第 9 章中看到的，在任何特定领域中的突出成绩取决于在该特定领域的知识和经验，而不是文化中的一般性知识和经验。

切奇和利克（Ceci & Liker，1986）提供了专业技能和智商之间不相关的另一个有趣例证。这些研究者观察那些热切的赛马迷们在加权赛马[6]中下注的能力。他们发现在加权赛马中下注的技能与形成一个有复杂交互作用的赛马模型有关，但是这种技能与智商没有关系。

尽管对于任何领域的成功，特定的经验都有着明显的重要性。然而，值得注意的事实是，智力测验能够预测在一些领域里的成功。他们能以中等水平的准确度预测学业成绩和生活中的一般成功（至少在西方社会中如此）。它们测量的是哪些心理成分？这个领域的很多理论性工作都试图回答这个问题。为了了解这方面的进展，我们必须先理解该领域内的一个主要方法因素分析（factor analysis）。

411 ◎ 标准的智力测验测量那些能够预测学业成绩的一般性因素。

6 Handicap race：通常是指给不同性能的马按性能级别（有明确的判定规则）加上不同的负荷，例如一个较快级别的马比一个较慢级别的马多加 10 磅的重量，使它们在理论上能同时到达终点。在这种条件下，比较各匹马到达终点的快慢。也有个别情况不是负重不同，而是让不同性能的马跑不同的距离。由于影响因素多，很难预测赛赢的一匹马（下注）。——译者注

启　示

智商决定人生的成功吗

除了学业成绩之外，智商似乎对许多社会相关要素也有很强的预测性。美国心理学会的报告《智商：已知的与未知的》(Neisser et al., 1996) 指出智商能够解释大约五分之一的工作成就和收入这类要素的变化 (0.3~0.5 的正相关)。它与社会经济地位甚至有更强的关联，它与反社会行为 (例如犯罪行为) 有比较弱的负相关。

一种很自然的倾向是，从这些数据人们推论出智商与成为我们社会中的成功人士直接相关。但是我们有理由质疑这种直接的关联。获得各种教育的机会和某些工作的机会取决于考试分数。获得其他职业的机会取决于接受的各种教育项目，而获得这些教育资源则部分取决于考试分数。基于智商与这些考试分数之间的强相关，我们可以预期这个社会中的高智商者会得到更好的训练和职业机会，低智商者则只有比较有限的机会，并且经常由于考试分数低而被置于有更多的反社会行为的环境中。

另一个混淆因素是成功经常由社会中的其他成员来判定。例如，大部分的工作绩效研究以领导的评分作为依据，而不是实际去测量工作绩效。晋升在很大程度上取决于领导的意见。同样，像刑事案件判决这样的法律决议也有很强的判断性因素。因此，智商有可能影响的是这些社会判断而不是被判断的实际情况，例如实际上一个人的工作有多好或者一种行为有多坏。具有权力和地位的人，例如法官和领导，通常拥有高智商。因此，存在这种可能性，伴随高智商而来的一些成功是一种群体效应，高智商的人更喜欢类似的高智商的人。

因素分析

综合智力测验通常包括测量不同能力的一些子测验。前面已经提到，还有很多特定的测验用来测量特定的技能。基本的观察结果是，在一个测验或子测验上表现好的人通常在另一个测验或子测验上也表现好。人们在两个子测验上的成绩的可比性用相关系数来度量。如果在一个测验中成绩好的所有人在另一个测验中成绩也同样地好，那这两个测验的相关系数为 1。如果在一个测验中成绩好的所有人在另一个测验中的成绩都相对应地差，那这两个测验的相关系数为 −1。如果人们在一个测验中的成绩和他们在另一个测验中的成绩完全不相关，这两个测验的相关系数为 0。两个测验之间的典型相关系数是小于 1 的正数，

表 14.2

华盛顿入大学前的测验系列（Washington Pre-college Test Battery）* 中的某些测验。

测验名称	描　述
1. 阅读理解	阅读短文，回答有关问题
2. 词汇量	选择一个单词的同义词
3. 语法	识别正确和错误的语法
4. 定量技能	阅读文字题，判断问题能否解决
5. 机械推理	分析示意图并回答相关问题，要求运用物理知识和机械原理
6. 空间推理	指出如果一个二维图形在第三维被折叠起来，会出现什么形状
7. 数学水平	中学代数测验

* WPC，一种预测中学毕业生学习大学课程的能力的测验。有些大学接受 WPC（或者 SAT 等其他测验）的成绩作为入学申请评审材料之一。——译者注

资料来源：Hunt（1985）。

412 这表明一个测验中的成绩与另一个测验中的成绩之间的相关低于完全相关。

例如，亨特（Hunt，1985）考查了表 14.2 所描述的七个测验之间的关系。表 14.3 显示的是这些测验分数之间的两两相关系数。我们可以看到，有些测验对之间比另外一些测验对之间的相关程度更高。例如，阅读理解和词汇量之间有相对较高的相关（0.67），而阅读理解和空间推理之间的相关则相对较低（0.14）。**因素分析**（factor analysis）是一种试图理解这些相关模式的意义的方法。它的基本原理是将这些测验放在一个多维空间中，使得测验间的距离对应它们的相关系数。距离较近的测验具有较高的相关，因此它们测量的是同样

表 14.3

表 14.2 所列测验之间的两两相关

测验编号	1	2	3	4	5	6	7
1	1.00	0.67	0.63	0.40	0.33	0.14	0.34
2		1.00	0.59	0.29	0.46	0.19	0.31
3			1.00	0.41	0.34	0.20	0.46
4				1.00	0.39	0.46	0.62
5					1.00	0.47	0.39
6						1.00	0.46
7							1.00

资料来源：Hunt（1985）。

的东西。图 14.15 显示的是将表 14.2 中的测验放置到一个二维区域里的尝试。读者能够验证，在这个空间中距
413 离越近的测验在表 14.3 中的相关程度越高。

一个有趣的问题是怎样理解这个空间。首先，从下往上，测验越来越与符号和语言有关，我们可以将这个维度看作语言因素。其次，从左往右，测验越来越表现出计算的特点，我们可以将这个维度看作推理因素。高相关可以解释为学生在这些因素上有相似的分数。可见，定量技能和数学水平之间有高相关是因为这两种测验都需要中等程度的语言加工和大量的推理。那些具有很强推理能力和有平均水平或高于平均水平的文字理解能力的人在这些测验中的成绩通常较好。

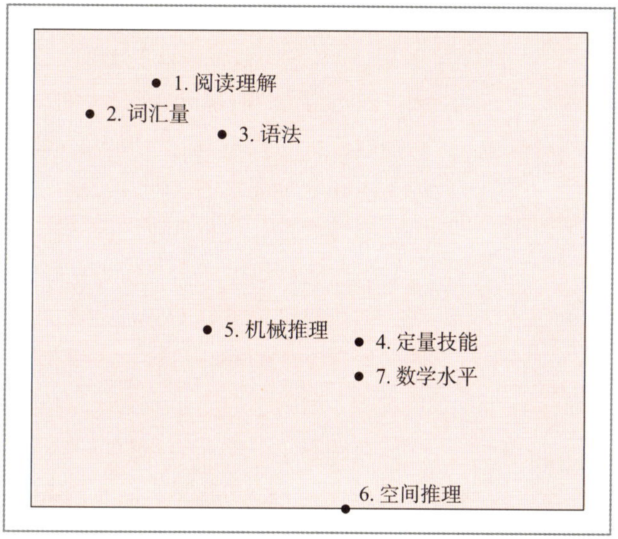

图 14.15 **表 14.2 中所列测验的一种二维表征。随着表 14.3 中所示的两种测验的相关的增加，图中两点的距离相应减少。**

因素分析的基本目标是从如表 14.3 所示的一组相关关系出发，找出为数不多的能够解释这些相关的因子或维度。在基本因素是什么的问题上存在很多争论。也许你可以发现其他方式来解释表 14.3 中的相关。例如，你可能会认为存在一个语言因素将测验 1 到 3 连接起来，一个推理因素将测验 4、5 和 7 连接起来，另外有一个独立的空间因素反映在测验 6 中。事实上，我们将会看到，已经有了很多关于独立的语言、推理和空间因素的建议，尽管如表 14.3 中数据所示，要分离空间和推理因素存在一定困难。

解释这类数据的困难反映出，在对于什么是人类智力的基本因素的问题上存在着许多非常不同的观点。斯皮尔曼（Spearman，1904）认为只存在一个一般性的因素，它是各种测验成绩的基础。他将这个因素命名为 g 因素。相反的是，瑟斯顿（Thurstone，1938）认为存在着许多相互分离的因素，包括语言、空间和推理。吉尔福特（Guilford，1982）则认为存在不少于 120 种的智力能力。卡特尔（Cattell，1963）提出了液态智力和晶态智力之分，**晶态智力**（crystallized intelligence）是指获得的知识，而**液态智力**（fluid intelligence）是指在新的领域中推理或解决问题的能力。（在图 14.11 中，液态智力，而不是晶态智力，显示出与年龄相关的下降。）霍恩（Horn，1968）在详细阐述卡特尔理论的基础上，认为存在着与液态智力相分离的空间智力。表 14.3 能被霍恩 - 卡特尔理论

所解释，晶态智力对应于语言因素（测验 1 到 3），液态智力对应于推理因素（测验 4、5 和 7），以及空间智力对应于空间因素（测验 6）。通常数学测验主要是测量液态智力，但是把液态智力看成是推理能力可能比看成是数学能力更合适。
414 在因素分析的研究中分离液态智力和空间智力有一点困难，但是它似乎是可能的（Horn & Stankov，1982）。

尽管对于什么是真正的因子还很难得出一个确切的结论，但是很显然，通过智力测验所测量的人类智力是存在差别的。有可能霍恩–卡特尔理论或者瑟斯顿理论提供了最好的分析，提出了我们所谓的语言因素、空间因素和推理因素。本章余下的部分将进一步提供人类智力包含这三种能力的证据。这个结论很重要，因为它表明在人类认知功能的实现上存在某种特定化。

在调查了几乎所有数据的基础上，卡罗尔（Carroll，1993）提出了一种整合了霍恩–卡特尔和瑟斯顿的观点的智力理论。他将其理论命名为三层次理论。最下层是特定的能力，例如成为一个物理学家的能力。卡罗尔认为这些能力在很大程度上不能遗传。在它上面的一层是比较广泛的能力，例如语言因素（晶态智力）、推理因素（液态智力）和空间因素。最后，卡罗尔注意到这些因素通常相互关联，从而在最高层定义了一个类似于斯皮尔曼的 g 因素的东西。

过去的几十年里[7]，有着相当可观的研究将兴趣放在个体差异的测量与认知心理学中的各种信息加工理论的联系方式上。例如，空间能力高的被试和空间能力低的被试在完成第 4 章中所讨论的空间表象能力任务的过程中有什么不同？智力测验的编制者通常忽略这类问题，因为他们的主要目标是预测学业成绩。我们将考查一些旨在理解推理因素、语言因素和空间因素的信息加工研究。

◎ 因素分析的方法发现，推理能力、语言能力和空间能力是各种智力测验成绩的基础。

推理能力

用于测量推理能力的典型测验包括数学问题、类比问题、序列外推问题、演绎三段论和问题解决任务。这些是第 8 章到第 10 章进行过细致分析的任务类型。在这本书的背景下，这些能力也许被叫做问题解决能力更为合适。大部分心理测量学测验研究只关注一个人是否能正确回答一个问题。相反，信息加工的分析试图考查一个人在获得一个问题的答案时采取的步骤以及完成每一个步骤所需要的时间。

7 作者说明，这种研究兴趣大约开始于 1975 年。——译者注斯滕伯格（Sterberg，1977；Sternberg & Gardner，1983）的研究试图将心理测量学的研究和信息加工的研究联系起来。他分析了人们如何加工各种推理问题。图 14.16 是其类比问题的一个例子。他要求被试完成推理“A 对 B 类似于 C 对 D_1 还是对 D_2？”斯滕伯格将完成这种类比的过程分解成几个阶段。在他的分析中最关键的两个阶段叫做推理阶段和比较阶段。推理阶段需要找出在 415
A 和 B 之间的每一个改变的特征，并且将它应用到 C。在图 14.16 中，A 和 B 的不同是将衣服上的圆点变成条纹。因此，一个人会预期 C 也会将圆点变成条纹以得到 D。比较阶段要求比较两个选项 D_1 和 D_2，在 D_1 和 D_2 之间一个特征一个特征地进行比较，直到发现一个能够作出选择依据的特征为止。因此，一个被试可能首先会检查 D_1 和 D_2 是否都有雨伞（他们都有），是否都穿着有条纹的衣服（他们都是），然后看它们是否都有一顶黑色的帽子（只有 D_1 有）。黑色帽子这一特征会让被试拒绝 D_2 接受 D_1。

斯滕伯格感兴趣于被试作出这些判断所需要的时间。他提出的理论认为，对于 A 和 B 之间每一个有区别的特征，被试要花费较长的时间，因为要从 C 导出 D 必须改变这个特征。斯滕伯格和加德纳（Sternberg & Gardner，1983）估计加工每一个这样的特征的时间为 0.28 秒。这个时间的长短是推理参数。他们也估计了比较 D1 和 D2 的特征来预测 D 的一个特征的时间为 0.60 秒。这个时间的长短是比较参数。0.28 和 0.60 这两个值只是平均数，推理时间和比较时间的实际值随不同的被试而改变。斯滕伯格和加德纳考查了各个被试的这两个参数值和他们在心理测量学测验中推理能力的成绩之间的相关关系。他们发现，推理参数与推理的心理测量学的度量结果之间的相关为 0.79，比较参数与心理测量学的度量之间的相关为 0.75。这些相关表明推理参数值或比较参数值较大

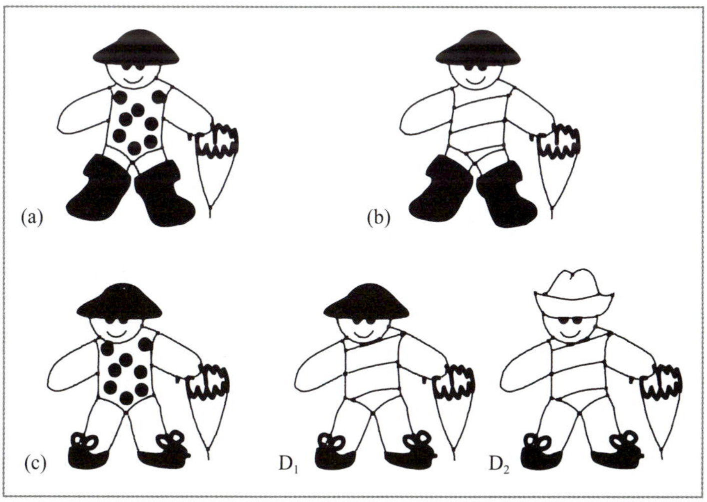

图 14.16　斯滕伯格和加德纳（Sternberg & Gardner，1983）使用的类比问题的一个例子。（Copyright© 1983 by the APA. Adapted by permission.）

的被试在心理测量学的推理测验中的成绩也比较差。因此，斯滕伯格和加德纳
416 的实验能够证实，信息加工速度对智力的心理测量学成绩起关键作用。

◎ 推理能力得分高的被试能迅速执行推理过程中的每个步骤。

语言能力

显现在智力测验中的最坚实的因素也许是语言因素。有相当多的研究的兴趣在于确定什么过程使得一个人有很强的语言能力。戈德堡、施瓦茨和斯图尔特（Goldberg，Schwartz，& Stewart，1977）比较了语言能力高的被试组和语言能力低的被试组进行各种词汇判断的过程。一种词汇判断任务只是简单地比较两个单词是否是同一个单词。因此对于下面这样一对单词被试将回答“是的”

- bear，bear（熊；熊）

另一组被试的任务是判断一对单词听起来是否相同。因此，他们对于下面这样一对单词将回答“是的”

- bare，bear（赤裸；熊）

第三组被试的任务是判断一对单词是否属于相同的类别。因此，他们对于下面这样一对单词将回答“是的”

- lion，bear（狮子；熊）

图 14.17 显示了语言能力高的被试和语言能力低的被试在完成这三种判断任务时所用时间的差异。可以看到，与语言能力低的被试相比，语言能力高的被试在单词识别上显示的优势不是很大，但是在语音和语义的匹配任务上则表现出了大得多的优势。这个研究和其他研究（例如 Hunt，Davidson，& Lansman，1981）让研究者们相信，语言能力高的被试的一个主要优势是从语言刺激到其信息的速度。在如图 14.17 所

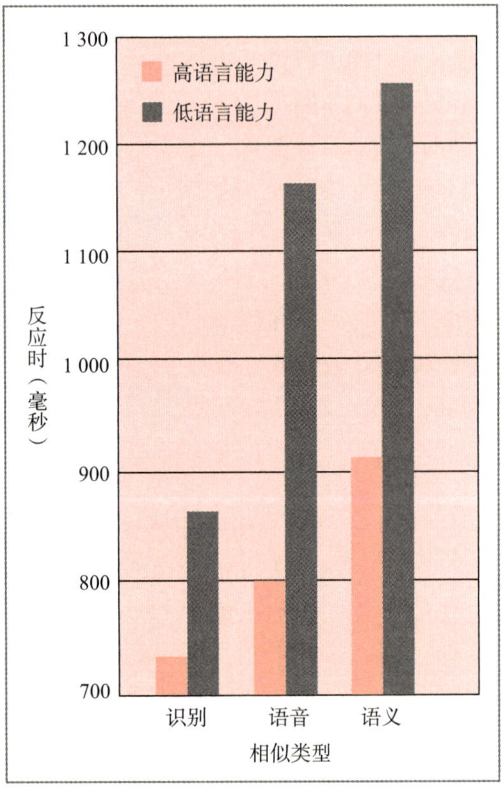

图 14.17 **语言能力高的被试和语言能力低的被试作配对单词相似性判断时的反应时比较，它们随三种相似性类型而变化。**（资料来源：Goldberg，Schwartz，& Stewart，1977）

描述的研究中，这是被试从视觉词汇到它的语音信息和语义信息的速度。因此，和前面介绍的斯滕伯格的研究一样，加工速度与智力相关。

也有证据表明，对语言材料的工作记忆容量和语言能力之间存在相当强的相关。达尼曼和卡彭特（Daneman & Carpenter，1980）开发出了以下测量工作记忆容量个体差异的测验。被试阅读或听到一些内容无关的句子，例如

- When at last his eyes opened，there was no gleam of triumph，no shade of anger.（当最后他的眼睛睁开时，没有喜悦的神色，也没有生气的阴影。）
- The taxi turned up Michigan Avenue where they had a clear view of the lake.（出租车驶上密西根大街，在这里他们可以清楚地看到湖面的风光。）

在读完或听完所有这些句子之后，要求被试回忆每一个句子的最后一个单词。他们接受的测试范围从两句一组到七句一组。他们能够回忆出每组中所有 417
句子的最后一个单词，这时该组中的句子数即为阅读广度或听力广度[8]。大学生的广度为 2 到 5.5 个句子。这些阅读广度和听力广度与他们的理解成绩和语言能力测验成绩之间存在非常强的相关，远远超过了简单的数字广度与语言能力的相关程度。达尼曼和卡彭特认为，比较大的阅读广度和听力广度表明被试在理解时具有存储较多文本的能力。

◎ 语言能力高的人能够迅速地抽取单词的语义，并且具有强大的语言信息工作记忆。

空间能力

已有大量工作将空间能力测验与第 4 章中讨论的心理旋转研究联系起来。贾斯特和卡彭特（Just & Carpenter，1985）比较了空间能力差的被试和空间能力强的被试在执行谢泼德和梅茨勒的心理旋转任务（见图 4.4）中的表现。图 418
14.18 表示两种类型的被试旋转不同角度的图形的时间。我们可以看到，空间能力差的被试不仅执行任务比较慢，而且受不同角度差异的影响也比较大。因此，空间能力差的被试具有较慢的心理旋转速度。

8　经作者认可的举例说明是：在测量阅读广度时，一次只呈现一个句子给被试。在呈现完一组的句子后，让被试回忆本组内所有句子的最后一个单词（不管组内句子的顺序）。实验按照从两句一组到七句一组的顺序进行。如果有一个被试直到四句组都能回忆出组内所有句子的最后一个单词，但是在五句组有一个句子的最后一个单词不能正确回忆出来，实验结束（不再测试六句组和七句组）。这个被试的阅读广度确定为 4。——译者注

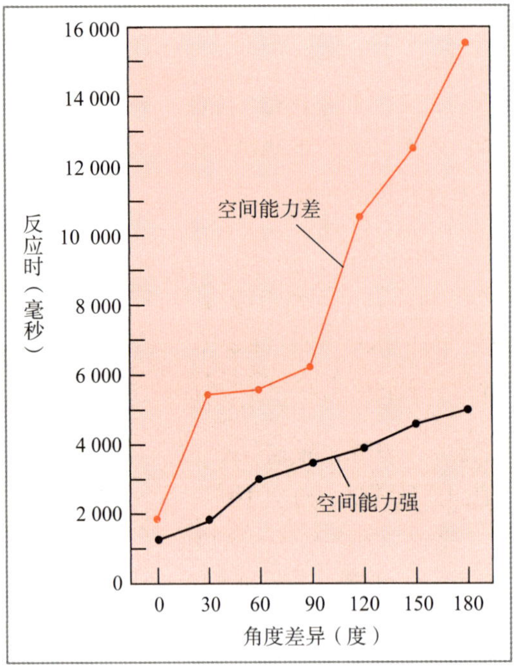

图 14.18 **确定两个物体是否具有相同的三维形状的平均时间是其图形间角度差异的函数。空间能力强的被试和空间能力差的被试分别有不同的函数。**（资料来源：Just & Carpenter，1985. Copyright © 1985 by the APA. Adapted by permission.）

人们经常将空间能力与语言能力进行对比。尽管有些人的这两种能力都比较高或者都比较低，但人们感兴趣的经常是这两种能力相对不平衡的那些人。麦克劳德、亨特和马修斯（Macleod，Hunt，& Matthews，1978）发现这些不同类型的人在解决同一个认知任务时使用的方法不同。他们观察了人们在第 13 章中所讨论的克拉克和蔡斯的句子核实任务上的表现。即向被试呈现句子，例如“加号在星号的上面”或者“星号不在加号的上面”，要求被试判断句子是否正确地描述了图片。一般来说，被试在加工包含例如“不”这样的否定词的句子和与图片不相匹配的句子时会比较慢。

但是麦克劳德等人推测，事实上存在着两种被试：有一种被试建立关于句子的表征并将它与图片进行匹配；另一种被试首先将句子转换成图形的表象，然后将表象与给定图片进行
匹配。他们推测，第一种被试的语言能力高， 419
而第二种被试的空间能力高。实际上，他们确实发现了这样的两组被试。图 14.19 给出两组被试的判断时间与句子是否真实以及句子是否包含否定词之间的关系。我们可以看到，句子是否包含否定词对于一组被试没有显示出效应，而对于另一组被试则显示出了非常可观的效应。没有显示出否定词效应的被试组在空间能力测验上的得分高于另外一组。他们是将句子形成表象，然后再将其与真实图片作比较的被试，在这样的表象中不会包含否定词。

瑞克等人（Reichle，Carpenter，& Just，2000）进行了一项 fMRI 脑成像的研究，被试观察在使用这两种策略时的激活脑区。他们指导被试或者使用表象策略、或者使用语言策略来解决这些问题。对于使用表象策略的被试的指导语是：

> 仔细阅读每个句子并形成一幅关于句子中的物体以及它们的相对位置的心理图像……在图片出现后，将这幅图片与你的心理图像进行比较。（p.268）

另外一方面，对于使用语言策略的被试的指导语是：

> 不要试图形成一幅关于句子中的物体的心理图像，而只是用足够长的时间去看句子和记住句子，直至出现图片。……在图片出现后，判断你所记住的句子是否正确地描述了图片。（p.268）

他们发现，对于要求其使用表象策略的被试，与心理表象相关的顶叶通常被激活（见图 4.1），而对于要求其使用语言策略的被试，与语言加工有关的脑区通常被激活（见图 12.1）。有趣的是，当要求使用表象策略时，空间能力差的被试的表象区表现出了更强的激活。相反，当要求使用语言策略时，语言能力差的被试的语言区通常表现出更强的激活。因此，当要求被试使用他们比较不擅长的策略时，神经系统似乎需要作出更多的努力。

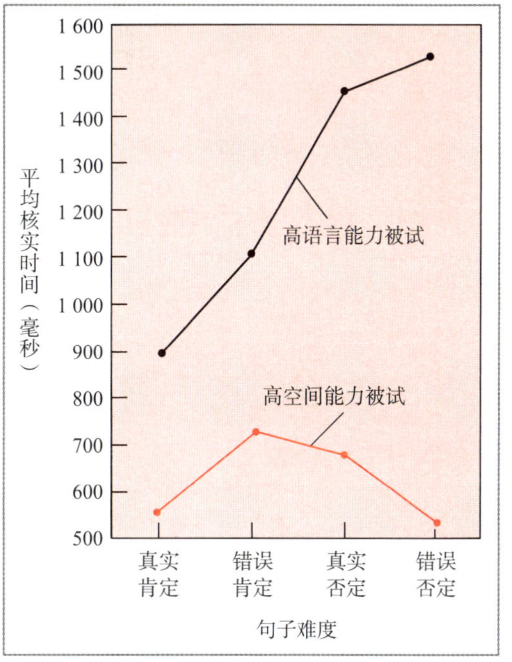

图 14.19　**高语言能力的被试和高空间能力的被试判断一个句子的平均时间，它们是句子类型的函数。**（资料来源：Macleod, Hunt, & Mathews, 1978.）

◎ 高空间能力的人能够非常迅速地完成基本空间操作，并且经常选择空间策略而不是语言策略来完成任务。

心理测量学研究的结论　420

与认知任务的心理测量学度量有关的一个主要研究结果是，它强化了语言能力和空间能力的区分。这些研究的第二个结论是，在一种能力（推理、语言或空间）上的不同可能是由于加工速度和工作记忆容量的不同所导致的。许多研究者（例如，Salthouse，1992；Just & Carpenter，1992）认为工作记忆的不同可能是由于加工速度的不同所导致的，因为当人们能够更加迅速地加工信息时，他们就能够在工作记忆中保持更多信息。

前面讲过，瑞克等人（Reichle et al.，2000）认为，越有能力的被试在解决问题时所花费的努力越少。海尔等人（Haier et al.，1988）早期的一项研究证实了这种关系。这些研究者在抽象推理任务中用 PET 记录结果。他们发现，成绩较好的被试显示了较低的 PET 激活，再次表明了成绩较差的被试在相同的任务中需要付出较多的努力。就像信息加工研究所指向的加工速度一样，这一发现表明智力上的不同可能与一些非常基本的加工有关。有一种倾向认为，这样的结果支持了先验论的观点，但是实际上它在先天与后天的争论上是中立的。

一些人需要较长的时间和付出较多的努力来解决一个问题，这或许是由于他们练习得较少，或许是由于他们先天的神经结构比较低效。在本章的前面部分我们看到，通过练习，儿童能够在心理旋转这样的加工任务中比成人更快。图 9.1 表明，当被试在一个任务上练习得越多，做得越来越快时，脑的激活会降低。

◎ 个体在语言、推理和空间能力等一般因素上的差异似乎对应于他们执行基本认知任务时的速度和难易度。

结　论

这里我们对关于人类智力（本章）和人类认知（本书）的讨论作一个总结。在本书中反复出现的一个主题是心理成分的多样性。在第一章我们综述了神经系统专门化的证据。较前面的几章综述的是信息进入系统后的不同加工层次的证据，介绍了不同类型的知识表征以及程序性知识和陈述性知识的区别。然后，我们考察了语言的独特性。这种种不同的区分中在本章关于个体差异的讨论中得到了强化。全书表明不同的脑区专门化地执行着不同的功能。

第二个讨论维度是加工速度。在本书，反应时最常被用来度量认知功能。错误率（第二个常被使用的因变量指标）通常只在慢速加工中作为反映指标。在
421 本章中我们看到了不同个体在加工速度上存在差异的证据，本书强调了通过练习可以提高加工速度。有趣的是，神经科学的证据倾向于将较快的加工与较低的新陈代谢消耗联系在一起。越是有效的心智，其执行任务时越快、消耗越少。

除了量的成分之外，加工速度还有质的成分上的个体差异。人们各有不同的优势，他们在解决问题时也可能选择不同的策略。在第 9 章中我们看到，成长为专家的一个方面是形成更有效的策略。

可以把人类心理类比成由很多相互作用的部门组成的大企业。企业之间的差异经常是由于企业内部各部门的相对优势所决定。通过实践，不同部门会越来越有效地执行它们的任务。另一种改进的途径是各个部门的战略重组。然而，成功的公司并不只是各个部门的简单集合。企业内部各个部门之间必须能够流畅地协调合作，以达到组织的整体目标。一些研究者（例如，Anderson et al.，2004；Newell，1992）不满意于当前的认知心理学研究所显现的人类心理的相对破碎的画面。未来研究的一个目标将是理解心理的各个部门是如何整合成人的心理的[9]。

9 参见 Anderson J. R. (2007). How Can the Human Mind Occur in the Physical Universe? New York: Oxford University Press. ——译者注

思考题

1. 第 12 章讨论了关于儿童语言获得的数据。在学习第二语言的过程中，较年幼的儿童最初学习比较慢，但是有证据表明他们的掌握程度比较高。从本章的观点来讨论这种现象，参考图 12.8。
2. 大多数美国总统首次当选总统时的年龄在 50~59 岁之间。最年轻的总统是肯尼迪（他首次当选时是 43 岁），最老的是里根（他首次当选时是 69 岁）。2008 年的总统选举是 47 岁的奥巴马和 72 岁的麦凯恩之间的竞争。本章对于说明美国总统的理想年龄有什么意义？
3. J. E. 亨特和 R. F. 亨特（J. E. Hunter & R. E. Hunter，1984）的报告认为用智商这样的能力测验预测工作业绩比预测学业成绩更准。为什么有可能是这样的呢？一个潜在相关的事实是最普遍使用的工作业绩的度量是领导的评分。
4. 本章综述的一系列研究结果表明，能力高的人通常使用较少的时间完成基本的信息加工步骤。能力和估计出完成一项困难任务所需要的时间之间存在相关（Fink & Neubauer，2005）。一般来说，越是困难的智力任务，人们越会低估完成它所需要的时间，而能力越高的人通常会有较合理的时间估计（也就是说，他们低估的程度少一些）。为什么他们的低估误差会小一些？这与他们能够更快地完成任务这一事实有什么关系？

关键术语

感觉运动阶段
前运算阶段
具体运算阶段
形式运算阶段
守恒
心理测量学测验
智商
因素分析
晶态智力
液态智力

专业术语表

$2^1/_2$ 维简图

$2^1/_2$-D sketch: Marr's proposal for a visual representation that identifies where surfaces are located in space relative to the viewer.

3-D 模型

3-D model: Marr's proposal for an object-centered representation of a visual scene.

抽象理论

abstraction theory: A theory holding that concepts are represented as abstract descriptions of their central tendencies. Contrast with *instance theory*.

ACT（思维的自适应控制）

ACT (Adaptive Control of Thought): Anderson's theory of how *declarative knowledge and procedural knowledge* interact in complex cognitive processes.

动作电位

action potential: The sudden change in electric potential that travels down the *axon* of a *neuron*.

激　活

activation: A state of memory traces that determines both the speed and the probability of access to a memory trace.

肯定后件

affirmation of the consequent: The logical fallacy that one can reason from the affirmation of the *consequent* of a *conditional statement* to the affirmation of its *antecedent*: *If A, then B* and *B is true* together can be thought (falsely) to imply A is true.

人工智能

AI: See *artificial intelligence.*

他我中心表征

allocentric representation: A representation of the environment according to a fixed coordinate system. Contrast with *egocentric representation*.

遗忘症

amnesia: A memory deficit due to brain damage. See also *anterograde amnesia; retrograde amnesia; Korsakoff syndrome.*

通道无关假设

amodal hypothesis: The proposal that meaning is not represented in a particular modality. Contrast with multimodal hypothesis.

通道无关符号系统

amodal symbol system: The proposal that information is represented by symbols that are not associated with a particular modality. Contrast with *perceptual symbol system*.

类　比

analogy: The process by which a problem solver maps the solution for one problem into a solution for another problem.

前　件

antecedent: The condition of a *conditional statement*; that is, the *A* in *If A, then B*.

前扣带回皮层

anterior cingulate cortex (ACC): Medial portion of the *prefrontal cortex* important in control and dealing with conflict.

顺行性遗忘症

anterograde amnesia: Loss of the ability to learn new things after an injury. Contrast with *retrograde amnesia*.

失语症

aphasia: An impairment of speech that results from a brain injury.

统觉失认症

apperceptive agnosia: A form of *visual agnosia* marked by the inability to recognize simple shapes such as circles and triangles.

项

arguments: An element of a *propositional representation* that corresponds to a time, place, person, or object.

发音回路

articulatory loop: Baddeley's proposed system for rehearsing verbal information.

人工智能

artificial intelligence (AI): A field of computer science that attempts to develop programs that will enable machines to display intelligent behavior.

联想失认症

associative agnosia: A form of *visual agnosia* marked by the inability to recognize complex objects such as an anchor, even though the patient can recognize simple shapes and can copy drawings of complex objects.

联想扩散

associative spreading: Facilitation in access to information when closely related items are presented.

关联阶段

associative stage: The second of Fitts's stages of skill acquisition, in which the declarative representation of a skill is converted into a procedural representation.

氛围假说

atmosphere hypothesis: The proposal by Woodworth and Sells that, when faced with a *categorical syllogism*, people tend to accept conclusions having the same quantifiers as those of the premises.

注 意

attention: The allocation of cognitive resources among ongoing processes.

衰减理论

attenuation theory: Treisman's theory of *attention*, which proposes that we weaken some incoming sensory signals on the basis of their physical characteristics.

特征识别

attribute identification: The problem of determining what attributes are relevant to the formation of a hypothesis. See also *rule learning*.

听感觉存储

auditory sensory store: A memory system that effectively holds all the information heard for a brief period of time. Also called *echoic memory*.

自动化

automaticity: The ability to perform a task with little or no central cognitive control.

自主阶段

autonomous stage: The third of Fitts's stages of skill acquisition, in which the performance of a skill becomes automated.

轴 突

axon: The part of a *neuron* that carries information from one region of the brain to another.

回溯规避

backup avoidance: The tendency in problem solving to avoid *operators* that take one back to a *state* already visited.

跨桥（或逆向）推理

backward inference: See *bridging inference*.

直条觉察器

bar detectors: A cell in the visual cortex that responds most to bars in the visual field. Compare *edge detector*.

基底神经节

basal ganglia: Subcortical nuclei that play a critical role in the control of motor movement and cognition.

贝叶斯定理

Bayes's theorem: A theorem that prescribes how to combine the *prior probability* of a hypothesis with the *conditional probability* of the evidence, given the hypothesis, to assess the *posterior probability* of the hypothesis, given the evidence.

行为主义

behaviorism: The theory that psychology should be concerned only with behavior and should not refer to mental constructs underlying behavior.

捆绑问题

binding problem: The question of how the brain determines which features in the visual field go together to form an object.

血氧水平依赖（BOLD）响应

blood oxygen level dependent (BOLD) response: A measure obtained in *fMRI* studies of the amount of oxygen in the blood.

自下而上加工

bottom-up processing: The processing of a stimulus in which information from a physical stimulus, rather than from general context, is used to help recognize the stimulus. Contrast with *top-down processing*.

跨桥（或逆向）推理

bridging inference: In sentence com prehension, an inference that connects the sentence to the prior context. Contrast with *elaborative inference*.

布罗卡区

Broca's area: A region in the left frontal cortex that is important for processing language, particularly *syntax* in speech.

类别性知觉

categorical perception: The perception of stimuli being in distinct categories without gradual variations.

直言三段论

categorical syllogism: A *syllogism* consisting of statements that have *logical quantifiers* in which one premise relates *A* to *B*, another relates *B* to *C*, and the conclusion relates *A* to *C*.

中心嵌入句

center-embedded sentences: A sentence in which one clause is embedded within another; for example, *The boy whom the girl liked was sick*.

中枢瓶颈

central bottleneck: The inability of central cognition to pursue multiple lines of thought simultaneously. Contrast with *perfect time-sharing*.

中枢执行系统

central executive: Baddeley's proposed system for controlling various slave rehearsal systems, such as the *articulatory loop* and the *visuospatial sketchpad*.

变化盲

change blindness: The inability to detect a change in

a scene when the change matches the context.

认知地图

cognitive maps: A mental representation of the locations of objects and places in the environment. See also *route map*; *survey map*.

认知神经科学

cognitive neuroscience: The study of the neural basis of cognition.

认知心理学

cognitive psychology: The scientific study of cognition.

认知阶段

cognitive stage: The first of Fitts's stages of skill acquisition, in which the declarative encoding of a skill is developed and used.

能　力

competence: A term in *linguistics* that refers to a person's abstract knowledge of a language, which is not always manifested in *performance*.

成分分析

componential analyses: An approach to instruction that begins with an analysis of the individual elements that need to be learned.

具体运算阶段

concrete-operational stage: The third of Piaget's four stages of development, during which a child has systematic schemes for thinking about the physical world.

条件概率

conditional probability: In the context of *Bayes's theorem*, the probability that a particular piece of evidence will be found if a hypothesis is true.

条件命题

conditional statement: An assertion that, if an *antecedent* is true, then a *consequent* must be true: a statement of the form *If A*, *then B*.

证实偏向

confirmation bias: The tendency to seek evidence that is consistent with one s current hypothesis.

后　件

consequent: The result of a *conditional statement*; the *B* in *If A*, *then B*.

守　恒

conservation: A term used by Piaget to refer to the particular properties of objects that are preserved under certain *transformations*.

辅音特征

consonantal feature: A consonant-like quality in a *phoneme*.

成　分

constituent: A subpattern that corresponds to a basic phrase, or unit, in a sentence's surface structure.

胼胝体

corpus callosum: A broad band of fibers that enables communication between the left and the right hemispheres of the brain.

晶态智力

crystallized intelligence: Cattell's term for the factor in intelligence that depends on acquired knowledge.

消退理论

decay theory: The theory that forgetting is caused by the spontaneous decay of memory traces over time. Contrast with *Interference theory*.

陈述性记忆

declarative memory: Explicit knowledge of various

facts. Contrast with *procedural knowledge*.

演绎推理

deductive reasoning: Reasoning in which the conclusions can be determined to follow with certainty from the premises.

DRM 范式

Deese-Roediger-McDermott paradigm: A paradigm for creating false memories of words by presenting associatively related words.

默认值

default values: A typical value for *slots* in a *schema* representation.

有目的练习

deliberate practice: The kind of practice that Ericsson postulated to be critical for the development of expertise. This practice is highly motivated and includes careful self-monitoring.

树　突

dendrite: The branching part of a *neuron* that receives synapses from the *axons* of other *neurons*.

否定前件

denial of the antecedent: The logical fallacy that one can reason from the denial of the *antecedent* of a *conditional statement* to the denial of its *consequent*: *If A, then B* and *Not A* together are thought (falsely) to imply *Not B*.

加工深度

depth of processing: The theory that memory for information is improved if the information is processed at deeper levels of analysis.

描述模型

descriptive model: A model that states how people actually behave. Contrast with *prescriptive model*.

双耳分听任务

dichotic listening task: A task in which participants in an experiment are presented with two messages simultaneously, one to each ear, and are instructed to repeat back the words from only one of them.

差异降低

difference reductions: The tendency in problem solving to select *operators* that eliminate a difference between the current *state* and the goal.

分　离

dissociations: A demonstration that a manipulation has an effect on performance of one task but not another. Such demonstrations are thought to be important in arguing for different cognitive systems.

背外侧前额叶皮层

dorsolateral prefrontal cortex (DLPFC): Upper portion of the *prefrontal cortex* thought to be important in cognitive control.

双重编码理论

dual-code theory: Paivio's theory that there are separate visual and verbal representations for knowledge.

早期选择理论

early-selection theory: A theory of *attention* stating that *serial bottlenecks* occur early in information processing. Contrast with *late-selection theory*.

声像记忆

echoic memory: Another term for *auditory sensory store*.

边缘觉察器

edge detectors: A cell in the visual cortex that responds most to edges in the visual field. Compare *bar detector*.

自我中心表征

egocentric representation: A representation of the environment as it appears in a current view. Contrast with *allocentric representation*.

心向效应

Einstellung effect: The term used by A. S. Luchins to refer to the *set effect*, in which people will repeat a solution that has worked for previous problems even when a simpler solution is possible.

增细（或顺向）推理

elaborative inference: In sentence comprehension, an inference that connects a text to possible material not yet asserted. Contrast with *bridging inference*.

增细加工

elaborative processing: The embellishment of a to-be-remembered item with additional information.

脑电图

electroencephalography (EEG): Measurement of electrical activity of the brain, measured by electrodes on the scalp.

具身认知

embodied cognition: The viewpoint that the mind can only be understood by taking into account the human body and how it interacts with the environment.

经验主义

empiricism: The position that knowledge is acquired through experience in the world. Compare *nativism*.

编码特异性原则

encoding-specificity principle: Tulving's principle that memory is better when the encoding of an item at study matches the encoding at test.

副现象

epiphenomenon: A secondary mental event that has no functional role in the information processing.

事件相关电位

event-related potential (ERP): Measurement of changes in electrical activity at the scalp in response to an external event.

兴奋性突触

excitatory synapse: A *synapse* in which the *neurotransmitters* decrease the potential difference across the membrane of the *neuron*.

执行控制

executive control: The direction of central cognition, which is carried out mainly by prefrontal regions of the brain.

实例理论

exemplar theory: A theory holding that we gain our knowledge of concepts by retrieving specific exemplars of the concepts. Contrast with *abstraction theory*.

外显记忆

explicit memory: Knowledge that we can consciously recall. Contrast with *implicit memory*.

因素分析

factor analysis: In the context of intelligence tests, a statistical method that tries to find a set of factors that will account for performance across a range of tests.

虚假记忆综合征

false-memory syndrome: A term used to describe the condition of false memories of childhood abuse.

扇面效应

fan effect: The phenomenon that the retrieval of memories takes longer as more things are associated with the items composing the original memories.

特征分析

feature analysis: A theory of pattern recognition that claims that we extract primitive features and then recognize their combinations.

特征整合理论

feature-integration theory: Treisman's proposal that one must focus *attention* on a set of features before the individual features can be synthesized into a pattern.

特征地图

feature maps: A representation of the spatial locations of a particular visual feature.

过滤器理论

filter theory: Broadbent's *early-selection theory* of *attention*, which assumes that, when sensory information has to pass through a bottleneck, only some of the information is selected for further processing, on the basis of physical characteristics such as the pitch of a speaker's voice.

闪光灯记忆

flashbulb memories: Particularly good memory for events that are very important and traumatic.

液态智力

fluid intelligence: Cattell's term for the factor in intelligence that depends on the ability to reason or solve problems.

功能性磁共振成像

fMRI: See *functional magnetic resonance imaging.*

形式运算阶段

formal-operational stage: The fourth of Piaget's four stages of development, during which a child has abstract schemes for reasoning about the world.

增细（或顺向）推理

forward inference: See *elaborative inference.*

中央凹

fovea: The area of the retina with the greatest visual acuity. When we focus on an object, we move the eyes so that the image of the object falls on the fovea.

框架效应

framing effects: The tendency for people to make different choices among the same alternatives, depending on the statement of the alternatives.

额 叶

frontal lobe: The region at the front of the cerebral cortex that includes the motor cortex and the *prefrontal cortex.*

功能固着

functional fixedness: The tendency to see objects only as serving conventional problem-solving functions and thus failing to see that they can serve novel functions.

功能性磁共振成像

functional magnetic resonance imaging (fMRI): A method for determining metabolic activity by measuring the magnetic field produced by the iron in oxygenated blood.

梭状回脸部区

fusiform face area: A part of the temporal cortex that is special in fine discriminations, particularly of faces.

梭状回

fusiform gyrus: A region in the temporal cortex involved in recognition of complex patterns like faces and words.

知觉的模糊逻辑模型

fuzzy logical model of perception (FLMP): Massaro's

theory of perception, which states that stimulus features and context combine independently to determine perception.

赌徒谬误
gambler's fallacy: The belief that, if a string of probabilistic events has turned out one way, there is an increased probability that the next event will now turn out the other way.

花园路径句
garden-path sentences: A sentence with a *transient ambiguity* that causes us to make the wrong interpretation initially and then have to correct ourselves.

通用问题解决者
General Problem Solver (GPS): A problem-solving simulation program created by Newell and Simon that embodies *means-ends analysis*.

几何子
geons: One of Biederman's 36 primitive categories of subobjects that we combine to perceive larger objects. See also *recognition-by-components theory*.

格式塔组织原则
gestalt principles of organization: Principles that determine how a scene is organized into components. The principles include proximity, similarity, good continuation, closure, and good form.

格式塔心理学
Gestalt psychology: An approach to psychology that emphasizes principles of organization that result in holistic properties of the brain that go beyond the activity of the parts.

目标导向注意
goal-directed attention: Allocation of processing resources in response to one's goals. Contrast with *stimulus-driven attention*.

目标状态
goal state: A *state* in a *problem space* in which the goal is satisfied.

语　法
grammar: A set of rules that prescribe all the acceptable utterances of a language. A grammar consists of *syntax*, *semantics*, and *phonology*.

脑　回
gyrus: An outward fold on the brain. Contrast with *sulcus*.

血流动力学反应
hemodynamic response: The increased flow of oxygenated blood to a region of the brain that has greater activity—this is the basis of *fMRI* brain imaging.

爬山算法
hill climbing: The tendency to choose *operators* in problem solving that transform the current *state* into a new *state* more similar to the goal.

海　马
hippocampus: A structure within the temporal lobe that plays a critical role in the formation of permanent memories.

视像记忆
iconic memory: Another term for *visual sensory store*.

错觉关联
illusory conjunction: The illusion that features of different objects actually came from a single object.

即时解释
immediacy of interpretation: The principle of language processing stating that people commit to an

interpretation of a word and its role in a sentence as soon as they process the word.

内隐记忆

implicit memory: Knowledge that we cannot consciously recall but that nonetheless manifests itself in our improved performance on some task. Contrast with *explicit memory*.

酝酿效应

incubation effect: The phenomenon that sometimes a solution to a particular problem comes more easily after a period of time in which one has stopped trying to solve the problem.

归纳推理

inductive reasoning: Reasoning in which the conclusions follow only probabilistically from the premises.

信息加工法

information-processing approach: An analysis of human cognition into a set of steps in which abstract information is processed.

返回抑制

inhibition of return: The decreased ability to return our *attention* to a location or an object that we have already looked at.

抑制性突触

inhibitory synapse: A *synapse* in which the *neurotransmitters* increase the potential difference across the membrane of a *neuron*.

顿悟问题

insight problem: A problem in which the subject is not aware of being close to a solution.

智　商

intelligence quotient (IQ): A measure of general intellectual performance that is normed to have a mean of 100 and a standard deviation of 15.

智能家教系统

intelligent tutoring system: A computer system that combines cognitive models with techniques from *artificial intelligence* to create instructional interactions with students.

交互加工

interactive processing: The position that *semantic* and *syntactic* cues are simultaneously brought to bear in interpreting a sentence. Contrast with *modularity*.

干扰理论

interference theory: The theory that forgetting is caused by other memories interfering with the retention of the target memory. Contrast with *decay theory*.

内省法

introspection: A methodology much practiced at the turn of the 20th century in Germany that attempted to analyze thought into its components through self-analysis.

上属连接

isa link: A particular *link* in a semantic network or *schema* that indicates the superset of the category.

科尔萨科夫综合征

Korsakoff syndrome: An *amnesia* resulting from chronic alcoholism and nutritional deficit.

语言通则

language universal: A property that all *natural languages* satisfy.

后期选择理论

late-selection Theory: A theory of *attention* stating that *serial bottlenecks* occur late in information processing. An example is Deutsch and Deutsch's theory, according to which all sensory information can be processed, but our ability to respond to that information has attentional limitations. Contrast with *early-selection theory*.

语言决定论

linguistic determinism: The proposal that the structure of one's language strongly influences the way in which one thinks.

语言直觉

linguistic intuitions: A judgment by the speaker of a language about whether a sentence is well formed and about other properties of the sentence.

语言学

linguistics: The study of the structure of language.

连 接

link: A connection between elements, or *nodes*, in a *propositional network*.

逻辑量词

logical quantifiers: An element such as *all*, *no*, *some*, and *some not* that appears in such statements as *All A are B*.

长时程增强效应

long-term potentiation (LTP): The increase in responsiveness of a *neuron* as a function of past stimulation.

脑磁图

magnetoencephalography (MEG): Measurement of magnetic fields produced by electrical activity in the brain.

掌握学习

mastery learning: The effort to bring students to mastery of each element in a curriculum before promoting them to new material in the curriculum.

手段－目的分析

means-ends analysis: The creation of a new goal (end) to enable a problem-solving *operator* (means) to apply in achieving the old goal.

记忆广度

memory span: The amount of information that can be perfectly retained in an immediate test of memory.

心理表象

mental imagery: The processing of perceptual-like information in the absence of an external source for the perceptual information.

心理模型理论

mental model theory: Johnson-Laird's theory that participants judge a *syllogism* by imagining a world that satisfies the premises and seeing whether the conclusion is satisfied in that world.

心理旋转

mental rotation: The process of continuously transforming the orientation of a *mental image*.

地点记忆法

method of loci: A *mnemonic technique* used to associate items to be remembered with locations along a well-known path.

镜像神经元

mirror neurons: A *neuron* that fires both when the animal is performing the action and when it observes another animal performing the action.

记忆术

mnemonic technique: A method for enhancing memory performance by giving the material to be remembered a meaningful interpretation.

模块性

modularity: The proposal that language is a component separate from the rest of cognition. It further argues that language comprehension has an initial phase in which only syntactic considerations are brought to bear. Contrast with *interactive processing*.

肯定前件

***modus ponens*:** The rule of logic stating that, if a *conditional statement* is true and its *antecedent* is true, then its *consequent* must be true: Given both the *proposition If A, then B* and the *proposition A*, we can infer that *B* is true.

否定后件

***modus tollens*:** The rule of logic stating that, if a *conditional statement* is true and its *consequent* is false, then its *antecedent* must be false: Given the *proposition If A, then B* and the fact that *B is false*, we can infer that *A is false*.

心境一致性

mood congruence: The phenomenon that one's memory is better for studied material whose emotional content matches one's mood at test.

多通道假设

multimodal hypothesis: The theory that knowledge is represented in multiple perceptual and motor modalities.

N400

N400: A negativity in the *event-related potential (ERP)* at about 400 ms after the processing of a semantically difficult word.

先验主义

nativism: The position that children are born with a great deal of innate knowledge. Compare *empiricism*.

自然语言

natural languages: A language that can be acquired and spoken by humans.

负迁移

negative transfer: Poor learning of a second task as a function of having learned a first task.

神经元

neuron: The cell in the nervous system responsible for information processing. Neurons accumulate and transmit electrical activity.

神经递质

neurotransmitter: A chemical that crosses the *synapse* from the *axon* of one *neuron* and alters the electric potential of the membrane of another *neuron*.

节 点

node: An element of a *propositional* or semantic *network*.

基于物体的注意

object-based attention: Allocation of *attention* to chunks of visual information corresponding to an object. Contrast with *space-based attention*.

枕 叶

occipital lobe: The region at the back of the cerebral cortex that controls vision.

算 子

operator: A term used in problem solving research to refer to a particular action that will transform the problem *state* into another problem *state*. The solution of an overall problem is a sequence of these known operators.

P600

P600: A positivity in the *event-related potential (ERP)* at about 600 ms after the processing of a syntactically difficult word.

海马旁回位置区

parahippocampal place area (PPA): A region adjacent to the hippocampus that is active when people are perceiving places.

参数设定

parameter setting: The proposal that children learn a language by learning the setting of 100 or so parameters that define a *natural language*.

顶　叶

parietal lobe: The region at the top of the cerebral cortex concerned with *attention* and higher level sensory functions.

语法分析

parsing: The process by which the words in a linguistic message are transformed into a mental representation of their combined meaning.

部分报告法

partial-report procedure: An experimental procedure in which participants are cued to report only some of the items in a display. Contrast with *whole-report procedure*.

特称命题

particular statements: Statements, frequently using the word *some*, that logicians interpret as meaning it is true about at least some members of a category. Contrast with *universal statements*.

知觉符号系统

perceptual symbol system: Barsalou's proposal that all knowledge is represented by information that is perceptual and tied to particular modalities. Contrast with *amodal symbol system*.

完全时间分享

perfect time-sharing: The ability to pursue more than one task at the same time. Contrast with *central bottleneck*.

操　作

performance: A term in *linguistics* that refers to the way that a person speaks. This behavior is thought to be only an imperfect manifestation of that person's linguistic *competence*.

许可图式

permission schema: An interpretation of a *conditional statement* in which the *antecedent* specifies the situations in which the *consequent* is permitted.

音素复位效应

phonemes: The minimal unit of speech that can result in a difference in a spoken message.

音　素

phoneme-restoration effect: The tendency to hear *phonemes* that make sense in the speech context even if no such *phonemes* were spoken.

语音回路

phonological loop: Baddeley's proposed system for rehearsing verbal information. Compare *visuospatial sketchpad*.

语　音

phonology: The study of the sound structure of languages.

短语结构

phrase structure: The hierarchical organization of a sentence into a set of units called phrases, sometimes represented as a tree structure.

发音部位

place of articulation: The place at which the vocal tract is closed or constricted in the production of a *phoneme*.

正电子发射断层扫描

positron emission tomography (PET): A method for measuring metabolic activity in different regions of the brain with the use of a radioactive tracer.

后验概率

posterior probability: In *Bayes's theorem*, the probability that a hypothesis is true after consideration of the evidence.

幂函数

power function: A function in which the independent variable X is raised to a power to obtain the dependent variable Y, as in $Y=AX^b$.

遗忘的幂定律

power law of forgetting: The phenomenon that memory performance deteriorates as a *power function* of the retention interval.

学习的幂定律

power law of learning: The phenomenon that memory performance improves as a *power function* of practice.

前额叶皮层

prefrontal cortex: The region at the front of the frontal cortex that controls planning and other higher level cognition.

前运算阶段

preoperational stage: The second of Piaget's four stages of development, during which a child has unsystematic schemes for thinking about the physical world.

规范模型

prescriptive model: A model that specifies how people ought to behave to be considered rational. Contrast with *descriptive model*.

初级简图

primal sketch: The level of visual processing in Marr's model in which the visual features have been extracted from a stimulus.

启　动

priming: The enhancement of the processing of a stimulus as a function of prior exposure.

最简附着原则

principle of minimal attachment: A rule of *parsing* that interprets a sentence in a way that results in minimal complication of the *phrase structure*.

先验概率

prior probability: In *Bayes's theorem*, the probability that a hypothesis is true before consideration of the evidence.

概率匹配

probability matching: The tendency to choose an alternative with a probability that matches the frequency with which that alternative occurs in experience.

问题空间

problem space: A representation of the various, sequences of problem-solvmg *operators* that lead among various *states* of a problem. Also called *state space*.

程序性知识

procedural knowledge: Knowledge of how to perform various tasks. Contrast with *declarative knowledge*.

程序化

proceduralization: The process by which *declarative knowledge* is converted into *procedural knowledge*.

生成性

productivity: Refers to the fact that *natural languages* have an infinite number of possible utterances.

命 题

proposition: The smallest unit of knowledge that can stand as a separate assertion.

命题网络

propositional network: A *propositional representation* in which the *relation* and *arguments* of the *proposition* are linked in a network.

命题表征

propositional representation: A representation of meaning as a set of *propositions*.

人脸失认症

prosopagnosia: A neurological disorder characterized by the inability to recognize faces.

心理测量学测验

psychometric test: A test of various aspects of a person's intellectual performance.

放电频率

rate of firing: The rate at which nerve impulses are generated along *axons*.

再认启发式

recognition-by-components theory: Biederman's theory stating that we recognize objects by first identifying the *geons* that correspond to their subobjects.

基于部件识别理论

recognition heuristic: If one item is recognized and another is not, people view the recognized item to have a higher value on dimensions like size.

规则性

regularity: Refers to the fact that *natural languages* have systematic rules that determine the possible forms of utterances.

关 系

relation: The element that organizes the *arguments* of a *propositional representation*.

逆行性遗忘症

retrograde amnesia: Loss of memory for things that occurred before an injury. Contrast with *anterograde amnesia*.

行进图

route maps: A representation of the environment consisting of the paths between locations. Contrast with *survey map*.

规则学习

rule learning: Determining how the features combine to make a hypothesis.

SAM（联想记忆搜索）

SAM (Search of Associative Memory): Shiffrin's theory of memory stating that the availability of memories is a function of their familiarity, which in turn is a function of their *strength* of association with cues in the environment.

图 式

schema: A representation of members of a category based on the type of objects that they are, the parts that they tend to have, and their typical properties. A *slot-value* structure is used to represent this information.

脚 本

script: A *schema* representation proposed by Schank and Abelson for event concepts.

搜 索

search: The process by which one finds a sequence of *operators* to solve a problem.

搜索树

search tree: A representation of the set of *states* that can be reached by applying *operators* to an initial *state*.

选择任务

selection task: A task in which a participant is given a *conditional statement* of the form *If A*, *then B* and must choose which situations among *A*, *B*, *Not A*, and *Not B* need to be checked to test the truth of the conditional.

语 义

semantics: The meaning structure of linguistic units.

感觉运动阶段

sensory-motor stage: The first of Piaget's four stages of development, during which a child lacks basic schemes for thinking about the physical world and experiences it in terms of sensations and actions.

顺序瓶颈

serial bottleneck: The point in the path from perception to action at which people cannot process all the incoming information in parallel.

定势效应

set effect: The biasing of a solution to a problem as a result of past experiences in solving that kind of problem.

短时记忆

short-term memory: A proposed intermediate memory system that holds information as it travels from sensory memory to long-term memory.

情景模型

situation model: A representation of the events and situations described in a text.

插 槽

slot: An element of a *schema* that indicates different attributes of a concept.

基于空间的注意

space-based attention: Allocation of attention to visual information in a region of space. Contrast with *object-based attention*.

裂脑病人

split-brain patients: A patient who has had surgery to sever the corpus callosum, which connects left and right hemispheres.

扩散激活

spreading activation: The proposal that *activation* spreads from items currently or recently processed to other parts of the memory network, activating the memory traces that reside there.

状 态

state: A term in problem solving used to refer to a representation of the problem in some degree of solution.

状态–依存学习

state-dependent learning: The phenomenon that memory performance is better when we are tested in the same emotional and physical state as we were in when we learned the material.

斯滕伯格范式

Sternberg paradigm: An experimental procedure in which participants are presented with a memory set consisting of a few items and must decide whether various probe items are in the memory set.

刺激驱动注意

stimulus-driven attention: Allocation of processing resources in response to a salient stimulus. Contrast with *goal-directed attention*.

策略学习

strategic learning: The learning of how to organize one's problem solving for a specific class of problems.

Compare *tactical learning.*

强　度

strength: The property of a memory trace that determines how active the trace can become. Strength increases with practice and decays with time.

斯特鲁普效应

Stroop effect: A phenomenon in which the tendency to name a word will interfere with the ability to say the color in which the word is printed.

子目标

subgoal: A goal set in service of achieving a larger goal.

主观概率

subjective probability: The probability people associate with an event, which need not be identical to the event's objective probabihty.

主观效用

subjective utility: The value that someone places on something.

脑　沟

sulcus: An inward fold of the brain. Contrast with *gyrus*.

俯瞰图

survey maps: A representation of the environment consisting of the position of locations in space. Contrast with *route map*.

三段论

syllogisms: A logical *argument* consisting of two premises and a conclusion.

突　触

synapse: The location at which the *axon* of one *neuron* almost makes contact with another *neuron*.

句　法

syntax: Grammatical rules for specifying correct word order and inflectional structure in a sentence.

技法学习

tactical learning: The learning of sequences of actions that help solve a problem. Compare *strategic learning*.

模板匹配

template matching: A theory of pattern recognition stating that an object is recognized as a function of its overlap with various pattern templates stored in the brain.

颞　叶

temporal lobe: The region at the side of the cerebral cortex that contains the primary auditory areas and controls the recognition of objects.

相同要素说

theory of identical elements: The theory that there will be transfer from one skill to another only to the extent that the skills have the same knowledge elements in common.

自上而下加工

top-down processing: The processing of a stimulus in which information from the general context is used to help recognize the stimulus. Contrast with *bottom-up processing*.

拓扑组织

topographic organization: A principle of neural organization in which adjacent areas of the cortex process information from adjacent parts of the sensory field.

河内塔问题

Tower of Hanoi problem: A problem-solving task in which disks are moved among pegs.

经颅磁刺激

transcranial magnetic stimulation (TMS): A magnetic field is applied to the surface of the head to disrupt the neural processing in that region of brain.

转 换

transformation: A linguistic rule that moves a term from one part of a sentence to another part.

暂时性歧义

transient ambiguity: A temporary ambiguity within a sentence that is resolved by the end of the sentence.

全称命题

universal statements: Statements, often involving words like *all* or *none*, that logicians interpret as having no exceptions. Contrast with *particular statements*.

语 用

utilization: The process by which language comprehenders respond to the meaning of a linguistic message.

腹内侧前额叶皮层

ventromedial prefrontal cortex: The portion of the cortex in the front and center of the brain. It seems to be involved in decision making and self-regulation, including activities like gambling behavior.

视觉失认症

visual agnosia: An inability to recognize visual objects that results neither from general intellectual loss nor from loss of basic sensory abilities.

视感觉存储

visual sensory store: A memory system that effectively holds all the information in a visual array for a very brief period of time (about a second). Also called *iconic memory*.

视觉空间画板

visuospatial sketchpad: Baddeley's proposed system for rehearsing visual information. Compare *phonological loop*.

浊音音质

voicing: The property of a *phoneme* produced by vibration of the vocal cords.

威尔尼克区

Wernicke's area: A region of the left temporal *lobe* important to language, particularly the *semantic* content of speech.

全部报告法

whole-report procedure: A procedure in which participants are asked to report all the items of a display. Contrast with *partialreport procedure*.

词优效应

word superiority effect: The superior recognition of letters presented in a word context than when the letters are presented alone.

工作记忆

working memory: The information that is currently available in memory for working on a problem.

主题索引*

---

* 注：本索引中的页码是英文原书的页码，它对应于正文中页边处的页码；本索引的中文翻译请在正文中详查。

D

E

参考文献

Aaronson, D., & Scarborough, H. S. (1977). Performance theories for sentence coding: Some quantitative models. *Journal of Verbal Learning and Verbal Behavior, 16*, 277–304.

Adolphs, R. D., Tranel, A., Bechara, A., Damasio, H., & Damasio, A. R. (1996). Neuropsychological approaches to reasoning and decision-making. In A. R. Damasio, Y. Christen, & H. Damasio (Eds.), *Neurobiology of decision* (pp. 157–179). New York: Springer.

Ainsworth-Darnell, K., Shulman, H. G., & Boland, J. E. (1998). Dissociating brain responses to syntactic and semantic anomalies: Evidence from event-related potentials. *Journal of Memory and Language, 38*, 112–130.

Albert, M. L. (1973). A simple test of visual neglect. *Neurology, 23*, 658–664.

Allopenna, P. D., Magnuson, J. S., & Tanenhaus, M. K. (1998). Tracking the time course of spoken word recognition using eye movements: Evidence for continuous mapping models. *Journal of Memory and Language, 38*, 419–439.

Anderson, J. R. (1972). *Recognition confusions in sentence memory.* Unpublished manuscript.

Anderson, J. R. (1974a). Retrieval of propositional information from long-term memory. *Cognitive Psychology, 6*, 451–474.

Anderson, J. R. (1974b). Verbatim and propositional representation of sentences in immediate and long-term memory. *Journal of Verbal Learning and Verbal Behavior, 13*, 149–162.

Anderson, J. R. (1978b). Computer simulation of a language acquisition system: A second report. In D. LaBerge & S. J. Samuels (Eds.), *Perception and comprehension* (pp. 305–360). Hillsdale, NJ: Erlbaum.

Anderson, J. R. (1982). Acquisition of cognitive skill. *Psychological Review, 89*, 369–406.

Anderson, J. R. (1983). *The architecture of cognition.* Cambridge, MA: Harvard University Press.

Anderson, J. R. (1990). *The adaptive character of thought.* Hillsdale, NJ: Erlbaum.

Anderson, J. R. (1991). The adaptive nature of human categorization. *Psychological Review, 98*, 409–429.

Anderson, J. R. (1992). Intelligent tutoring and high school mathematics. *Proceedings of the Second International Conference on Intelligent Tutoring Systems* (pp. 1–10). Montreal: Springer-Verlag.

Anderson, J. R. (1993). *Rules of the mind.* Hillsdale, NJ: Erlbaum.

Anderson, J. R. (2000). *Learning and memory.* New York: Wiley.

Anderson, J. R. (2007). *How can the human mind occur in the physical universe?* New York: Oxford University Press.

Anderson, J. R., & Betz, J. (2001). A hybrid model of categorization. *Psychonomic Bulletin and Review, 8*, 629–647.

Anderson, J. R., Bothell, D., Lebiere, C., & Matessa, M. (1998). An integrated theory of list memory. *Journal of Memory and Language, 38*, 341–380.

Anderson, J. R., & Bower, G. H. (1972). Configural properties in sentence memory. *Journal of Verbal Learning and Verbal Behavior, 11*, 594–605.

Anderson, J. R., & Bower, G. H. (1973). *Human associative memory.* Washington, DC: Winston.

Anderson, J. R., Conrad, F. G., & Corbett, A. T. (1989). Skill acquisition and the LISP Tutor. *Cognitive Science, 13*, 467–506.

Anderson, J. R., Farrell, R., & Sauers, R. (1984). Learning to program in LISP. *Cognitive Science, 8*, 87–129.

Anderson, J. R., Kushmerick, N., & Lebiere, C. (1993). Navigation and conflict resolution. In J. R. Anderson (Ed.), *Rules of the mind* (pp. 93–120). Hillsdale, NJ: Erlbaum.

Anderson, J. R., & Lebiere, C. (Eds.). (1998). *Atomic components of thought.* Mahwah, NJ: Erlbaum.

Anderson, J. R., Reder, L. M., & Simon, H. (1998). Radical constructivism and cognitive psychology. In D. Ravitch (Ed.), *Brookings papers on education policy* (pp. 227–278). Washington, DC: Brookings Institute Press.

Anderson, J. R., & Reiser, B. J. (1985). The LISP tutor. *Byte, 10*, 159–175.

Angell, J. R. (1908). The doctrine of formal discipline in the light of the principles of general psychology. *Educational Review, 36*, 1–14.

Antell, S., & Keating, D. P. (1983). Perception of numerical invariance in neonates. *Child Development, 54*, 695–701.

Arrington, C. M., Carr, T. H., Mayer, A. R., & Rao, S. M. (2000). Neural mechanisms of visual attention: Object-based selection of a region in space. *Journal of Cognitive Neuroscience, 12*(Suppl. 2), 106–117.

Ashby, F. G., Alfonso-Reese, L. A., Turken, A. U., & Waldron, E. M. (1998). A neuropsychological theory of multiple systems in category learning. *Psychological Review, 107*, 442–481.

Ashby, F. G., Maddox, W. T. (2005). Human category learning. *Annual Review of Psychology, 56*, 149–178.

Atkinson, R. C., & Shiffrin, R. M. (1968). Human memory: A proposed system and its control processes. In K. Spence & J. Spence (Eds.), *The psychology of learning and motivation* (Vol. 2, pp. 89–195). New York: Academic Press.

Atwood, M. E., & Polson, P. G. (1976). A process model for water jug problems. *Cognitive Psychology, 8*, 191–216.

Ausubel, D. P. (1968). *Educational psychology: A cognitive view.* New York: Holt, Rinehart, & Winston.

Baars, B. J., Motley, M. T., & MacKay, D. G. (1975). Output editing for lexical status in artificially elicited slips of the tongue. *Journal of Verbal Learning and Verbal Behavior, 14*, 382–391.

Baddeley, A. D. (1976). *The psychology of memory.* New York: Basic Books.

Baddeley, A. D. (1986). *Working memory.* Oxford: Oxford University Press.

Baddeley, A. D., Thompson, N., & Buchanan, M. (1975). Word length and the structure of short-term memory. *Journal of Verbal Learning and Verbal Behavior, 14,* 575–589.

Bahrick, H. P. (1984). Semantic memory content in permastore: Fifty years of memory for Spanish learned in school. *Journal of Experimental Psychology: General, 113,* 1–24.

Bahrick, H. P. (circa 1993). Personal communication.

Barbizet, J. (1970). *Human memory and its pathology.* San Francisco: W. H. Freeman.

Barnes, C. A. (1979). Memory deficits associated with senescence: A neurophysiological and behavioral study in the rat. *Journal of Comparative Physiology, 43,* 74–104.

Baron-Cohen, S. (1995). *Mindblindness: An essay on autism and theory of mind.* Cambridge, MA: MIT Press.

Barsalou, L. W. (1999). Perceptual symbol systems. *Behavioral and Brain Sciences, 22,* 577–609.

Barsalou, L. W. (2003). Personal communication, March 12.

Barsalou, L. W. (2008). Grounded cognition. *Annual Review of Psychology, 59,* 617–645.

Barsalou, L. W., Simmons, W. K., Barbey, A., & Wilson, C. D. (2003). Grounding conceptual knowledge in modality-specific systems. *Trends in Cognitive Sciences, 7,* 84–91.

Bartlett, B. J. (1978). *Top-level structure as an organizational strategy for recall of classroom text.* Unpublished doctoral dissertation, Arizona State University.

Bartolomeo, P. (2002). The relationship between visual perception and visual mental imagery: A reappraisal of the neuropsychological evidence. *Cortex, 38,* 357–378.

Barton, R. A. (1998). Visual specialization and brain evolution in primates. *Proceedings of the Royal Society of London B, 265,* 1933–1937.

Bassok, M. (1990). Transfer of domain-specific problem-solving procedures. *Journal of Experimental Psychology: Learning, Memory, and Cognition, 16,* 522–533.

Bassok, M., & Holyoak, K. J. (1989). Interdomain transfer between isomorphic topics in algebra and physics. *Journal of Experimental Psychology: Learning, Memory, and Cognition, 15,* 153–166.

Bates, A., McNew, S., MacWhinney, B., Devesocvi, A., & Smith, S. (1982). Functional constraints on sentence processing: A cross-linguistic study. *Cognition, 11,* 245–299.

Baylis, G. C., Rolls, E. T., & Leonard, C. M. (1985). Selectivity between faces in the responses of a population of neurons in the cortex in the superior temporal sulcus of the monkey. *Brain Research, 342,* 91–102.

Bechara, A., Damasio, A. R., Damasio, H., & Anderson, S. W. (1994). Insensitivity to future consequences following damage to human prefrontal cortex. *Cognition, 50,* 7–15.

Bechara, A., Damasio, H., Tranel, D., & Damasio, A. R. (2005). The Iowa Gambling Task and the somatic marker hypothesis: Some questions and answers. *Trends in Cognitive Sciences, 9,* 159–162.

Beck, B. B. (1980). *Animal tool behavior: The use and manufacture of tools by animals.* New York: Garland STPM Press.

Beck, D. M., Rees, G., Frith, C. D., & Lavie, N. (2001). Neural correlates of change detection and change blindness. *Nature Neuroscience, 4,* 645–650.

Behrmann, M. (2000). The mind's eye mapped onto the brain's matter. *Current Psychological Science, 9,* 50–54.

Behrmann, M., & Moscovitch, M. (1994). Object-centered neglect in patients with unilateral neglect: Effects of left-right coordinates of objects. *Journal of Cognitive Neuroscience, 6,* 1–16.

Behrmann, M., Zemel, R. S., & Mozer, M. C. (1998). Object-based attention and occlusion: Evidence from normal participants and computational model. *Journal of Experimental Psychology: Human Perception and Performance, 24,* 1011–1036.

Beilock, S. L., Lyons, I. M., Mattarella-Micke, A., Nusbaum, H. C., & Small, S. L. (2008). Sports experience changes the neural processing of action language. *Proceedings of the National Academy of Sciences, USA, 105,* 13269–13273

Bellugi, U., Wang, P. P., & Jernigan, T. L. (1994). Williams syndrome: An unusual neuropsychological profile. In S. H. Broman & J. Grafman (Eds.), *Atypical cognitive deficits in developmental disorders implications for brain function* (pp. 23–56). Hillsdale, NJ: Erlbaum.

Benson, D. F., & Greenberg, J. P. (1969). Visual form agnosia. *Archives of Neurology, 20,* 82–89.

Berbaum, K., & Chung, C. P. (1981). Mueller-Lyer illusion induced by imagination. *Journal of Mental Imagery, 5,* 125–128.

Berlin, B., & Kay, P. (1969). *Basic color terms: Their universality and evolution.* Berkeley, CA: University of California Press.

Berntsen, D., & Rubin, D. C. (2002). Emotionally charged autobiographical memories across the life span: The recall of happy, sad, traumatic, and involuntary memories. *Psychology and Aging, 17,* 636–652.

Berry, D. C., & Broadbent, D. E. (1984). On the relationship between task performance and associated verbalizable knowledge. *Quarterly Journal of Experimental Psychology, 36A,* 209–231.

Biederman, I. (1987). Recognition-by-components: A theory of human image understanding. *Psychological Review, 94,* 115–147.

Biederman, I., Beiring, E., Ju, G., & Blickle, T. (1985). *A comparison of the perception of partial vs. degraded objects.* Unpublished manuscript, State University of New York at Buffalo.

Biederman, I., Glass, A. L., & Stacy, E. W. (1973). Searching for objects in real world scenes. *Journal of Experimental Psychology, 97,* 22–27.

Biederman, I., & Ju, G. (1988). Surface vs. edge-based determinants of visual recognition. *Cognitive Psychology, 20,* 38–64.

Black, J. B., & Bern, H. (1981). Causal coherence and memory for events in narratives. *Journal of Verbal Learning and Verbal Behavior, 20,* 267–275.

Blackburn, J. M. (1936). *Acquisition of skill: An analysis of learning curves.* IHRB Rep. No. 73.

Bloom, B. S. (1984). The 2 sigma problem: The search for methods of group instruction as effective as one-to-one tutoring. *Educational Researcher, 13,* 3–16.

Bloom, B. S. (Ed.). (1985a). *Developing talent in young people.* New York: Ballantine Books.

Bloom, B. S. (1985b). Generalizations about talent development. In B. S. Bloom (Ed.), *Developing talent in young people* (pp. 507–549). New York: Ballantine Books.

Bloom, R. (1994). Recent controversies in the study of language acquisition. In M. A. Gernsbacher (Ed.), *Handbook of psycholinguistics* (pp. 741–779). San Diego: Academic Press.

Boden, M. (2006). *Mind as machine.* Oxford: Oxford University Press.

Boer, L. C. (1991). Mental rotation in perspective problems. *Acta Psychologica, 76,* 1–9.

Boole, G. (1854). *An investigation of the laws of thought.* London: Walton and Maberly.

Boomer, D. S. (1965). Hesitation and grammatical encoding. *Language and Speech, 8,* 148–158.

Boring, E. G. (1950). *A history of experimental psychology.* New York: Appleton Century.

Boroditsky, L., Schmidt, L., & Phillips, W. (2003). *Sex, syntax, and semantics.* In D. Gentner & S. Goldin-Meadow (Eds.), *Language in mind: Advances in the study of language and cognition.* Cambridge, MA: MIT Press.

Bouchard, T. J. (1983). Do environmental similarities explain the similarity in intelligence of identical twins reared apart? *Intelligence, 7,* 175–184.

Bouchard, T. J., & McGue, M. (1981). Familial studies of intelligence: A review. *Science, 212,* 1055–1059.

Bower, G. H., Black, J. B., & Turner, T. J. (1979). Scripts in memory for text. *Cognitive Psychology, 11,* 177–220.

Bower, G. H., Karlin, M. B., & Dueck, A. (1975). Comprehension and memory for pictures. *Memory & Cognition, 3,* 216–220.

Bower, G. H., & Mayer, J. D. (1985). Failure to replicate mood-dependent retrieval. *Bulletin of the Psychonomic Society, 23,* 39–42.

Bower, G. H., Monteiro, K. P., & Gilligan, S. G. (1978). Emotional mood as a context for learning and recall. *Journal of Verbal Learning and Verbal Behavior, 17,* 573–587.

Bowerman, M. (1973). Structural relationships in children's utterances: Syntactic or semantic. In T. E. Moore (Ed.), *Cognitive development and the acquisition of language* (pp. 197–213). New York: Academic Press.

Bownds, M. D. (1999). *The biology of mind: Origins and structures of mind, brain, and consciousness.* Bethesda, MD: Fitzgerald Science Press.

Bradshaw, G. L., & Anderson, J. R. (1982). Elaborative encoding as an explanation of levels of processing. *Journal of Verbal Learning and Verbal Behavior, 21,* 165–174.

Brainerd, C. J. (1978). *Piaget's theory of intelligence.* Englewood Cliffs, NJ: Prentice-Hall.

Bransford, J. D., Barclay, J. R., & Franks, J. J. (1972). Sentence memory: A constructive versus interpretive approach. *Cognitive Psychology, 3,* 193–209.

Bransford, J. D., & Franks, J. J. (1971). The abstraction of linguistic ideas. *Cognitive Psychology, 2,* 331–380.

Brewer, J. B., Zhao, Z., Desmond, J. E., Glover, G. H., & Gabrieli, J. D. (1998). Making memories: Brain activity that predicts how well visual experience will be remembered. *Science, 281,* 118–120.

Brewer, W. F., & Treyens, J. C. (1981). Role of schemata in memory for places. *Cognitive Psychology, 13,* 207–230.

Broadbent, D. E. (1958). *Perception and communication.* New York: Pergamon.

Broadbent, D. E. (1975). The magical number seven after fifteen years. In R. A. Kennedy & A. Wilkes (Eds.), *Studies in long-term memory* (pp. 3–18). New York: Wiley.

Brodmann, K. (1960). On the comparative localization of the cortex. In G. von Bonin (Ed.), *Some papers on the cerebral cortex* (pp. 201–230). Springfield, IL: Charles C. Thomas. (Original work published 1909.)

Brooks, L. R. (1968). Spatial and verbal components of the act of recall. *Canadian Journal of Psychology, 22,* 349–368.

Brown, R. (1973). *A first language.* Cambridge, MA: Harvard University Press.

Brown, R., & Kulik, J. (1977). Flashbulb memories. *Cognition, 5,* 73–99.

Brown, R., & Lenneberg, E. H. (1954). A study in language and cognition. *Journal of Abnormal and Social Psychology, 49,* 454–462.

Bruce, C. J., Desimone, R., & Gross, C. G. (1981). Visual properties of neurons in a polysensory area in superior temporal sulcus of the macaque. *Neurophysiology, 46,* 369–384.

Bruner, J. S. (1964). The course of cognitive growth. *American Psychologist, 19,* 1–15.

Bruner, J. S., Goodnow, J. J., & Austin, G. A. (1956). *A study of thinking.* New York: NY Science Editions.

Buckner, R. L. (1998). Personal communication.

Burgess, N. (2006). Spatial memory: How egocentric and allocentric combine. *Trends in Cognitive Sciences, 10,* 551–557.

Buxhoeveden, D. P., & Casanova, M. F. (2002). The minicolumn hypothesis in neuroscience. *Brain, 125,* 935–951.

Byrne, M. D., & Anderson, J. R. (2001). Serial modules in parallel: The psychological refractory period and perfect time-sharing. *Psychological Review, 108,* 847–869.

Cabeza, R., Rao, S. M., Wagner, A. D., Mayer, A. R., & Schacter, D. L. (2001). Can medial temporal lobe regions distinguish true from false? An event-related fMRI study of veridical and illusory recognition memory. *Proceedings of the National Academy of Sciences, USA, 98,* 4805–4810.

Camerer, C., Loewenstein, G., & Prelec, D. (2005). Neuroeconomics: How neuroscience can inform economics. *Journal of Economic Literature, 43,* 9–64.

Caplan, D. (1972). Clause boundaries and recognition latencies for words in sentences. *Perception and Psychophysics, 12,* 73–76.

Caplan, D., Alpert, N., Waters, G., & Olivieri, A. (2000). Activation of Broca's area by syntactic processing under conditions of concurrent articulation. *Human Brain Mapping, 9,* 65–71.

Caramazza, A. (2000). The organization of conceptual knowledge in the brain. In M. S. Gazzaniga (Ed.), *The cognitive neurosciences* (2nd ed., pp. 1037–1046). Cambridge, MA: MIT Press.

Card, S. K., Moran, T. P., & Newell, A. (1983). *The psychology of human-computer interaction.* Hillsdale, NJ: Erlbaum.

Carey, S. (1978). The child as word learner. In M. Halle, J. Bresnan, & G. Miller (Eds.), *Linguistic theory and psychological reality* (pp. 264–293). Cambridge, MA: MIT Press.

……

如需更多参考文献，请登陆本公司网站 www.ncc-pub.com 下载。

心理学教材中译本系列

心理学与生活（第 16 版），菲利普·津巴多、理查德·格里格 著，王垒 等译
教育心理学（第 7 版），罗伯特·斯莱文 著，姚梅林 等译
社会心理学（第 8 版），戴维·迈尔斯 著，侯玉波、乐国安、张智勇 等译
组织行为学（第 11 版），弗雷德·鲁森斯 著，王垒 等译
人力资源管理（第 7 版），劳埃德·拜厄斯、莱斯利·鲁 著，李业昆 等译
人力资源管理（第 10 版），韦恩·蒙迪 著，谢晓非 等译
异常与临床心理学，保罗·贝内特 著，陈传锋、严建雯、金一波 等译
理解孩子的成长（第 4 版），彼得·史密斯 等著，寇彧 等译
心理学（第 7 版），戴维·迈尔斯 著，黄希庭 等译
健康心理学（第 3 版），简·奥格登 著，严建雯、陈传锋、金一波 等译
自我，乔纳森·布朗 著，陈浩莺、薛贵、曾盼盼 译
决策与判断，斯科特·普劳斯 著，施俊琦、王星 译
亲密关系（第 3 版），莎伦·布雷姆 等著，郭辉、肖斌、刘煜 译
态度改变与社会影响，菲利普·津巴多、迈克尔·利佩 著，邓羽、肖莉、唐小艳 译
影响力心理学，菲利普·津巴多、迈克尔·利佩 著，邓羽、肖莉、唐小艳 译
管理决策中的判断（第 6 版），马克斯·巴泽曼 著，杜伟宇、李同吉 译
阅读障碍与阅读困难——给教师的解释，达斯 著，张厚粲、徐建平、孟祥芝 译
APA 出版手册（简明版），美国心理学会 编著，周晓林、叶铮、张旋、曹琳 译
心理学与我们（第 7 版），罗伯特·费尔德曼、黄希庭 著，黄希庭 等译
心理学实验的设计与报告（第 2 版），彼得·哈里斯 著，吴艳红 译
心理学研究方法（第 7 版），约翰·肖内西 著，张明、吴艳红、郭秀艳 等译
危机中的青少年（第 3 版），麦克沃特 等著，寇彧 等译
心理学精要（第 5 版），戴维·迈尔斯 著，黄希庭 等译
跨文化社会心理学，史密斯 等著，严文华 等译
心理统计导论（第 9 版），理查德·鲁尼恩 等著，林丰勋 译
改变心理学的 40 项研究（第 5 版），罗杰·霍克 著，白学军 译
像心理学家一样思考（第 2 版），唐纳德·麦克伯尼 著，王伟平 译
亲密关系（第 5 版），罗兰·米勒 等著，王伟平 译
心理学史（第 4 版），戴维·霍瑟萨尔 著，郭本禹、魏宏波、朱兴国、王申连 等译
人格心理学（第 2 版），兰迪·拉森、戴维·巴斯 著，郭永玉 等译
生物心理学（第 10 版），詹姆斯·卡拉特 著，苏彦捷 等译，彩印精装
孩子的世界：0~3 岁（第 11 版），黛安娜·帕帕拉 等著，陈福美 等译，彩印精装
对“伪心理学”说不（第 8 版），基思·斯坦诺维奇 著，窦东徽、刘肖岑 译
50 位最伟大的心理学思想家，诺埃尔·希伊 著，郭本禹、方红 译
认知心理学及其启示（第 7 版），约翰·安德森 著，秦裕林、程瑶、周海燕、徐玥 译

心理学英文影印版系列

（教育部高等学校心理学教学指导委员会推荐用书）

心理学与生活（第 18 版），理查德 · 格里格、菲利普 · 津巴多 著
普通心理学（第 6 版），罗伯特 · 费尔德曼 著，黄希庭教授推荐
心理学实验的设计与报告（第 2 版），彼得 · 哈里斯 著，沈模卫教授推荐
心理统计（第 9 版），理查德 · 鲁尼恩 等著，张厚粲教授推荐
心理学研究方法（第 6 版），约翰 · 肖内西 等著，周晓林教授推荐
社会心理学（第 8 版），戴维 · 迈尔斯 著，彭凯平教授推荐
发展心理学（第 9 版），黛安娜 · 帕帕拉 等著，林崇德教授推荐
变态心理学（第 9 版），劳伦 · 阿洛伊 等著，王登峰教授推荐
心理测验与评估（第 6 版），罗纳德 · 科恩 等著，彭凯平教授推荐
认知心理学基础（第 7 版，双语版），里德 · 亨特 等著，傅小兰教授推荐
心理测验与评估学习指南，罗纳德 · 科恩 著
心理统计学习指南（双语版），戴维 · 皮滕杰 著，林丰勋教授译注
异常与临床心理学，保罗 · 贝内特 著，陈传锋教授推荐
人格心理学（第 2 版，双语版），兰迪 · 拉森 等著，郭永玉教授推荐
生物心理学（第 9 版），詹姆斯 · 卡拉特 著，苏彦捷教授推荐
心理测验：历史、原理及应用（第 5 版），罗伯特 · 格雷戈里 著，闫巩固教授推荐
英汉对照心理学大词典（第 3 版），阿瑟 · 雷伯 等著，王垒 等译注
变态心理学（第 13 版），詹姆斯 · 布彻 等著，贾晓明教授推荐
社会研究方法（第 6 版），威廉 · 纽曼 著，辛涛教授推荐
如何成为质性研究专家（第 3 版），科琳 · 格莱斯 著，刘力教授推荐
改变心理学的 40 项研究（第 5 版），罗杰 · 霍克 著，白学军教授推荐
这才是心理学（第 8 版），基思 · 斯坦诺维奇 著，杨中芳教授推荐
当代组织行为学，莉 · 汤普森 著，谢晓非教授推荐
教育心理学（第 7 版，双语版），罗伯特 · 斯莱文 著，姚梅林 等译注